Die Bergwerksmaschinen.

Eine Sammlung von Handbüchern
für Betriebsbeamte.

Unter Mitwirkung zahlreicher Fachgenossen

herausgegeben von

Hans Bansen,
Diplom-Bergingenieur, ord. Lehrer an der Oberschlesischen Bergschule
zu Tarnowitz.

Zweiter Band.

Gewinnungsmaschinen.

Berlin.
Verlag von Julius Springer.
1912.

Gewinnungsmaschinen.

Bearbeitet von

Diplom-Bergingenieur **Arthur Gerke**,
Diplom-Bergingenieur Dr.-Ing. **Leo Herwegen**, Diplom-Bergingenieur
Dr.-Ing. **Otto Pütz**, Diplom-Ingenieur **Karl Teiwes**

Mit 393 Textfiguren.

Berlin.
Verlag von Julius Springer.
1912.

ISBN-13: 978-3-642-47172-8 e-ISBN-13: 978-3-642-47486-6
DOI: 10.1007/978-3-642-47486-6

Universitats-Buchdruckerei von Gustav Schade (Otto Francke) in Berlin und Bernau.

Softcover reprint of the hardcover 1st edition 1912

Vorwort.

Die Natur des zu bearbeitenden Stoffes brachte es mit sich, daß kaum ein Zusammenhang zwischen den einzelnen Hauptteilen des Buches besteht. Bei der Fülle des zur Verfügung stehenden Materials konnten naturgemäß nicht alle Maschinen berücksichtigt werden, selbst wenn sie auch in größerer Zahl betriebsfähig verwendet werden. In vielen Fällen mußten sich die Herren Bearbeiter darauf beschränken, für umfangreichere Maschinengattungen ähnlicher Bauart nur einige typische Beispiele eingehender zu beschreiben.

Das Bestreben war darauf gerichtet, nicht einfach eine beschreibende Aneinanderreihung von Maschinen zu bringen, wenn sich dies auch vielfach nicht vermeiden ließ, sondern auch die Verwendung im Betriebe nach Möglichkeit zu berücksichtigen; deshalb sind beispielsweise auch die Preßluftleitungen eingehender behandelt worden, obgleich diese an und für sich keine Maschinen mehr sind. Das Gleiche gilt von den Zündleitungen, die allerdings nicht so viel Raum beanspruchen konnten wie die Druckluftleitungen.

Die Bagger sind recht ausführlich behandelt worden, weil ihre Bedeutung sowohl für den Steinkohlenbergbau (Spülversatz) als auch für den Braunkohlenbergbau (Abraumbetrieb) unbestritten ist und weil es bisher — abgesehen von längeren Aufsätzen in verschiedenen Zeitschriften — an einer zusammenhängenden Darstellung dieser Maschinen, die auf den Bergbau Rücksicht nahm, fehlte.

Die Braunkohlenabbauvorrichtungen greifen zum Teil in das Gebiet der Bagger über; doch sind Wiederholungen vermieden worden, wenn auch die eine oder andere Maschinentype an beiden Stellen genannt, zum Teil auch kurz beschrieben werden mußte.

Die hydraulische Gewinnung spielt ebenfalls beim Spülversatz eine nicht zu unterschätzende Rolle und ist ihrer Bedeutung entsprechend gewürdigt worden.

Die Kompressoren gehören streng genommen nicht zu den unmittelbar bei der Mineralgewinnung verwendeten Maschinen. Sie spielen aber beim Betriebe von Preßluft-, Bohr- und Schrämmaschinen eine so bedeutende Rolle, daß es angebracht erschien, das Wesentlichste darüber hier zu bringen. Der Teil „Kompressoren" ist ein Auszug aus dem Werke „Kompressorenanlagen insbesondere in Grubenbetrieben" des betr. Herrn Autors. Wer sich also über dieses Gebiet eingehender zu unterrichten wünscht, sei auf das genannte Werk verwiesen.

Über Bohr- und Schrämmaschinen ist in den letzten Jahren viel veröffentlicht worden. Besonders erschöpfend ist auf diesem Gebiete der Aufsatz von Herbst „Über Gesteinsbohrmaschinen" in der „Zeitschrift des Vereins Deutscher Ingenieure 1910". Sollten dem Leser eingehendere Studien erwünscht sein, so sei er auf die Literaturquellen verwiesen, die am Kopfe dieser beiden Teile angegeben sind.

Auf dem Gebiete der Streckenbohrmaschinen macht sich in den letzten Jahren eine regere konstruktive Tätigkeit bemerkbar. Sie sind namentlich im rheinischen Braunkohlenbergbau versuchsweise eingeführt worden; da ihnen im heimischen Bergbau weitere Verbreitung zu wünschen ist, sind Beispiele für die verschiedenen hier aufgekommenen Maschinentypen gegeben worden. Daß dabei in erster Reihe ausländische Maschinen beschrieben wurden, liegt in der Natur der Verhältnisse.

Die Zündmaschinen haben seit dem Erscheinen des Buches von Heise „Sprengstoffe und Zündung der Sprengschüsse" nur unwesentliche Änderungen erfahren, ein Zeichen, daß sie den gestellten Anforderungen genügen und daß grundlegende Verbesserungen wohl kaum zu erwarten sind. Die Darstellung konnte hier natürlich nicht so eingehend sein wie in dem genannten Werke, da es sich ja im vorliegenden Buche um keine Monographie handelt.

Bei den Keilapparaten interessieren insbesondere die neueren Stoßtränkapparate, soweit sie auch zur Sprengung verwendbar sind. Sie sind indessen noch zu jungen Datums, als daß hierüber abgeschlossenes Material hätte mitgeteilt werden können.

Es hätten wohl auch noch manche andere Apparate und Maschinen bzw. Maschinengattungen aufgenommen werden können, z. B. die Dynamitauftauapparate, Besatzausstecher und Patronenspüler, Lettennudelpressen usw. Doch sind sie in zu geringer Zahl von Konstruktionen vorhanden, auch betriebsmäßig nicht so allgemein eingeführt, daß ihre Behandlung als unbedingte Notwendigkeit zu betrachten gewesen wäre.

Tarnowitz, im April 1912. **Hans Bansen.**

Inhaltsverzeichnis.

Erster Teil.

Die Bagger.

Dritter Teil.

Die hydraulischen Gewinnungsverfahren.

Vierter Teil.

Die Kompressoren.

Achter Teil.

Die elektrischen Zündmaschinen.

Neunter Teil.

Die Keilapparate.

Erster Teil.

Die Bagger.

Von Diplom-Bergingenieur **Arthur Gerke.**

Bei der Bearbeitung benutzte Literatur.

Brand: Die Abraumarbeit mit Baggern bei der Braunkohlengewinnung im Bergrevier Brühl-Unkel. Zeitschrift für das Berg-, Hütten- und Salinenwesen 1903, S. 71.
Buhle, M.: Über die Rentabilität neuerer Trockenbagger. Glückauf 1907, S. 1074.
Contag, H.: Die Bodengewinnung bei großen Erdarbeiten. Zeitschrift des Vereins deutscher Ingenieure 1910, S. 1472.
Goebel, R.: Praktische Winke für die Anlage eines Baggerbetriebes auf Braunkohle. Braunkohle 1908, S. 209.
Hütte: Des Ingenieurs Taschenbuch.
Kammerer: Der Ersatz des Handarbeiters durch die Maschine im Bergbau. Zeitschrift des Vereins deutscher Ingenieure 1910, S. 2015.
Luegers Lexikon der gesamten Technik.
Richter, R.: Die Eimerkettenbagger. Zeitschrift des Vereins deutscher Ingenieure 1908, S. 1701.
Richter, R.: Elektrisch betriebene Bagger. Zeitschrift des Vereins deutscher Ingenieure 1909, S. 940, und 1910, S. 577.
Seidl, K.: Der Spülversatz in Oberschlesien. Zeitschrift des Oberschlesischen Berg- und Hüttenmännischen Vereins 1911, S. 1.
Tornow, M.: Die Verwendung von Baggern zur Abraumarbeit auf den Braunkohlenbergwerken der Provinz Sachsen. Zeitschrift für das Berg-, Hütten- und Salinenwesen 1906, S. 568.
Weihe, H.: Die Baumaschinen. IV. Teil des Handbuches der Ingenieurwissenschaften. Erster Band.

Erster Abschnitt.

Allgemeines.

Maschinen, welche zum Aufnehmen und Befördern großer Massen von ihren natürlichen oder künstlichen Lagerstätten benutzt werden, heißen Bagger.

Sie sind, wenn auch in recht primitiver Form, bereits seit dem Jahre 1591 bekannt, in dem ein gewisser Varentius[1]) den ersten Löffelbagger erfunden haben

[1]) Siehe Handbuch d. Ing.-Wissensch. IV., Teil I, S. 18, und Rühlmann: Allg. Maschinenlehre, Band IV, S. 514.

soll, dessen Antrieb durch ein von Menschenkraft bewegtes Tretrad bewirkt wurde. Sieht man von den Versuchen, das Tretrad durch Winden, unterschlächtige Wasserräder oder durch am Göpel arbeitende Pferde zu ersetzen, als unwesentlich ab, so stammt die erste brauchbare Konstruktion eines Löffelbaggers bereits aus dem Jahre 1840 von den Amerikanern Herrmann und Otis.

Die Erfindung der Eimerkettenbagger ist weit jüngeren Datums. Sie rührt von Couvreux her. Ihre erste Anwendung fanden Eimerkettenbagger beim Bau der Ardennenbahn von 1860—1863 und des Suezkanals von 1863—1886.

Wenn auch alle diese verschiedenen Systeme im Laufe der letzten Jahrzehnte ganz wesentlich verbessert worden sind, so gleichen sie im allgemeinen Aufbau auch heute noch der ersten für maschinellen Betrieb eingerichteten Type.

Man kann die Bagger einteilen
1. nach dem Arbeitsvorgang und
2. nach der Betriebsweise.

Bei der Einteilung nach dem Arbeitsvorgange ist zu unterscheiden zwischen Gefäß- und Pumpenbaggern, bei der Einteilung nach der Betriebsweise zwischen Baggern mit stetiger und solchen mit unterbrochener Förderung. Die Unterteilung der Bagger ergibt sich dann von selbst in folgender Weise:[1])

I. Gefäßbagger.

A. Bagger mit stetiger Förderung:
1. Schaufelkettenbagger.
2. Eimerkettenbagger.

B. Bagger mit unterbrochener Förderung:
1. Stiel- oder Löffelbagger.
2. Stiellose Bagger oder Greifbagger.

II. Pumpenbagger (Saugbagger).

1. Kolbenpumpenbagger,
2. Kreiselpumpenbagger.

Außer dieser Einteilung benutzt man noch eine andere, der zufolge man zu unterscheiden hat zwischen Naßbaggern und Trockenbaggern. Der Naßbagger bedient man sich zum Aufnehmen und Befördern von unter Wasser befindlichen Bodenmassen, zum Ausheben von Baugruben, zur Herstellung von Kanälen, Vertiefen von Fahrrinnen usw. Sie sind auf Schiffen montiert und kommen deshalb, abgesehen vom hydraulic mining des amerikanischen, sibirischen und australischen Goldbergbaues, im europäischen Bergbau nicht zur Anwendung. Es erübrigt sich deshalb auch ein weiteres Eingehen auf die in diese Rubrik gehörenden Baggertypen.

Weit verbreitet sind dagegen im heimischen Bergbau die sogen. Trockenbagger, welche im Gegensatz zu den Naßbaggern auf einem auf Schienen laufenden Wagen untergebracht sind und meistens trockenes Gut zu baggern haben. In Deutschland werden die Trockenbagger, unter denen im folgenden stets Eimerketten- und Löffelbagger ver-

---

[1]) S. a. Handbuch d. Ing.-Wissensch. S. 24 und 25.

standen werden sollen, bei der Gewinnung von Abraum im Braunkohlenbergbau und von Spülversatzmaterial im Steinkohlenbergbau verwendet; in den Vereinigten Staaten von Amerika werden Löffelbagger mit Erfolg auch zur Gewinnung von Eisenerz benutzt.

Die Einführung der Bagger in den Bergbaubetrieb erfolgte in den 90 er Jahren des vorigen Jahrhunderts zunächst beim Braunkohlenbergbau, als der bis dahin nur unbedeutende Bergbau infolge der wachsenden Beliebtheit der Braunkohlenbriketts und der gesteigerten Nachfrage von dem Kuhlenbau zum Tagebau überging und hierbei zur Abdeckarbeit vieler Arbeitskräfte bedurfte, die bei dem schon damals herrschenden Arbeitermangel nur bei Löhnen zu haben gewesen wären, welche die Wirtschaftlichkeit des Betriebes in Frage stellten.

Im Steinkohlenbergbau fanden Bagger erst um die Wende des Jahrhunderts Eingang, als die Einführung des Spülversatzes dazu zwang, ein Bodengewinnungsverfahren anzuwenden, das die Bewältigung großer Mengen mit einer relativ kleinen Arbeiterzahl gestattete.

In beiden Fällen gaben rein wirtschaftliche Gründe den Anstoß zur Einführung der Erdgrabemaschinen; immer aber handelte es sich darum, die durch den zunehmenden Arbeitermangel ständig teuerer werdende Handarbeit durch den billigen Maschinenbetrieb zu ersetzen. Allerdings ist der Maschinenbetrieb gerade bei den Erdgewinnungsarbeiten nicht immer billiger, wie die interessanten Untersuchungen von Contag [1]) gezeigt haben.

Contag ermittelt, um Vergleiche zwischen zwei Bodengewinnungsverfahren ziehen zu können, zunächst die sog. Grenzbodenmenge, worunter er eine Zahl versteht, welche das Minimum an zu bewältigendem Boden angibt, bei dem noch eine wirtschaftliche Gewinnung nach dem zu untersuchenden Verfahren möglich ist.

Die Grenzbodenmenge für zwei Betriebsarten läßt sich nach ihm aus folgender Formel bestimmen:

$$Q' = \frac{C_2 - C_1}{a_1 - a_2}$$

In dieser Formel bedeuten Q' die Grenzbodenmenge, C_2 und C_1 die Summen der einmaligen Kosten bei den zu vergleichenden Betriebsarten. Unter einmaligen Kosten faßt Contag folgendes zusammen: Anfuhr zur Betriebsstelle, Zusammenbauen der Geräte, allgemeine einmalige Unkosten. Unter a_1 und a_2 sind die dauernden Kosten bei beiden Verfahren, wie Verzinsung, Abschreibung, Abnutzung, Löhne einschließlich Versicherungsbeiträgen, Brennmaterial, Putz- und Schmiermittel, Kesselspeisewasser, Feuerversicherung, allgemeine Unkosten (Beaufsichtigung, Bureauhaltung, Reisen, Steuern usw.) zu verstehen.

Bei einem Vergleiche der Hand- und maschinellen Gewinnungsmethode sind ferner zu berücksichtigen die Bodenarten. welche, wie wir weiter unten sehen werden, von großem Einfluß auf die Leistungen und damit auch auf die Kosten sind. Ganz allgemein teilt man die Bodenarten folgendermaßen ein:

Klasse	Bodenarten	Geräte
I	loser Sand, Dammerde usw.	Schaufeln oder Spaten, kein Arbeitsaufwand beim Lösen
II	leichter Lehm, festgelagerter Sand, feiner Kies, Torfmoor	Spaten, Auflockerung durch Picke nicht notwendig, aber angenehm
III	Ton, schwerer Lehm, Mergel, grober Kies, mit Steinen durchsetzter Boden	Spaten, Auflockerung durch Picke oder Keile notwendig

[1]) S. Zeitschr. d. Vereins deutscher Ingenieure 1910, S. 1472.

Klasse	Bodenarten	Geräte
IV	Trümmergesteine, Gerölle, weiche Sandsteine in dünnen Lagen, kleinbrüchige Schiefer	Auflockerung durch Spitzhacke, Kreuzhacke und Brecheisen
V	Felsarten in Bänken von nicht zu großer Mächtigkeit und Festigkeit	Lösung noch mit Spitzhacke und Brecheisen möglich
VI	Felsen in geschlossenen Bänken	Sprengen mit Pulver oder Dynamit nötig
VII	sehr harter Felsen der ältesten Formationen wie Granit, Gneis, Quarz, Syenit, Porphyr	schwer schießbar

Gestützt auf ein reiches Zahlenmaterial bestimmt Contag am Schlusse seiner Untersuchungen die Grenzbodenmengen für den Hand-, Löffelbagger- und Eimerkettenbaggerbetrieb bei den verschiedenen Bodenklassen, welche in der folgenden Tabelle enthalten sind:

Bodenklasse	Handbetrieb gegen Eimerkettenbagger cbm	Handbetrieb gegen Dampfschaufel [1]) cbm	Dampfschaufel gegen Eimerkettenbagger cbm
I	43 500	37 500	94 000
II	18 200	14 200	1 600 000
III	13 600	10 200	Eimerkettenbaggerbetrieb immer teurer

Bei kleineren Leistungen bis rund 100 000 cbm in Bodenklasse I und bei größeren bis 1 600 000 cbm in Bodenklasse II ist demnach die Dampfschaufel wirtschaftlicher, für größere Leistungen ist bei dieser Bodenbeschaffenheit der Eimerkettenbaggger vorzuziehen. Bei Bodenart III kommt für kleine Leistungen nur der Handbetrieb, für die größere nur Dampfschaufel in Frage.

Bei den festeren Bodenarten, bei welchen der Eimerkettenbaggerbetrieb gegenüber den anderen Betriebsarten völlig ausscheidet, sind die Grenzbodenmengen des Handbetriebes gegen die Dampfschaufel etwa die folgenden:

Bodenklasse IV = 11 000 cbm
„ V = 7 100 „
„ VI = 6 800 „
„ VII = Der Handbetrieb ist bei allen Bodenmengen billiger.

Das heißt also: bei den Bodenklassen IV, V und VI ist schon bei kleinen zu bewältigenden Bodenmengen die Dampfschaufel wirtschaftlicher als der Handbetrieb, während bei Bodenklasse VII überhaupt nur Handbetrieb in Frage kommt.

Contag stellt die Ergebnisse seiner Untersuchungen in Kurvenform zusammen, welche den Einfluß der Höhe des Arbeitslohnes bei den verschiedenen Bodenklassen zeigen. Die Kurven sind in den Fig. 1, 2, 3 wiedergegeben und wohl ohne weiteres verständlich.

Die Untersuchungen von Contag können als Anhaltspunkte bei der Beurteilung der Frage, ob Baggerbetrieb oder Handbetrieb vorteilhafter einzuführen

[1]) Mit dem Worte „Dampfschaufel" sind hier die Löffelbagger gemeint.

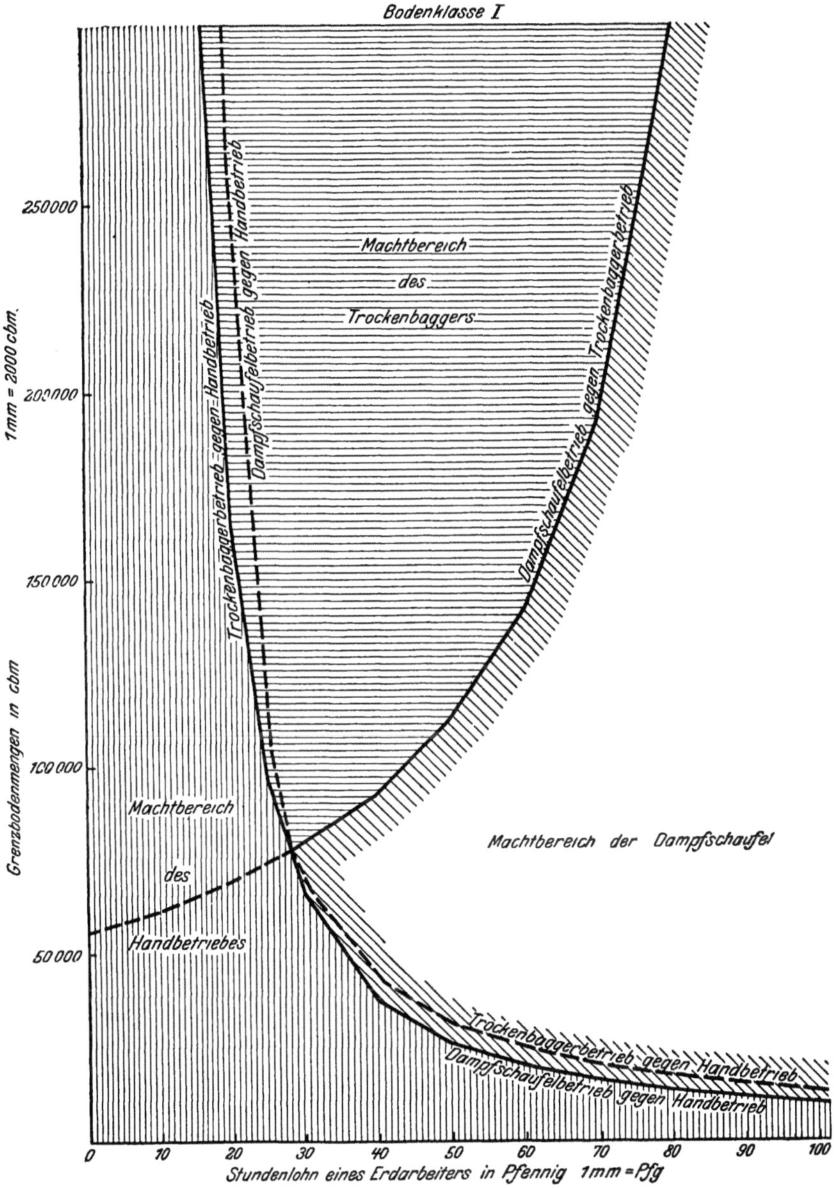

Fig. 1.

Wirtschaftlichkeit der Bodengewinnungsverfahren in Bodenklasse I. (Aus Zeitschrift des Vereins deutscher Ingenieure 1910, S. 1583.)

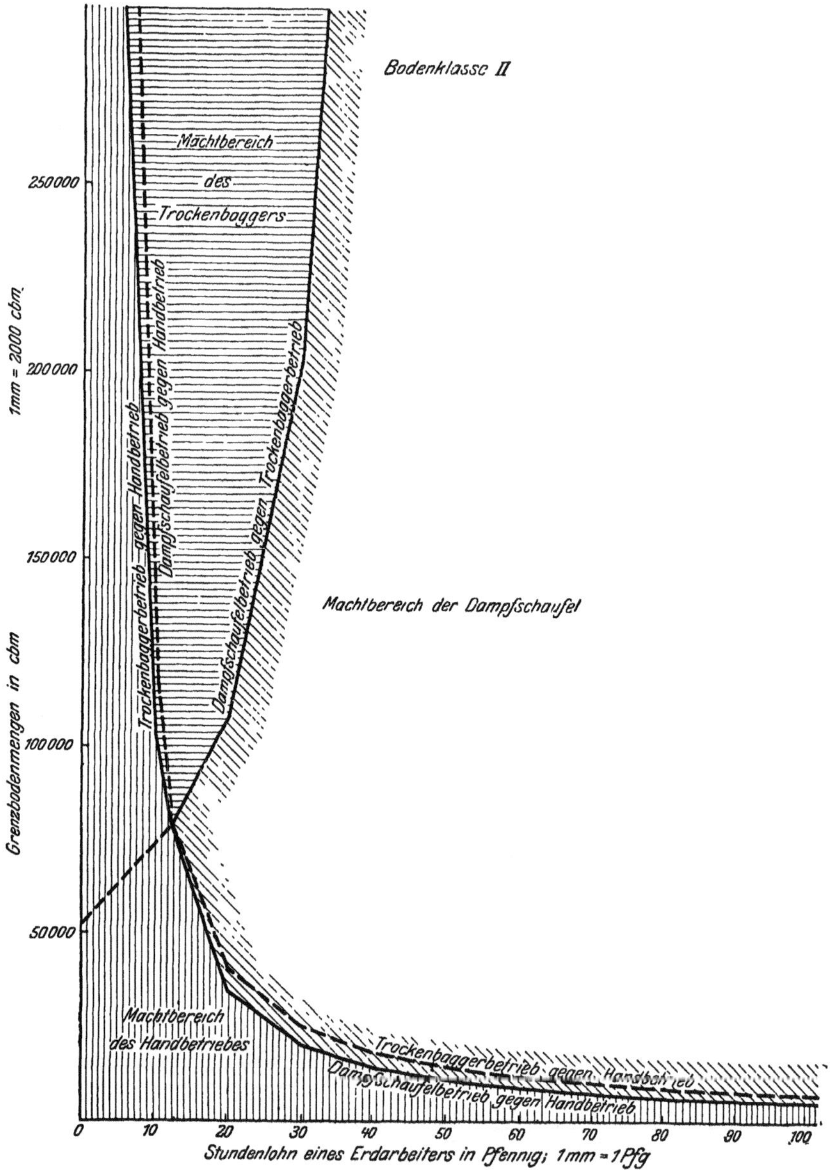

Fig. 2.

Wirtschaftlichkeit der Bodengewinnungsverfahren in Bodenklasse II (Aus Zeitschrift des Vereins deutscher Ingenieure, 1910, S. 1583).

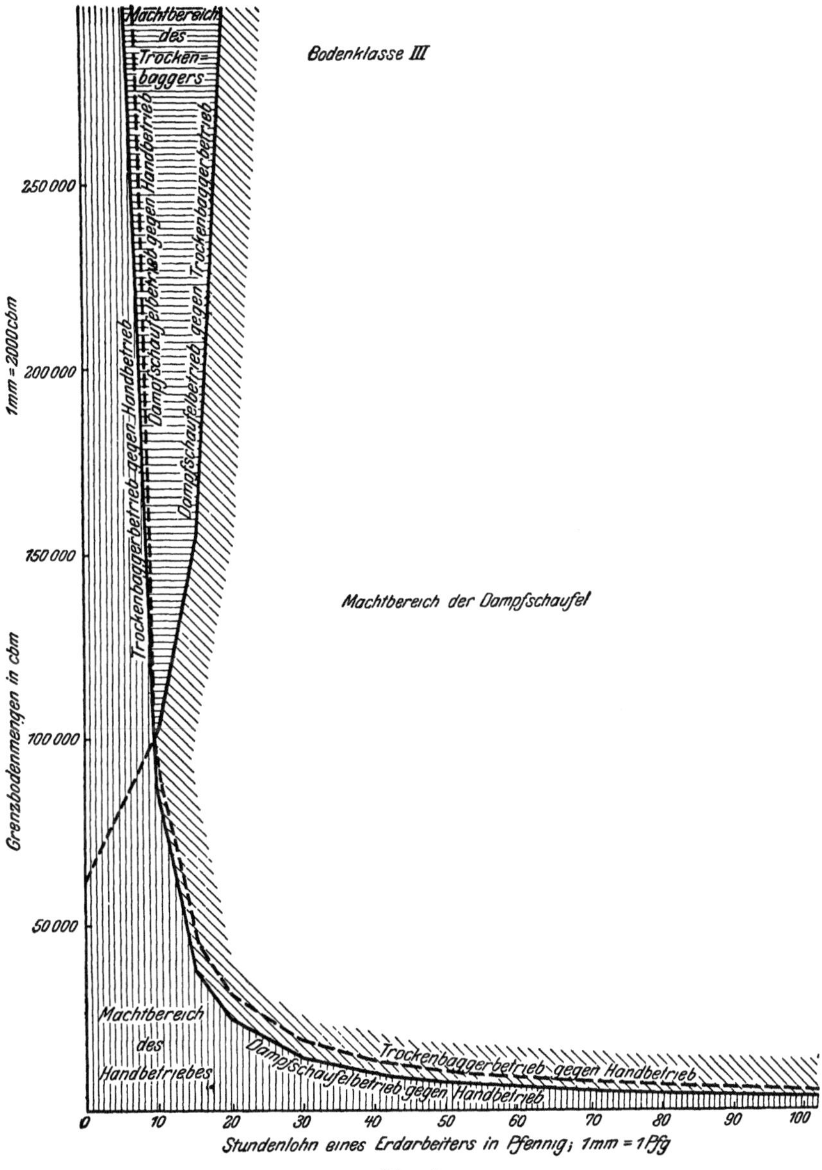

Fig. 3.

Wirtschaftlichkeit der Bodengewinnungsverfahren in Bodenklasse III (Aus Zeitschrift des Vereins deutscher Ingenieure, 1910, S. 1584).

ist, wertvolle Dienste leisten und zwar um so mehr, weil sie, soweit der Eimerkettenbaggerbetrieb in Frage kommt, sich auf die Spülversatzgewinnung in Oberschlesien, d. h. also eine spezifisch bergmännische Arbeit beziehen.

Welches von den drei Verfahren im Einzelfalle den Vorzug verdient, hängt lediglich von den örtlichen Verhältnissen ab, von den Löhnen, der Bodenbeschaffenheit, der verlangten Leistung und einigen anderen Faktoren, die sich aus dem Unterschiede in der Arbeitsweise der einzelnen Verfahren ergeben.

Zweiter Abschnitt.

Die Eimerkettenbagger.

A. Allgemeines.

Die Eimerkettenbagger gehören zu den Trockenbaggern mit ununterbrochener Förderung. Sie sind, wie bereits in der Einleitung erwähnt wurde, zuerst von Couvreux gebaut und fanden lange Jahre fast ausschließlich beim Bau von Kanälen und Eisenbahnen Verwendung, da sie gegenüber den Naß- und Schwimmbaggern nicht unerhebliche Vorteile besitzen, wie z. B. die Möglichkeit auch festere Bodenarten zu gewinnen, ein genaues Profil herzustellen usw. Ihre Einführung in den Braunkohlenbergbau erfolgte, wie schon mitgeteilt, erst in den neunziger Jahren, wo sie sich bald großer Beliebtheit zu erfreuen hatten und wesentlich zu dem großen Aufschwung des deutschen Braunkohlenbergbaus in den letzten beiden Jahrzehnten beitrugen.

Bei den Eimerkettenbaggern ist auf einer endlosen Kette, die über eine obere und eine untere Kettentrommel läuft, eine Anzahl muldenförmiger Eimer angeordnet, welche beim Umlauf der Ketten sich füllen und bei der Umkehrung der Kette ihren Inhalt in den Schütt-Trichter entleeren.

Der Antrieb der Eimerkette wird gewöhnlich von einer Antriebsmaschine aus bewirkt, die zu gleicher Zeit mit Hilfe verschiedener Kupplungen auch die anderen Triebwerke des Baggers, das Fahr- und Leiterhebewerk bedient.

Als Antriebskraft wird meist Dampf benutzt, der entweder in einem besonderen Kessel erzeugt wird, oder Kessel und Antriebsmaschine sind wie bei den Lokomobilen unmittelbar zusammengebaut.

Neuerdings ist auch der elektrische Antrieb mehr und mehr in Aufnahme gekommen, wobei man entweder wie bei den Dampfbaggern alle Bewegungen von einem einzigen Motor ableitet oder für jede Bewegung einen besonderen Motor verwendet.

Für kleine Bagger nimmt man auch wohl Verbrennungsmotoren als Antriebsmaschinen, doch bis jetzt nur in ganz vereinzelten Fällen.

Bei den Eimerkettenbaggern haben sich im Laufe der Zeit zwei Ausführungsformen herausgebildet, die sog. Hochbagger und Tiefbagger, welche sich durch die Art der Bodenaufnahme voneinander unterscheiden. Der Hochbagger baggert an einem hohen Arbeitsstoße und fördert das gebaggerte Gut abwärts, während der Tiefbagger den Boden unterhalb seines Aufstellungsortes aushebt und ihn ansteigend befördert.

Die Unterschiede zwischen beiden Systemen sind neuerdings insofern etwas verwischt, als die Eimerkettenbagger mit auswechselbarer Eimerleiter und Kette versehen werden, wodurch je nach Bedarf ein Arbeiten des Baggers als Hoch- sowie als Tiefbagger ermöglicht wird.

B. Die Einzelteile des Tiefbaggers.

I. Die Eimer.

Die Baggereimer sind beim Tiefbagger vorn offene, nach hinten aufgebogene Mulden aus Flußeisenblech; ihre vordere Kante ist, um das

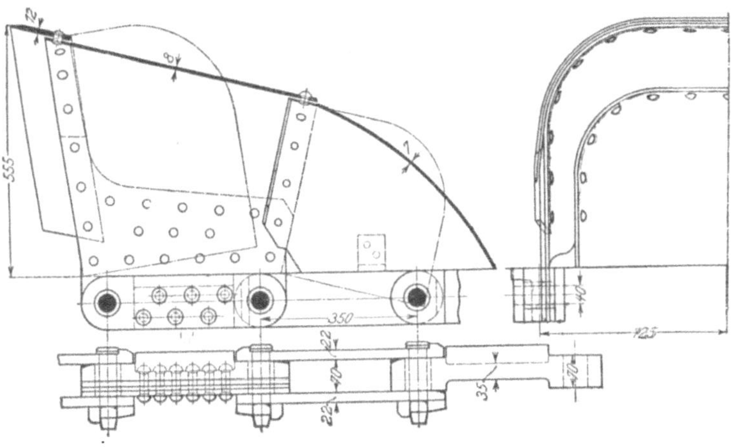

Fig. 4a.
Offener Baggereimer eines Tiefbaggers. (Aus Zeitschrift des Vereins deutscher Ingenieure, 1908, S. 1702.)

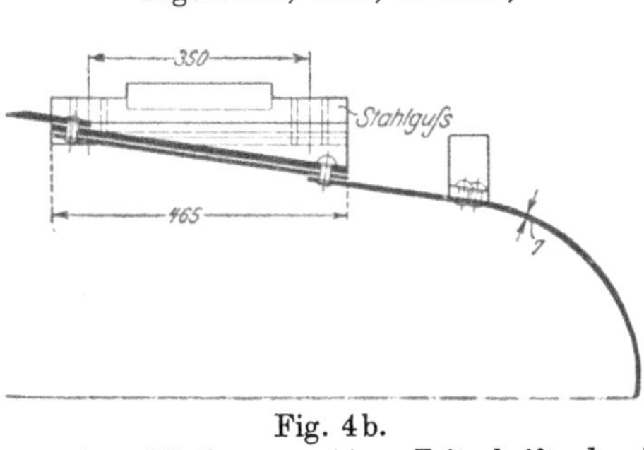

Fig. 4b.
Offener Baggereimer eines Tiefbaggers (Aus Zeitschrift des Vereins deutscher Ingenieure, 1908, S. 1702.)

Eindringen in das Gebirge zu erleichtern, als Schneidkante ausgebildet. An den Seitenwangen sind Verstärkungsbleche angeordnet, an denen die Eimerschaken aus Stahlguß befestigt sind (Fig. 4a, b, 5 und 6)[1]. Am hinteren Ende des Baggereimers sind Winkel befestigt, welche den Eimer bei der Grabearbeit in seiner Lage halten.

Bei härterem, schlechter zu bearbeitenden Boden erhalten die Eimer sog. Aufreißzähne zum Auflockern des Bodens, welche auf die Schneidmesser gesetzt werden.

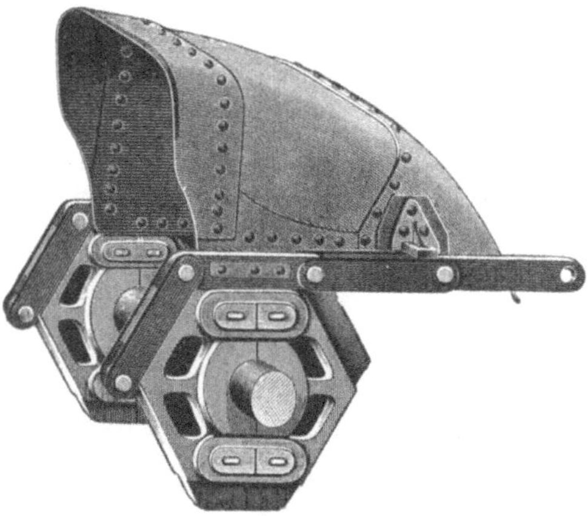

Fig. 5.
Rückwärtseinschneidender Baggereimer von Orenstein & Koppel.

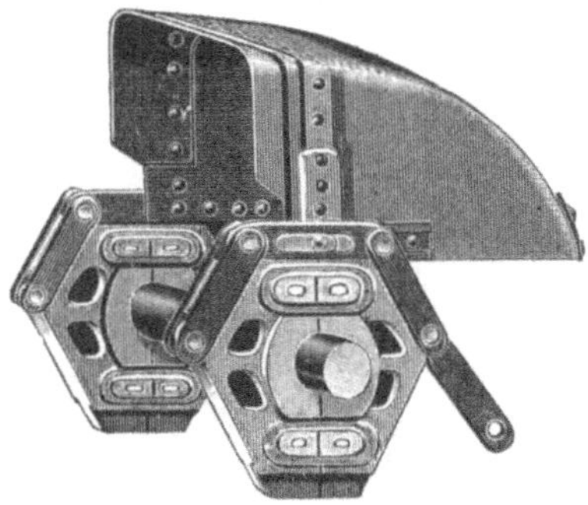

Fig. 6.
Rückwärtseinschneidender Baggereimer von Orenstein & Koppel.

Das Fassungsvermögen der Eimer ist bei den einzelnen Bauarten verschieden und richtet sich ganz nach der Bodenart. Im allgemeinen kann man jedoch mit folgendem Inhalt rechnen:

Stundenleistung in cbm	25	50	60	70—90	120	150	180	240	300
Inhalt in Litern	25 bis 30	50 bis 60	60 bis 70	60 bis 70	100 bis 130	150 bis 180	180 bis 210	240 bis 270	300 bis 350

II. Die Eimerkette.

Die Eimerkette, auf der die Eimer befestigt sind, ist eine endlose Kette, welche aus einzelnen Schaken zusammengesetzt ist. Man hat bei der Eimerkette zu unterscheiden zwischen Eimer- und Nasenschaken, doppelten und einfachen Schaken. Die Eimerschaken sind am Eimer angenietet und bestehen, ebenso wie die Kettenglieder, welche den Baggerbecher tragen, aus Stahlguß. Die Nasenschake hat an den Enden eine Verstärkung, die sog. Nase, welche den Bolzen gegen Drehung

---

[1]) Richter, Zeitschrift d. Vereins deutscher Ingenieure 1908, S. 1702.

sichert. An diese beiden werden die einfachen Schaken angereiht. Die Verbindung der einzelnen Glieder miteinander erfolgt durch Bolzen. Alle Bolzenlöcher der einzelnen Kettenglieder sind zur Verringerung der Abnutzung mit auswechselbaren gehärteten Einsatzbüchsen aus Spezialstahl versehen. Aus ganz hartem Spezialstahl sind auch die Bolzen hergestellt.

Die Kette kann zwei-, vier-, sechs- oder achtteilig sein. Eine zweiteilige Kette findet sich zuweilen bei Hochbaggern; für gewöhnlich wird die Teilung der Kette so gewählt, daß jedes 4. oder bei großen Konstruktionen jedes 6., vereinzelt auch jedes 8. Glied mit einem Becher versehen wird. Es empfiehlt sich die Teilung der Kette nicht zu klein zu wählen, weil sonst der am Turas entleerte Eimer seinen Inhalt auf den nächstfolgenden Becher stürzt.

Die Eimer gehen auf der Oberseite der Eimerleiter hinab und steigen auf der Unterseite gefüllt empor.

Der Abstand zwischen den Eimern beträgt zwischen 840 und 2100 mm, die durchschnittliche Kettengeschwindigkeit zwischen 25 und 40 m in der Minute, entsprechend einer Sekundengeschwindigkeit von 0,4 bis etwa 0,7 m. Größere Kettengeschwindigkeiten haben leicht eine zu starke Abnutzung zur Folge.

III. Der Turas.

Die Eimerkette wird um je eine im oberen und unteren Ende verlagerte Kettentrommel, den sog. Turas, geführt. Der obere Turas, aus Stahlguß bestehend oder mit stählernen Kanten versehen, war bei den älteren Ausführungen vier- oder fünfseitig ausgebildet, der untere dagegen meist sechs- oder mehrseitig. Neuerdings ist man hiervon abgegangen und konstruiert den oberen Turas sechsseitig, um eine gleichmäßigere Bewegung zu erzielen. Zwecks leichterer Auswechslung wird der obere Turas meist zweiteilig ausgeführt.

Die untere Turasrolle wird jetzt gewöhnlich rund und aus Stahlguß hergestellt.

IV. Die Eimerleiter[1].

Die Eimerkette wird über die Eimerleiter geleitet. Diese ist verschieden gebaut, je nachdem ob die Eimerkette geführt oder nicht geführt wird. Bei zähem Material wird die Eimerkette meist geführt und die Eimerleiter besteht dann aus einem Gitterträger aus Winkel- oder Flacheisen, wobei die untere Gurtung als Führung für die Kette dient (Fig. 7). Bei nicht geführter Kette wird die Eimerleiter meist aus zwei U-Eisen-Längsträgern hergestellt, die durch einen Quer- und einen Diagonalverband miteinander verbunden sind (Fig. 8).

Die Eimerleiter ist möglichst dicht über dem Erdboden um eine Achse drehbar an einem kleinen Ausleger aufgehängt, der am Wagen-

[1]) Richter, Zeitschrift d. Vereins deutscher Ingenieure 1908, S. 1705.

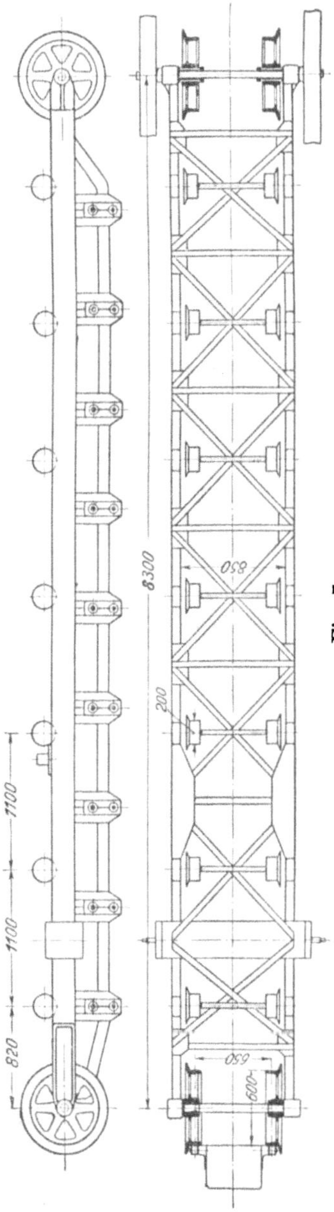

Fig. 7.
Eimerleiter für die geführte Kette eines Tonbaggers. (Aus Zeitschrift des Vereins deutscher Ingenieure, 1908, S. 1703.)

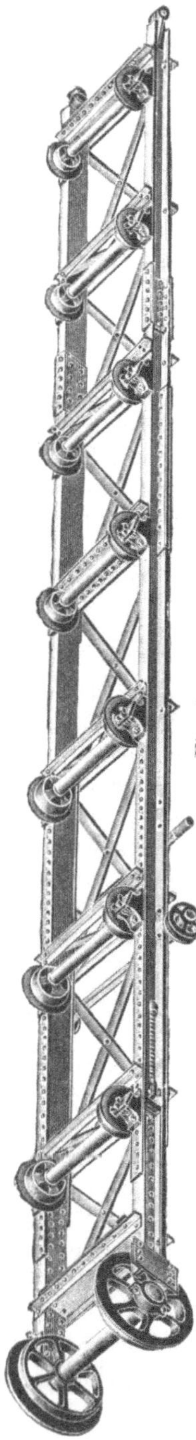

Fig. 8.
Eimerleiter von Orenstein & Koppel.

Fig. 9. Bagger von Gebr. Sachsenberg mit Eimerleiter und Ausleger.

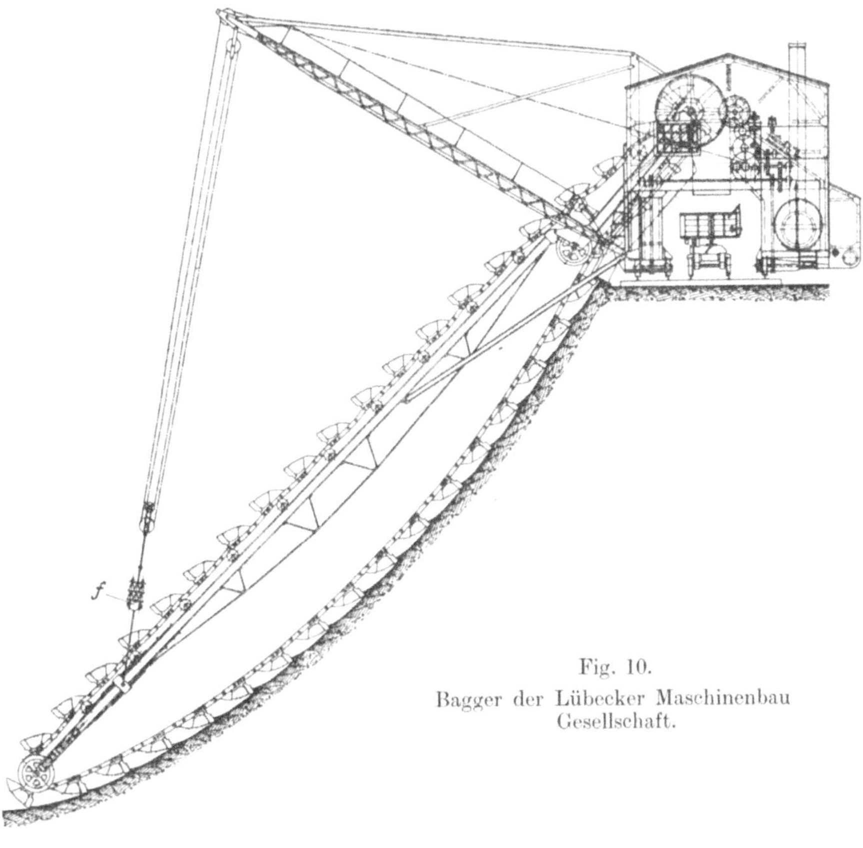

Fig. 10.
Bagger der Lübecker Maschinenbau Gesellschaft.

gestell angebracht ist (Fig. 9), im Gegensatz zu den älteren Ausführungen, bei denen die Leiter an der Turasachse hing (Fig. 10).

Die Einstellung der Eimerleiter in die gewünschte Lage erfolgt durch einen Kettenflaschenzug, der an dem unteren, freien Ende der Eimer-

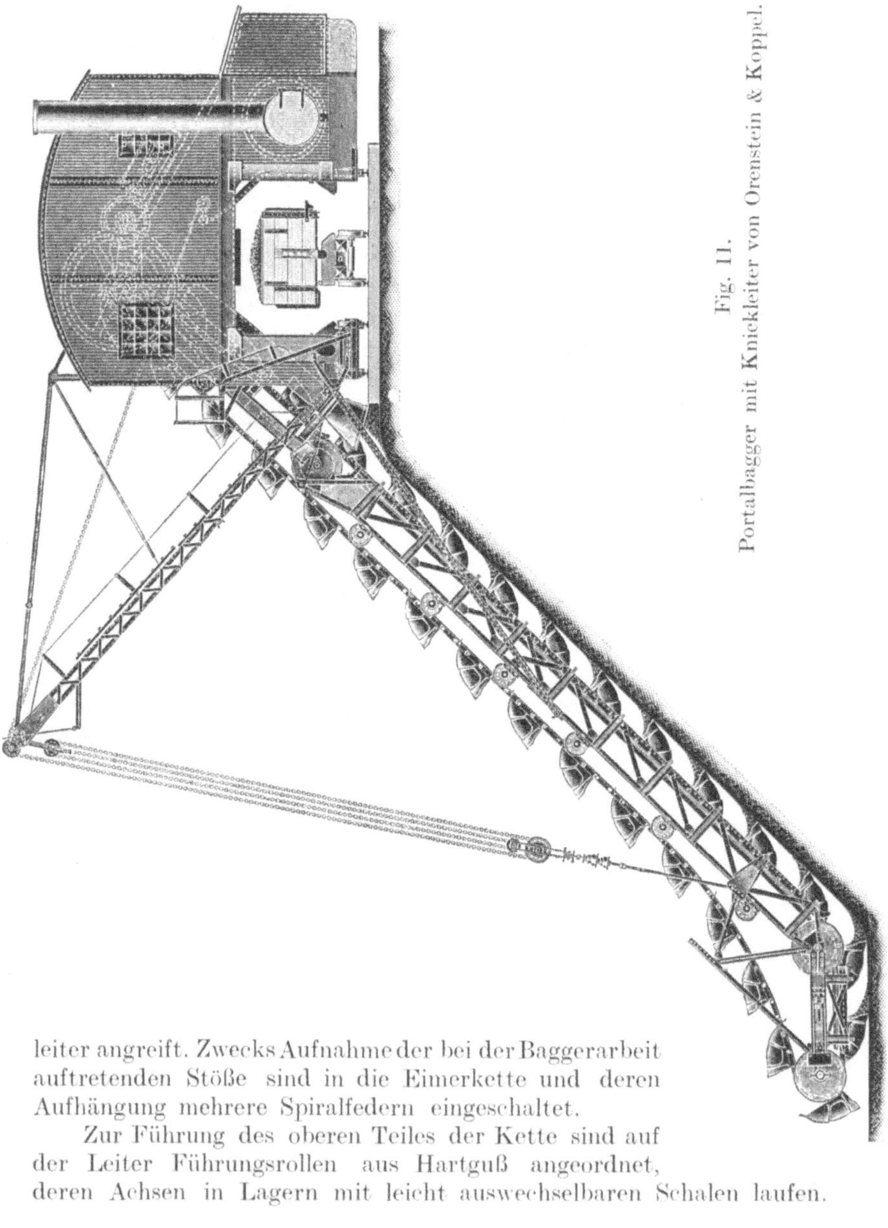

Fig. 11. Portalbagger mit Knickleiter von Orenstein & Koppel.

leiter angreift. Zwecks Aufnahme der bei der Baggerarbeit auftretenden Stöße sind in die Eimerkette und deren Aufhängung mehrere Spiralfedern eingeschaltet.

Zur Führung des oberen Teiles der Kette sind auf der Leiter Führungsrollen aus Hartguß angeordnet, deren Achsen in Lagern mit leicht auswechselbaren Schalen laufen.

Bei Baggern mit geführter Kette sind auch auf der Unterseite der Leiter Rollen vorhanden, auf denen die Kette läuft.

Die frei durchhängende Eimerkette, welche man auch Parabelkette nennt, besitzt eine gewisse Elastizität und kann infolgedessen unerwartet sich einstellenden Hindernissen ausweichen. Das Eindringen der Eimer in den Boden wird hierbei lediglich durch das Gewicht der Eimerkette bewirkt.

Den Baggern mit geführter Kette fehlt die Elastizität; dafür ist der Ausschlagwinkel der Leiter ein größerer; ferner kommt auch das unterste Ende zum Graben. Infolgedessen kann bei der letzteren Konstruktion die Kette kürzer sein. Bei härterem Boden wird eine frei durchhängende Kette geringere Leistungen erzielen als die geführte, da die Eimer dem größeren Widerstande ausweichen können. Auch gestattet die geführte Kette eine regelmäßigere Eimerfüllung infolge des gradlinigeren Schnittes und der hierdurch erzielten gleichmäßigeren Böschung.

Eine Abart der Eimerleiter mit geführter Kette ist die sog. Knickleiter, bei der die Leiter aus mehreren beweglich miteinander verbundenen Teilen besteht (Fig. 11). Bagger mit Knickleiter werden zum Herstellen von Kanalprofilen benutzt oder wenn verschiedene Bodenarten gleichzeitig und gesondert aufgenommen werden sollen. Sie finden neuerdings auch im Braunkohlenbergbau Anwendung.

V. Die Spannvorrichtung.

Zum Spannen der Kette ist die untere Umlenkrolle mit Hilfe eines Spannschlittens verstellbar. Die Anordnung einer solchen Spannvorrichtung ist aus Fig. 12 ersichtlich.

C. Die Einzelteile des Hochbaggers.[1] [2]

Die Hochbagger unterscheiden sich von den Tiefbaggern nur durch die Ausführung der Eimer, der Eimerkette und der Eimerleiter.

I. Die Eimer.

Die Eimer für Hochbagger bestehen aus Flußeisen und besitzen eine überall geschlossene Form (Fig. 13). Sie sind nicht unwesentlich kleiner als die für Tiefbaggerung bestimmten Eimer, infolgedessen ist auch der Eimerabstand geringer und beträgt nur vier Kettenteilungen.

II. Die Eimerkette.

Die Eimerkette besitzt eine Bewegungsrichtung, welche der bei den Tiefbaggern üblichen entgegengesetzt ist. Die Eimer steigen auf der Oberseite der Leiter geführt empor und hängen auf der Unterseite frei durch. Infolge dieser umgekehrten Bewegung kommt immer nur ein Eimer zum Graben, und in der hierfür zur Verfügung stehenden kurzen

[1] Handbuch d. Ing.-Wissensch. S. 195.
[2] Zeitschr. d. Vereins deutscher Ingenieure 1908, S. 1705.

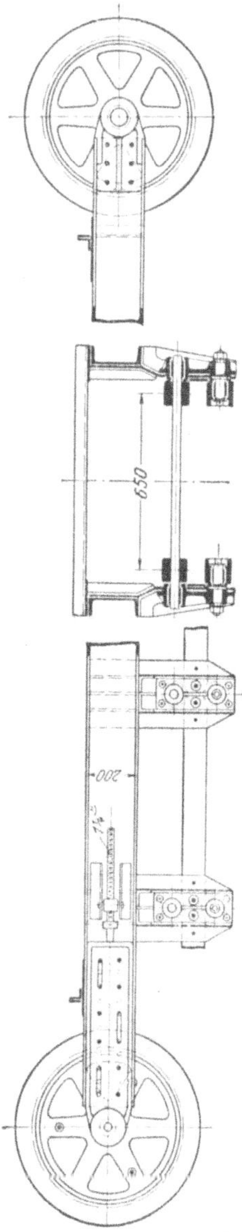

Fig. 12a.
Vorrichtung zum Spannen der Eimerkette.

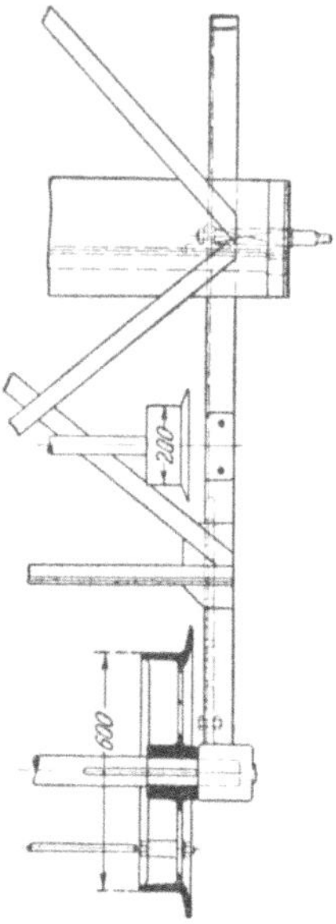

Fig. 12b.
Vorrichtung zum Spannen der Eimerkette.

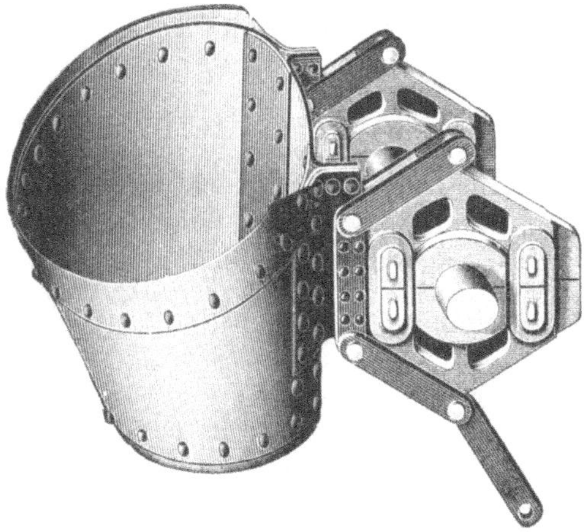

Fig. 13.
Vorwärtsschneidender Baggereimer von Orenstein & Koppel.

Spanne Zeit muß die Füllung des Eimers vor sich gehen. Die Kettengeschwindigkeit ist daher geringer als beim Tiefbagger und beträgt nur bis zu 0,4 m/sek. Die Anordnung der Kettenglieder ist die gleiche wie beim Tiefbagger.

III. Die Eimerleiter.

Die Eimerleiter besteht aus 2 U-Eisen-Längsträgern mit Querverbindungen aus Winkeleisen und Flacheisenverstrebungen. Ihr Drehpunkt liegt auf der Achse des oberen Turas; das untere Ende ist

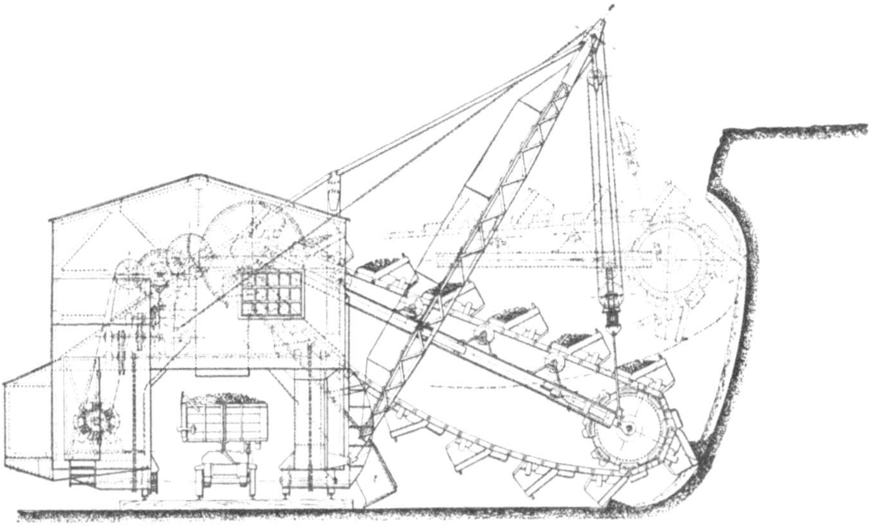

Fig. 14.
Hochbagger der Lübecker Maschinenbau-Gesellschaft.

an einem Ausleger durch einen Flaschenzug aufgehängt. Die Leiter selbst ist kürzer als bei den Tiefbaggern und wird, um ein Nachrutschen des Stoßes zu vermeiden, nicht über 5 m genommen (Fig. 14).

IV. Die Tiefbaggerkette.

An Stelle der eben besprochenen Kette, Eimer und Eimerleiter kann der Hochbagger auch eine Tiefbaggerkette und offene Eimer erhalten. Bei dieser Ausführung, welche neuerdings nicht selten angewandt wird, kommen gleichzeitig mehrere Eimer zum Eingriff, und es können genauere Böschungen hergestellt werden (Fig. 15). Solche Bagger sind bei Arbeiten in leicht nachfallendem Material von Vorteil, da sie eine Unterhöhlung des Stoßes vermeiden. Die Bewegungsrichtung der Kette ist dann die gleiche wie bei den Tiefbaggern.

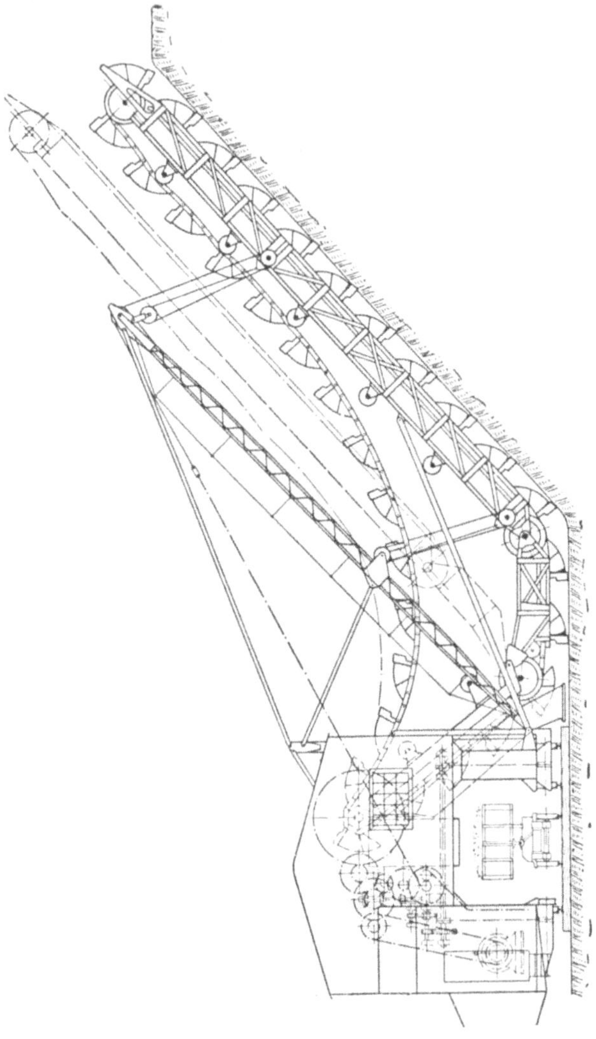

Fig. 15.
Hochbagger mit Tiefbaggerkette. (Aus Zeitschrift des Vereins deutscher Ingenieure, 1909, S. 1026.)

D. Das Baggergestell.

Das Baggergestell besteht aus dem der Fortbewegung dienenden Wagen und der Schüttrinne. Auf dem Wagen sind die Antriebsmaschinen und die Zubehörteile untergebracht, während die Schüttrinne das gebaggerte Gut aufnimmt.

Die Ausführung des Baggergestells erfolgt in zwei verschiedenen Formen

1. als sog. Portalbagger und
2. als Schüttkastenbagger.

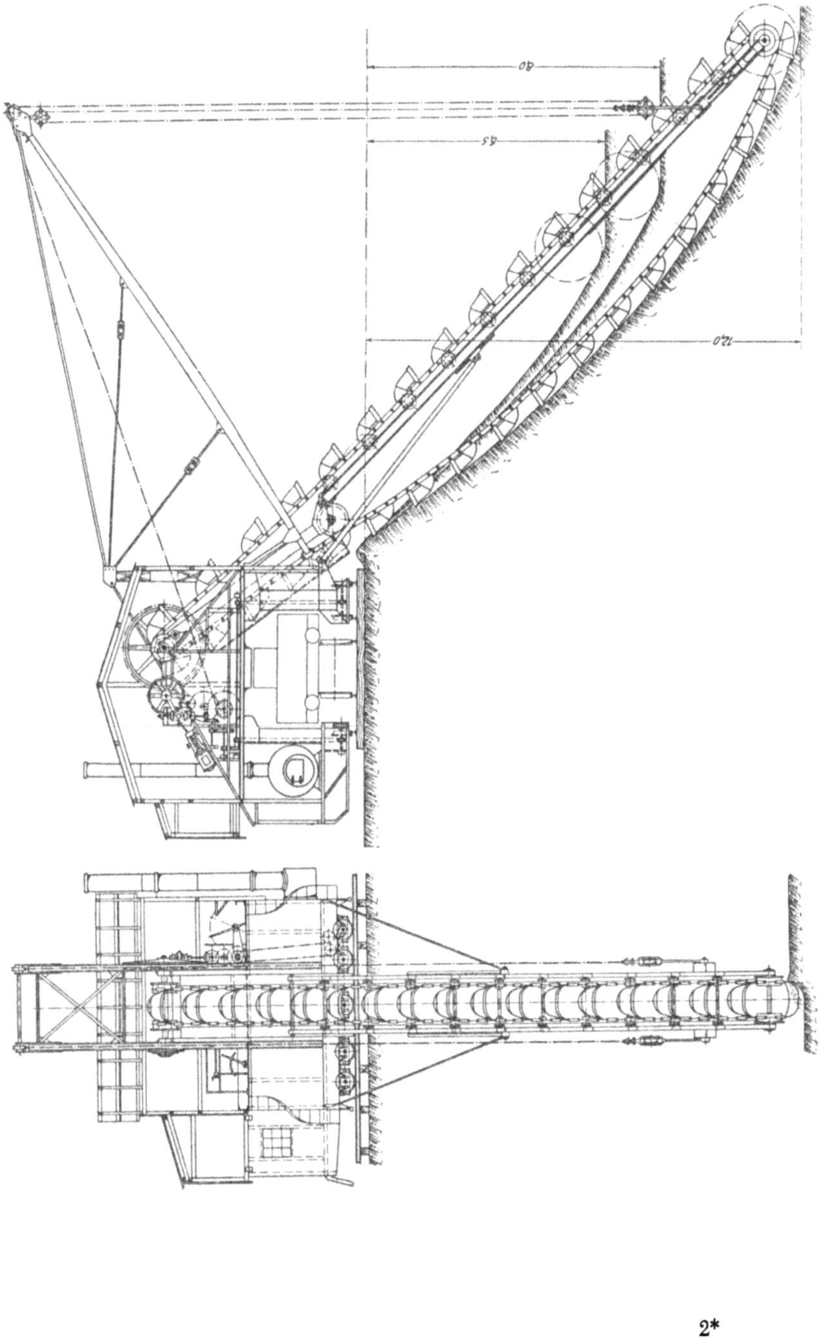

Fig. 16.
Portalbagger der Dresdener Maschinenfabrik und Schiffswerft A.-G. (Aus Zeitschrift des Vereins deutscher Ingenieure, 1908, S. 1767.)

I. Die Portalbagger.

Für große Leistungen, wo es also darauf ankommt, eine absolut kippsichere Konstruktion zu erhalten, baut man das Baggergestell in der Form eines Durchfahrtprofiles, das eine gute Ausnutzung des Eigengewichts ermöglicht.

Das Wagengestell des Durchfahrtprofilbaggers besteht aus dem vorderen Teile, der Leiterseite, und aus dem hinteren Teile, der Kesselseite. Auf diesen ruht das Sattelstück mit der Plattform, auf der das zum Schutz gegen Witterungseinflüsse dienende Wellblechhaus errichtet ist (Fig. 16).

Die Durchfahrtöffnung ist so groß bemessen, daß ein normaler Eisenbahngüterwagen sowie auch Lokomotiven unter dem Bagger hindurchfahren können. Über der Mitte der Durchfahrtöffnung ist die Verladetasche angeordnet; sie besteht aus einer Schurre, in deren Längsachse das Baggergut hinabgleitet. Das Fassungsvermögen der Verladetasche beträgt rund 1 cbm; infolgedessen kann der Bagger auch während des Wagenwechsels weiterarbeiten. Es muß dann nur die an der Unterseite befindliche Verschlußklappe geschlossen gehalten werden. Die Anordnung der Verschlußklappe[1]) erfolgt bei den neuen Konstruktionen der Lübecker Maschinenbau-Gesellschaft in der Weise, wie Figur 17 es zeigt. Am Schüttkasten S sind zwei Seitenöffnungen vorgesehen, welche eine gemeinsame Umstellklappe besitzen. Letztere wird durch den Hebel H so betätigt, daß abwechselnd die eine und die andere Seitenöffnung geschlossen oder geöffnet wird. Hat der Bagger den ersten Wagen beladen, so wird die Öffnung an dieser Seite geschlossen; während der Weiterfahrt des Baggers erfolgt dann das Beladen des zweiten Wagens.

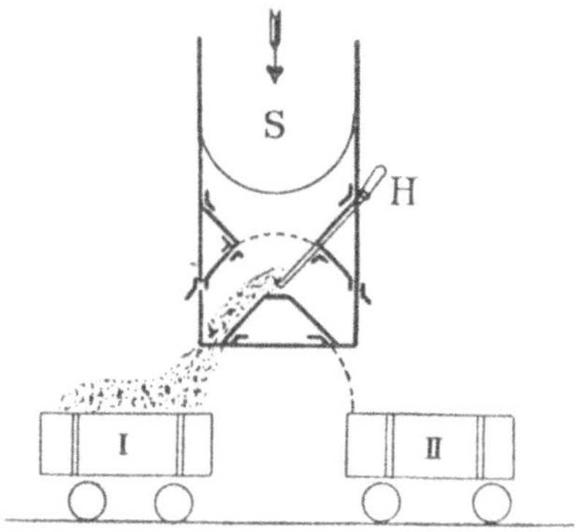

Fig. 17.
Schüttkasten der Bagger der Lübecker Maschinenbau-Gesellschaft. (Aus Handbuch der Ingenieur-Wissenschaften, Teil IV, Band I, S. 187).

Zur Bedienung der Schüttklappe sind mindestens 1 Mann, bei größeren Baggern sogar 2 Mann erforderlich. Neuerdings erfolgt die Bewegung der Klappe entweder durch einen kleinen Dampfzylinder oder bei den elektrisch betriebenen Baggern durch einen 1- oder 2-pferdigen Motor vermittels Schneckenvorgeleges.

[1]) Handbuch d. Ing.-Wissensch. S. 187.

Der eigentliche Baggerwagen ähnelt in der Form den Unterwagen der Eisenbahnfahrzeuge. Er ist gewöhnlich auf neun kräftigen Stahlachsen mit Stahlradsätzen montiert. Die Längsträger der Wagen sind durch Querverbindungen und Diagonalverstrebungen verbunden. Zur Aufnahme des Gleichgewichtsdruckes des ganzen Baggerapparates auf die Antriebsachsen sind kräftige, sich auf die Kopfstücke der Achsenlager stützende Plattenfedern vorhanden, welche etwaige Unregelmäßigkeiten der Gleise ausgleichen.

Der Baggerwagen läuft auf drei Schienen, von denen zwei in einem Abstande von 600 bis 900 mm an der Stoßkante angeordnet sind, um diese zu entlasten. Die Spurweite zwischen den beiden äußeren Schienen beträgt 4000 bis 5000 mm.

Von großer Bedeutung ist bei den Baggern von so hoher Leistung die Frage der Ausbalanzierung, welche bei den mit Dampf betriebenen immerhin leichter zu lösen ist als bei denen mit elektrischem Antrieb.

Infolge der Zunahme der Fördertiefe hat sich das Gewicht der Einzelteile so vermehrt, daß Konstruktionsgewichte von 100 t nicht selten sind. Zur Ausbalanzierung werden deshalb Dampfkessel, Antriebsmaschine, Kohlenbehälter und Wasserbehälter auf der dem Stoß abgekehrten Seite untergebracht. Von der Art der Gewichtsverteilung bei einem Bagger von 13 m Fördertiefe und etwa 100 t Konstruktionsgewicht gibt die folgende Tabelle ein Bild, welche von Richter [1]) angegeben ist:

Gewicht der Eimerleiter nebst Ausleger	rd.	20 000 kg
Gewicht des Wagengestelles	„	20 000 „
Gewicht des Kessels einschließlich Wasservorrat	„	20 000 „
Gewicht der Maschine und der Getriebe	„	20 000 „
Gewicht des zusätzlichen Ballastes	„	20 000 „
	Summa	100 000 kg

Das Gewicht eines Portalbaggers von Cäsar Wollheim mit 200 cbm stündlicher Leistung setzt sich nach Angabe der Firma, wie folgt, zusammen:

Gewicht der Leiterseite	rd.	5 200 kg
„ der Kesselseite	„	7 200 „
„ des Sattelstückes	„	6 000 „
„ des Baggerhauses	„	4 400 „
„ des Kessels	„	5 600 „
„ der Eimerleiter	„	10 000 „
„ des Auslegers	„	4 100 „
„ der Maschine	„	3 500 „
„ der Eimerkette	„	10 000 „
	Summa	56 000 kg

Bei den Baggern mit elektrischem Antrieb, bei denen Dampfmaschine, Dampfkessel, Wasser- und Kohlenbehälter fortfallen, und hierfür nur ein oder mehrere Motoren als Ersatz eintreten, hilft man sich dadurch, daß man den Elektromotor möglichst weit herausbaut. Das eigentliche Gegengewicht wird dann ebenfalls weit herausgebaut und kann infolgedessen wesentlich kleiner ausfallen (Fig. 18).

Der Ballast wird meist in Form von alten Eisenbahnschienen in einem Behälter auf der Kesselseite untergebracht. Zuweilen ordnet man auch das Gegengewicht auf- und abbeweglich an.

Das Baggerhaus ist mit genügenden Fenstern ausgestattet, damit der Baggerführer jederzeit einen freien Überblick hat. Es enthält außer-

[1]) Zeitschr. d. Vereins deutscher Ingenieure 1908, S. 1769.

dem noch bei den größeren Baggern mit elektrischem Antrieb eine kleine elektrische Beleuchtungsanlage, die aus mehreren Glühlampen besteht. Bei kleineren Baggern behilft man sich, wenn elektrisches Licht nicht vorhanden ist, mit Fackeln oder Azetylenbeleuchtung.

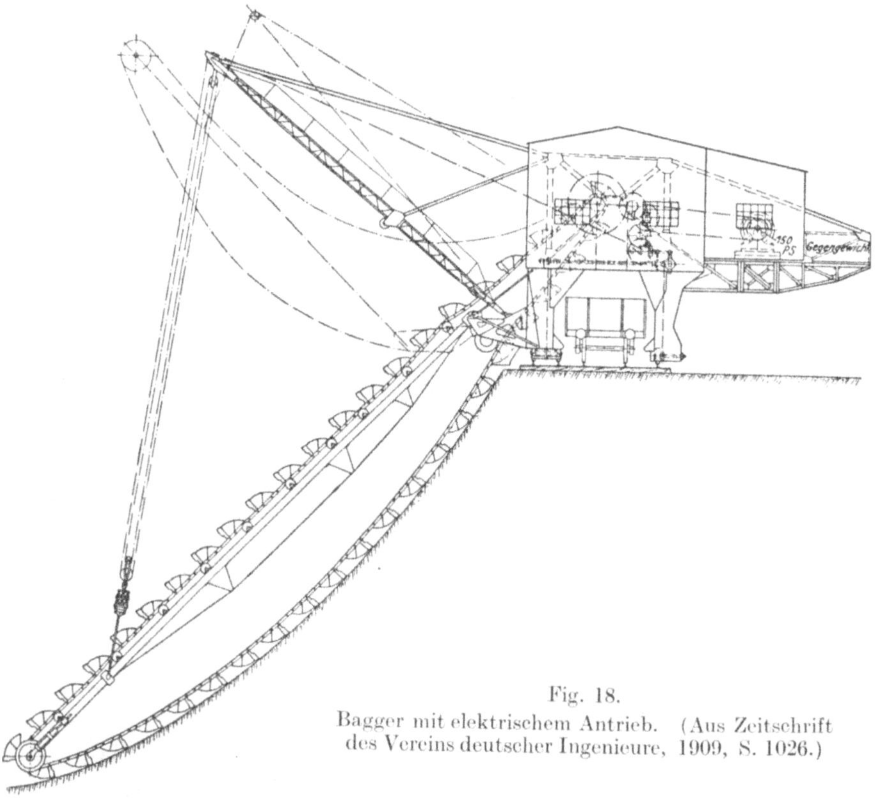

Fig. 18.
Bagger mit elektrischem Antrieb. (Aus Zeitschrift des Vereins deutscher Ingenieure, 1909, S. 1026.)

Im Baggerhause sind auf der Kesselseite noch der Wasser- und Kohlenbehälter untergebracht. Auch ist ein Werkzeugschrank vorhanden.

Die außen liegenden Triebwerkteile, vor allem der Antrieb für die Eimerleiter und die Eimerkette können von besonderen Bedienungsgalerien nachgesehen werden.

II. Die Schüttkastenbagger.

Bagger von Schüttkastenform finden nur bei kleineren und mittleren Leistungen Verwendung. Sie laufen meistens auf 2, seltener auf 3 Schienen und kommen infolgedessen auch mit der geringeren Zahl von 2, 3—6 Achsen aus (Fig. 19).

Der allgemeine Aufbau des Baggergestelles unterscheidet sich vom Portalbagger dadurch, daß die Beladung der Wagen hinter dem Bagger stattfindet. Infolgedessen ist der Schüttkasten, welcher auf dem hinteren Teile des Unterwagens ruht, zugleich mit dem Gegengewicht zur Ausbalanzierung weit herausgeschoben, wodurch dieses nicht unwesentlich verringert werden kann. Der Schüttkasten ist auch hier mit einer Verschlußklappe versehen, welche von einem Mann bedient wird, der seinen Stand auf der ebenfalls weit herausgebauten Plattform in der Höhe des oberen Turas hat. Der untere Teil des Schüttkastens kann gelenk-

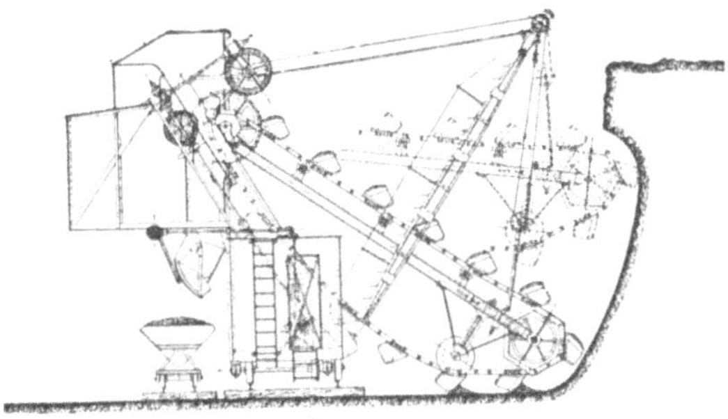

Fig. 19.
Hochbagger der Lübecker Maschinenbau-Gesellschaft.

oder fernrohrartig ausgebildet werden; hierdurch wird verhindert, daß ein Teil des geförderten Gutes zwischen die Schienen fällt.

Man kann die Schüttklappe aber auch wie beim Portalbagger anordnen.

Das Wagengestell besteht aus dem Unterwagen mit dem Dampfkessel, der Antriebsmaschine, den Achsen und Laufrädern, aus dem Oberwagen und der Transmission. Der Dampfkessel ist auf der dem Stoße abgekehrten Seite untergebracht, während die Antriebsmaschine und die Königswelle auf der entgegengesetzten Seite angeordnet sind. Wasser- und Kohlenbehälter befinden sich neben dem Dampfkessel. Der erforderliche Ballast ist in einem Ballastkasten untergebracht, der sich hinter dem Schüttkasten befindet.

Das Gewicht eines Schüttkastenbaggers mittlerer Leistung ohne Ballast der Firma Cäsar Wollheim setzt sich, wie folgt, zusammen:

Unterwagen	rd.	13 000 kg
Oberwagen	„	15 000 „
Eimerleiter	„	5 000 „
Schüttkasten	„	4 000 „
Schutzhaus	„	2 400 „
Eimerkette	„	6 000 „
Ausleger	„	2 500 „
	Summa	47 900 kg

Die sonstige Einrichtung des Baggerwagens ist die gleiche, wie sie bei den Portalbaggern getroffen wird.

III. Der Antrieb.

Ein jeder Bagger hat 3 voneinander verschiedene Bewegungen auszuführen und zwar:

1. Die Drehung der Eimerkette,
2. Die Fortbewegung des Baggerwagens auf den Gleisen,
3. Das Senken und Heben der Eimerleiter mit Hilfe des Flaschenzuges.

1. Die Drehung der Eimerkette findet ununterbrochen statt, indem die Eimer mit gleichbleibender Geschwindigkeit an der Böschung vorbeigeführt werden und sich hierbei füllen.

2. Die Fortbewegung des Baggers in seitlicher Richtung muß ebenfalls ununterbrochen erfolgen, um den Baggereimern ständig neue Angriffsflächen zu bieten. Sie hängt von der Förderleistung der Eimer und dem Fassungsvermögen der Wagen ab, welche das geförderte Gut aufnehmen. Beide Bewegungen, die der Eimerkette sowohl wie die des Wagens lassen sich in einfachster Weise von einer einzigen Maschine bewerkstelligen, die zu diesem Zweck mit verschiedenen Übersetzungen versehen wird.

3. Während diese beiden Bewegungen ständig auszuführen sind, braucht die dritte, das Heben und Senken der Eimerleiter, nur von Zeit zu Zeit erfolgen. Infolgedessen läßt man auch diese Bewegung meist von der gleichen Antriebsmaschine ausführen.

Bagger, bei denen, wie hier angegeben, sämtliche Bewegungen von einer einzigen Maschine bewerkstelligt werden, heißen Einmotorenbagger im Gegensatz zu den Mehrmotorenbaggern, bei welchen zwei oder drei Antriebsmaschinen, für jede Bewegung eine gesondert, vorgesehen sind.

Die deutschen Bagger gehören fast sämtlich dem Einmotorensystem an. Auch bei den Baggern mit elektrischem Antrieb verwendet man in der Regel einen Motor; nur bei den ganz großen Baggern gehen namhafte Firmen wie die Lübecker Maschinenbaugesellschaft neuerdings zur Mehrmotorenbauart über.

Die Antriebsmaschinen werden gewöhnlich mit Dampf, neuerdings auch wohl elektrisch betrieben. Bei kleinen Leistungen benutzt man auch vereinzelt Verbrennungsmotoren.

a) Dampfantrieb.

1. Dampfkessel.

Der zum Betriebe erforderliche Dampf wird in liegenden zylindrischen Heizröhrenkesseln mit Innenfeuerung und 15 bis 100 qm Heizfläche erzeugt, welche früher mit $7\frac{1}{2}$ bis $8\frac{1}{2}$, neuerdings mit 8 bis 11 Atmosphären Überdruck arbeiten. Bei den kleineren Kesseln ist das Röhrensystem ausziehbar angeordnet, um eine gründliche Reinigung der Kessel leichter vornehmen zu können.

Außerdem finden auch Quersiederohrkessel Verwendung.

Als Brennmaterial dienen Braunkohlenbriketts, Steinkohlen oder Steinkohlenbriketts, die ebenso wie das erforderliche Wasser in Bunkern mitgeführt werden, deren Fassungsraum jedoch beschränkt ist. Zur Ergänzung des Brennmaterials und des Wassers müssen deshalb von Zeit zu Zeit Kohlentender und Wasserwagen auf den Abfuhrgleisen bis zum Bagger gebracht werden.

2. Antriebsmaschine.

Als Antriebsmaschinen werden bei täglichen Leistungen bis zu 1000 cbm in leichtem Boden und etwa 600 cbm in schwerem Boden Lokomobilen oder stehende Dampfmaschinen verwandt.

Die Lokomobilen arbeiten mit etwa 140—240 Umläufen in der Minute und entwickeln gewöhnlich 40—50 Pferdestärken.

Die stehenden Dampfmaschinen sind in der Regel einfach wirkend und leisten bei 150—250 Umläufen in der Minute bis zu 40 Pferden.

Bei größeren Leistungen finden fast ausschließlich liegende Zwillings- oder Verbundmaschinen mit 75—175 PS bei etwa 240 Umläufen in der Minute Anwendung, welche mit Umsteuerung und Auspuffbetrieb arbeiten.

Als Steuerungsorgan dient bei den meisten Maschinen ein Rund- oder Flachschieber, nur die Dresdener Maschinenfabrik benutzt nach Angabe von Richter[1]) eine Kulissensteuerung, und zwar die Stephensonsche Steuerung.

3. Übertragung des Antriebes.

Die Antriebsmaschine arbeitet auf die Hauptantriebswelle, von der aus die Kraft auf die einzelnen Triebwerke durch Zahnräder, Kuppelungen usw. übermittelt wird.

Der Antrieb der Eimerkette erfolgt bei den kleineren Typen von der Hauptantriebswelle durch Riemen und Zahnradvorgelege, bei den größeren direkt durch Kegel- und Stirnräder. In das Turasvorgelege ist eine Reibungskuppelung eingebaut, damit bei plötzlich auftretenden großen Widerständen in der Eimerkette die Kuppelung sich von selbst ausschaltet.

Die Kuppelung kann auch als hydraulische Kuppelung ausgebildet sein.

Der Antrieb des Fahrtriebwerkes erfolgt von der Hauptwelle unter Zwischenschaltung einer Kuppelung durch konische Räder mit Reibungskuppelung, durch Stirnräder oder durch Schneckengetriebe. Der Antrieb der Achsen untereinander erfolgt durch Gallsche Ketten,

[1]) Zeitschr. d. Vereins deutscher Ingenieure 1908, S. 1766.

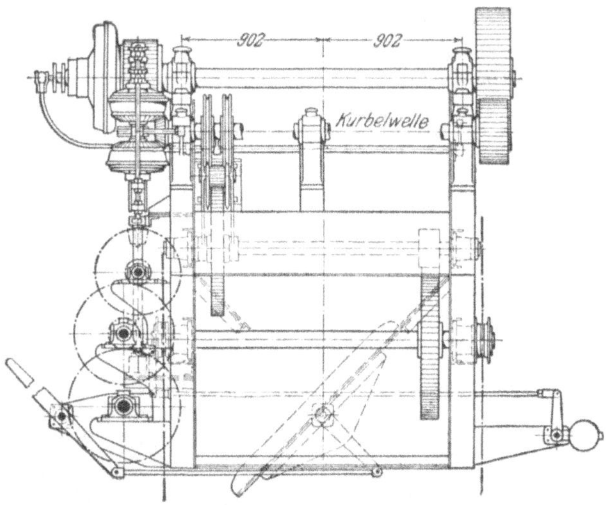

Fig. 20.
Antrieb eines Portalbaggers der Dresdener Maschinenfabrik und Schiffswerft A.-G.
(Aus Zeitschrift des Vereins deutscher Ingenieure, 1908, S. 1766.)

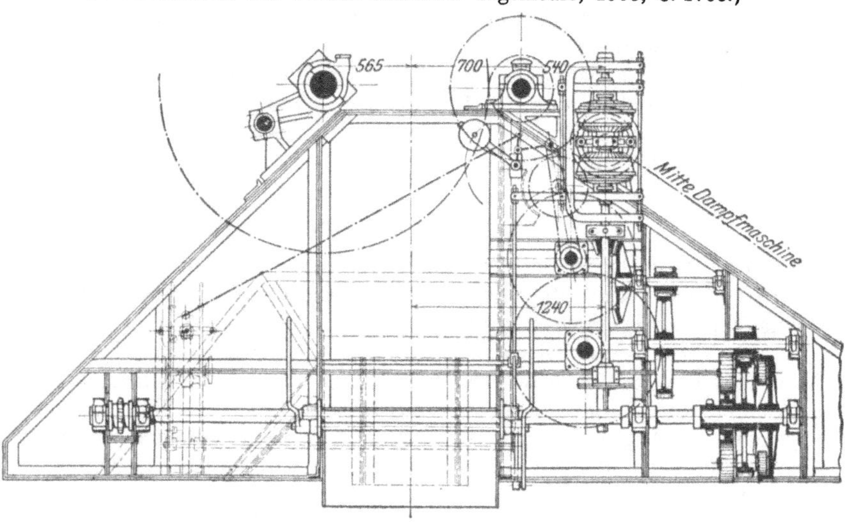

Fig. 21.
Antrieb eines Portalbaggers der Dresdener Maschinenfabrik und Schiffswerft A.-G.
(Aus Zeitschrift des Vereins deutscher Ingenieure, 1908, S. 1766.)

in welche federnde Spannvorrichtungen eingebaut werden, um ein Längen der Kette zu verhüten.

Die Leiterwinde wird durch Reibungsräder, durch Schnecke und Schneckenrad und auch durch Riemen von der Hauptwelle angetrieben.

Die Schüttklappe wird bei den kleineren Baggern mittels Hebel und Handwinde, bei den größeren durch einen kleinen Dampfzylinder betätigt, der vom Baggerführer gesteuert wird.

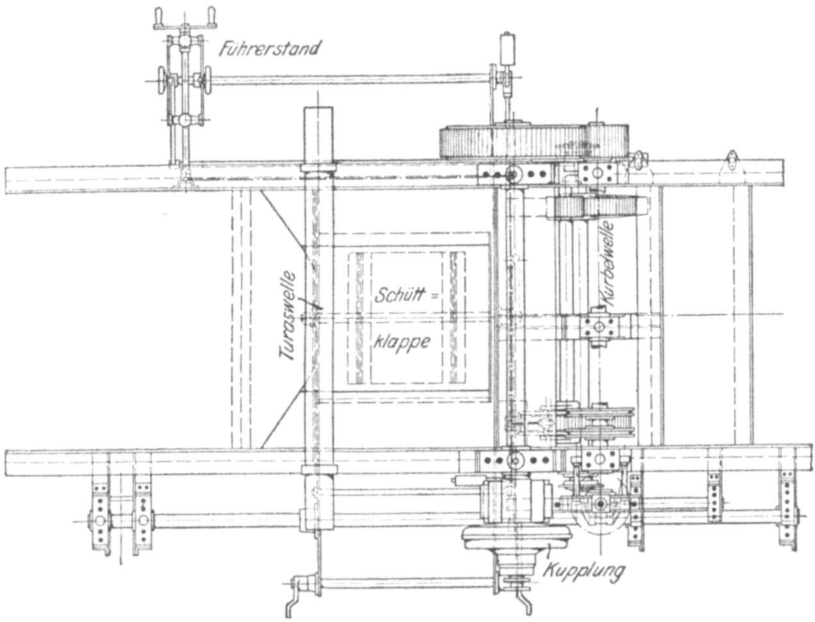

Fig. 22.
Antrieb eines Portalbaggers der Dresdener Maschinenfabrik und Schiffswerft A.-G. (Aus Zeitschrift des Vereins deutscher Ingenieure, 1908, S. 1766.)

Die Anordnung des Antriebes im einzelnen bei einem Portalbagger der Dresdener Maschinenfabrik und Schiffswerft A.-G. zeigen die Fig. 20, 21 und 22.

Sämtliche Bewegungen des Baggers können mit Hilfe der verschiedenen Handhebel eines Steuerständers von dem im Maschinenraume stehenden Baggerführer bewirkt werden.

b) Elektrischer Antrieb.

1. Stromart.

Beim elektrischen Antrieb richtet sich die Konstruktion des Motors nach der Art des verwendeten Stromes, der entweder Gleichstrom oder Drehstrom ist. Man könnte auch Wechselstrom anwenden; er kommt aber deshalb nicht in Frage, weil die auf Gruben im Betrieb stehenden Zentralen entweder für Gleichstrom oder für Drehstrom eingerichtet sind. Gleichstrom erweist sich insofern vorteilhafter, als er eine weitgehende Änderung der Umdrehungszahl zuläßt, während der Drehstrommotor ständig mit der gleichen Zahl von Umgängen arbeitet. Die gebräuchlichen Spannungen sind 220 bis 500 Volt.

2. Zuleitung.

Die Zuleitung des elektrischen Stromes erfolgt von außen durch blanke Kupferdrähte, welche an 5 bis 7 m hohen Holzmasten befestigt sind. Das Anschlußstück zwischen dem letzten Maste und dem Bagger muß leicht beweglich sein. Hierzu benutzt man entweder zwei bzw. drei Schleifleitungen, oder man verwendet Schienen. Im ersten Falle bestehen die Leitungen aus blanken Kupferdrähten, die an besonderen Tragkonstruktionen angebracht sind und mit dem Gleisrücken verrückt und durch Spannseile oder Gewichte gegen Umfallen gesichert werden (Fig. 23). Zwischen der beweglichen Leitung und dem Bagger ist ein fliegendes Kabel von etwa 50 m Länge eingeschaltet, dessen Ende in einen Messinghaken ausläuft, der auf die bewegliche Leitung gehängt wird und auf ihr gleiten kann (Fig. 24). An den Stellen, wo Isolatoren vorhanden sind, wird der Haken mit einer Holzstange herübergehoben.

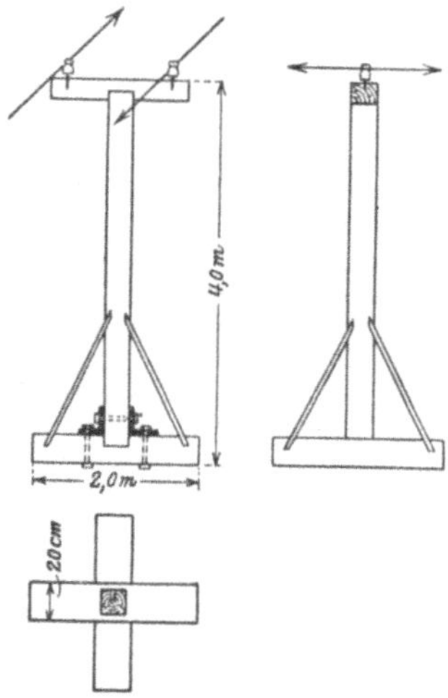

Fig. 23.

Masten der Stromleitung zum Bagger (Aus Zeitschrift für Berg-, Hütten- und Salinenwesen 1903, S. 76.)

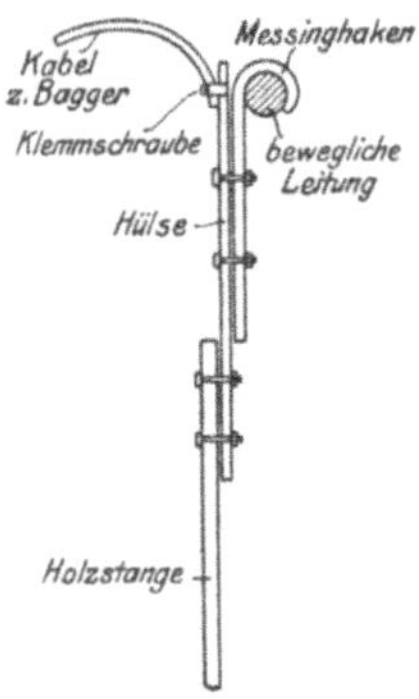

Fig. 24.

Erfolgt die Stromzuführung durch Schienen, so benutzt man gewöhnliche, an den Enden verzinnte Grubenschienen, welche mit 1,4 m Entfernung voneinander in Porzellan-Isolatoren liegen, die in die Schwellen des Baggergleises in 5 bis 7 m Abstand eingebohrt sind. Die Schienenstöße sind an der Außenseite mit Eisenlaschen, an der Innenseite mit verzinnten Kupferlaschen zur Weiterleitung des Stromes versehen. Eine Sicherung gegen Berühren ist nicht vorhanden.

Die Zuleitung durch ein bewegliches Kabel dürfte vom Sicherheitsstandpunkte aus vorzuziehen sein, wenn auch das Umstellen der Böcke viel Arbeit erfordert.

3. Die Antriebsmaschinen.

Während bei den mit Dampf betriebenen Baggern der Einmotorenantrieb die Regel bildet, kommt bei den elektrisch betriebenen neuerdings für große Leistungen auch der Mehrmotorenantrieb in Anwendung, indem die einzelnen Triebwerke und meist auch die Schüttklappe sämtlich je einen Motor erhalten. Durch die Ausrüstung mit 3 oder 4 Motoren wird eine größere Übersichtlichkeit und Vereinfachung des gesamten Baggerbetriebes erreicht, andererseits aber erhöhen sich die Anschaffungskosten nicht unwesentlich.

Einmotorenbagger erhalten bei Gleichstrom einen Hauptstrom- oder einen Verbundmotor, welche beide ein kräftiges Anzugsmoment besitzen.

Beim Mehrmotorenbagger wird der Eimerkettenmotor ebenfalls als Hauptstrom- oder Verbundmotor ausgeführt.

Für die Fahrbewegung kann dagegen ein Nebenschlußmotor benutzt werden.

Die Motoren für das Leiterhebewerk und die Schüttklappe sind zweckmäßig Hauptstrommotoren.

Die Übertragung der Bewegung vom Motor auf die verschiedenen Triebwerke erfolgt bei den elektrisch betriebenen Einmotorenbaggern in der gleichen Weise wie bei den Baggern mit Dampfantrieb.

Bei den Mehrmotorenbaggern treibt jeder Motor mit einem besonderen Vorgelege sein Triebwerk unabhängig von den anderen an.

Der Kraftbedarf der Einmotorenbagger ist nach den Angaben von Richter (Zeitschrift des Vereins deutscher Ingenieure 1909, S. 1025) bei einer theoretischen Stundenleistung von 340 cbm:

Für	10 m	Baggertiefe	etwa	80 PS
„	15 m	„	„	110 „
„	20 m	„	„	150 „

c) Antrieb durch Verbrennungskraftmaschinen.[1])

Außer Dampf und Elektrizität finden zum Antrieb von kleineren Baggern vereinzelt auch Explosionsmotoren Anwendung, wenn billiger Brennstoff zur Verfügung steht und dadurch eine größere Wirtschaftlichkeit erreicht wird. Als Brennstoff werden Spiritus, Benzin, Rohöl, Petroleum usw. benutzt. Mit Verbrennungsmotoren betriebene Bagger weisen geringere Konstruktionsgewichte auf als gleich leistungs-

---

[1]) Handbuch der Ingenieurwissenschaften S. 185.

fähige mit Dampf betriebene Bagger, sind aber nur selten wegen der gewöhnlich höheren Brennstoffkosten konkurrenzfähig. Außerdem sind sie nicht so betriebssicher als Dampf- und elektrische Bagger.

Die Übertragung der Drehbewegung auf die verschiedenen Triebwerke erfolgt bei ihnen in gleicher Weise wie bei den mit Dampf oder Elektrizität betriebenen Baggern.

d) Vergleich zwischen Dampf- und elektrischem Antrieb.

Für viele Gruben ist neuerdings die Frage von Bedeutung geworden, ob ein Antrieb des Trockenbaggers mit Dampf oder Elektrizität vorzuziehen ist. Verbrennungskraftmaschinen kommen für Bagger größerer Leistung zurzeit noch nicht in Betracht. Die Frage ist nur sehr schwer zu entscheiden. Beide Antriebsarten besitzen Vor- und Nachteile, welche nicht ohne weiteres gegeneinander abwägbar sind:

Vorteile beim Dampfbetrieb:

Unabhängigkeit von irgendwelcher Kraftstation, d. h. überall verwendbar,
Große Betriebssicherheit,
Große Überlastungsmöglichkeit der Maschine.

Die Nachteile sind dagegen:

Große Konstruktionsgewichte und hierdurch bedingte hohe Unterhaltungs- und Beschaffungskosten,
Zuweilen schwierige und kostspielige Beschaffung von Wasser und Kohle,
Viel Bedienungspersonal.

Demgegenüber haben die elektrisch betriebenen Bagger folgende Vorteile aufzuweisen:

Die Möglichkeit der Erzielung weit höherer Leistungen,
Relativ kleine Konstruktionsgewichte, daher werden die hieraus resultierenden Nachteile der Dampfbagger vermieden,
Fortfall von Wasser- und Kohlentransport,
Wenig Bedienungspersonal.

Die Nachteile der elektrischen Bagger sind:

Abhängigkeit von dem Vorhandensein einer elektrischen Zentrale,
Das Verlegen der Kabel erfordert ein besonders geschultes Personal,
Die Motoren können nicht so stark überlastet werden,
Beschaffung einer besonderen Heizvorrichtung für das Baggerhaus.

Die Betriebskosten sind in dem vorstehenden Vergleich absichtlich unberücksichtigt gelassen, da eine einwandfreie Gegenüberstellung der Baggerbetriebskosten bei beiden Antriebsarten nicht möglich ist, weil die Bagger nur selten unter gleichartigen Verhältnissen arbeiten und Ergebnisse aus derartigen Betrieben nicht zu erhalten waren.

Die hier angegebenen Vor- und Nachteile beider Betriebsarten sind zwar bei der Wahl der Antriebsart zu berücksichtigen; eine Entscheidung zugunsten eines der beiden Systeme vermögen sie jedoch kaum herbeizuführen. Diese hängt vielmehr ausschließlich von den örtlichen Ver hältnissen ab. Steht z. B. elektrische Kraft in ausreichendem Maße und billig zur Verfügung, so wird man den elektrischen Antrieb vorziehen, im anderen Falle, wenn die Beschaffung von gutem Kesselspeisewasser keine Schwierigkeiten bereitet, den Dampfantrieb.

E. Beschreibung verschiedener Baggerkonstruktionen.

I. Das Anwendungsgebiet des Eimerbaggers.

Die Eimerbagger sind bei allen größeren Erdarbeiten vorteilhaft zu benutzen, bei denen es sich um die Gewinnung von Materialien der Bodenklassen I und II handelt. Besondere Anwendung finden die Eimerbagger bei der Herstellung von Kanälen und Eisenbahnen, bei der Aufdeckung und Abraumgewinnung von Braunkohlengruben und Tonwerken, bei der Spülversatzgewinnung im Steinkohlenbergbau, bei der Kunstsandsteinfabrikation usw.

Für den Braunkohlenbergbau ist, wie bereits erwähnt, die Einführung des Trockenbaggerbetriebes von wesentlicher Bedeutung gewesen. Einmal wurde hierdurch nicht nur der Übergang zu einem zweckmäßigeren und wirtschaftlicheren Abbauverfahren ermöglicht, sondern auch das zulässige Verhältnis von Deckgebirge zur Flözmächtigkeit bis auf 3 : 1 gesteigert gegenüber 1 : 1 beim Handbetriebe.

Auch im Steinkohlenbergbau leistet der Trockenbagger gute Dienste, so z. B. bei der Abtragung von Halden, bei der Gewinnung von Spülversatzmaterial aus Sandgruben usw.

Die Eimerkettenbagger werden im Bergbau sowohl in der Form des Hochbaggers als auch des Tiefbaggers benutzt. Welcher von beiden im Einzelfalle anzuwenden ist, ob Hoch- oder Tiefbagger, das hängt von mehreren Faktoren ab[1]), insbesondere aber

1. von der Beschaffenheit und Oberfläche des Deckgebirges,
2. von dem Umstande, wohin der Abraum geschafft werden soll und
3. von der Leistungsfähigkeit.

a) Die Beschaffenheit und Oberfläche des Deckgebirges.

Bei ebener Oberfläche ist der Tiefbagger im Vorteil; bei unebener benutzt man besser den Hochbagger, bei dem Planierungsarbeiten nicht erforderlich sind, da er sich seine Fahrbahn am Fuße der Strosse selbst herstellen kann.

Hat der Bagger bewaldetes Gelände aufzudecken, so ist der Tiefbagger im Nachteil, da jeder Wurzelast einzeln durchzuhauen ist, worauf erst an die Beseitigung des Wurzelstockes mit Hilfe der Eimerkette ge-

---

[1]) Zeitschr. f. Berg-, Hütten- und Salinenwesen 1903, S. 78.

gangen werden kann. Der Hochbagger legt dagegen von unten die Wurzelstöcke frei, so daß sich diese leicht entfernen lassen.

Bei leichteren Bodenarten arbeitet der Hochbagger vorteilhafter, da er ohne Gefahr der Verschüttung die Böschung unterhöhlen kann und Sand, Kies usw. von selbst in den Arbeitsbereich der Baggereimer fallen. Fester Boden mit Einlagerungen von Ton oder Geröll birgt dagegen die Gefahr eines plötzlichen Hereinbrechens der vom Hochbagger unterhöhlten Wand in sich.

Im Winter ist ein Tiefbagger insofern geeigneter, als er auch bei stärkerem Frost den Betrieb, wenn auch nicht mit voller Leistung, aufrecht halten kann, sofern ihm nur Gelegenheit gegeben ist, die Eiskruste oben an der Kante zwischen Geländesohle und Abbaustoß zu zerbrechen. Ist dies geschehen, so arbeitet er sich selbständig tiefer, bis der ganze Abbaustoß freigelegt ist. Der Hochbagger versagt hier, da er nicht imstande ist, bei etwas stärkerer Frostscholle diese zu durchbrechen.

Während der Hochbagger erst dann mit der Arbeit beginnen kann, wenn ein Einschnitt vorhanden ist — wenn dies nicht der Fall ist, muß ein solcher zuvor von Hand mit großen Kosten hergestellt werden —, stellt sich der Tiefbagger die erforderliche Böschung selbst her. Man spart also eventuell die Kosten für die Herstellung eines Einschnittes. Anderseits kann der Tiefbagger nicht zur Abtragung von Halden benutzt werden, was beim Steinkohlenbergbau immerhin von Bedeutung ist.

b) Die Fortschaffung des Abraumes.

Beim Braunkohlentagebau wird der Abraum in die ausgekohlten, offenen Räume des Tagebaues gestürzt, um diese zu verfüllen. Zu diesem Zweck wird der Abraum zur sog. Kippe gefahren und hier der Inhalt entleert. Würde man hierzu einen Hochbagger verwenden, so müßte man den Abraum die Höhe der Strosse emporheben und könnte ihn erst dann zur Kippe bringen. Anders liegen dagegen die Verhältnisse beim Tiefbagger; dieser steht oben auf der Oberfläche des abzuräumenden Deckgebirges und hebt gleichzeitig mit dem Graben das Baggergut auf die erforderliche Höhe. Beim Spülversatzbergbau sind Hochbagger und Tiefbagger gleich vorteilhaft und ihre Benutzung hängt lediglich von den örtlichen Verhältnissen ab.

c) Die Leistungsfähigkeit.

Nach Seidl[1]) hat man in Oberschlesien die Erfahrung gemacht, daß die Leistungsfähigkeit eines Hochbaggers unter sonst gleichen Verhältnissen um 10 % geringer anzuschlagen ist als beim Tiefbagger. Diese Erscheinung ist darauf zurückzuführen, daß beim Hochbagger immer nur ein einziger Eimer zur Zeit gräbt, während beim Tiefbagger eine große Anzahl von Eimern den Boden ununterbrochen abhebt.

---

[1]) Seidl, Der Spülversatz in Oberschlesien. Zeitschr. d. Oberschles. Berg- und Hüttenmännischen Vereins 1911, S. 3 u. f.

II. Die einzelnen Baggerkonstruktionen.

a) Die Bagger der Lübecker Maschinenbau-Gesellschaft.

Die Lübecker Maschinenbau-Gesellschaft baut Hochbagger und Tiefbagger in den verschiedensten Ausführungen, deren allgemeine Konstruktionsdaten in der Tabelle auf Seite 35 zusammenfassend wiedergegeben sind.

Die allgemeine Anordnung eines Hochbaggers mit Durchfahrtprofil zeigt Fig. 14.

Ein Hochbagger der Type „F", welcher für eine theoretische Leistung von 70—90 cbm in der Stunde berechnet ist, ist in Fig. 19 dargestellt. Dieser Bagger ist als Schüttkastenbagger gebaut und besitzt eine Kurzeimerleiter. Die geschlossenen Eimer sitzen in Abständen von 1800 mm auf der Eimerkette. Seine größte Abtragshöhe beträgt 5 m.

Fig. 25.
Hochbagger der Lübecker Maschinenbau-Gesellschaft.

Das Baggergestell ruht auf 2 Achsen mit einer Spurweite von 1660 mm, deren Antrieb durch Schneckenrad und Schnecke erfolgt. Das Hauptkonstruktionsgewicht stellt sich auf etwa 22 t.

Die Bedienung der Schüttklappe erfolgt von Hand.

Als Antriebsmaschine dient eine stehende einzylindrige Dampfmaschine mit Schiebersteuerung, welche bei 10 Atm. Betriebsdampfdruck und rund 280 Umgängen/Minute etwa 30—35 PS leistet und nach Angabe der Firma einen Dampfverbrauch von 14 kg für die Pferdekraftstunde besitzt. Der Dampf wird in einem zylindrischen, ausziehbaren Röhrenkessel von 15 qm wasserbespülter Heizfläche erzeugt.

Fig. 25 zeigt den gleichen Bagger im Betrieb bei der Seitenentnahme arbeitend.

Anstatt mit Kurzeimerleiter kann der Bagger auch mit einer geführten Tiefeimerkette ausgerüstet werden, wodurch sich die Abtragshöhe auf 6 m erhöht.

Einen Hochbagger für 300 cbm theoretische Leistung in der Stunde zeigt die folgende Fig. 26, welche eine schematische Skizze der Exkavatortype B darstellt. Wie hieraus ersichtlich, gehört der Bagger zu den Portalbaggern und ist mit einer geführten Tiefbagger-Eimerkette ausgerüstet. Die Eimer sind in Abständen von 1420 mm voneinander angeordnet. Die größte Abtragshöhe beträgt hier 12 m.

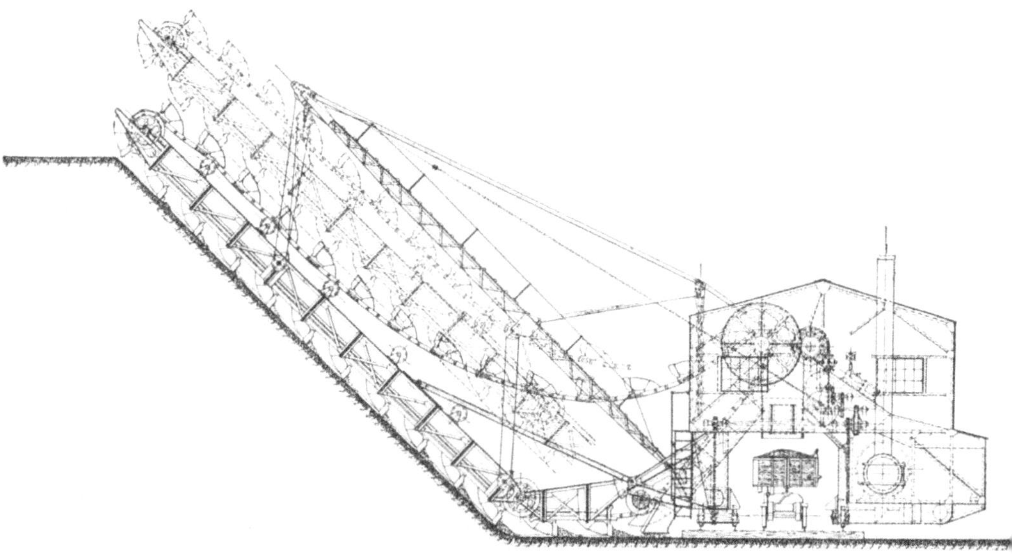

Fig. 26.
Portalbagger, Type B, der Lübecker Maschinenbau-Gesellschaft.

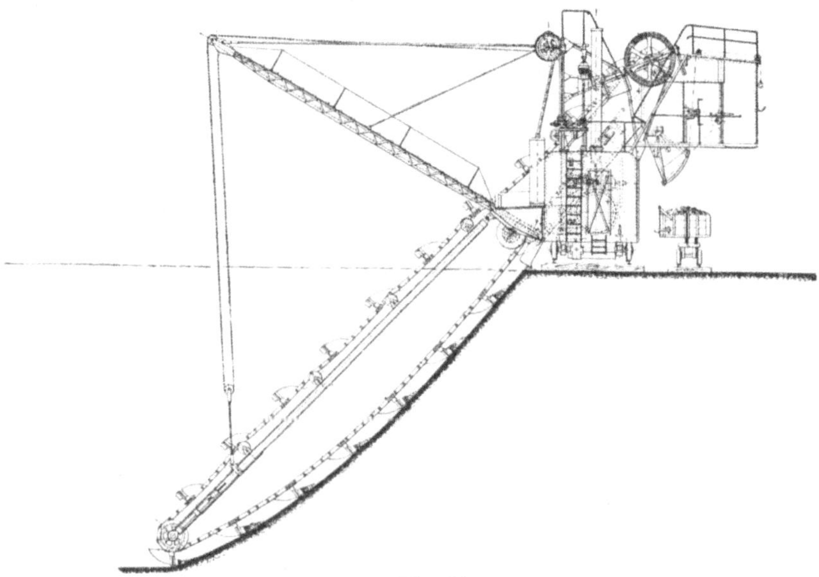

Fig. 27.
Schüttkastenbagger, Type C, der Lübecker Maschinenbau-Gesellschaft.

Von den neun vorhandenen Wagenachsen werden zwei durch je eine Gallsche Kettentransmission angetrieben. Der Abstand der beiden, der Böschungsseite zugekehrten Schienen beträgt 900 mm, der der Schienen, zwischen denen das Portal sich befindet, 2985 mm. Entsprechend der weit höheren Leistungsfähigkeit steigt das Konstruktionsgewicht hier auf 80—90 Tonnen.

Die Bedienung der Schüttklappe erfolgt durch Dampf oder durch eine Transmission von der Antriebsmaschine aus.

Als Antriebsmaschine wird eine liegende Zwillings- oder Verbundmaschine benutzt, welche bei 10½ Atm. Betriebsdruck und 240 Umdrehungen in der Minute rund 110—120 PS leistet.

Der Kessel ist ein zylindrischer, nicht ausziehbarer Röhrenkessel von 47 qm wasserbespülter Heizfläche. Der Dampfverbrauch stellt sich nach Angabe der Firma auf 12 kg je indizierte Pferdekraftstunde.

Besonders bemerkenswert ist bei dieser Konstruktion die Eimerleiter; sie ist als zweiteilige Knickleiter ausgebildet; die Leiterteile sind gelenkig miteinander verbunden und gegeneinander beweglich, wodurch die Verwendung der Tiefeimerleiter beim Hochbagger überhaupt erst möglich wird. Die Vorteile dieser Anordnung liegen in der Verdoppelung der Abtragshöhe, in dem Fortfall der Einebenungsarbeiten und darin, daß bei Dampfantrieb eine Änderung der Umlaufrichtung der Dampfmaschine vermieden wird.

Ein Tiefbagger, Type C, der gleichen Firma für eine theoretische Stundenleistung von 120—150 cbm ist in Fig. 27 dargestellt. Der Bagger ist mit langer Leiter und frei durchhängender Eimerkette nach dem Schüttkastentyp ausgeführt mit einem Eimerabstand von 1800 mm. Die größte Baggertiefe beträgt 8 m.

	Bauart				
	B.	A.	C.	F.	L.
Leistung in 10 std. reiner Arbeitszeit bei leichtem Boden, rund in cbm	2400	1800	900	400	220
Bei mittelschwerem Boden, rund in cbm	2000	1500	700	300	170
Bei schwerem Boden, rund in cbm	1600	1200	500	200	120
Größte Baggertiefe, in m	15	10	8	5	5
Höchstleistung der Betriebsmaschine, in PS	90	50	38	16	12
Durchschnittssteinkohlenverbrauch in 10 std. reiner Arbeitszeit, in kg	1800	1500	500	400	300
Eimerinhalt in Liter	240	180	100	50	35
Ungefährer Preis, je nach Ausführung ab Lübeck, in Mark	45 000 bis 52 000	35 000 bis 41 000	25 000 bis 30 000	8000 bis 22 000	11 000 bis 14 000
Ungefähres Gewicht, transportfähig verpackt, in t	70	48	34	22	12
Bedienung Mann	2—3	2—3	2—3	1—2	1

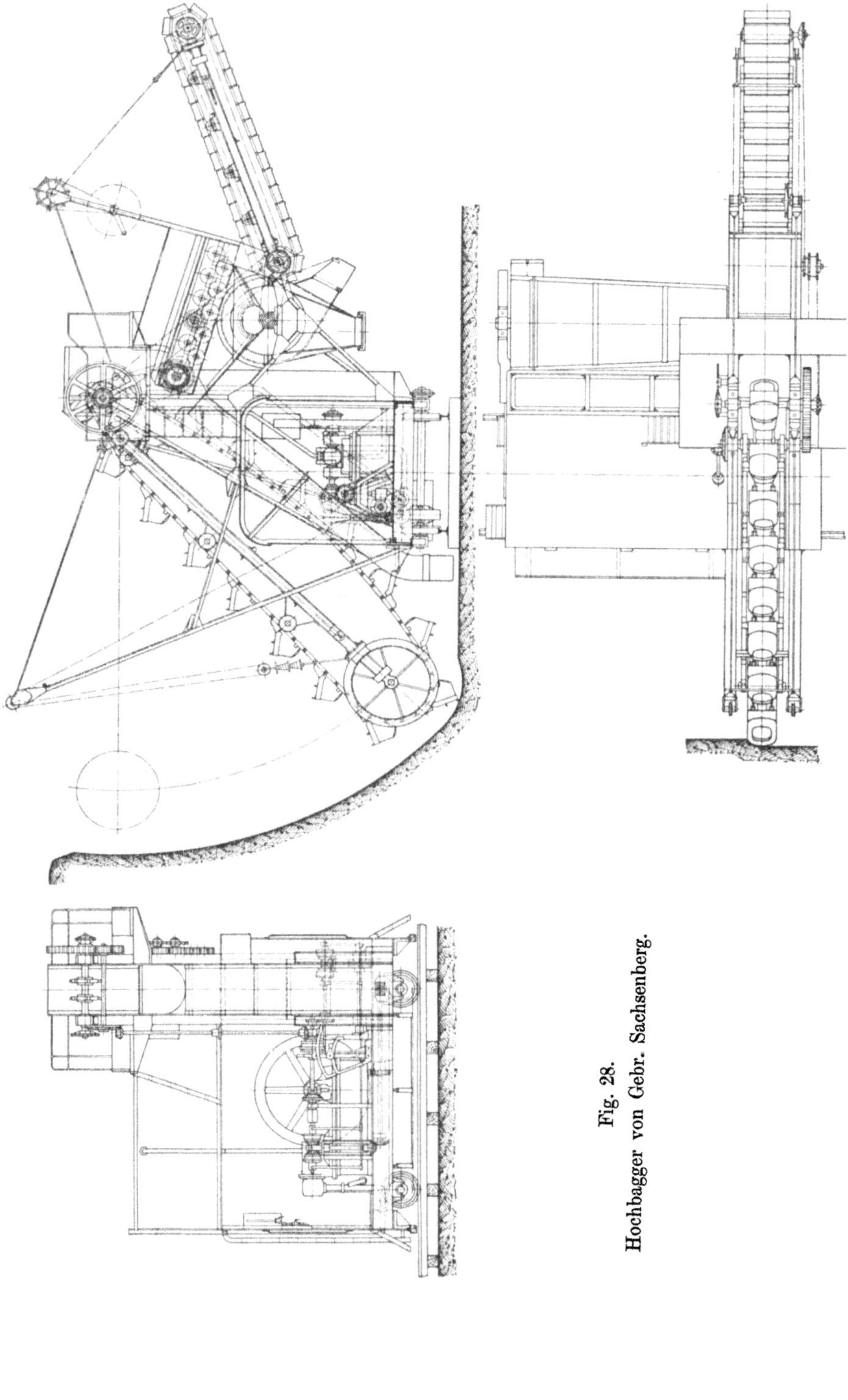

Fig. 28.
Hochbagger von Gebr. Sachsenberg.

An Wagenachsen sind drei vorhanden, welche durch Schneckenrad und Schnecke von der Transmission der Antriebsmaschine angetrieben werden. Der Abstand der auf zwei Schienen laufenden Räder beträgt 1980 mm, das Konstruktionsgewicht etwa 34 t; die Schüttklappe wird von Hand betätigt.

Der Bagger Type C gehört zu den Baggern von Lokomobilform, bei denen die Dampfmaschine mit dem Kessel unmittelbar verbunden ist. Infolgedessen ist die Maschine einzylindrisch gebaut, ihre Leistung beträgt 45—50 PS bei 240 Touren in der Minute und 10 Atm. Betriebsdruck. Der Kessel ist als Röhrenkessel ausgebildet und besitzt eine wasserbespülte Heizfläche von 20 qm; der Dampfverbrauch für die indizierte Pferdekraftstunde beläuft sich auf etwa 13 kg.

Ein Tiefbagger mit elektrischem Einmotorenantrieb ist in Fig. 18 dargestellt. Interessant ist hier die Anordnung des Motors, der sich zur besseren Wartung auf einer weit herausgelegten Hauptbedienungsbühne befindet; infolgedessen bedarf der Bagger weniger Gegengewicht.

Die Tabelle (S. 35) [1]) enthält eine gedrängte Übersicht über die Abmessungen, Leistungen usw. von Trockenbaggern neuerer Bauarten der Lübecker Maschinenbau-Gesellschaft.

b) Die Bagger der Aktiengesellschaft Gebrüder Sachsenberg in Roßlau a. E.

Ein Hochbagger, welcher für ein Goldbergwerk in Sibirien von der Aktiengesellschaft Gebrüder Sachsenberg in Roßlau a. E. ausgeführt wurde, ist in Fig. 28

Fig. 29.
Hochbagger von Gebr. Sachsenberg.

und 29 dargestellt. Der Bagger gehört dem Schüttkastentyp an und ist für eine theoretische Stundenleistung von 23 cbm bestimmt. Er schüttet nicht direkt in die Förderwagen, sondern entleert das ausgehobene und geförderte Gut erst auf

[1]) Buhle, Glückauf 1907, S. 1075.

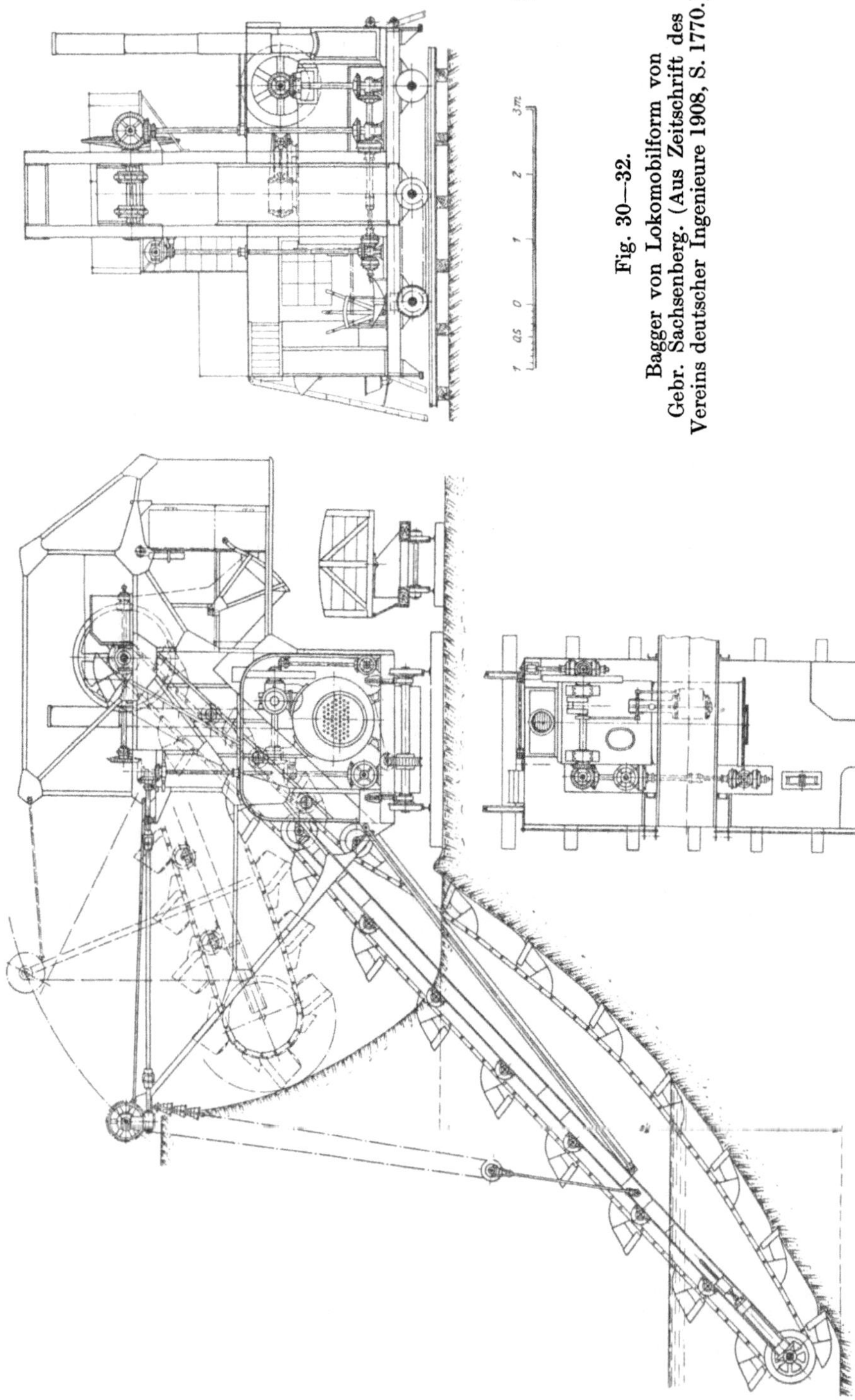

Fig. 30—32.
Bagger von Lokomobilform von Gebr. Sachsenberg. (Aus Zeitschrift des Vereins deutscher Ingenieure 1908, S. 1770.)

ein Sieb und Sortierwerk; von dort gelangt das ausgeklaubte Material auf einen Transporteur zur Weiterbeförderung. Es findet also bereits vor dem Transport eine teilweise Aufbereitung des geförderten Gutes statt.

Der Bagger, dessen innere und äußere Anordnung aus den Fig. 28 und 29 hervorgeht, ist mit Kurzeimerleiter aus ⊔-Eisen NP. 14 und frei durchhängender Kette ausgeführt, deren Eimer 25 Liter fassen und in Abständen von 840 mm auf der Eimerkette sitzen. Es kommen etwa 22 Eimer in der Minute zum Ausschütten.

Fig. 33.
Tiefbagger von Schüttkastenform von Gebr. Sachsenberg.

Das Baggergestell besitzt 2 Wagenachsen, von denen eine durch eine Schnecke von der Transmission aus angetrieben wird. Die Spurweite beträgt 1552 mm, das Gesamtgewicht ca. 16 500 kg. Die Ausbalanzierung erfolgt hier durch den Transporteur und die Siebtrommel.

Als Antriebsmaschine dient ein Körtingscher Rohölmotor, der bei 310 mm Hub und 260 Umdrehungen in der Minute rund 10 PS leistet. Der Brennstoffverbrauch beträgt nach Angabe der Firma für die Pferdekraftstunde 0,28 kg Benzin oder Benzol.

Der Tiefbagger[1]), Fig. 30, 31, 32, für eine theoretische Stundenleistung von 120 cbm gebaut, ist ein Schüttkastenbagger von Lokomobilform, der für eine Bagger-

[1]) Zeitschr. d. Ver. deutsch. Ing. 1908, S. 1770.

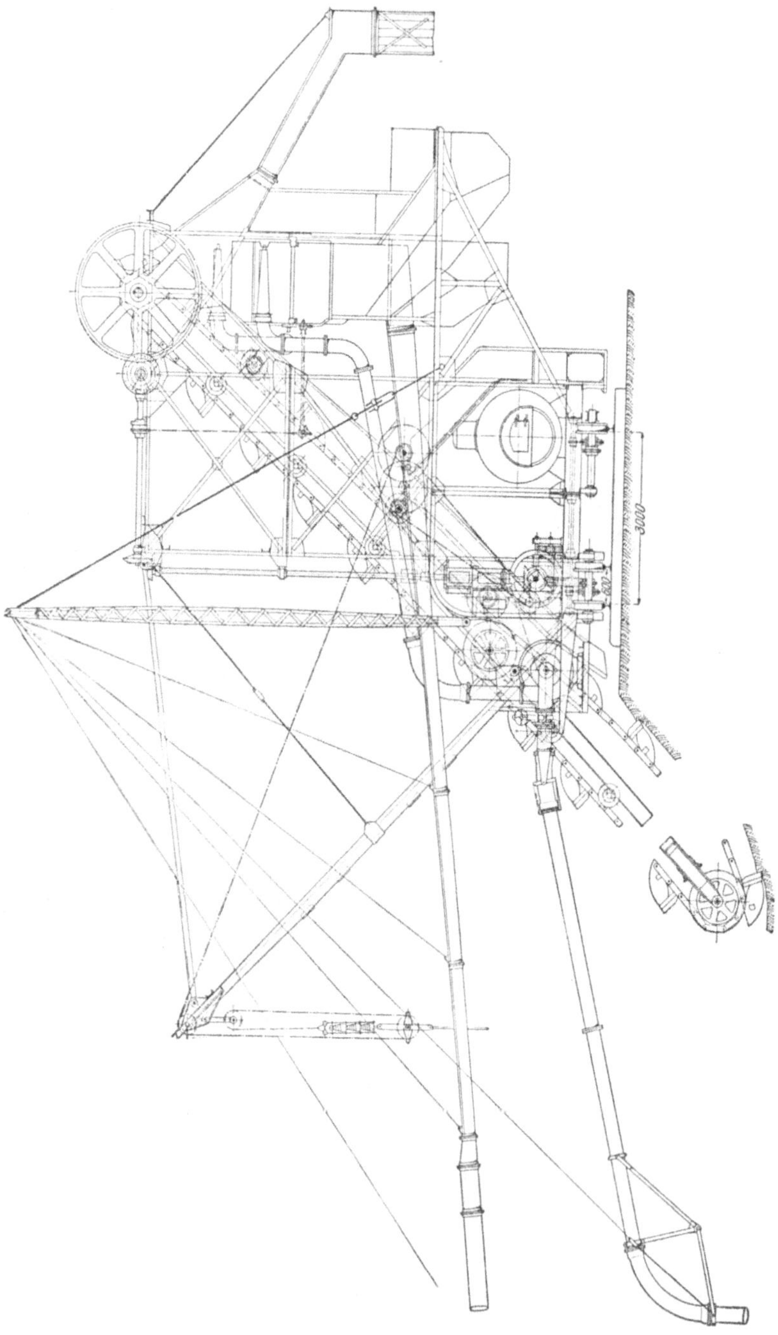

Fig. 34.
Kiesbagger mit Spülpumpe der Dresdener Maschinenfabrik und Schiffswerft A.-G. (Aus Zeitschrift des Vereins deutscher Ingenieure 1908, S. 1768.)

tiefe von 9 m bestimmt ist. Seine frei durchhängende Eimerkette ist mit Eimern von 110 Liter Fassungsvermögen besetzt, die in Abständen von 1500 mm angeordnet sind. Die Eimerleiter ist als Knickleiter aus ⊔-Eisen NP. 26 hergestellt. Es kommen in der Minute etwa 24 Eimer zum Ausschütten.

Der auf 3 Achsen ruhende Baggerwagen besitzt eine Spurweite von 2183 mm. Der Antrieb erfolgt von der Haupttransmission aus auf eine Achse mittels Schnecke, durch konische Räder und Reibungskupplung. Die Schüttklappe wird von Hand betätigt. Zur Gewichtsausgleichung sind 8500 kg Eisenballast neben dem Schüttkasten vorgesehen. Das Gesamtgewicht stellt sich auf etwa 42 500 kg.

Die Antriebsdampfmaschine, welche bei 8 Atm. Betriebsdampfdruck und 138 Umdrehungen in der Minute 41 PS leistet, ist direkt auf den Kessel gebaut und überträgt von hier die Drehbewegung durch mehrere Kegelräder auf die einzelnen Triebwerke. Der Lokomobilkessel gehört zu den ausziehbaren Röhrenkesseln und besitzt eine Heizfläche von 25,5 qm.

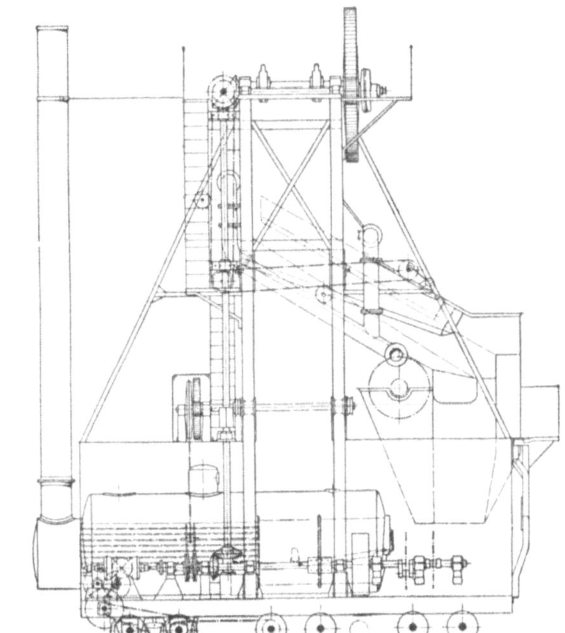

Fig. 35.

Kiesbagger mit Spülpumpe der Dresdener Maschinenfabrik und Schiffswerft A.-G. (Aus Zeitschrift des Vereins deutscher Ingenieure 1908, S. 1769.)

Fig. 33 zeigt einen Bagger mit Knickleiter bei der Abraumgewinnung einer Braunkohlengrube in der Nähe von Bitterfeld.

Von einem anderen Tiefbagger für 300 cbm stündliche Leistung, der sich zur Zeit noch im Bau befindet, sollen die hauptsächlichsten Konstruktionsdaten im folgenden angegeben werden.

Die geführte Eimerkette ist auf einer Knickleiter angeordnet und mit Eimern von 305 Liter Inhalt in Abständen von 1480 mm besetzt. Zur Ausschüttung kommen in der Minute ca. 22 Eimer.

Fig. 36.
Tiefbagger der Dresdener Maschinenfabrik und Schiffswerft A.-G. beim Abraumbetriebe.

Der Bagger gehört zu den Portalbaggern, besitzt 9 Achsen, von denen 2 mittels Gallscher Ketten angetrieben werden. Er läuft auf 3 Gleisen, deren kleinste Spurweite 900 und deren größte 3680 mm beträgt. Die Schüttklappe wird durch einen direkt wirkenden Dampfzylinder bedient.

Der Antrieb erfolgt durch eine Verbunddampfmaschine, welche schrägliegend angeordnet ist. Sie leistet 175 PS bei 240 Umdrehungen in der Minute und 11 Atm. Betriebsdampfdruck. Der Kessel besitzt eine Feuerung mit durchschlagender Flamme und eine Heizfläche von 85 qm.

c) Die Bagger der Dresdener Maschinenfabrik und Schiffswerft A.-G.

Die Fig. 34 und 35 zeigen einen Tiefbagger [1]) vom Schüttkastentyp, ausgeführt von der Dresdener Maschinenfabrik und Schiffswerft Übigau, der für eine Stundenleistung von 180 cbm bestimmt ist. Die größte Baggertiefe bzw.

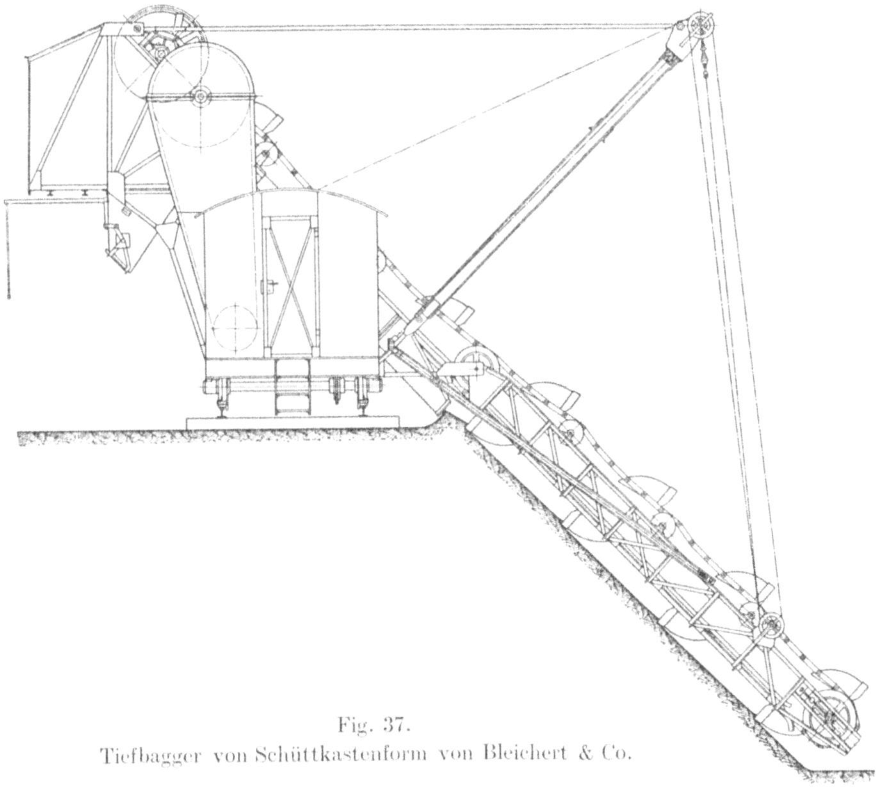

Fig. 37.
Tiefbagger von Schüttkastenform von Bleichert & Co.

Greifhöhe beträgt 10 m bzw. 5 m. Der Bagger ist sowohl als Tiefbagger wie auch als Hochbagger zu gebrauchen.

Das Baggergestell läuft auf drei Schienen, mit 3 m Abstand zwischen den beiden äußersten Schienen, und ruht auf vier gefederten Achsen, von denen zwei benachbarte angetrieben werden.

[1]) Zeitschr. d. Ver. deutsch. Ing. 1908, S. 1769.

Die Antriebsmaschine ist eine stehende Verbund-Dampfmaschine, welche bei 10 Atm. Betriebsdampfdruck rund 60—70 PSi leistet. Der Kessel besitzt 30 bis 40 qm Heizfläche.

Fig. 36 gibt eine äußere Ansicht des Baggers.

Der Portalbagger, Fig. 16, ist für eine Stundenleistung von 200—240 cbm bei einer größtmöglichen Baggertiefe von 16 m bestimmt. Die Einzelheiten der Konstruktion sind aus den beiden Figuren leicht ersichtlich.

d) Die Bagger von Adolf Bleichert & Co., Leipzig-Gohlis.

Die Firma Adolf Bleichert & Co. baut Bagger von 25,60 und 150 cbm Leistung. Ihre kleineren Bagger werden entweder mit Explosionsmotoren oder mit stehenden Dampfmaschinen ausgerüstet, da diese nur wenig Raum einnehmen.

Bei elektrischem Antrieb erhalten große Bagger drei Motoren, denen der Strom durch zwei bzw. drei Schleifleitungen zugeführt wird.

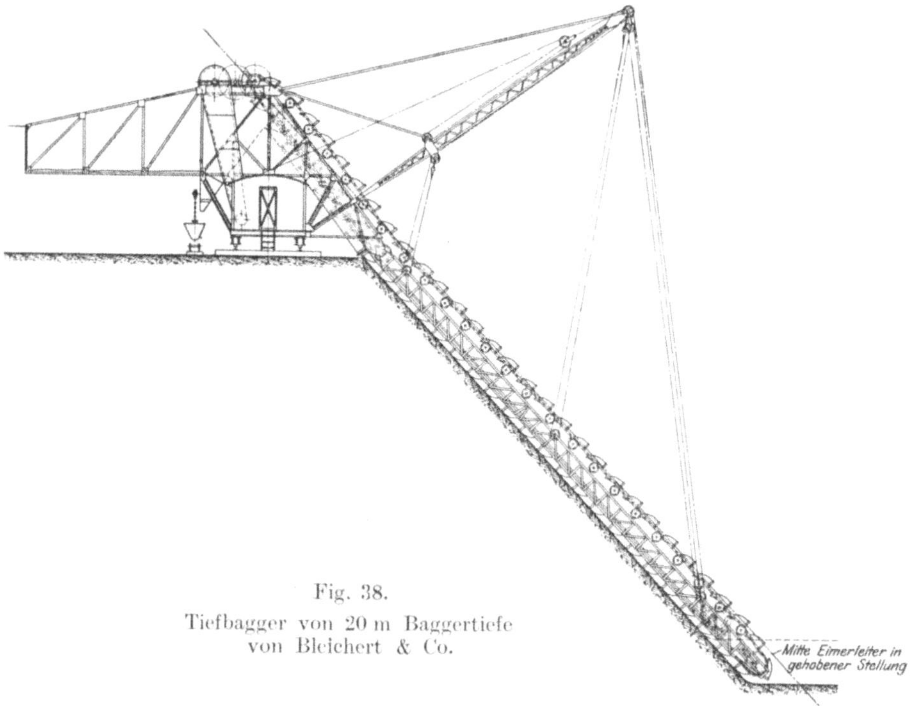

Fig. 38.
Tiefbagger von 20 m Baggertiefe von Bleichert & Co.

Die Kraft wird von der Hauptantriebswelle durch einen Riemen und zwei Riemenscheiben auf die Turaswelle übertragen. Es ist eine Reibungskupplung vorhanden, welche bei plötzlich auftretenden großen Widerständen sich selbsttätig ausschaltet.

Der Fahrantrieb und Hubwerksantrieb werden von der Hauptantriebswelle durch ein Schneckengetriebe in geschlossenem Schneckenkasten abgeleitet.

Der Antrieb der Achsen untereinander erfolgt durch Gallsche Ketten, in die eine federnde Spannvorrichtung eingebaut ist, um ein späteres Längen zu verhüten.

Kleine Bagger werden durch einen Ballastkasten standhaft gemacht; bei großen erfüllt ein auf- und abbewegbares Gegengewicht den gleichen Zweck.

Fig. 37 zeigt einen Bagger von Bleichert, der normal für eine Leistung von 10—180 cbm/st gebaut wird.

Der Bagger, Fig. 38, ist ein abnormaler Tiefbagger für 20 m senkrecht bemessener Baggertiefe.

e) Die Bagger von Cäsar Wollheim, Breslau.

Ein Tiefbagger der Werft und Reederei Cäsar Wollheim, Breslau, ist in Fig. 39 und 40 veranschaulicht. Seine Leistung beträgt bei ca. 18 m Baggertiefe 200 bis 400 cbm/st. Die Eimer sitzen in Abständen von 2000 mm auf der Kette, deren Geschwindigkeit zwischen 30 und 50 m in der Minute beträgt. Die Spurweite der inneren Schienen ist 900 mm, die der äußeren 3650 mm, die Anzahl der Laufachsen 9.

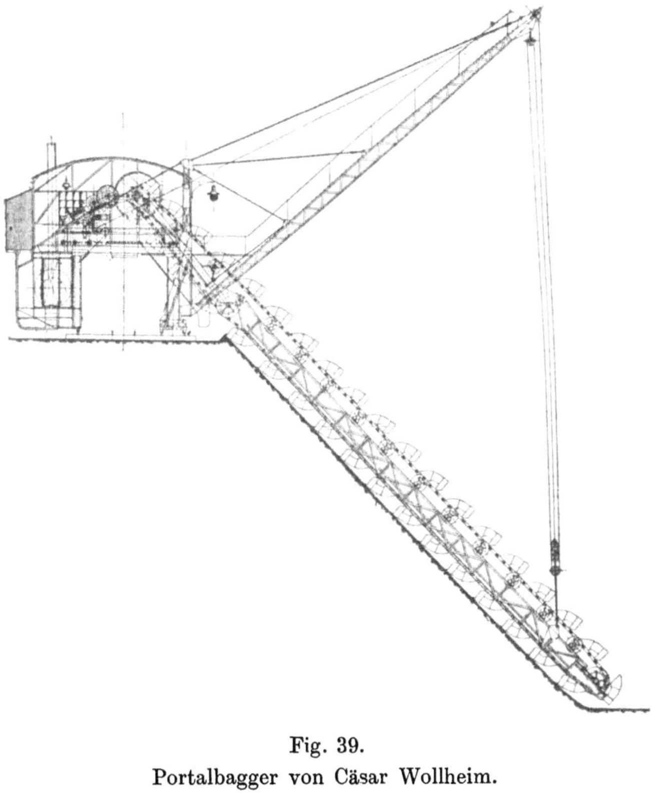

Fig. 39.
Portalbagger von Cäsar Wollheim.

Als Antriebsmaschine dient bei einer Leistung von 200 cbm eine Zwillings-Verbund-Dampfmaschine von 90—100 PSi, mit Umsteuerung, einem Zylinder-Durchmesser von 250/400 mm, 300 mm Hub und 200 Umdrehungen in der Minute. Der Betriebsdampfdruck beträgt 9—10,5 Atm.; der Kessel besitzt eine wasserbespülte Heizfläche von 50 qm.

Der Schüttkastenbagger, Fig. 41 und 42, wird bei etwa 6 m Greifhöhe für Leistungen von 20—150 cbm/st ausgeführt. Er ruht auf sechs Achsen, welche auf drei Schienen mit 3850 mm Spurweite laufen.

Für den Antrieb werden bei Leistungen bis zu 1000 cbm in leichtem Boden und 600 cbm in schwerem Boden Lokomobilen oder einfach stehende Dampfmaschinen verwandt, welche mit dem gleichen Betriebsdampfdruck wie die großen Maschinen arbeiten, im übrigen natürlich mit entsprechend geringeren Abmessungen ausgeführt sind.

Fig. 40.
Tiefbagger von Cäsar Wollheim.

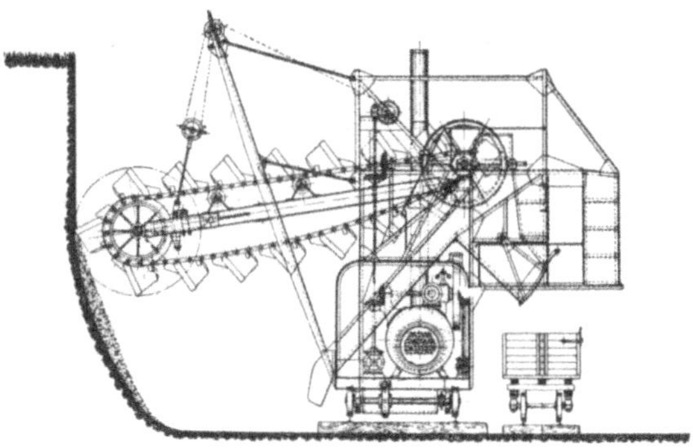

Fig. 41.
Hochbagger von Cäsar Wollheim.

Als Kessel dienen Heizröhrenkessel oder Quersiederohrkessel.

Der Antrieb der Eimerkette erfolgt von der Hauptantriebswelle durch Riemen und Zahnradvorgelege, der des Fahrtriebwerkes durch Schnecke und Schneckenrad, der der Leiterwinde ebenfalls durch Schnecke und Schneckenrad oder durch Riemen.

Fig. 42.
Hochbagger von Cäsar Wollheim.

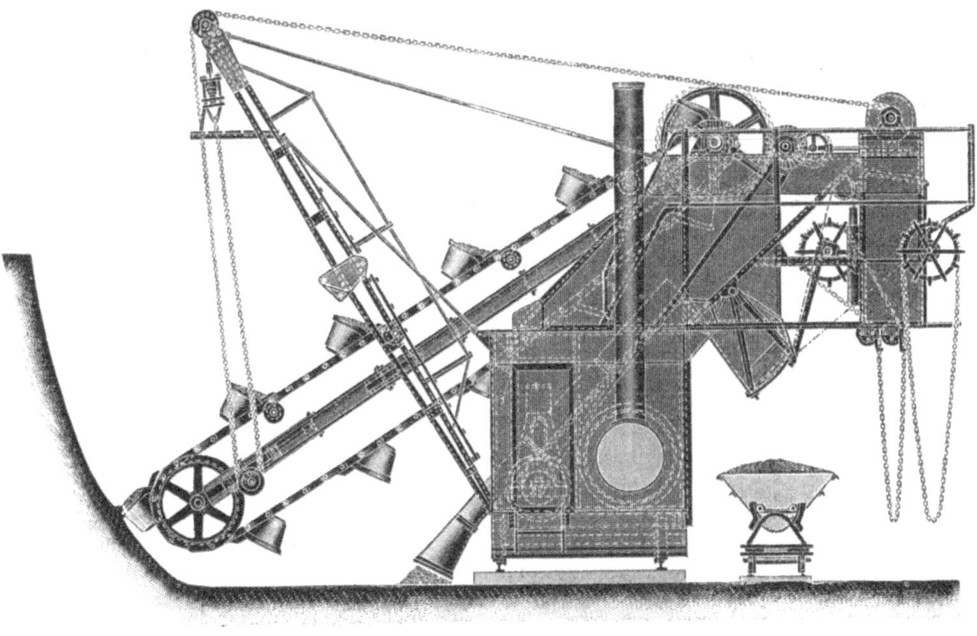

Fig. 43.
Schüttkastenbagger von Orenstein & Koppel.

f) Die Bagger von Orenstein & Koppel, Berlin.

Die Firma Orenstein & Koppel baut Tief- und Hochbagger in fünf verschiedenen Typen. Auch hier kann durch Austausch der Eimerleiter und Kette ein Tiefbagger in einen Hochbagger und umgekehrt ein Hochbagger leicht in einen Tiefbagger verwandelt werden.

Um bei außergewöhnlichem Widerstand das Becherwerk leicht auslösen zu können, erhalten die Bagger eine hydraulische Kupplung oder eine Friktionskupplung.

Die Fahrvorrichtung, welche von einem Wendegetriebe für Vor- und Rückwärtsgang betätigt wird, wird durch Zahnradübersetzungen und Wellenleitungen von der Hauptantriebswelle aus abgeleitet. Zum Antrieb der Laufachsen sind Gallsche Ketten vorhanden.

Der Antrieb der Leiterwinde wird durch Wendegetriebe bzw. Keilreibungsräder bewirkt, welche die Bewegung durch eine Stahlschnecke und Schneckenrad oder durch Stirnradübersetzung auf Kettennüsse übertragen, über welche sich kalibirierte Ketten wickeln.

Bei den größeren drei Typen 20, 15 und 10 sind die Antriebsmaschinen als Verbunddampfmaschinen ausgebildet, bei den zwei kleineren Typen 5 und 2½ werden stehende, einzylindrige Hochdruckmaschinen benutzt. Sämtliche Maschinen arbeiten mit Expansion. Die Dampfkessel sind ausziehbare Röhrenkessel, welche für Steinkohlen-, Braunkohlen oder Naphthafeuerung eingerichtet werden können.

Ein Tiefbagger der Type 20 für 300 cbm/st theoretische Leistung und 10 m Baggertiefe mit geführter Eimerkette und Knickleiter ist in Fig. 11 dargestellt.

Fig. 43 zeigt einen Hochbagger der Normaltype 5 für 750 cbm theoretischer Leistung in 10 Stunden bei 5 m Baggertiefe.

F. Der Betrieb der Eimerkettenbagger.

Der Beginn eines Abraumbetriebes gestaltet sich je nachdem, ob ein Hochbagger oder Tiefbagger benutzt werden soll, verschieden.

Beim Hochbagger muß zunächst ein Einschnitt hergestellt werden, was in den meisten Fällen von Hand geschieht.

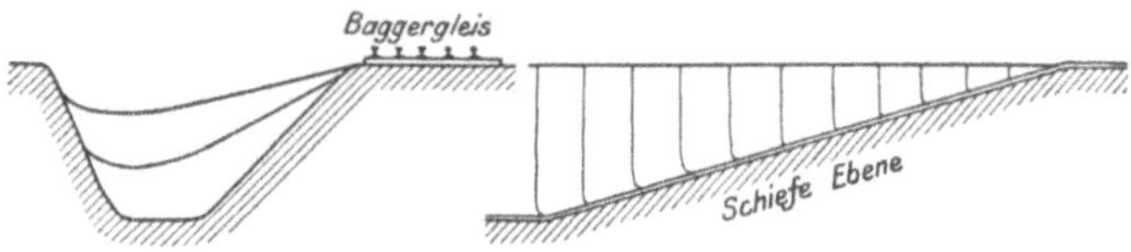

Fig. 44.
Herstellung eines Einschnittes. (Aus Klein, Handbuch des Braunkohlenbergbaues, S. 353.)

Der Tiefbagger stellt sich den schrägen Einschnitt für die schiefe Ebene selbst her, indem zunächst die Oberkante des Geländes fortgeschnitten wird, wobei die Leiter in der Schwebe gehalten werden muß. Figur 44 zeigt die allmähliche Vertiefung des Einschnittes, wobei man nach und nach bis zu Neigungen von 65^0 heruntergeht.

Genügt eine Strosse nicht, um die Oberfläche der Kohle freizulegen, so muß eine zweite eingerichtet werden. Man schafft dann den Bagger auf einer eigens hierzu angelegten schiefen Ebene zur tieferen Strosse herab, wo die Herstellung des neuen Einschnittes, wie vorhin beschrieben, erfolgt.

Von Bedeutung für die richtige Anlage eines Baggerbetriebes ist vor allem die Wahl der Strossenlänge, die nicht zu klein, aber auch nicht zu groß ausfallen darf. Im ersteren Falle ist das Vorrücken des Baggergleises zu häufig erforderlich, was eine kostspielige Arbeit ist. Im anderen Falle, bei zu lang gewählter Strosse, werden die Förderwege zu groß. Praktisch geht man daher mit der Strossenlänge nicht unter 150 m und nicht über 400 m hinaus.

Der Eimerkettenbagger arbeitet nun folgendermaßen: Während die Eimer graben, fährt der Bagger langsam an dem zu beladenden Zuge entlang und füllt im Vorbeifahren, während der Zug selbst stillsteht, einen Wagen nach dem anderen.

Fig. 45.
Amerikanische Gleisrückmaschine. (Bertschinger, Zeitschrift des Vereins deutscher Ingenieure 1909, S. 220.)

Am Ende der Strosse angelangt, wird die Eimerleiter tiefer gesenkt, worauf der Bagger denselben Weg zurücklegt. Die Arbeit wird fortgesetzt, bis etwa 2—4 m Boden abgegraben sind, worauf das Rücken der Geleise erfolgen muß. Das ist aber infolge der sehr schweren Profile, welche ein Gewicht von 33—45 kg, ja neuerdings sogar 50 kg je lfd. m aufzuweisen haben, eine sehr zeitraubende und kostspielige Sache. Zur Bewältigung dieser Arbeit brauchen 15—20 Mann mehrere Stunden; sie schieben das Gleis mittels Brechstangen und Hebebäumen an einem Ende herum, während der Bagger am entgegengesetzten arbeitet.

Seit kurzer Zeit benutzt man hierzu auch wohl Gleisrückmaschinen[1])[2]), von denen eine amerikanische und eine deutsche Konstruktion bekannt geworden sind.

Die amerikanische Konstruktion, welche in Fig. 45 dargestellt ist, ist ein fahrbahrer Dampfdrehkran, der einen zweiten Ausleger und ein zweites Windwerk

[1]) Kammerer, Zeitschr. d. Ver. deutsch. Ing. 1910, S. 2015.

[2]) Bertschinger, Die Arbeiten am Panama-Kanal. Zeitschr. d. Ver. deutsch. Ing. 1909, S. 220.

besitzt. Vermittels des Hubwerkes wird zunächst durch eine an den Schienenköpfen befestigte Kette das Gleis etwas angehoben. In dieser Stellung wird der zweite wagerechte Ausleger mit dem Gleis verbunden, und durch das zweite Windwerk, das mit einem Drahtseile an dem Ausleger zieht, das Gleis seitwärts geschwenkt. Darauf

Fig. 46.
Deutsche Gleisrückmaschine, (Kammerer, Zeitschrift des Vereins deutscher Ingenieure, 1910, S. 2015.)

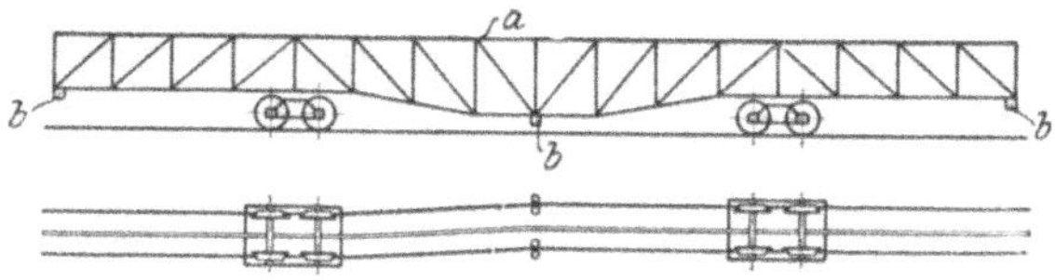

Fig. 47/48.
Deutsche Gleisrückmaschine. (Kammerer, Zeitschrift des Vereins deutscher Ingenieure 1910, S. 2015.)

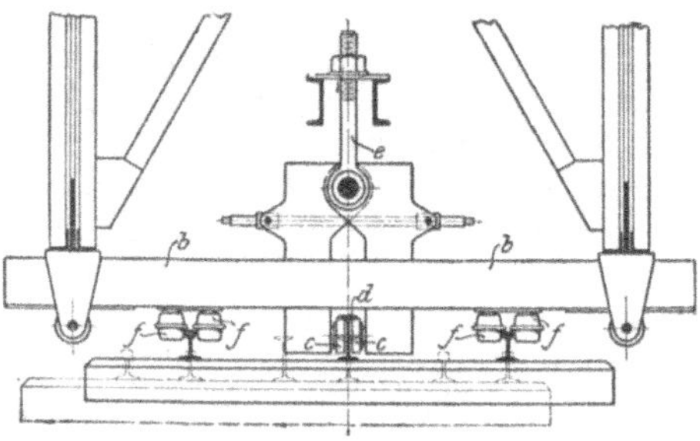

Fig. 49.
Deutsche Gleisrückmaschine. (Kammerer, Zeitschrift des Vereins deutscher Ingenieure 1910, S. 2015.)

wird die Maschine von einer Lokomotive ein Stück vorwärts geschoben. An Bedienungspersonal braucht die ganze Vorrichtung einen Kranführer, einen Lokomotivführer und drei Arbeiter zum Heben der Zangen der Schlingkette über die Schienenlaschen.

Die Nachteile dieser Maschine, welche in der mangelhaften Genauigkeit des Rückens und in dem Auftreten sehr starker seitlicher Raddrücke liegen, sucht die deutsche Bauart zu vermeiden. Bei dieser findet im Gegensatz zu der amerikanischen Maschine das Gleisrücken ununterbrochen statt. Die Maschine selbst ist in den Fig. 46, 47, 48, 49, 50 und 51 dargestellt [1]).

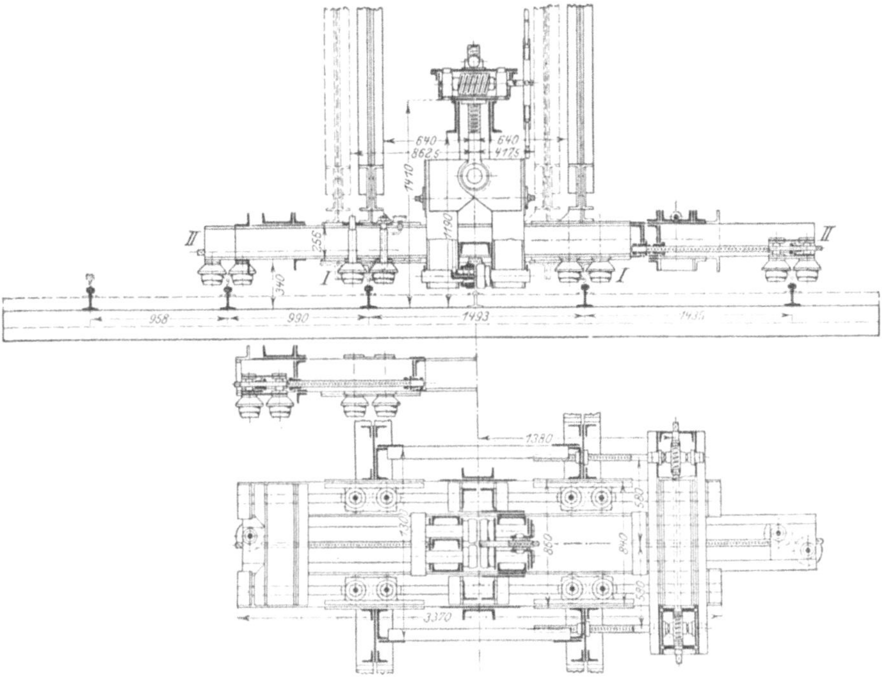

Fig. 50/51.

Deutsche Gleisrückmaschine. (Kammerer, Zeitschrift des Vereins deutscher Ingenieure 1910, S. 2015.)

Ein auf zwei Drehschemeln gelagerter Gitterträger a (Fig. 47) ist mit einem Querrahmen b versehen, an dem die Hubrollen angebracht sind. Die Hubrollen sind an der Zange e befestigt und greifen unter den Obergurt des I-Trägers d, der auf den Schwellen parallel zu den Baggerschienen befestigt ist. Die Zange e kann durch eine wagerechte Spindel geöffnet und durch eine senkrechte Spindel gehoben werden. b ist außerdem mit mehreren Druckrollen f f mit senkrechten Achsen ausgerüstet.

Die Maschine arbeitet nun folgendermaßen: Durch Hochschrauben der Zange werden der I-Träger und das Gleis einige Zentimeter angehoben, so daß die Schienenköpfe zwischen die Druckrollen hineinschlüpfen. Nun wird der ganze Querrahmen mit einer dritten Schraubspindel um 10—20 cm quer zum Gleis verschoben, wodurch das Gleis um ebensoviel nach seitwärts durchgebogen wird. Hierauf wird durch eine Lokomotive die Gleisrückmaschine langsam und stetig vorwärts gefahren und dadurch das Gleis gehoben und seitwärts verschoben.

[1]) Die Darstellung folgt der von Kammerer in der Zeitschr. d. Ver. deutsch. Ing. gegebenen Beschreibung.

Die Lokomotive soll später fortfallen und die Gleisrückmaschine dann mit eigenem Fahrantrieb ausgerüstet werden.

Diese Maschine steht auf der Königin Luisegrube in Oberschlesien in Betrieb und hat sich gut bewährt. Sie besitzt gegenüber der amerikanischen Konstruktion folgende Vorteile:

1. Fortfall der Handlanger.
2. Schnelleres und gleichmäßigeres Verrücken der Gleise.

Ein Nachteil liegt in dem höheren Anschaffungspreise.

Die Verlagerung der Baggerschienen muß sehr sorgfältig geschehen, damit an sumpfigen Stellen oder bei Regenwetter nicht ein Rutschen der Gleise eintritt. Die hierbei benutzten Querschwellen werden aus Eichen- oder Kiefernholz genommen; man kann aber auch eiserne Schwellen verwenden. Ihre Länge bemißt man zu etwa 5—5,20 m. Die Schiene an dem Abraumstoße wird mit höheren Langschwellen unterlegt, um ein eventuelles Nachgeben des Erdreiches, welches an dieser Stelle besonders leicht erfolgt, zu verhindern. Die Verbindung der Schienen untereinander geschieht in üblicher Weise durch Laschen und Schrauben. Während des Unterstopfens der Schwellen wird das Gleis zweckmäßig mit Hilfe kleiner Winden in der erforderlichen Höhe gehalten.

Die Anzahl der notwendigen Bedienungsmannschaften ist beim Dampfeimerkettenbagger erheblich größer als beim elektrisch betriebenen.

Ein Dampfeimerkettenbagger erfordert je nach der Größe 3—5 Mann und zwar:

1 Baggerführer
1 Maschinist,
1 Heizer,
1—2 Schüttklappensteller.

Bei den elektrisch betriebenen Baggern verringert sich diese Zahl durch Fortfall des Heizers usw., so daß man meistens mit 2 Leuten auskommt. Nach Seidl ist beim Spülversatzbetriebe in Oberschlesien sogar nur 1 Mann zur Bedienung erforderlich.

Dritter Abschnitt.

Die Schaufelbagger.

Bei der Bearbeitung benutzte Literatur:

Baum: Kohle und Eisen in Nordamerika. Sonderdruck aus Glückauf 1908, S. 24 u. f.

Brand: Die Abraumarbeit mit Baggern bei der Braunkohlengewinnung im Bergrevier Brühl-Unkel. Zeitschrift für Berg-, Hütten- und Salinenwesen 1903, S. 71.

Buhle, M.: Über Löffelbagger. Glückauf 1907, S. 1363.

Handbuch der Ingenieurwissenschaften, Teil IV, Band I.

Macco: Amerikanische Dampfschaufeln (Steam Showel). Glückauf 1903, S. 1125.

Richter: Die Entwicklung und Bedeutung der Dampfschaufeln. Zeitschrift des Vereins deutscher Ingenieure 1907, S. 1685 u. f.
Richter, R.: Elektrisch betriebene Bagger. Zeitschrift des Vereins deutscher Ingenieure 1909, S. 1029.
Seidl: Das Spülversatzverfahren in Oberschlesien. Zeitschrift des Oberschles. Berg- und Hüttenmännischen Vereins 1911, S. 1.

Die Dampfschaufeln oder richtiger „Löffelbagger", es gibt auch Schaufeln mit elektrischem Antrieb, welche bereits seit dem Jahre 1840 bekannt sind, wurden zuerst in den 70 er Jahren des vorigen Jahrhudnerts beim Bau der großen amerikanischen Überlandbahnen im großen Maßstabe benutzt. Die Erfolge, welche mit ihnen in diesem größtenteils unwirtlichen Gebiete erzielt wurden, ließen sie bald auch im amerikanischen Bergbau Eingang und weite Verbreitung finden, so daß bereits in den 90er Jahren eine stattliche Anzahl von Löffelbaggern zur Abdeckarbeit und Gewinnung der riesigen Eisenerzlagerstätten am Oberen See benutzt wurde. Viel später, erst vor 3—5 Jahren, entschloß sich auch der deutsche Bergbau, in dem bis dahin ausschließlich Eimerkettenbagger zur Anwendung gelangten, zur Vornahme von Versuchen mit Löffelbaggern, welche vollauf befriedigten. Bei der Gewinnung von Spülversatzmaterial, bei der Abdeckung von Braunkohlentagebauen, ja in neuester Zeit sogar bei der eigentlichen Gewinnung von Braunkohle selbst, wovon noch an anderer Stelle die Rede sein wird, leisten die Löffelbagger wertvolle Dienste, so daß heutigentags immer mehr Firmen zur Konstruktion dieser Baggertype übergehen. In neuester Zeit benutzt man die Löffelbagger mit bestem Erfolge auch zur Erzgewinnung im schwedischen Eisenerzbergbau.

Die Löffelbagger oder Schaufelbagger gehören zu den Baggern mit unterbrochenem Betrieb, d. h. die Förderung findet nicht ununterbrochen statt, wie bei den Eimerkettenbaggern, bei denen die Baggereimer sich in ständiger Bewegung befinden, sondern die Baggerarbeit ist dem Handbetrieb nachgebildet, indem das Grabwerkzeug, die Schaufel, jedesmal durch eine dem menschlichen Graben ähnliche Bewegung gefüllt und dann entleert wird, worauf ein neues Baggerspiel beginnt. Diesem Arbeitsvorgang entsprechend ist auch die Konstruktion durchaus verschieden von dem Eimerkettenbagger gehalten. An einem kurzen Doppelhebel ist das Baggerwerkzeug, der Löffel, gelenkig aufgehängt. Dieser Hebel ist an einem drehbaren Ausleger angebracht, der an einem auf Gleisen laufenden Wagen befestigt ist. Der Wagen enthält die Antriebsvorrichtungen für die verschiedenen, vom Bagger auszuführenden Bewegungen und bei Dampfschaufeln außerdem noch den Kessel, sowie einen Wasser- und Kohlenbehälter (siehe Fig. 52).

Im Gegensatz zu den Eimerkettenbaggern wird bei den Löffelbaggern der einzelne Baggervorgang von Hand gesteuert, wodurch der Baggerführer in die Lage versetzt wird, bei größeren, plötzlich auftretenden Hindernissen den Arbeitsvorgang sofort zu unterbrechen und damit den Apparat vor Beschädigungen zu bewahren. Außer diesem Vorzug besitzen die Löffelbagger noch andere, welche sie in mancher Beziehung den Eimerkettenbaggern überlegen erscheinen lassen. Diese Vorzüge sind:

1. Einfachere Konstruktion.
2. Anwendbarkeit infolge des festeren Grabwerkzeuges, auch in den Bodenklassen III—VI.
3. Größere Schneidwirkung.

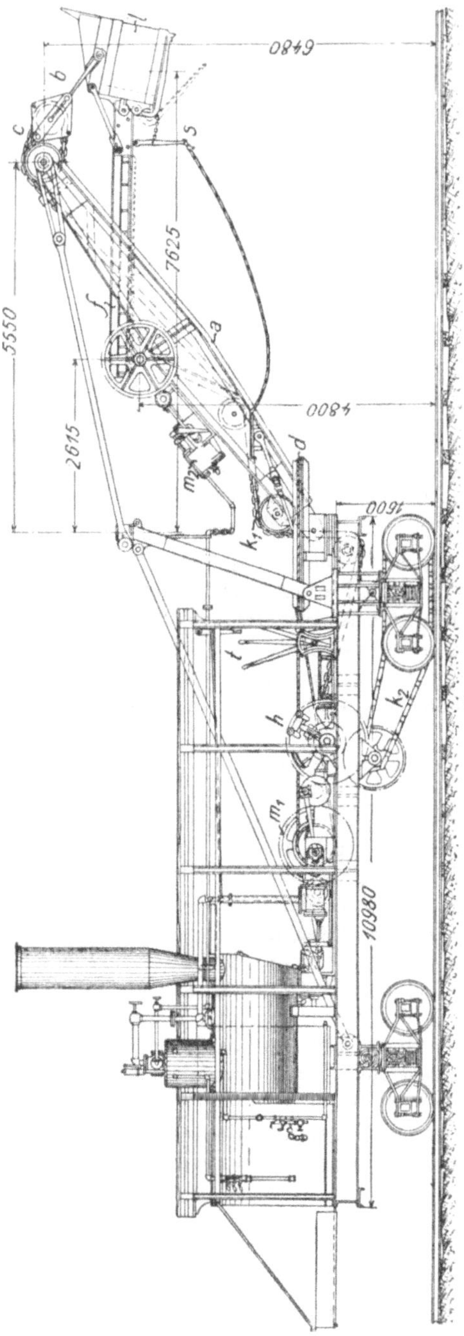

Fig. 52.
Amerikanischer Löffelbagger. (Aus Baum „Kohle und Eisen in Nordamerika“. Glückauf, 1908.)

4. Aufnahme auch größerer Gesteinsbrocken als Folge des großen Fassungsvermögens des Löffels.
5. Großer Wirkungsbereich und große Hubhöhe, infolgedessen ein weniger häufiges Verrücken der Gleise erforderlich.
6. Vereinfachung des Gleisrückens, das sie selbst ausführen können.
7. Wesentlich geringerer Verschleiß als beim Eimerkettenbagger, bei dem vor allem die Eimer eine sehr große Abnutzung erfahren.

Diesen erheblichen Vorteilen stehen allerdings auch Nachteile gegenüber, von denen hier nur erwähnt seien die geringere Leistungsfähigkeit in den Bodenklassen I und II gegenüber dem Eimerkettenbagger und die größere Wirtschaftlichkeit des letzteren bei Dauerbetrieben usw. (Vergl. auch die Betrachtungen über Grenzbodenmengen in der Einleitung.)

A. Die allgemeine Konstruktion der Schaufelbagger.

I. Der Baggerlöffel.[1]

Bei den Löffelbaggern ist, wie schon der Name andeutet, das eigentliche Grabwerkzeug ein Löffel, welcher besonders kräftig ausgeführt sein muß, da die Arbeit meist in festerem Boden zu erfolgen hat.

Der Baggerlöffel ist aus gebogenen Platten von Siemens-Martinstahlblech oder Flußeisenblech hergestellt und durch Bandagen verstärkt. Oben offen, besitzt er eine Schneide aus naturhartem Stahl mit 3—5 ziemlich langen, spitzen Zähnen aus Hartstahl, die bei weicherem Boden aus härtbarem Stahlguß angefertigt werden. Je nach der Beschaffenheit des zu baggernden Materials erhalten die Zähne eine Spitze, oder sie sind meißelförmig unter etwa 45^0 angeschärft. Der Boden wird von einer Klappe gebildet, welche aus Stahlblech besteht und mittels Stahlgußbügeln an dem Löffelstiel befestigt ist. Zum Schließen der Klappe ist ein leicht beweglicher Riegel auf der Unterseite angebracht, der sich beim Senken des Löffels, wenn die Klappe infolge ihres Eigengewichtes dem Löffel anliegt, in einen am Löffel angebrachten Bügel einschiebt. Hierdurch wird dann der Boden fest verschlossen. Die Öffnung der Klappe erfolgt von Hand durch Ziehen an einem am Riegel befestigten Seile.

Bei größeren Löffelbaggern kann die Klappe durch eine vom Dampfpreßzylinder betätigte Vorrichtung geöffnet werden, die es gestattet, die Bodenklappe in jeder Lage zu halten. Eine solche Vorrichtung wird neuerdings von der Lübecker Maschinenbau-Gesellschaft gebaut.

---

[1]) Richter, Zeitschr. d. Ver. deutsch. Ing. 1907, S. 1688.

Eine andere Art von Klappen ist bei den Löffelbaggern von Menck & Hambrock[1]) in Gebrauch (Fig. 53 a, b, c, d). Diese, die sogen. gebremste Klappe, gestattet dem Löffelführer das Öffnen zu regulieren, wodurch ein plötzliches Herausfallen des Materials verhindert und eine größere Schonung der Wagen erreicht wird. Am Stiel ist eine Welle verlagert, welche durch die Drehung der Klappe um ihren Gelenkbolzen mitgedreht wird. Die Drehung dieser Welle kann durch eine Bandbremse geregelt werden. Die Bedienung der Bremse geschieht durch ein Seil, das vom Führerstand aus betätigt wird. Wird der Löffel gesenkt, so schließt sich die Klappe selbsttätig und wird durch eine mit der Bremse verbundene Sperrvorrichtung festgehalten.

Die Befestigung des Huborgans am Löffel ist verschieden, je nachdem man direkten Seilzug oder einen Flaschenzug für Seil oder Kette verwendet. Im ersteren Falle ist das Seil über ein am Löffel befestigtes Gehänge mit mehrfacher loser Rolle geführt; im letzteren ist mit der Schaufel ein Bügel verbunden, an dem das Seil oder die Kette unter Zwischenschaltung eines mehrfachen Flaschenzuges angreift. Die direkte Anordnung ist insofern vorteilhafter, als hier der Bügel zum Fortfall kommt, welcher den Öffnungsquerschnitt verengt.

Die Verbindung des Eimers mit dem Löffelstiel ist gelenkig ausgebildet. Der Löffel kann daher für die verschiedenen Schnittweiten durch Laschen oder Umstecken zweier Bolzen auf den jeweilig günstigsten Schnittwinkel eingestellt werden.

II. Die Stange des Baggerlöffels.

Die Löffelstange oder der Schaufelstiel besteht aus U-Eisen mit Blechverstärkungen oder aus elastischem Eichenholz. Der Stil kann einfach oder doppelt sein. Im letzten Falle greift er beiderseitig um den Ausleger herum.

Der Stiel ist auf Rollen in der Mitte des Auslegers verlagert und wird durch Zahnstangengetriebe und Zahnräder vor- und zurückgeschoben. Er kann außerdem um die Welle des Zahnrades in senkrechter Ebene gedreht werden.

In dem am vorderen Ende des Löffelstieles angebrachten Stahlgußstück, an welchem der Löffel befestigt ist, befindet sich meist eine Feder, die zur Aufnahme heftiger Stöße der Bodenklappe bestimmt ist.

III. Der Ausleger.

Der Ausleger ist aus Blechen und Profileisen so zusammengesetzt, daß seine beiden Enden sich verjüngen. Seine Befestigung am Baggerwagen erfolgt verschieden je nachdem, ob es sich um eine sogen. A-Rahmenschaufel oder um eine solche von Drehscheibenform handelt, Formen, von denen noch später die Rede sein wird.

[1]) Handbuch der Ingenieurwissenschaften, Teil IV, Band 5, S. 177.

Rückwärts sind Zugstreben angeordnet, welche vom Auslegerkopf entweder direkt nach dem hinteren Ende des Oberwagens geführt sind oder an einem Strebengerüst angreifen. Im letzteren Falle sind die Zugstreben am Auslegerkopf an einem besonderen Bolzen befestigt.

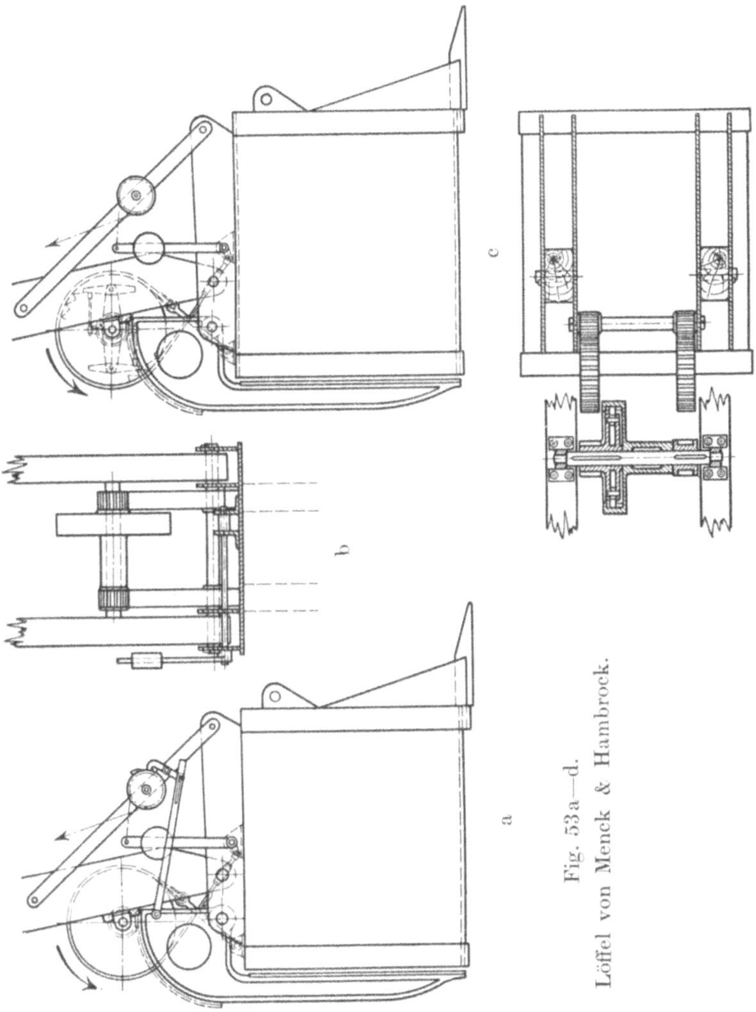

Fig. 53a—d.
Löffel von Menck & Hambrock.

IV. Allgemeiner Aufbau.

Hinsichtlich des allgemeinen Aufbaues der Löffelbagger kann man zwei Formen unterscheiden:

a. Die A-Rahmenform und
b. Die Drehscheibenform.

a) Die A-Rahmenform.

Die A-Rahmenform, welche für größere Löffelbagger fast ausschließlich benutzt wird, ist in den Vereinigten Staaten von Amerika sehr verbreitet. In Deutschland fand sie erst in den letzten Jahren Eingang als sog. Eisenbahnbagger, in welcher Form sie gegenüber den Drehscheibenbaggern einige Vorteile besitzt, so vor allem den des leichten Transportes. Ein Eisenbahnbagger kann in jeden Zug eingehängt werden, es ist dazu nur erforderlich, den Ausleger mitsamt dem Löffel und Löffelstiel sowie eine Reihe leichterer Teile, wie Seitenstützen, seitliche Podestbretter, Fahrketten usw. abzunehmen und auf einen Güterwagen zu verladen. Weitere Vorteile liegen in der Möglichkeit

den Eisenbahnbagger nach dem Transport wieder schnell zusammen setzen zu können,

in der großen Beweglichkeit auf der Arbeitsstelle und

in der höheren Leistungsfähigkeit.

Das Baggergestell besteht aus einem auf 2 Drehgestellen ruhenden Wagen, welche je nach der Größe des Baggers zwei bis drei Achsen enthalten. Der Wagen setzt sich aus zwei Teilen zusammen, aus dem vorderen sog. A-Rahmen und aus der hinteren Plattform. Der schmiedeeiserne A-Rahmen dient zur Aufnahme des Auslegers, welcher in einem sehr stark konstruierten Fußlager ruht, das um ein auf dem Oberwagen befestigtes Halslager drehbar angeordnet ist. Die Schwenkscheibe, deren Drehung durch Seile bewirkt wird, ist mit einem kräftigen Drehzapfen im Oberwagen gelagert. Auf der hinteren Plattform des Wagens sind die Antriebsmaschine sowie beim Dampfantrieb auch der Kessel untergebracht (Fig. 54, 55, 56). Zum Schutz gegen die Unbilden der Witterung ist der Baggerwagen von einem geschlossenen Führerhaus aus Formeisen mit Wellblechverkleidung umgeben, in dessen Seitenwänden Türen angebracht sind.

b) Die Drehscheibenform.

Die Löffelbagger von Drehscheibenform, welche in Deutschland sehr verbreitet sind, werden nur für kleinere Leistungen gebaut. Sie entsprechen in ihrem äusseren Aufbau einem fahrbaren Dampfdrehkran. Gegenüber der A-Rahmenform besitzen sie mehrere Vorteile:

1. Ihr Schwenkbereich beträgt 360°.
2. Das Vorstrecken der Gleise läßt sich mit ihnen leicht bewerkstelligen, da sie selbst imstande sind, das hinter ihnen gelegene Gleis aufzunehmen und vorn wieder anzufügen.

Nachteilig tritt bei ihnen der umständlichere Transport in Erscheinung sowie das Auftreten größerer Massenwiderstände beim Schwenken.

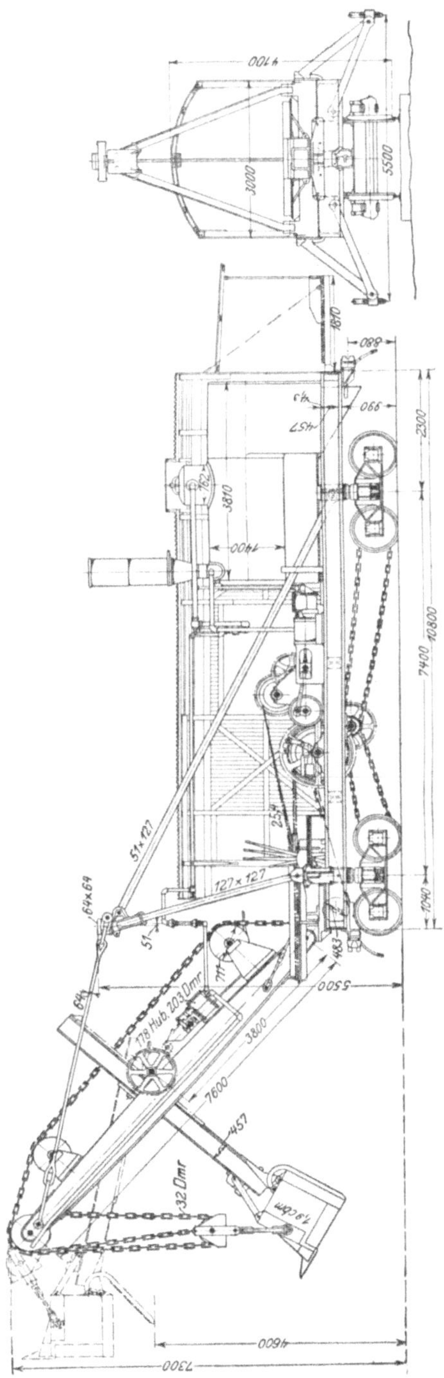

Fig. 54/55.
Amerikanische A-Rahmen-Schaufel. (Aus Zeitschrift des Vereins deutscher Ingenieure 1907, S. 1689.)

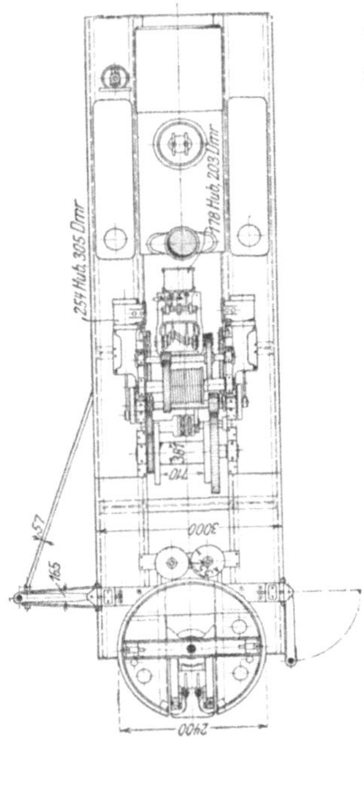

Fig. 56. Amerikanische A-Rahmen-Schaufel. (Aus Zeitschrift des Vereins deutscher Ingenieure 1907, S. 1689.)

Das Baggergestell, auf dem das Windwerk zum Heben, Schwenken und Fahren, die Antriebsmaschine, der Kessel usw. untergebracht sind, setzt sich zusammen aus dem Unterwagen und dem auf diesem ruhenden Oberwagen (Fig. 57).

1. Der Unterwagen.

Der Unterwagen, aus U-Eisen bzw. genieteten Trägern mit Verstrebungen und Blechen bestehend, ruht auf zwei Achsen mit zusammen vier Stahlgußrädern, welche vom Fahrwerk aus angetrieben werden. Bei den größeren Modellen werden die vier Laufräder für Doppelgleise eingerichtet, um eine zu große Beanspruchung der Schienen zu verhindern. Um den Bagger leicht transportabel zu machen, bringt man vier weitere Laufräder größeren Durchmessers auf den Laufradachsen an und stellt sie auf Normalspur oder eine beliebige Spurweite ein. Um ein unbeabsichtigtes Zurückweichen des Baggers während der Arbeit auszuschließen, sind zwei Sperr-Räder im Fahrwerk angeordnet.

Der Unterwagen trägt den Oberwagen mit dem Schutzhaus. Der Oberwagen, zu dessen Zentrierung ein kräftiger, im Unterwagen verlagerter Königszapfen aus Stahlguß dient, läuft mit fünf Laufrollen auf einem kreisrunden gedrehten Schienenring aus Stahlformguß mit Zahnkranz.

2. Der Oberwagen.

Der Oberwagen wird von einem gußeisernen Mittelklotz getragen, auf dem sich der Schwenk- und Fahrantrieb befinden. An den Mittelklotz sind seitlich Träger angeschraubt, auf deren Verlängerung nach hinten eine gußeiserne Grundplatte ruht. Diese Grundplatte, welche zur Ausbalancierung des Baggers beiträgt, trägt den Kessel und das Hubwerk einerseits und den Ausleger andererseits. Hier ist auch das Gegengewicht aufgehängt, das aus einem mit Roheisenmasseln oder Schienenabfällen gefüllten Kasten besteht.

Das Führerhaus, aus Profileisen mit Wellblechverkleidung bestehend, umgibt den Oberwagen auf allen Seiten und ist verschließbar. In den Seitenwänden sind Türen vorgesehen, während die Vorderwand seitlich des Auslegers Glasverkleidung enthält, um dem Baggerführer ein gutes Gesichtsfeld zu gewähren.

B. Der Antrieb.

Ein Löffelbagger hat 4 verschiedene Bewegungen auszuführen:

1. das Vorschieben und Zurückziehen des Löffelstiels,
2. das Heben und Senken des Löffels,
3. das Schwenken des Auslegers und
4. die Fahrbewegung.

Wie bei den Eimerkettenbaggern hat man auch bei den Löffelbaggern zu unterscheiden zwischen Einmotorenschaufeln und Mehr-

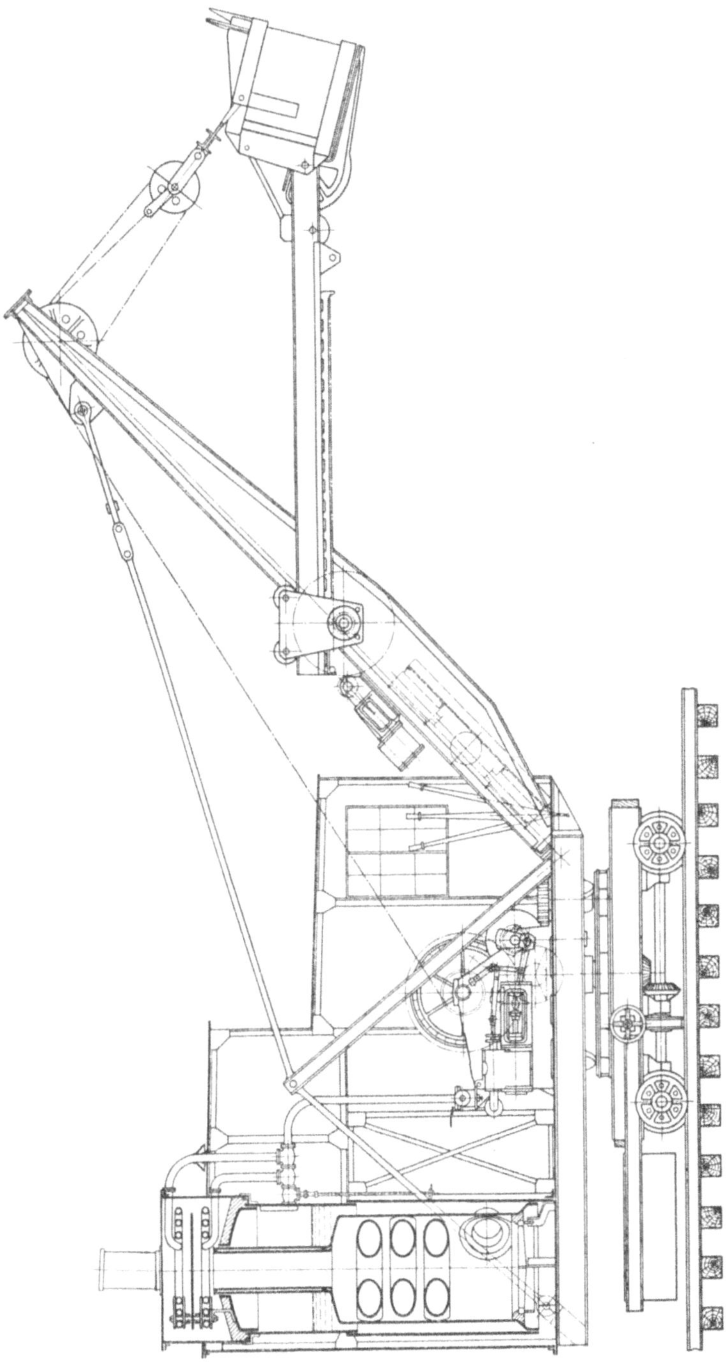

Fig. 57.
Drehscheibenschaufel der Lübecker Maschinenbau-Gesellschaft.

motorenschaufeln. Bei den Einmotorenschaufeln werden sämtliche Bewegungen unter Einschaltung von Kupplungen, Wendegetrieben usw. von einer Maschine abgeleitet; bei den Mehrmotorenschaufeln welche neuerdings fast ausschließlich benutzt werden, sind für den Vorschub, das Fahrtriebwerk, die Schwenk- und die Hubbewegung, zwei, drei oder vier besondere Maschinen angeordnet. Erfolgt der Antrieb durch Dampf, so verwendet man meist nur zwei Maschinen, indem eine das Hub-, Schwenk- und Fahrtriebwerk bedient, während die andere den Vorschub betätigt. Bei den elektrischen Schaufeln erhalten der Vorschub, das Hub- und Schwenktriebwerk je einen besonderen Motor, während das Fahrtriebwerk entweder vom Hub- oder vom Schwenkmotor angetrieben wird.

Gegenüber dem Einmotorenantrieb bietet der Mehrmotorenantrieb verschiedene Vorteile:

1. gleichzeitiges Heben und Schwenken des Baggerlöffels und dadurch Zeitersparnis,
2. Fortfall der verwickelten Transmissionen und dadurch Erhöhung der Betriebssicherheit.

Als Nachteil ist dagegen die Verteuerung zu verzeichnen, welche die Ausrüstung mit mehreren Motoren mit sich bringt.

Die Löffelbagger wurden früher nur mit Dampf, neuerdings auch mit Elektrizität betrieben, in vereinzelten Fällen, wo Schaufeln auch im unterirdischen Betriebe tätig sind, wie z. B. in den Vereinigten Staaten, auch mit Preßluft.

Hinsichtlich der Vor- und Nachteile beider Betriebsarten gilt das Gleiche, was für Trockenbagger ausgeführt ist.

I. Dampfantrieb.

a) Der Dampfkessel[1]).

Der Dampfkessel ist bei den größeren amerikanischen Schaufeln meist als liegender Siederohrkessel nach Art der Lokomotivkessel gebaut. Die Heizfläche schwankt zwischen 10 und 50 qm und darüber, der Betriebsdampfdruck zwischen 8 und 10 Atmosphären.

Bei den deutschen kleineren Schaufeln werden für gewöhnlich stehende Quersiederdampfkessel angewandt, welche mit Überhitzern ausgerüstet sind. Der Betriebsdampfdruck beträgt durchschnittlich 10 Atm., die Heizfläche 10—30 qm. Durch Anwendung der Überhitzer, bei denen nur sehr trockener Dampf in die Maschine gelangt, wird wesentlich an Dampf und Kohlen gespart. Die Kessel sind mit allen erforderlichen Armaturen versehen.

Bei den Eisenbahnlöffelbaggern werden mit Rücksicht auf das Durchgangsprofil Lokomotivkessel genommen.

---

[1]) Handbuch der Ingenieurwissenschaften, Teil IV, Band 1, S. 177.

Das Speisewasser wird in einem am Unterwagen befestigten Wasserkasten mitgeführt. Vor dem Eintritt in den Kessel wird es durch einen mittels Dampf geheizten Vorwärmer angewärmt.

Alles Kondenswasser aus der Maschine wird gesammelt, in einem Filter gereinigt und dann dem Wasserkasten zugeführt, von wo aus es wieder zusammen mit dem Frischwasser zur Kesselspeisung benutzt wird. Kessel, Zylinder und Schieberkasten sind gegen Wärmeverluste isoliert. Die Frischdampfleitung wird ebenfalls isoliert.

b) Die Antriebsmaschinen.

1. Das Hubwerk.

Als Antriebsmaschine wird für gewöhnlich eine umsteuerbare Zwillingsdampfmaschine verwendet, welche gleichzeitig auch das Schwenk- und Fahrwerk bedient. Bei der Dampfmaschine ist eine Umsteuerung vorgesehen, durch die es dem Baggerführer ermöglicht wird, je nach der in Frage kommenden Bodenart der Maschine eine größere oder kleinere Füllung zu geben. Die Leistung schwankt je nach der Größe des Baggers zwischen 30 und 110 PSe.

Das Hubwerk, welches mittels einer durch Dampf betätigten Bremsbandkupplung oder durch eine Reibungskupplung mit der Maschine verbunden ist, besteht aus der Windentrommel und dem Zugorgan, das mit Hilfe eines Flaschenzuges den Löffel heben bzw. senken kann.

Als Zugorgan dient entweder eine Kette oder ein Seil. Letzteres besitzt gegenüber der Kette den Vorteil des ruhigeren und geräuschlosen Ganges und läßt außerdem eine eingetretene Abnutzung leicht erkennen, während die Kette bei großer Hubgeschwindigkeit stark abgenutzt wird und Beschädigungen nicht ohne weiteres festzustellen sind. Bei Überlastung kann sie daher plötzlich reißen.

Vermittels einer Fußtrittbremse ist es möglich, den Löffel in jeder Lage zu halten. Mit ihrer Hilfe erfolgt auch das Senken.

Die Löffelhubgeschwindigkeit beträgt etwa 30 m in der Minute.

2. Die Schwenkbewegung.

Die Schwenkbewegung wird bei der A-Rahmen-Schaufel auf andere Weise bewirkt wie bei der Drehscheibenschaufel.

Bei der A-Rahmenschaufel[1]) ist eine Scheibe vorhanden, welche mit einem kräftigen Drehzapfen in einem Schwenkspurlager ruht. Um diese Scheibe ist eine Kette oder ein Seil (in Fig. 52 eine Kette) geschlungen, welche auf eine Ketten- oder Seiltrommel auf- bzw. abgewickelt werden kann. Die Trommel wird von einer besonderen Dampfmaschine getrieben, welche man aus Konstruktionsrücksichten meist mit der Vorschubmaschine maßgleich ausführt.

In anderer Weise wird das Schwenken bei den Drehscheibenschaufeln ausgeführt. Hier wird, da für gewöhnlich nur zwei Maschinen

---

[1]) Zeitschr. d. Ver. deutsch. Ing. 1907, S. 1690.

vorhanden sind, die Schwenkbewegung von der Hubmaschine durch ein auf der Kurbelwelle angebrachtes Wendegetriebe abgeleitet. Von dem Wendegetriebe aus wird die Bewegung durch horizontal liegende Stirnräder auf ein Ritzel übertragen, welches sich an dem im Unterwagen zentrierten Zahnkranz abwälzt. Dieser Zahnkranz ist im Unterwagen nicht festgelagert, sondern er kann bei allzu großer Beanspruchung auf seinem Sitze gleiten, wodurch Brüche der Drehwerksteile mit Sicherheit vermieden werden.

3. Der Fahrantrieb.

Das Fahrtriebwerk wird meistens von der Hubmaschine aus betätigt. Es wird von dieser ein auf der Kurbelwelle sitzendes Reibungs- und Wendegetriebe angetrieben, das durch Gallsche Ketten seinerseits die Drehung auf die Laufachsen überträgt. Da die Antriebsmaschine umsteuerbar eingerichtet ist, so ist jederzeit eine Umkehrung der Fahr- bzw. Drehrichtung durch entsprechende Steuerung möglich. Das Ein- und Ausrücken des Fahrantriebes erfolgt meist durch Klauenkupplung.

4. Der Vorschub.

Der Vorschub wird bei fast allen Konstruktionen von einer besonderen Maschine bewirkt, welche als Zwillingsmaschine mit umsteuerbarer Kolbenschiebersteuerung gebaut ist. Die Bewegung der Maschine wird durch Stirnräder auf die Zahnstangen der Löffelstiele übermittelt. Eine Bremse dient zum Festhalten der Löffelstiele beim Schneiden. Die Zahnstangen gestatten einen Vorschub von etwa 3 bis 5 m und verhindern wirksam ein zu weites Ausfahren des Löffels.

An Hebeln und Griffen sind zu betätigen[1]):

1 Tritthebel für die an der Hubtrommel angebrachte Brandbremse,
1 Hebel der zum Einrücken der Bandreibkupplung am Hubwerk dient,
1 Stange zum Zurückziehen des Baggerlöffels,
1 Schnur zum Öffnen der Bodenklappe.

II. Elektrischer Antrieb.

Die für den elektrischen Antrieb in Frage kommenden Stromarten sind Gleichstrom und Drehstrom. Welcher von beiden den Vorzug verdient, ist nicht ohne weiteres zu entscheiden, da hierüber noch zu wenig Erfahrungen vorliegen, als daß ein Vergleich zwischen beiden Antriebsarten möglich wäre. Erwähnt sei jedoch, daß die allgemeine Ansicht[1]) dahin geht, daß Gleichstrom insofern geeigneter sei, als die Gleichstrommotoren mit Hauptstromwicklung die Geschwindigkeit dem jeweiligen Widerstand anpassen und dadurch die dem jeweiligen Grabwiderstand entsprechende Leistung selbsttätig einstellen können.

---

[1]) Richter, Zeitschr. d. Ver. deutsch. Ing. 1909, S. 1029.

Die Spannung beläuft sich meist auf 500—600 Volt. Die Zuführung der Elektrizität erfolgt durch Kupferdrähte, welche vermittels Isolatoren an transportablen Masten befestigt sind.

Bei den A-Rahmenschaufeln führt man die Drähte bis unmittelbar an den Bagger heran und benutzt zur Überleitung auf die Motoren einfache Zuführungsdrähte, welche von der Leitung nach dem Führerhausdach verlaufen (Fig. 58). Während der Fahrt benutzt man Rollenstromabnehmer wie bei der Straßenbahn. Zur Rückleitung des Stromes dienen die Schienen.

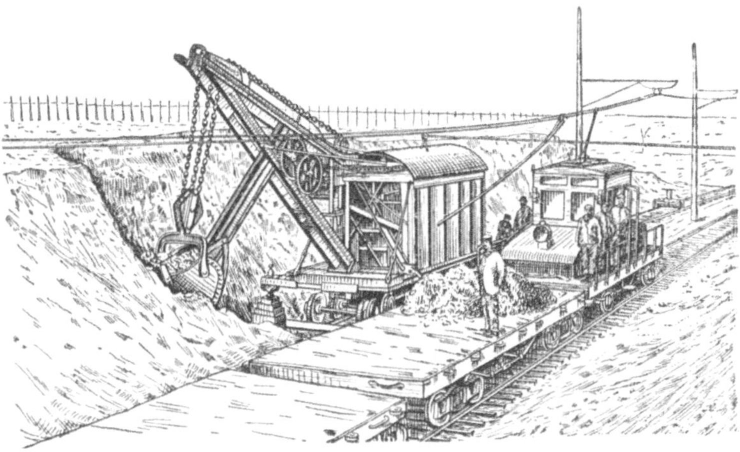

Fig. 58.
Stromzuführung bei einer amerikanischen A-Rahmen-Schaufel. (Aus Zeitschrift des Vereins deutscher Ingenieure, 1909, S. 1031.)

Bei den Drehscheibenschaufeln wird die Verbindung zwischen Bagger und dem Draht des letzten Mastes meist durch ein Kabel hergestellt, das zu einer am Baggerwagen befestigten Kabeltrommel führt. Diese steht mit dem Fahrtriebwerk in Verbindung und wickelt entsprechend der Fahrbewegung des Baggers das Kabel auf oder ab. Von der Trommel geht die Stromzuführung durch das Gußstück des Unterwagens zu den einzelnen im Oberwagen untergebrachten Motoren. Die Rückleitung erfolgt ebenfalls durch die Schienen.

Die Zahl der verwendeten Motoren ist gewöhnlich drei, nur ganz große Bagger versieht man mit vier Motoren.

Bei Gleichstrom wurden schon früher 3 Motoren angewandt, von denen der erste Motor das Hubwerk, der zweite das Schwenkwerk und der dritte das Vorschub- und Fahrwerk bediente.

Bei Drehstromantrieb ordnete man vor einigen Jahren auch wohl nur zwei Motoren an, von denen der eine auf das Hub- und Schwenktriebwerk arbeitete, während der andere das Vorschub- und Fahrtriebwerk bediente.

Die Ableitung der Drehbewegung erfolgte hier von dem sich zwecks Ausnutzung von Schwungmassen ständig in derselben Richtung drehenden Hubmotor durch ein Reibungswendegetriebe. Nach Angabe der Carlshütte, welche den Zweimotorenantrieb früher vielfach anwandte, geschah dies, weil die vor mehreren Jahren beim Aufkommen des elektrischen Antriebes üblichen Steuerapparate für Drehstrom viel Reparaturen erforderten. Nachdem aber inzwischen die elektrischen Steuerapparate vervollkommnet sind, wird auch beim Drehstrom von der Carlshütte der Dreimotorenantrieb allgemein ausgeführt.

Die Übertragung der Bewegung von den umsteuerbaren Motoren auf das Hubtriebwerk erfolgt durch Stirnrädergetriebe auf die Welle der Windentrommel, welche mit einer Reibungskupplung und Bandbremse ausgerüstet ist, um ein schnelles Senken bzw. ein Festhalten des Löffels in jeder gewünschten Stellung zu ermöglichen. Es ist ferner ein Maximalausschalter vorgesehen, welcher bei einem etwaigen Steckenbleiben des Motors beim Graben in Tätigkeit tritt.

Der Antrieb des Schwenk- und Fahrtriebwerkes erfolgt von dem Schwenkmotor durch ein Reibungswendegetriebe mit Stirnrädern oder durch Kegelradübersetzung und Zahnrädervorgelege auf das Schwenktriebwerk und durch Umschalten eines Ritzels auf das Fahrtriebwerk. Im ersteren Falle arbeitet das Wendegetriebe während der Baggerarbeit auf das Schwenktriebwerk und wird, wenn der Bagger seinen Standort ändern soll, auf das Fahrtriebwerk geschaltet.

Im letzteren Falle wird der Motor zum Wechseln der Dreh- bezw. Fahrtrichtung umgesteuert. Um ein etwaiges Stoppen rasch bewerkstelligen zu können, wird das Schwenktriebwerk mit einer Bandbremse versehen.

Bei den elektrisch betriebenen Baggern von Menck & Hambrock[1]) ist der Zahnkranz schleifend angeordnet, um einem Brechen der Zahnräder beim raschen Stoppen vorzubeugen.

Bei dem Fahrtriebwerk werden beide Laufachsen durch Kegelrädervorgelege angetrieben.

Das Vorschubtriebwerk erhält stets einen besonderen Motor, da es auf dem Ausleger sitzt und schwer von dem Hub- oder Schwenkmotor anzutreiben ist. Dieser Motor arbeitet auf ein Stirnrädervorgelege, das durch Gallsche Ketten das Triebwerk antreibt. Es ist auch hier eine Bandbremse zum Festhalten des Motors vorgesehen.

Die Carlshütte sieht für den Vorschub und das Fahrtriebwerk nur einen gemeinsamen Motor vor. Die Übertragung vom Motor auf das Vorschubwerk erfolgt dann durch Stirnrädervorgelege mit anschließendem Kettentrieb. Zum Abschalten des Motors vom Vorschub auf das Fahrtriebwerk dient eine Klauenkupplung, welche durch entsprechend angeordnete Kegelräder mittels einer durch die Drehsäule des Baggers führenden Achse dieses antreibt. Da Vorschub und Fahrbewegung niemals gleichzeitig auszuführen sind, begegnet diese Anordnung keinen Schwierigkeiten.

---

[1]) Richter, Zeitschr. d. Ver. deutsch. Ing. 1910, S. 578.

Sämtliche Motore, welche offen ausgeführt sind, sind mit Höchststromausschaltern zum Schutze gegen Überlastungen ausgerüstet und sind so gewählt, daß sie eine Überlastung von 50 v. H. noch aushalten können.

Die Schaltung der Kupplungen, Getriebe usw. erfolgt vom hinteren Bedienungsstande aus. Folgende Hebel sind dabei zu bedienen:

1 Hebel für das Hubtriebwerk,
1 „ „ „ Schwenktriebwerk,
1 „ „ „ Vorschubtriebwerk,
1 „ „ „ Fahrtriebwerk,
1 Fußtrittbremse für die Hubwerktrommel,
1 „ „ das Schwenktriebwerk,
1 Seil zum Öffnen der Löffelklappe.

C. Beschreibung ausgeführter Schaufelbagger.

I. Löffelbagger der Carlshütte A.-G., Altwasser.

Die Carlshütte, Aktiengesellschaft für Eisengießerei und Maschinenbau in Altwasser, baut nur Löffelbagger der Drehscheibenform in 5 verschiedenen Größenklassen, deren Hauptabmessungen in der auf S. 72 wiedergegebenen Tabelle zusammengefaßt sind. Fig. 60, 61 und 62 zeigen den Aufbau der Löffelbagger der Größenklasse II und IV. Die unteren Zahlen in Fig. 62 bedeuten die entsprechenden Konstruktionszahlen für die Größenklasse III.

Der in Figur 59a, b dargestellte Löffel a besitzt eine in der Nähe des Schwerpunktes an Pendeln d aufgehängte Bodenklappe b; die Pendel d schwingen um die festen Punkte c. Das eine Ende der Bodenklappe ist durch Rollen f in der Kurvenbahn g geführt. In der in Figur 59a dargestellten Schlußstellung wird die Bodenklappe durch den Rollenhebel h, welcher um den Punkt i schwingt, festgehalten. Wird die Rolle h durch Zug an der Kette k nach unten bewegt, so öffnet das in der Schaufel befindliche Material durch Gewichtswirkung die Bodenklappe b und diese schwingt nach unten in die durch die

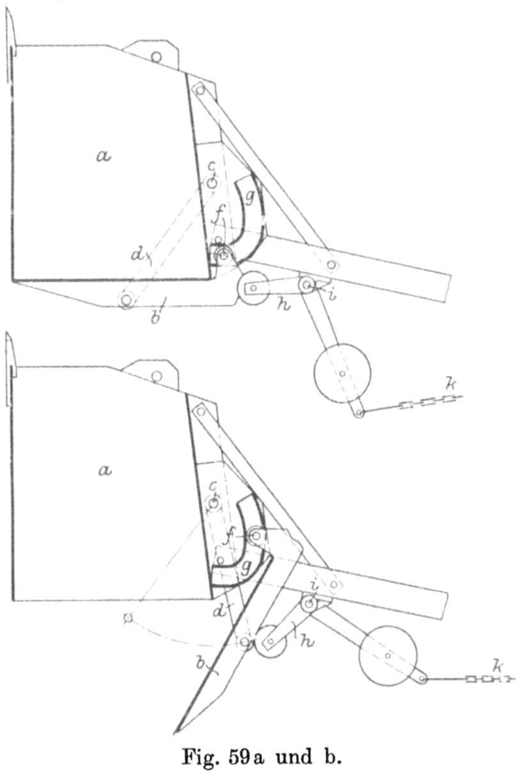

Fig. 59a und b.
Löffel mit geführter Bodenklappe.

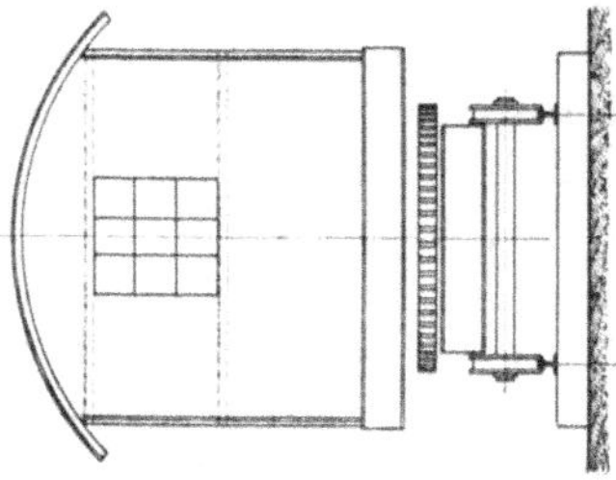

Fig. 61.

Fig. 60 und 61. Löffelbagger der Carlshütte A.-G.

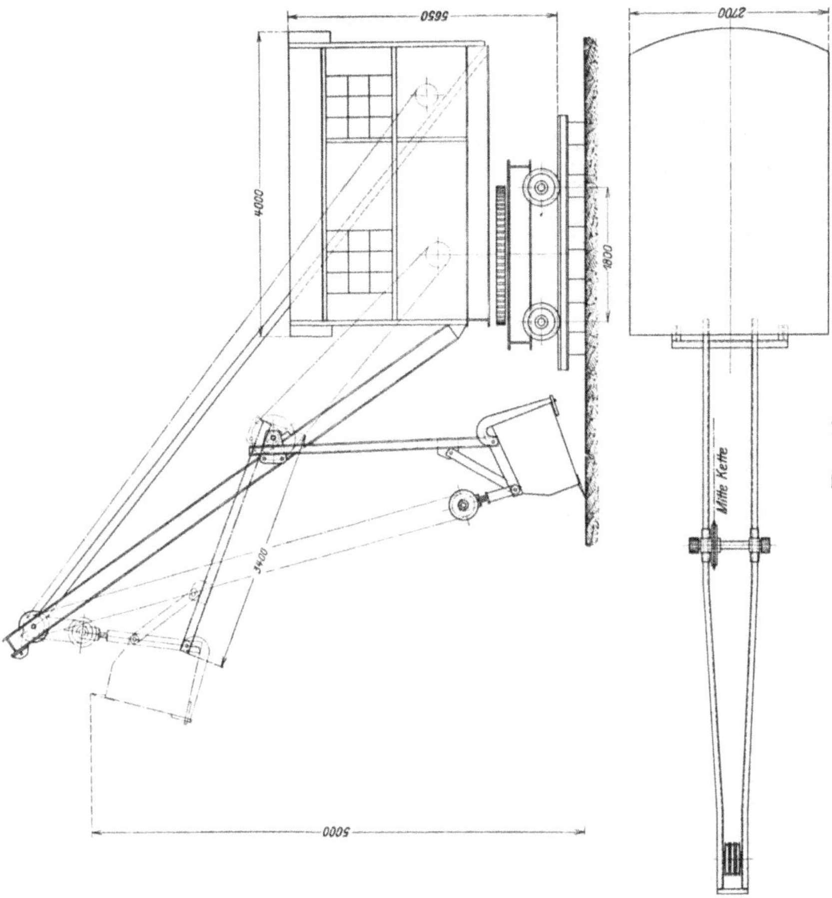

Fig. 60

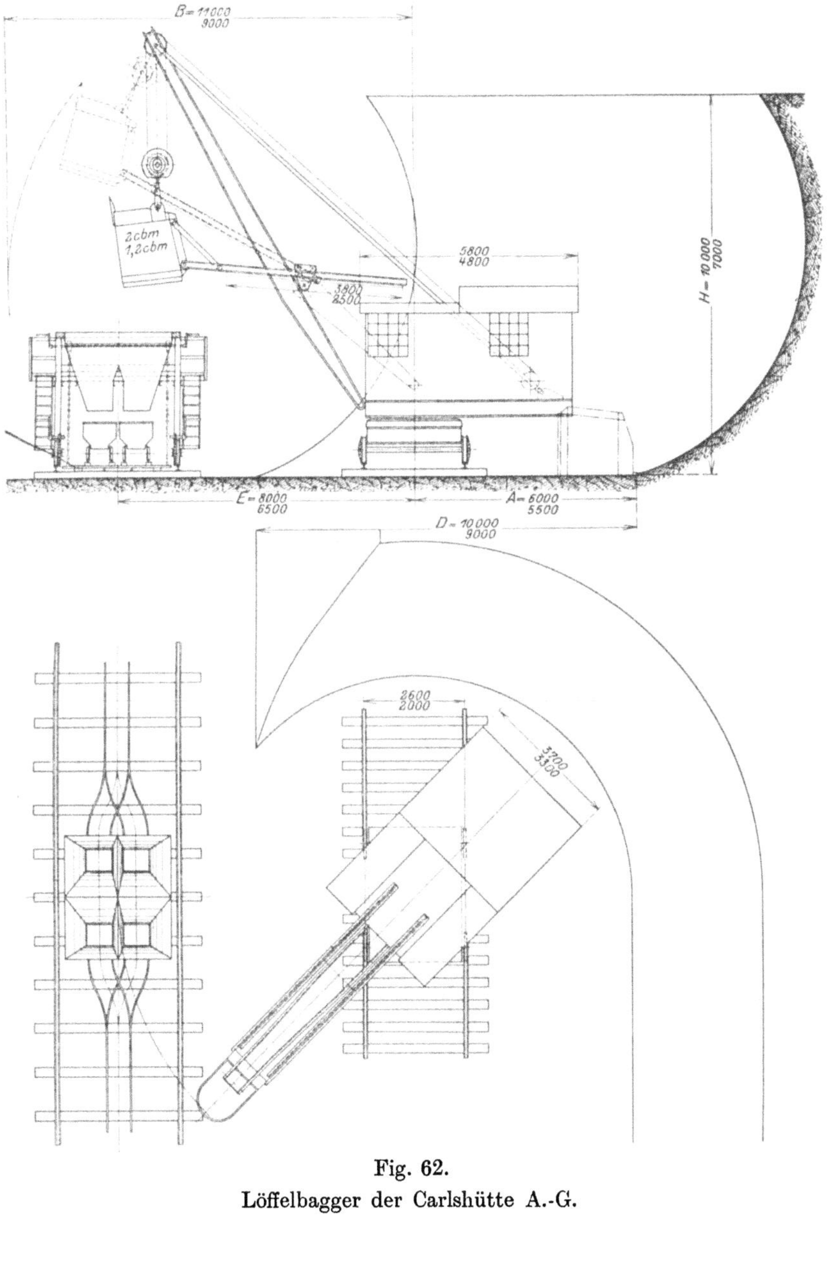

Fig. 62.
Löffelbagger der Carlshütte A.-G.

Kurvenführung g und die Pendel d bedingte Lage, wobei das Material auf der Bodenklappe abwärtsgleitet. Bei dem dann folgenden Senken der Schaufel a bewegt sich die Bodenklappe b wieder in die Schlußstellung und wird in dieser durch den mit Gewicht belasteten Rollenhebel h festgehalten.

Die Bagger der Carlshütte werden sowohl für Dampf- als auch für elektrischen Antrieb gebaut.

Beim Dampfantrieb sind gewöhnlich 2 Zwillingsmaschinen mit umsteuerbarer Kolbenschiebersteuerung vorgesehen, von denen die größere das Hub-, Schwenk- und Fahrtriebwerk antreibt, während die kleinere auf dem Ausleger liegt und den Vorschub betätigt.

Fig. 63.
Löffelbagger der Carlshütte im Betrieb.

Durch Einschalten einer Bremsbandkupplung zwischen Dampfmaschine und Hubwerktrommel wird es ermöglicht, daß die Dampfmaschine sich beim Senken der Schaufel in gleicher Richtung weiter bewegen kann.

Die Erzeugung des Dampfes erfolgt in Quersiederdampfkesseln mit Röhrenüberhitzern, welche mit einem Betriebsdampfdruck von durchschnittlich 10 Atm. arbeiten.

Beim elektrischen Antrieb sieht die Carlshütte neuerdings sowohl für Gleichstrom als auch Drehstrom 3 Motoren vor, von denen der eine das Hub-, der zweite das Schwenk- und der dritte das Vorschub- und Fahrtriebwerk bedient. Schwenk- und Vorschubmotor werden durch Umkehranlasser gesteuert. Auf die frühere Ausbildung des Drehstromantriebes war schon kurz bei der allgemeinen Besprechung des elektrischen Antriebes eingegangen (s. Seite 65).

Fig. 63 zeigt einen Schaufelbagger mit elektrischem Antrieb beim Abgraben einer Hochofenschlackenhalde für den Spülversatz einer westfälischen Stein-

Fig. 64.

Fig. 65.
Löffelbagger der Carlshütte im Betrieb auf dem Abendrotschacht.

kohlenzeche. Die Leistung dieses Baggers beträgt 100 cbm/st, seine Schnitthöhe 9,5 m.

In Fig. 64 und 65 ist ein Schaufelbagger mit elektrischem Antrieb dargestellt, der auf dem Abendrotschacht der Bergverwaltung Georg von Giesches Erben in Schoppinitz, Oberschlesien, Sand und Lehm für den Spülversatz abgräbt. Er besitzt eine Schnitthöhe von 8 m und leistet etwa 90 cbm/st.

Die folgende Tabelle enthält einige Hauptkonstruktionsdaten der von der Carlshütte gebauten Löffelbagger:

Größe	I	II	III	IV	V
Leistung, cbm/st	20—25	30—40	50—60	90—110	180—200
Schaufelinhalt, cbm	0,35	0,5	1,0	1,7	3,0
Tiefe des Einschnittes, m	3,5	4,1	7,2	9,0	10,0
Breite des Einschnittes,					
am Fuß m	4,3	5,2	8,7	12,4	16,0
oben am Rand m	8,8	10,4	17,8	22,0	25,2
Vorschub der Schaufel, m	1,2	1,6	2,5	3,5	4,2

II. Löffelbagger der Lübecker Maschinenbau-Gesellschaft.

Die Lübecker Maschinenbau-Gesellschaft, welche neuerdings auch Löffelbagger baut, führt diese in beiden Bauarten aus, als A-Rahmenschaufeln (sog. Eisenbahn-Löffelbagger) und als Drehscheibenschaufeln.

Einen Eisenbahn-Löffelbagger mit elektrischem Antrieb zeigt Fig. 66, aus welcher der allgemeine Aufbau sowie die Anordnung der Triebwerke leicht zu ersehen sind. Der Bagger ist für eine Stundenleistung von 70—90 cbm in leichtem, 45—60 cbm in mittelschwerem und 30—40 cbm in schwerem Boden bestimmt. Bei größeren Leistungen und bei Dampfantrieb werden an Stelle des einfachen Fahrgestelles Drehgestelle angeordnet.

Die Hauptkonstruktionsdaten dieses Baggers sind folgende:

Spurweite	1435 mm
Achsenabstand	4500 „
Anzahl der Achsen	2 feste
Inhalt des Löffels	1,5 cbm
Höhe von S. O. bis Unterkante geöffneter Bodenklappe	4000 mm
Größte Schnittweite	8100 „
Kleinste Schnittweite	5400 „
Schwenkbereich des Auslegers	230°
Schnitthöhe über S. O.	6700 mm
Vorschub	2700 „
Fahrgeschwindigkeit	60 m/min
Konstruktionsgewicht	38 000 kg
Motor zum Heben, Schwenken und Verfahren	80 PS
„ „ Vorstoßen	30 „

Fig. 57 zeigt eine Dampfschaufel vom Drehscheibentyp, welche in zwei verschiedenen Größenklassen als Modell 2 a und 3 ausgeführt wird.

Als Antriebsmaschine für das Hub-, Schwenk- und Fahrtriebwerk dient eine Zwillingsdampfmaschine, welche auf der hinteren Plattform des Oberwagens untergebracht ist. Sie leistet bei 260 mm Zylinderdurchmesser, 280 mm Hub und 200 Umdrehungen in der Minute etwa 110 PS. Die Maschine ist mit einer

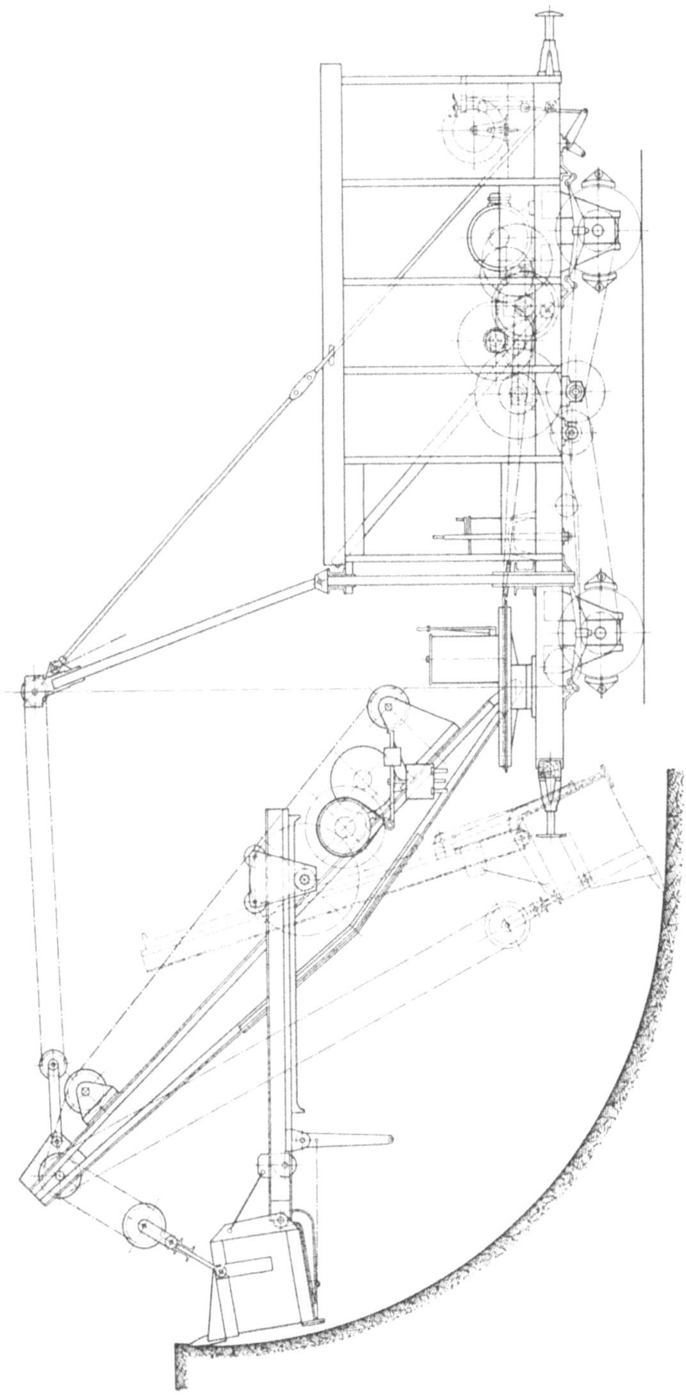

Fig. 66.
Eisenbahnlöffelbagger der Lübecker Maschinenbau-Gesellschaft.

Umsteuerung versehen, welche es dem Baggerführer ermöglicht, je nach der zu grabenden Bodenart eine größere oder kleinere Füllung zu geben und dadurch den Dampfverbrauch der jeweiligen Leistung anzupassen.

Die zweite, den Vorschub betätigende Maschine ist ebenfalls eine umsteuerbare Zwillingsmaschine, welche mit Wechselkolbenschieber ausgerüstet ist. Bei 200 mm Hub, 180 mm Zylinderdurchmesser und 225 Umdrehungen in der Minute leistet sie etwa 40 PS.

Der zum Betriebe erforderliche Dampf wird in einem stehenden Quersiederkessel mit ganz geschweißtem Innenkörper erzeugt; die Heizfläche beträgt 16 qm, der durchschnittliche Betriebsdampfdruck 10 Atm. Der Kessel ist mit einem Überhitzer versehen, welcher den Dampf auf etwa 350° überhitzt.

Als Speisewasserbehälter dient ein am Unterwagen befestigter Wasserkasten. Das Speisewasser passiert vor dem Eintritt in den Kessel einen Vorwärmer.

Das aus der Maschine austretende Kondenswasser wird einem Filter zugeführt, hier gereinigt und dann in den Wasserkasten geleitet, von wo es zusammen mit dem Frischwasser wieder in den Kessel kommt.

Alle bewegten Teile werden soweit als möglich mittels Staufferdosen geschmiert; die Schmierung der Dampfzylinder erfolgt durch eine besondere Schmierpumpe.

Von Type 2a unterscheidet sich die Dampfschaufel, Type 3, nur durch die kleinere Ausführung der einzelnen Konstruktionsteile. So leistet die Antriebmaschine für das Hub-, Schwenk- und Fahrtriebwerk nur etwa 60 PS bei 210 mm Zylinderdurchmesser, 240 mm Hub und 200 Umdrehungen in der Minute.

Die Vorschubmaschine hat bei 140 mm Zylinderdurchmesser, 160 mm Hub und 225 Umdrehungen in der Minute eine Leistung von 30 PS aufzuweisen.

Das zur Ausbalanzierung erforderliche Gegengewicht beträgt hier nur 7 t gegenüber 10 t bei der größeren Schaufel.

Abmessungen	Type 2	Type 2 a	Type 3
1. Inhalt des Baggerlöffels, in cbm	—	1,3—2	1—1,5
2. Hubkraft am Baggerlöffel, in kg	16 000	—	12 000
3. Ausladung (von der Drehachse bis zur Auslegerrolle) in m	8	—	6,5
4. Vorschub . . . . in m	3,5	—	3
5. Größte Ausschütthöhe (von Schienenoberkante bis Unterkante geöffneter Bodenklappe) . . in m	7,1	etwa 6,2	4,6
6. Größte Schnittweite. . . . „ „	—	12	9
7. Kleinste Schnittweite . . . „ „	—	8,5	6
8. Größte Schlitzbreite. . . . „ „	22—24	—	18—20
9. Schwenkbereich des Auslegers. .	360°	360°	360°
10. Schnitthöhe über S. O. . . „ „	—	etwa 8	6
11. Spurweite . . . . in mm	2600	2550	2300
12. Entfernung der Achsen „ „	—	2900	2300
13. Anzahl der Achsen.	2	2	2
14. Gesamtlänge des Wagens in m	5,4	—	5,1
15. Gesamtbreite des Wagens „ „	3,5	—	3,0
16. Die Fahrgeschwindigkeit beträgt	—	36 m in der Minute	36 m in der Minute
17. Konstruktionsgewicht des Baggers in kg	—	44 000	28 000
18. Leistung in der Stunde in cbm			
bei leichtem Boden	120—150	—	60—75
„ mittelschwerem Boden	60—80	—	40—50
„ schwerem Boden	30—50	—	25—35

Der Dampfkessel ist ein stehender Quersiederkessel mit 10 qm Heizfläche und 10 Atm. Überdruck.

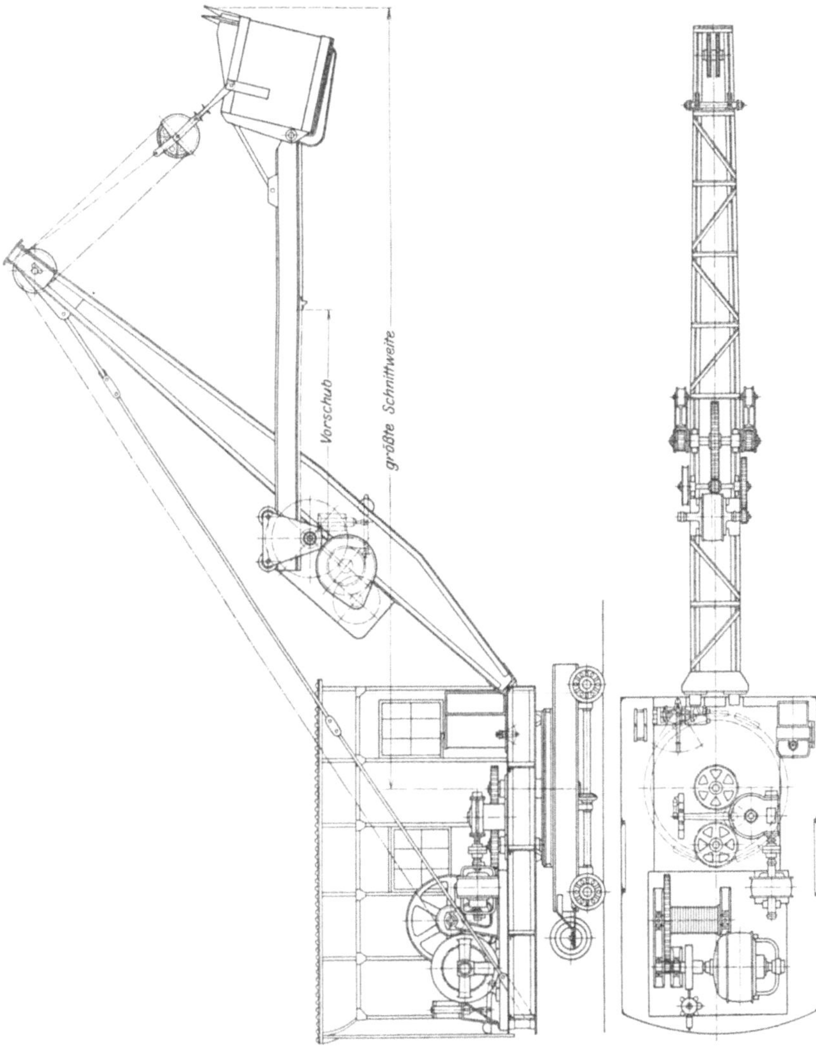

Fig. 67. Elektrisch angetriebener 3-Motoren-Löffelbagger der Lübecker Maschinenbau-Gesellschaft.

Fig. 67 zeigt eine Dreimotorenschaufel, Type 2, für elektrischen Antrieb. In der nebenstehenden Tabelle (S. 74) sind einige Hauptabmessungen angegeben, welche in der vorstehenden Beschreibung nicht aufgeführt waren:

III. Löffelbagger der Firma Menck & Hambrock, Altona.

Die Firma Menck & Hambrock, Altona, welche als erste deutsche Firma den Bau von Löffelbaggern aufnahm, baut A-Rahmenschaufeln und Drehscheibenschaufeln mit Dampf- wie auch elektrischem Antrieb.

Fig. 68. Eisenbahnlöffelbagger von Menck & Hambrock.

Die A-Rahmenschaufel oder der Eisenbahn-Löffelbagger wird in drei Größen als Modell G, J und L mit einer Löffelgröße von 2, 3 bzw. 4 cbm und einer maximalen Windekraft von 16000, 25000 bzw. 35000 kg ausgeführt (Fig. 68).

Der Plattformwagen ruht auf 2 Drehgestellen, welche je nach der Baggergröße 2 oder 3 Achsen besitzen und nach Bedarf für Normalspur oder Schmalspur eingerichtet sind.

Zur Erhöhung der Standsicherheit bei den verhältnismäßig kleinen Spurweiten werden die Bagger mit zwei vorn am Wagen angebrachten Seitenstützen versehen, welche maschinell betätigt werden. Zur Bewegung der Stützen dienen Schraubenspindeln, welche in einer aus einem Stück gegossenen Stahlguß-Grundschwelle lagern.

Die Löffel sind mit der der Firma patentierten gebremsten Löffelklappe versehen, welche bereits auf S. 56 beschrieben ist.

Der Ausleger besitzt einen Schwenkbereich von 200^0.

Der Antrieb erfolgt durch drei umsteuerbare Kolbenschieber-Zwillingsmaschinen, von denen die erste den Vorschub, die zweite das Schwenktriebwerk und die dritte das Hub- und Fahrtriebwerk betätigt.

Als Kessel dient ein Lokomotivdampfkessel, welcher mit Überhitzer und Vorwärmer ausgerüstet ist.

Drehscheibenschaufeln [1]) mit Dampfantrieb werden in sieben verschiedenen Größenklassen ausgeführt, deren Hauptabmessungen in der auf S. 81 folgenden Tabelle zusammengestellt sind. Die allgemeine Ausführung ist die bei der Drehscheibenbauart übliche (Fig. 69 und 70).

Es sind zwei Dampfmaschinen vorhanden, eine zum Antrieb des Vorschubes, die zweite zur Bedienung der anderen Triebwerke.

Die auf dem Ausleger untergebrachte Vorschubmaschine hat zwei Dampfzylinder, welche den Vorschub durch ein Zahnstangenwindwerk betätigen. Sie leistet bei rund 220 Umdrehungen in der Minute bis zu 25 PS. Diese Dampfmaschine ist eine Zwillingsmaschine mit Kolbenschiebern mit auswechelsbaren Dichtungsringen; die Umsteuerung erfolgt durch einen Wechselschieber. Zum Festhalten des Löffels in der jeweiligen Stellung dient eine Handbremse.

Als Antriebsmaschine für die anderen Triebwerke wird eine umsteuerbare Zwillings-Expansionsdampfmaschine benutzt, welche bei 200 Umdr./min etwa 80 PS leistet. Die Antriebsmaschine ist mit Stephensonscher Kulissenumsteuerung versehen, welche wie eine Expansionssteuerung den Dampfverbrauch regelt bzw. reduziert. Die Dampfschieber sind Kolbenschieber mit auswechselbaren Dichtungsringen. Zylinder und Schieberkasten, sowie die Frischdampfleitung sind mit einer isolierenden Ummantelung versehen. Die Regulierung des Dampfzutrittes erfolgt durch einen Absperrschieber, der ebenfalls als Kolbenschieber mit auswechselbaren Dichtungsringen ausgebildet ist. Das Hubwerk wird durch ein Stirnrädervorgelege von der Kurbelwelle der Hubmaschine angetrieben. Von der gleichen Welle wird der Antrieb für Fahr- und Schwenktriebwerk abgeleitet. Ein Wendegetriebe ermöglicht eine Umschaltung der Bewegung, so daß man nach beiden Richtungen schwenken bzw. fahren kann. Vermittels eines ausschwenkbaren Triebes wird die Bewegung auf das Schwenk- bzw. Fahrtriebwerk geschaltet.

Als Dampfkessel wird ein stehender Querrohrkessel mit ganz geschweißtem Innenkessel und eingeschweißtem Feuerlochring benutzt (Fig. 71), welcher mit der gesetzlich vorgeschriebenen Armatur, einer Dampfspeisepumpe, einem Injektor und der Einrichtung für Heißdampferzeugung versehen ist. Auf der Kesseldecke ist ein Überhitzer angeordnet. Unter dem Oberwagen ist noch ein Vorwärmer zur Anwärmung des Speisewassers vorgesehen; im Unterwagen befindet sich ein Wasserkasten, aus welchem die Speisevorrichtungen das Speisewasser durch den Mittelzapfen des Baggers hindurch saugen.

Zur Schmierung der Dampfzylinder und Schieberkasten dient eine Kolbenölpumpe.

Das Gegengewicht zur Ausbalanzierung des Baggers besteht aus gegossenen Blöcken, welche im Oberwagen unterhalb des Kessels angeordnet sind.

---

[1]) Handbuch der Ing.-Wissenschaft, S. 177.

Das gesamte kesselsteinfreie Kondenswasser des Baggers wird gesammelt und durch eine zentrale Leitung nach dem Wasserkasten am Unterwagen hingeleitet, wo es in einem Koksfilter von seinen öligen Bestandteilen befreit wird, um dann wieder dem Wasserkasten zuzufließen.

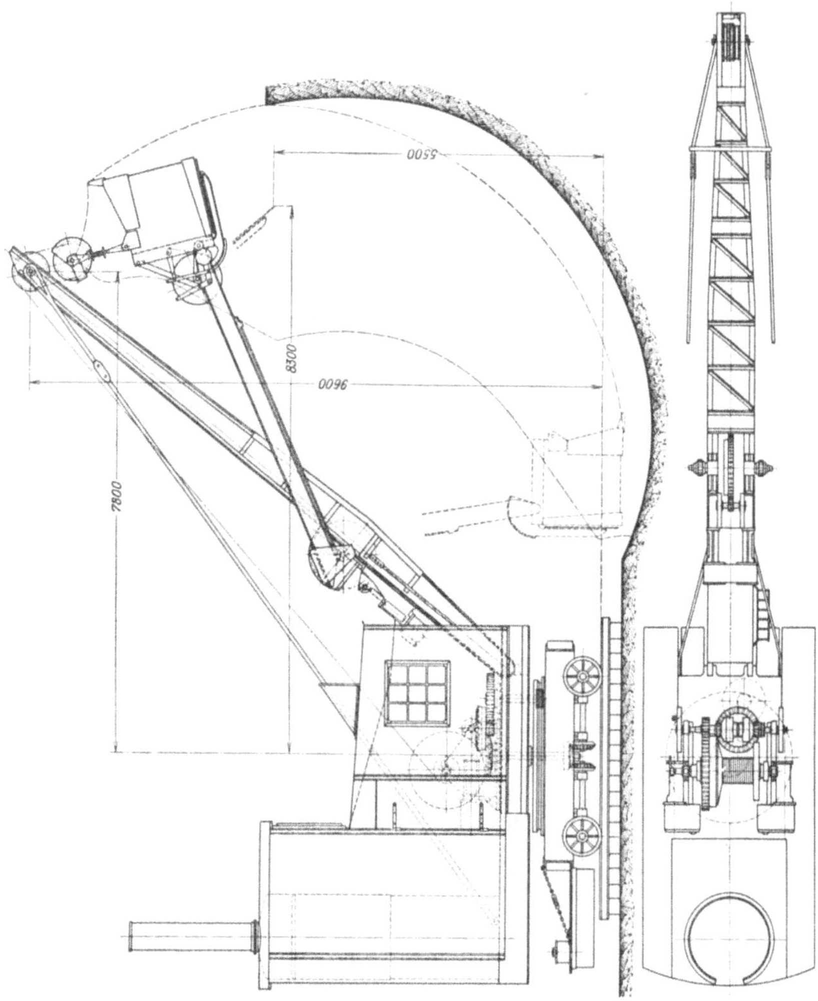

Fig. 69. Drehscheibenschaufel mit Dampfantrieb von Menck & Hambrock.

Fig. 72 gibt die äußere Ansicht einer Dampfschaufel wieder.

Neuerdings bauen Menck & Hambrock auch Löffelbagger mit elektrischem Antrieb[1]), welche als Dreimotoren- und Viermotorenbagger mit ausschließlich elektrischer Steuerung ausgeführt werden.

Die Zuleitung des elektrischen Stromes erfolgt durch ein Kabel von 120 m Länge; dieses ist einerseits an die bewegliche Oberleitung angeschlossen, anderseits

---

[1]) Richter, Zeitschr. d. Ver. deutsch. Ing. 1910, S. 577.

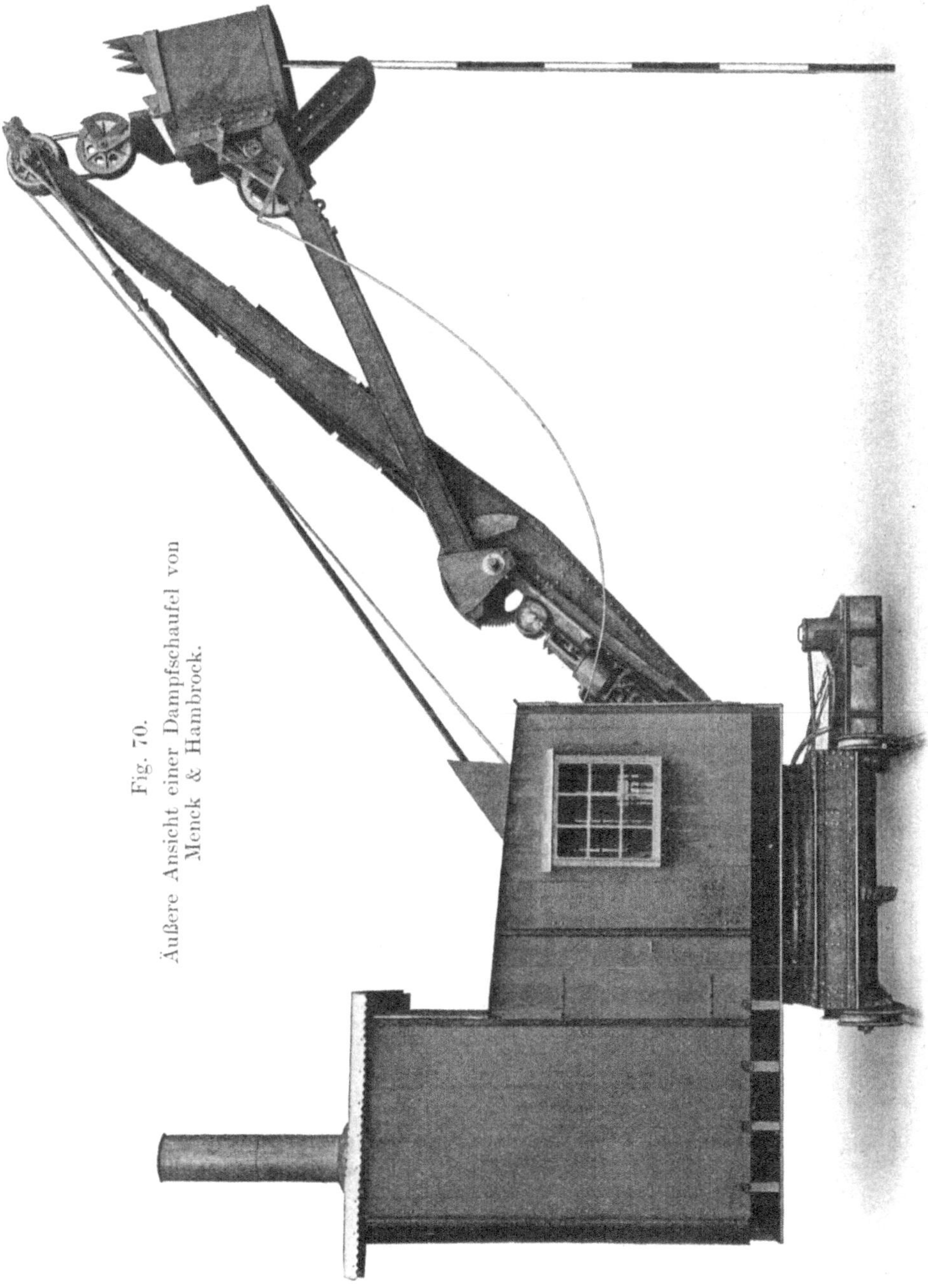

Fig. 70.
Äußere Ansicht einer Dampfschaufel von Menck & Hambrock.

auf eine am festen Unterwagen befindliche Kabeltrommel aufgewickelt, welche von dem Fahrtriebwerk des Baggers dem Verfahren entsprechend gedreht wird (Fig. 73—75).

Zur Übertragung des Antriebs vom Hubmotor auf die Hubtrommel ist ein Stirnrädervorgelege angeordnet; die Hubtrommel ist mit einer Bremsbandkupp-

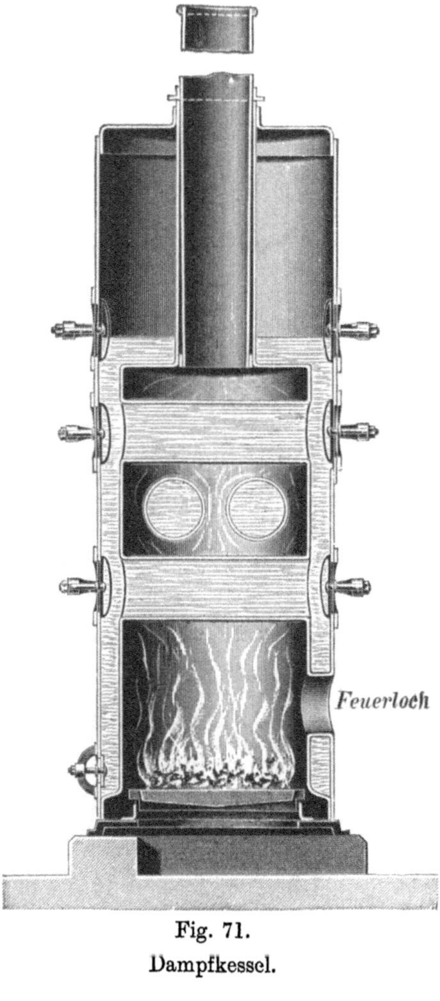

Fig. 71.
Dampfkessel.

lung zum schnellen Senken des Löffels versehen. Ein Hauptstromschalter bewirkt das selbsttätige Ausschalten des Stromes bei etwaigem Steckenbleiben des Löffels im Boden.

Vor dem Hubmotor befindet sich der zweite Motor, von dem die Schwenk- und Fahrbewegung abgeleitet wird. Die Übertragung des Antriebes auf beide Bewegungen ist bereits auf S. 66 erörtert worden.

Das Gleiche gilt von dem Vorschubmotor und seiner Kraftübertragung.

Die einzelnen Motoren sind für folgende Leistungen gebaut:

Hubmotor . . . . 50—70 PS
Vorschubmotor . . . . 30—50 „
Schwenk- und Fahrtriebmotor . . . . 15—23 „

Fig. 75 zeigt den elektrisch betriebenen Löffelbagger bei der Grabearbeit.

Fig. 72.
Dampfschaufel von Menck & Hambrock im Betrieb.

Die folgende Tabelle [1]) gibt eine zusammenfassende Übersicht über die Hauptabmessungen der Menckschen Bagger:

Modell	E	F_1	F_2	G	H	J	K
Löffelinhalt . . . . . . cbm	1,0	1,3	1,6	2,0	2,5	3,1	3,75
Größte Windekraft. . . kg	8 300	10 400	12 750	16 000	20 000	25 000	30 000
Ausladung . . . . . . m	6,2	6,7	7,25	7,8	8,4	9,0	9,65
Löffelverschiebung . . . m	3,0	3,2	3,45	3,7	4,0	4,3	4,8
Größte Ausschütthöhe von Schienenoberkante bis Unterkante geöffneter Klappe m	4,55	4,91	5,31	5,5	6,15	6,60	7,08
Größte Schlitzbreite . . m	12,4	13,4	14,5	15,6	16,8	18,0	19,3
Größte Ausschüttweite bis Unterkante geöffneter Klappe . . . . m	6,6	7,1	7,7	8,3	8,6	9,6	10,3
Gewicht. . . . . . rund kg	28 700	34 450	42 000	54 700	59 100	70 600	85 000

[1]) Handbuch der Ing.-Wissensch. Teil IV, Bd. I, S. 178 und Dingl. polytechn. Journ. 1909, S. 86.

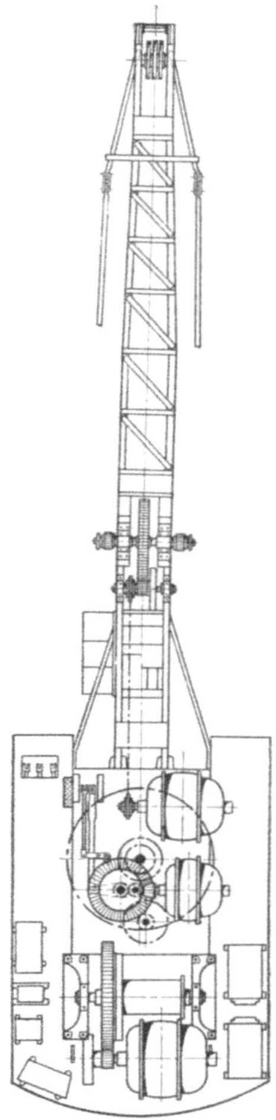

Fig. 74.
Drehscheibenschaufel mit elektrischem Antrieb von Menck & Hambrock. (Aus Zeitschrift des Vereins deutscher Ingenieure 1910, S. 578.)

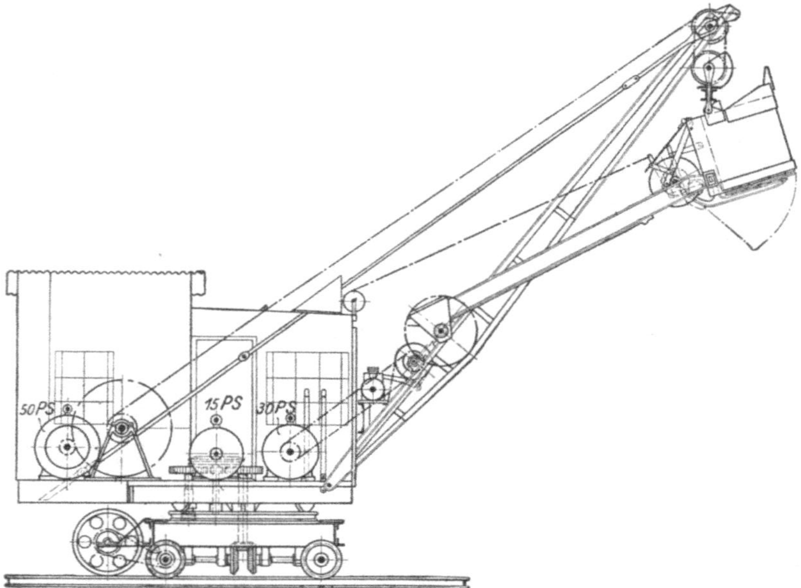

Fig. 75.
Drehscheibenschaufel mit elektrischem Antrieb von Menck & Hambrock. (Aus Zeitschrift des Vereins deutscher Ingenieure 1910, S. 578.)

Fig. 75.
Elektrische Drehscheibenschaufel von Menck & Hambrock im Betrieb.
(Aus Zeitschrift des Vereins deutscher Ingenieure 1910, S. 578.)

IV. Löffelbagger der Firma Caesar Wollheim, Breslau.

Auch die Firma Caesar Wollheim ist in letzter Zeit zum Bau von Löffelbaggern übergegangen, sie beschränkt sich allerdings auf Drehscheibenschaufeln.

Fig. 76.
Löffelbagger von Caesar Wollheim.

Die Dampfschaufeln erhalten wie üblich zwei Antriebsmaschinen. Die Hubmaschine ist eine Zwillingsmaschine, welche je nach Größe des Baggers 30 bis

120 PS leistet und durch ein Stirnrädergetriebe mit einem Übersetzungsverhältnis von 1 : 4 die Bewegung auf die Hubtrommel überträgt. Die Löffelgeschwindigkeit beträgt etwa 30 m/min. (Fig. 76).

Von der gleichen Maschine wird durch ein auf der Kurbelwelle angebrachtes Wendegetriebe das Schwenktriebwerk betätigt, welches durch Stirntrieb in den Schwenkkranz eingreift.

Fig. 77.
Neuer Löffelbagger von Caesar Wollheim.

Der Fahrantrieb wird vermittels Zahnradübersetzungen durch den Königszapfen hindurchgeleitet und auf die Laufachsen übermittelt.

Zur Löffelverschiebung wird eine auf dem Ausleger liegende Zwillingsmaschine von 200—220 Umdr./min und 30—70 PS Leistung benutzt.

Der Kessel ist ein stehender Quersiederohrkessel von 15—20 qm Heizfläche und durchschnittlich 10 Atm. Betriebsdampfdruck.

Bagger mit elektrischem Antrieb erhalten 3 Motoren, von denen einer für das Hub-, einer für das Vorschub-, und der dritte für das Schwenk- und Fahrtriebwerk bestimmt ist. (Fig. 77).

Interessant ist hier die Ausbildung des Löffels, dessen Stiel hohl ist und zur Förderung benutzt wird.

Die Hauptabmessungen sind folgende:

Größte Löffelverschiebung	3,00 m
Größte Ausladung von der Drehachse aus gemessen	8—10 „
Größte Ausschüttweite von der Drehachse aus gemessen	10 „
Hubkraft am Baggerlöffel	5000—10 000 kg
Anzahl der Achsen	2.

V. Amerikanische Löffelbagger[1]).

Die amerikanischen Löffelbagger wurden früher ausschließlich als A-Rahmen-Schaufeln gebaut, und erst neuerdings ist man auch zum Bau von Drehscheibenschaufeln übergegangen.

[1]) Zeitschr. d. Ver. deutsch. Ing. 1907, S. 1689.

Die Dampfschaufeln werden in den Vereinigten Staaten überall dort angewendet, wo maschineller Betrieb in Frage kommt, selbst in den Fällen, wo an und für sich ein Eimerbagger vorteilhafter wäre. Da diese in den Vereinigten Staaten bisher wenig bekannt sind, ist die Ausschließlichkeit der Anwendung der Schaufelbagger erklärlich.

Im Bergbau benutzt man sie vor allem bei der Aufdeckung der gewaltigen Eisenerztagebaue im Mesabibezirk, der westlich vom Oberen See in der Umgebung von Hibbing, Virginia, Biwabik und Eveleth gelegen ist [1]). Infolge der flachen, ausgedehnten Lagerung der hier befindlichen Erzvorkommen und der geringen Härte des Erzes sind mit dem Dampfschaufelbetrieb sehr günstige Ergebnisse erzielt worden, von denen noch später bei der Besprechung der Leistungen und Kosten die Rede sein wird.

Infolge der ausgedehnten Anwendung der Löffelbagger hat eine ganze Anzahl von Fabriken den Bau von Löffelbaggern aufgenommen, von denen aber hier nur Ausführungen von zwei der bekanntesten amerikanischen Firmen behandelt werden sollen.

a) Marion Steam Shovel Co. in Marion, Ohio.[2])

Eine sogenannte 64 t-Dampfschaufel zeigen die Fig. 54, 55 und 56, aus denen der Aufbau des Baggergestelles, die Anordnung des Antriebes, Löffels usw. leicht ersichtlich sind.

Der Ausleger ist auf einer Scheibe von 2,4 m Durchmesser verlagert, die in einem Schwenkspurlager von 330 mm Durchmesser ruht und durch zwei Seile geschwenkt wird.

Die Schaufel ist mit insgesamt 3 Dampfmaschinen ausgerüstet, von denen eine das Hub- und Fahrtriebwerk betätigt, während die beiden anderen den Vorschub und das Schwenken bewirken.

Als Hubwerkmaschine dient eine liegende Zwillingsmaschine von 254 mm Zylinderdurchmesser und 305 mm Hub, deren Umsteuerung durch eine Kulisse bewirkt wird. Die indizierte Leistung stellt sich bei 75 % Füllung und 6,7 Atm. mittlerem Dampfdruck auf 185 PS; bei einem Gesamtwirkungsgrade des Triebwerkes von 60 % würde also eine effektive Leistung von 110 PS erzielt werden.

An beiden Stirnwänden der Windentrommel sind zylindrische Kränze angebracht, welche eine Bandreibkupplung und eine Bandbremse aufnehmen. Zur Betätigung der Reibkupplung ist ein kleiner Dampfzylinder von 114 mm Durchmesser und 152 mm Hub an den Speichen des Trommelstirnrades angeordnet. Als Huborgan dient für gewöhnlich eine Kette, neuerdings auch ein Seil.

Der Antrieb des Fahrwerkes erfolgt von der gleichen Maschine durch Zahnrädergetriebe und Gallsche Ketten, welche je eine Laufachse der beiden Drehgestelle antreiben.

Als Schwenkmaschine dient eine umsteuerbare Zwillingsmaschine von 178 mm Zylinderdurchmesser und 203 mm Hub; sie betätigt vermittels Zahnrädertriebwerkes eine Schwenktrommel von 584 mm Durchmesser, auf welche sich das Schwenkseil von 25 mm Stärke auf- bzw. abwickelt. Sie leistet etwa 40 PS.

Die Vorschubmaschine, welche auf dem Ausleger angeordnet ist, besitzt die gleichen Abmessungen wie die Schwenkmaschine.

Fig. 78 gibt eine äußere Ansicht der Schaufel wieder.

Die Hauptkonstruktionsdaten der Schaufel sind folgende:

---

1) Baum, S. 109.

2) Zeitschrift d. Vereins deutsch. Ing. 1907, S. 1689.

Fig. 78.
64 t-Dampfschaufel der Marion Steam Shovel Co. (Aus Zeitschrift des Vereins deutscher Ingenieure 1907, S. 1692.)

Inhalt des Baggerlöffels	1,9 cbm
Leistung in schwerem Boden: mindestens 2 volle Löffelspiele in der Minute.	
Größte Zugkraft am Flaschenzug	25 000 kg
Hubhöhe des Baggerlöffels über Schienenoberkante	4,5 m
Schwenkbereich des Auslegers	200 °
Schnittweite	17 m
Schaufelgewicht	64 t
Höchster Punkt des Auslegers über Schienenoberkante	7,9 m
Höchster Punkt des A-Rahmens	5,9 „
Wagenlänge	10,6 „
Wagenbreite	3,0 „

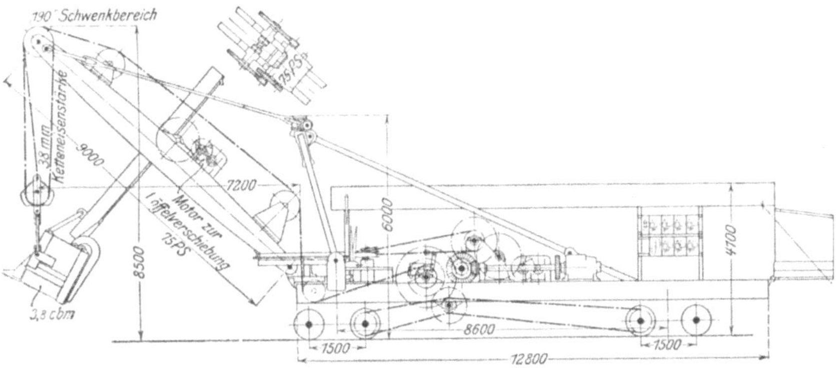

Fig. 79.

Elektrische 80 t-Schaufel der Marion Steam Shovel Co. (Aus Zeitschrift des Vereins deutscher Ingenieure 1909, S. 1030.)

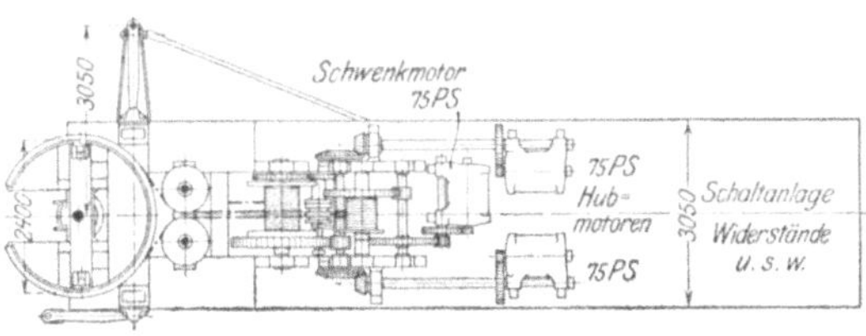

Fig. 80.

Elektrische 80 t-Schaufel der Marion Steam Shovel Co. (Aus Zeitschrift des Vereins deutscher Ingenieure 1909, S. 1030.)

Elektrische 80 t-Schaufel[1]).

Eine Schaufel der gleichen Firma von 80 t-Dienstgewicht und mit elektrischem Antrieb, welche als Viermotorenschaufel gebaut ist, ist in den Fig. 79 und 80 dargestellt.

Zum Antrieb des Hubwerks, von dem der Fahrantrieb durch eine Klauenkupplung abgeleitet wird, sind 2 Motoren von je 75 Pferden vorgesehen.

1) Zeitschr. d. Ver. deutsch. Ing. 1909, S. 1030.

Das schnelle Senken des Baggerlöffels wird durch eine mit Druckluft betriebene Reibkupplung ermöglicht, welche die erforderliche Druckluft aus einem kleinen Kompressor mit elektrischem Antrieb erhält.

Schwenkmotor und Vorschubmotor leisten ebenfalls je 75 PS und übertragen ihre Bewegung auf die Triebwerke wie bei den Dampfschaufeln.

b) Vulcan Steam Shovel Co., Toledo, Ohio.

Die Vulcan Steam Showel Co. baut Löffelbagger mit Dampf- sowie mit elektrischem Antrieb.

Eine 65 t-Schaufel mit Dampfantrieb ist in Fig. 52 dargestellt. Sie besitzt im Gegensatz zu den Marionschaufeln nur zwei Antriebsmaschinen, in der Figur mit m_1 und m_2 bezeichnet. Neuere Ausführungen erhalten jedoch auch drei Antriebsmaschinen.

m_1 treibt durch das Vorgelege h und die Kette k_2 ein Rad des vorderen Drehgestelles an und bewirkt durch das Kettentriebwerk d die Schwenkbewegung des Auslegers a.

Der Antrieb des Hubwindwerkes erfolgt von der gleichen Maschine durch Einschalten einer Kupplung.

Die verschiedenen Hebel zum Bedienen der einzelnen Kupplungen sind auf dem Bedienungsstand t angeordnet.

m_2 ist die Vorschubmaschine, welche auf dem Ausleger liegt und durch ein Zahnstangenritzel den Vorschub betätigt.

Von Interesse dürften auch die folgenden, der Abhandlung von Baum entnommenen Zahlen sein, welche eine Übersicht über die Konstruktionsgewichte der verschiedenen Schaufelgrößen geben. Demnach wiegt eine Schaufel bei einem Fassungsvermögen des Löffels

von 0,5 cbm	14 t
„ 1,15 „	40 t
„ 1,53 „	50 t
„ 1,92 „	65 t
„ 2,20 „	75 t
„ 3,85 „	95 t

Die Hubwerkmaschine soll bei den größten Schaufeln nach Angabe von Weihe [1]) bis zu 300 PS entwickeln.

Neuerdings baut die Vulcan Steam Showel Co. auch Schaufeln [2]) mit elektrischem Antrieb, deren eine in Fig. 81 und 58 dargestellt ist. Interessant ist hier die Abnahme des Stromes, welche durch einen Zuführdraht direkt von der blanken Kupferdrahtleitung erfolgt. Die Schaufel besitzt drei für 600 Volt Spannung und 700 Uml./min eingerichtete Motoren, von denen der Hubmotor 75 PS leistet, während der Schwenkmotor und Vorschubmotor je 30 PS abgeben können.

Die Löffelgröße beträgt 1 cbm, das Konstruktionsgewicht etwa 40 t.

Nach Eichel [3]): „Die elektrischen Bahnen der Vereinigten Staaten und ihre Eigenheiten", sind die Abmessungen einer Normalschaufel der Vulcan Steam Shovel Co. mit einem Schaufelinhalt von 0,765 bis 1,15 cbm die folgenden:

Gesamtlänge des Wagens	6,9 m
Gesamtbreite des Wagens	2,1 „
Sechs Längsträger (I-Querschnitt)	203 mm

---

1) Handbuch d. Ing.-Wissensch., S. 175.

2) Richter: Zeitschr. d. Ver. deutsch. Ing. 1909, S. 1031.

3) El. Kraftbetriebe und Bahnen, 1909, S. 104.

Lagerkasten der Laufachsen.	152 × 304 mm
Gußstahltriebkette zum Verfahren der Schaufel (Teilung)	152 „
Höchster Punkt des Auslegers über S. O.	6,9 m
Äußerste Höhe der Kransäule	3,8 „
Lichter Hub	4,5 „
Schwenkmotor	50 PS
Durchmesser der Schwenkkette	22,3 mm

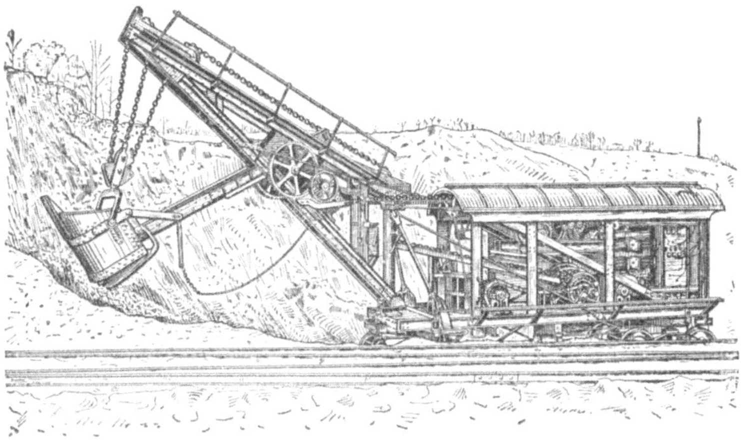

Fig. 81.
Elektrische Schaufel der Vulcan Steam Shovel Co. (Aus Zeitschrift des Vereins deutscher Ingenieure 1909, S. 1031.)

Durchmesser der Hubtrommel mit Reibungskupplung .	335,6 mm
Achsendurchmesser der Hubtrommel	120,8 „
Länge des Auslegers	6 m
Länge des Löffelstieles	4,8 „
Vorschubmotor.	25 PS
Löffelinhalt	0,765 cbm
Wandstärke des Löffels	8 mm
Wandstärke der mit 3 Stahlzähnen besetzten Löffelschneide	19 „
Schnittweite in Höhe des Gleiskörpers	9,6 m
Schnittweite 2,4 m oberhalb des Gleiskörpers	12,6 „
Äußerster Halbmesser von Löffelmitte bis Mitte A-Rahmen	7,5 „

D. Die Arbeitsweise der Schaufelbagger.

I. Betrieb.

Der Betrieb eines Löffelbaggers gestaltet sich folgendermaßen: Zunächst wird der Löffel durch Nachlassen des um die Flaschenzugrolle geschlungenen Seiles oder der Kette bis in seine unterste Tiefenlage gesenkt und gleichzeitig um so viel vorgestellt, daß er gegen den Boden drückt. Es erfolgt darauf das Heben, wobei die Schneidkante in das

Gebirge eindringt und einen so starken Streifen des anstehenden Bodens abgräbt, daß der Löffel gut gefüllt wird.

Ist die Aufwärtsbewegung des Löffels beendet, so erfolgt — häufig auch zwecks Zeitersparnis gleichzeitig mit dem Heben — das Seitwärtsschwenken, bis der Löffel über dem zu beladenden Wagen angelangt ist. Durch einen Zug an dem an der Bodenklappe befestigten Seil wird diese geöffnet und ihr Inhalt fällt in den Wagen. Nach Entleerung des Löffels schwenkt der Baggerführer den Ausleger wieder zurück, senkt ihn, wobei sich die Bodenklappe selbständig schließt, und die Schaufel ist zum erneuten Eingriff bereit. Wenn der ganze im Schwenkbereich anstehende Boden abgegraben ist, so wird das Fahrtriebwerk eingeschaltet und der Bagger in seine neue Stellung gefahren, in welcher er durch Einrücken der Sperrklinken in die auf den Achsen eingebrachten Sperräder und durch auf die Gleise hinter die Räder gelegte Keile festgehalten wird.

II. Gleisanordnung.

Man hat beim Löffelbagger 3 Arbeitsweisen zu unterscheiden, welche aus der Stellung des Baggers zu dem zu gewinnenden Materiale resultieren.

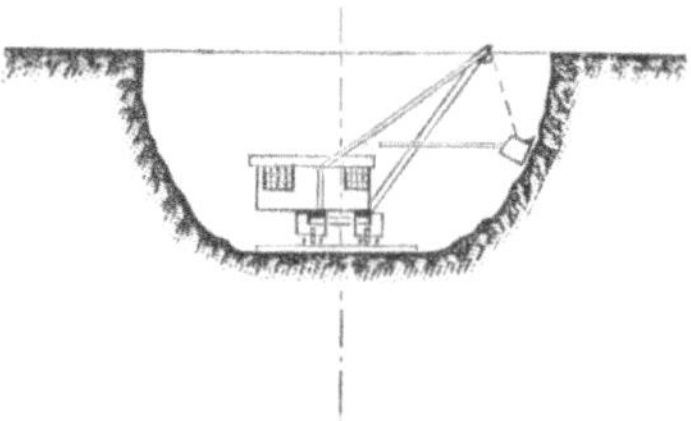

Fig. 82.
Baggergleis in gleicher Höhe mit dem Fördergleis liegend.

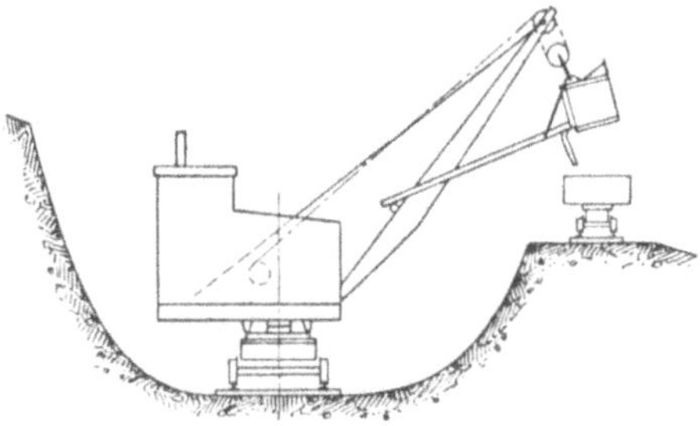

Fig. 83.
Fördergleis höher als das Baggergleis liegend.

Der Löffelbagger hat entweder einen Einschnitt herzustellen — man spricht dann von Schlitzarbeit oder Baggerung vor Kopf — oder er arbeitet an einem Berg, einer Halde oder dgl. in der sog. Seitenentnahme, oder er gräbt teils vor Kopf, teils in der Seitenentnahme. Die letzte Arbeitsweise stellt eine Kombination zwischen den beiden ersten Arten dar.

In allen diesen Fällen ist die Gleisanordnung nun verschieden, je nachdem sich die Fördergleise in gleicher Höhe mit dem Baggergleis befinden (Fig. 82) oder höher als dieses liegen (Fig. 83). Erstere Art der Gleisanordnung ist die im Bergbau gebräuchliche, die letztere Art der Anordnung der Fördergleise findet meist bei der Herstellung von

Kanälen und ähnlichen Arbeiten Anwendung. Da von diesen beiden Stellungen nur die erstere im Bergbau benutzt wird, so soll hier auch nur auf diese eingegangen werden.

a) Schlitzarbeit.[1]

Bei der Schlitzarbeit sind mehrere verschiedene Gleisanordnungen möglich, je nachdem man 3 oder nur 2 Gleise zur Abförderung der gewonnenen Massen benutzen will.

Im ersteren Falle trifft man die Anordnung wie in Fig. 84. Auf dem Mittelgleis befindet sich ein Zug mit etwa 20 leeren Wagen, dessen

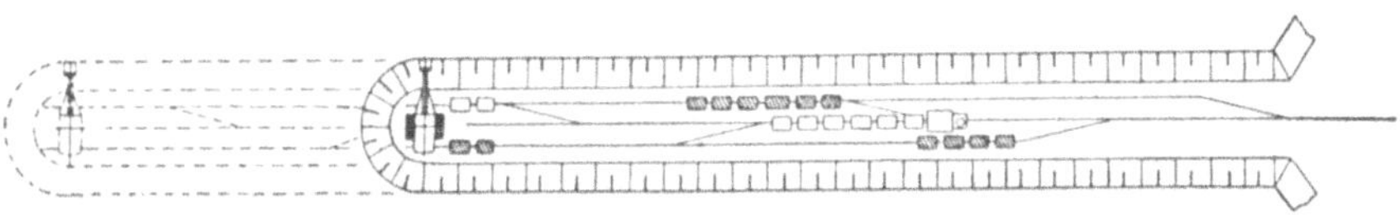

Fig. 84.
Verschiedene Gleisanordnungen bei der Schlitzbaggerung.

Lokomotive abwechselnd je 2 leere Wagen durch die beiden Weichen, welche in einer Entfernung gleich der halben Zuglänge verlegt sind, auf das rechte bzw. linke Gleis schiebt. Nach der Füllung werden die Wagen jedesmal durch Pferde oder von Hand weggeholt und durch leere ersetzt. Dies geht so fort, bis sämtliche Wagen des Zuges gefüllt sind. Nun schiebt die Lokomotive die eine der beiden gefüllten Zughälften auf das der Abfuhr dienende Gleis, während inzwischen ein zweiter, leerer Zug mit der Lokomotive an der Spitze auf dem Mittelgleis angelangt ist. Die Lokomotive dieses Zuges wird von dem Leerzug losgekuppelt und schiebt dann die zweite gefüllte Zughälfte hinter die bereits auf dem Abfuhrgleis stehenden Wagen. Der volle Zug wird nun zusammengekuppelt und ist zur Abfahrt bereit. Von der zurückbleibenden Lokomotive werden dann die einzelnen Wagen des Leerzuges wieder in der vorhin beschriebenen Weise zum Bagger gebracht. Während der Rangierarbeit der beiden Lokomotiven entsteht in dem Baggerbetrieb eine Pause von wenigen Minuten, welche bei eingeübter Mannschaft insgesamt etwa $\frac{1}{2}$ Stunde in der Schicht ausmachen soll.

Besitzt der Einschnitt nur eine Sohlenbreite von etwa 5 m, so benutzt man wohl die folgende Anordnung (Fig. 85). Der leere Zug befindet sich hier beispielsweise auf dem linken, der volle auf dem rechten Gleis, und beide haben je eine Lokomotive. Es werden abwechselnd je zwei leere

---

[1]) Buhle: Über Schaufelbagger deutsch. Bauart. Dingl., Polytechn. Journal 1909, S. 88.

Wagen von der einen Lokomotive zum Bagger gebracht, während die gefüllten von der anderen Lokomotive wieder abgeholt werden.

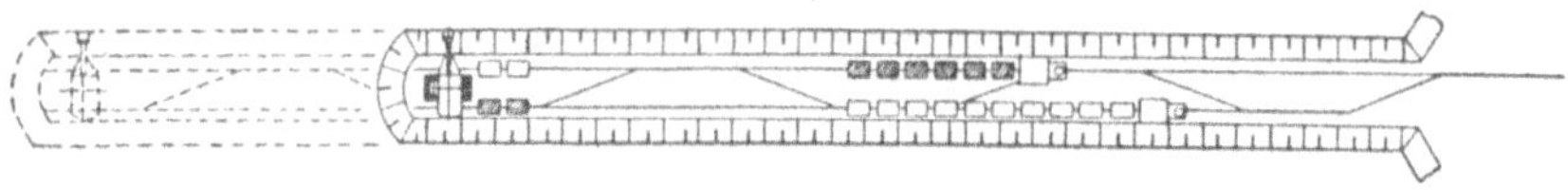

Fig. 85.
Verschiedene Gleisanordnungen bei der Schlitzbaggerung.

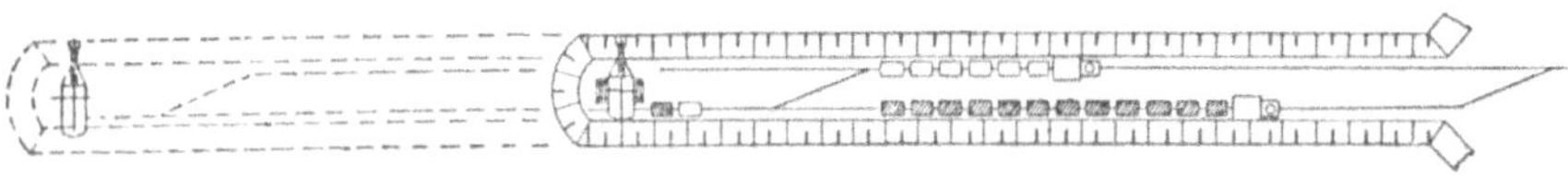

Fig. 86.
Verschiedene Gleisanordnungen bei der Schlitzbaggerung.

Bei kleineren Baggerleistungen genügt zuweilen eine Gleisanordnung in der Art der Fig. 86, wobei der Bagger nur nach einer Seite entladen kann.

Eine andere Gleisanordnung bei Kopfbaggerung zeigt Fig. 87. Die Leerwagen kommen auf dem rechten Gleis an und werden abwechselnd auf beiden Gleisen bis an den Bagger herangeschoben. Sind die Wagen gefüllt, so werden sie auf das linke Gleis so lange rangiert, bis genügend Wagen zur Bildung eines Zuges vorhanden sind.

Werden nur Wagen von geringem Fassungsvermögen benutzt, so ordnet man in der Nähe des Baggers noch einen besonderen Fülltrichter an, dessen Konstruktion aus den auf Seite 71 wiedergegebenen Figuren hervorgeht.

b) Seitenentnahme.

Man ordnet bei der Seitenentnahme die Gleise an, wie es in Fig. 88 der Fall ist. Hier bleibt der leere Zug stehen, während der Bagger von Wagen zu Wagen fährt, um sie zu füllen. Eine derartige Anordnung ist nur in ganz vereinzelten Fällen am Platze, da durch das ständige Verfahren des Baggers sowie durch die um 90° größere Schwenkung eine nicht geringe Minderleistung des Baggers herbeigeführt wird.

c) Gemischte Kopf- und Seitenbaggerung.

Bei der gemischten Kopf- und Seitenbaggerung werden die Abfuhrgleise parallel zum Baggergleis verlegt (Fig. 89). Die leeren Wagen werden durch die Weiche auf das Abfuhrgleis gebracht und langsam am Bagger vorbeigeschoben, bis sämtliche Wagen gefüllt sind.

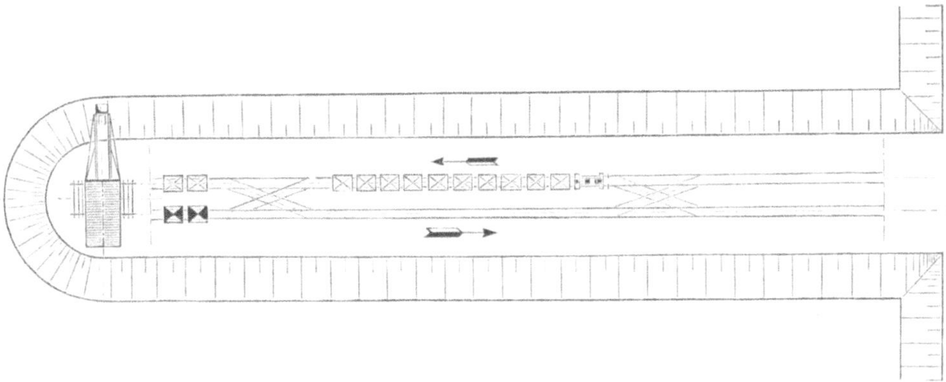

Fig. 87.
Verschiedene Gleisanordnungen bei der Schlitzbaggerung.

Vierter Abschnitt.

Die Förderung der abgeräumten Massen.

Für jeden Baggerbetrieb, ganz einerlei, ob es sich um Eimerbagger oder Löffelbagger handelt, ist die Organisation der Abförderung des gewonnenen Materials von der größten Bedeutung. Denn nur beim Vorhandensein einer gut organisierten Förderanlage ist es möglich, die große Leistungsfähigkeit des Baggers voll auszunutzen und die durch das Warten auf leere Wagen bedingten Pausen, welche die Betriebskosten nicht unwesentlich erhöhen, zu verringern.

A. Die Betriebsmittel bei der Förderung.

I. Gleise.

Die Gleise erhalten zweckmäßig ein schweres Profil, da hierdurch die Leistungsfähigkeit der Förderanlage wesentlich erhöht wird.

Die Schienen werden 90 bis 130 mm hoch genommen bei einem Gewicht von 20—23 kg für den laufenden Meter.

Sie werden auf hölzernen oder eisernen Querschwellen verlagert. Letztere benutzt man mit Vorliebe in der Nähe des Baggers und der Anschlüsse, wo ein häufigeres Umlegen der Gleise erforderlich ist.

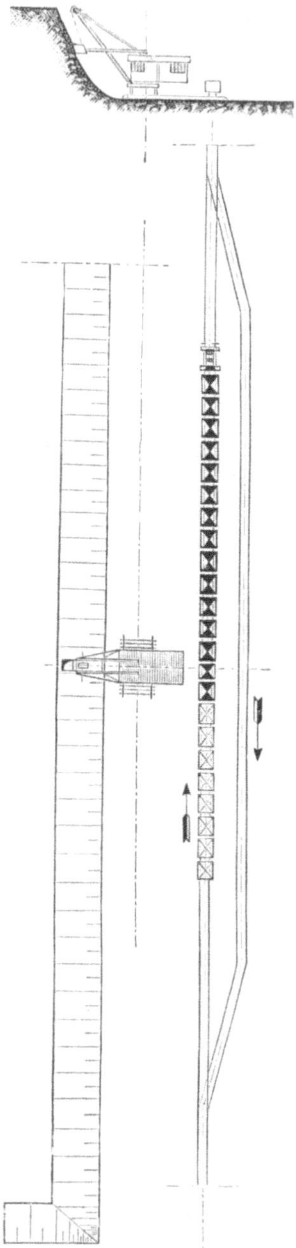

Fig. 88.
Seitenbaggerung.

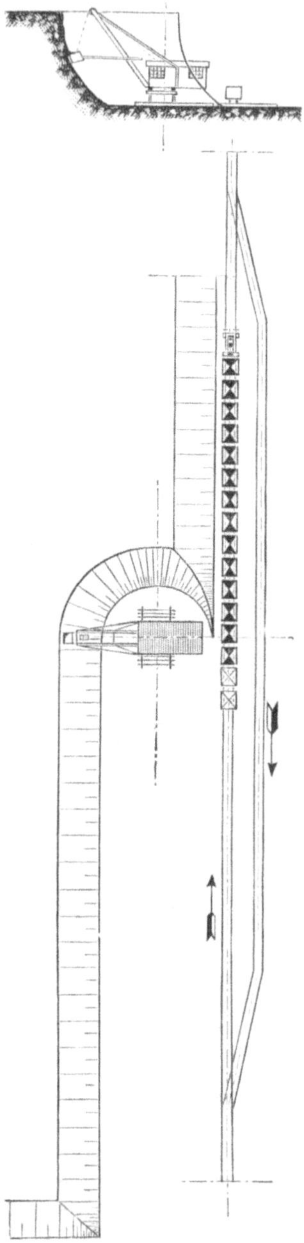

Fig. 89.
Gemischte Kopf- und Seitenbaggerung.

Die Spurweite wird meist zu 600 oder 900 mm genommen, und zwar geschieht dies bei den Förderanlagen sowohl im Braunkohlenbergbau als auch bei der Spülersatzgewinnung. Normalspur ist nur dann am Platze, wenn das gebaggerte Material direkt in Eisenbahnwaggons geladen werden kann.

II. Wagen.[1]

Im Braunkohlenbergbau werden fast ausschließlich eiserne Muldenkippwagen verwandt. Kleinere Betriebe benutzen Wagen von $3/4$ cbm Fassungsvermögen, größere solche von 3—$4\frac{1}{2}$ cbm. Die Wagen bestehen aus dem starken Untergestell und dem viereckigen, mit aufklappbaren Seitenwänden versehenen Wagenkasten. Je nach dem Fassungsvermögen schwankt auch die Zahl der zu einem Zuge zusammengestellten Wagen. Als normale Fördermenge, welche ein Zug bewältigen muß, werden 100 cbm angenommen; demzufolge besteht ein Zug entweder aus 30 Wagen zu je 3—$3\frac{1}{2}$ cbm oder aus 25 Wagen zu $4\frac{1}{2}$ cbm. Für einen

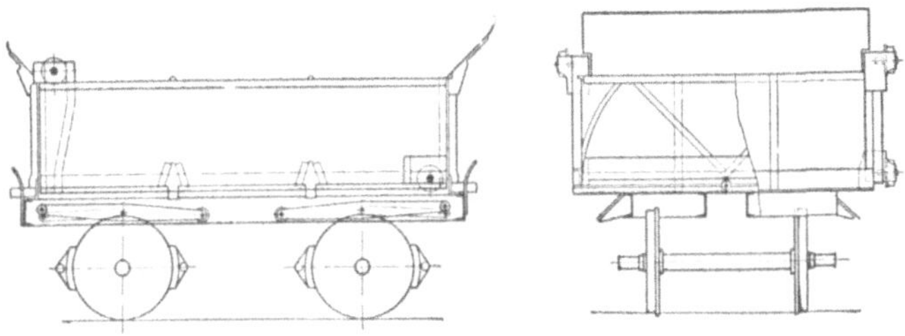

Fig. 90/91.
Selbstentladewagen der Königin Luise Grube. (Aus Zeitschrift des Vereins deutscher Ingenieure 1910, S. 1977.)

großen Betrieb hat man also etwa 50 Wagen nötig, welche für zwei Züge und die nötige Reserve genügen.

Im Spülversatzbetriebe[2]) benutzt man bei Handförderung Kippwagen, bei Lokomotivförderung fast ausschließlich Selbstentladewagen mit Eselsrücken (Fig. 92). Die Eselsrücken sind im Innern mit einem Rost versehen und werden im Winter zur Verhinderung des Anfrierens geheizt.

Auf der Königin Luisegrube in Oberschlesien, welche einen besonders großzügig organisierten Sandtransport aufzuweisen hat, wird das Spülversatzmaterial von dem 11.5 km entfernten Preschlebie nach dem Glückaufschacht gebracht[3]). Die hier benutzten Wagen sind Selbstentlader, welche sich von den ähnlichen Konstruktionen dadurch unter-

---

[1]) Tornow: Zeitschr. f. Berg-, Hütten- u. Salinenwesen 1906, S. 571.
[2]) Seidl: Zeitschr. d. Oberschl. Berg- u. Hütten-Ver. 1911, S. 7.
[3]) Arbenz: Glückauf 1903, S. 603.

scheiden, daß der Wagenkasten vermittelst 4 Rollen, die an den Außenwänden angebracht sind und an der Entladestelle auf eine ansteigende Führung auflaufen, angehoben wird, worauf die Entladung vor sich geht. Ein derartiger Wagen, welcher 12,5 cbm faßt, ist in Fig. 90

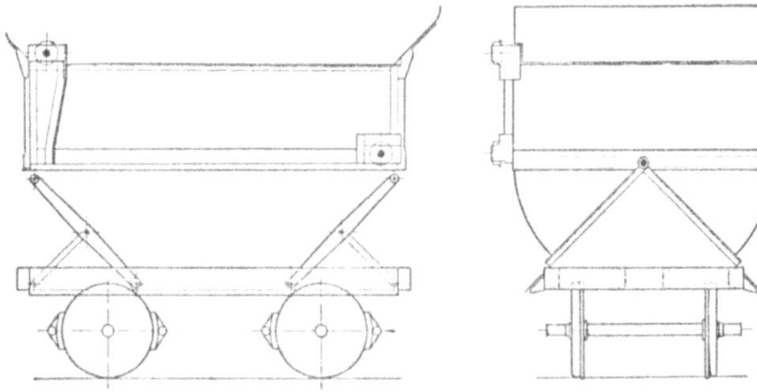

Fig. 92.
Selbstentladewagen der Königin Luise Grube. (Aus Zeitschrift des Vereins deutscher Ingenieure 1910, S. 1977.)

und 91 dargestellt. Die Verbindung der Wagen untereinander erfolgt durch eine Kurzkupplung derart, daß je 2 Wagen zu einem Doppelwagen verbunden sind, der bis zu etwa 40 t Sand befördern kann. Normal besteht ein Zug aus 20 Selbstentladern und transportiert etwa 250 cbm Versatzmaterial.

III. Lokomotiven.

Die Beförderung der Wagen im Braunkohlenbergbau geschieht meistens durch Lokomotiven, seltener durch Pferde oder von Hand. Als Kraftmittel dient bei der Lokomotivförderung heutigentags in der Mehrzahl der Fälle der Dampf. Elektrizität wendet man ganz vereinzelt und nur dann an, wenn der Bagger ebenfalls mit elektrischem Antrieb arbeitet. Es erscheint aber nur als eine Frage der Zeit, daß auch im Braunkohlenbergbau die elektrische Abraumförderung, welche Vorteile sowohl wirtschaftlicher wie technischer Natur (Ersparnis von Bedienungspersonal, stete Betriebsbereitschaft, ruhiger Gang usw.) aufzuweisen hat, eine weite Verbreitung erfahren wird.

Die Größe der verwendeten Lokomotiven, welche sich nach der Leistung des Baggers und der Anzahl und dem Inhalt der Wagen richtet, wechselt zwischen 20 und 150 PS. Der Radstand der Triebräder darf nicht zu groß sein, um das Durchfahren auch kleiner Kurven noch zu ermöglichen. Hinsichtlich der Bauart empfehlen sich schwere, niedrig gebaute Lokomotiven, um eine zu große Abnutzung der Gleise zu verhüten und die Gefahr der Entgleisung zu verringern.

Auf Grube Marga [1]) der Ilse Bergbau-A.-G. sind seit 1909 zwei elektrische Lokomotiven der Allgemeinen Elektrizitäts-Gesellschaft in Betrieb, welche 20 beladene Wagen auf einer Steigung von 1 : 30 oder 30 beladene Wagen auf einer Steigung von 1 : 50 bei einer Gesamtförderung von mindestens 5000 cbm in 24 Stunden befördern müssen. Die Lokomotiven werden durch vier gekapselte Hauptstrommotoren angetrieben, welche zusammen normal 376 PS leisten und eine Zugkraft von 8480 kg bei 12 km Stundengeschwindigkeit ausüben können. Die Stromabnahme erfolgt durch 2 Parallelogrammstromabnehmer, welche bei jeder Höhe des Fahrdrahtes vorwärts und rückwärts arbeiten können. Der Fahrdraht ist auf eisernen Auslegermasten aufgehängt, die an den Schienen befestigt sind und mit dem Gleis zusammen leicht verrückt werden können.

Die äußere Gestalt einer derartigen Lokomotive zeigt Fig. 93.

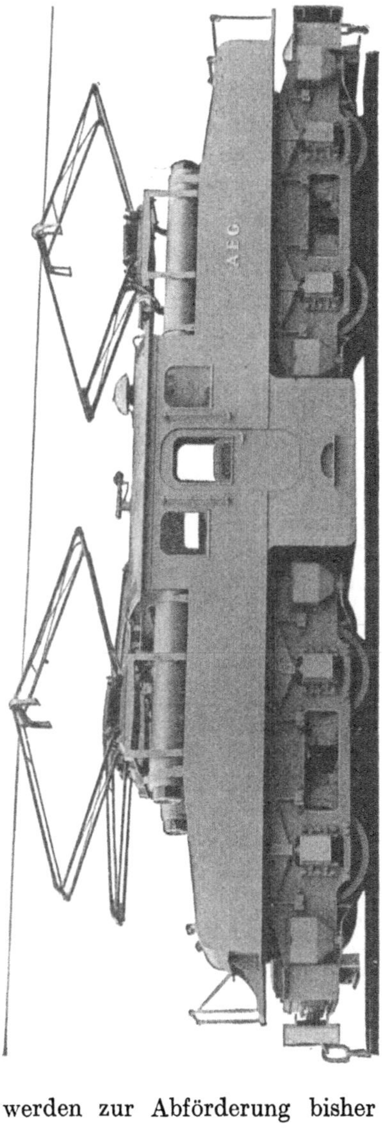

Fig. 93.
Abraumlokomotive der Allgemeinen Elektrizitäts-A.-G. (Aus Braunkohle 1909, S. 386.)

Im Spülversatzbetriebe benutzt man für gewöhnlich Dampf- oder Benzin- (Benzol-) Lokomotiven.

Auf Königin Luisegrube sind z. B. drei 5/5 gekuppelte Lokomotiven von 11 150 kg Zugkraft und 55 t Dienstgewicht im Gebrauch, welche bei 40 km Stundengeschwindigkeit 1600 PS leisten können.

Elektrische Lokomotiven werden zur Abförderung bisher nicht benutzt.

[1]) Hildebrand, Die Abraumlokomotiven der Grube Marga. Braunkohle 1909, S. 368, s. a. Braunkohle 1909, S. 583.

B. Die Organisation der Förderung.

Der Organisation der Förderung erfolgt im Braunkohlenbergbau von anderen Gesichtspunkten aus als bei der Spülversatzgewinnung. Während hier die hereingebaggerten Massen zur sog. Kippe zu befördern sind, von wo aus sie in den bereits ausgeräumten Teil des Tagebaues verstürzt werden, hat dort der Transport zum nahen oder weit entfernten Schacht zu erfolgen, wo das Material entweder auf den in einen Mischrost eingebauten Trichter oder in einen Zuflußkanal gestürzt wird, in welchem die Mischung von Versatzgut und Wasser geschieht.

I. Braunkohlenbergbau.[1])

Die typische Anordnung einer Förderanlage im Braunkohlenbergbau zeigt Fig. 94. Das Fördergleis ist parallel dem Baggergleis verlegt und führt um beide Seiten des Tagebaues herum zu den auf der Rückseite befindlichen Kippen 1 und 2. Bei a ist eine Weiche vorgesehen, in welche das Anschlußgleis an den Lokomotivschuppen usw. einmündet. Der Betrieb wickelt sich nun folgendermaßen ab: Die Lokomotive des Zuges I, welche sich laut Bergpolizeiverordnung stets hinter

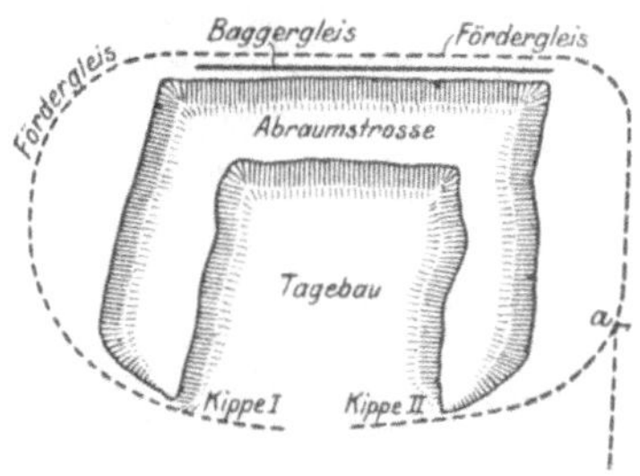

Fig. 94.

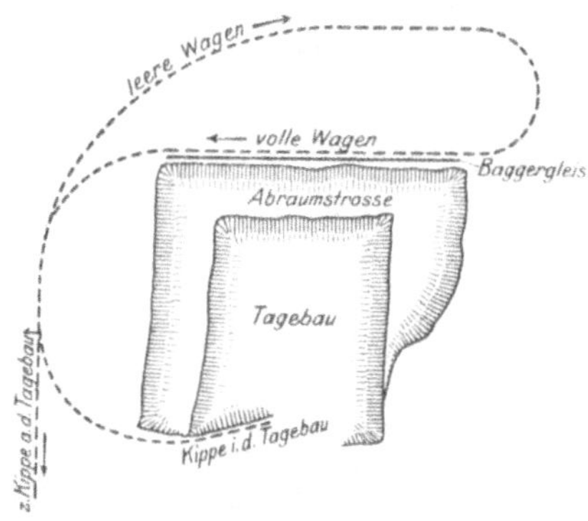

Fig. 95.

Gleisanordnung beim Braunkohlenbergbau.

dem Zuge befinden muß, um ein ev. Abstürzen zu verhüten, schiebt den Zug vom Bagger zur Kippe I, wo die Wagen entleert werden und fährt dann zum Bagger zurück. Inzwischen hat dieser den Zug der 2. Lokomotive gefüllt, worauf diese ihren Wagen zur Kippe II bringt.

Eine andere Form zeigt Fig. 95, bei der nur eine Kippe benutzt wird. Das Gleis ist hier beim Bagger in Form einer Schleife gelegt. Die Lokomotive zieht Zug I zur Kippe, wo die Entleerung der Wagen erfolgt. Nach der Entladung zieht die Lokomotive den leeren Zug zum Bagger; sie wird dann losgekuppelt und fährt unter dem Bagger hindurch, worauf sie den inzwischen gefüllten Zug II zur Kippe bringt.

[1]) Brandt: Zeitschr. f. Berg-, Hütten- u. Salinenwesen 1903, S. 81 u. f.

Bei Baggern, bei welchen die Entfernung zwischen der Schüttklappe und der Schienenoberkante zu klein ist, um der Lokomotive die Durchfahrt zu gestatten, benutzt man eine Gleisanordnung in der Art der Fig. 96. Die Lokomotive bringt hier den leeren Zug I von der Kippe in das Gleis b. Sie wird dann losgekuppelt, fährt zum Bagger und holt den beladenen Zug II, den sie in das Gleis a bringt. Dann wird von der Lokomotive Zug I zum Bagger gebracht und darauf Zug II zur Kippe befördert. Diese Gleisanordnung ist jedoch wenig vorteilhaft, da während der Rangierarbeiten der Bagger stillstehen muß.

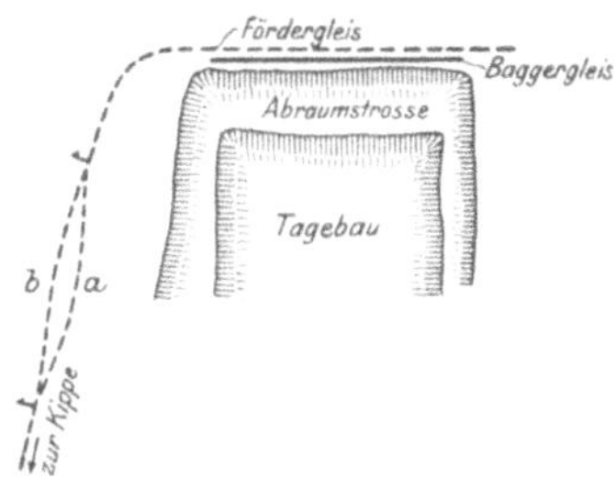

Fig. 96.
Gleisanordnung beim Braunkohlenbergbau.

Dem Kippgleis gibt man zweckmäßig die drei- bis vierfache Länge des Zuges, um ein zu häufiges Umlegen der Gleise zu verhindern. Die Sturzhöhe bemißt man normal zu etwa 10 m; kleinere oder größere Höhen sind unvorteilhaft, da man sonst entweder zu viel Baggergut von Hand herunterschaufeln muß oder größere Mengen gekippten Gutes in halber Höhe hängen bleiben und plötzlich herunterstürzen.

Als Bedienungspersonal bei der Förderung sind erforderlich

1 Maschinist,
1 Heizer und mindestens
1 Bremser

zur Bedienung des am Ende des Zuges befindlichen Bremswagens. Laufen die Züge auf stärker geneigten Strecken, so sind noch 1 oder 2 Bremswagen in den Zug einzufügen. Dementsprechend erhöht sich dann die Zahl der Bremser.

Auf der Kippe arbeiten 20—22 Mann, von denen 2—3 die Verschlüsse der kippbaren Seitenwände öffnen, während etwa 6—10 Mann je einen Wagen der Reihe nach stürzen, an beiden Enden des Zuges anfangend. Während der Pause zwischen dem Eintreffen der Züge werden sie mit Gleisrücken und anderen Nebenarbeiten betraut.

Betriebsergebnisse der Abförderung sind in dem folgenden Abschnitte „Leistungen und Kosten" bei der Betrachtung der Wirtschaftlichkeit der einzelnen Bagger aufgeführt.

II. Spülversatzbetrieb.

Hier hängt die Organisation der Abförderung davon ab, ob der Schacht weit entfernt ist oder ob er sich in der Nähe der Sandgewinnungsstelle befindet. Die Anordnung der Gleise an der Gewinnungsstelle erfolgt in beiden Fällen meist ähnlich wie im Braunkohlenbergbau.

An Personal sind außer den Maschinisten und Heizern für den Lokomotivbetrieb 5—6 Mann zur Bedienung der Verladung und 2—4 Mann am Rost erforderlich. Dazu kommt noch ein Aufseher zur Überwachung des Betriebes.

Angaben über Betriebskosten von Sandbeförderungsanlagen sind auf Seite 110 enthalten.

Fünfter Abschnitt.

Leistungen.

Bei der Bestimmung der Leistung eines Baggers ist zu unterscheiden zwischen der theoretischen und der im durchschnittlichen Betriebe erzielten. Erstere läßt sich ohne weiteres aus den gegebenen Konstruktionsdaten des Baggers bestimmen; letztere ist erst nach Ablauf einer gewissen Zeit der Baggerarbeit zu ermitteln, da hierbei verschiedene Faktoren von Bedeutung sind, welche teils aus den örtlichen Verhältnissen resultieren, teils sich erst im Betriebe herausstellen. Zu diesen Faktoren gehört:

1. Die Bodenbeschaffenheit. Ein sandiger Boden wird sich naturgemäß leichter gewinnen lassen als ein lehmiger oder stark tonhaltiger. Als Beispiel für die Verminderung der Leistung sei erwähnt, daß ein Bagger, der auf der Friedensgrube in Oberschlesien mit der Abtragung einer Schlackenhalde beschäftigt ist, etwa 50 % weniger leistet als im Sandboden.

2. Die Organisation der Förderung. Diese ist von besonderer Bedeutung für die Leistung und damit auch für die Wirtschaftlichkeit des Baggerbetriebes. Denn was hilft ein noch so hohes Leistungsvermögen des Baggers, wenn dieses infolge des Fehlens von Wagen nicht ausgenutzt werden kann, ganz abgesehen von der Verteuerung des Betriebes durch die eintretenden Pausen? Es empfiehlt sich daher, der Förderung besondere Sorgfalt zuzuwenden und sie ständig durch Rechnung usw. zu kontrollieren.

3. Die Schulung und Arbeitsfreudigkeit der Bedienungsmannschaften. Auch diese beiden Faktoren sind imstande, einen großen Einfluß auf die wirkliche Stundenleistung auszuüben. Hier läßt sich durch Einführung von Prämien häufig viel erreichen. In einem Falle z. B. wurde auf einer oberschlesischen Steinkohlengrube nach Gewährung einer geringen Prämie an sämtliche am Baggerbetriebe und der Abförderung beteiligten Personen eine Mehrleistung von 10—15 % täglich erzielt.

A. Leistungen beim Eimerkettenbaggerbetrieb.

Die Ermittlung der theoretischen Stundenleistung eines Eimerkettenbaggers gestaltet sich an Hand der folgenden Überlegung sehr einfach:

Wenn n gleich der Anzahl der Eimerausschüttungen in der Minute ist und i den Eimerinhalt vorstellt, so ist die theoretische Stundenleistung

$$Q = 60\, n \cdot i \qquad 1)$$

Die gleiche Leistung läßt sich noch auf anderem Wege ermitteln:

Es sei wieder i gleich dem Eimerinhalt in Kubikmetern, a gleich dem Abstande der Eimer von einander in Metern und v gleich der Geschwindigkeit der Eimerkette in Metern in der Sekunde, dann ist die theoretische Stundenleistung

$$Q = \frac{v \cdot 60 \cdot 60 \cdot i}{a} \quad \ldots\ldots\ldots\ldots \quad 2)$$

Von den auf diese Weise ermittelten Stundenleistungen ist die wirkliche sehr verschieden. Nach den Untersuchungen von Contag [1]) sinkt die Leistung eines Trockenbaggers im sandigen Boden auf 65 bis 70 v. H. der theoretischen.

Im Lehmboden verringert sich die Leistung auf etwa 40 v. H. und im groben Sand und Kies um weitere 5 % bis auf 35 v. H. In der Kreide dürfte nur mit einer Leistung von etwa 25—30 v. H. zu rechnen sein.

Nach Angabe von Brandt [2]) wurden auf einer rheinischen Braunkohlengrube mit einem elektrisch betriebenen C-Bagger der Lübecker Maschinenbaugesellschaft, dessen theoretische Stundenleistung 100 cbm beträgt, im Jahre 1900 ca. 98 986 cbm Abraum eines 8½ m mächtigen Deckgebirges gewonnen, von dem 7 m aus gleichen Teilen Kies und Sand bestanden, während die restlichen 1½ m, die Oberfläche, von Dammerde und Lehm gebildet wurden.

Bei der Gewinnung wurden in 300 Arbeitstagen 4162 10stündige Schichten beim Bagger verfahren, d. h. mit 13,87 Mann wurden täglich 329,95 cbm gewonnen.

Die Belegschaft bestand:

1. bei der Gewinnung aus
   - 1 Baggermeister,
   - 1 Putzer,
   - 1 Mann zu sonstigen Nebenarbeiten,
   - 1 Mann zum Gleisreinigen,

   im ganzen aus 4 Mann.

2. bei der Förderung aus
   - 1 Lokomotivführer,
   - 1 Heizer,
   - 1 Gleiswärter,

   im ganzen aus 3 Mann.

3. Auf der Kippe aus 6 Mann,

insgesamt also beim Baggerbetriebe aus 13 Mann.

Die Leistung je Mann und Schicht betrug in der:

Gewinnung	Förderung	Kippe	im ganzen
65,99 cbm	109,98 cbm	54,99 cbm	23,56 cbm

Weitere Angaben über Leistungen sind in den Kostenaufstellungen enthalten.

Für die Beurteilung eines Baggerbetriebes von Wert sind auch Angaben über die zum Kippen und zum Beladen des Zuges erforderliche Zeit. Nach Goebel [3]) lassen sich diese Angaben leicht aus folgenden einfachen Formeln ermitteln:

Bedeutet L m die Förderlänge in Metern hin und zurück, v die Fördergeschwindigkeit in der Sekunde und t min die Zeit, welche zum eigentlichen

[1]) Zeitschr. d. Ver. deutsch. Ing. 1910, S. 1477.

[2]) Zeitschr. f. Berg-, Hütten- u. Salinenwesen 1903, S. 85 u. f.

[3]) Braunkohle, 1908, S. 210.

Kippen erforderlich ist, dann ist die Zeit, welche ein Zug zur Fahrt nach der Kippe, zur Entleerung und zur Rückfahrt zum Bagger gebraucht,

$$y = \frac{L\,m}{v \cdot 60} + t \text{ min} \quad \ldots\ldots\ldots \quad 3)$$

Die zum Beladen des Zuges erforderliche Zeit ist

$$z = \frac{J \cdot W \cdot 10 \cdot 60}{E} \quad \ldots\ldots\ldots \quad 4)$$

In dieser Formel bedeutet J den Wageninhalt in Kubikmetern, W die Anzahl der Wagen und E die Leistung des Baggers in Kubikmetern in der 10 stündigen Schicht.

B. Leistungen beim Löffelbaggerbetrieb.

Für die Ermittlung der theoretischen Leistung eines Löffelbaggers kann folgende Formel als Anhalt dienen:

$$Q = i \,.\, n \cdot 60 \quad \ldots\ldots\ldots\ldots \quad 5)$$

Darin bedeutet Q die theoretische Stundenleistung in Kubikmetern, i den Inhalt des Löffels in Kubikmetern und n die Anzahl der in der Stunde möglichen Löffelspiele.

Für die Bestimmung der wirklichen Stundenleistung sind fast die gleichen Faktoren maßgebend wie beim Eimerkettenbaggerbetrieb. Hinzu kommt außerdem noch der Zeitverlust, der beim Vorbringen der Schaufel entsteht und der bei der Seitenbaggerung anders ist als bei der Kopfbaggerung.

Nach den Untersuchungen von Contag kann man bei den einzelnen Bodenklassen mit den in der folgenden Tabelle zusammengestellten Leistungen rechnen:

Leistungen	Bodenklassen I	II	III
	%	%	%
1. Die theoretische Leistung	100	100	100
2. Die Rekord- oder Paradeleistung	70	65	60
3. Die größte durchschnittliche Stundenleistung am Arbeitstage	50	40	30
4. Die größte durchschnittliche Stundenleistung im Monat	45	35	25
5. Die durchschnittliche Stundenleistung im Jahre oder in längerer Zeit	40	30	20

Richter gibt [1]) als größte von einer Marionschaufel erzielte Leistung im 10 stündigen Arbeitstage unter den allergünstigsten Verhältnissen, etwa an einer hohen Sandhalde arbeitend, wo der Boden immer von selbst nachrutscht und der Baggerlöffel sich im Augenblick füllt, 3 800 cbm an. Im Durchschnitt werden nach Angabe der Marion-Gesellschaft 1100—2300 cbm im Tage geleistet.

Beim rheinischen Braunkohlenbergbau wurden im Jahre 1900 mit einem Löffelbagger, der bei der Gewinnung eines Abraumes von 4—10 m, zur Hälfte aus Kies und Sand, zur anderen Hälfte aus Ton bestehend, beschäftigt war, in der 10 stündigen Schicht nach Brandt [2]) durchschnittlich 300 cbm gewonnen.

Die Gesamtbelegschaft von 39 Mann verteilte sich auf die einzelnen Betriebe, wie folgt:

[1]) Zeitschr. d. Ver. deutsch. Ing. 1907, S. 1694.

[2]) Zeitschr. f. Berg-, Hütten- u. Salinenwesen 1903, S. 90 u. f.

1. Beim Bagger: 8 Mann und zwar:
   1 Heizer,
   1 Maschinist,
   1 Baggermeister,
   1 Mann zum Heranschaffen von Brennstoff,
   2 Mann zum Rangieren der Wagen am Bagger,
   2 Mann zu Nebenarbeiten (Gleisreinigen, Roden, Einebnen usw.).

2. Bei der die Absäuberungsarbeit beim Bagger verrichtenden Arbeitergruppe: 16 Mann.

Die Belegschaft bei der Förderung belief sich auf 11 Mann. Davon entfielen jedoch, da gleichzeitig Abraumgewinnung von Hand stattfand, auf den Baggerbetrieb nur 5 Mann:

1 Lokomotivführer,
1 Heizer,
1 Bremser,
2 Mann für die Unterhaltung der Gleise.

Bei der Kippe betrug der Anteil der Baggerbelegschaft rund 5 Mann.

Die die Absäuberung verrichtenden 16 Mann leisteten durchschnittlich in der Schicht 11 cbm je Mann oder 170 cbm insgesamt. Unter Hinzurechnung dieser 170 cbm betrug die Gesamtleistung des Baggers 470 cbm.

Die Leistung für 1 Mann und 1 Schicht war demzufolge:

bei der Gewinnung	bei der Förderung	auf der Kippe	im ganzen
beim Bagger selbst. . . 37,5 cbm bei der Absäuberungsmannschaft . . . . . 10,62 cbm	94 cbm	47 cbm	12,05 cbm

Baum [1]) erwähnt folgende Leistungen, die beim Dampfschaufelbetrieb im Mesabibezirk in der 10stündigen Schicht erzielt wurden:

Grube	Mahoning	Moutain Iron	Burt	Stevenson
System der Schaufel . .	Bucyrus	Marion		
		Type 1891	Type 1891	Type 1898
Gewicht der Schaufel t	65	93	93	100
Fassungsraum d. Löffels in cbm	1,33	1,9	1,9	2,3
= etwa t	3,5	5,5	5,5	6,0
Zahl der beladenen Wagen.	—	162	152	201
Leistung in gr. tons. .	4100	4826	5096	7109

Die normale Leistung einer 65 t Schaufel wird von ihm mit 800—1000 t in der 10stündigen Schicht angegeben. Auf der Biwakigrube betrug die Gesamtjahresleistung von 3 Dampfschaufeln 915 000 t Erz, die höchste Tagesleistung hier 5365 t bei 2 je 10stündigen Schichten und 6 m Hubhöhe. Im groben Geröll des Deckgebirges sinkt die Leistung um ⅓ gegenüber der der Erzgewinnung.

---

[1]) Sonderabdruck seines Reiseberichtes „Kohle und Eisen in Nordamerika“. 1908, S. 114.

Sechster Abschnitt.

Die Kosten des Baggerbetriebes.

A. Allgemeine Betrachtungen.

Die Kosten der Bodengewinnung beim Baggerbetrieb bestehen aus

a) den einmaligen Kosten für Einrichtung des Betriebes,
b) den dauernden Kosten.

I. Einmalige Kosten.

Von einmaligen Kosten kommen für den Bergwerksbetrieb in Betracht:

1. Anlagekosten für den Bagger,
2. Bahnfracht,
3. Anfuhr zur Grube,
4. Zusammenbau der Geräte,
5. Allgemeine einmalige Unkosten.

II. Dauernde Kosten.

Die dauernden Kosten bei der Anwendung von Baggern im Bergwerksbetriebe ergeben sich aus:

1. der Verzinsung der Geräte,
2. der Abnutzung und Abschreibung,
3. den Löhnen, einschließlich Versicherungsbeiträgen,
4. dem Brennstoffverbrauch einschließlich der Anfuhr,
5. den Putz- und Schmiermitteln, dem Kesselwasser und sonstigem Material,
6. den Reparaturen,
7. den allgemeinen Unkosten (Beaufsichtigung der Arbeiten, Bureauhaltung, Reisen, Steuern usw.).

Der Begriff einmalige Kosten oder Anlagekosten ist ohne weiteres verständlich und bedarf daher keiner Erläuterung.

Bei den dauernden Kosten erscheint es zweckmäßig, einige Erklärungen allgemeiner Art zu geben.

Als angemessenen Zinsfuß sieht man 5 v. H. an. Will man die Höhe der Verzinsung für den Arbeitstag ermitteln, so kann man hierzu folgende Formel benutzen:

$$Za = \frac{p}{n} \text{ v. H.} \quad \ldots \ldots \quad 6)$$

Darin bedeutet Z a die Höhe der Verzinsung für den Arbeitstag, p den Zinsfuß und n die Anzahl der Arbeitstage im Jahre.

Die Tilgungsquote wird im Baggerbetriebe meist zu 10 v. H. bemessen, obwohl infolge der großen Abnutzung der Baggergeräte eine höhere Quote (etwa 15 v. H.) den wirklichen Verhältnissen angemessener sein dürfte.

Die Ermittlung der Kosten für Verzinsung für die Arbeitsstunde kann nach folgender Formel geschehen [1]:

$$z = a \cdot \frac{p}{100} \cdot \frac{1}{n \cdot t} \quad \ldots \ldots \quad 7)$$

d. h. die Zinsen z je Arbeitsstunde sind gleich dem Produkt aus dem Anlagekapital a mal dem Zinsfuß p, dividiert durch 100, multipliziert mit der Anzahl der Arbeitstage n im Jahre zu t Stunden.

Zur Bestimmung der Abschreibungskosten k je Arbeitsstunde kann man folgende, ähnliche Formel anwenden:

$$k = \left(a_1 \cdot \frac{p_1}{100} + a_2 \cdot \frac{p_2}{100} + a_3 \cdot \frac{p_3}{100} + a_4 \cdot \frac{p_4}{100} \ldots\right) \cdot \frac{1}{n \cdot t} \quad 8)$$

In dieser Formel sind mit a_1, a_2, a_3, a_4 usw. die Anlagekosten für den Bagger, Wagen und Gleise, Wasserstation usw. bezeichnet, während p_1, p_2, p_3, p_4 usw. den bei a_1, a_2 usw. anzuwendenden Abschreibungssatz vorstellen. Unter n ist wieder die Anzahl der Arbeitstage im Jahre und unter t die tägliche Arbeitszeit, welche in Stunden angegeben wird, zu verstehen.

B. Kostenangaben über im Betriebe befindliche Bagger.

Die im folgenden angeführten Kostenangaben wollen und können nicht Durchschnittswerte der Baggerbetriebskosten sein, da es hierzu an genügenden Unterlagen zurzeit noch fehlt. Außerdem ist zu berücksichtigen, daß die örtlichen Verhältnisse, welche ja für die jeweilige Beurteilung des Betriebes den Ausschlag geben, im Bergbau so verschieden sind, daß allgemein gültige Werte auch gar nicht gegeben werden können.

Wenn also auf die Ermittlung von Durchschnittswerten von vornherein Verzicht geleistet wird, so können doch die Angaben, welche im wesentlichen auf eine Zusammenstellung des hierüber in der Literatur bekannt gewordenen hinauslaufen, als Anhalt bei der Berechnung eines Baggerbetriebes wohl dienen.

---

[1]) Zeitschr. d. Ver. deutsch. Ing. 1910, S. 1476.

I. Eimerkettenbagger.

a) Kosten eines Abraumbetriebes im Braunkohlenbergbau, bei dem außer der Gewinnung durch Bagger noch Nebenbetriebe vorkommen[1]).

Die im folgenden wiedergegebenen Abraumkosten beziehen sich auf einen Betrieb, bei dem außer der Gewinnung durch Bagger noch z. T. Handbetrieb stattfindet. Die durchschnittliche monatliche Gesamtleistung der beiden Betriebe betrug 35 304 cbm.

I. Gewinnung.

1. Tilgung und Verzinsung des Anlagekapitals.

1 Bagger der Lübecker Maschinenbau-Gesellschaft, Type B . . .		48 000,00 M
Fracht		1 200,00 M
Montierung und Transport auf eigenen Schienen über 1 km . . .		1 300,00 M
		50 500,00 M
Baggergleis frei Station.		
400 Baggerschwellen 5 m lang zu je 12,50 M		5 000,00 M
Goliathschienen 1230 m. Gleis zu 3 Strängen = 410 m (100 kg 9,90 M, 1 m = 45 kg)		5 500,00 M
120 Innenlaschen, 40 Auflauflaschen = 3 056 kg (100 kg 12 M) . .		366,00 M
600 Bolzen usw.		800,00 M
6100 Klemmplatten		1 205,00 M
400 m zu legen, für 1 m 0,75 M.		300,00 M
		13 171,00 M
Wellblechbude	3 070,00 M	
1 Haus für Schmiede mit Einrichtung: Motor, Transmission, Zimmerwerkstatt, Materialschuppen . . .	5 000,00 M	
1 Schlafbaracke	3 000,00 M	
1 Wasserwagen	700,00 M	
Für Planierungen, 20 Muldenkippwagen von ½ cbm zu je 80 M	1 600,00 M	
Hierfür 1000 m Gleis zum Teil fertig gelegt	1 000,00 M	
Sa.	11 370,00 M	
Summe der Anlagekosten für Gewinnung.	75 041,00 M	
gleich rund	75 500,00 M	
Davon Tilgung 10 v. H.		
Zinsen . . . . 5 v. H.		
15 v. H. = 11 325 M im Jahr; für 1 Monat . .		944,00 M
Mithin Tilgung und Verzinsung des Anlagekapitals für Gewinnung in Summa		944,00 M
oder für 1 cbm		2,67 Pf

2. Betriebskosten.

1 Monat zu 26 Schichten zu je 10 Stunden.

a) Löhne.

Gehälter:	
1 Schachtmeister.	130,00 M
Reine Löhne:	
1 Baggerführer 4 M	104,00 M
Übertrag	234,00 M

[1]) Tornow: Zeitschr. f. Berg-, Hütten- u. Salinenwesen 1906, S. 582.

Übertrag	234,00 M	
1 Klappenschläger 3,20 M	83,00 M	
1 Kesselwärter 3 M	78,00 M	
5 Mann zum Reinigen der Kohlenoberfläche zu je 2,50 M	325,00 M	
1 Kohlenfahrer 2,60 M	68,00 M	
Zum Rücken des Baggergleises werden jede Schicht 25 Mann 2 Stunden beschäftigt; das ergibt 25 . 2 = 50 Stunden = 5 Schichten für 1 Tag. Dafür werden 5 Mann fortlaufend geführt.		
5 Mann zu je 2,70 M	351,00 M	
2 Schmiede zu je 3,30 M	172,00 M	
1 Zimmermann zu je 3,20 M	83,00 M	
Folgende, hauptsächlich der Gewinnung zur Last zu legende, sehr stark wechselnde Beträge mögen hier nur ungefähr summarisch angegeben werden:		
Planierung für Bagger	400,00 M	
Außerdem ist noch ein Handbetrieb im Gange für solche Stellen, die dem Bagger unzugänglich bleiben, sowie zur Reserve an Arbeitskräften	900,00 M	
	2 684,00 M	
b) Versicherungsgebühren und sonstige Unkosten, rund 10 v. H. von den Löhnen	268,00 M	
c) Schmier- und Putzmaterial	100,00 M	
d) Brennmaterial 2000 hl Kohle zu je 6 Pf.	120,00 M	
e) Wasserverbrauch	12,00 M	
Sa.	3 184,00 M	
Mithin Summe der monatlichen Betriebskosten bei der Gewinnung		3 184,00 M
oder für 1 cbm		9,02 Pf

3. Unterhaltungskosten.

Eisenmaterial		70,00 M
Reserveteile		500,00 M
Sa.		570,00 M
oder für 1 cbm	1,61 Pf.	
Summe sämtlicher Kosten für Gewinnung	4 698,00 M	
oder für 1 cbm	13,61 Pf.	

II. Förderung.

1. Tilgung und Verzinsung des Anlagekapitals.

40 Wagen zu je 560,00 M frei Station	22 400,00 M
5 Bremswagen zu je 635,00 M	3 175,00 M
2 Lokomotiven von 125 PS zu je 16 120,00 M mit Reserveteilen	32 631,00 M
1 Wasserkasten	700,00 M
1 Abort	50,00 M
1170 m Gleis = 2340 m Schienen (35 kg für 1 laufenden Meter, 100 kg zu 8,15 M.	6 680,00 M
Nägel, Bolzen, Laschen und dgl. mit Reserve	1 032,00 M
2 Weichen.	1 360,00 M
Schwellen 1,5 m lang zu 1,00 M mit Reserve	2 400,00 M
Legen für 1170 m (25 Mann legen in der Schicht 200 m) für 1 m berechnet zu 37,5 Pf.	439,00 M
Sa.	70 867,00 M
gleich rund	71 000,00 M

Davon Tilgung 10 v. H.
Zinsen . . . . 5 v. H.

15 v. H. = 10 650 M im Jahr; für 1 Monat . . 887,00 M

Mithin Tilgung und Verzinsung des Anlagekapitals für Förderung in Summa . . . . 887,00 M

oder für 1 cbm 2,51 Pf

2. Betriebskosten.

a) Löhne.

Gehälter:			
1 Aufsichtsbeamter	110,00 M		
Reine Löhne:			
2 Lokomotivführer je 3,50 M	182,00 M		
2 Heizer je 2,70 M	140,00 M		
2 Bremser je 2,50 M	130,00 M		
1 Kippmeister 3,50 M	91,00 M		
12 Kipper je 2,80 M	874,00 M		
Sa.	1 527,00 M	1 527,00 M	
b) Versicherungsgebühren und sonstige Unkosten, rund 10 v. H. von den Löhnen . . .		153,00 M	
c) Schmier- und Putzmaterial rund		75,00 M	
d) Brennmaterial: 4000 hl Kohle zu je 6 Pf.		240,00 M	
e) Wasserverbrauch		17,00 M	
Sa.		2 012 M,00	
Mithin Summe der monatlichen Betriebskosten bei der Förderung		2 012,00 M	
		für 1 cbm	5,70 Pf

3. Unterhaltungskosten.

Im Monat rund	200,00 M	
oder für 1 cbm		0,57 Pf
Summe sämtlicher Kosten für Förderung	3 099,00 M	
oder für 1 cbm		8,77 Pf
Dazu Summe der Kosten für Gewinnung	4 698,00 M	
oder für 1 cbm		13,31 Pf
Gesamtsumme der Kosten	7 797,00 M	
oder für 1 cbm		22,08 Pf

Von Buhle wird im Glückauf, 1907, S. 1075 eine Rentabilitätsberechnung der Normalbauarten von Trockenbaggern für Dampfantrieb der Lübecker Maschinenbau-Gesellschaft gegeben, der eine Annahme von 220 Arbeitstagen im Jahr zugrunde liegt. Die Rentabilitätsberechnung ist in der folgenden Tabelle enthalten.

	Bauart B	A	C	F	L
Leistung in mittelschwerem Boden:					
jährlich cbm	440 000	330 000	154 000	66 000	37 400
täglich „	2 000	1 500	700	300	170
Baggermeister:					
Anzahl	1	1	1	1	1
Jahresverdienst M . . .	1 800	1 680	1 680	1 680	1 440
Maschinist:					
Anzahl	1	—	—	—	—
Jahresverdienst M . . .	1 320	1 320	1 200	—	—
Mann an d. Schüttklappe:	Durch den Baggermeister zu bedienende Dampfschuttklapp.				
Anzahl		1	1	1	—
Tagesverdienst M . . .		3	3	3	—
Jahresverdienst M . . .		660	660	660	—
Durchschnittszahl der täglich zum Gleisrücken erforderlichen Leute:					
Anzahl	10	8	5	2	2
Tagesverdienst M . . .	30	24	17,50	6	6
Jahresverdienst M . . .	6 600	5 280	3 850	1 320	1 320
Kohlen:					
kg	1 800	1 500	500	400	300
tägliche Kosten M . . .	32	27	9	7,20	5,40
jährliche Kosten M . .	7 040	5 940	1 980	1 584	1 188
Schmiermittel:					
tägliche Kosten M . . .	2	1,50	1,50	1,50	1
jährliche Kosten M . .	440	330	330	330	220
Reparaturen:					
in % des Kaufpreises .	10	10	10	10	10
für die jährl. Leistung M	4 700	3 900	3 000	2 000	1 300
Vom Preise des Baggers und der Gleise unter Annahme einer Gleisstr. von ca. 200 m sowie eines Baggerpreises von beispielsweise: M	47 000	39 000	30 000	20 000	13 000
Zinsen %	15	15	15	12	12
Abschreibungen M . . .	8 000	6 600	5 000	2 800	1 800
Jährliche Betriebskosten M	31 460	25 710	17 700	10 354	7 268
Folglich Preis von 1 cbm des Aushubes . . . . rund Pfg.	7,15	7,8	11,5	15,6	19,4

b) Sandversatz.

Über die Kosten für Gewinnung und Förderung beim Sandversatz gibt die folgende Tabelle Aufschluß, welche Angaben von der Myslowitzgrube enthält, auf der das Spülversatzverfahren zuerst erprobt wurde [1]).

Auf Myslowitz stehen 2 Hochbagger von 65 PS mit elektrischem Antrieb im Gebrauch, welche für eine Leistung von 120 cbm in der Stunde gebaut sind. Der Abtransport des gewonnenen Materials erfolgt durch 2 Lokomotiven — außerdem sind 3 als Reserve vorhanden — in normalspurigen Selbstentladern mit Eselsrücken zum Einspülschacht. Die Bagger arbeiten abwechselnd und gewinnen in der 12 stündigen Schicht je 1000 cbm.

I. Sandgewinnung.

Anlagekosten.

1. Gleisanlage:		
150 m Baggergestänge zu 7,00 M	1 050,00 M	
2. Bagger:		
1 Hochbagger (gebaut von der Grube mit Montage)	37 037,00 M	
1 Hochbagger von Tatz	42 155,00 M	79 192,00 M
3. Anteil an der elektrischen Zentrale	9 888,00 M	
4. Beleuchtung und sonstiges	795,00 M	
	10 683,00 M	10 683,00 M
	Sa.	90 925,00 M

Betriebskosten.

(Täglich 2 Schichten zu 12 Stunden, abwechselnd je 1 Bagger im Betrieb.)

	je Tag	je Tag
1. Gleisanlage:		
Verzinsung und Tilgung, 30 % von 1 050,00 M.	1,05 M	
Unterhaltung, Reparaturkosten	1,86 M	
Gleisrücken, 24 Strafgefangene zu je 1,40 M . .	33,60 M	36,51 M
2. Baggerarbeit:		
a) Verzinsung und Tilgung 12 % von 79 192,00 M		31,68 M
b) Reparatur usw. der Bagger . . . . $\frac{10\,267{,}35\ \text{M}}{300}$		34,22 M
c) Stromkosten für 65 PS (0,03 M für 1 KW.-Stunde) $\frac{65 \cdot 24 \cdot 0{,}03}{1{,}36} =$		34,45 M
d) Materialien		0,72 M
e) Löhne:		
2 Baggerführer	7,00 M	
10 Arbeiter zum Abböschen	23,00 M	
	30,00 M	30,00 M
3. Elektrische Zentrale:		
Verzinsung und Tilgung 12 % von 9 888,00 M .	3,95 M	
Löhne, Material, Reparatur.	3,86 M	
	7,81 M	7,81 M
4. Beleuchtung usw.:		
Verzinsung und Tilgung, Unterhaltung usw.		8,89 M
5. Grundentwertung: 1 qm zu 1,00 M. 40 m Sandmächtigkeit, also für 20 qm je Tag		20,00 M
	Insgesamt:	204,28 M
Bei einer täglichen Leistung von 2000 cbm Sand kostet 1 cbm . .		0,102 M

[1]) Seidl: Zeitschr. des Oberschlesischen Berg- und Hüttenmännischen Vereins 1911, S. 34.

II. Sandbeförderung.

Anlagekosten.

1. 5 Lokomotiven für Sandtransport zu 7 800,00 M (2 in Betrieb, 3 in Reserve)	39 000,00 M	
1 Lokomotive für Kohle- und Aschetransport (½ angesetzt) $\frac{7800}{2}$	3 900,00 M	
1 Maschinenschuppen	2 497,00 M	
	45 397,00 M	45 397,00 M
2. Gleisanlage: 500 m Gestänge für Sandtransport, 800 m Gestänge für Aschetransport, insgesamt 1300 m	3 900,00 M	3 900,00 M
3. Förderwagen: 72 Sandwagen zu 3,5 cbm (erbaut von der Kattowitzer Aktiengesellschaft)	61 200,00 M	
10 Kippmuldenwagen (für Asche)	1 200,00 M	
	62 400,00 M	62 400,00 M
4. Anteil an der Anlage zur Gewinnung von Kesselspeisewasser	1 215,00 M	1 215,00 M
	Insgesamt:	112 912,00 M

Betriebskosten.

	je Tag	je Tag
1. Lokomotiven:		
Verzinsung und Tilgung, 12 % von 42 900,00 M	17,16 M	
Sandtransport: Reparaturen	13,33 M	
Kohlen (2,5 t zu 8,00 M)	20,00 M	
Materialien	0,60 M	
Löhne (2 Lokomotivführer in jeder Schicht)	14,00 M	
Reparaturen, Kohle, Materialien, Löhne der Lokomotive für Aschentransport	7,02 M	
	72,11 M	72,11 M
Maschinenschuppen, Verzinsung und Tilgung 10 %		0,83 M
2. Gleisanlage:		
Verzinsung und Tilgung, 30 % von 3 900,00 M		3,90 M
Unterhaltung		5,72 M
3. Förderwagen:		
72 Sandwagen, Verzinsung und Tilgung 25 %		51,00 M
Reparaturen		48,63 M
Verzinsung und Tilgung für 10 Kippwagen		1,00 M
Reparaturen		1,00 M
4. Beschaffung des Kesselspeisewassers		2,14 M
5. Löhne:		
6 Arbeiter, Bedienung der Verladung	15,00 M	
Aufsicht (Maschinensteiger, Aufseher, mit Wohnung, Kohle)	21,36 M	
2 Arbeiter am Rost	4,40 M	
	40,76 M	40,76 M
		227,09 M
Für 2000 cbm, je cbm		0,113 M
dazu Gewinnung		0,102 M
	Insgesamt:	0,215 M

2000 cbm = 3200 t auf 0,5 km ergibt 1600 tkm. Beförderungskosten $\frac{227,09}{1600} = 0,142$ M je tkm.

II. Die Kosten für einen Löffelbaggerbetrieb.

a) Betriebskosten einer amerikanischen Dampfschaufel.

Die Betriebskosten einer amerikanischen 64 t-Schaufel mit A-Rahmen sind folgende [1]):

a) Verzinsung und Abschreibung, 20 v. H. der Kaufsumme von 45 000,00 M		9 000,00 M
b) Kosten der Betriebsmaterialien für 200 Arbeitstage zu 10 Stunden:		
Kohlen: 2 t für den Tag zu je 20,00 M	8 000,00 M	
Wasser: 10,00 M für den Tag	2 000,00 M	
Schmiermaterial usw.	1 000,00 M	
	11 000,00 M	11 000,00 M
c) Betriebslöhne für 200 Arbeitstage zu 10 Stunden; für den Tag:		
4 Arbeiter	16,00 M	
1 Maschinist	6,50 M	
1 Heizer	5,50 M	
1 Klappenwärter	4,00 M	
Gesamttagelohn	32,00 M	
Zuschlag für allgemeine Unkosten	8,00 M	
Tageslohnunkosten	40,00 M	
das ergibt für 200 Arbeitstage		8 000,00 M
jährliche Gesamtunkosten		28 000,00 M
oder für den Tag		140,00 M

Demzufolge stellen sich die Kosten für Gewinnung und Verladung von 1 cbm gewachsenem Boden bei Tagesleistungen von 1000—3000 cbm auf 14 bis 4,7 Pf.

b) Betriebskosten eines Löffelbaggers bei der Abraumgewinnung auf einer Braunkohlengrube.[2])

Der Löffelbagger, dessen Kosten im folgenden angegeben werden, arbeitete an der Abtragung eines Deckgebirges von 4—10 m Mächtigkeit, das aus Sand und Kies mit 50 % Toneinlagerung besteht. Ein Teil des Abraumes, und zwar etwa 700 cbm in der 10stündigen Schicht wurden von Hand gewonnen, während der Rest von 300 cbm durch den Löffelbagger abgeräumt wurde.

Das gewonnene Gut wurde durch 2 Lokomotiven in Zügen von etwa 8 Wagen zu je 3 cbm in einen 600 m entfernten verlassenen Tagebau gestürzt.

Die bei der Gewinnung usw. erzielten Leistungen sind bereits auf S. 102 erwähnt worden. Bei der Kostenübersicht ist das Fördergleis mit der doppelten Länge berücksichtigt worden, in Anrechnung der vorhandenen Weichen, Kippgleise usw.

Brennstoff wird teils mit der Lokomotive, teils mit Fuhren, Wasser durch eine Wasserleitung zugeführt.

---

[1]) Richter, Zeitschr. d. V. D. Ing. 1907, S. 1694.

[2]) Brandt, Zeit chr. f. Berg-, Hütten- und Salinenwesen 1903 S. 92.

A. Verzinsung und Tilgung der Anlagekosten.

a) Gewinnung:

1. Kosten des Baggers einschl. Fracht und Aufstellung . . .	15 000,00 M
2. 60 m doppeltes Baggergleis einschl. Schwellen (2 × 6 M für ein laufendes Meter)	720,00 M
	15 720,00 M

Hiervon 15 % für 1 Jahr = 2 358,00 M. Bei 280 Schichten = 8,42 M für 1 Schicht und bei 300 cbm Leistung in 1 Schicht = 0,0281 M für 1 cbm.

b) Förderung:

1. Zwei Lokomotiven von 125 PS zu je 18 000,00 M	36 000,00 M
2. 60 Wagen: 10 Bremswagen zu je 550,00 M = 5 500,00 M, 50 gew. Wagen zu je 450,00 M = 22 500,00 M	28 000,00 M
3. 1200 m Fahrgleis, für 1 m (einschl. Schwellen usw.) 5,00 M	6 000,00 M
4. 12 Zungenweichen einschl. Verlegen zu je 120,00 M . . .	1 440,00 M
5. Lokomotivschuppen	1 000,00 M
6. Wasserleitung und Wasserbehälter	500,00 M
	72 940,00 M

Hiervon 15 % für 1 Jahr = 10 941,00 M; bei 280 Schichten = 39,08 M für 1 Schicht und bei 1000 cbm Leistung in 1 Schicht = 0,0391 M für 1 cbm.

c) Kippe: nichts.

B. Unterhaltungskosten.

a) Gewinnung:

1. Ausbesserungen des Baggers	600,00 M
2. Ersatz abgängiger Schwellen und Schienen des Baggergleises	300,00 M
	900,00 M im Jahre.

Bei 280 Schichten 3,22 M für 1 Schicht und bei 300 cbm Leistung in 1 Schicht = 0,107 M für 1 cbm.

b) Förderung:

1. Ausbesserungen der Lokomotiven.	200,00 M
2. „ von 60 Wagen (je 50,00 M)	3 000,00 M
3. „ des Fahrgleises	1 000,00 M

Bei 280 Schichten 15,00 M für 1 Schicht und bei 1000 cbm Leistung in 1 Schicht = 0,0150 M für 1 cbm.

c) Kippe: nichts.

C. Betriebskosten.

a) Bei der Gewinnung (für 1 Schicht):

1. ½ t Braunkohlenbriketts, 8,00 M die t		4,00 M
2. Wasser (4 cbm zu je 0,10 M) für den Bagger		0,40 M
3. Herbeischaffen von Brennstoff und Wasser		3,00 M
4. Schmier- und Putzmaterial		1,50 M
5. Löhne der Bedienungsmannschaften:		
1 Baggermeister	3,60 M	
1 Maschinist	3,20 M	
1 Heizer	3,00 M	
1 Putzer	3,00 M	12,80 M
6. Sonstige Löhne:		
2 Mann beim Rangieren der Wagen am Bagger	6,00 M	
2 Mann beim Ausroden, Einebnen u. dgl.. . .	7,00 M	13,00 M
	zusammen:	34,70 M für 1 Schicht.

Bei 300 cbm Leistung in der Schicht 0,1156 M für 1 cbm.

b) Bei der Förderung:

1. 1 Lokomotive gebraucht in der Schicht etwa 1,5 t Braunkohlenbriketts, 2 also (2 × 1,5 t) 3 t zu je 8,00 M . . .	24,00 M
2. Wasser, je 4 cbm zusammen 8 cbm zu je 0,10 M	0,80 M
3. Herbeiführen von Kohlen und Wasser	2,00 M
4. Schmier- und Putzmaterial	4,00 M
5. Löhne bei der Förderung:	
2 Lokomotivführer, je 4,00 M . . . . = 8,00 M	
2 Heizer, je 3,50 M. . . . . = 7,00 M	
2 Bremser, je 3,20 M . . . . = 6,40 M	21,40 M
6. Sonstige Löhne:	
5 Mann bei der Instandhaltung der Gleise, je 3,50 M =	17,50 M
zusammen:	69,70 M
	für 1 Schicht.

Bei 1000 cbm Leistung in der Schicht 0,0697 M für 1 cbm.

c) Bei der Kippe:

10 Mann zu je 3,50 M auf der Kippe.	35,00 M
10 Mann zu je 3,50 M für allerlei Nebenarbeiten.	35,00 M
zusammen:	70,00 M
	für 1 Schicht.

Bei 1000 cbm Leistung in der Schicht 0,070 M für 1 cbm.

Zählt man die einzelnen Werte, welche bei den verschiedenen Spezifikationen für 1 cbm erhalten wurden, zusammen, so hat der Abraumbetrieb mit folgenden Kosten für 1 cbm mit dem Löffelbagger gewonnenen Abraum, einschl. der Kosten für Förderung und Kippe zu rechnen:

für 1 cbm	bei der Gewinnung	bei der Förderung	bei der Kippe	im ganzen
	M	M	M	M
Verzinsung u. Tilgung.	0,0281	0,0391	—	0,0672
Unterhaltung	0,0107	0,0150	—	0,0257
Betriebskosten	0,1156	0,0697	0,0700	0,2553
zusammen:	0,1544	0,1238	0,0700	0,3482

Für Absäuberungs- bzw. Nachlesearbeit sind noch 16 Mann tätig mit einer Leistung von 16 × 11 = 176 cbm in 10 Stunden, welche je Schicht 3,20 M = 51,20 M insgesamt an Löhnen erhalten.

Die Gewinnungskosten betragen nach der vorigen Tabelle für:

1 cbm gebaggertes Gut 300 × 0,1544 M	46,32 M
und für 176 cbm von Hand gewonnen	51,20 M
zusammen also 476 cbm zum Gesamtpreise von . .	97,52 M

1 cbm zu gewinnen kostet somit . .	0,2049 M
1 „ wegzufördern „ „ . .	0,1238 M
1 „ zu kippen „ „ . .	0,0700 M
	0,3987 M

Demzufolge betragen die Gesamtkosten für 1 cbm Abraum 0,3987 M.

Dieser Preis ist außergewöhnlich hoch, was wohl in der geringen Baggerleistung und in dem zu gewinnenden Material, das aus Sand und ebenso viel Ton besteht, begründet sein dürfte.

c) Dampfschaufelkosten bei der Erzgewinnung am oberen See.

Baum gibt in seiner Abhandlung Kohle und Eisen in Nordamerika[1]) eine Zusammenstellung der Kosten für die Gewinnung von 1 t Eisenerz im Dampfschaufelbetrieb, welche hier folgen möge.

Vorausgeschickt sei, daß das Deckgebirge, welches entweder aus Geröllen oder aus Takonit besteht, und die oben liegenden minderwertigen Erze für den Schaufelangriff durch Bohren von Löchern mit nachfolgender Sprengung aufgelockert werden müssen. Diese Arbeiten werden meistens von Unternehmern ausgeführt, die mit sehr schweren Schaufeln von 65 bis zu 100 t arbeiten. Der den Unternehmern für die Abräumung von 1 cbm bezahlte Preis beträgt etwa 2,35 M, was für europäische Verhältnisse sehr hoch ist, in Amerika aber als nicht übertrieben zu bezeichnen ist, da hier Schichtlöhne von etwa 8 M schon an ungelernte Arbeiter gezahlt werden.

1. Löhne der Sprengkolonne.

Durchschnittlicher Akkordlohn	0,77 M für 1 Stunde
1 Vorarbeiter	10,50 M
4 Bohrer je 8,40 M	33,60 M
zusammen täglich:	44,10 M

2. Bedienung der Schaufel.

1 Schaufelführer	17,85 M
1 Kranführer	13,65 M
1 Heizer	9,45 M
4 Hilfsarbeiter je 8,40 M	33,60 M
1—2 Mann zur Reinigung der Schaufel im Durchschnitt	11,75 M
zusammen täglich:	86,30 M

3. Bedienung der Erzzüge.

a) Zum Gleislegen usw.	
1 Aufseher	9,45 M
4—5 Mann	35,85 M
zusammen täglich:	48,30 M
b) Zum Rangieren des Zuges:	
1 Lokomotivführer	12,60 M
1 Heizer	9,45 M
1 Bremser	7,95 M
zusammen täglich:	30,00 M
Die Gesamtkosten für Löhne betragen:	
bei der Sprengkolonne	44,10 M
„ „ Bedienung der Schaufel	86,30 M
„ „ „ „ Erzzüge	78,30 M
Sa.	208,70 M

A. Abschreibung usw.

Anlagekosten einer 65 t-Schaufel rund	200 000,00 M
„ der Gleise[2]) rund	40 000,00 M
Sa.	240 000,00 M

[1]) S. 115.

[2]) Förderwagen werden nicht gebraucht, da direkt in Eisenbahnwaggons verladen wird.

Davon 15 % für Abschreibung, Verzinsung und Reparaturen ergibt 180,00 M für den Tag.

Die Gesamtbetriebskosten betragen demnach:

für Löhne	208,70 M
„ Abschreibung usw.	180,00 M
„ 3 t Kohlen a 17,00 M	51,00 M
„ Materialien	5,00 M
zusammen:	444,70 M

Die Durchschnittsleistung ist 800 t in der Schicht $\frac{444,70}{800} = 0,56$ M.

Die reinen Gewinnungs- und Verladekosten belaufen sich demnach auf 0,56 M für 1 t Erz. Die sonstigen Kosten wie Grundabgaben, Ausgaben für die Entfernung der Tagewässer, Zuschlag für die Abdeckarbeit sind hierbei unberücksichtigt gelassen, da sie mit dem Dampfschaufelbetrieb an sich nichts zu tun haben.

Zweiter Teil.

Die Braunkohlenabbauvorrichtungen.

Von Diplom-Bergingenieur **Arthur Gerke**.

Bei der Bearbeitung benutzte Literatur.

Dorstewitz: Über maschinelle Kohlengewinnung im Tagebaubetriebe. Braunkohle, 1903/1904, S. 341.

Gruhl: Maschinelle Kohlengewinnung in Tagebauen. Braunkohle, 1907/1908, S. 517.

Haase: Maschineller Tagebaubetrieb. Braunkohle, 1905, S. 91.

Herwegen: Die Entwickelung der Kohlenabbauvorrichtungen für Tagebaue im deutschen Braunkohlenbergbau im Verlaufe der letzten Jahre. Braunkohle, 1910/1911, S. 97.

Hilgers: Maschineller Tagebaubetrieb. Braunkohle, 1903/1904, S. 545.

Hintze: Maschineller Braunkohlenabbau. Braunkohle, 1908/1909, S. 769.

Klein: Die Verwendung von Löffelbaggern im Braunkohlentagebau. Braunkohle, 1910/1911, S. 773.

Macco: Löffelbagger zur Braunkohlengewinnung. Glückauf, 1911, S. 111.

Neidhart: Die maschinelle Kohlengewinnung im Abbau und bei der Vorrichtung im niederrheinischen Braunkohlenrevier. Festschrift zum XI. Allgemeinen deutschen Bergmannstage in Aachen. Berlin 1910, S. 79.

Richter: Elektrisch betriebene Bagger und Verladekrane. Zeitschr. des Ver. deutsch. Ing., 1909, S. 575.

A. Allgemeines.

Maschinelle Vorrichtungen zur Gewinnung von Braunkohle sind erst seit dem Jahre 1902 bekannt. Die ersten Veröffentlichungen hierüber datieren aus dem Jahre 1903, in dem Dorstewitz in der Braunkohle [1]) den Kohlenhauer von Berrendorf beschrieb.

[1]) 1903/1904, S. 341 u. f.

Daß man erst um diese Zeit anfing, den Handbetrieb durch die Maschine zu ersetzen, darf nicht wundernehmen, wenn man bedenkt, daß der Braunkohlenbergbau sich erst um die Jahrhundertwende zum Großbetriebe entwickelte, und daß bei der geringen Härte der Kohle die menschliche Leistung für gewöhnlich so hoch ist, daß ein zwingendes Bedürfnis nach Einführung des Maschinenbetriebes zunächst nicht vorlag. Erst als mit dem Übergang von dem Kuhlenbau zum Tagebaubetrieb Bagger zur Gewinnung des Abraumes eingeführt und mit diesen großen Erdgrabemaschinen günstige Erfolge erzielt wurden, kam man auch auf die Idee, die Kohle selbst maschinell zu gewinnen. Wiewohl der Gedanke eigentlich recht nahe lag bei den ausgezeichneten Ergebnissen, welche mit Baggern in häufig recht schwierigem Deckgebirge erzielt wurden, diese Maschinen auch zur Kohlengewinnung zu benutzen, so ging man doch erst in allerletzter Zeit dazu über, Eimerbagger oder Löffelbagger zu verwenden.

Die anfänglich in Benutzung genommenen und teilweise noch in Betrieb stehenden Apparate beruhen auf ganz anderen Prinzipien; bei ihnen wird ein pflügend, hauend oder fräsend wirkendes Schneidwerkzeug den Stoß entlang bewegt und dadurch die Kohle gewonnen.

Der Gründe, welche für die Einführung des maschinellen Betriebes im Braunkohlentagebau sprechen, sind verschiedene: so der ständig zunehmende Arbeitermangel, der bei der über alles Erwarten hohen Produktionssteigerung von Jahr zu Jahr den Gruben größere Schwierigkeiten verursachte, die große Flözmächtigkeit und reine Kohle, Eigenschaften, welche für die rheinischen Braunkohlengruben, von denen die ersten derartigen Versuche angestellt wurden, charakteristisch und für einen maschinellen Betrieb besonders geeignet sind. Auch begünstigte der Tagebaubetrieb insofern die Schaffung von Maschinen zur Gewinnung und Beförderung großer Massen, als bei der hier nahezu uneingeschränkt möglichen Bewegungsfreiheit die Abmessungen derartiger Maschinen beliebig groß gehalten werden können, ohne auf Schwierigkeiten in der Anwendung zu stoßen. Fördernd wirkte auch der Umstand, daß, da die gewonnene Kohle im rohen Zustande ein minderwertiges Produkt darstellt, die ihr bei der Gewinnung zuteil werdende Behandlung nicht so sorgfältig wie bei anderen Mineralien zu sein braucht.

Hand in Hand mit diesen Überlegungen ging das selbstverständliche Bestreben, die Selbstkosten so weit als möglich zu erniedrigen, und da man im Handbetrieb bereits an der Grenze des Erreichbaren angelangt war, so blieb als einziges Mittel nur der Maschinenbetrieb übrig.

Welche Bedingungen muß nun eine maschinelle Abbauvorrichtung erfüllen, wenn sie den an sie zu stellenden Anforderungen genügen soll? Die Beantwortung dieser Frage ergibt sich leicht aus den vorstehenden Überlegungen:

1. Sie muß sehr leistungsfähig sein, um den Wettbewerb mit dem Handbetrieb überhaupt aufnehmen zu können.

2. Der Apparat muß einfach gehalten sein und eine genügende Beweglichkeit besitzen.

3. Der Betrieb des Apparates muß weniger Arbeitskräfte erfordern als der frühere Handbetrieb.

4. Der Apparat muß unter allen Verhältnissen, bei fester und weicher Kohle, bei Kohleneinlagerungen und in Flözen jeder Mächtigkeit ar-

beiten können und auch solche Arbeiten ausführen, die wie z. B. das Bankhacken bisher von besonderen Leuten besorgt werden mußten.

5. Eine zu weitgehende Zerkleinerung der Kohle muß vermieden werden.

6. Die Förderung der gewonnenen Kohle muß von der Sohle erfolgen, so daß man vorkommendenfalls ohne Schwierigkeiten bei größeren Reparaturen sofort zum Handbetrieb übergehen kann.

Genügen die Abbauvorrichtungen den hauptsächlichsten dieser Bedingungen, so hat die Benutzung derartiger Maschinen eine Reihe bedeutender Vorteile zur Folge, wie gleichmäßige Arbeitsleistung, größere Konzentration des Betriebes und daher leichtere Aufsicht, gleichmäßige Korngröße des gewonnenen Materials, Verringerung des Arbeitermangels, besserer Schutz der Arbeiter gegen Witterungseinflüsse und Verringerung der Selbstkosten. Wenn auch der zuletzt aufgeführte Vorteil noch nicht überall in dem wünschenswerten Maße in Erscheinung getreten ist, so zeigen die bisher gemachten Erfahrungen doch schon jetzt, daß nach Überstehung der Kinderkrankheiten, die jeder neue Apparat durchmachen muß, auch hier der beabsichtigte Zweck voraussichtlich voll erreicht werden wird. Man kann deshalb der maschinellen Braunkohlengewinnung im Tagebaubetrieb mit Fug und Recht eine große Zukunft voraussagen und annehmen, daß sie den Handbetrieb in gleichem Maße, wie es die Bagger bei der Abraumgewinnung vermocht haben, verdrängen wird.

Wenden wir uns nun der Besprechung der bisher erprobten Vorrichtungen zu, so können wir ihr folgende Einteilung zugrunde legen:

I. Kohlenabbauvorrichtungen mit unterbrochenem Arbeitsvorgang (Löffelbagger).

II. Kohlenabbauvorrichtungen mit stetigem Arbeitsvorgang:
  a) Mit einer kleinen Anzahl von Schneidwerkzeugen. Das Schneidwerkzeug wirkt
    1. pflügend,
    2. hauend,
    3. fräsend.
  b) Mit einer großen Anzahl von Schneidwerkzeugen:
    1. Kohlenförderapparate,
    2. Eimerkettenbagger.

Eine derartige Einteilung wäre bis vor kurzer Zeit nicht möglich gewesen. Erwähnt doch selbst Neidhart [1]) in seiner ausgezeichneten Abhandlung, welche aus dem Jahre 1910 stammt, nur mit wenigen Worten die unter I aufgeführte Klasse von Abbauvorrichtungen, die Löffelbagger. Eine Erklärung dafür liegt in dem Umstande, daß dahinzielende Versuche erst seit etwa zwei Jahren vorgenommen werden, und zwar im mitteldeutschen Braunkohlenbergbau, während Neidhart seine Darstellung auf das niederrheinische Braunkohlenrevier beschränkt.

---

[1]) Braunkohle 1910/1911, Nr. 40, 41, 49 und Festschrift zum XI. Allgemeinen deutschen Bergmannstage in Aachen, 1910, S. 79.

B. Kohlenabbauvorrichtungen mit unterbrochenem Arbeitsvorgang (Löffelbagger).

Von Löffelbaggern — auf ihre Konstruktion soll hier nicht weiter eingegangen werden, da alles Erforderliche bereits in dem Abschnitt „Bagger" eingehend besprochen ist — sind nur die Drehscheibenschaufeln, und zwar sowohl mit Dampf- wie mit elektrischem Antrieb, zur Anwendung gelangt.

Die Dampfschaufel [1]), welche von der Firma Menck & Hambrock, Altona, für die Nachterstedter Braunkohlenwerke geliefert wurde, ist dem Modell E nachgebildet und besitzt 2 Antriebsmaschinen von 60 bzw. 25 PS Leistung. Der Löffel faßt 2 cbm; seine größte Verschiebung beträgt 7 m, die Leistung im Ton durchschnittlich 450 cbm festes Material, in der Kohle 12000 hl in 10 Stunden (in gelockertem Zustande gemessen).

Der elektrisch angetriebene Bagger der Carlshütte arbeitet auf den Rositzer Braunkohlenwerken. Zum Antrieb sind zwei Motoren vorgesehen, einer von 70 PS Höchstleistung bei 500 Volt Spannung für die Hub- und Schwenkvorrichtung und ein zweiter von 20 PS Höchstleistung für das Vorschub- und Fahrtriebwerk. Die Stromzuführung erfolgt durch ein Kabel. Der Löffel faßt 2 cbm; die größte Hubkraft an den Schaufelzähnen beträgt 16 000 kg, der Schaufelvorschub 3,5 m, die Schnitthöhe 9,5 m. Der Stromverbrauch stellt sich auf 28—30 KW während des Beginns der Grabeperiode und sinkt im weiteren Verlauf auf 25—22 KW. Das Schwenktriebwerk erfordert etwa 14 KW beim Schwenken unter Last und beim Zurückschwenken ohne Last und Senken des Löffels etwa 8—10 KW.

Die Organisation [2]) der Abförderung der gewonnenen Kohle hat von anderen Gesichtspunkten aus zu geschehen als bei der Abraumgewinnung. Während bei der letzteren die beladenen Wagen zu Zügen zusammengestellt werden und dann durch Lokomotiven oder Pferde auf einmal zur Kippe geschafft werden, hat bei der ersteren die Abförderung der Kohle ununterbrochen zu erfolgen, um eine gleichmäßige Beschickung des Naßdienstes zu ermöglichen. Aus diesem Grunde erscheint es auch nicht vorteilhaft, wenn man, wie das sonst normaler Weise geschieht, den Löffelbagger direkt in die Wagen laden läßt, welche hierfür ein Fassungsvermögen von mindestens dem des Löffels besitzen müssen. Da der Löffelinhalt meist 1 cbm und darüber beträgt, so werden die Förderwagen für die Bewegung von Hand bis zur Kettenförderung zu schwer.

Zweckmäßiger läßt man daher den Bagger in fahrbare Trichter entleeren, die unten ein oder zwei Schurren besitzen, aus denen die

---

[1]) Macco, Glückauf 1911, S. 112.
[2]) Klein, Braunkohle 1910/1911, S. 775.

daruntergeschobenen Wagen gefüllt werden können. Fig. 97 zeigt die Konstruktion eines derartigen Trichters in der Ausführung der Carlshütte.

Auf Grube Concordia bei Nachterstedt führt man nach Klein [1]) die Abförderung des gewonnenen Abraumes auf andere Weise aus, die sich mit einer kleinen Modifikation auch für die Beförderung der Kohle verwenden ließe. Parallel dem Baggerstoße ist ein Gurtförderer ange-

Fig. 97.
Gurtförderer auf Grube Concordia. (Aus Braunkohle 1911, S. 775.)

ordnet, der senkrecht zum Stoße auf Rollen verschiebbar ist (Fig. 97 bis 99), wodurch ein leichtes Verschieben der ganzen Anlage ermöglicht wird. Der Bagger läßt seinen Löffelinhalt in eine aus Fig. 97 ersichtliche Schurre fallen, die über dem Förderbande angebracht und ebenfalls fahrbar eingerichtet ist. Von dem Förderbande wird der Abraum auf eine Schüttrinne entleert, die ihrerseits den Abraum einem senkrecht zum ersten Bande angeordneten zweiten Förderbande weitergibt. Dieses zweite Förderband transportiert den Abraum in den ausgekohlten Tagebau. Eine derartige Einrichtung ließe sich mit kleinen Abänderungen auch für den Transport der Braunkohle nutzbar machen. An der Anordnung der Schurre und des ersten Bandes brauchte nichts geändert zu werden, nur müßte die ganze Einrichtung so hoch verlagert sein, daß aus der Schüttrinne die Förderwagen gefüllt werden könnten.

[1]) Braunkohle 1911, S. 775.

Zweckmäßig würde man dann der Schüttrinne einen größeren Inhalt geben, so daß bei einem zeitweiligen Wagenmangel nicht gleich der ganze Betrieb zu stocken braucht. Man könnte dann für die Kettenbahn auch größere Wagen nehmen, da nur ein geringes Umrangieren der Wagen erforderlich ist. Eine derartige Anordnung, welche nur wenig Bedienung gebraucht, hat manches Bestechende für sich.

Fig. 98.
Gurtförderer auf Grube Concordia. (Aus Braunkohle 1911, S. 776.)

Auch Neidhart [1]) empfiehlt die Benutzung des Gurtförderers zum Abtransport der Kohle und regt an, dieses bewährte Transportmittel auch zur Förderung bis in die Fabrik zu benutzen. Eine derartige Einrichtung, welche viele Vorzüge besitzt, würde bei der ersten Aus-

[1]) Festschrift zum XI. Allgemeinen deutschen Bergmannstag, S. 136.

Fig. 99.
Gurtförderer auf Grube Concordia. (Aus Braunkohle 1911, S. 776.)

führung wohl manchen Schwierigkeiten begegnen; doch würde deren Behebung sicherlich nicht allzu schwierig sein.

Die Leistung der Löffelbagger bei der Kohlengewinnung ist beträchtlich. Nach Angabe von Macco [1]) betrug sie auf der Concordiagrube in 10 Stunden

---

[1]) Macco, Glückauf 1911, S. 113.

rund 12 000 hl Kohlen. Diese große Leistung läßt sich durch Verwendung größerer Baggertypen noch steigern.

Die Kosten betrugen bei dem mit Dampf angetriebenen Bagger nach Macco in 4 Monaten bei einer Gesamtgewinnung von rund 460 000 hl 6 455,76 M. Sie verteilen sich folgendermaßen:

Anlagekosten.

1 Löffelbagger inkl. Verladetrichterwagen und kurzem Gleisstück kostete 50 000,00 M. Davon 20 % Verzinsung und Tilgung für 4 Monate ergibt	3 333,33 M

Betriebskosten.

Löhne für Baggerbedienung und Nebenarbeiten	2 131,91 M
Betriebs-, Schmier- und Putzmaterialien.	990,52 M
Insgesamt:	6 455,76 M

Bei der oben erwähnten Leistung von 460 000 hl betrugen demnach die Gewinnungskosten für 1 hl Braunkohle: $\frac{6455,76}{460\,000}$ M = 1,43 Pf.

Wie aus der oben angeführten Höchstleistung von 12 000 hl in 10 Stunden zu ersehen, ist der Bagger in den 4 Monaten des Betriebes bei weitem nicht ausgenutzt worden. Da die Kosten für Verzinsung und Abschreibung den Hektoliter mit ungefähr der Hälfte von 1,43 Pf. belasten, so ist anzunehmen, daß bei flotterem Betriebe die Kosten noch wesentlich heruntergedrückt werden können, weil dieser Faktor bei jeder Leistung gleich ist. Die Rechnung entspricht auch insofern nicht mehr ganz den wirklichen Verhältnissen, als nach Angabe der Firma Menck & Hambrock ein fertig montierter Bagger von den gleichen Abmessungen frei Gebrauchsstelle etwa 34 550,00 M kostet, und nicht 50 000,00 M wie vorstehend angenommen war.

Nimmt man als durchschnittliche Tagesleistung 10 000 hl und die Arbeitszeit im Jahr zu rund 250 Tagen an, so würden die Kosten für Amortisation und Verzinsung betragen: $\frac{6\,910,00}{2\,500\,000}$ = 0,275 Pf. Unter Annahme der gleichen Betriebskosten von 0,71 Pf./hl würde demnach 1 hl Braunkohle nur rund 1 Pf. kosten.

Wenn schon unter diesen für die Ermittelung der wahren Betriebskosten nicht gerade günstigen Verhältnissen die Gewinnungskosten etwas geringer sind als bei der Gewinnung von Hand, so dürften sie unter anderen Verhältnissen sich noch niedriger stellen. Nach Angabe von Klein[1]) kann man bei einem elektrischen Löffelbagger mit folgenden Zahlen rechnen:

Jährliche Stromkosten bei 300 Arbeitstagen, zehnstündiger Schicht und einem durchschnittlichen Stromverbrauch von 19 KW und 4 Pf./KW.-Stunde 300 . 10 . 18 . 0,04	2 160,00 M
15 % Tilgung und Verzinsung von 35 000 M (30 000 M für den Bagger, 5000 M für Gleise und Trichterwagen)	5 250,00 M
Löhne für 6 Arbeiter zur Bedienung des Baggers, des Trichterwagens und zur Förderung bis zur Seilbahnstation zu 4 M .	7 200,00 M
Schmier-, Putz- und andere Materialien	890,00 M
Reparaturen und Erneuerungen	1 000,00 M
Summe	16 500,00 M

Die Gewinnungs- und Förderkosten bis zum Seilbahnanschlag für 1 hl von Hand gewonnene Kohle (1 Häuer und 1 Fördermann leisten 80 Förderwagen zu 6 hl = 480 hl in der Schicht und erhalten zusammen 7 M) stellen sich auf 1,46 Pf. Bei einer durchschnittlichen Tagesleistung von 10 000 hl, entsprechend einer Jahresleistung von 3 000 000 hl, würden bei der Gewinnung mit dem Löffel-

[1]) Die Verwendung von Löffelbaggern im Braunkohlentagebau. Braunkohle 1911, S. 778.

bagger die Gewinnungs- und Förderkosten bis zum Anschlag je Hektoliter 0,91 Pf. betragen.

Wie diese Beispiele beweisen, zeigt sich schon nach diesen kurzen Versuchen der Bagger dem Handbetriebe als weit überlegen. Bei Flözen bis zu etwa 12 m Mächtigkeit scheint er die gegebene Abbauvorrichtung zu sein. Bei stärkeren Flözen kann er, wenn man ihn nicht zum ausschließlichen Abbau heranziehen will, bei der Hereingewinnung der beim Rollochbetrieb stehenbleibenden Rippen gute Dienste leisten.

Es kommt auf einen Versuch an, ob man nicht auch den Löffelbagger bei sehr mächtigen Flözen als einzige Gewinnungsmaschine benutzen will. Ein derartiger Versuch bietet m. E. Aussicht auf Erfolg, wenn man den Abbau des Flözes in mehreren Etagen vornimmt. Daß man mit dem Löffelbagger auch härtere Kohle wird leicht gewinnen können, geht aus den langjährigen Erfahrungen der Amerikaner hervor, welche Löffelbagger im Eisenerztagebau bei der Gewinnung so festen Erzes benutzen, daß dieses sogar vorher geschossen werden muß [1]).

C. Kohlenabbauvorrichtungen mit stetigem Arbeitsvorgang.

I. Abbauvorrichtungen mit einer kleinen Anzahl von Schneidwerkzeugen.

a) Pflügend wirkender Schneidapparat.

Der Gedanke, die Gewinnung der Braunkohle durch ein pflugähnliches Instrument herbeizuführen, stellt mit einen der ersten Versuche zur Lösung des Problems dar. Jedenfalls ist der erste wirklich im Betrieb gewesene Apparat, der Kohlenpflug, Patent Berrendorf [2]), auf diesem Prinzip aufgebaut; mit ihm wurden bereits im Jahre 1902 auf der Grube Fortuna Versuche angestellt, welche jedoch wenig befriedigend verliefen.

Der Berrendorf-Apparat, welcher auf Fortuna an einem 45 m hohen Arbeitsstoß arbeitete, besteht aus 2 Schneidapparaten, welche mit eigenartig gebogenen Messern ausgerüstet sind (Fig. 100, 101 und 102). Diese Schneidapparate, die sog. Kohlenpflüge, sind an einer endlosen Kette befestigt, welche von einer oben auf dem Stoße befindlichen Antriebsstation aus ihre Bewegung erhält und an 2 Seilen geführt ist.

---

[1]) Einen Anhalt können hier auch die Untersuchungen von Contag in der Zeitschrift des Vereins deutscher Ingenieure, 1910, S. 1472, geben, welche beweisen, daß ein Löffelbagger in allen härteren Bodenarten am wirtschaftlichsten arbeitet. Und da keine von den noch zu besprechenden Abbauvorrichtungen über ein derartig kräftig konstruiertes Schneidwerkzeug wie der Löffelbagger verfügt, so dürften, wenn selbst diese Maschinen zufriedenstellend arbeiten, die Bedenken hinsichtlich harter Kohle wohl gegenstandslos sein.

[2]) Braunkohle 1903/1904, S. 342 u. f. und Neidhart, S. 84 u. f.

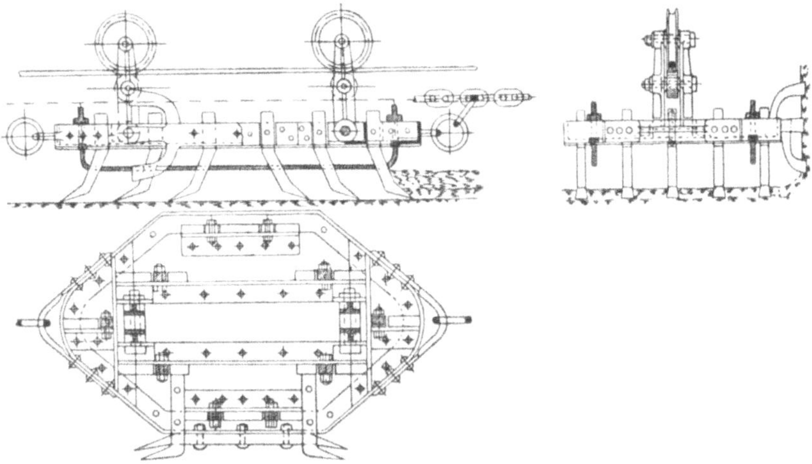

Fig. 100—102.
Schneidapparat des Kohlenpfluges von Berrendorf. (Aus Braunkohle 1903, S. 345.)

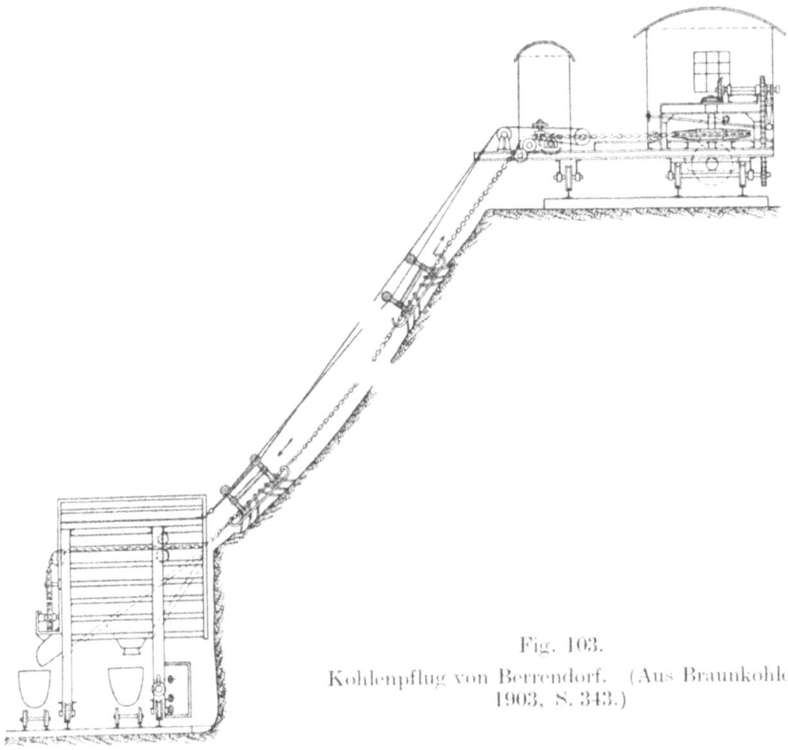

Fig. 103.
Kohlenpflug von Berrendorf. (Aus Braunkohle 1903, S. 343.)

In der Antriebsstation befindet sich die als Greiferscheibe ausgebildete Antriebsscheibe für die Kette, deren stehende Welle von einem 27 pferdigen Motor durch 2 Stirnradübersetzungen angetrieben wird (Fig. 103). Die Antriebsstation ruht auf einem auf 3 Gleisen laufen-

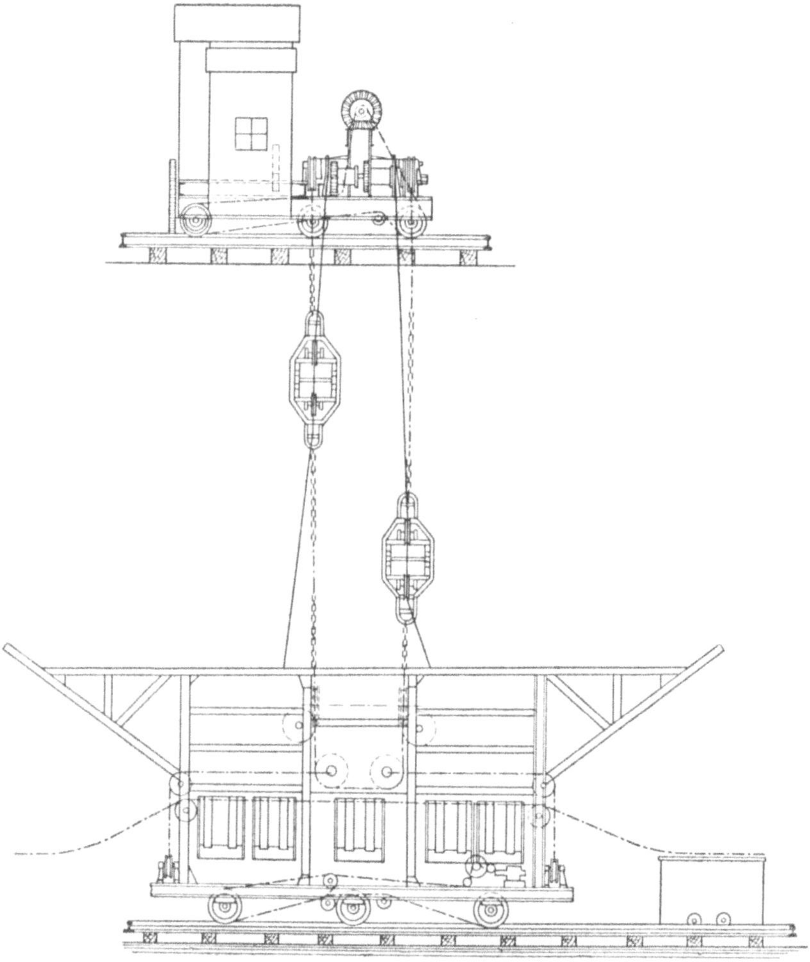

Fig. 104.
Kohlenpflug von Berrendorf. (Aus Braunkohle 1903, S. 344.)

den Gestell, dessen Fahrbewegung von dem Motor durch ein Kegelradgetriebe und eine Gallsche Kette abgeleitet wird. Auf der dem Stoß zugekehrten Seite der Antriebsstation sind zur Führung der Leitseile 2 Scheiben und ferner für jedes Seil eine Trommel vorgesehen. Zur

Regelung der Seilspannung kann die Trommel von einem Handrade aus unter Vermittlung eines Schneckenradgetriebes gedreht werden.

Die Verladestation ist fahrbar. Der Antrieb der Fahrbewegung erfolgt von einem 4pferdigen Motor, der durch Gallsche Ketten auf die Achsen des Gestelles der Verladestation arbeitet (Fig. 103 und 104).

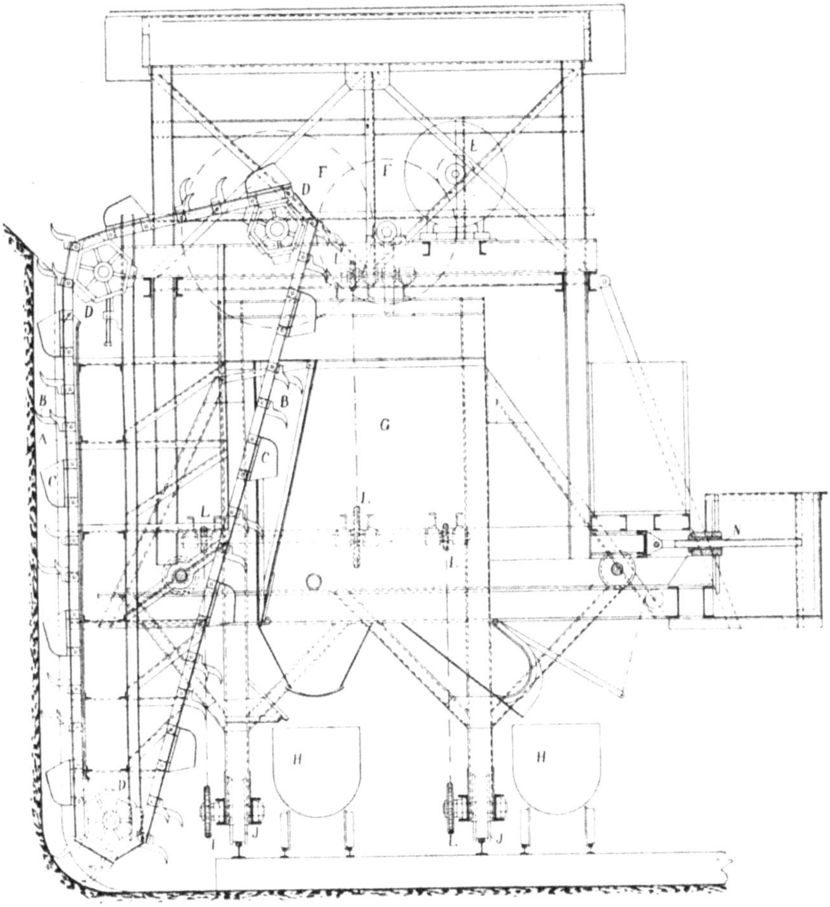

Fig. 105.

Hilfsmaschine des Kohlenpfluges von Berrendorf. (Aus Neidhart, Festschrift zum Bergmannstag 1910, S. 88.)

Die Verladestation enthält 2 Trichterreihen, welche unten durch Klappenverschlüsse geschlossen gehalten werden. Außerdem sind hier die aus Fig. 103 und 104 ersichtlichen Rollen angeordnet, welche die Ketten der Schneidapparate umlenken.

Die Schneidapparate bestehen aus einem sechsseitigen, eisernen Rahmen, der mit 2 Reihen gekrümmter Messer besetzt ist. Durch Anordnung von 2 U-förmig gebogenen Rundeisenstäben, welche Schraubengewinde besitzen, können die Messer durch Hoch- und Tiefstellung der Stäbe mit Hilfe von Schraubenmuttern zu einem mehr oder weniger tiefen Eingreifen gebracht werden (Fig. 100, 101 und 102).

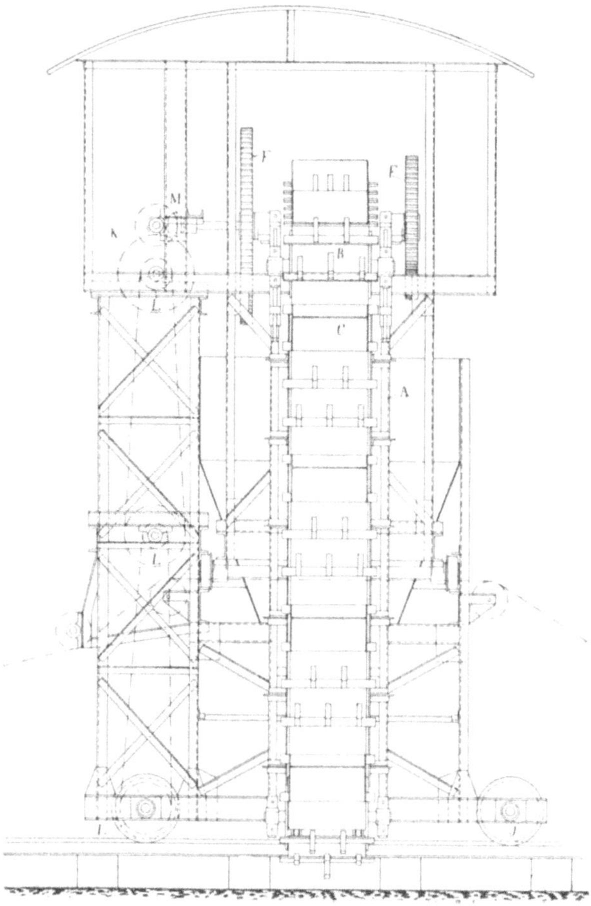

Fig. 106.
Hilfsmaschine des Kohlenpfluges von Berrendorf. (Aus Neidhart, Festschrift zum Bergmannstag 1910, S. 89.)

Zur Führung sind 2 Seile von 20 mm Stärke vorgesehen, auf denen die Rollen der Schneidapparate laufen. Mit Hilfe des Seiles läßt sich der Tiefgang des ganzen Apparates in gewisser Weise ebenfalls regeln.

Beim Betrieb des Kohlenpfluges wurden die Schneidapparate nach Ingangsetzung des Motors am Stoß auf- und abbewegt und lösten hierbei die Kohle aus ihrer Umgebung. Die Kohle fiel in die Trichter der am Fuße des Stoßes befindlichen Verladetaschen und gelangte von hier in die untergeschobenen Förderwagen.

Schon nach kurzer Betriebszeit stellten sich bei dem Apparat Übelstände [1]) heraus, welche teils in der Konstruktion des Apparates, teils in den örtlichen Verhältnissen begründet waren.

Einmal konnte die gesamte Kohle nicht herein gewonnen werden, da infolge der oberen und unteren Führungsrollen, welche beide ziemlich hoch über den beiden Sohlen angebracht waren, ein Teil der Gesamtstoßhöhe verloren ging. Um diesen Nachteil zu beseitigen, konstruierte Berrendorf für die untere Sohle eine Hilfsmaschine, welche aus einem fahrbaren Gerüst bestand, in dem eine durch einen Motor angetriebene mit Schräm- und Schneidmessern besetzte Kette ununterbrochen am Stoße in vertikaler Richtung entlanggeführt wurde. Hierdurch wurde die Hereingewinnung des beim Betrieb des Kohlenpfluges auf der Sohle stehenbleibenden Kohlenstreifens von 5 m Höhe ermöglicht (Fig. 105 und 106).

Ein weiterer Übelstand lag in den sich ständig wiederholenden Betriebsunterbrechungen durch Festsitzen der Pflüge an dem hohen Stoße, Reißen der Antriebsketten, Beschädigungen der Antriebsmotore usw.

Die Leistung betrug etwa 5000 hl in 10 Stunden. Dieser geringen Leistung entsprechend waren auch die Kosten infolge der vielen Reparaturen usw. nicht unwesentlich höher als beim Handbetrieb, so daß man nach einiger Zeit die Versuche einstellte.

b) Hauend wirkender Schneidapparat.

Der Kohlenhauer von Hilgers.

Der Kohlenhauer, Patent Hilgers [2]), stammt aus dem Jahre 1903, wo ein, wenn auch unvollkommener Versuch mit ihm auf Grube Renate in der Niederlausitz angestellt wurde, der nicht gerade ungünstig verlief.

Der Apparat wurde dann verbessert und im Jahre 1907 wurde auf Grube Grefrath eine vollständige Anlage nach diesem System eingerichtet, die heute noch im Betrieb ist.

Bei dem Kohlenhauer von Hilgers vollführt das schneidende Werkzeug eine hauende Bewegung wie bei einer Kohlenhacke. Das Schneidwerkzeug besteht aus einem auf Rädern laufenden Gestell, welches eine Trommel enthält, die mit eigenartig geformten Haken oder Messern besetzt ist. Das Gestell hängt an einem Seil oder einer Kette und wird von einem Windwerk, das auf einem fahrbaren Gestell von großer Spur-

---

[1]) Neidhart, a. a. O., S. 87; Herwegen, S. 99.

[2]) Braunkohle 1903/04, S. 545. Zeitschr. d. Ver. deutsch. Ing. 1909, S. 941. Braunkohle 1909, S. 769.

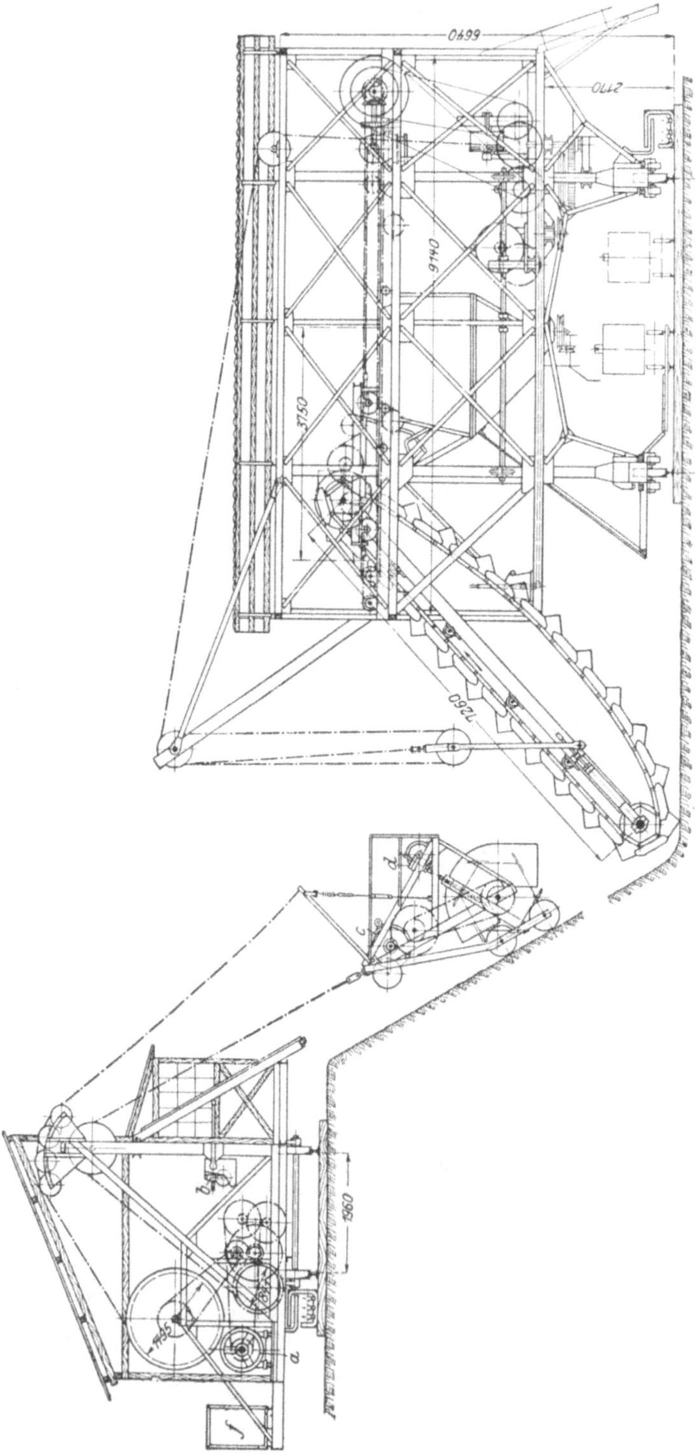

Fig. 107/108.

Kohlenhauer von Hilgers. (Aus Zeitschrift des Vereins deutscher Ingenieure 1909, S. 941.)

weite verlagert ist und oben auf dem Stoße sich befindet, den Stoß auf- und abbewegt. Die von dem Hauer gelöste Kohle fällt auf einen auf der Sohle befindlichen Auflader, der die Kohle in einen Sammelbehälter weiterbefördert.

Der eigentliche Kohlenhauer besteht aus dem Gestell, dem Hauwerkszeuge und dem Antriebsmotor.

Das Wagengestell [1]) ruht auf 2 Laufräderpaaren. Jede Gestellseite kann zwecks Verstellung der Schnittiefe vermittels Spindel und Schneckengetriebe, die von einem ½ pferdigen Motor gedreht werden, für sich gehoben und gesenkt werden (Fig. 107).

Fig. 109.
Obere Station des Kohlenhauers von Hilgers. (Aus Zeitschrift des Vereins deutscher Ingenieure 1909, S. 941.)

Der Hauptapparat besteht aus einer sechskantigen Trommel von 1,20 m Durchmesser. Diese Trommel ist mit 12 spitzen Hauzähnen besetzt, welche in der Richtung der Tangente angebracht sind und leicht ausgewechselt werden können.

Der Antrieb der Trommel erfolgt von einem 40 pferdigen Motor (725 Umdr./min.) mittels Stirn- und Kettenrädervorgeleges. Die Drehung geschieht immer in der gleichen Richtung und zwar so, daß die Kohle nach hinten abgeschleudert wird (Fig. 107, 113).

Der Windenwagen, Fig. 109, befindet sich oben auf dem Stoß und läuft auf 2 Schienen von 1960 mm Spur. Auf dem Gestell ist die Windentrommel angebracht, die durch einen umsteuerbaren Motor von 40 PS bei 960 Umdr./min. mittels Vorgeleges angetrieben wird.

---

1) Braunkohle 1904, S. 547. Neidhart, S. 93.

Als Zugorgan dienen zwei 15 mm starke, über Leitrollen zum Kohlenhauer geführte Drahtseile.

Die Fahrbewegung wird von einem 72 pferdigen Motor durch 3 faches Rädervorgelege auf die Laufachsen übertragen.

Am Windenwagen ist in der Verlängerung des Kohlenstoßes ein verstellbares Tragschild angebracht, welches zur Aufnahme des Kohlenhauers beim seitlichen Verfahren des Windenwagens dient. Das Tragschild kann mehr oder weniger steil gestellt werden, wodurch bewirkt wird, daß die Kohle bis unmittelbar an den Schienenstoß heran abgebaggert werden kann. Zwei am Windenwagen angebrachte Spindeln,

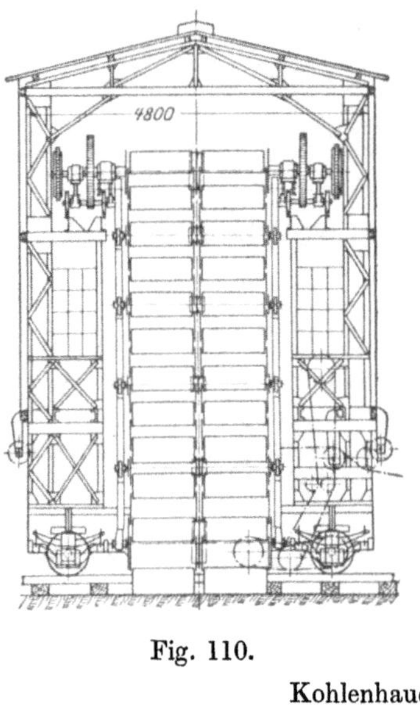

Fig. 110.

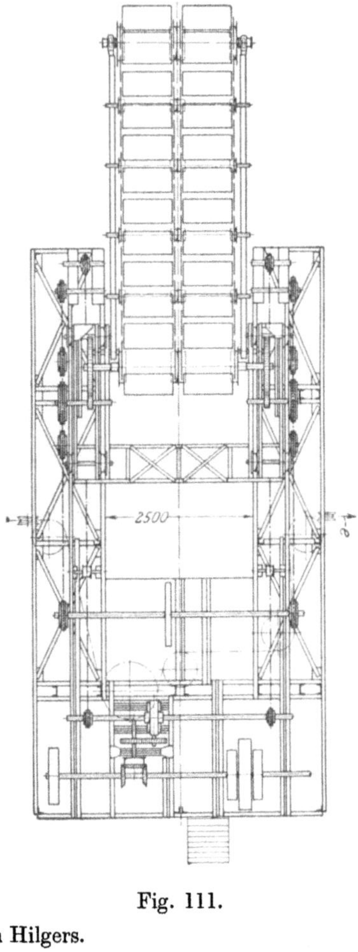

Fig. 111.

Kohlenhauer von Hilgers.
(Aus Zeitschrift des Vereins deutscher Ingenieure 1909, S. 941.)

welche von einem $1\frac{1}{2}$ pferdigen Motor durch Zahnradvorgelege und Schneckentrieb betätigt werden, gestatten eine Verschiebung des Schildes um etwa 2 m quer zum Gleise; hierdurch wird erreicht, daß das Rücken der Baggergleise nicht so häufig zu erfolgen braucht.

Der Antrieb der Motoren erfolgt durch Drehstrom von 220 Volt Spannung, welcher durch Rollen einer fliegenden Oberleitung entnommen wird. Von dem im Windenwagen untergebrachten Schaltbrett wird der Strom durch ein Kabel dem Motor der Hautrommel und den kleinen Reguliermotoren zugeführt; das Kabel wickelt sich vermittels einer vom Windwerk betätigten Antriebsvorrichtung der Bewegung des Hauers entsprechend auf einer Trommel auf und ab.

Fig. 112.
Kohlenhauer von Hilgers im Betrieb. (Aus Zeitschrift des Vereins deutscher Ingenieure 1909, S. 942.)

Die am Stoß herunterfallende Kohle wird von dem Auflader aufgenommen und in die Förderwagen weiterbefördert. Die Konstruktion dieses Aufladers hat im Laufe der Zeit verschiedene Wandlungen erfahren; hier soll jedoch nur die auf Grube Grefrath im Betrieb stehende Einrichtung, deren Bauart aus den Fig. 110—112 ersichtlich ist, besprochen werden.

Der Auflader besteht aus einem Becherwerk, welches auf einem auf 2 Schienen laufenden Wagengestell angeordnet ist, deren Spurweite 4740 mm beträgt.

Der Antrieb des Becherwerkes sowie der Leiterhebevorrichtung erfolgt von einem 30 pferdigen Motor von 720 Umdr./min. auf die Haupttransmissionswelle, von der aus der obere Turas des Becherwerkes durch 2 Ketten und die Hebewinde der Eimerleiter in Gang gesetzt werden.

Fig. 113.
Kohlenhauer von Hilgers am Stoße arbeitend. (Aus Zeitschrift des Vereins deutscher Ingenieure 1909, S. 942.)

Das Becherwerk ist gegen den Stoß um 2 m verschiebbar; zu diesem Zweck ist die Eimerleiter nicht fest, sondern in einem aus der Fig. 110 ersichtlichen Antriebswagen verlagert, dessen Bewegung von der Haupttransmission durch ein Schneckenradgetriebe bewerkstelligt wird.

Die Fahrbewegung des Wagengestelles wird von einem zweiten Motor von 40 PS und 970 Umdr./min. vermittels eines Schneckengetriebes abgeleitet.

Aus den Bechern fällt die Kohle in den Schüttkasten, von dem sie durch vier Schüttrinnen in die darunter geschobenen Förderwagen abgezogen werden kann.

Von der Haupttransmission wird zugleich die Kettenbahn, welche die Wagen zum Auflader befördert und abzieht, vermittels einer horizontal liegenden Kettenscheibe angetrieben.

Die Stromabnahme erfolgt durch am Wagen befestigte Abnehmer; sie schleifen auf den blanken Drähten, welche an eisernen, mit dem Fahrgleis des Verladers fest verbundenen Masten aufgehängt sind.

Im Betrieb arbeitet der Kohlenhauer folgendermaßen:

Nach Einschaltung des Trommelmotors wird der Hauer den Stoß heruntergelassen, wobei die Regulierungsvorrichtung so eingestellt wird, daß ein 25 cm tiefer Einschnitt erzielt wird. Bevor der Hauer auf der Sohle anlangt, muß der Verlader zur Seite geschoben werden. Ist dies geschehen, so wird der Hauer bis zur Sohle hinabgelassen. Beim Hochgange wird die Regulierungsvorrichtung so eingestellt, daß der Einschnitt um 15—20 cm tiefer wird. Die Abwärtsbewegung des Hauers an dem 26 m langen Stoß erfordert 2 Minuten, die Aufwärtsbewegung etwa 2½ Minuten. Nach Vollendung eines Doppelschnittes wird der ganze Apparat um seine doppelte Breite seitlich verfahren. Dadurch entstehen im Kohlenstoß abwechselnd Furchen und Rippen, eine Arbeitsweise, die sich für den Betrieb als günstig herausgestellt hat.

Die Leistung des Hauers betrug bei 26 m Stoßhöhe und 200 m Stoßlänge etwa 7 Doppelschnitte in der Stunde. Die Gesamtleistung in der 10 stündigen Schicht stellte sich auf rund 1000 t, was nicht sehr hoch ist. Es ist dies aber nicht durch den Apparat verschuldet, dessen Leistungsfähigkeit wesentlich höher ist, sondern durch die ungünstigen wirtschaftlichen Verhältnisse, welche der Gewinnung größerer Mengen hinderlich waren.

An Bedienungspersonal sind 13 Mann erforderlich.

Die Betriebskosten betrugen nach Angabe von Neidhart im Jahre 1909 rund 0,74 Pf. für den Hektoliter, die sich auf die einzelnen Posten, wie folgt, verteilen:

Betriebskosten:

Grubenlöhne	0,37 Pf.	für den Hektoliter
Reparaturlöhne	0,06 „	„ „ „
Material	0,21 „	„ „ „
Stromverbrauch (1 KW.-Std. berechnet zu 3,5 Pf.)	0,10 „	„ „ „
zusammen	0,74 Pf.	für den Hektoliter
oder 5,94 Pf. für den Wagen zu 8 hl oder 10,70 Pf. für die Tonne. Die Kosten für die Verzinsung und Amortisation des Anlagekapitals von 60000 M zu 15 % gerechnet belasten bei einer Jahresförderung von 3 767 560 hl den Hektoliter mit 0,23 Pf.	0,23 Pf.	
zusammen	0,97 Pf.	für den Hektoliter

oder 13,97 Pf. für die Tonne.

Dem Kohlenhauer von Hilgers, der auch heute noch im Betriebe steht und zur Zufriedenheit arbeitet, haften einige Nachteile an, die seine Brauchbarkeit in etwas beeinträchtigen. So muß der Auflader jedesmal, wenn der Hauer in die Nähe der Sohle kommt, beiseite geschoben werden, um ihm Platz zu machen. Das ist ein Übelstand, der sich aber wohl beseitigen läßt, wenn man den Verlader mit einer Messerkette versieht, die den untersten Kohlenstreifen wegschneidet. Wird die die Messer tragende Eimerleiter wie Neidhart [1]) vorschlägt, als Knickleiter ausgeführt, so wäre es möglich, auch die Kohle maschinell aufzuheben, welche zwischen Kohlenstoß und Gleis fällt und jetzt von Hand in den Aufnahmebereich der Becher geworfen werden muß.

Ein weiterer Nachteil liegt in der Verwendung von 2 getrennten Fahrgerüsten, welche einmal sehr viele und sehr sorgfältige Gleisarbeiten erforderlich machen und dann auch durch die doppelte Stromzuführung größere Kosten verursachen.

c) Fräsend wirkender Schneidapparat.

In diese Klasse gehört die Braunkohlenfräsmaschine Type Wischow, welche auf Grube Vereinigte Ville im Betriebe steht [2]). Dem Apparat liegt folgender Gedanke zugrunde:

Zwei Frässcheiben werden an einer senkrechten Eisenkonstruktion auf- und abbewegt. Infolge der ihnen erteilten Rotations- und Vorschubbewegung lösen sie die Kohle.

Die Ausführung des Apparates (Fig. 114), wie er auf Grube Vereinigte Ville arbeitet, gestaltet sich folgendermaßen:

Die beiden nebeneinanderliegenden Frässcheiben sind auf der dem Stoße zugekehrten Seite mit Stahlzähnen besetzt; die Entfernung der Stahlzähne voneinander kann je nach der gewünschten Stückgröße verändert werden. Die Frässcheiben sind auf einem Klettergerüst aus Eisenkonstruktion verlagert und erhalten durch einen auf dem Gerüst aufgestellten Motor eine rotierende und eine vorschiebende Bewegung.

Durch die rotierende Bewegung, welche so gehalten ist, daß die Drehung der Scheiben in entgegengesetzter Richtung erfolgt, wird das Fräsen der Kohle bewirkt. Durch die Vorschubbewegung, welche von demselben Motor abgeleitet wird und bei jedem von beiden Fräsern einzeln oder auch bei beiden zugleich erzielt werden kann, werden die Scheiben gegen den Stoß gedrückt.

Der Fräsapparat wird an dem vertikalen Gitterträger mit Hilfe eines elektrisch angetriebenen Windwerkes während der Arbeit auf- und abwärts bewegt. Zwecks Verminderung des für diese Bewegung erforderlichen Kraftaufwandes ist der Apparat durch ein Gegengewicht ausbalanciert, wodurch gleichzeitig beim Reißen des Seiles das Herunterstürzen des Apparates verhindert wird.

Die gefräste Kohle fällt auf die Sohle und wird hier durch Becherwerke aufgehoben, welche sich zu beiden Seiten des Gitterträgers be-

---

1) Neidhart, S. 101; Herwegen, S. 103.

2) Herwegen, Braunkohle 1910, S. 120 und Neidhart, S. 116 u. f. Die Darstellung folgt im wesentlichen der von Neidhart gegebenen Beschreibung.

Fig. 114.
Kohlenförderapparat von Wischow der Lübecker Maschinenbau-Gesellschaft.

finden. Ebenso wie die Fräser sind auch die Becherwerke durch Verlagerung der oberen Turasse in einer Schlittenführung gegen den Stoß verschiebbar. Die Abmessungen der Becherwerke sind so gehalten, daß sie auch plötzlich abstürzende größere Mengen Kohle bewältigen können.

Die Schüttrichter, in welche die Becherwerke ausschütten, befinden sich über zwei zu beiden Seiten der Gleitbahn für das Gegengewicht angeordneten Förderbändern. Diese entleeren mit Hilfe von Abstreichern in Schüttrümpfe mit 6 durch Klappen verschließbare Ausschüttrichter; die Schüttrümpfe können durch eine Handwinde verschoben werden.

Die Staubkohle fällt am Ende des Transportbandes in einen besonderen Behälter. Es können gleichzeitig 6 Grubenwagen auf 2 nebeneinanderliegenden Gleisen beladen werden. Der Antriebsmotor ist im Baggerhause aufgestellt und vermittelt durch Transmission die Drehung der Becherwerke, ihren Vorschub, sowie den Umlauf der Förderbänder.

Der Kohlenfräsapparat ist auf 4 Drehgestellen verlagert, welche je 2 Achsen mit 4 Laufrädern besitzen. Zwischen den Drehgestellen sind noch weitere Räder angeordnet, welche Walzenform besitzen, um das Fahren von Kurven zu ermöglichen.

Für die Fahrbewegung sind 2 besondere Elektromotoren an zwei der Unterwagen vorgesehen.

Der Führerstand befindet sich im Führerhaus, von wo aus die verschiedenen Motoren durch Anlasser gesteuert werden können.

Der Apparat arbeitet folgendermaßen:

Die Fräsmaschine wird in der tiefsten Stellung dem Stoß genähert, bis ihn die Fräserzähne berühren und dann der Fräsapparat in Betrieb gesetzt, nachdem zur Einstellung der Schnittiefe der hintere der beiden Fräser (Fig. 115) um eine Schnittiefe weiter vorgeschoben worden ist, als der vordere Fräser. Hierauf werden beide Fräser unter ständiger Umdrehung an dem senkrechten Gitterträger hochgezogen, wobei zwei Streifen von der einfachen bzw. doppelten Schnittiefe aus der Kohle herausgeschnitten werden. Sind die Fräser oben angelangt, so wird der Apparat um eine Strecke gleich dem Durchmesser einer Frässcheibe verfahren, am Träger hinuntergelassen und dann aufs neue hochgezogen. Das dauert an, bis der ganze Stoß mit der eingestellten Schnittiefe bearbeitet ist, worauf eine neue Einstellung der Schnittiefe erfolgt. Gleichzeitig werden auch die Becherwerke entsprechend gegen den Stoß vorgeschoben. Der Apparat fährt dann denselben Weg zurück.

Nach Abbau von etwa 2 m Stoßbreite sind Fräser und Becherwerke in ihrer äußersten Stellung angelangt. Sie werden dann in die Anfangsstellung zurückgeschoben, worauf der ganze Kohlenfräsapparat unter Verschiebung seiner Fahrbahn gegen den Stoß vorgerückt wird. Die Verschiebung der Fördergleise braucht jedoch, da die Schüttrümpfe ausfahrbar eingerichtet sind, erst nach viermaligem Verschieben des Fräsapparates zu erfolgen.

Ist der Apparat um 8 m vorgeschoben, so muß auch die Förderbahn verrückt werden, wobei man die dem Ende der Förderbänder zunächst

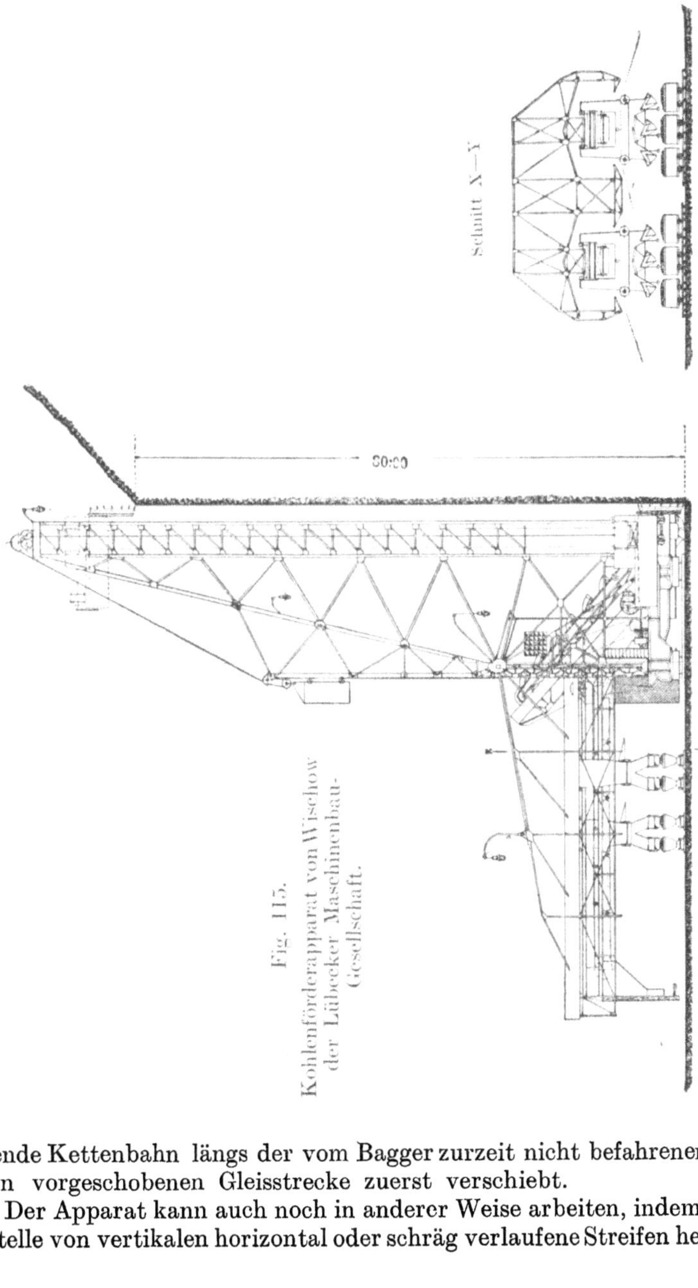

Fig. 115. Kohlenförderapparat von Wischow der Lübecker Maschinenbau-Gesellschaft.

liegende Kettenbahn längs der vom Bagger zurzeit nicht befahrenen und schon vorgeschobenen Gleisstrecke zuerst verschiebt.

Der Apparat kann auch noch in anderer Weise arbeiten, indem man an Stelle von vertikalen horizontal oder schräg verlaufene Streifen herausschält. Einlagerungen können allein durch Vorschub und Rotation eines oder beider Fräser herausgebohrt werden.

Nach Angabe der Lübecker Maschinenbaugesellschaft hat der Apparat bereits gearbeitet und dabei seine vertragliche Leistung bedeutend übertroffen. Der Apparat mußte jedoch mit einer Schrämkette versehen werden, da die Eigenschaft des Flözes die Bearbeitung mittels an vertikalem Gerüst verschiebbarer Fräser nicht gestattete.

Wie der Apparat sich sonst bewährte, vor allem ob das Aufladen der gefrästen Kohlen in wünschenswerter Weise erfolgte und ob die beim Herunterlassen des Fräsapparates bis auf die Sohle entstehenden Pausen den Betrieb stark beeinträchtigen usw., ist bisher nicht bekannt geworden.

Die hauptsächlichsten Konstruktionsangaben des Apparates sind folgende:

Leistung in der Stunde in Grubenwagen von 6 hl Fassungsvermögen	500
Effektive Stundenleistung in cbm	300
Theoretische Stundenleistung in cbm	2 × 288
Größte Abtragshöhe in Metern	30
Neigung der bearbeiteten Wand	90°
Durchschnittlicher Kraftverbrauch in PS	80
Eimerinhalt der Becherwerke in Litern (2 Becherwerke)	200
Anzahl der Schüttungen in der Minute	24
Preis franko Grubenbahnhof in Mark	155000

Über die voraussichtliche Rentabilität der ganzen Anlage stellt die Lübecker Maschinenbaugesellschaft folgende Berechnung auf:

Kohlenförderapparat Type „Wischow“.

Anlagekosten.

Ein kompletter Kohlengewinner franko geliefert einschl. Gestellung des Monteurs	155 000,00 M
Löhne der für den Transport und die Montage erforderlichen Hilfsarbeiter, geschätzt	6 000,00 M
Erforderliches Gleismaterial für eine Stoßlänge von 200 m, bestehend aus 4 × 200 = 800 m gebrauchte Schienen a 34 kg = 27 200 kg a 100 kg 90,00 M.	2 450,00 M
300 Stück Schwellen a 7 m lang je Stück 10,50 M	3 150,00 M
Kleineisenzeug, geschätzt	500,00 M
Die kompl. elektrische Leitungsanlage, bestehend aus Leitungs- und Fahrdraht, sowie erforderliche Maste und Isolatoren, geschätzt	4 000,00 M
Die kompl. Beleuchtungsanlage des Kohlengewinners geschätzt	700,00 M
Summa	171 800,00 M

Betriebskosten (einschichtig, für das Jahr).

Die Leistung des Kohlengewinners im Jahr (300 Arbeitstage) ist:
300 × 10 × 300 = 900 000 cbm a 0,7 t = 630 000 t.

Bedienung: ein Führer zu 6,00 M je Tag = 6 × 300 =	1 800,00 M
Schmier- und Putzmaterial	1 000,00 M

Gerückt muß werden bei 2 m Vorschub und 30 m Schnitthöhe

$$\frac{630\,000}{200 \times 30 \times 2} = 52\text{mal im Jahr (1 cbm gewachsene Kohle} = 1\text{ t)}$$

hierzu erforderlich 30 Mann je 4 Stunden bei 40 Pf. Stundenlohn
52 × 30 × 4 × 0,40 = . . . 2 500,00 M

Übertrag 5 300,00 M

Übertrag	5 300,00 M
Vier Kohlenfüller an den Klappen bei 3,50 M Schichtlohn $300 \times 4 \times 3{,}50 =$	4 200,00 M
Für Kohlebeiräumen von dem Gleisrücken	500,00 M
Für Herstellung der Einschnitte, je ca. 10 m breit bei 14 Pf. je cbm fester Masse $2 \times 10 \times 30 \times 2 \times 52 \times 0{,}14 =$	8 740,00 M
Stromkosten für 80 PS inkl. 10 % Leitungsverlust = 78 KW.-Std. $78 \times 10 \times 300 =$ 234 000 KW.-St. = 234 000 KW.-Std. zu 3 Pf.	7 020,00 M
Amortisation 10 % von 171 800 M = ...	17 180,00 M
Zinsen 5 % von 171 800 M = ...	8 590,00 M
Reparaturen 5 % von 159 700 M = ...	7 980,00 M
Summa	59 510,00 M

An Kohle wird insgesamt gewonnen:

a) mit dem Kohlengewinnungsapparat	630 000 t
b) aus den Einschnitten $2 \times 10 \times 30 \times 2 \times 52 =$	62 400 t
Summa	692 400 t

Die Tonne gewonnene Kohle kostet $\frac{59\,510}{692\,400} = 8{,}6$ Pf., je hl

also $\frac{8{,}6}{14} = 0{,}614$ Pf. 1 Wagen zu 6 hl $= 6 \times 0{,}614 = 3{,}68$ Pf.

Betriebskosten (doppelschichtig, für das Jahr).

Bedienung: 2 Führer = 2×1800 M = ...	3 600,00 M
Schmier- und Putzmaterial 2×1000 M = ...	2 000,00 M
Für Gleisrücken = 2×2500 M = ...	5 000,00 M
Für Kohlenfüller = 2×4200 M = ...	8 400,00 M
Für Kohlebeiräumen = 2×500 M = ...	1 000,00 M
Für Herstellung der Einschnitte = 2×8740 M = ...	17 480,00 M
Stromkosten = 2×7020 M = ...	14 040,00 M
Amortisation 20 % von 171 800 M = ...	34 360,00 M
Zinsen 5 % von 171 800 M = ...	8 590,00 M
Reparaturen 10 % von 159 700 M = ...	15 970,00 M
Summa	110 440,00 M

An Kohle wird insgesamt gewonnen:

a) mit dem Kohlengewinnungsapparat $2 \times 630\,000$ t = . . .	1 260 000 t
b) aus den Einschnitten $2 \times 62\,400$ t = ...	124 800 t
Summa	1 384 800 t

Kosten je Tonne gewonnener Kohle folglich:

$\frac{110\,440}{1\,384\,800} = 7{,}98$ Pf., je hl $\frac{7{,}98}{17} = 0{,}57$ Pf., je Wagen zu 6 hl =
3,42 Pf

Die Jahresersparnis bei maschineller Kohlengewinnung ist:

Der Wagen lose Kohle von 6 hl kostet im Handbetrieb:

4 Pf. 18 m für die oberen 18 m 4 Pf.

9 Pf. 12 m für die unteren 12 m 9 Pf.

im Mittel $\frac{(4 \times 18) + (9 \times 12)}{30} = 6$ Pf., je hl also $\frac{6}{6} = 1$ Pf.

je Tonne $1 \times 14 = 14$ Pf.

Die Ersparnis bei maschineller Gewinnung und einschichtigem Betrieb ist:

$14 - 8{,}6 = 5{,}4$ Pf. $\times 692\,400 =$	37 390,00 M
bei doppelschichtigem Betrieb dagegen $14 - 7{,}98 = 6{,}02$ Pf. $\times 1\,384\,800 =$	83 360,00 M

Bei trockener Kohle kommen noch die Ersparnisse an Löhnen für Strecken und Rollochaufbrüche hinzu.

Die Strecken stehen ca. 10 m auseinander, auf der Stoßlänge von 200 m also 20 Strecken. Bei einschichtigem Betrieb schreitet der Abbau um $52 \times 2 = 104$ m voran; es wird also im Jahr $20 \times 104 = 2080$ m Strecke gebraucht. Die Kosten ohne Holz sind ca. 2,00 M je laufendes Meter, also $2080 \times 2 = 4160$ M.

An Rollochaufbrüchen sind nötig, wenn die Rollöcher ca. 6 m auseinanderstehen $\frac{104 \times 20}{6} = 347$ Stück.

Die durchschnittliche Höhe soll mit 12 m angenommen werden, mithin sind $347 \times 12 = 4164$ laufende Meter Aufbrüche herzustellen. Das laufende Meter kostet ca. 1,00 M, also Gesamtkosten im Jahr $4164 \times 1{,}00 = 4164{,}00$ M.

Die Ersparnisse betragen demnach:

bei einschichtigem Betrieb $4160 + 4164 =$	8 324,00 M
bei doppelschichtigem Betrieb $2 \times 8324 =$	16 648,00 M

Bei Gruben mit Holzzimmerung steigern sich diese Ersparnisse noch durch die Ersparnisse an Holz und Arbeitslohn.

II. Abbauvorrichtungen mit einer großen Anzahl von Schneidwerkzeugen.

a) Kohlenförderapparate.[1])

Diese Gruppe umfaßt eine größere Anzahl ausgeführter und in Betrieb befindlicher Apparate, deren Konstruktion in allen Fällen in Anlehnung an den bewährten Bau des Eimerkettenbaggers entstanden ist. Demzufolge ist auch der zugrunde liegende Gedanke allen Konstruktionen gemeinsam und nur in den Abmessungen weichen die einzelnen Typen voneinander ab.

Über einen Ausleger von der Höhe des jeweiligen Stoßes ist eine endlose, mit Schrämmessern besetzte Kette geführt, die durch einen in dem fahrbaren Baggergestell verlagerten Elektromotor angetrieben wird. Von dem Motor werden auch die Bewegungen des Hebens und Senkens des Auslegers sowie der Fahrantrieb in gleicher Weise wie bei den Eimerbaggern abgeleitet.

Die von den Schrämmessern gelöste Kohle fällt auf die Tagebausohle, wird hier durch ein Becherwerk aufgehoben und in einen Schüttrichter befördert, der die Kohle auf ein Förderband verteilt. Das Förderband ist über einen Schüttrumpf geführt, der mehrere durch Klappen verschließbare Ausschüttrichter besitzt und mit Hilfe einer Handwinde längs des Förderbandes verfahren werden kann. Die Anzahl der Schütttrichter schwankt bei den einzelnen Systemen zwischen zwei und sechs, wodurch erreicht wird, daß gleichzeitig mehrere Förderwagen gefüllt werden können. Über dem Schüttrumpf ist am Förderband eine Abstreifvorrichtung angebracht, welche die gröbere Kohle entfernt, während die Staubkohle am Ende des Bandes in einen besonderen Behälter fällt.

Da es zu weit führen würde, jede der von der Lübecker Maschinenbaugesellschaft gebauten 5 Konstruktionen eingehend zu

[1]) Gruhl, Braunkohle 1907, S. 527. Neidhart, S. 102 u. f.

beschreiben, so soll hier nur der Kohlenbagger auf Gruhlwerk, welcher am längsten, seit dem Januar 1907, in Betrieb steht und den Namen Glückauf I führt, besprochen werden.

Der Kohlenbagger (Fig. 116/117) ist im äußeren Aufbau dem Lübecker Hochbagger, Type A, nachgebildet und mit Knickleiter versehen. Von der Type A unterscheidet er sich durch die Ausbildung der Schrämkette, die Einschaltung eines besonderen Becherwerkes zum Heben der geschrämten Kohle und die Anordnung der Schüttrinne.

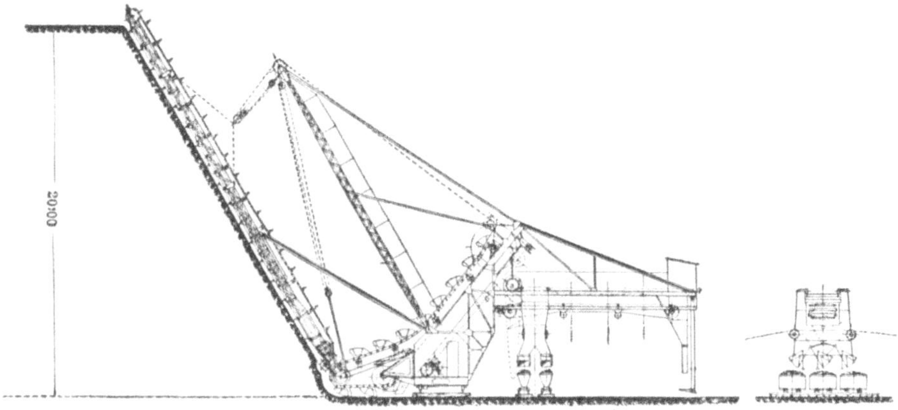

Fig. 116/117.

Kohlenbagger „Glückauf I" der Lübecker Maschinenbau-Gesellschaft.

Die Schrämkette besteht aus stählernen Schaken, welche mit Flach eisen versehen sind. An den Flacheisen sind 33 mm dicke, aus Schweißstahl hergestellte und etwas gekrümmte Zähne befestigt, deren Stellung so gegeneinander versetzt ist, daß durch die Zähne von zwei aufeinanderfolgenden Rahmen die gesamte Breite der Eimerleiter gedeckt wird. Die Geschwindigkeit der Schrämkette beträgt 0,98 m/sec.

Die Umlenkung der Schrämkette erfolgt in üblicher Weise durch einen oberen und unteren Turas. Die Kette selbst wird zwangläufig geführt.

Zur Hereingewinnung der zwischen dem Bereich der Schrämkette und der Becherkette stehenbleibenden Kohle ist ein Schrämrad zwischen beiden angeordnet, das seinen Antrieb ebenso wie die Schrämkette durch Treibketten von der Becherkette erhält.

Das Becherwerk, welches durch Stirn- und Kegelrädergetriebe von dem Motor angetrieben wird und die gleiche Bewegungsrichtung wie die Schrämkette besitzt, nämlich von oben nach unten, ist an den Eimern mit Eckmessern ausgerüstet. Seine Becher fassen 100 l; die theoretische Leistung beträgt etwa 132 cbm in der Stunde.

Die gebaggerte Kohle fällt aus den Eimern auf eine Schurre und gelangt von hier auf ein Förderband, von wo sie in den 3,5 m ausfahr-

Fig. 118.
Kohlenbagger „Glückauf I“ der Lübecker Maschinenbau-Gesellschaft im Betrieb.

Fig. 119.
Kohlenbagger „Glückauf I" der Lübecker Maschinenbau-Gesellschaft im Betrieb.

baren Schüttrumpf abgestrichen wird (Fig. 120). Es wird durch die Beweglichkeit des Schüttrumpfes erreicht, daß ein Verrücken der Fördergleise erst dann nötig wird, wenn das Verschieben der Baggergleise, welches alle 1,5 m zu erfolgen hat, bereits 3 mal geschehen ist. Zur Verschiebung des Schüttrumpfes wird eine Laufkatze benutzt, die von einer Handkette bewegt wird.

Der Schüttrumpf besitzt 2 durch Klappen verschließbare Schütttrichter, welche die gleichzeitige Beladung von 2 Förderwagen gestatten.

Der Kohlenbagger ist als Einmotorenbagger gebaut. Sein Gleichstrommotor leistet bei 220 Volt und 915 Umdr./min 58 PS. Die Zuführung des Stromes erfolgt durch blanken, auf fliegenden Masten ver-

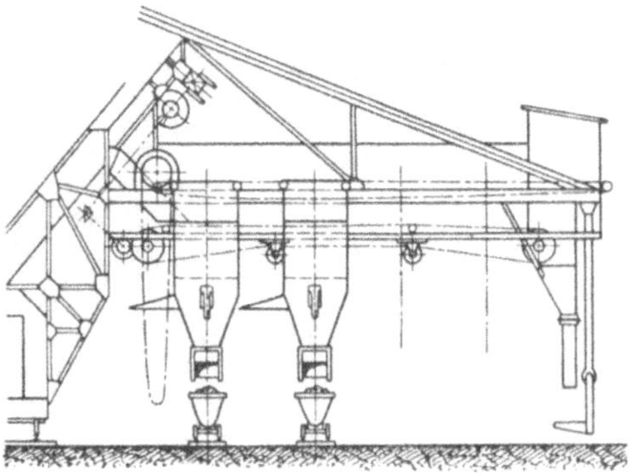

Fig. 120.
Austragsvorrichtung des Kohlenbaggers Glückauf der Lübecker Maschinenbau-Gesellschaft.

egten Kupferdraht, von dem der Strom mittels eines besonderen mit mit dem Schüttrumpf verschiebbaren Rollenstromabnehmers bezogen wird.

Der Baggerwagen ruht auf federnd gelagerten Achsen, deren Zahl bei der Type Glückauf 5 mit 10 Laufrädern beträgt.

Die Fig. 116/117 und 118 zeigen die Type „Glückauf I" auf dem Gruhlwerk im Betrieb. In Fig. 119 ist der gleiche Bagger in der Ausführung mit 2 Schüttrümpfen dargestellt.

Ein Bagger der Type Glückauf II ist in Fig. 121 im Betriebe auf dem Kauscherwerk in Kausche bei Petershain bei einer Abtragshöhe von 6 m und 500 Wagen a 6 hl stündlicher Leistung dargestellt.

Die Typen Bergmann I und II, welche ebenfalls von der Lübecker Maschinenbaugesellschaft ausgeführt werden, unterscheiden sich von dem „Glückauf-Apparat" durch die geringere Leistung, die nur etwa 300 Wagen a 6 hl in der Stunde beträgt. Anstatt der bei Type Glückauf vorgesehenen 6 Ausschüttrichter sind hier nur deren drei vorhanden. Die Anzahl der Achsen beträgt ebenfalls 5, die der Laufräder dementsprechend 10.

Die Type „Gnom“, welche etwa 150 Wagen a 6 hl in der Stunde leisten kann, besitzt nur 2 Schüttrichter und läuft auf 3 Achsen mit 6 Rädern.

Die hauptsächlichsten Angaben über die 5 verschiedenen, von der Lübecker Maschinenbaugesellschaft gebauten Kohlenförderapparate sind in der folgenden Tabelle zusammengestellt:

Type	Glückauf I	Glückauf II	Bergmann I	Bergmann II	Gnom
Leistung in der Stunde in Anzahl der Grubenwagen zu je 6 hl	500	500	300	300	150
Effektive Leistung in der Stunde in cbm	300	300	180	180	90
Theoretische Leistung in der Stunde in cbm . .	432	432	280	280	144
Größte Abtragshöhe in m	20	15	20	15	12
Neigung der bearbeiteten Wand	60°	45°	60°	45°	45°
Durchschnittlicher Kraftverbrauch in PS . . .	50	40	30	26	18
Eimerinhalt der Becher in Litern	240	240	180	180	100
Anzahl der Schüttungen in der Minute	30	30	26	26	24
Preis franko Grubenbahnhof in M	125 000	125 000	85 000	85 000	55 000

Der Betrieb der vorgenannten Apparate gestaltet sich folgendermaßen:

Vor Beginn des Schnittes werden Schrämleiter und Knickleiter durch Anheben in eine Richtung gebracht. Dann wird der Apparat bis an den Stoß gerückt, so daß Schrämzähne und Eimermesser ihn berühren, und nun der Antriebsmotor in Bewegung gesetzt. Bei fortwährendem Umlauf der Schrämkette wird die Schrämleiter nach und nach gesenkt, bis die erforderliche Schnittiefe von 40—90 mm erreicht ist.

Der Bagger fährt nun allmählich weiter, wobei sich die Schrämkette in fortwährender Bewegung befindet, bis er am Ende des Stoßes angelangt ist. Die Eimerleiter wird tiefer gesenkt und der Bagger fährt denselben Weg zurück. Ist nach einiger Zeit die tiefste Stellung beider Leitern erreicht (nach Angabe von Neidhart geschieht dies auf Gruhlwerk nach 25 maligem Zurücklegen des Weges), so wird unter Anheben von Schräm- und Eimerleiter, der Bagger wieder gegen den Stoß vorgeschoben, worauf der Betrieb in gleicher Weise fortgesetzt wird.

Auf Gruhlwerk wird der Bagger nur zur Hereingewinnung der beim Rollochbetrieb entstehenden Pfeiler benutzt in der Art, wie Fig. 122 es zeigt.

Der Betrieb eines derartigen Kohlenbaggers würde bei jedem Gleisrücken eine staffelförmige Verkürzung um 4 m zur Folge haben, da die

Fig. 121.
Kohlenbagger „Glückauf II“ der Lübecker Maschinenbau-Gesellschaft im Betrieb

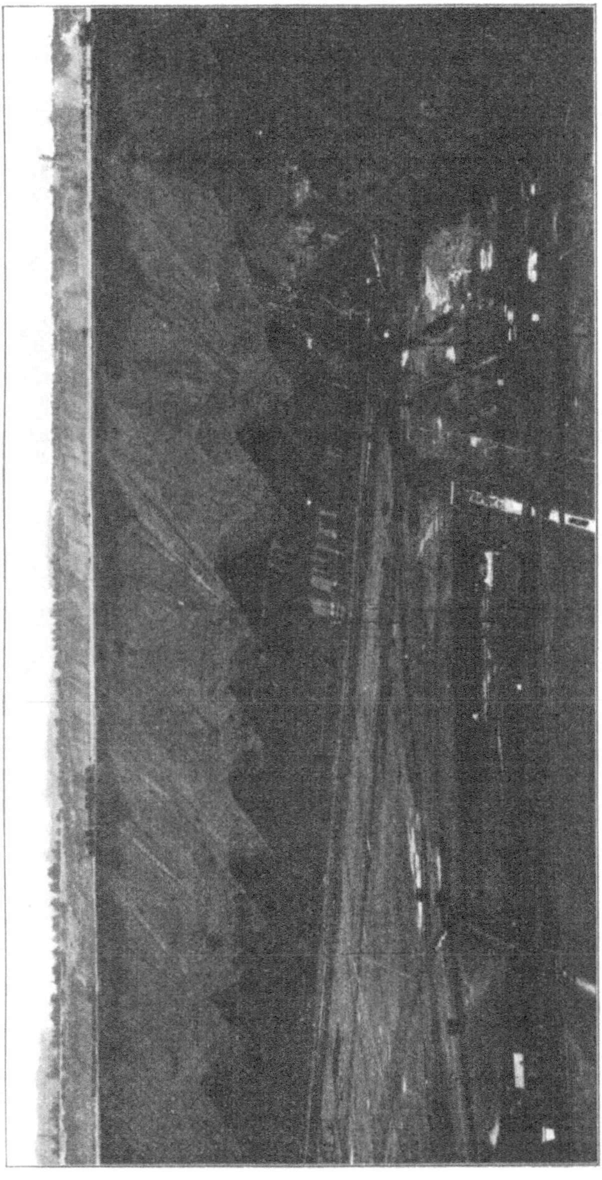

Fig. 122.
Kohlenförderapparat bei der Pfeilergewinnung. (Aus Neidhart, Festschrift zum Bergmannstag 1910.)

Schrämleiter in der Mitte des Baggergestelles liegt und infolgedessen die beiden Enden des Stoßes nicht bearbeiten kann. Um diesen Übelstand zu vermeiden, gibt man dem Tagebau die Form eines Rechtecks, in dessen Ecken diagonal zur Stoßrichtung verlaufende Einschnitte von Hand hergestellt werden.

An Bedienungsmannschaften sind insgesamt 8 Personen erforderlich:
1 Baggerführer,
3—4 Mann (für Schüttklappe und Bewegung der Wagen),
1 Mann zum Beiwerfen der Kohle,
2—3 Mann beim Gleisrücken.

Die Betriebskosten betrugen nach Neidhart [1])
im Jahre 1909

Grubenlöhne	0,67 Pf.	für den Hektoliter
Reparaturlöhne	0,03 „	„ „ „
Material	0,09 „	„ „ „
Stromverbrauch (1 KW.-Std. berechnet zu 3,5 Pf.)	0,11 „	„ „ „
zusammen	0,90 Pf.	für den Hektoliter

oder 5,42 Pf. für den Wagen zu 6 hl, oder 13,00 Pf. für die Tonne.

Die Kosten für Amortisation und Verzinsung mit 15 % eingesetzt, belasten bei 60 000 M Anlagekosten und 2 607 978 hl Jahresförderung 1 hl mit 0,34 Pf. Demnach stellen sich die Gesamtkosten auf:

	0,90 Pf.	für den Hektoliter
	0,34 „	„ „ „
zusammen	1,24 Pf.	für den Hektoliter
oder	17,85 Pf.	für die Tonne.

Type	Glückauf I und II M	Bergmann I und II M	Gnom M
Ein kompl. Kohlenbagger franko geliefert einschl. Gestellung des Monteurs	125 000	85 000	55 000
Löhne der für den Transport und die Montage erforderlichen Hilfsarbeiter geschätzt	4 000	4 000	3 000
Erforderliches Gleismaterial für eine Stoßlänge von 200 m, bestehend aus zwei × 200 m gebrauchte Schienen zu 34 kg/m = 13 600 kg zu 100 kg 90 Mark	1 225	1 225	1 225
250—300 Stück Schwellen je 3,3 m lang, je Stück 6,00—6,50 M	1 950	1 625	1 500
Kleineisenzeug, geschätzt	350	300	3 00
Die kompl. elektrische Leitungsanlage bestehend aus Leitungs- und Fahrdraht, sowie erforderliche Maste und Isolatoren, geschätzt	4 000	4 000	3 500
Die kompl. Beleuchtungsanlage des Kohlenbaggers, geschätzt	400	400	350
Summa	136 925	96 925	64 875

[1]) Neidhart, a. a. O., S. 112.

Die vorstehende Tabelle gibt eine Übersicht über die Anlagekosten der verschiedenen, von der Lübecker Maschinenbaugesellschaft gebauten Typen, wobei betont sei, daß es sich selbstverständlich nur um angenäherte Werte handelt.

b) Kohlentiefbagger[1]).

Auch der Tiefbagger findet erst seit kurzer Zeit zur Gewinnung der Kohle Verwendung. Man wagte sich früher nicht daran, den gewöhnlichen Bagger bei der Kohlengewinnung zu benutzen in der Annahme, daß die Schneidwerkzeuge hierzu nicht geeignet wären. Der Versuch auf Grube Vereinigte Ville beweist jedoch schlagend die Brauchbarkeit des gewöhnlichen Eimerkettenbaggers auch für die Braunkohlengewinnung.

Fig. 123.
Lübecker Portalbagger, Type B, bei der Braunkohlengewinnung. (Aus Neidhart, Festschrift zum Bergmannstag 1910.)

Der hier benutzte Tiefbagger ist ein Portalbagger der Type B der Lübecker Maschinenbaugesellschaft mit Knickleiter für 14 m Baggertiefe bei 45^0 Böschungswinkel (Fig. 123). Wird die Knickleiter

[1]) Neidhart, a. a. O., S. 113.

gestreckt, so bestreicht der Bagger eine Tiefe von 16 m bei 50° Böschungswinkel. Die Eimer, welche mit scharfen Zähnen besetzt sind, fassen 240 l; sie enthalten im Boden drei Löcher von rund 20 mm Durchmesser, welche dem etwa in der Kohle auftretenden Wasser Abfluß gewähren. Bei 24 Eimerschüttungen in der Minute beträgt die theoretische Stundenleistung 360 cbm, die effektive 190 cbm.

Der Schüttkasten, welcher mit 2 von Hand zu bedienenden Klappen ausgerüstet ist, gestattet die gleichzeitige Beladung von zwei Förder wagen zu je 7 hl.

Der Bagger ist als Einmotorenbagger gebaut. Sein Antriebsmotor leistet etwa 130 PS bei 740 Umdr./min. Als Stromquelle wird Gleichstrom von 220 Volt benutzt.

Nach Angabe von Neidhart leistete der Bagger in 10 stündigem Betrieb 2300 Förderwagen = 16 000 hl = rund 1100 Tonnen.

Das Fortschreiten des Stoßes von 300 m Länge mit 14 m Höhe betrug im Monat 7 m, entsprechend einem 4- bis 5 maligen Rücken der Gleise.

Die Bedienungsmannschaft besteht aus:

1 Baggermeister,
1 Schmierjungen,
2 Mann an den Schüttklappen,
2 Mann zur Bewegung der vollen Wagen,
2 Mann zur Beförderung der leeren Wagen und Beiwerfen der Kohle,
1 Mann zum Gleisrücken (umgerechnet).

insgesamt 9 Mann.

Die 9 Mann Bedienung erhalten an Arbeitslohn insgesamt rund 40 Mark für den Arbeitstag; bei etwa 1100 t Schichtleistung betragen die Lohnkosten je Tonne 3,6 Pf. oder je Hektoliter 0,25 Pf.

Die Stromkosten betragen bei 3,5 Pf. für die Kilowattstunde 1,9 Pf. für die Tonne oder 0,13 Pf. für den Hektoliter. Die Ausgaben für Abschreibung und Verzinsung belasten bei 250 Arbeitstagen die Tonne mit 6,7 Pf. oder mit 0,47 Pf. den Hektoliter.

Demnach betragen die Gesamtkosten für 1 t bei 250 Arbeitstagen und einschichtigem Betrieb 12,2 Pf. entsprechend 0,85 Pf. für den Hektoliter gegenüber 1 Pf. beim Handbetrieb.

D. Schlußbetrachtung.

Außer den vorstehend beschriebenen Systemen gibt es noch verschiedene andere, welche aber bisher nicht praktisch erprobt sind. Es erübrigt sich daher auch, auf ihre voraussichtliche Bewährung einzugehen.

Faßt man das Urteil über die im Betrieb befindlichen Apparate kurz zusammen, so kommt man zu folgendem Ergebnis:

Auf der einen Seite stehen die ganz großen Apparate von Hilgers, Wischow usw. Sie haben ihre Brauchbarkeit zwar erwiesen, es erscheint aber immerhin fraglich, ob sie zu weiterer Verbreitung gelangen werden. Sie erfordern, wenn ihre Leistung voll ausgenutzt werden soll, sehr mächtige Flöze mit sehr reiner Kohle. Für geringmächtige Flöze ist ihre Konstruktion zu schwerfällig und kostspielig. Unreine Kohle stört den Betrieb sehr, weil in jedem Falle die Beseitigung der Einlagerungen abgewartet werden muß.

Anderseits ist das Leistungsvermögen der Apparate von Hilgers, Wischow ein so bedeutendes, daß sie dort, wo sehr mächtige und reine Flöze vorhanden sind, wie z. B. im rheinischen Braunkohlenrevier, allen anderen Konstruktionen überlegen erscheinen.

Weitere Hauptbedingungen für ihre Anwendung sind lange und nicht zu hohe Arbeitsstöße, um die Kosten für Gleisrücken, Baggertransport usw. zu verringern. Die Stoßhöhe darf aber nicht zu groß sein, da hierdurch der Betrieb erschwert werden würde. Genaue Angaben über die zweckmäßige Wahl der Stoßhöhe lassen sich zurzeit noch nicht machen, da die Anwendung dieser Apparate noch zu kurze Zeit geschieht, als daß schon exakte Angaben vorlägen.

Bei Flözen von geringerer Mächtigkeit erscheint dagegen die Anwendung der Eimerbagger, Kohlenförderapparate und Löffelbagger vorteilhafter. Diese besitzen eine in den meisten Fällen ausreichende Leistung, sind in der Konstruktion besser durchgebildet, erfordern daher weniger Ausbesserungen, sind einfacher, leichter und billiger in der Anschaffung. Sie besitzen allerdings nicht die große Abtragshöhe und Leistung wie die Apparate von Hilgers, Wischow usw., erfordern aber auch nicht so viele Reparaturen, Kosten für Gleisrücken usw. Der Nachteil der beschränkten Abtragshöhe (wenn überhaupt ein solcher vorliegt) läßt sich dadurch ausgleichen, daß man den Stoß in mehrere horizontale Strossen von 10—20 m Höhe zerlegt und jede Strosse entweder für sich mit mehreren Apparaten oder die einzelnen Strossen nacheinander mit einem Apparat gewinnt. Alles in allem darf man diesen Apparaten eine große Zukunft im Braunkohlenbergbau voraussagen.

Dritter Teil.

Die hydraulischen Gewinnungsverfahren.

Von Diplom-Bergingenieur Dr.-Ing. Leo Herwegen.

Bei der Bearbeitung benutzte Literatur:

Neve Foster, Ore and stone mining.
Gohnson, Getting gold.
Levat, L'industrie aurifière.
Kirkpatrick, The hydraulic gold miner's manual.

A. Allgemeines.

Unter hydraulischen Gewinnungsmethoden werden alle die Einrichtungen zusammengefaßt, welche zur Hereingewinnung lockerer Gebirgsmassen auf direkt hydraulischem Wege dienen. Das Wasser ist bei diesen Gewinnungsarbeiten also nicht nur der Energieträger, sondern gleichzeitig das Gewinnungswerkzeug selbst, indem durch einen starken Wasserstrahl Gebirgsteile losgelöst und sodann durch das abfließende Wasser fortbewegt werden.

Die Wiege dieses eigenartigen Gewinnungsverfahrens ist in Kalifornien zu suchen, wo gegen das Jahr 1852 ein französischer Bergingenieur einen Wasserstrahl benutzte, um goldhaltige Sande auf einfache Weise hereinzugewinnen. Die Einrichtungen, welche er zu diesem Zwecke benutzte, waren allerdings einfachster Art. Eine große erhöht gestellte Tonne diente als Druckwasserbehälter, an deren unterem Boden ein Metallschlauch mit einem Strahlrohre befestigt war. Das Strahlrohr wurde von einem Arbeiter gehalten und gegen den Gebirgsstoß gerichtet.

Die Amerikaner griffen diesen Gedanken schnell auf und gaben dem Prinzip eine vollkommenere Form. In wenigen Jahren war die einfache Tonne durch gewaltige Wasserbehälter, der Schlauch durch kilometerlange Kanäle und das enge Strahlrohr durch gewaltige Hydranten, sogenannte Monitoren, ersetzt. Letztere sind heute derart eingerichtet, daß sie nach allen Richtungen hin von Hand aus eingestellt werden können. Das Wasser wird unter dem Drucke von mehreren Atmosphären, ja bis zu 50 kg pro Quadratzentimeter und noch mehr in die Monitoren eingeleitet, so daß der Strahl selbst festeres Gebirge zu zerstören und größere Gebirgsblöcke mitzureißen vermag.

Während bis vor wenigen Jahren die hydraulische Gewinnungsmethode fast nur im amerikanischen und sibirischen Goldbergbau zur Gewinnung alluvialer Goldkiese angewandt wurde, bedient man sich derselben auch heute bereits auf dem europäischen Festlande, und zwar zur Gewinnung und zum Transporte von Sanden, die als Spülversatzmittel verwandt werden sollen.

Für den deutschen Bergbau wird das Anwendungsgebiet der hydraulischen Gewinnungsmethode in Ermangelung geeigneter Lagerstätten wohl auf die Hereingewinnung von Sanden zum Zwecke des Spülversatzes beschränkt bleiben. In diesem bergbaulichen Industriezweige hat sie sich bereits heute sehr bewährt, und die Monitoren scheinen auf dem Gebiete des Spülversatzes im Laufe der Jahre eine größere Bedeutung zu gewinnen.

Beide Anwendungsgebiete für die hydraulische Gewinnungsmethode erfordern im großen und ganzen auch die gleichen Einrichtungen und Apparate. Für die Anwendungsmöglichkeit des Verfahrens sprechen mithin auch die gleichen Bedingungen die entschieden erfüllt sein müssen, um sich das Verfahren nutzbar machen zu können.

Bevor man also zur hydraulischen Gewinnungsmethode übergehen will, müssen folgende wichtigen Fragen beantwortet werden:

I. Ist Wasser in genügender Menge vorhanden? Hierbei ist noch zu wissen, ob dasselbe auch zu allen Jahreszeiten in gleicher Menge zur Verfügung steht, oder ob man genötigt ist, in besonders wasserreichen Zeiten Zuflüsse verschiedener Bäche zu sammeln und große Wasserbehälter nach Art der Talsperren zu erbauen. Hierbei spielt dann wieder die Terrainfrage eine große Rolle, ob nämlich das Gelände den Bau einer Talsperre gestattet oder nicht.

II. Ist das natürliche Gefälle des zur Verfügung stehenden Wassers groß genug, um einen genügend starken Betriebsdruck zu erreichen?

Man wird also die Wasserbehälter möglichst hoch über den Abbaufeldern errichten, vorausgesetzt wieder, daß das Gelände geeignet ist. Steht kein natürliches Gefälle zur Verfügung, so wird man gezwungen sein Pumpstationen zu errichten. Letzteres ist wohl fast immer bei der Verwendung der Monitoren zur Beschaffung von Spülversatzmaterial notwendig.

III. Ist auch genügend Gefälle vorhanden für die Abflußgräben des hereingewonnenen Gebirges?

IV. Ist bei Anwendung der hydraulischen Gewinnungsmethode im Goldbergbau genügend Platz vorhanden zur Ablagerung des tauben Gebirges? Diese Bedingung ist von der größten Bedeutung im Goldbergbau, wo das edle Metall nur in Bruchteilen von Prozenten auftritt. In den Zeiten der ersten Anfänge der hydraulischen Gewinnungsmethode wurden die Abwässer mit den Geröllen einfach in die nächsten Täler abgeführt. Zahlreiche Feldschäden und Störungen in den Flußläufen waren die Folgen von diesem willkürlichen Vorgehen. Durch Beschwerden der Landbevölkerung veranlaßt, hat die kalifornische Regierung Maßnahmen getroffen, um dem verheerenden Einflusse des Goldbergbaues entgegenzutreten. Diese Vorschriften lassen sich aber nur bei sehr günstigen Terrain-Verhältnissen oder durch umfangreiche, kostspielige Vorkehrungen erfüllen, so daß ein großer Teil der Goldbergwerke Kaliforniens nach Erlaß der „Loi Caminetti" sich gezwungen sah, den Betrieb einzustellen.

B. Die Wassergewinnung und -leitung.

Die Wassergewinnung selbst ist nur in jenen Bergwerksbezirken von Bedeutung, wo die wärmeren Monate hindurch Wassermangel, die Wintermonate dagegen Wasserüberfluß ist. Man ist also gezwungen Sammelbehälter anzulegen, deren Rauminhalt so zu bemessen ist, daß während des ganzen Jahres der hydraulische Betrieb in gleichem Umfange aufrecht erhalten werden kann. Da für derartige Wasserbehälter ein gewaltiger Rauminhalt notwendig ist, werden dieselben in Kalifornien in ähnlicher Weise wie unsere Talsperren gebaut. Nur die Staumauern bieten gegenüber denen auf dem europäischen Kontinente wesentliche Verschiedenheiten. Dieselben werden meistens aus hölzernen Gerüsten aufgebaut, mit Bruchsteinen und Erde ausgefüllt und die nach dem Wasserbehälter zugelegene Seite mit Brettern verschalt, deren Fugen mit Moos ausgestopft werden. Auf der Talsohle wird in der Staumauer ein Abflußstollen offengehalten, dessen Querschnitt durch Schleusen nach dem jeweiligen Wasserbedarf verringert werden kann. Derartige Staumauern sind naturgemäß nicht absolut dicht, und es rieselt dauernd Wasser an der Außenfläche herunter, das auch in die Sammelgräben geleitet wird.

Bezüglich der Ausführung der Wassergräben hat man in Kalifornien sich ziemlich auf drei verschiedene bewährte Methoden geeinigt, die der verschiedenen Beschaffenheit des Gebirges angepaßt sind.

Fig. 124 zeigt den Querschnitt durch einen Wassergraben, wie dieselben in festem, wasserundurchlässigem und nicht zerklüftetem Gebirge gebaut werden.

Ist das Gebirge dagegen porös, so verfährt man beim Bau der Gräben nach Fig. 125. Die Staumauer wird, wie die Figur es zeigt, aus zwei getrennten, parallelen, Bruchsteinmauern errichtet und der Zwischenraum mit Moos und Gräsern ausgestampft. Desgleichen wird die Sohle des Grabens mit durchwachsener Erde gedichtet.

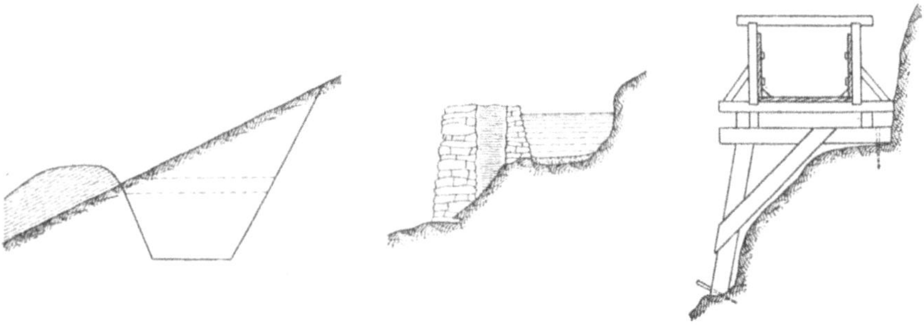

Fig. 124—126.
Ausführungsbeispiele für Wassergräben. (Aus Levat, L'industrie aurifière.)

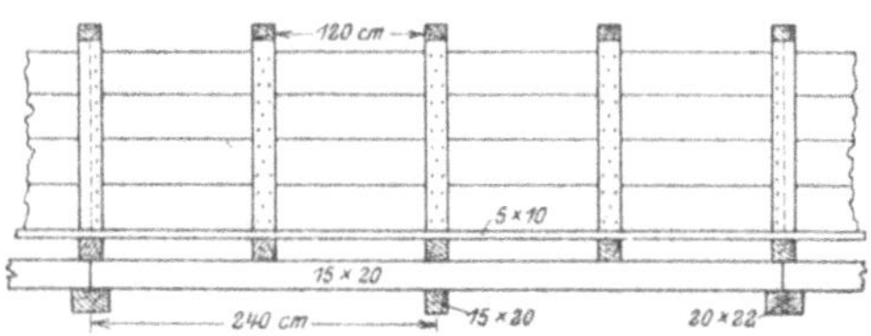

Fig. 127.
Wassergefluter für felsige Gegenden. (Aus Levat, L'industrie aurifière).

In felsigen Gegenden ist man jedoch gezwungen, besondere Wassergefluter zu bauen (Fig. 126). Die Bauart derselben im einzelnen ist in den Fig. 127 und 128 wiedergegeben. Die übliche Ausführung und Abmessung der Stützen zeigen die Fig. 129 und 130.

Der Querschnitt und das Gefälle der Wassergräben oder Gefluter hängt von der erforderlichen Gesamtwassermenge und diese wiederum von der Anzahl der in Betrieb befindlichen Wasserstrahlapparate ab. Der Wasserverbrauch eines jeden einzelnen Monitors berechnet sich aus dem Querschnitte des Strahlrohres einerseits und der Ausflußgeschwindigkeit des Wassers anderseits. Letztere ist wiederum abhängig von der zur Verfügung stehenden Druckhöhe oder bei Verwendung von Pumpen von dem absoluten Drucke.

Druckwasserleitungen sind überall dort erforderlich, wo das Wasser vermittels Pumpen direkt zu den Monitoren geführt wird. Bei Anwendung

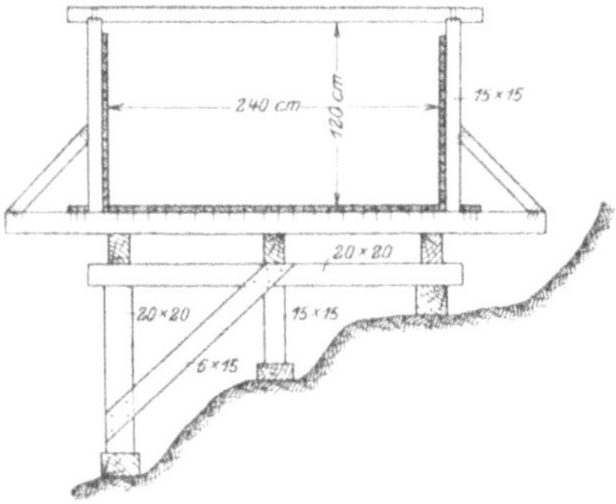

Fig. 128.
Wassergefluter für felsige Gegenden. (Aus Levat, L'industrie aurifière.)

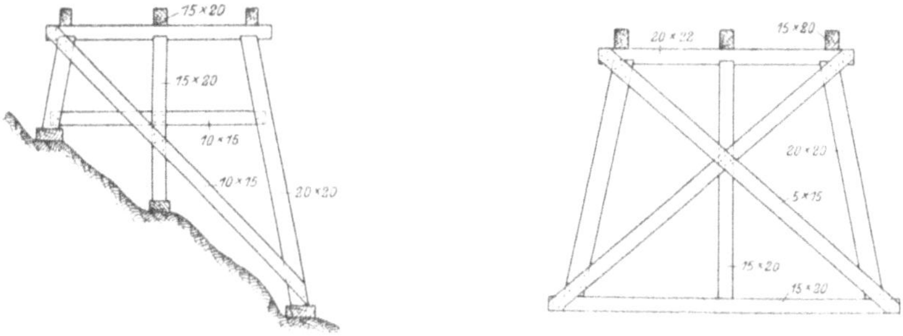

Fig. 129 und 130.
Stützen zu einem Wassergefluter in felsigen Gegenden. (Aus Levat, L'industrie aurifière.)

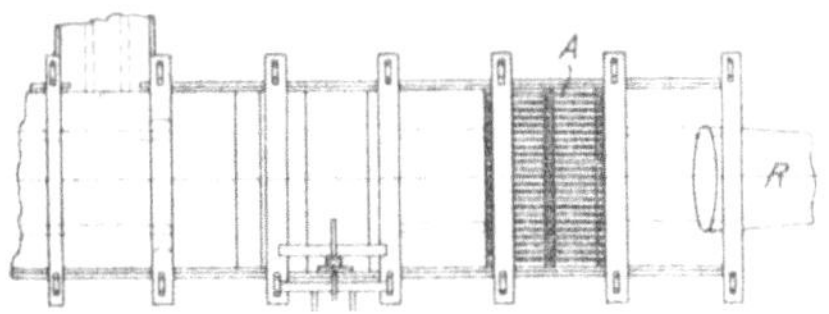

Fig. 131.
Wasser-Druckkasten. (Aus Neve Foster, Ore and stone mining.)

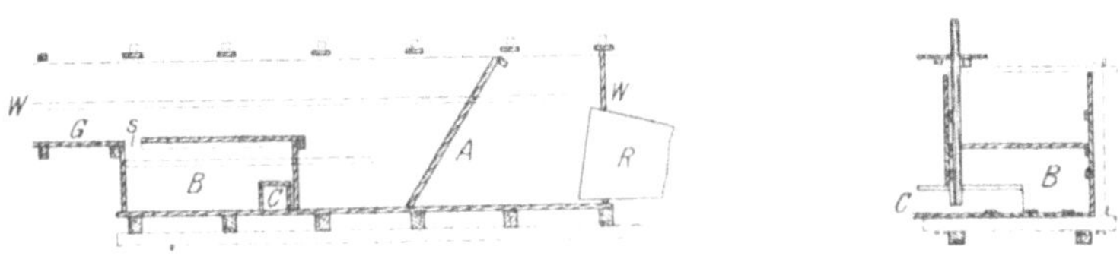

Fig. 132 und 133.
Wasser-Druckkasten. (Aus Neve Foster, Ore and stone mining.)

der Wassergräben sind Rohrleitungen nur für die Gefällehöhe und für die Verteilung des Wassers auf die einzelnen Strahlapparate erforderlich. Der Anschluß dieser Druckröhren an die Gräben erfolgt durch Zwischenschaltung von „Druckkästen", sogenannte „pressure-boxes" oder „bulk-heads". Die übliche Ausführung derselben zeigen die Fig. 131 bis 133. Das Druckrohr R ist an dem einen Kopfende des Druckkastens am Boden eingelassen. Ihm gegenüber mündet das Gefluter G ein. Ein unterhalb der Geflutersohle eingebauter Kasten B dient zur Aufnahme mitgerissenerer Steine und Sand, die durch einen Spalt s in denselben gelangen. Dieser Steinkasten wird von Zeit zu Zeit durch das hölzerne Rohr C entleert, das für gewöhnlich durch einen Schieber geschlossen gehalten wird. Ein schräg gestelltes Sieb A dient zum Auffangen sonstiger Verunreinigungen, wie Blätter, Reisig u. dgl. Der Wasserspiegel W—W muß in dem Druckkasten stets so hoch gehalten werden, daß das Wasser noch einige Zentimeter über den oberen Rand des Rohres ansteht. Es ist dies deshalb erforderlich, um ein Mitreißen von Luft in das Druckrohr zu vermeiden, wodurch bekanntlich der Effekt einer Wasserleitung bedeutend herabgesetzt wird.

C. Die Monitoren.

Die „Monitoren", im deutschen Bergbau auch vielfach unter dem Namen „Wasserstrahl-Schrämapparate" bekannt, sind nichts anderes als kräftige Strahlrohre von 10 bis sogar 25 cm Durchmesser, die in geeigneter Weise derart verlagert sind, daß dieselben in der horizontalen und in jeder vertikalen Ebene um 90—360 Grad verstellt werden können. Das Maß der Verstellbarkeit erhöht naturgemäß die Manövrierbarkeit, und man ist im Laufe der Jahre bestrebt gewesen, den Aktionsradius so groß wie möglich zu gestalten, d. h. eine Verschwenkung des Strahlrohres in der horizontalen Ebene um 360° in der vertikalen Ebene um 90° zu ermöglichen. An die Schwenkvorrichtungen werden heute zwei Hauptanforderungen gestellt, nämlich

1. eine leichte Beweglichkeit von Hand aus, und
2. die Möglichkeit, die Strahlrohre in einer Richtung fest einstellen zu können.

Die ältesten Monitoren zeichneten sich durch die größte Einfachheit aus. Die Schwenkvorrichtung bestand aus einem zwischen Strahlrohre und Krümmer eingeschalteten Schlauche.

In den Goldwäschereien Sibiriens und Amerikas sind die Monitoren mit Kugelgelenken weit verbreitet. Dieselben sind auch von der deutschen Industrie übernommen worden, haben sich aber gegenüber den bei weitem vollkommneren mit Zapfendrehvorrichtungen nicht bebehaupten können. Fig. 134 zeigt eine Ausführungsform der Alexanderwerke A. v. d. Nahmer in Remscheid-Vieringhausen. Der kugelförmige Ansatz k des Strahlrohres ist mit Schlitzen s versehen, durch welche das Wasser aus dem Gehäuse G in das Strahlrohr eintreten kann. Das Abdichten derartiger Kugelgelenke geschieht entweder durch Ledermanschetten oder nachstellbare Metallfutter. Die starke Reibung bei diesen Abdichtungsmethoden, die ein Verschwenken des Strahlrohres

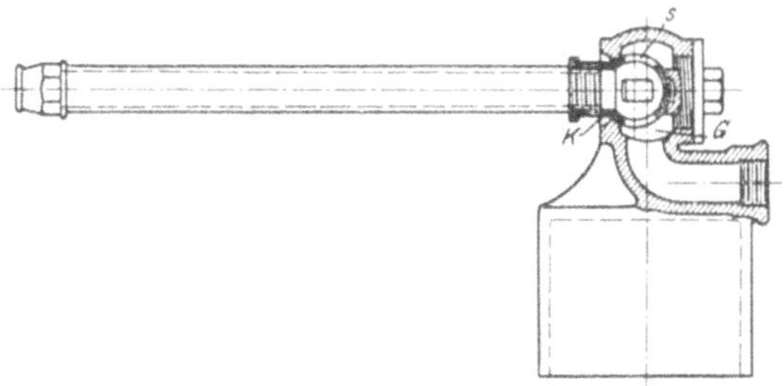

Fig. 134.
Monitor mit Kugelgelenk.

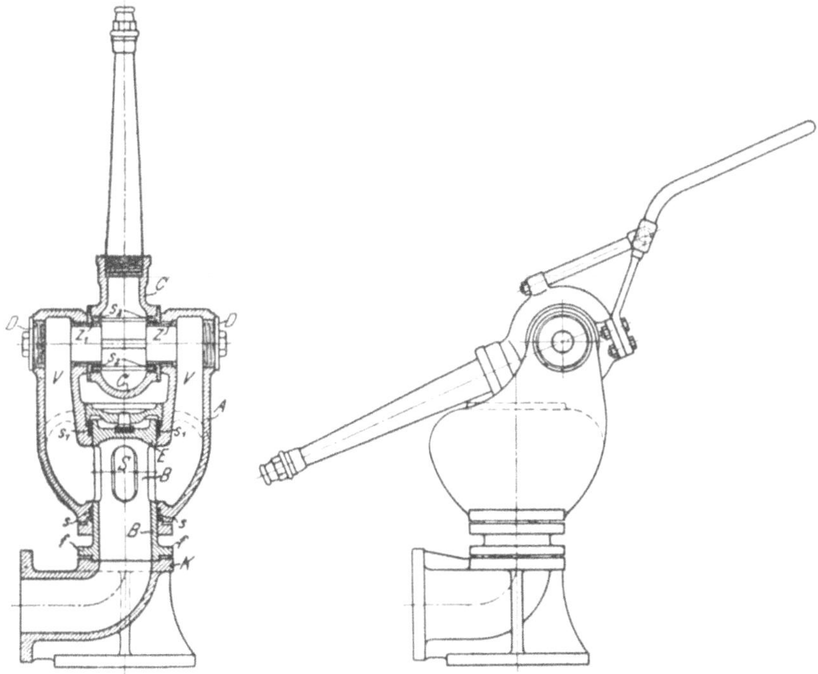

Fig. 135 und 136.
Wasserstrahlapparat des Alexanderwerkes A. von der Nahmer.

sehr erschwert, einerseits und der erhebliche Verschleiß des Dichtungsmaterials andererseits, haben zu den verbesserten Monitoren mit Zapfenschwenkvorrichtungen geführt.

Bei der Verwendung von Zapfen zur Erzielung einer möglichst vollkommenen Verschwenkbarkeit des Strahlrohres sind zwei Zapfenpaare erforderlich, ein horizontal und ein vertikal verlagertes. Je nachdem ein Zapfenpaar als Hohlzapfen ausgebildet ist oder nicht, lassen sich zwei Gruppen von Monitoren unterscheiden, solche mit Hohlzapfen und solche mit Vollzapfen. Ein Beispiel für Monitoren mit Hohlzapfen ist der Wasserstrahlapparat des Alexanderwerkes A. v. d. Nahmer (Fig. 135, 136).

Mit dem Krümmer K ist ein vertikaler Hohlzapfen B vermittels Flanschen f fest verschraubt. Dieser Hohlzapfen ist an seinem Ende durch einen Deckel E abgeschlossen, während 4 Schlitze S den Eintritt des Wassers in den Verteilungsraum V gestatten. Den Verteilungsraum V bildet ein Gehäuse A, welches um den vertikalen Zapfen B drehbar ist. Die Abdichtung zwischen Gehäuse A und Zapfen B erfolgt durch die Stopfbüchsen s und s_1. Im oberen Teile des Gehäuses sind zwei Hohlzapfen Z und Z_1 horizontal verlagert. Diese umschließt der Kopf C des Strahlrohres derart, daß das Wasser aus dem Raum V ungehindert in das Strahlrohr eintreten kann. Das Kopfstück C ist wieder durch Dichtungsringe s_2 gegen die Zapfen abgedichtet. Die Verschlußdeckel D dienen zum leichteren Auswechseln der Zapfen Z und Z_1.

Das Einstellen des Strahlrohres in eine bestimmte Richtung erfolgt mit Hilfe eines langen Hebels in gleicher Weise wie bei den Monitoren mit Kugelgelenken.

Diese vorhin beschriebenen Wasserstrahl-Apparate erfordern dauernd einen Bedienungsmann, um die gewünschte Strahlrichtung einzuhalten, da eine Arretiervorrichtung nicht vorhanden ist. Nicht erforderlich ist eine dauernde Wartung bei den Monitoren mit Vollzapfen, bei denen die Verschwenkung mit Hilfe von feststellbaren Schwenkvorrichtungen geschieht. In gewissen Betrieben kann die Bedienung verschiedener Monitoren von einem Arbeiter von großem Werte sein.

Die Monitoren mit Vollzapfen werden auch von dem Alexanderwerk A. v. d. Nahmer gebaut. Zwei bewährte Konstruktionen sollen hier wiedergegeben werden.

Das Prinzip dieser Gruppe von Monitoren ist dadurch gekennzeichnet, daß die Strahlrohre durch Schwenkvorrichtungen hindurchgeführt werden, letztere also von der Druckleitung ganz unabhäng sind. Während also bei den vorigen Monitoren mit der Schwenkvorrichtung Einrichtungen zur direkten Einführung des Wassers in das Strahlrohr verbunden waren, die naturgemäß Dichtungsvorrichtungen verlangten, fallen solche bei den Monitoren mit Vollzapfen fort; dafür erfordern letztere aber Druckschläuche zur Verbindung der Strahlrohre mit den Leitungsröhren. Es ist nun eine Frage der Zeit, welchen Monitoren bezüglich des Verschleißes der Dichtungsstücke einerseits oder der Schläuche andererseits der Vorzug zu geben ist, und ob die Druckschläuche für größere Drücke überhaupt geeignet sind. Auch die Handhabe der Monitoren leidet unter dem anhängenden schweren Druckschlauche, während die Vorzüge der Monitoren mit Vollzapfen in dem

Nichtvorhandensein von Stopfbüchsen u. dgl. liegen. Ein vollkommenes Abdichten von gegeneinander beweglichen Teilen ist bekanntlich bei hohen Drücken auch ziemlich schwierig.

Die Wasserstrahl-Schrämapparate mit Vollzapfen, die nunmehr kurz beschrieben werden sollen, werden alle von dem Alexanderwerk gebaut, das auf diesem Gebiete ebenso wie Gebr. Körting wohl als die führenden Firmen in Deutschland genannt werden können.

Die Fig. 137 und 138 zeigen eine Ausführungsform, bei welcher das Strahlrohr S in einer doppelten Aufhängevorrichtung eingebettet

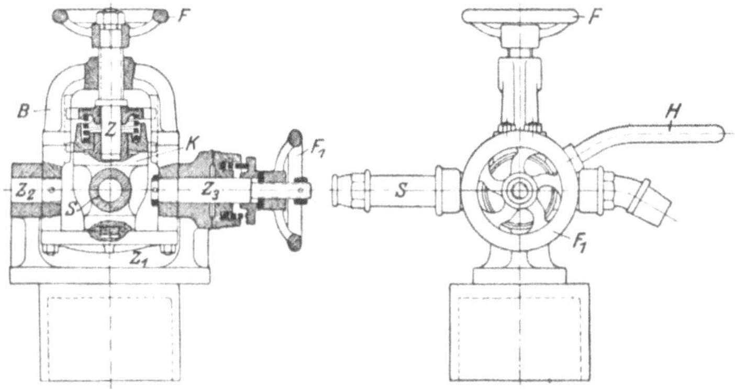

Fig. 137 und 138.
Monitor mit Vollzapfen des Alexanderwerkes A. von der Nahmer.

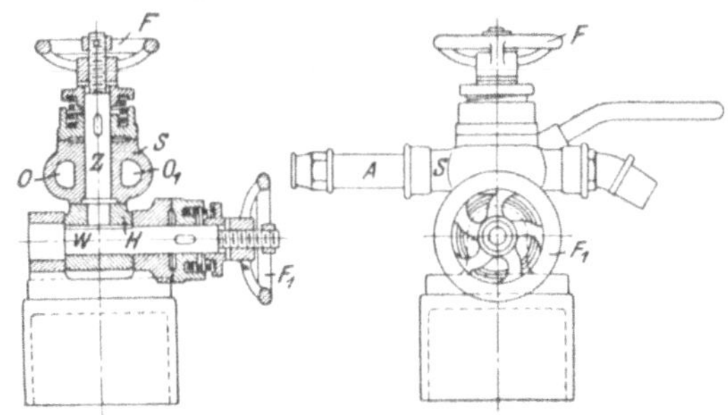

Fig. 139 und 140.
Monitor mit Vollzapfen des Alexanderwerkes A. von der Nahmer.

ist. Das das Strahlrohr S aufnehmende Klemmstück K ist um zwei vertikale Zapfen Z und Z_1 verschwenkbar. Diese Zapfen sind in einem Bügel B verlagert. der um zwei horizontale Zapfen Z_2 und Z_3 gedreht werden kann. Die Zapfen Z_2 und Z_3 ruhen in zwei mit dem Lagerbock fest verbundenen Lagerschalen. Das Verschwenken des Strahlrohres erfolgt mit Hilfe eines langen Hebels H, das Feststellen in einer bestimmten Richtung durch Kuppelungen F und F_1.

Bei einem anderen Modelle, Fig. 139—140, teilt sich dagegen das Strahlrohr in zwei Arme o und o_1, die einen vertikalen Zapfen umfassen und sich dann in einem einzigen Rohre vereinen. Der vertikale Zapfen Z ist in einem Hohlkörper H fest verschraubt, welcher auf einer horizontalen Achse W drehbar ist, Zum Feststellen des Strahlrohres dienen die Kupplungen F und F_1. Das Verschwenken erfolgt in bekannter Weise.

Um den Schwenkvorgang zu erleichtern, wird das letzte Modell auch in Verbindung mit einer mechanischen Übersetzung ausgeführt

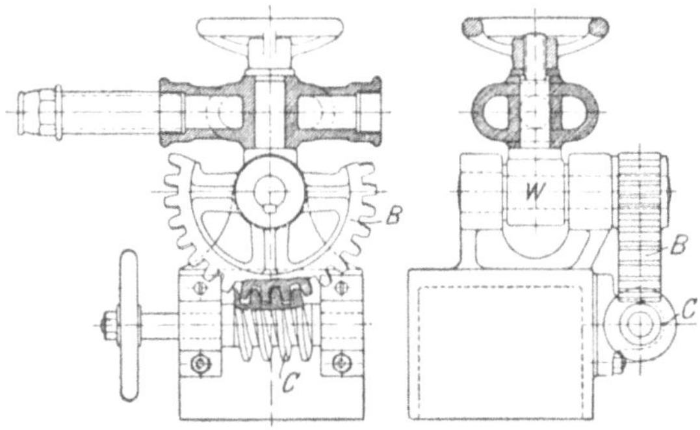

Fig. 141 und 142.
Monitor mit Vollzapfen des Alexanderwerkes A. von der Nahmer.

(Fig. 141—142). Auf der verlängerten horizontalen Welle W ist zu diesem Zwecke ein Zahnradsegment B aufgekeilt, welches in eine Schnecke C eingreift. Diese mechanische Schwenkvorrichtung erleichtert nur das Verschwenken um die horizontale Achse. Dieser Arbeitsvorgang ist nämlich infolge der zu hebenden Massen bedeutend mühevoller als der des Verschwenkens um die vertikale Achse.

D. Die hydraulischen Elevatoren.

Die Wegschaffung des durch die Monitoren losgelösten Gebirges bereitet nur in wenigen Fällen Schwierigkeiten. Ist das Terrain eben, so bedient man sich einfacher Abflußgräben, in welche die heruntergeschwemmten Massen eingeleitet werden. In Amerika werden auch vielfach Stollen getrieben, um größere Gefälleunterschiede zu umgehen. Das Auffahren eines Stollens stellt sich dort meistens billiger als die Einrichtung größerer Pumpwerke.

In manchen Gegenden ist das Gelände jedoch derart beschaffen, daß die Sohle des Abbaufeldes einige Meter unterhalb der sonstigen Tagesoberfläche liegt. In solchen Fällen bedient man sich zum Heben der Sande an Stelle von Pumpen hydraulischer Elevatoren, die den Vorzug haben, kein besonderes Antriebsmittel zu benötigen.

Einen bewährten hydraulischen Elevator zum Heben von Sanden und kleineren Geröllen zeigt die Fig. 143. Im Prinzip ist derselbe nichts anderes als ein einfacher Injektor. Im unteren Ende des Steigrohres D ist eine Wasserstrahldüse B eingebaut, welche an ein Zweigrohr A der Wasserleitung angeschlossen ist. C ist die Öffnung zum Ansaugen der Schlämme.

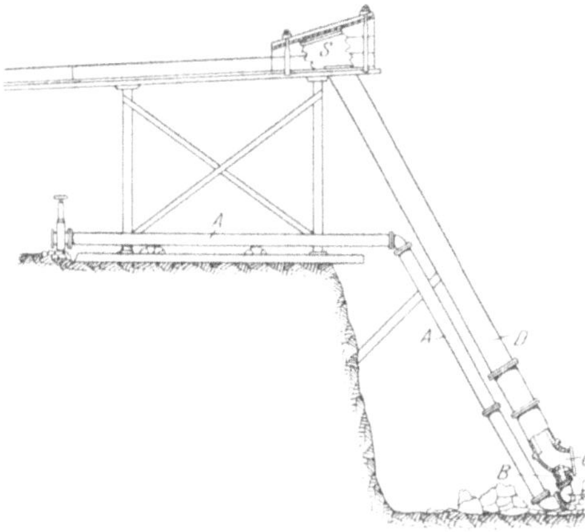

Fig. 143.
Hydraulischer Elevator. (Aus Neve Foster, Ore and stone mining.)

Vierter Teil.

Die Kompressoren.

Von Diplom-Ingenieur **Karl Teiwes.**

A. Verwendung und Erzeugung der Druckluft im deutschen Bergbaubetrieb.

Torricelli (1643) und Lavoisier (1772) lehrten uns die unsichtbare Luft als mechanischen und chemischen Körper erkennen.

Der Bergmann weiß sie in beider Hinsicht zu schätzen. Die „frischen Wetter" ermöglichen durch ihre chemische Wirkung sein Leben in der Grube, und in der Druckluft nützt er ihre mechanische Natur.

Die Kraftübertragung durch Druckluft ist sehr unwirtschaftlich wegen der Unmöglichkeit, die Luft in Luftmaschinen expandieren zu lassen. Dem neuen Kraftträger, der Elektrizität, ist es daher gelungen, die Luftmaschine aus lange besessenen Stellungen zu verdrängen. Nur die Druckluftbohrmaschinen wußten sich zu halten, ja durch die sich rasch ausbreitenden leichten Bohrhämmer der Druckluft erhöhte Bedeutung zu sichern.

Hier mögen einige statistische abgerundete Angaben über die Drucklufterzeugung im deutschen Grubenbetriebe zu Ende des Jahres 1909 folgen (vgl. Glückauf 1910, S. 1364).

Gesamterzeugung = 2 000 000 cbm/stunde angesaugter und meist auf 6 Atm. absolut gepreßte Luft.

Dazu aufgewendete indizierte Leistung = 200 000 PS.

Davon über $^9/_{10}$ mit Dampfantrieb, wenige mit elektrischem und nur einige mit Gasmaschinenantrieb.

Größe der Maschinen: untertägige Kompressoren 25—50 PS. obertägige: $^1/_4$ unter 100 PS.; $^1/_5$ über 500 PS.; neuerdings sind einige große Maschinen mit 1200 PS. zur Aufstellung gekommen.

Anschaffungskosten: bis 200 PS. = 175 M/PS.; bis 300 PS. = 150 M/PS.; bis 500 PS. = 140 M/PS.

Betriebskosten: im großen Durchschnitt = 0,25 Pfg./cbm angesaugter und auf 6 Atm. gepreßter Luft.

B. Theoretische Ergebnisse.

I. Die Kompressorschaulinien.

Eine abgeschlossene Luftmenge kann eine Änderung ihres Zustandes in dreierlei Weise erleiden: bezüglich ihres Raumes, Druckes und ihrer Temperatur.

Die Erfahrung ergibt, daß eine Änderung zweier dieser Eigenschaften eine ganz bestimmte Änderung der dritten bedingt; diese Abhängigkeit ist in die Formel gefaßt $p \cdot v = 29{,}27\ T$, worin bedeutet: v der Raum von 1 kg Luft in cbm, p ihr Druck in kg/qm und T die absolute Temperatur (T ist gleich der Temperatur in ^{0} C mehr 273, also $T = t + 273$).

Bei der Luftkompression nehmen wir Raumänderungen vor, um Druckeänderungen zu erzielen; die Formel läßt uns aber erkennen, daß bei einer bestimmten Raumverkleinerung je nach der gleichzeitig vorhandenen Temperatur ein ganz verschiedener Druck vorhanden sein kann. Welcher Druck sich einstellt, hängt von der gleichzeitig einhergehenden Beeinflussung der Temperatur ab und ist aus dieser Formel nicht vorauszusagen. Die Temperatur könnte in der allerverschiedensten Weise beeinflußt werden: durch Wärmezu- und -abfuhr. Bei der Kompression entsteht Wärme, die sich in einer Erhöhung der Temperatur zeigt. Folgende zwei einfachen Kompressionsfälle seien näher betrachtet: 1. die isothermische Kompression, das ist eine solche, bei welcher die entstehende Kompressionswärme durch Kühlung der Luft sofort abgeführt wird, so daß die Temperatur T der Luft keine Veränderung während der Kompression erleidet. 2. die adiabatische, das ist eine solche, bei welcher durch wärmedichte Ummantelung des Kompressionszylinders alle Kompressionswärme der Luft erhalten bleibt, so daß eine bestimmte Temperatursteigerung mit der Kompression einhergeht. Wir erkennen aus der Formel, daß im letzteren Falle die Drucksteigerung rascher erfolgen muß als im ersteren. Eine bildliche Darstellung wird dies deutlicher wahrnehmbar machen.

Fig. 144 zeigt unten einen mit Luft von atmosphärischer Spannung gefüllten Kompressionszylinder; über demselben seien die beim Vorwärtsschreiten des Kolbens eintretenden Luftdrücke senkrecht über der jeweiligen Kolbenstellung in irgend einem Maßstabe aufgetragen; 00 sei die Grundlinie, von welcher aus die Drücke zu messen sind; sie entspricht einem Drucke null und heißt auch die Vakuumlinie. Der Punkt a entspricht dem Anfangszustande der Luft.

Die isothermische Kompression.

Durch Mantel- und Deckelkühlung werde die Kompressionswärme so abgeführt, daß die Temperatur T gleichbleibt. Die Formel läßt dann erkennen, daß in diesem Falle das Produkt p . v während der Kompression gleichbleibt, der Druck sich also indirekt proportional dem Raume ändert, d. h. bei $1/n$ Raum herrscht der nfache des Anfangsdruckes. Darnach läßt sich die isothermische Kompressionslinie leicht durch Rechnung oder Zeichnung (Fig. 144) bestimmen; in der Mitte des Hubes ($1/2$ Luftraum) herrscht der 2fache, auf $3/4$ (Luftraum $= 1/4$) ein 4facher Druck. Bei d schneidet die „Isotherme" die Linie des Leitungs-Druckes: das Druckventil Vd öffnet sich, und auf dem Wege de wird die Druckluft bei gleichbleibendem Drucke aus dem Zylinder gedrückt.

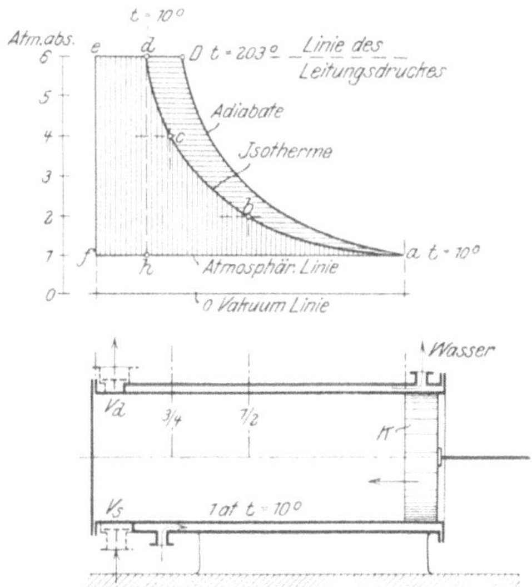

Fig. 144.
Isothermische und adiabatische Kompression.

Die adiabatische Kompression.

Kühlen wir den Zylinder nicht, sondern umgeben wir ihn mit wirksamem Wärmeschutz, so steigt die „adiabatische Kompressionslinie" rascher an. Aus der Bedingung völlig verhinderter Kompressionswärmeabfuhr ergeben wärmetheoretische Betrachtungen, daß das Produkt $p \cdot v^{1,41}$ bei der adiabatischen Kompression unverändert bleibt. Das sich hieraus ergebende Ansteigen der „Adiabate" ist ebenfalls in Fig. 144 dargestellt. Die mit der Drucksteigerung einhergehende Temperatursteigerung ergibt durch ähnliche Betrachtungen hier den Zusammenhang:

$$T_e = T_a \cdot \left(\frac{p_e}{p_a}\right)^{\frac{0,41}{1,41}}.$$

Hierin bedeutet: T_a die Anfangs-, T_e die Endtemperatur (absolut); p_a den Anfangs- und p_e den Enddruck der Luft.

II. Arbeitsbedarf der Kompression.

Der raschere Druckanstieg der Adiabate läßt einen größeren Arbeitsbedarf dieser Kompressionsart vermuten. Der Kolben muß mit einer dem jeweiligen Luftwiderstand entsprechenden Kraft vorwärtsgestoßen werden. Dem Luftdruck auf die linke Kolbenseite steht der atmosphärische Luftdruck auf die rechte Seite entgegen. Durch äußere Kräfte zu überwinden sind daher nur die Zylinderdrücke, soweit sie 1 Atm. übersteigen, in unseren Schaulinien die über der atmosphärischen Linie 1 a liegenden Luftdrücke. Da nun Arbeit das Produkt aus Kraft mal Weg ist und die Schauflächen a d e f bzw. a D e f in ihrer Grundlinie dem Kolbenweg, in ihren Höhen den jeweiligen Luftwiderständen entsprechen, so stellen ihre Flächen in einem bestimmbaren Maßstabe die Arbeiten dar, die der Kolben auf seinem Wege von rechts nach links geleistet hat.

Wir erkennen jetzt in der senkrecht schraffierten Fläche den (theoretischen) Arbeitsbedarf der isothermischen und in der wagerecht schraffierten den Mehrbedarf der adiabatischen Kompression. Für diesen Arbeitsbedarf lassen sich schöne Formeln aufstellen; hier sollen an deren Stelle ausgerechnete Werte gesetzt werden, die einen unmittelbaren Zahlenvergleich gestatten. Um 1 cbm Luft von 1 Atm. Anfangsspannung auf p Atm. Enddruck zu bringen, sind an mkg Arbeit aufzuwenden:

	p absolut	2	4	6 Atm.
I	Isothermische Kompression	6900	13 900	17 900
II	Adiabatische Kompression	7700	17 100	23 500
III	II mehr in v. H. von I	12	23	31
IV	Endtemperatur zu II			
	bei 10° Anfangstemperatur	73°	151°	203°
	bei 20° Anfangstemperatur	85°	165°	220°

III. Adiabatische oder isothermische Kompression?

Diese Entwickelungen lassen zunächst nicht zweifelhaft sein, daß die Lieferung eines kg Druckluft am vorteilhaftesten durch isothermische Kompression geschieht. Doch ist zu beachten, daß dem größeren Arbeitsaufwande der adiabatischen Kompression auch eine gewisse Mehrleistung entspricht, indem diese dasselbe Druckluftgewicht mit größerem Raume und höherer Temperatur abliefert. Würden wir diese Druckluft in einem benachbarten Luftmotor arbeitleistend wirken lassen, so würden in einer verlustlosen Maschine unsere Kompressionsschauflächen als Leistungsschauflächen wieder erscheinen, d. h. die zur Kompression im einen oder anderen Falle aufgewendete Arbeit käme im Motor ganz zur Wirkung. Es läge alsdann kein Grund vor, die Kompression durch Kühlung umständlicher zu machen; im Gegenteil erschiene die adiabatische Kompression wegen ihrer größeren Leistung bei gegebenem Maschinengewicht und einfacherem Betrieb wirtschaftlicher. Doch es ist dieser Fall eines benachbarten Luftmotors wohl nie gegeben. Dient doch die Druckluft gerade zur Fernübertragung von Energie. Die heiße Druckluft der adiabatischen Kompression muß dabei durch lange Rohrleitungen streichen, ehe sie im Luftmotor zur Verwendung gelangt. Sie kühlt sich dabei bis etwa auf ihre Anfangstemperatur ab und verkleinert dabei ihren Raum auf denjenigen der bei isothermischer Kompression geliefert wird, von D e auf d e (Fig. 144). Wir hätten dann einen größeren Arbeitsaufwand entsprechend der adiabatischen Kompression und dabei die kleinere Arbeitsleistung der isothermischen Kompression. Die verloren gegangene Arbeit ist zur unnötigen Erwärmung der Umgebung der Rohrleitung benutzt worden.

Wir entscheiden uns daher zu dem Bestreben, die tatsächliche Kompression durch wirksame Kühlung möglichst der isothermischen zu nähern. Durch welche Mittel und wieweit dies gelingt, wird später (Nr. D. I) berichtet werden.

IV. Der Ansaugevorgang.

Bei der Betrachtung des Kompressionsvorganges setzten wir voraus, daß der Zylinder zunächst mit Luft von atmosphärischer Spannung erfüllt sei. Nachdem diese durch das Druckventil ausgestoßen ist, muß während des Rechtsganges des Kolbens Luft von außen nach dem Zylinderinnern eingelassen werden. Das Saugventil Vs ist hierzu bereit, wenn es seiner trägen Natur entgegen angehoben wird. Dieses kann nur durch eine Kraftwirkung von außen, das heißt durch einen Überdruck der äußeren Luft gegen die innere geschehen. Auch die Luft selbst will durch äußere Überkräfte in den Zylinder geleitet sein. Im Zylinder entsteht beim Rechtslauf des Kolbens ein Unterdruck bzw. ein luftverdünnter Raum, so daß der jetzt entstandene äußere Luftüberdruck imstande ist, die nötigen Kräfte auf die zu fördernde Luft sowie auf das Saugventil auszuüben. Der erforderliche Zylinderunterdruck gegen die Atmosphäre wird verschieden angegeben, von den einen zu 0,02—0,03 Atm.; dies würde ein sehr geringer Unterdruck sein, der gute Anordnung der Saugleitung, der Zylinderkanäle und der Saugventile voraussetzt; andere geben den höheren Wert 0,1 Atm. an.

Tragen wir in Fig. 145 die Saugspannungen wieder senkrecht zum Kolbenweg auf, so müssen wir jetzt diese Unterdrücke gegen die Atmosphäre, von der atmosphärischen Linie ausgehend, nach unten abtragen; wir erhalten die Linie f_1 a_1 der Saugspannungen. Auf die linke Kolbenseite wirkt die Spannung von 00 bis f_1 a_1, auf die rechte die größere Atmosphärenspannung. Eine dem Unterschiede (von f_1 a_1 bis f a gemessen) gleiche äußere Kraft muß den Kolben nach rechts ziehen. Die vom Kolben geleistete Ansaugearbeit ergibt sich wieder als Produkt dieser Kraft mal dem Wege, ist also entsprechend der in Fig. 145 schraffierten Ansaugeschaufläche; sie kommt zur eigentlichen Kompressionsarbeit hinzu, so daß die gesamte Arbeit durch die größere Fläche f_1 a_1 d_1 e zu messen ist. Der wirkliche Ansaugevorgang verläuft etwas anders; dies wird im nächsten Abschnitt bei Besprechung des schädlichen Raumes erörtert werden; diesem anderen Verlaufe der Drucklinien entspricht dann auch ein der geänderten Fläche zugehöriger Kraftbedarf.

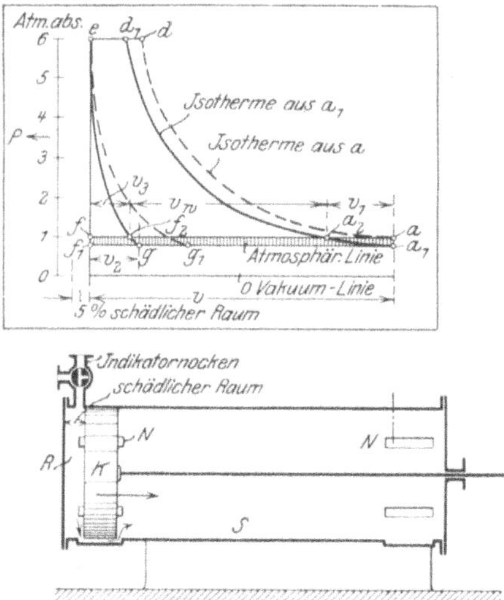

Fig. 145.
Das Aussaugen der Luft.

C. Der schädliche Raum.

I. Einfluß des schädlichen Raumes auf die Ansaugeleistung.

Steht der Kolben am Ende des Druckhubes, so hat er nicht, wie vorhin angenommen wurde, alle Luft aus dem Zylinder entfernt, sondern in dem Raume zwischen Kolben und Zylinderdeckel sowie in den nach den Abschlußorganen führenden Räumen bleibt Druckluft zurück. Dieser „schädliche Raum" wird in Hundertteilen des Kolbenhubraumes angegeben; er beträgt 1½—10 v. H., im Mittel 5 v. H. Bei Beginn des Saughubes füllt diese Luft den vom Kolben frei gegebenen Raum so lange allein aus, bis ihre Spannung durch die Ausdehnung bis auf die Saugspannung gesunken ist. Dieser Zeitpunkt wird erst nach Durchlaufen eines desto größeren Kolbenweges erreicht, je größer der schädliche Raum ist, und je größer die Kompressionsendspannung war; denn desto mehr jetzt expandierende Luft blieb im Zylinder zurück. Das Saugventil öffnet sich also sehr verspätet, und nur auf einem Teile des Saughubes kann Außenluft angesaugt werden. Bei einem schädlichen Raume von 5 v. H. würde in unserer Fig. 145 eine Rückexpansionslinie e g eintreten, wenn wir infolge starker Deckelkühlung isothermische Expansion annehmen dürfen. Betrüge der schädliche Raum 10 v. H., so würde die Rückexpansionslinie, das heißt das Fallen der Spannungen beim Rückgange des Kolbens, nach e g_1 verlaufen, und erst in g_1 begänne das Ansaugen von Außenluft.

Wir erkennen: Die Ansaugeleistung eines Kompressors wird durch einen großen schädlichen Raum und bei hohen Endspannungen stark beeinträchtigt.

Der Verlauf der tatsächlichen Zylinderspannung ist jetzt durch die Linien a_1 d_1 e g gegeben. Die Güte der Ansaugeleistung ließe sich aus der Linie g a_1 bzw. aus ihrem Verhältnis zum Kolbenhub f_1 a_1 ermessen. Die Ansaugeleistung soll aber auf Luft von atmosphärischer Spannung umgerechnet werden. Liegt die Ansaugelinie g a_1 sehr tief, so entspricht einer gleichen Linie g a_1 ein geringeres Luftgewicht, als wenn infolge geringerer Ansaugewiderstände diese Linie höher liegt. Im Kompressor kommt es aber nicht auf das Ansaugen eines großen Raumes, sondern eines großen Gewichtes an. Wir haben zu ermitteln, welchen Raum die angesaugte Luft g a_1 einnimmt, wenn sie auf Atmosphärenspannung gepreßt wird. Aus der Schaulinie ist zu erkennen, daß dieser Raum gleich f_2 a_2 ist; denn in der Kolbenstellung f_2 (im Saughub) war der Zylinder mit Luft von 1 Atm. gefüllt, in der Kolbenstellung a (im Druckhub) desgleichen, dazwischen wurde angesaugt der Raum f_2 a_2. Man nennt daher das Verhältnis $\frac{f_2\, a_2}{f_1\, a_1}$ den Raumwirkungsgrad (meist volumetrischer Wirkungsgrad genannt). Er läßt erkennen, wie weit die Zylinderabmessungen zum Ansaugen ausgenutzt werden. Damit er groß werde, müssen vorhanden sein: ein geringer schädlicher Raum und geringe Ansaugewiderstände.

Der geringeren Luftlieferung entspricht freilich auch ein geringer Arbeitsbedarf. Die im schädlichen Raume aufgespeicherte Luftenergie wirkt während des ersten Teiles des Saughubes treibend auf den Kolben. Wir ersehen dies auch aus der verkleinerten Schaufläche g a_1 d_1 e gegenüber der Fläche f_1 a_1 d_1 e, die ja den Arbeitsaufwand darstellt. Geschähen Kompression a_1 d_1 und Rückexpansion e g genau nach der Isotherme, dann wären die Flächen, wie sich leicht zeigen läßt, genau den Ansaugeleistungen proportional. In Wirklichkeit geschieht aber die Kompression nahezu adiabatisch, die Rückexpansion bei Deckelkühlung nahe isothermisch, das heißt die bei der Kompression durch Arbeitsaufwand entwickelte Wärme fließt bei der Rückexpansion nicht in die Restluft zurück, wird also nicht zum entsprechenden Teile zurückgewonnen, so daß der schädliche Raum zur Erhöhung des Arbeitsbedarfes je Luftleistung beiträgt.

II. Verkleinerung des schädlichen Raumes oder seiner Wirkungen.

Die Größe des möglichst zu beschränkenden schädlichen Raumes hängt zumeist von der Bauart und Anordnung der Luftschaltorgane ab, als welche Schieber und Ventile zur Anwendung kommen. Der ungeteilte Schieber ergibt große schädliche Räume, da hier lange Kanäle von beiden Zylinderseiten nach diesem Steuerorgan führen; hierbei entsteht ein schädlicher Raum von etwa 10 v. H. Durch Teilung des Schiebers in zwei Teile, deren je einer an jedem Zylinderende angeordnet ist, können diese Kanäle und somit die schädlichen Räume bedeutend verkleinert werden ($1\frac{1}{2}$—3 v. H.). Luftventile, besonders im Zylinderdeckel angeordnet, ergeben, wenn nahe an den Zylinderraum herangerückt, geringe schädliche Räume, etwa auch $1\frac{1}{2}$—3 v. H. Ohne räumliche Verkleinerung lassen sich die Wirkungen des schädlichen Raumes auf die Ansaugeleistung vermindern, wenn in der Kolbenendstellung die Druckluft des schädlichen Raumes durch besonders gesteuerte Umführungskanäle von der Druckseite auf die Saugseite übergeführt wird. Hierbei geht sie nicht verloren, sondern wird beim folgenden Druckhube mit der von außen angesaugten Luft von neuem komprimiert. Das Ansaugen aus dem Freien geschieht dabei früher, etwa wie bei kleinem schädlichem Raume oder bei niederem Enddrucke. Die Ansaugeleistung wird erhöht, aber unter größerem Kraftverbrauch je Lieferung, da die auf die Saugseite überströmende Druckluft die Anfangsspannung des nächsten Druckhubes erhöht. (Dem Wegfalle der Rückexpansionsarbeit entspricht die vergrößerte Ansaugeleistung).

Eine größere Ansaugeleistung je Zylinder kann auch durch die später zu besprechende Stufenkompression erreicht werden. Soll etwa ein Enddruck von 25 Atm. erreicht werden, so wird die Luft in einem großen Niederdruckzylinder auf 5 Atm. vorgepreßt, nach einem kleineren Hochdruckzylinder übergeführt und dort auf 25 Atm. weitergepreßt. Der Raumwirkungsgrad jedes Zylinders entspricht dann dem größeren Werte bei 5 Atm. Enddruck gegenüber dem kleineren Werte bei einstufiger Kompression auf 25 Atm. Enddruck.

III. Ausfüllung des schädlichen Raumes mit Wasser. Nasse und halbnasse Kompressoren.

Fig. 146 zeigt einen nassen Kompressor In der linken Endstellung des Kolbens reicht die Wasserfüllung bis an die oben angeordneten Ventile; es wurde daher alle Luft von dem Wasser durch das Druckventil ausgedrückt und kein lufterfüllter schädlicher Raum blieb zurück. Beim Kolbenrückgange wird daher alsbald durch das Saugventil Außenluft angesaugt. Diese nassen Kompressoren werden schon seit Jahren nicht mehr gebaut, da sie wegen der Wasserfüllung nur mit geringer Drehzahl laufen können. Höhere Drehzahlen führen zu Schlägen und zu Schaumbildung durch Luftaufnahme in das Wasser. Dann haben wir wieder trotz Wasserfüllung einen schädlichen Raum. Bei n = 20/min Umdrehungen zeigte sich ein Raumwirkungsgrad = 96 v. H. Diesen Wert erreichen wir mit trockenen rasch laufenden Kompressoren und kleinem schädlichen Raume ohne weiteres. Eine Erhöhung der Drehzahl auf n = 45/min verschlechterte den Raumwirkungsgrad gar auf 58 v. H. Auch der mechanische Wirkungsgrad erwies sich gering (86 bis 79 v. H.). Naßkompressoren wurden zuerst 1860 von *Sommeiller* bei der Durchbohrung des Mont Cenis verwandt. Die Wasserfüllung sollte neben der Ausfüllung des schädlichen Raumes eine Kühlung der Druckluft bewirken. Da diese wegen der unaufgeteilten Wassermasse mangelhaft bleiben mußte, versuchte man in den Einspritzkompressoren eine wirksamere Kühlung und Ausfüllung des gering gehaltenen schädlichen Raumes. Die halbnassen Kompressoren gleichen fast den üblichen trockenen Kompressoren. Sie besitzen etwa die Nachteile der nassen. Durch Verstopfung der Einspritzvorrichtung und rascheren Verschleiß der Zylinder machten sie den Betrieb schwierig. Sie werden ebenfalls heute nicht mehr gebaut. Später soll (Nr. D. I.) gezeigt werden, wie sich eine wirkungsvolle Kühlung der Luft erzielen läßt.

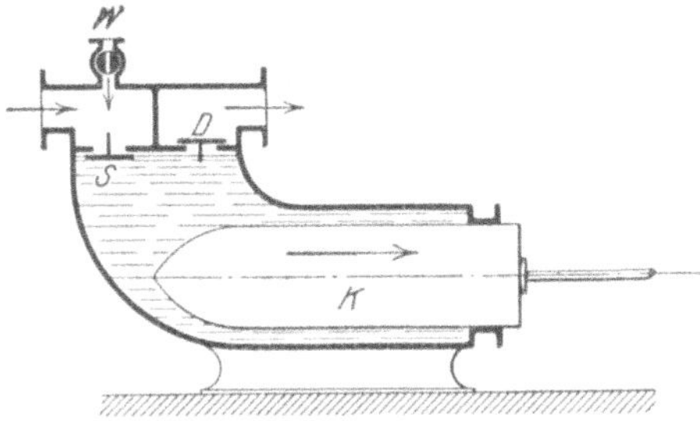

Fig. 146.
Nasser Kompressor.

IV. Der Lieferungsgrad und die Berechnung der Ansaugeleistung eines gegebenen Kompressors.

Der der Schaulinie entnommene Raumwirkungsgrad läßt die wirkliche Ansaugeleistung nicht erkennen. Die angesaugte Luft streicht an Einlaßorgan, Zylinderdeckel und Wand hin und berührt auch den Kolben. Sie erwärmt sich dabei, da diese Teile heißer sind als die Ansaugeluft. Der aus der Schaulinie ermessene *Ansaugeluftraum* ist daher mit Luft von höherer als Außentemperatur erfüllt, sein Luftgewicht ist also leichter als der gleiche Raum Außenluft. Die Ansaugeleistung soll aber nicht nur auf den Druck, sondern auch auf die Temperatur der Außenluft bezogen werden, um einen richtigen Maßstab für die Saugeleistung zu gewinnen. Die Messung der Temperatur am Ende des Saughubes ist nicht möglich, daher können nur Luftmessungen hinter dem Druckventil zum Ziele führen. Diese haben noch den Vorteil, daß sie auch alle Verluste berücksichtigen, die innerhalb des Kompressors durch Undichtheiten entstehen. Solche Messungen haben ergeben, daß Unterschiede bis 10 v. H. zwischen dem Raumwirkungsgrade der Schaulinie und dem Lieferungsgrade der Luftmessung bestehen können. Im Mittel können wir wohl einen Unterschied von 5 v. H. annehmen. Nach Angaben von *Köster* betrug bei einem Kompressor von *Pokorny & Wittekind* der Unterschied nur $2\frac{1}{2}$ v. H. Wir merken uns die Regel: *Die Luft möglichst kalt anzusaugen und den Kompressor gut dicht zu halten.*

Ist F der aus dem gegebenen Durchmesser des Kompressors zu berechnende Querschnitt in qm, s der Kolbenhub in m, n die Drehzahl in der min und f der Lieferungsgrad (rund 90 v. H. = 0,9 zu setzen), so ergibt sich die minutliche Luftlieferung = Q in cbm mit

$$Q = f \cdot F \cdot s \cdot n \text{ cbm}.$$

für einfach wirkende und das Doppelte für doppelt wirkende Kompressoren.

D. Stufenkompression mit Zwischenkühlung zur Erzielung einer Arbeitsersparnis.

I. Beschreibung und Wirkung der Stufenkompression.

Durch Mantel- und Deckelkühlung gelingt es nicht, den Kompressionsvorgang der Isotherme merklich zu nähern. Daher führte Riedler (etwa 1890) Stufenkompression mit Kühlung der aus dem Niederdruckzylinder kommenden Luft ein. In Fig. 147 preßt der Niederdruckkolben A seine Ansaugeluft auf etwa 2,45 Atm. und führt sie durch die linke Druckklappe nach einem Zwischenbehälter C, in dem sie durch eingespritzes kaltes Wasser auf die Ansaugetemperatur rückgekühlt wird. Die Luft verkleinert dabei ihren Raum auf denjenigen, den sie bei isothermischer Kompression im Zylinder erhalten hätte. Der diesem verkleinerten Luftraume angepaßte Hochdruckzylinder B saugt diese abgekühlte Luft an und verdichtet sie auf 6 Atm.

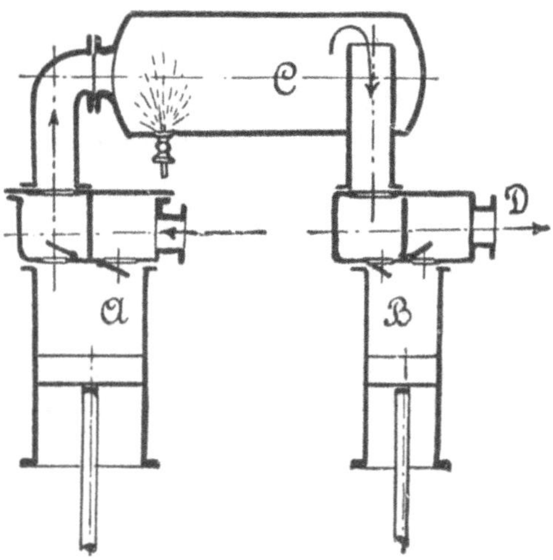

Fig. 147.
Stufenkompressor.

Die Wirkung dieser Zwischenkühlung zeigt sich deutlich in den Schaulinien der Fig. 148. Die Pressung im Niederdruckzylinder, untere Schaufläche, zeigt auch hier fast adiabatische Kompression. Der Niederdruckzylinder liefert den Raum $a_1 a_2$ heißer Luft in den Kühler; der

Hochdruckzylinder entnimmt diesem einen durch Kühlung auf a a_2 verkleinerten Raum Luft von Ansaugetemperatur. a a_2 ist der Luftraum, der bei isothermischer Kompression vom Niederdruckzylinder geliefert worden wäre. Denken wir uns den Hochdruckzylinder von gleichem Querschnitt wie den Niederdruckzylinder, so müssen wir seinen nutzbaren Hub auf a a_2 bemessen. Er beginnt dann die Kompression aus dem Punkte a und erreicht eine Kompressionslinie, die von der ursprünglichen Isotherme aus dem Anfangspunkt des Niederdruckzylinders nicht allzu sehr abweicht. Der Mehrarbeitsverbrauch gegen die Isotherme ist aus den schraffierten Flächen zu erkennen; ferner ist der Gewinn ersichtlich, der gegenüber der einstufigen Kompression erzielt wird. Diese würde als Mehrarbeit etwa die Fläche zwischen Isotherme und Adiabate beanspruchen.

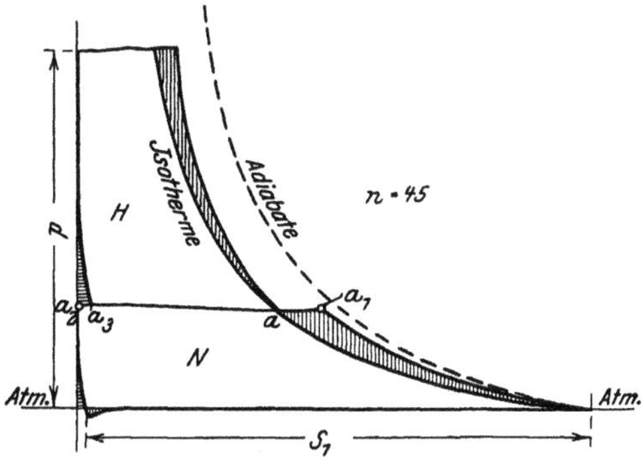

Fig. 148.
Schaulinien eines Stufenkompressors.

II. Wahl der Stufenzahl.

Höhere Luftenddrücke erfordern eine höhere Stufenzahl. Mit höherer Stufenzahl nähern wir uns mehr der Isotherme und verringern daher den Kraftverbrauch. Andererseits ergibt eine höhere Stufenzahl Überströmverluste durch Luftdrosselung, die im nächsten Zylinder durch erneute Kompression wieder wettgemacht werden muß, welche Verluste die Gewinne wieder aufzehren, ja überwiegen können. Der geringste Kraftverbrauch wird daher bei einer mittleren und nicht bei einer höchsten Stufenzahl erreicht. Es wäre jedoch unwirtschaftlich, die Stufenzahl geringsten Kraftverbrauches zu wählen, da etwaige Ersparnisse an Kraft, durch erhöhte Amortisations- und Schmierölkosten usw. völlig aufgezehrt werden können.

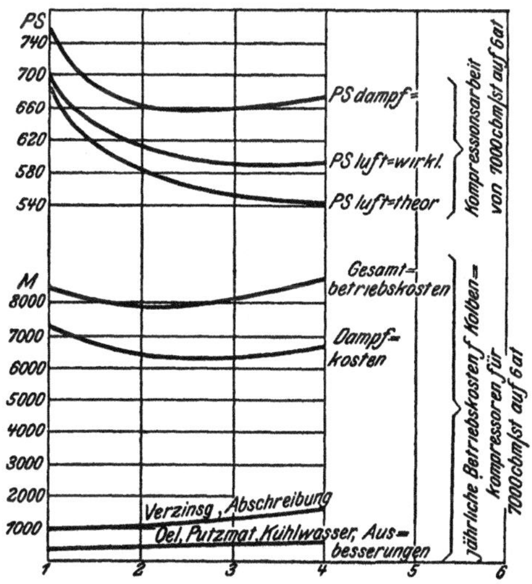

Fig. 149.
Kraft- und Kostenbedarf verschiedenstufiger Kompression.

In Rücksicht auf diese Erscheinungen hat es sich als praktisch erwiesen, bei Drücken über 4 Atm. abs. zweistufig zu komprimieren, während dreistufige Kompression wohl erst bei Drücken von etwa 12 Atm. in Frage kommt.

In Fig. 149 seien einige interessante von Köster mitgeteilte Schaulinien gegegeben, die die Kraft und Kostenverhältnisse für 7000 cbm/stunde und 7 Atm. Enddruck bei Anwendung verschiedenstufiger Kompression darstellen. Oben ist der Kraftverbrauch in PS gegeben; in der Mitte sind die gesamten Betriebskosten und unten einzelne Betriebskosten angeführt, die die Gesamtkosten zusammensetzen. Das günstigste Kraftverhältnis tritt bei dreistufiger, die billigste Erzeugung bei zweistufiger Kompression ein. Erzielbare Ersparnisse sind bei zweistufiger Kompression:

Enddruck	5	6	7	8 Atm. abs.
Ersparnis	11	13	15	16 v. H.

C. Ausrüstung der Luftleitungen.

I. Verluste in langen Leitungen.

Diese sind Menge- und Druckverluste. Für Schachtleitungen sind keine Versuchswerte bekannt geworden.

Mangels anderer Zahlen seien daher die der Pariser Druckluftanlage (1891) mitgeteilt. Darnach ist der Druckverlust sehr gering, und zwar bei einer mittleren Luftgeschwindigkeit von 6,5 m/sec = 0,05 Atm. je km Leitungslänge. Die Mengeverluste betrugen 3 v. H. bei 16 km Leitungslänge. Zur Erreichung geringer Druckverluste soll die Leitung möglichst geradlinig verlegt und die Luftgeschwindigkeit nicht zu groß gewählt werden. Zur Verminderung der Mengeverluste ist die Leitung gut zu dichten.

II. Anordnung des Luftsammlers in der Druckleitung.

In möglichster Nähe des Kompressors soll in die Druckleitung ein Windkessel eingeschaltet werden, um die stoßweise Luftlieferung des Kolbenkompressors zu einer gleichmäßigen Strömungsgeschwindigkeit im Druckrohr hinter dem Sammler auszugleichen.

An solchen Luftsammlern sind in einigen Fällen Explosionen geschehen. Dies wird auf Ansammlung explosibler Gemische im Sammler zurückgeführt. Die die Luft explosibel machenden Kohlenwasserstoffe entstehen im Kompressorzylinder, wenn in dessen Hitze das Schmieröl sich zersetzt. Die sich bei jedem Hube bildende Menge könnte kaum schädliche Wirkungen verursachen, wenn nicht eine Ansammlung solcher Gase zu größeren Mengen stattfände. Eine solche Ansammlung im Luftsammler könnte geschehen, wenn etwa einem vertieft stehenden Sammler die Druckluft oben zu und wieder abgeführt werden würde. Dann würde die ruhende Luft in tieferen Teilen des Kessels durch Diffusion Kohlenwasserstoffe aus der vorbeistreichenden Luft aufnehmen und so zu einer Ansammlung größerer Mengen explosibler Stoffe führen. Hierauf wird eine sehr verheerende Sammlerexplosion zurückgeführt. Wir wollen solche Ansammlungen vermeiden und merken uns daher die

Regel: Die Druckluft soll den Sammler in allen seinen Querschnitten durchströmen, so daß tote Räume in ihm vermieden werden.

Der Sammler ist mit Mannloch, mindestens Handloch zu versehen, sowie mit Ablaßvorrichtungen zum Ablassen von Wasser und Öl. Das Mannloch dient zum Reinigen des Kessels von öligen und harzigen Rückständen, die als Brennstoffe bei etwaigen Explosionen deren Wirkung verstärken.

Die Wichtigkeit der Beseitigung von Rückständen wird durch die neuen bergpolizeilichen Bestimmungen für den O. B. B. Dortmund (1. I. 1911) anerkannt: Kompressoren nebst allem Zubehör sind alle 6 Monate zu öffnen und nötigenfalls zu reinigen.

III. Filter in der Saugleitung.

Die Saugleitung soll weit sein, kurz und gradlinig geführt werden, um die die Ansaugeleitung schädigenden Saugwiderstände geringzuhalten. Dann soll aus einem kühlen Ort angesaugt und der Luft in der Saugleitung keine Gelegenheit zur Erwärmung gegeben werden, ebenfalls in Rücksicht auf Ansaugeleistung und geringen Kraftbedarf. Um das Ansaugen von Staub zu vermeiden, ist in die Saugleitung ein Luftfilter einzubauen. Staub würde die Lauffläche des Kolbens rasch zerstören. Das Filtertuch besteht aus Baumwollengewebe von großer Oberfläche. Die Oberfläche muß groß sein, damit nur ein sehr geringer Saugwiderstand entstehe; daher wird sie so groß bemessen, daß bei reinem Tuche ein Widerstand von 1 mm Wassersäule, nach wochenlangem Betriebe ein solcher von 6—8 mm auftritt. Fig. 150 zeigt, wie eine solch große Fläche durch taschenartige Faltung in kleinem Raume untergebracht werden kann. Die einzelnen Taschen müssen durch Rahmen in ihrer lotrechten Lage sowie in bestimmtem Abstande voneinander gehalten werden, daß sie sich nicht gegeneinanderlegen und die Filterfläche durch Zudecken verkleinern. Der ganze Filter ist eine einzige zusammenhängende Fläche und kann zur Reinigung ausgeklopft oder ganz herausgenommen werden. Die lotrechte Stellung des Tuches ermöglicht ein Abfallen des Staubes. Der vom Filter nach dem Kompressor führende Kanal muß luftdicht sein, damit nicht durch ihn Staubluft in den Zylinder gelange. Die Filterkammer selbst muß trocken liegen und zuverlässig entwässert werden können.

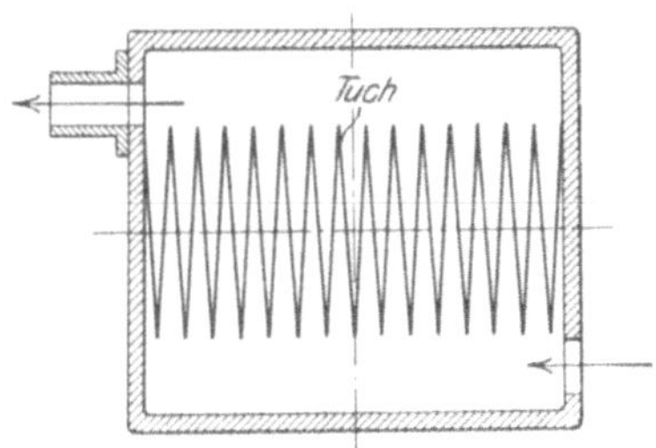

Fig. 150.
Schema eines Luftfilters.

F. Die Kühlung der Kompressoren.

I. Anordnung und Wirkung der Kühlung.

Die Kühlung durch Wasser geschieht als Mantel- und Deckelkühlung und als kraftsparende Zwischenkühlung.

Die Mantelkühlung kann den Kraftbedarf bis um 5 v. H. verringern; bei hoher Kolbengeschwindigkeit wird jedoch der Kraftbedarf nicht merklich beeinflußt. Die Bedeutung der Mantelkühlung ist in der Kühlhaltung des Zylinders zu erblicken, wodurch die Ansaugeleistung verbessert und die Schmierung erleichtert wird; ohne Kühlung würde das Öl zum großen Teile zersetzt werden.

Die Deckelkühlung kommt zur Ausführung, sobald die Deckelfläche nicht zur Unterbringung von Ventilen beansprucht wird. Sie verhindert im Verein mit der Mantelkühlung eine Erwärmung der Ansaugeluft, erhöht also die Ansaugewirkung.

Bei offenen einfach wirkenden Luftzylindern wirkt die mit den inneren Zylinder-, bzw. Kolbenflächen in Berührung tretende Außenluft kühlend. Diese Wirkung scheint nicht unbeträchtlich zu sein. Der Zwischenkühler bei Stufenkompression wird meist als geschlossener Röhrenkühler ausgeführt. Zur Erreichung einer großen und wirksamen Kühloberfläche werden enge, dünnwandige Messingröhren verwendet (25—30 mm Durchm., 1—1,5 mm Wandstärke). Die spätere Fig. 170 zeigt einen solchen Zwischenkühler, der, über dem Zylinder liegend, die Niederdruckseite eines Einzylinderstufenkompressors mit dessen Hochdruckseite verbindet. Die Röhren werden von Wasser durchflossen, die Luft umspült die Röhren von außen. Luft und Kühlwasser werden meist im Gegenstrom geführt. Beim Gegenstrom kommt das kälteste Wasser mit schon vorgekühlter Luft zusammen und kann sie fast bis auf seine Eintrittstemperatur abkühlen; im weiteren Verlaufe tritt das schon vorgewärmte Wasser mit der heißesten Luft in Berührung und kann durch sie hoch erwärmt den Kühler verlassen. Auf diese Weise wird das Wasser im Kühler in günstigster Weise ausgenutzt.

II. Größe der Kühlfläche. Wasserbedarf. Temperaturen.

Ausführungen zeigen auf 1 qm Kühlfläche 50—100 cbm Luft/stunde, demnach ist für 1 cbm/st zu wählen eine Fläche von 0,02—0,01 qm. Dies ergibt recht beträchtliche Kühlflächen.

Auch der Kühlwasserverbrauch ist schwankend. Die Temperatur des Kühlwassers kann mit 10—15^0, die Temperatur des abfließenden Warmwassers mit 20—35^0 angenommen werden. Die Ansaugetemperatur der Luft wird im Mittel 15^0 betragen. Hinter dem Niederdruckzylinder beträgt die Lufttemperatur etwa 100—110^0, wird auf 20—25^0 zurückgekühlt und beträgt hinter dem Hochdruckzylinder wieder etwa 110 bis 120° (bei 6 Atm. Enddruck). Bei kühlungsloser adiabatischer Kompression würde die Temperatur etwa 220° sein. Bei dreistufiger Kompression und zweifacher Zwischenkühlung übersteigt die Temperatur kaum 90°. Folgende Aufstellung kann einen ungefähren Anhalt für den Kühlwasserverbrauch geben. Davon entfallen etwa $2/3$ auf den Zwischenkühler, $1/3$ auf die Zylinderkühlung. Andere Quellen geben das 2—3 fache dieser Werte an.

Enddruck	3	5	6	9 Atm. abs.
Wasser in v. H. des angesaugten Luftraumes	0,15	0,18	0,2	0,4

III. Der Betrieb des Kühlers.

Der Kühlung durch Wasserinhalt und durch Wassereinspritzung ist schon in Nr. C. III. gedacht und auf die Betriebsschwierigkeiten dieser Einrichtungen hingewiesen worden.

Die Kühlung der Kompressoren bedarf einer Beobachtung ihrer Wirkung durch im Wasser- und Luftraum angebrachte Thermometer. Die wechselnden Temperaturen bedingen Längenänderungen der Kühlrohre. Um diese gefahrlos zu gestalten, werden die Kühlröhren (z. B. von Borsig) nur in den einen Rohrboden fest eingewalzt, während sie im anderen stopfbüchsenartig gleitend geführt sind. Andere führen die Röhren schlangenartig zum Ausgangspunkte zurück, wodurch ebenfalls eine freie Ausdehnung der Rohrschlinge ermöglicht wird.

Die Kühlröhren müssen zeitweise gereinigt werden von sich aus dem Wasser absetzendem Schlamme (innen) und von dem durch die Druckluft mitgerissenen Öle (außen). Deshalb werden die Röhrenbündel auch ausziehbar eingerichtet.

G. Die Luftsteuerungen.

I. Überblick über die im Gebrauche stehenden Luftschaltorgane.

Das Zylinderinnere muß abwechselnd mit der Außenluft in Verbindung treten unter gleichzeitigem Abschluß vom Druckraume und mit dem Druckraume unter Abschluß von der Außenluft. Wie bei den altbekannten Wasserpumpen, so können auch bei den Kompressoren selbsttätige Ventile zur Durchschleusung der Luft durch den Zylinder verwandt werden. Etwa 50 v. H. der zurzeit im Gebrauche stehenden Grubenkompressoren sind so ausgerüstet. An diesen Ventilen entdeckte man einige Schönheitsfehler; sie erledigten ihre Aufgabe mit zuviel Geräusch; da schritt man zur Dämpfung ihrer Bewegung. Anderen mißfiel eine gewisse Widerspenstigkeit ihrer Bewegungen; da wirkten sie durch äußeren Zwang auf die Ventile ein. Wieder anderen erschien ihre freie Bewegung überhaupt unzuverlässig für die wichtige Aufgabe des Ansaugens, und sie gingen zu völlig zwangläufig bewegten Saugschiebern über. Doch auch diese konnten sie als Druckventil nicht entbehren, da nur ihre frei bewegliche Natur eine Anpassung an wechselnde Luftdrücke ermöglicht.

II. Selbsttätige massige Ventile.

Fig 151 zeigt auf der linken Seite selbsttätige federbelastete im Zylinderdeckel untergebrachte Ventile Vs und Vd. Das Saugventil öffnet nach Schluß des Druckventiles, nachdem der rechtslaufende Kolben einen genügenden Luftunterdruck im Zylinder erzeugt hat, ähnlich das Druckventil nach Schluß des Saugventiles, wenn der linkslaufende Kolben einen genügenden Zylinderüberdruck erzeugt hat. Gegen Ende des Kolbenhubes nähern sich die federbelasteten Ventile ihren Sitzen, da der langsamer fließende Luftstrom der Federbelastung das Über-

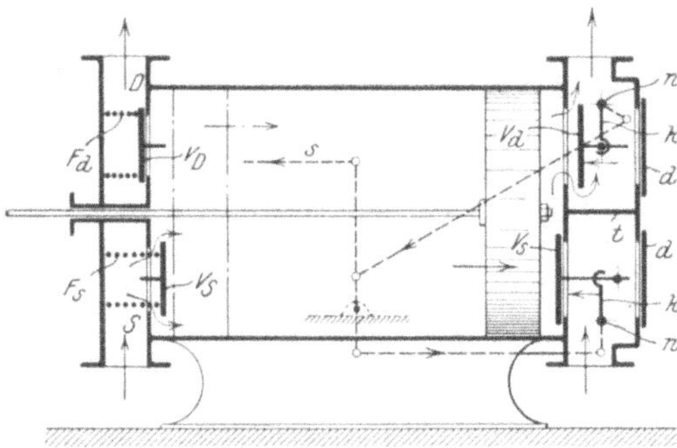

Fig. 151.
Kompressor mit (links) selbsttätigen und (rechts) gesteuerten Ventilen.

gewicht läßt. Da aber bis Ende des Hubes Luft angesaugt oder ausgedrückt wird, so ist das Ventil an diesem Hubende nicht völlig geschlossen, sondern noch ein Stück von seinem Sitze entfernt und wird erst nach Kolbenumkehr durch die veränderten Druckverhältnisse mit wachsender Geschwindigkeit geschlossen. Dies geschieht bei massigen Ventilen nicht gerade sanft.

Wir fassen zusammen: Selbsttätige Ventile öffnen sich durch die auf ihre Flächen wirkenden Druckunterschiede in der Richtung des vordringenden Luftstromes und werden durch Rückstrom und Federbelastung nach Kolbenumkehr stoßweise geschlossen.

Der auftretende Ventilschlag ist desto größer, je größer die Masse des Ventils ist, je höher der Hub des Ventils zur Zeit der Kolbenumkehr war und je größer die Kolbengeschwindigkeit ist. Zwecks Milderung des Ventilschlages kann der Ventilhub klein gewählt werden; dann muß aber zur Erreichung des nötigen Spaltdurchflußquerschnittes der Spaltumfang, das heißt die Fläche und Masse des Ventiles vergrößert werden, so daß wenig gewonnen wird. Durch Aufteilung des Ventiles in kleinere Flächen, die aus dünnen Platten hergestellt werden können, ist es später gelungen, die Ventilmasse wesentlich zu beschränken. In Verfolg einer vermeintlichen Einfachheit bemühte man sich aber lange, mit je einem massigen, hochhubigen Ventile auszukommen und bekämpfte die Ventilschläge durch Dämpfung der Schlußbewegung, ein Vorgang, der zu Bedenken Veranlassung gibt, da durch das längere Offenhalten der Ventile nach Kolbenumkehr ein vermehrter Rückfluß bereits geförderter Luft durch das betreffende offene Ventil stattfindet.

Fig. 152 stellt ein Saugventil V mit Dämpfung durch einen Luftpufferkolben K dar. Der Kolben bewegt sich in einem mit einem oberen und einem unteren Loch O_1 und O_2 versehenen, sonst geschlossenen Zylinder. Beim Schluß des Ventiles überläuft der Kolben die oberen Löcher O_1 und die über ihnen befindliche Luft wird zusammengepreßt und bewirkt so eine Verlangsamung der Schlußbewegung und Dämpfung des Schlages. Diese dämpfende Wirkung wird hier auch für den Schluß der Öffnungsbewegung angewandt, indem der Kolben hierbei die unteren Löcher O_2 überfährt. Die Dämpfung wirkt nun aber auch bei dem Öffnen des Ventiles, in dem der Pufferkolben bis zur Wiederöffnung der Löcher O_1 über sich eine Luftverdünnung erzeugen muß. Die Öffnung verzögert sich und die Saugwiderstände werden größer. Es zeigt sich ein um 5—10 v. H. vermehrter Kraftverbrauch. Zudem muß die dämpfende Wirkung für eine bestimmte Drehzahl eingestellt werden und wirkt nur bei dieser. Diese Bauart ist wegen ihrer Nachteile seit Jahren völlig verlassen worden.

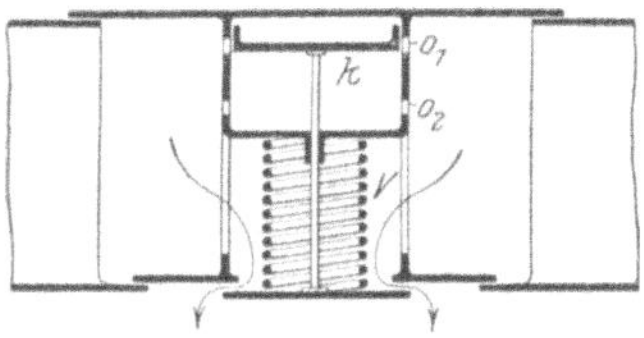

Fig. 152.
Ventil mit Dämpfung durch Luftpuffer.

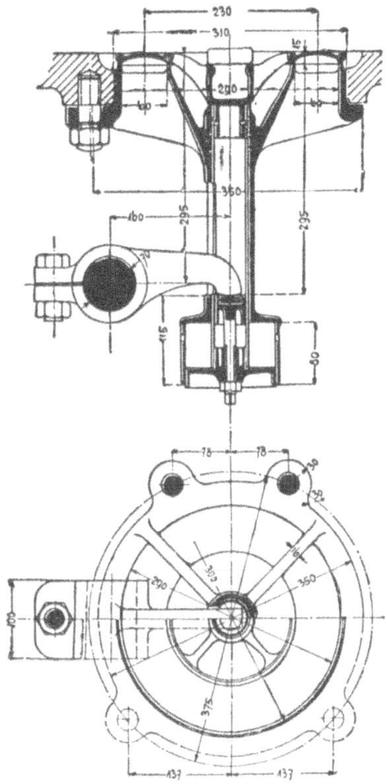

Fig. 153.
Gesteuertes Ventil (nach Riedler).

III. Gesteuerte Ventile.

Die Vielgliedrigkeit kleinhubiger Ventile und die infolge ihrer großen Dichtungslänge vermutete große Undichtheit lassen das Streben nach einem hochhubigen Ventile von mäßigem Spaltumfange erklärlich erscheinen. Die Bewegung des hochhubigen Ventiles kann aber nur durch zwangsweises Niederdrücken am Ende des Kolbenhubes beherrscht werden. Fig. 153 zeigt ein solches gesteuertes massiges Ventil nach Riedler (etwa seit 1890). Die Ventilspindel trägt unten einen Ansatz, welcher durch einen seitlichen durch eine Welle drehbaren Daumen im geeigneten Augenblicke erfaßt und bis nahe auf seinen Sitz niedergedrückt wird. Um den Schluß der Öffnungsbewegung stoßfrei zu gestalten, ist die Ventilspindel mit einem Luftpufferkolben ausgestattet.

Die frühere Fig. 151 zeigte auf der rechten Seite im Deckel angeordnete, durch äußeres Gestänge (punktiert gezeichnet) von der Welle aus gesteuerte Ventile. In den Saug- und Druckraum dringen von außen die Steuerwellen w_1 und w_2

ein, die durch das erwähnte Gestänge schwingend bewegt werden. Die Knaggen K_1 und K_2 dieser Stellen greifen unter Vorsprünge der Ventilspindeln Die in der gezeichneten Kolbenstellung eintretenden Bewegungen sind durch Pfeile angedeutet. Das obere Druckventil wird gerade auf seinen Sitz gedrückt. Vom Anschlag des hinteren Saugventiles ist die Knagge entfernt und entfernt sich weiter, um demnächst das Ansaugen dieser Seite zu gestatten; sie kehrt erst gegen Ende dieses Saughubes zur Spindel zurück, um das Ventil zu schließen.

Genaue Einstellung der Steuerung ist erforderlich. Der größeren Einfachheit des Ventiles steht die äußere Steuerung mit ihren Reibungen und auch Stopfbüchsen (w_1 und w_2) gegenüber. Durch äußere Gestänge gesteuerte Ventile werden heute kaum mehr gebaut.

Eine Ersparung jedes äußeren Steuergestänges erzielte Stumpf durch sein rückläufiges vom Kolben am Ende des Druckhubes zwangsweise geschlossenes

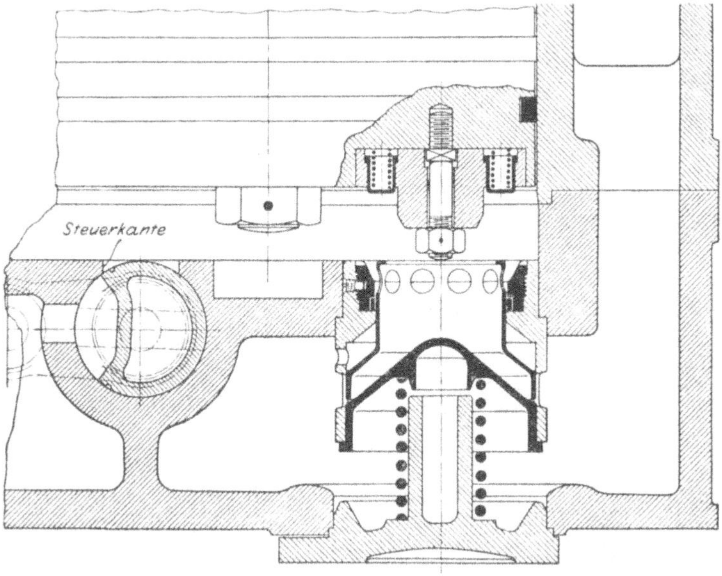

Fig. 154.
Rückläufiges Druckventil nach Stumpf.

Druckventil. Ein freigängiges Druckventil öffnet sich in der Richtung des Druckhubes, schließt sich also entgegen dem Endlaufe des Kolbens. Ohne bewegungsumkehrende Hebel erscheint daher ein vom Kolben bewirkter Schluß des Druckventiles unmöglich. Stumpf dreht daher die Bewegung des Ventiles um, so daß es sich in der Kolbendruckrichtung schließt. Fig. 154 enthält im oberen Teile des Zylinderdeckels ein solches, rückläufiges Druckventil, dessen beweglicher Teil wie ein Trompetenmundstück aussieht. Mit einer engeren und einer weiteren Röhre wird es in Bohrungen des Deckels geführt. An dem Rande des erweiterten äußeren Teiles strömte die Druckluft während des bereits vorübergegangenen Druckhubes durch die Röhre des Ventiles nach dem Druckraume. Nähert sich der Kolben ganz dem Deckel, dann drückt er mit einem elastischen Vorsprunge gegen den Rand der inneren Ventilröhre und zwingt dadurch das Ventil nach außen auf seinen Sitz. Die Eröffnung des Ventiles geschieht durch den Überdruck auf den stufenförmigen Teil der Ventilröhre, durch welche Röhre diese Ventildruckfläche mit dem Zylinderinnern in Verbindung steht. Diese Öffnungsbewegung ist nach dem Zylinderinnern gerichtet. Die vielen Schleif- und Sitzdichtungen lassen das Ventil keineswegs einfacher als vielspaltige Ventile erscheinen.

Nach den Erfahrungen der Firma Borsig arbeiten nicht zu große Ventile, wenn sie für bestimmte Drehzahl und ebensolchen Druck eingestellt sind, gut und ohne jedes Flattern. Ändern sich hingegen diese Verhältnisse, so schlagen die Ventile.

IV. Masselose Ventile.

Erfolgreicher erwiesen sich kleinhubige vielspaltige Ventile, die durch Aufteilung in kleine Ventildruckflächen trotz hohen Luftdruckes

Fig. 155.
Ventil von Rogler und Hörbiger, Budapest, gebaut von Schüchtermann & Kremer, Dortmund.

dünne Ventilplatten und somit geringe Massen bei großem Spaltumfange gestatten. Dieser Weg war gar nicht so leicht zu gehen, da man von den älteren massigen Ventilen (Fig. 153) herkommend, an das masselose Ventil vermeintlich unerläßliche Anforderungen, wie starre gut aufgeschliffene Ventilfläche und gute lange Führung, stellte, die das masselose Ventil schlechterdings nicht erfüllen konnte. Die Erfolge leichter, elastisch biegsamer, schlecht oder gar nicht geführter Ventilplatten haben das Irrtümliche dieser Anschauung erkennen gelehrt. Die infolge des großen Spaltumfanges vermutete größere Undichtheit, die den Lieferungsgrad kleiner und den Kraftbedarf je Leistung größer werden läßt, scheint sich nach wenigen bekannt gewordenen Versuchen zu bewahrheiten. Der Lieferungsgrad solcher Kompressoren scheint um etwa 7 v. H. kleiner zu sein als der der Schaulinie entnommene Raumwirkungsgrad, bei einem Kompressor mit Saugeschieber und hochhubigem Druckventile mäßigen Spaltumfanges nur um $2\frac{1}{2}$ v. H.

Masselose Ventile scheinen zuerst von Hörbiger (Budapest, etwa 1896) angewendet worden zu sein. Die Führung des Ventiles wurde durch

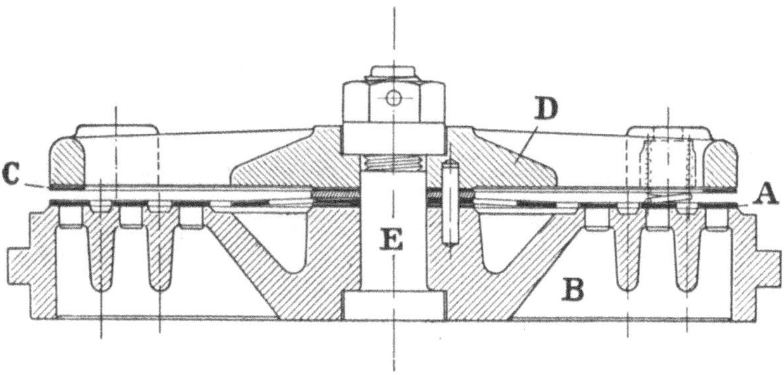

Fig. 156.
Rogler und Hörbiger-Ventil.

einfache, gleichzeitig als Belastungsfeder wirkende Lenker ersetzt. Wirksam war: kleiner Ventilhub, größere Zahl kleiner Ventilflächen, dünne Ventilplatten, Vermeidung sonstiger mit ihr verbundener Massen. (Man vgl. hierzu Zeitschr. deutscher Ing. 1902, S. 1456, Zeitschr. deutsch. Ing. 1896, S. 1214; dasselbe 1903, S. 478.) Die ursprüngliche Bauart ist heute verlassen und durch die in Fig. 155 und 156 mitgeteilte ersetzt worden (gebaut von Schüchtermann & Kremer Dortmund). Ein mehrspaltiger Ventilsitz B wird von einem mehrringigen Plattenventil A überdeckt. Dieses ist in der Mitte am Sitz befestigt. Der innere Ring ist durch besondere Gestaltung zum federnden Lenker ausgebildet. Eine besondere Belastungsfeder wird nicht verwandt.

Versuche mit den älteren Hörbiger-Ventilen ergaben 96 v. H. Raumwirkungsgrad, 89,5 v. H. mechanischen Wirkungsgrad und 9,6 cbm angesaugte und auf 6,3 Atm. gedrückte Luft je PS ind.

Das Lindemann-Ventil (von Borsig verwandt), etwa seit 1903 (Fig. 157), ist ein einfaches leichtes Ringventil mit zwei aus der Ventilplatte D gebildeten Führungslenkern. B ist der Sitz, C die Hubbegrenzung. Die Lenker dienen nur zur Führung; die Belastung wird durch eine be-

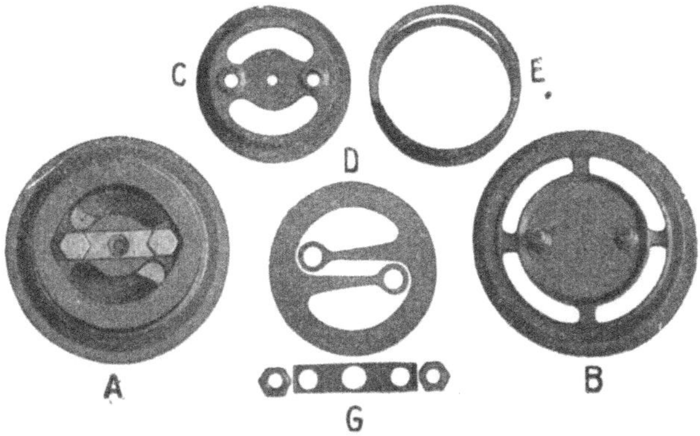

Fig. 157.
Lindemann-Ventil von A. Borsig-Tegel.

Fig. 158.
Streifenventil von Rud. Meyer, Mülheim-Ruhr.

sondere leichte Feder E gegeben. Saug- und Druckventile sind völlig gleich, so daß sie eine billige Herstellung ermöglichen; Ersatzteile können leicht vorrätig gehalten werden.

Die Versuchsergebnisse sind etwa dieselben wie bei den Hörbiger Ventilen.

Das Streifenventil von Meyer (Mülheim-Ruhr) zeigt Fig. 158. Es ist eine möglichst weitgehende Aufteilung der Ventilfläche zur Erreichung großen Spaltumfanges geschehen. Der Ventilsitz bildet eine Art Gitter. Die Führung der Ventilstreifen geschieht durch im Sitze angebrachte Bolzen, um welche die gelochten Streifen lose herumliegen. Die Belastung geschieht durch schwache Federn an den Enden der Streifen.

Versuchsergebnis (1908): 9,93 cbm Luft bei 6 Atm. für 1 PSt ind.

Normale Ringplattenventile zeigt Fig. 159. Bei masselosen Ventilen zeigt sich das Bestreben, diese so einfach wie möglich zu ge-

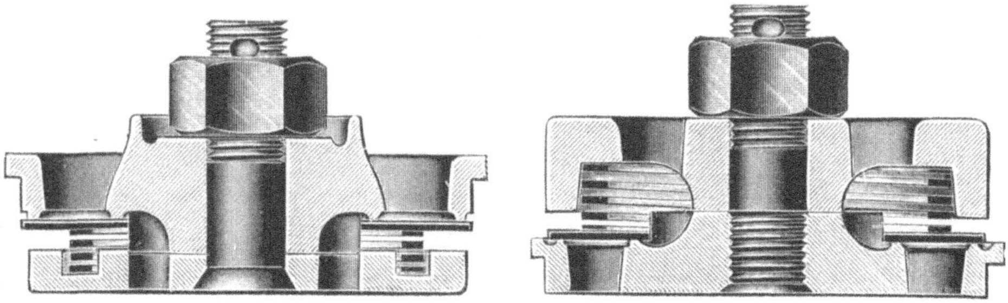

Fig. 159.
Ventile der Zwickauer Maschinenfabrik A.-G.

stalten, so daß für Saug- und Druckventil, für große und kleine Leistungen dasselbe als Massenerzeugnis hergestellte Ventil Verwendung finden kann. Das Normalventil wird dann je nach Leistung zu größeren oder kleineren Gruppen vereinigt. Das dargestellte Ventil wird von der Zwickauer Maschinenfabrik, in ähnlichen Formen auch von anderen Firmen gebaut.

V. Luftgeschwindigkeit in den Ventilen und Einbau derselben.

Zur Verringerung der Druckverluste in den Ventilen darf die Luftdurchflußgeschwindigkeit bestimmte Werte nicht überschreiten. Bei nachfolgenden Höchstgeschwindigkeiten (in der Kolbenhubmitte) treten Druckerhöhungen von weniger als 1 v. H. auf.

Saugventil $v = 15$—25 m/sek; dabei Spaltquerschnitt etwa $\frac{1}{4}$—$\frac{1}{8}$ F,
Druckventil $v = 25$—35 m/sek; dabei Spaltquerschnitt etwa $\frac{1}{8}$—$\frac{1}{12}$ F,
wenn F der Querschnitt des Kompressorkolbens ist.

Bei Einbau der Ventile ist auf Geringhaltung des schädlichen Raumes und gute Zugänglichkeit zu achten. Bei kleineren Ausführungen bzw. besser gesagt kleineren Kolbengeschwindigkeiten ist die Anordnung im Zylinderdeckel beliebt und genügt den gestellten Forderungen. Für größere Kolbengeschwindigkeit wird der Raum im Deckel zu klein für die Unterbringung der dann größeren Ventilzahl. Auch entziehen die Deckelventile die Deckelfläche der Kühlung. Fig. 151 zeigte solche

Deckelventile. Das Druckventil ist oben angeordnet, das Saugventil in einem unteren durch die Wand t abgetrennten Raume. Durch Deckel d verschlossene Handlöcher in der gegenüberliegenden Gehäusewand machen die Ventile zugänglich.

Eine größere Zahl von Ventilen kann im Zylindermantel untergebracht werden Wird es vermieden, gerade unten ein Ventil anzubringen, so können die Ventile in ähnlicher Weise durch Handlöcher leicht zugänglich gemacht werden. Die spätere Fig. 170 zeigt im Längsschnitt Deckelventile, im Querschnitt zum Stufenzylinder gehörige Mantelventile. Der Stufenzylinderdeckel bietet keinen Raum zur Unterbringung von Ventilen.

Die Ventilsitze werden nicht im Materiale des Zylinders gebildet, sondern aus geeignetem Materiale (Flußeisen, Bronze) hergestellt und dichtend eingesetzt. In Fig. 160 drückt der das Schauloch verschließende Deckel A durch einige auf den Ventilsitz hinabreichende Fortsätze diesen gegen einen Vorsprung des Zylinders nieder. Das Anziehen geschieht durch die Deckelschrauben.

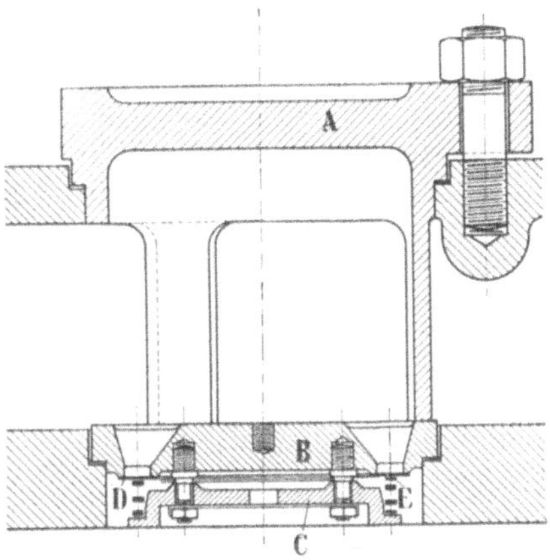

Fig. 160.
Einbau eines Lindemann-Ventils.

Für Saugventile ist noch eine Sonderanordnung möglich und günstig, und zwar im Kolben eines einfach wirkenden Kompressors. Fig. 161 zeigt selbstfedernde Ventilklappen in dem Boden des langen Stufenkolbens. Die ganze Anordnung ist die des später in Nr. H. IV zu besprechenden Einzylinderstufenkompressors. Die Ansaugeluft tritt durch einen ringförmigen Wulst und Kolbenschlitze in den hohlen Kolben und durch die Saugventile bei Kolbenniedergang in den Zylinderraum. Dieser Kompressor ist für hohe Drehzahl bestimmt. Da nur die Saugventile im Kolben, die Druckventile im Zylinderdeckel angeordnet sind, ist für beide Ventilarten reichlich Raum vorhanden. Die Zugänglichkeit der Saugventile ist freilich vermindert.

Eine eigentümliche Selbststeuerung derartiger Ventile wird durch die Massentrieb- und -widerstandskräfte der bewegten Ventile erreicht. Gegen Ende des Abwärtshubes läuft der vom Kurbeltrieb verzögerte Kolben langsamer, während die frei bewegliche Ventilmasse dem Kolben voraneilen will: das heißt, die Ventile streben, sich zu schließen. Nach Umkehr zum Aufwärtsgange wird der Schluß durch den Trägheitswiderstand der nicht aufwärtswollenden Ventile rasch vollendet. Ähn-

Fig. 161. Stehender Kompressor von Maschb. A.-G. Balcke, mit Saugventilen im Kolben.

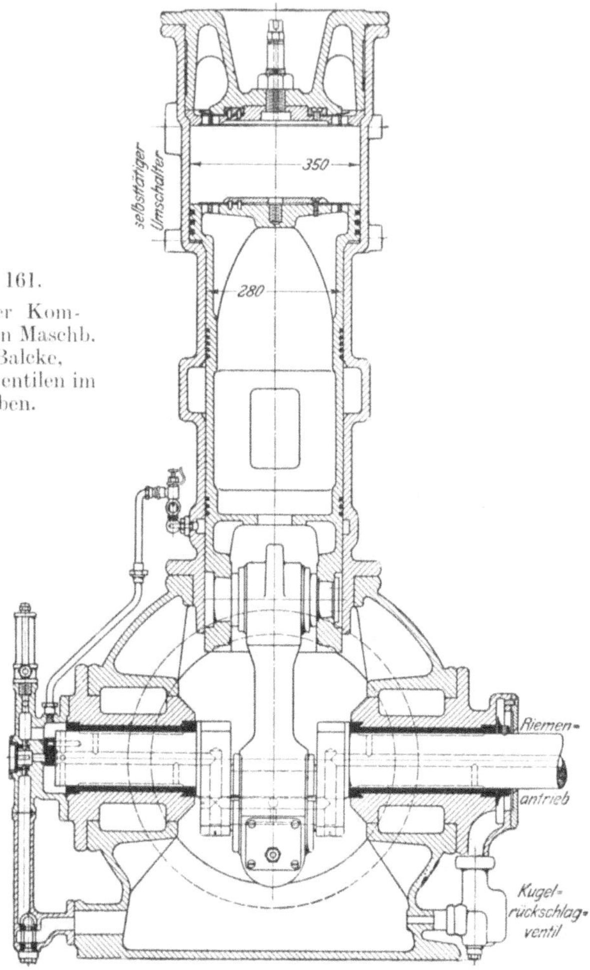

a

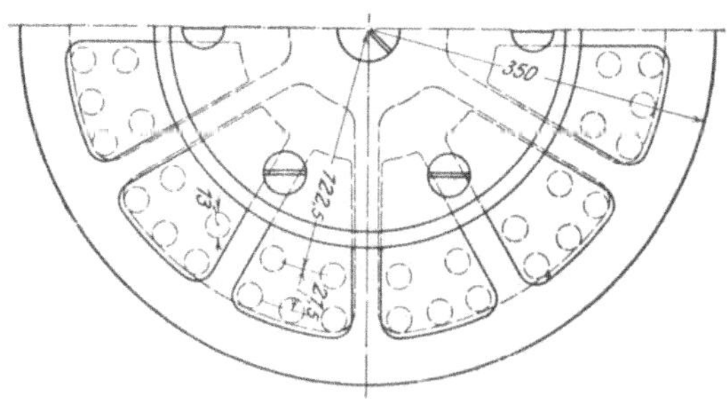

b

liche Vorteile ergeben sich am oberen Hubende beim Öffnen der Saugventile. Diese Vorteile sind besonders für Saugventile von Nutzen, deren rechtzeitiger Schluß nicht durch starke Federbelastung, wie bei den Druckventilen, erzwungen werden darf, da diese starke Belastung große Saugwiderstände ergibt, die in mehrerer Beziehung ungünstig wirken.

VI. Antrieb und Steuerwirkung des Saugschiebers.

Da Schieber im Gegensatz zu den auf einen Sitz aufschlagenden Ventilen widerstandslos über die Steuerfläche gleiten, kann ihre Bewegung völlig zwangläufig durch äußere Kräfte geschehen. Diese Bewegung wird daher der Willkür der Druckschwankungen und freien Massenkräfte entrückt und geschieht immer trotz wechselnder Umstände in der gleichen, einmal vorgeschriebenen Weise. Daher eignet sich der Schieber als Steuerorgan der Saugwirkung insbesondere auch für hohe Drehzahlen. Einleitung und Schluß der Saugwirkung können an die Kolbenhubenden verlegt werden. Die Steuerkanäle können ausreichend bemessen werden, so daß nur geringe Saugwiderstände auftreten. Ferner durchströmt die Luft den Schieber in ungeteiltem Strome, so daß nur geringe Erwärmung der Ansaugeluft am heißen Steuerorgan eintritt.

In Fig. 162 sind ein Saugschieber und sein Antrieb in einer das Verständnis erleichternden, wenn auch nicht den Ausführungen entsprechenden Form gegeben. Der auf wagerechter Gleitfläche laufende Schieber deckt gerade mit den zunächst

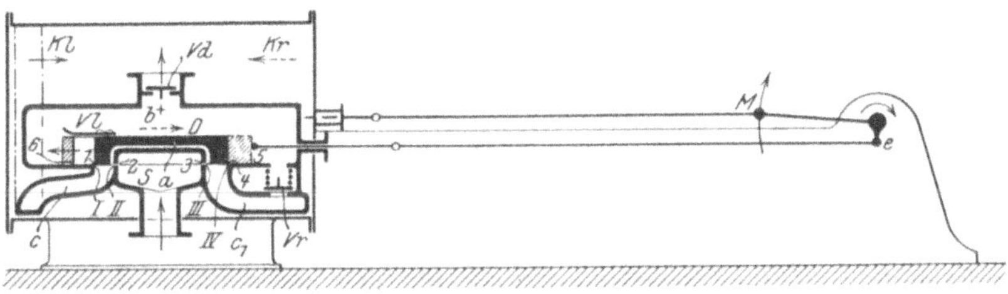

Fig. 162.
Anordnung und Antrieb eines Saugschiebers.

zu betrachtenden schwarz ausgetuschten Teilen die beiden von der Gleitfläche nach den Zylinderenden gehenden Kanäle c und c_1. Die Muschel des Schiebers überdeckt den Saugraum S, und über seinem Rücken befindet sich der Druckraum D. Der punktiert gezeichnete Kompressorkolben wird durch die Maschinenkurbel M, der Schieber durch eine kleine Kurbel e, meist ein Exzenter, angetrieben. Die Schieberkurbel läuft um etwa 90^0 hinter der Maschinenkurbel her. Wir finden daher den Schieber immer um einen halben Hub hinter der Stelle, die der Kolben gerade einnimmt. Bei Kolbenendstellung steht der Schieber in seiner Mittelstellung, wobei die Zylinder von Saug- und Druckraum abgesperrt sind; in allen anderen Stellungen ist der eine Zylinderraum mit dem Saugraume, der andere mit dem Druckraume verbunden. In den Kolbenendstellungen findet der Wechsel der Verbindungen statt. In unserer Figur wird mit eintretender Bewegung der linke Zylinderraum mit dem Saugraume S, der rechte Zylinderraum mit dem Druckraume D in Verbindung treten, indem der Schieber sich nach links bewegend mit seiner Kante 2 die Kanalkante II überfährt und dadurch dem rechtslaufenden Kolben das Ansaugen aus dem Saugraume S gestattet; gleichzeitig überfährt die rechte Schieberkante 4 die Kanalkante IV, so daß der Kolben die Luft der rechten Seite nach dem Druckraume drücken könnte, wenn zu dieser Zeit der Zylinderdruck schon genügend groß wäre. Nach einer Kurbeldrehung von 180° steht der Kolben rechts, der Schieber, von links kommend, wieder in der Mitte, und wir finden links das Ansaugen, rechts das Fortdrücken durch den Schieber unterbrochen, wie das auch gerade erwünscht ist. Bei weiterer Bewegung wird rechts angesaugt, links gedrückt.

Verfolgen wir nochmals die der gezeichneten Kolbenstellung folgende Bewegung. Der nach links gehende Schieber verbindet rechts den Zylinderraum mit dem Druckraume. Das ist aber zu dieser Zeit noch nicht erwünscht, da die höher gespannte Luft des Druckraumes in den Zylinder, dessen Spannung noch gering ist, zurückfließt und dann nochmals unter erheblichem Kraftaufwande aus dem Zylinder hinauszudrücken ist; es stellt sich also dem Kolben sofort der volle Leitungsdruck entgegen. Der Schieber sollte den Kanal III IV erst öffnen, wenn der Leitungsdruck im Zylinder erreicht ist.

VII. Anordnung des nötigen Rückschlagventiles.

Man entbindet daher zweckmäßig den Schieber von der Aufgabe der Drucksteuerung, indem man an den Schieberteil 34 noch die Verlängerung 45 ansetzt, die während des Druckhubes den Kanal III IV überdeckt, also den Druckraum vom Zylinder völlig absperrt. Der Auslaß der Druckluft geschieht dann durch ein besonderes Druckventil Vr, das irgendwo am Zylinder angebracht sein kann. In Fig. 162 rechts ist es in der Druckraum und Kanal trennenden Wand angeordnet und führt so die Luft auf kürzestem Wege in den Druckraum. Statt vor dem verlängerten Schieber, kann es auch hinter dem kurzen (bis 4 reichenden) Schieber in der Druckleitung angebracht sein, wie v_d der Figur zeigt. Dann tritt zu Beginn des Druckhubes zwar nicht die Luft aus der Druckleitung, aber immerhin die aus dem Schieberkasten in den Zylinder zurück. Der Raum des Schieberkastens wäre in diesem Falle möglichst klein zu halten. Eine Anordnung des Druckventiles hinter dem Schieber mit besonderer Wirkung wird im folgenden Abschnitte beschrieben werden. Eine dritte Anordnung des Ventiles auf dem Rücken des Schiebers hat viele Anhänger gefunden. Diese ist in Fig. 162 links dargestellt. An den Schieber ist die Verlängerung 16 angesetzt. Diese enthält eine Öffnung, die oben durch das Ventil V_l abgedeckt ist. Während des Druckhubes der linken Seite bewegt sich der Schieber aus der gezeichneten Stellung nach rechts, um am Ende desselben wieder in derselben angekommen zu sein. Der Schieberkanal ist daher während dieser Zeit über dem Zylinderkanal, so daß die Druckluft bei genügender Spannung durch die Schieberfläche tretend das Druckventil öffnet und entweicht. Hier ist die bei Druckhubbeginn in den Zylinder rückströmende Luft auf die geringe Raummenge des Schieberkanals vermindert.

Bei dem hinter dem Schieber angeordneten Druckventil ist zu beachten. daß der Schieber zu Ende des Druckhubes den Zylinder vom Druckraume trennt, einerlei ob das Druckventil schon abgeschlossen hat oder nicht. Das Druckventil hat also nach Kolbenumkehr Zeit genug zum Schließen, ohne daß Druckluft nach dem Zylinder zurückströmen kann. Auch schließt es sich unter günstigeren Verhältnissen als ein gewöhnliches Druckventil. Während es sich schließt, herrschen über und unter demselben etwa gleiche Luftspannungen. Der Schluß geschieht daher entsprechend der Federkraft sanft. Bei gewöhnlichen Druckventilen herrscht zur Zeit des Schlusses oben große, unten geringe Luftspannung, so daß es stoßend auf seinen Sitz kommt.

VIII. Ausgeführte Saugschieber.

Fig. 163 zeigt die Urform aller Saugschieber, wie sie von Weiß (Basel) etwa 1885 angegeben wurde. Sie ist ein ungeteilter Flachschieber mit Rückschlagventil auf dem Rücken. Der Zylinder ist mit Mantel- und Deckelkühlung versehen. Der Schieberkasten sperrt einen großen

Teil des Mantels von der Kühlung ab; die Zylinderkanäle sind schlecht, die Schiebergleitflächen gar nicht gekühlt. Zylinder- und Schieberschmierung sind sorgfältig durchgebildet.

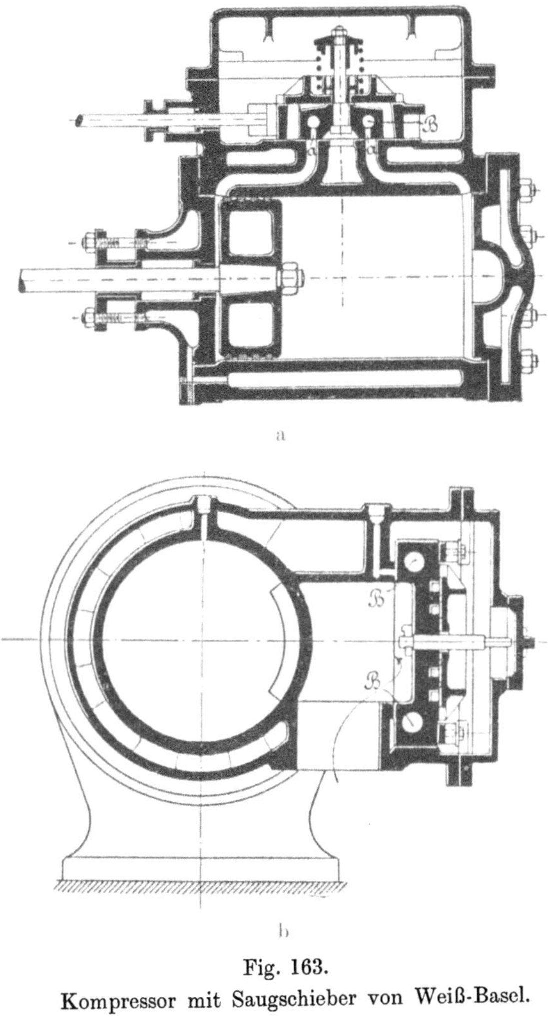

Fig. 163.
Kompressor mit Saugschieber von Weiß-Basel.

Fig. 164 zeigt uns einen Kompressor von Strnad (1890). Der Schieber ist geteilt; die Teile sind an die Enden des Zylinders verlegt. Man erkennt die außerordentliche Verkleinerung des schädlichen Raumes durch die Teilung des Schiebers ($2\frac{1}{2}$ v. H.). Die Schieberhälften sind als Rundschieber ausgebildet; die Rückschlagventile C befinden sich ebenfalls auf dem Schieberrücken. Auf der einen Seite ist der Antrieb des Drehschiebers durch Stange und Kurbel zu ersehen. Der Kompressor ist in anderen Ausführungen mit Kühlmantel versehen.

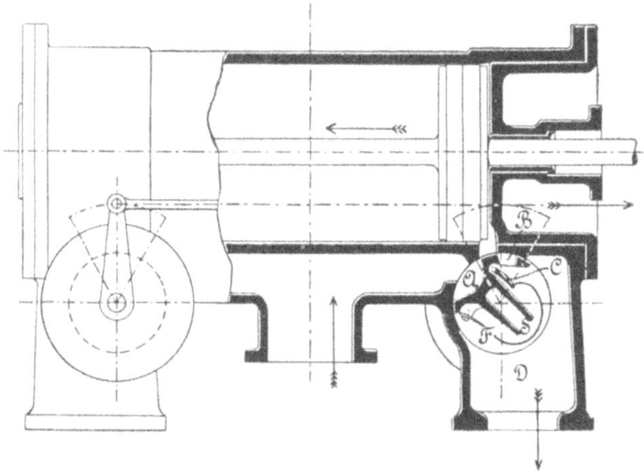

Fig. 164.
Kompressor von Strnad mit Rundschiebern.

Fig. 165 zeigt eine Ausführung von Pokorny und Wittekind, Frankfurt a. M. mit der viel angewandten Köstersteuerung. Für jede Zylinderseite ist ein Kolbenschieber verwendet. Die Kanäle C führen nach dem Zylinder. Durch den mittleren Stutzen S wird Außenluft angesaugt. Der Druckraum E wird durch ein Rückschlagventil B von dem Kanal C abgeschlossen. Dieses Rückschlagventil sitzt am Ende der Schiebergleithülse, diese verschließend. Nach Beendigung des Druckhubes der linken Seite geht der linke Kolbenschieber noch über den Kanal C nach links hinaus (denn er läuft ja dem schon umgekehrten Kolben um $1/2$ Hub nach), verdrängt dabei die zwischen ihm und dem Druckventil eingeschlossene Luft noch durch das Druckventil und erreicht dasselbe fast. Während dieser Zeit senkt sich das Ventil allmählich auf seinen Sitz, ohne doch wegen der weitergehenden Luftförderung aufstoßen zu können. Andererseits kann es sich dem Sitz stark annähern, da ja nur wenig Luft im Verhältnis zu seiner Größe durch den kleinen Schieberkolben ausgedrückt wird. Das Druckventil wird sich sehr bald nach Umkehr des Schieberkolbens sanft aufsetzen. Überfährt dann der Kolbenschieber wieder den Kanal C nach rechts, so ist es Zeit zum Beginne des neuen Druckhubes (der Kompressorkolben kehrt aus seiner rechten Endstellung zurück). Die geringe Restluftmenge zwischen Schieberkolben und Druckventil hat sich zu dieser Zeit bis auf die Zylinderspannung zu Beginn des Druckhubes ausgedehnt, so daß kein schädlicher Rückfluß von Druckluft nach dem Zylinder stattfindet. Solche Anordnungen dürften sich besonders für hohe Drehzahlen eignen.

Es sind hohe Drehzahlen aber auch mit freigängigen Ventilen erreicht worden.

Der Kolbenschieber hat vor dem Flach- und Rundschieber den Vorzug geringerer Reibung. Letztere Schieber werden durch den Luftdruck einseitig auf ihre Gleitfläche gepreßt; der erstere ist von solchem

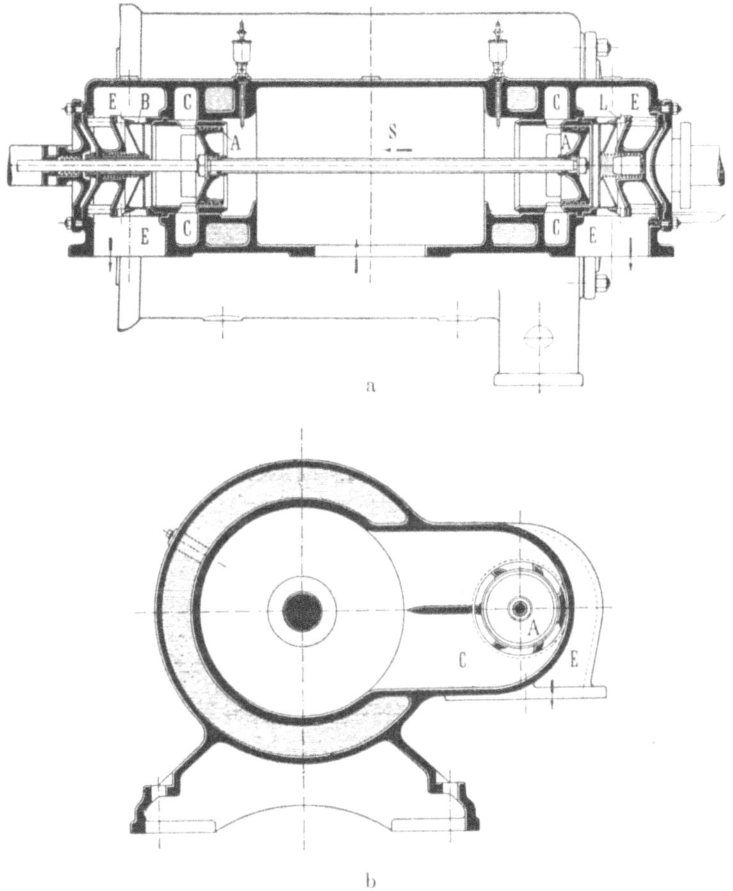

Fig. 165.
Köstersteuerung (von Pokorny & Wittekind).

einseitigen Drucke entlastet, da seine symmetrische Form allseitig in gleicher Weise von Kräften beansprucht wird. Seine symmetrische und einfache Form schützt ihn vor Gestaltsänderungen im Betriebe, während Rundschieber in der Hitze des Betriebes sich verziehen und dann klemmen. Nicht entlastete Schieber müssen besonders sorgfältig geschmiert werden.

Fig. 166 stellt im Gegensatz zu den bisherigen Längsschiebern einen sich quer zur Zylinderachse bewegenden Schieber in der Form geteilter Kolbenschieber dar. (ausgeführt von G. A. Schütz, Wurzen).

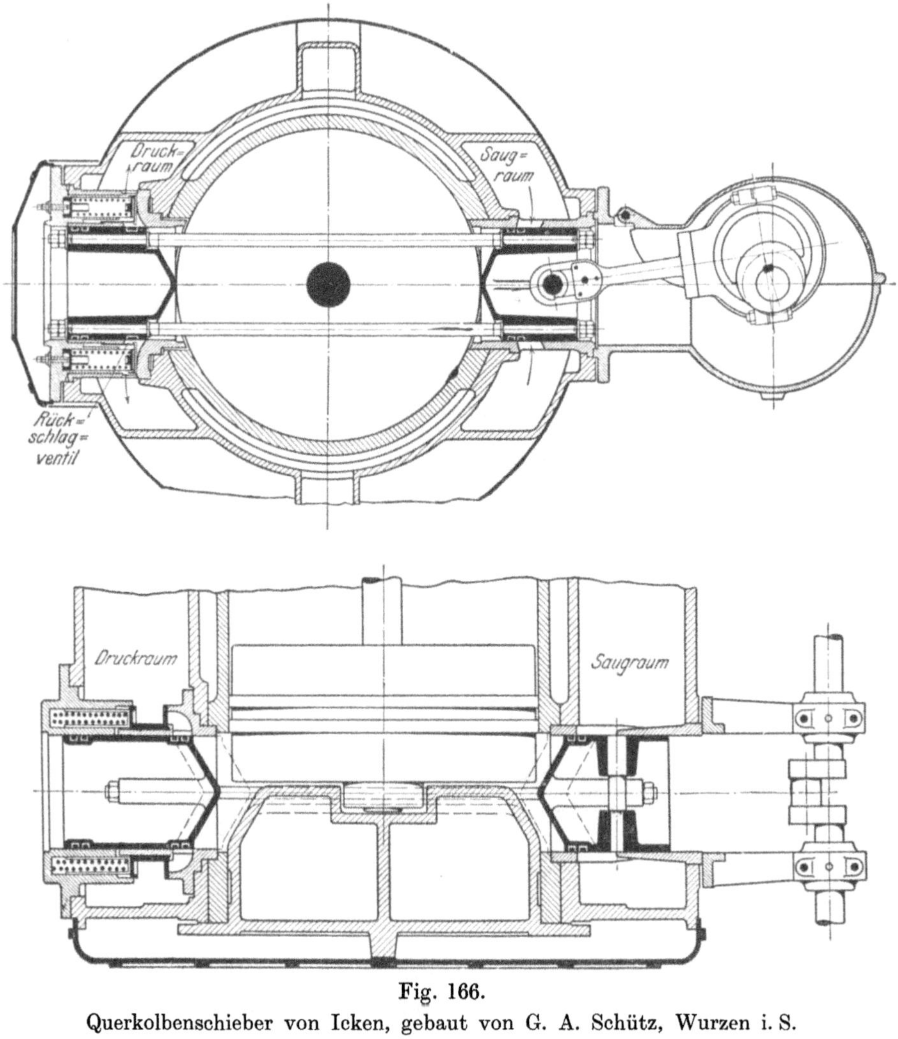

Fig. 166.
Querkolbenschieber von Icken, gebaut von G. A. Schütz, Wurzen i. S.

Auf einer zur Maschinenachse parallelen Steuerwelle sitzen zwei Exzenter, welche an jedem Zylinderende je 2 Querkolbenschieber betreiben (im ganzen je Zylinder 4 Schieber). Der rechte Schieber einer Zylinderseite steuert nur den Einlaß, der linke nur den Auslaß. Die Luft tritt von der rechten Seite ein und verläßt den Zylinder durch die linke Öffnung. Dies hat den Vorzug, daß die möglichst kühl zu haltende Ansaugeluft nicht durch denselben Kanal in den Zylinder einströmt, durch welchen vorher die heiße Druckluft ausgestoßen wurde. Ein Erwärmen der Ansaugeluft ist also so weit wie möglich vermieden. Das Rückschlagventil ist gleichachsig mit dem linken Kolbenschieber ihn umfassend und hinter dem Schieberdruckkanal angeordnet. Die schädlichen Räume sind offenbar auf ein sehr geringes Maß gebracht.

H. Ausgeführte Kompressoren.

I. Zweistufiger Ventilkompressor.

Als Antriebsmittel kommen für kleinere Leistungen Riemen- oder Räderübertragung in Frage. Marktgängige kleinere Typen (Fig. 161), einstufig sowohl wie zweistufig, werden häufig stehend gebaut. Größere Kompressoren werden wegen der besseren Zugänglichkeit meist liegend, bei Mangel an Grundfläche, stehend gebaut; angetrieben werden sie allermeist durch Dampfmaschinen, meist Verbundmaschinen, seltener durch Elektromotoren. Offene einfachwirkende Luftzylinder nützen die Vorteile der Luftkühlung, geschlossene die der doppelten Wirkung aus.

In Fig. 167 sehen wir einen liegenden durch Verbunddampfmaschine angetriebenen Stufenkompressor von 350 PS; er kann nach Anordnung und Größe als Vertreter eines normalen Grubenventilkompressors gelten. Leistung etwa 3500 cbm/st Luft auf 6 Atm. abs.; bei n = 90/min, Hub = 800 mm. Der mechanische Wirkungsgrad ist (1908) = 91,8 v. H. (Der mechanische Wirkungsgrad ist das Verhältnis der Krafterzeugung im Kompressorzylinder zum Kraftverbrauch im Dampfzylinder.) Für 1 PS ind. wurden angesaugt 9,93 cbm/st. Der Kraftverbrauch der Ventile beträgt 4—5 v. H. Man beachte die große Breite der Luftkolben zwecks Geringhaltung ihres Auflagerdruckes. Der Kompressor wurde von der Firma Rud. Meyer, Mülheim (Ruhr), gebaut und ist mit dem in Fig. 158 dargestellten Streifenventil ausgestattet.

II. Zweistufenschieberkompressor.

Fig. 168 zeigt uns einen Schieberkompressor von 500 PS, der in ähnlicher Weise als Normaltyp eines Grubenschieberkompressors angesehen werden kann. Er weist die in Fig. 165 gegebene Köstersteuerung auf und ist von der Firma Pokorny Wittekind gebaut. Die Dampfmaschine ist mit Ventilsteuerung und Leistungsregler zur Einstellung und Aufrechterhaltung einer bestimmten Drehzahl versehen.

Die Ergebnisse von Kompressoren dieser Größe sind: n = 90/min. bei Kolbenhub = 1000 mm; Raumwirkungsgrad = 95—97 v. H. mechanischer Wirkungsgrad = 90 v. H. und 10—10,3 cbm Luft/stunde auf 6 Atm. abs. je PS ind.

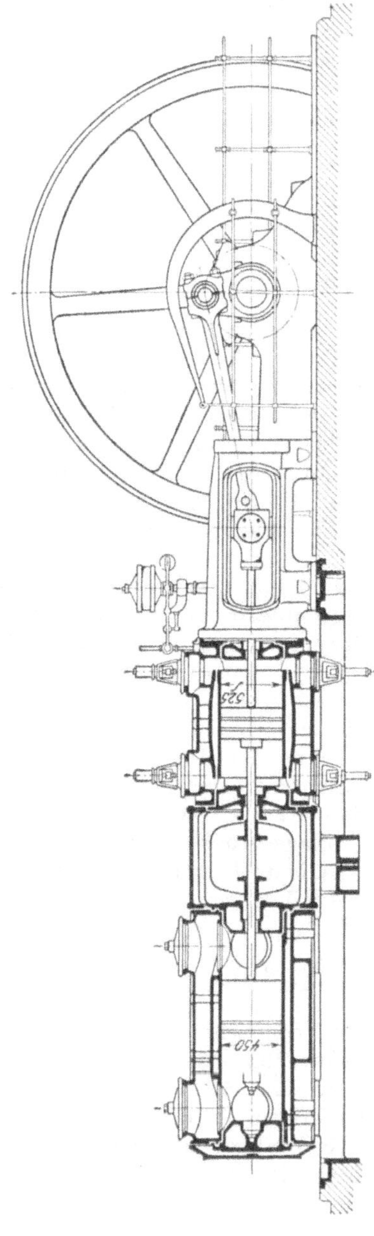

a Aufriß.

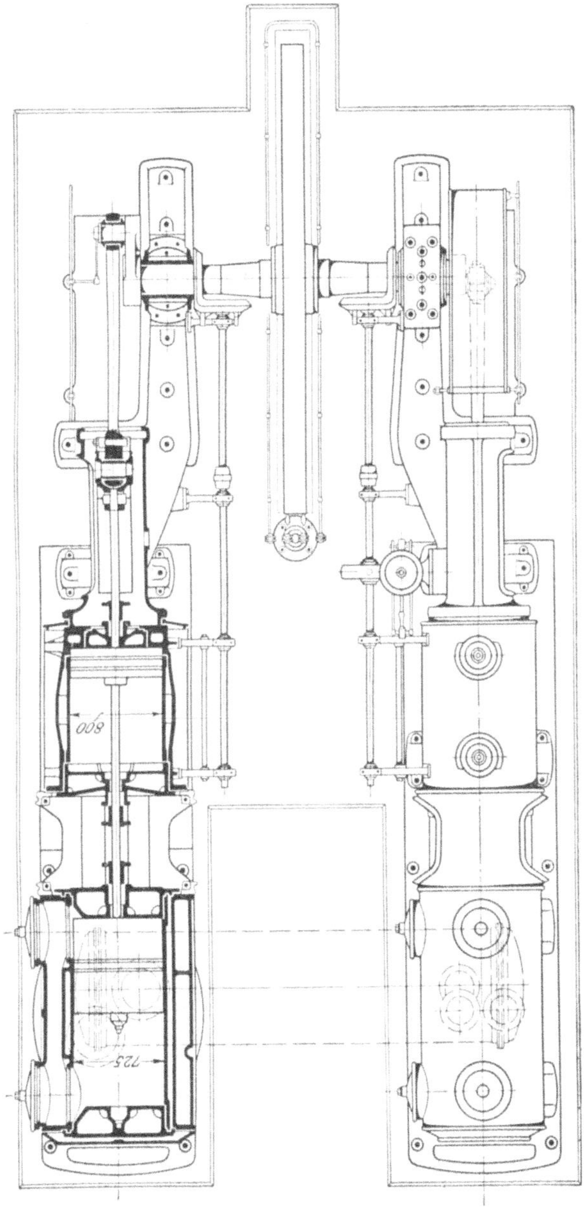

b Grundriß.

Fig. 167.

Ventilkompressor von Rud. Meyer, Mülheim-Ruhr.

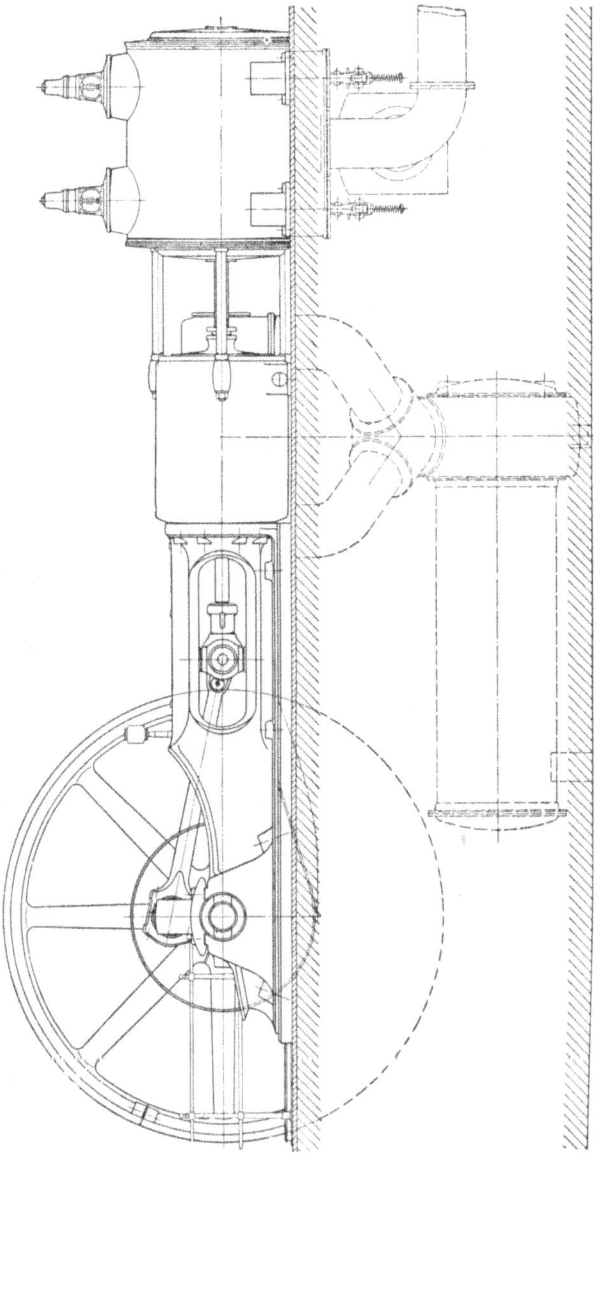

a Aufriß.

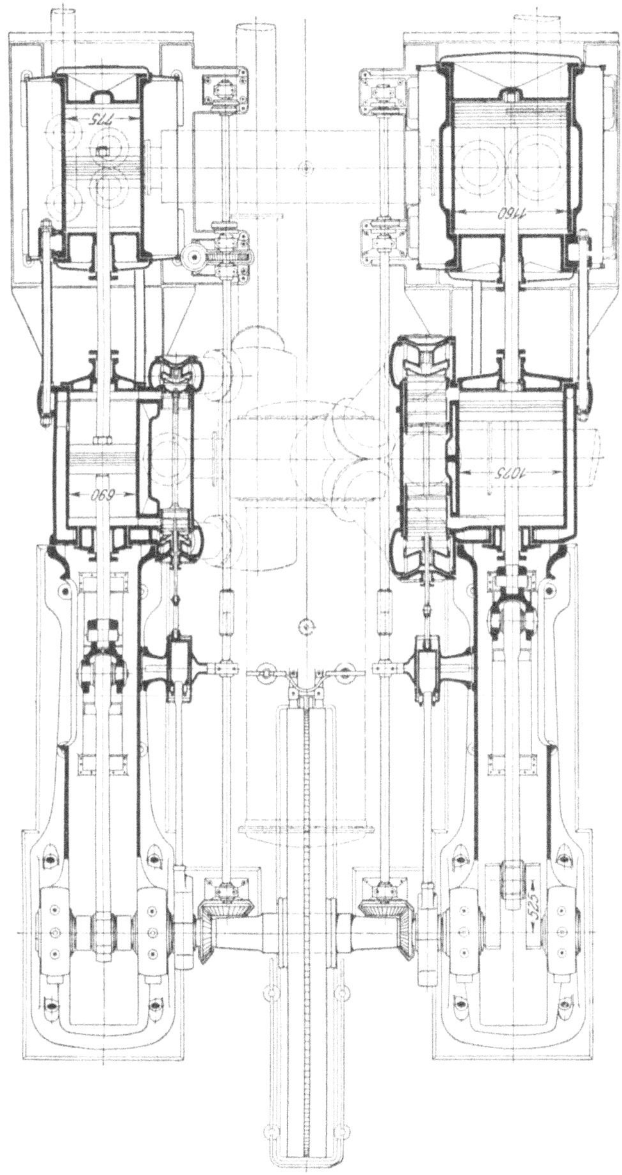

b Grundriß.

Fig. 168.

Schieberkompressor von Pokorny & Wittekind.

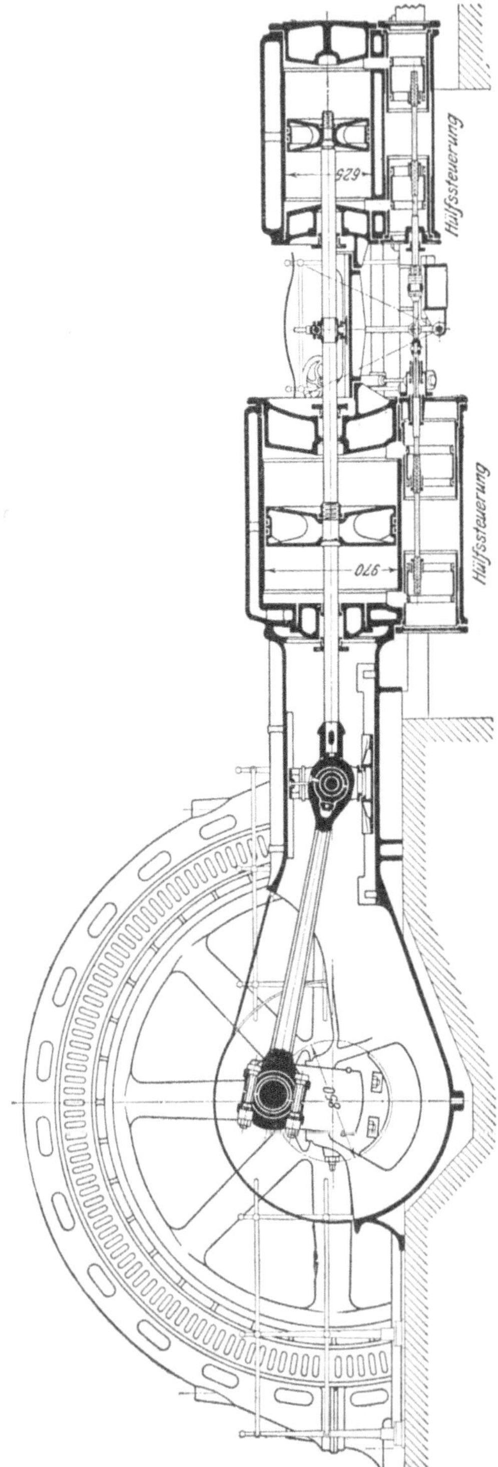

a Aufriß.

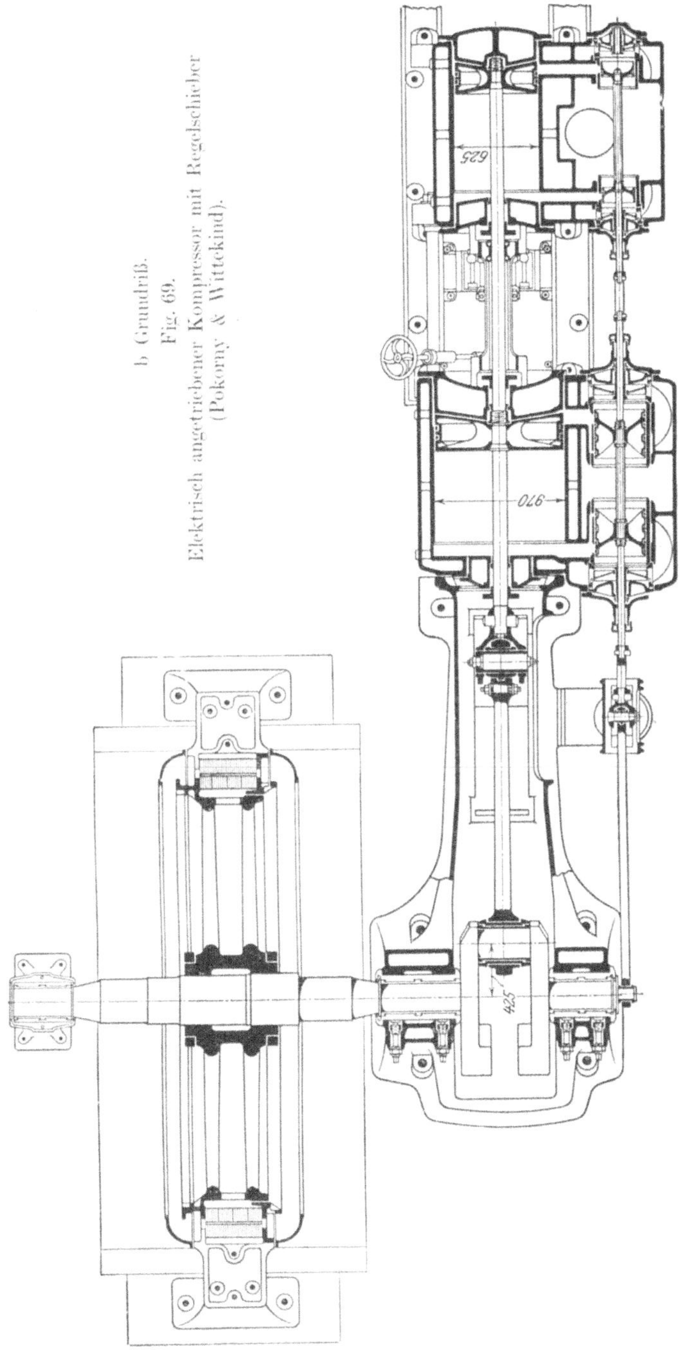

b Grundriß.

Fig. 69.

Elektrisch angetriebener Kompressor mit Regelschieber (Pokorny & Wittekind).

Die Luftzylinder sind im Gegensatz zu anderen Anordnungen (z. B. Fig. 167) an der Kurbelseite, die Dampfzylinder an der Außenseite angeordnet. Das hat den Vorteil, daß mit dem festen Gestell der wassergekühlte Luftzylinder verbunden ist, während sich der hintere heiße Dampfzylinder ziemlich ungehindert ausdehnen kann.

III. Elektrisch angetriebener Kompressor mit Regelschieber.

Fig. 169 läßt einen ähnlichen durch Elektromotor angetriebenen Kompressor erkennen. Kleinere Kompressoren werden gelegentlich durch die leicht regelbaren Gleichstrommotoren, größere aber durch Drehstrommotoren, die allein für eigentliche Kraftübertragung in Frage kommen, angetrieben. Letztere können aber nur durch verwickelte und teuere Einrichtungen verlustlos geregelt werden. Der normale Drehstrommotor läuft mit nahe gleichbleibender Drehzahl. Eine Regelung der Kompressorleistung muß daher bei gleichbleibender Drehzahl erfolgen. Zu dem Zwecke befinden sich unter den Luftzylindern Hilfskolbenschieber, die eine Verbindung des Zylinderinnern mit der Außenluft ermöglichen. Sie werden durch einen Hebel von der zwischen den Zylindern laufenden Kolbenstange angetrieben. Die Stellung der Einzelschieber auf die Schieberstange kann durch Handrad und Schraubengetriebe verändert werden. Haben sie eine weite Entfernung voneinander, so öffnen sie bei ihrer Bewegung die Schlitze nach dem Zylinder gar nicht. Die durch die Saugorgane angesaugte Luft wird ganz durch das Druckventil ausgestoßen. Stehen die Schieber einander nahe, so bleiben die Schlitze zu Anfang des Druckhubes noch geöffnet und lassen einen Teil der Ansaugeluft wieder entweichen.

Die Regelung der Luftlieferung geschieht zwischen 5000 und 8000 cbm/st. Der Gesamtwirkungsgrad schwankt dabei zwischen 78 und 81,3 v. H. (Gebaut von Pokorny Wittekind.)

IV. Einzylinderstufenkompressor.

Um die Vorteile der Stufenkompression auch für kleinere Leistungen zu ermöglichen, hat die Firma Pokorny Wittekind (etwa 1901) die Stufenkompression in einem Zylinder durchgeführt, indem die eine Zylinderseite als Niederdruck, die zweite als Hochdruckstufe benutzt wird. Heute bilden diese Kompressoren eine von allen gebaute sehr beliebte Bauform, die selbst für größere Leistungen bei etwa 2500 cbm/st ausgeführt wird. Fig. 170 stellt einen solchen dar. Die Stufenwirkung wird dadurch erreicht, daß die linke Kolbenfläche durch Anbau eines Tauchkolbens von geringerem Durchmesser, der gegen die linke Führung abdichtet, zu einem Stufenkolben verkleinert wird. Die Luft wird in die rechte Zylinderseite von rechts außen durch das Deckelventil angesaugt, beim Rückhub verdichtet und in den oben gelagerten Zwischenkühler gedrückt, von hier durch den Ringkolben durch im Querschnitt sichtbare Mantelventile angesaugt und beim nächsten Linksgange der Kolben völlig verdichtet durch die Manteldruckventile ausgestoßen. (Gebaut

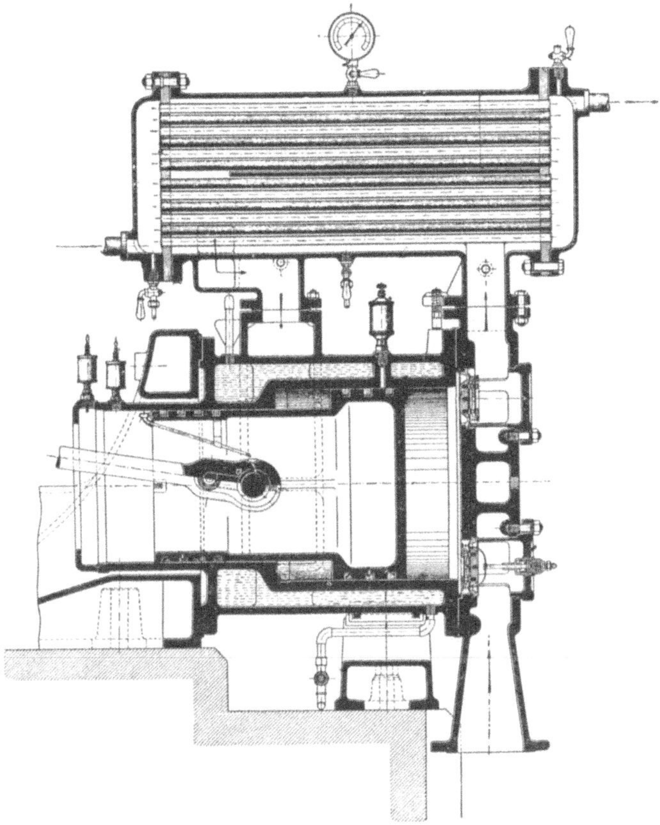

Fig. 170 a.

von Borsig, Ventile nach Fig. 157.) Der Stufenkolben hat manche Vorzüge. Er wird als offener Kolben gebaut und gewährt die Vorteile der Luftkühlung. Ferner gestattet er, als Kreuzkopf dienend, einen unmittelbaren Angriff der Schubstange, also eine geringe Baulänge. Gegenüber den einfach wirkenden Kompressoren, die diese gleichen baulichen Vorteile bieten können, gestattet der Stufenkolben ohne nennenswerte Verteuerung die Vorteile der Stufenkompression. Mantelkühlung, Zwischenkühlung, Zu- und Abfluß des Kühlwassers, sowie die Schmiereinrichtungen sind aus dem Bilde gut zu ersehen. Am Kühler ist links unten ein Wasserablaßhahn, rechts oben ein Entlüftungshahn vorgesehen. Die frühere Figur 161 ist ein stehender Einzylinderstufen-Kompressor mit Kolbenventilen (Maschinenbau Akt. Ges. Balcke).

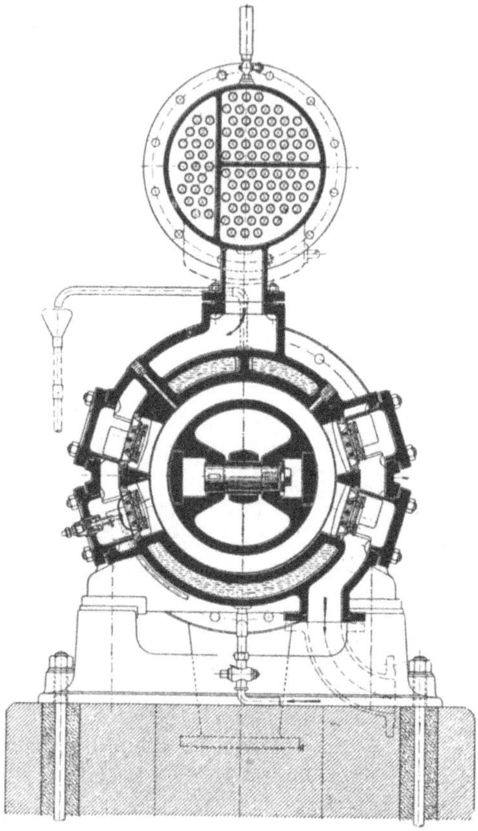

b

Fig. 170.
Einzylinderstufenkompressor (von A. Borsig-Tegel).

V. Kraft- und Dampfverbrauch der Kompressoren.

Der Kraftverbrauch ist je nach Ausführung sehr verschieden. Für einstufige Kompression beträgt die Leistung je PS ind. etwa 8,5 cbm/st Luft auf 6 Atm. Für die für größere Leistungen allein maßgebende Stufenkompression und für beste Ausführung werden je PSind. geleistet 9,5—10,3 cbm/st auf 6 Atm., und zwar mit Kolbenschiebersteuerung sowohl als auch mit reinem Ventilbetrieb. Der Raumwirkungsgrad ergibt sich hierbei zu 90—98 v. H. In Anbetracht des wahrscheinlich besseren Lieferungsgrades der Schieberkompressoren dürfte diesen ein kleines Übergewicht zukommen.

Der Dampfverbrauch ist erstens vom Kompressor, zweitens und überwiegend von der Dampfmaschine abhängig, deren Dampfverbrauch je nach Betrieb und Umständen zwischen 14 kg PS/st (einstufige Expansion) und 4,5 kg PS/st (Überhitzung und dreifache Expansion) schwankt. Die Stumpfsche Gleichstromdampfmaschine erreicht letzteren Wert mit einstufiger Expansion in einem Zylinder. (Vgl. Z. d. V. deutsch. Ing. 1910, S. 1890 u. f.)

Rechnen wir rund für 1 cbm Luft/stunde 0,1 PS., so können wir je nach der Art der Dampfmaschine den Dampfverbrauch mit 1,4 bis 0,45 kg/cbm berechnen. Für die Maschinen mit höherem Dampfverbrauch können wir noch einen Zuschlag von 12—20 v. H. machen, wenn sie, wie zu vermuten, mit einstufiger Kompression arbeiten.

Im übrigen richte man sich für Überschlagsrechnungen nach den in Nr. A am Ende gegebenen Gesamtkosten der Lufterzeugung.

J. Unterirdische Kompressoren.

I. Beschreibung unterirdischer Kompressoren.

Zur Vermeidung der Menge- und Druckverluste in langen Rohrleitungen stellt man unterirdische Kompressoren in möglichster Nähe der Verbrauchspunkte auf; dieselben werden meist elektrisch angetrieben

Für größere Abbaubetriebe wie ganze Bremsbergfelder stellt man ortsfeste Kompressoren von etwa 80 PS. auf, und zwar vorteilhaft am Kopfe oder Fuße des Bremsberges, so daß der Bremser bzw. An-

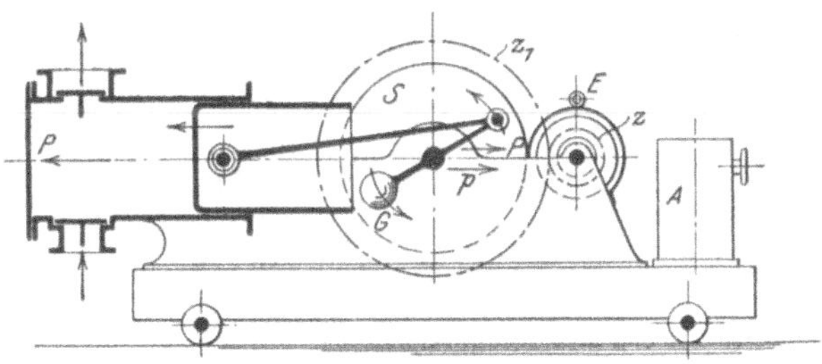

Fig. 171.
Fahrbarer Kompressor.

schläger die einfache Bedienung des Kompressors mit übernehmen kann. Ein für 12 Bohrmaschinen ausreichender Kompressor ist in Zeitschr. deutsch. Ing. 1902, S. 1944 und Elektr. Zeitschr. 1903, S. 201 in Wort und Bild beschrieben.

Solche ortsfesten Kompressoren sind kaum von obertägigen verschieden. Die fahrbaren Kompressoren weisen die Besonderheit auf, daß sie nicht fest mit einem Fundamente verbunden sind, sondern mit Rädern auf Schienen stehen, so daß sie in Richtung der Schienen und senkrecht dazu leicht beweglich sind.

Fig. 171 stellt das Schema eines liegenden Kompressors mit Elektromotor und Zahnradvorgelege zur Verringerung der hohen Drehzahl des Antriebsmotors dar, Fig. 173 die Ansicht eines stehenden Kompressors mit ähnlichem Antriebe. Der liegende Kompressor Fig. 172 benutzt ein Riemengetriebe zur Verminderung der Drehzahl. Fig. 174 stellt eine Anordnung mit Massenausgleich zum unmittelbaren Antrieb durch raschlaufende Elektromotoren dar.

Die liegenden Anordnungen bieten ohne Überschreitung der durch die Streckenquerschnitte begrenzten Bauhöhe die Möglichkeit einer gedrängten Anordnung aller Teile auf einem Wagen. Solche Anordnungen werden etwa für Größen von 25 PS. einer mit Luftlieferung von 2 cbm/st, ausreichend für 4 Bohrmaschinen, gebaut. Bei stehendem Luftzylinder nimmt dieser die Bauhöhe in Anspruch, so daß der nötige Luftbehälter auf einen besonderen Wagen verwiesen werden muß. Diese getrennte Ausführung wird bei größeren Ausführungen nötig. Ein fahrbarer Grubenkompressor hat etwa 2 m Länge, 1 m Breite, 1,3 m Höhe.

II. Massenwirkung und Massenausgleich bei fahrbaren Kompressoren.

Bei fahrbaren Kompressoren beobachten wir das Bestreben, im Takte der Kolbenhübe Hin- und Herbewegungen auf den Schienen zu machen. Deshalb

Fig. 172.
Fahrbarer Grubenkompressor von Maschb. A.-G. Balcke.

bringt man am Gestelle derselben Hubschrauben an, mit denen der Kompressor bis zur Aufhebung der Berührung zwischen Rad und Schiene gehoben wird (Fig. 172, 173). Hierdurch werden Längsbewegungen durch die größere gleitende Reibung verhindert, aber Erschütterungen bleiben bestehen.

Bei der Ausschau nach Abhilfe müssen wir die Kräftewirkungen einer Kurbelmaschine einer näheren Betrachtung unterziehen. In Fig. 171 sei der offene Kolben gerade zum Rückhube umgekehrt. Die Kurbel treibt den Kolben nach links. Sie stützt sich zu dieser Kraftwirkung nach rechts im Maschinengestell ab. Die im Gestelle nach rechts wirkende Stützkraft P wird in dieser Größe auf den

Kolben, von diesem auf die Luft und durch die Luft in gleicher Größe auf den linken Zylinderdeckel übertragen. Da Zylinder und Gestell fest miteinander verbunden sind, so heben sich diese Kräfte genau auf, ohne äußere Bewegungen des

Fig. 173.
Fahrbarer Kompressor der Deutschen Maschinenfabrik A.-G. Duisburg.

ganzen hervorrufen zu können. Nun werden aber zu Beginne des Kolbenhubes zur Beschleunigung der trägen Kolben- und Stangenmasse von der Kurbel größere Kräfte auf den Kolben übertragen als in dem Luftdrucke P zum Ausdruck kommen. Diese Mehrkraft p wird von der Kurbel geleistet und in der Bewegung des Kolbens als freie Kraft aufgespeichert. Dem im Gestelle nach rechts wirkenden Beschleunigungsstützdruck p steht also im Gestelle keine Kraft entgegen. Diese unausgeglichene Kraft sucht sich Betätigung, in dem sie die Gestellmasse nach rechts beschleunigt. Das Gestell zuckt zu Beginn des Linkshubes nach rechts. Nähert sich der Kolben der linken Endstellung, so suchen die Gestängemassen dem in dieser Richtung durch die Kurbel verzögerten Kurbelzapfen vorzueilen. Sie ziehen dabei Kurbel und Gestell nach links. Beim Rechtsgange des Kolbens treten die freien Kräfte in umgekehrter Richtung auf. Das Maschinengestell wird also bei jedem einzelnen Hube einmal hin- und einmal hergerückt.

Auch in den Mittellagen der Kurbel findet ein Wechsel der Stangenbewegung insofern statt, als diese aus der aufwärtsgehenden Bewegung in eine abwärtsgehende umkehrt. Die hierzu nötigen und von der bereitwilligen Kurbel geleisteten lotrechten Beschleunigungskräfte versuchen die Maschine in lotrechter Richtung von den Schienen abzuheben oder beim unteren Wechsel niederzudrücken. Auch hierdurch werden Erschütterungen erzeugt, wenn ein wirkliches Abheben auch durch das Maschinengewicht verhindert wird. Bei einem stehenden Kompressor (Fig. 173) wirken die ersterwähnten Längskräfte in lotrechter, die letzterwähnten Kräfte in wagerechter Richtung.

Ein erschütterungsfreier Gang eines nicht ortsfesten Kompressors ist nur zu erreichen, wenn jeder auftretenden Massenkraft eine gleich große von entgegengesetzter Richtung beigesellt wird. Dies wird durch doppelte symmetrisch geordnete, in entgegengesetzter Richtung laufende Kurbelgetriebe erreicht. Fig. 174 zeigt eine solche Bauart. Die gegenläufigen Kolben tragen im Bilde weggelassene Kolbensaugventile, deren Vorzüge für schnellaufende Kompressoren bereits erörtert wurden (Nr. G. V.). Durch seitliche Schlitze in der Führungsbüchse tritt die Luft aus den oberen offenen Räumen durch den hohlen Kolben in den Zylinder; die Druckventile sind seitlich im Mantel angeordnet

Die ausgleichende Wirkung beruht in der völligen Gegenläufigkeit der im übrigen symmetrisch angeordneten gleichen Massen. Werden von der unteren treibenden Welle aus zu irgendeiner Zeit freie Beschleunigungskräfte auf die linksseitigen Massen übertragen, so werden zur selben Zeit dieselben Kräfte auch auf die rechtsseitigen Massen wirken, so daß sich diese gleichen aber entgegengesetzt gerichteten Kräfte jederzeit im Gestelle aufheben. So sind die wagerechten wie die lotrechten Massenkräfte ausgeglichen.

Die frühere Anordnung Fig. 171 muß uns nach dieser Erkenntnis völlig verfehlt erscheinen. Aber auch hier können die Massenwirkungen wirkungsvoll bekämpft werden. Verlängern wir die Kurbel nach der entgegengesetzten Seite und bringen dort ein Gegengewicht G an, so kann dies bei geeigneter Größe einige Wirkungen eines gegenläufigen Kolbens übernehmen; denn es befindet sich stets im entgegengesetzten Bewegungszustande, einerseits zur hin- und hergehenden Kolbenbewegung, andererseits zur auf- und abwärtsgehenden Schubstangenbewegung. Machen wir daher das Gegengewicht gleich den längsbeweglichen Massen, so können wir die störenden Längsbewegungen aufheben, machen wir es aber entsprechend den auf- und abwärtsschwingenden Massen, so werden die lotrecht stampfenden Bewegungen aufgehoben. Beide Bewegungen auszugleichen ist nicht möglich, da hierzu verschieden große Gewichte nötig sind. Es empfiehlt sich, die Längskräfte auszugleichen.

Das Gegengewicht braucht nicht mit der Kurbel selbst verbunden zu sein, sondern kann auch zur Hälfte im Zahnrad Z_1, zur andern Hälfte im Schwungrade S untergebracht werden. Eine Unterbringung nur in einseitig angeordnetem Zahnrad oder Schwungrad würde Erschütterungen in zur Maschinenachse senkrechter Ebene hervorrufen.

III. Ausrüstung fahrbarer Kompressoren.

Diese werden meist mit Stufenzylinder (vgl. Nr. H. IV.) und Zwischenkühlung ausgeführt. Kühlwasser kann meist aus einer Berieselungsleitung entnommen werden. Der Vorteil solcher Kompressoren ist ihre leichte Beweglichkeit, so daß sie in nächster Nähe des Arbeitsortes auf-

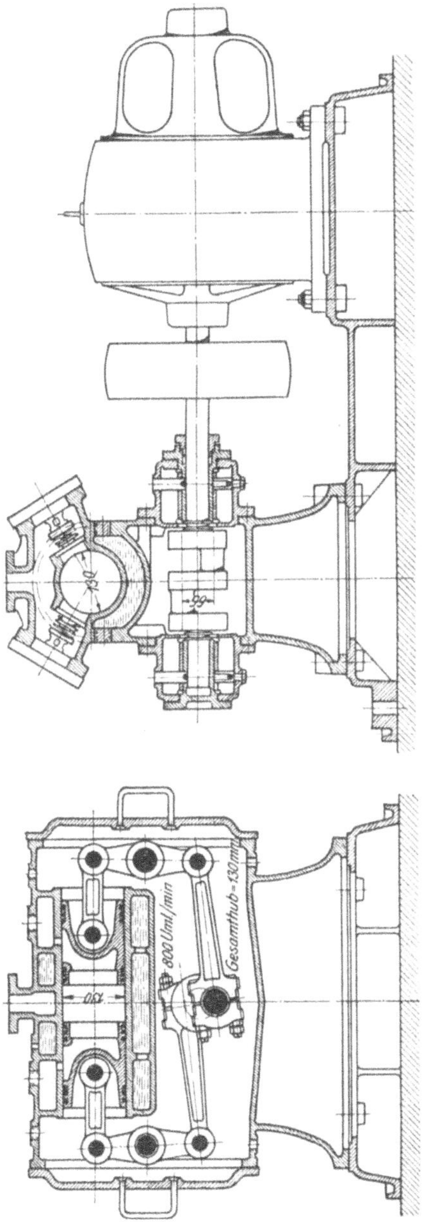

Fig. 174.
Kompressor mit Massenausgleich, von Weise und Monski.

gestellt werden können. Die Energie wird in einem leicht beweglichen Kabel nachgeführt und die Druckluft durch kurze bewegliche Schläuche den Bohrmaschinen übermittelt. Vor dem Schusse wird der Kompressor leicht in sichere Entfernung zurückgezogen. Der Elektromotor ist mit Widerständen und Anlaßkurbel ausgerüstet. Der Kompressor ist mit einem Luftfilter in der Saugleitung zu versehen; ein Luftsammler kann nicht entbehrt werden.

IV. Schlagwettergefahr und -schutz bei unterirdischen funkenden Motoren.

Die meisten Gruben sind Schlagwettergruben. Erfahrungen ergeben, daß Elektromotoren durch Funkenbildung Explosionen hervorrufen können. Versuche von Beyling und anderen (vgl. Glückauf 1906,

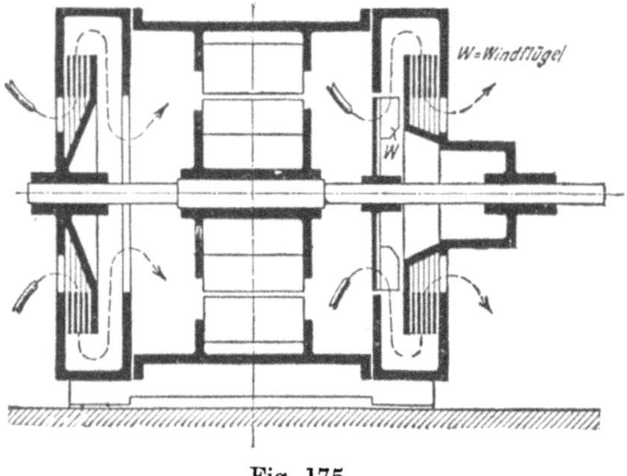

Fig. 175.
Plattenschutzkapselung.

S. 1 u. f. und Zeitschr. d. V. d. Ing. 1906, S. 487 u. f.) führten zu einer sicherwirkenden Kapselung funkender Teile. Fig. 175 stellt eine Plattenschutzkapselung genannte ventilierte Kapselung eines Elektromotors dar; derselbe ist bis auf die Stirnseiten luftdicht gekapselt. In Löcher der Stirnseiten sind übereinanderlagernde Metallringplatten eingebaut. Diese haben 50 mm Ringbreite, 0,5 mm Stärke und durch eingebrachte Abstandschalter einen genauen und gleichen Abstand von 0,5 mm. Auf der einen Seite eingebaute und von der Motorwelle gedrehte Windflügel W führen einen Luftstrom durch das Gehäuse; diese Ventilation ist nötig zur Abführung der entstehenden Wärme. Gelangen Schlagwetter in das Gehäuse und entzünden sich an einem Funken, so erfolgt eine innere Explosion mit Druckerhöhung Die Verbrennungsgase strömen durch die dünnen Spalten der Platten in fein verteilten Schichten nach außen und kühlen sich so weit ab, daß eine Zündung der äußeren Schlagwetter nicht stattfindet. Bedingung ist ein genaues Einhalten des Plattenabstandes von 0,5 mm. Weitere Spalten lassen ungekühlte Gase austreten. Die Platten müssen zeitweise herausgenommen und gereinigt werden.

Der Plattenschutz ist nach den Versuchen als ein sicherer, nicht leicht zerstörbarer Schutz anzusehen.

K. Die Schmierung der Kompressoren.

I. Die Schmierung der einzelnen Gleitflächen.

Nicht unter Druck stehenden Gleitflächen kann das Öl durch Tropföler zugeführt werden. Besondere Beachtung verdient die Schmierung der Kurbellager bei raschlaufenden Maschinen. Diese werden häufig mit Ringschmierung ausgerüstet, meist mit losen Ringen. Die Zwickauer Maschinenfabrik benutzt feste seitlich des normalen Lagers angebrachte Schmierringe.

Die wichtige Schmierung der Kolbengleitfläche geschieht bei kleineren Ausführungen so, daß man dem angesaugten Luftstrome Öl durch einen Tropföler beimengt. Mit der Luft gelangt das Öl dann in den Kompressorzylinder. Diese Schmierung hat Nachteile: Während der Luftkompression wird ein merklicher Teil dieses in der Luft verteilten Öles bei der auftretenden Erwärmung verdampfen und für die Schmierung verloren gehen; zudem bilden die mit Luft gemischten Öldämpfe explosible Gemische.

Besser ist es, das Öl mittels Ölpressen durch ein Loch der Zylinderwand in den Zylinder zu führen; der vorbeigleitende Kolben übernimmt die Verteilung über die Zylinderwand. Die Zylinderwand wird durch Wasser gekühlt. Sie schützt daher das an ihr haftende Öl vor der Zersetzung. Weiß hat (1885) folgenden Versuch gemacht: Ein einstufiger Kompressor für 6 Atm. Druck wurde stillgesetzt und durch eine bereitstehende Mannschaft rasch geöffnet. Ein Auflegen der Hand auf die innere Zylinderwand ließ diese als kühl erkennen. Luftschieber müssen durch Schmierpressen sorgfältig geschmiert werden.

II. Explosionen an Kompressoranlagen.

Kompressorexplosionen waren kleineren Umfangs, wenn sich die Explosion auf den Kompressorzylinder beschränkte; sie waren von verheerender Wirkung, wenn sie auf den Luftsammler übergriffen. Die Heftigkeit der Luftsammlerexplosionen erklärt sich leicht durch die größere Menge dort angesammelter explosibler Gemische und brennbarer Stoffe.

Es scheint sich bei Explosionen meist um einstufige Kompressoren und solche mit Schiebern gehandelt zu haben. Die hohe Lufttemperatur der einstufigen Kompression erscheint recht geeignet, das Schmieröl zu zersetzen und so explosible Gemische zu veranlassen. Insbesondere zeigen Schieberkompressoren in der unkühlbaren Schiebergleitfläche Stellen hoher Temperatur. Dazu kommt bei eintretender Ölzersetzung erhöhte Kolben- und Schieberreibung, so daß eine Zündung der Gemische durch örtliche Überhitzung möglich erscheint.

Andererseits liegt die Endtemperatur von 220° der einstufigen Kompression auf 6 Atm. noch unter dem Entzündungspunkt der meist verwendeten Schmieröle. Hier müssen wir aber bemerken, daß die durch Versuche gewonnenen Entzündungstemperaturen sich auf atmosphärischen Druck beziehen, während sich im Kompressor Öl oder Gasluftgemisch zeitweise unter hohem Drucke befinden. Der bekannte Erfinder des Dieselmotors sagt über diesen Punkt; „Die Entzündungstemperatur liegt für die meisten Brennstoffe sehr tief und zwar um so tiefer, je höher der Druck ist, unter dem die Entzündung eingeleitet wird. Versuche haben geradezu erstaunlich tiefe Temperaturen für die meisten Brennstoffe ergeben.“

III. Vermeidung von Kompressorexplosionen.

Die Zersetzung des Schmieröles muß verhindert werden. Zunächst ist ein Öl von hoher Entflammungs- und Entzündungstemperatur zu wählen. Dann sind die Temperaturerhöhungen im Zylinder zu bekämpfen, insbesondere die Erwärmung des Öles; Mittel sind Mantelkühlung, Ölzufuhr zum Mantel, Stufenkompression mit Zwischenkühlung. Seit Einführung der Stufenkompression scheinen die Explosionen fast verschwunden zu sein. Ferner ist auf Vermeidung der Ansammlung explosibler Gemische zu achten durch richtige Anordnung des Luftsammlers und durch Reinigung des Zylinders, der Leitung und des Sammlers. Zur Beobachtung der Zylindertemperatur bringe man Thermometer am Kompressor an. Zweckmäßig können diese als Alarmthermometer ausgebildet sein. Das Oberbergamt Dortmund schreibt für Kompressoren eine höchst zulässige Temperatur von 140° vor.

Dann empfiehlt sich auch die Entnahme von Luftproben aus der Druckleitung und Analyse derselben zur Erkennung des Verhaltens des Schmieröles.

IV. Verschlechterung der Grubenluft durch die in der Druckluft enthaltenen Gase.

Bei einer behördlichen Befahrung (1899) einer fast schlagwetterfreien Grube bei Dortmund ergab eine an der Firste eines durch ausströmende Druckluft bewetterten Ortes genommene Wetterprobe 3,43 v. H. Methan (CH_4). Spätere Proben ergaben 0,4—0,5 v. H. Diese Gase können nur aus dem Schmieröl des Kompressors stammen. Hierzu kommt, daß der Maschinist zeitweise Petroleum zusetzte zur Auflösung der harzigen Ansätze im Kompressorzylinder. Petroleum enthält besonders leicht flüchtige Kohlenwasserstoffe.

In einem anderen Falle (1897) wurde ein Arbeiter durch ausströmende Gase getötet. Nach 5 stündigem Betrieb merkten zwei zusammenarbeitende eine Verschlechterung der Wetter durch deren üblen Geruch. Der eine entfernte sich, um für den schon geschwächten anderen Hilfe zu holen. Man fand den Zurückgebliebenen tot auf. Die Leichenöffnung ergab eine Kohlenoxydgasvergiftung. Zur Zeit des Unfalles wurde in Ermangelung des sonst üblichen Mineralöles mit Rüböl geschmiert. Kurze Zeit nach dem Unfalle hörten die Luftverschlechterungen auf und zwar zusammenfallend mit der Wiederaufnahme der Mineralölschmierung. Daraus ist zu entnehmen, daß leicht zersetzliche Öle im Kompressor zu vermeiden sind.

V. Die Schmiermittel.

Man verwende Mineralöle mit möglichst hohem Flammpunkt. Man nennt Flammpunkt diejenige Temperatur, bei welcher sich aus dem Öle so viel Dämpfe entwickeln, daß sie bei atmosphärischer Spannung mit Luft gemischt ein entflammbares Gemisch bilden.

Es folgen hier einige diesbezügliche Bestimmungen:

Königliche Bergwerksdirektion Saarbrücken:	Flammpunkt	über 320^0
Gelsenkirchener Akt.-Gesellsch.	„	„ 205^0
Bergwerksgesellschaft Hibernia:	„	„ 200^0
Harpener Bergwerksgesellschaft:	„	200—250^0

Diese Angaben weichen stark voneinander ab. Es dürfte sich empfehlen, für höhere Luftdrücke einen Flammpunkt von 280—300^0 zu verlangen.

Seit langem wird versucht, den unzweifelhaft schmierende Eigenschaften besitzenden Graphit mit etwas Öl gemischt als Schmiermittel zu verwenden. Er würde sich zur Kompressorschmierung ganz besonders eignen, da er in der Hitze des Kompressors völlig unzersetzlich ist. Seine feine und saubere Aufbereitung machte bisher Schwierigkeiten, so daß man einen stärkeren Verschleiß bei Graphitschmierung beobachtet haben will.

Neuerdings (1907) ist es der Acheson Graphite Comp. gelungen, den Graphit in äußerster Reinheit und feinster Verteilung herzustellen. Sie löst Graphit in einer wäßrigen Lösung von Tannin, welche Lösung durch den feinsten Filter hindurchgeht. Fügt man aber vor dem Filter die geringste Menge Salzsäure hinzu, so filtriert reines Wasser durch und auf dem Filter bleibt Graphit in äußerst feiner Verteilung zurück. Er läßt sich in dieser Form in Wasser oder Öl lösen.

L. Anforderungen an Kompressoren.

I. Projektierung von Kompressoranlagen.

Man berücksichtige die Forderungen der Betriebssicherheit, Anpassungsfähigkeit und Wirtschaftlichkeit. Wir kommen so zum Kompressor mit Stufenkompression, Mantel-, Deckel- und Zwischenkühlung. Die Beschaffung des Kühlwassers ist vorzusehen; desgleichen ausreichende Schmierung. Thermometer, Stutzen zum Indizieren sind nicht zu vergessen. Auf Zugänglichkeit wichtiger Teile ist zu achten. Der Kompressor muß mit verschiedenen Drehzahlen laufen können. Am besten ist selbsttätige Regelung auf gleichbleibenden Luftdruck vorzusehen. Bei Anordnung der Saugleitung ist zu achten, daß reine kühle Luft in den Zylinder eintrete. Ein richtig angeordneter Sammelbehälter ist in der Nähe des Kompressors aufzustellen.

II. Der Betrieb der Kompressoren.

Eine wirksame Kühlung ist stets aufrechtzuerhalten; man beobachte ihre Wirksamkeit an Thermometern für die Luft und für das Kühlwasser. Ausreichende Schmierung ist durch Beobachtung der entsprechenden Apparate sicherzustellen. Ein geeignetes Schmieröl ist zu verwenden und auf Lager zu halten. Das richtige Arbeiten der Steuerorgane ist durch Indizieren der Maschine festzustellen.

Der Kompresser, seine Steuerteile, Kanäle sowie der Luftsammler sind rein zu halten. (Vgl. C. II.)

III. Lieferungsbedingungen.

Hier ist vor allem die gewünschte Ansaugeleistung in cbm/stunde, bezogen auf atmosphärische Spannung und Außentemperatur sowie der Enddruck in Atm. absolut anzugeben.

Es ist die Höchstmenge bei einer Höchstgeschwindigkeit zu verlangen, daneben eine bestimmte Abwärtsregelung durch entsprechende Regelvorrichtungen, die der Eigenart der Antriebsmaschine anzupassen sind. Für die Luftleistung ist ein bestimmter Kraftverbrauch zu verlangen, und zwar können für 1 PSi 10 cbm/st Luft auf 6 Atm. gefordert werden (für größere Leistungen). Für den Dampfverbrauch können keine mittleren Angaben gemacht werden, da sich dieser je nach Umständen sehr verschieden stellt (vgl. Nr. H. V.).

Eingehende Beschreibung des Kompressors kann entbehrt werden. Man verlange dafür Einhaltung eines bestimmten Raumbedarfes, kräftige Bauart, ruhigen Gang und die in Nr. L. II. geschilderten Einrichtungen zur Erreichung möglichster Betriebssicherheit und Betriebskontrolle.

Neben diesen Forderungen sind auch die nötigen Angaben über das zur Verfügung stehende Kraftmittel zu machen: Dampf, Gas, Elektrizität usw. und dieses nach seinen in Betracht kommenden Eigenschaften zu beschreiben: z. B. Eintrittsspannung am Hochdruckzylinder, Kondensatorspannung hinter dem Niederdruckzylinder, Grad der Überhitzung; mögliche Schwankungen in den Eigenschaften des Kraftmittels. Der Kraftverbrauch kann nur für normale Verhältnisse gewährleistet werden. Bei allen Abweichungen steigt er.

Für in Entwicklung begriffene Gruben wird man eine wesentlich größere Einheit beschaffen, als zurzeit erforderlich ist. Solche Maschinen müssen daher besonders mit Regelvorrichtungen ausgestattet werden. Hier ist ein Dampfkompressor, dessen Drehzahl beliebig eingestellt werden kann, am Platze, vielleicht mit Stumpfscher oder anderer Gleichstromdampfmaschine, deren niedere Anschaffungskosten in diesem Falle besonders erwünscht sind. Die Regelung eines elektrisch angetriebenen Kompressors ist in No. H. III. beschrieben worden.

M. Hydraulische Kompressoren.

I. Beschreibung eines hydraulischen Kompressors.

Fig. 176 stellt einen hydraulischen Kompressor des Wasserkraftdruckluftsyndikats Mülheim (Rhein) dar. Das Betriebswasser des oberen Sammelkastens durchfließt die mittlere fallende Rohrleitung und steigt durch die linke Leitung zu einem seitlichen Stollen aufwärts, durch den es abgeführt wird. Der Höhenunterschied von Zu- und Abfluß ergibt

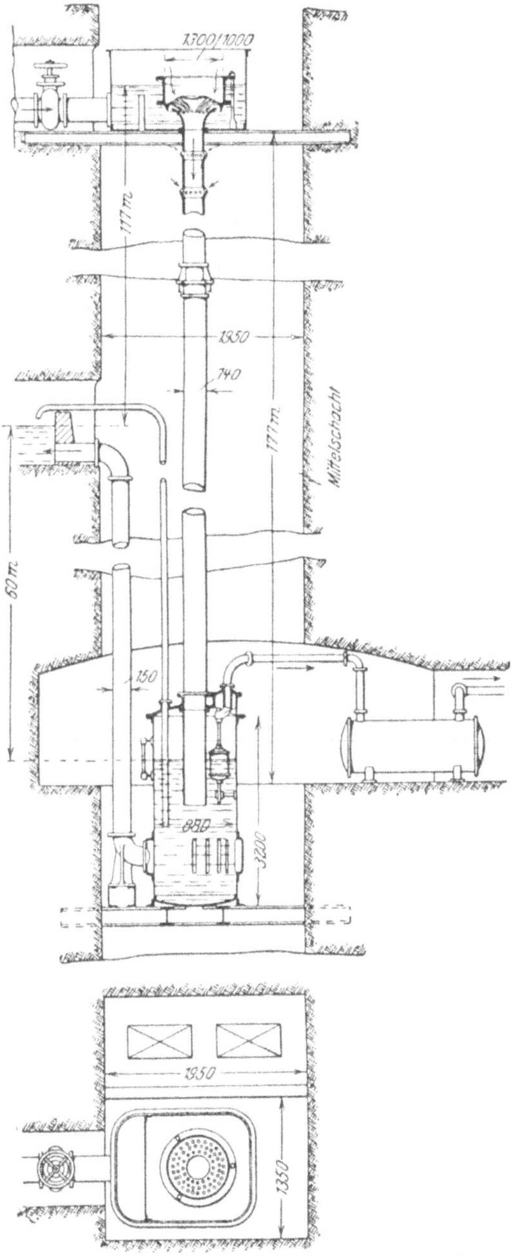

Fig. 176.
Hydraulischer Kompressor des Wasserkraftdruckluftsyndikats Mülheim-Rhein.

das verfügbare Arbeitsgefälle. Am Ende des Fallrohres ist ein Windkessel zwischen dieses und das Steigerohr eingeschaltet. Dieser kann je nach der vorhandenen oder zu dem Zwecke geschaffenen Örtlichkeit mehr oder weniger tief stehen, wobei sich bei gegebenem Abflusse eine mehr oder weniger große Steigehöhe des Wassers und somit ein höherer oder geringerer Wasserdruck im Windkessel ergibt. Die Menge des durchströmenden Betriebswassers kann durch den oberen Wasserschieber geregelt werden. Im oberen Teile des Fallrohres sind Luftsaugeöffnungen angebracht, durch welche das strömende Wasser Luft in das Rohrinnere einsaugt. Beim weiteren Fallen nach tieferen Stellen geraten Wasser und Luft unter höhere Pressungen. In dem unteren Windkessel aber trennt sich die Luft von dem Wasser und sammelt sich im oberen Teile desselben an. Das von Luft befreite Wasser fließt durch das Steigerohr ab. Wir erkennen, daß im kürzeren Steigerohre reines Wasser, im längeren Fallrohre ein leichteres Gemisch von Wasser und Luft fließt. Der Gewichtsunterschied zwischen Fallrohr und Steigerohr hält die Massen in Fluß.

Aus dem oberen Teile des Windkessels wird die Druckluft durch eine Rohrleitung nach einem Luftsammler und von hier weiter geleitet. Wird mehr Luft verbraucht als geliefert, so steigt der Wasserspiegel im Windkessel, und es wäre Mitreißen von Wasser in die Luftleitung zu erwarten. Um dieses zu verhüten, verengt und schließt zuletzt ein mit dem Wasser steigender Schwimmer das Luftauslaßrohr. Um bei Mehrlieferung von Luft ein zu tiefes Fallen des Wasserspiegels zu verhüten, ist ein ins Freie mündendes Ausblaserohr angebracht, dessen untere Öffnung an der Stelle des niedrigsten Wasserstandes angeordnet ist. Sinkt der Wasserspiegel bis hierher, so entweicht die überschüssige Luft durch das Rohr ins Freie. Hierdurch wird verhütet, daß Luft in die Steigeleitung gelangt. Würde dies der Fall sein, so nähme das Gewicht der Masse in der Steigeleitung ab, und der durch dieses Gewicht bedingte Luftdruck im Kessel würde sinken. Je 10 m Steigerohrhöhe ergeben eine Atmosphäre Luftdruck. Dieser Luftdruck ist unabhängig von der Höhe des Arbeitsgefälles.

Die Ingangsetzung, Regelung und das Stillsetzen des Kompressors geschieht in einfachster Weise durch den oberen Wasserschieber. Während des Betriebes bedarf der Kompressor keiner Wartung. Die gelieferte Druckluft ist kühl, ölfrei und trocken. Sie ist also für jede Verwendung einwandfrei und der Kompressorbetrieb völlig gefahrlos.

Solche Kompressoren sind an vielen Stellen eingebaut, besonders am Harz, wo Gefällewasser, Schächte zum Einbau der Fall- und Steigeleitung und Stollen zur Abführung des Betriebswassers zur Verfügung stehen. Sie eignen sich auch zur Ausnützung des Gefällewassers, das innerhalb einer Grube zur Verfügung steht, wenn die Wasser der oberen Sohlen der tieferen Wasserhaltungssohle zugeführt werden. Sie eignen sich hierzu ganz besonders, da sie keiner beständigen Wartung bedürfen und für Druckluft in der Grube immer Verwendung ist. (Man vgl. hierzu: Dinglers polyt. Journal 1910, Heft 36—39.)

II. Die Wirtschaftlichkeit hydraulischer Kompressoren.

Für 1 PS. beträgt die Luftlieferung bei 6 Atm. Enddruck 6,5 bis 8 cbm/st. Solche Kompressoren kommen nur in Betracht, wenn Gefällewasser zur Verfügung steht. Dessen Ausnützung kann außerdem geschehen durch Umwandlung in Elektrizität und Erzeugung der Druckluft durch elektrisch betriebenen Kompressor oder durch Kolbenkompressor mit Turbinenantrieb. Die erstgenannte Art erscheint von vornherein wenig wirtschaftlich, auch die zweite erfordert höhere Anlagekosten. Genauere Rechnungen bestätigen dies (Oberingenieur Bernstein; vgl. Literaturstellen der vorigen Nr. M. I.).

Darnach kosten 1000 cbm Luft auf 6 Atm. erzeugt durch:

I. Elektrokompressor, gespeist vom Kraftnetz einer hydroelektrischen Zentrale = 3,2 M.
II. Direkt von Wasserturbine angetriebener Kolbenkompressor = 1,36 M.
III. Hydraulischer Kompressor = 0,47 M.

N. Turbokompressoren.

I. Beschreibung eines einstufigen Schleudergebläses (Rateau).

Nach der Bewährung der Dampfturbine war der Bau von Turbokompressoren nur eine Frage der Zeit: die rundlaufende Antriebsmaschine verlangte eine gleiche Arbeitsmaschine. Die Turbokompressoren sind Ausgestaltungen des altbekannten Schleudergebläses. Mit solchen konnten bisher nur geringe Luftdrücke erzielt werden; infolge des geringen spezifischen Gewichtes der Luft sind große Umfangsgeschwindigkeiten erforderlich. Es ist das Verdienst Prof. Rateaus (Paris), den Weg zu höheren Geschwindigkeiten durch Rechnung und Versuch gebahnt zu haben (seit 1899). Vgl.: seine Veröffentlichung in der Zeitschr. deutsch. Ing. 1907.

Fig. 177 stellt ein Schleudergebläse für Umfangsgeschwindigkeiten von 175—215 m/sec dar (n = 2600—3200 mm). Es saugt dabei 1000 bis 1200 cbm Luft/min an und drückt sie auf $^1/_5$ Atm. Überdruck. Die Luft tritt von beiden Seiten in der Nähe der Achse in das Schaufelrad ein, wird durch dies in Drehung versetzt und infolge der auftretenden Fliehkraft nach außen radial durch das Rad bewegt. Aus dem Rade kommend tritt sie in einen das Rad umgebenden Sammelkanal ein und aus diesem in die Druckleitung. Die Luft durchläuft das Rad mit einer nicht kleinen Geschwindigkeit. Die aus dem Rade tretende Luft erzeugt an der Lufteintrittsstelle einen Unterdruck, so daß dieser Stelle Luft von außen zuströmt. Die außen ruhende Luft muß nun auf die im Rade herrschende Durchflußgeschwindigkeit gebracht werden. Dies muß möglichst allmählich geschehen, so daß nur kleine Energieverluste auftreten. Jede Stoßwirkung muß vermieden werden, weil diese zur Umwandlung bereits entwickelter Strömungsenergie in verlorengehende Wärmeenergie führt. Die Ansaugeleitung ist außen weit und verengt sich allmählich bis zum Einlaßquerschnitt im Rade. Durch spiralförmige Kanalführung werden Richtungsänderungen allmählich bewirkt und die Luft dem kreisenden Rade in geeigneter Weise zuge-

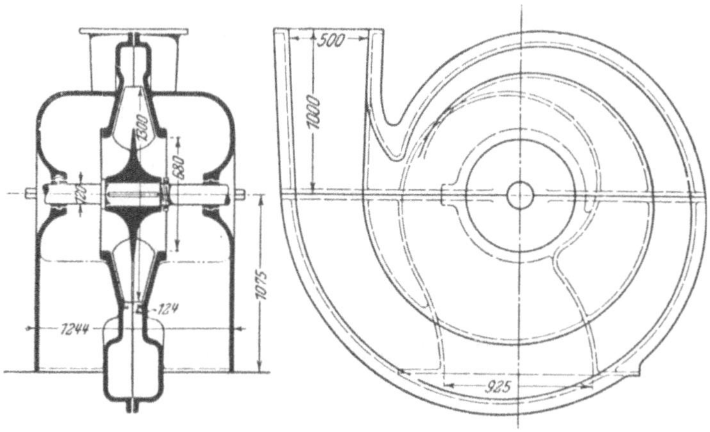

Fig. 177.
Rateaugebläse.

führt. Die mit großer Geschwindigkeit austretende Druckluft stellt uns die umgekehrte Aufgabe, diese Geschwindigkeit allmählich nach Größe und Richtung in die geringere Leitungsgeschwindigkeit und den größeren Leitungsdruck überzuführen. Dies geschieht in dem spiralförmig um den Radumfang angeordneten sich allmählich erweiternden Sammelkanal.

Die angewandten Umfangsgeschwindigkeiten sind sehr hoch. Sie führen zu großen Zugspannungen in dem Materiale des Rades. Man verwendet etwa 150—180 m/sek; eine Firma scheint erheblich höher zu gehen.

Um größere Luftdrücke zu erhalten, schaltet man mehrere Räder hintereinander. Die aus dem ersten Rade austretende Druckluft wird dem Saugstutzen eines zweiten gleichen Rades zugeführt und erfährt dort die gleiche Drucksteigerung wie im ersten. Zur Erreichung eines Druckes von 6 Atm. abs. werden etwa 25 Räder erforderlich. Nach Angaben von Köster kommt die Firma Pokorny und Wittekind mit etwa der halben Anzahl Räder aus.

II. Mehrstufiger Turbokompressor (Brown, Boveri & Cie, Mannheim).

Fig. 178 zeigt uns einen 10 stufigen Turbozylinder.

Die Umführung der Luft geschieht durch U-förmige Kanäle. In zur Achse rückführenden Leitkanälen sind schräg stehende Leitschaufeln angeordnet, die die Luft den drehenden Schaufeln in ähnlicher Weise zuführen, wie dies beim Ansaugestutzen der Fig. 177 der Fall war. Zur Erreichung höherer Drücke werden mehrere solcher Zylinder bezüglich der Luftführung hintereinandergeschaltet; ihre Achsen werden durch nachgiebige Kupplungen miteinander verbunden. Solche Kupplungen sind insbesondere in Bergbaugegenden zu empfehlen, wo Bodenbewegungen ein Verschieben der einzelnen Zylinder hervorrufen können.

Die Wellenstützung geschieht für jeden Zylinder in 2 Lagern, davon eines ein Kammlager ist. Sie sind nicht unmittelbar mit dem Gehäuse verbunden, sondern durch einen kleinen Luftraum von ihm getrennt. Dadurch wird auf der Druckseite die Kompressionswärme vom Lager ferngehalten und auf der Saugseite wird verhindert, daß Schmieröl in den Kompressorzylinder eingesaugt wird. Dadurch wird jede Verunreinigung der Druckluft vermieden.

Die Schmierung der Lager geschieht durch eine besondere, von der Antriebsmaschine bewegte Ölpreßpumpe, die das Schmieröl durch einen Kühler hindurch den Lagern zuführt. Der Ölverbrauch dieser Kreislaufschmierung ist sehr gering und in keinen Vergleich mit dem Ölverbrauch der Kolbenkompressoren zu stellen.

Bei der Ausgestaltung des Kompressorzylinders ist auf größte Zugänglichkeit der Teile Bedacht genommen. Zu dem Zwecke ist derselbe in horizontaler Ebene geteilt. Daneben sind weitere Teilungen vorhanden. Die noch zu beschreibenden Kühlkammern sind durch große Deckel D_1 und D_2 zugänglich. Die Leitapparate L sind besonders hergestellt und in den großen Gußkörper eingesetzt. Sie werden dadurch der Besichtigung und Reinigung zugänglich. Die getrennte Anfertigung dieser Kanäle ermöglicht auch eine genaue Bearbeitung; sie sind innen blank ausgedreht, um der in ihnen strömenden Luft nur geringe Reibungswiderstände zu bieten. Die Paßflächen aller ineinander zu setzender Teile sind zentrisch angeordnet und genau gedreht, so daß ein genaues Wiederzusammensetzen möglich ist.

Gebläseräder erfahren einen nach der Saugseite gerichteten Achsialschub. Das im Gehäuse laufende Rad ist auf seinen Außenflächen von Druckluft umgeben. Von diesen Flächen ist aber die auf der Saugseite um die Saugöffnung kleiner als die hintere Außenfläche; somit ist auch der Luftdruck auf diese Fläche kleiner, und das Rad wird durch den Überdruck der hinteren Radfläche nach der Saugseite gedrückt. Diese Erscheinung wiederholt sich bei allen Rädern, so daß ein großer Achsialschub entsteht, der durch Kammlager nicht mehr aufgenommen werden kann.

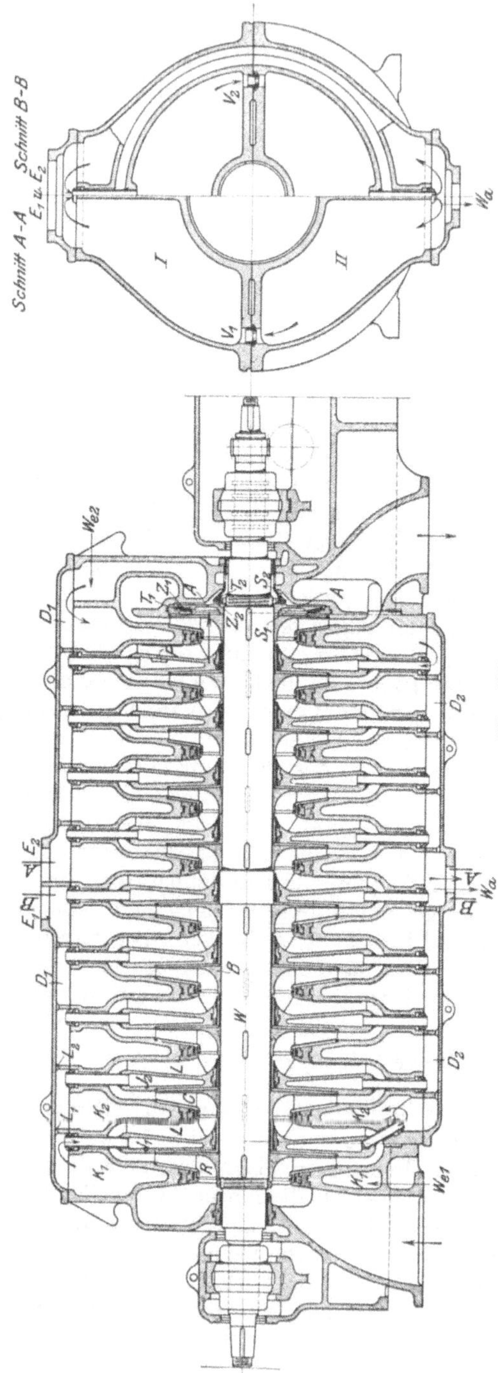

Fig. 178.
10 stufiger Turbokompressor von Brown, Boveri & Cie.

Die ersten Vorrichtungen, diesem Achsialschube zu begegnen, sind schon von Rateau angegeben worden; diese und andere Mittel sind bestrebt, den Schub an jedem einzelnen Rade auszugleichen oder aufzuheben.

Einfacher erscheint es, den gesamten Achsialschub an einer Stelle auszugleichen. Die Ausgleichung eines Schubes von erheblicher Größe bietet an sich keine größere Schwierigkeit als die kleiner Schübe; es kommt nicht auf die Größe der Kräfte an, sondern auf die selbsttätig richtige Bemessung derselben. Die in Fig. 178 hinter dem rechten Rade (letzte Druckstufe) auf der Welle angeordnete Entlastungsscheibe A wirkt folgendermaßen:

Der am Austritt des letzten Laufrades herrschende Kompressionsenddruck pflanzt sich durch den Spalt zwischen Laufrad und feststehendem Gehäuse wie bei allen einzelnen Rädern auf die volle Laufradscheibe fort. Im Raume S_1 wirkt dieser Druck nun in der gezeichneten Pfeilrichtung auch auf die Entlastungsscheibe A und drückt durch sie die Achse in der Pfeilrichtung seitwärts, also entgegen dem achsialen Schube aller einzelnen Laufräder. Auf die Rückseite der Entlastungsscheibe A, also im Raume S_2 wirkt andererseits ein Druck, wie er sich durch die Drosselung der Druckluft auf ihrem Wege von innen nach außen an den Dichtungsstellen T_1 und T_2 ergibt. Sobald sich aber die Scheibe in der Pfeilrichtung verschiebt, wird der Durchgangsquerschnitt der Dichtung Z_1 erweitert, derjenige von Z_2 verengt. Dadurch sinkt der Druck in S_1, während er in S_2 steigt und den achsialen Schub entgegen der Pfeilrichtung so lange unterstützt, bis ein Gleichgewichtszustand hergestellt ist.

Diese Vorrichtung ergibt nur ganz geringe Verschiebungen. Durch sie wird gleichzeitig eine Hochdruckstopfbüchse ersetzt.

III. Die Kühlung des Turbokompressors.

Die Kühlung des Turbokompressors geschieht nur aus Gründen der Wirtschaftlichkeit. Bei den Kolbenkompressoren stand die Rücksicht auf die Betriebssicherheit vollberechtigt neben der wirtschaftlichen Frage. Im Turbokompressor findet keine innere Schmierung statt, da keine aufeinanderreibenden Teile vorkommen, sondern die Räder mit, wenn auch sehr gering bemessenen Spielräumen im Gehäuse laufen. Die Abwesenheit von Öl beseitigt alle Betriebsgefahren infolge Erwärmung. Explosionen und Verschlechterung der Druckluft sind ausgeschlossen.

Der Turbokompressor erscheint als ein Stufenkompressor von großer Stufenzahl. Eine Wasserkühlung hinter den einzelnen Stufen wurde schon bei älteren Ausführungen von Rateau vorgenommen. Aus dem Druckraum des Rades trat die Luft durch einen außerhalb angeordneten Zwischenkühler in den Saugstutzen des zweiten Rades. Dies war umständlich und verlustreich. Alsdann verlegte man die Kühlung in das die Laufräder umgebende Gehäuse. Die Zickzackform dieses Gehäuses fordert mit ihrer großen Oberflächenentwicklung zur Benutzung als Kühlfläche auf.

In der Anordnung der Fig. 178 ist die innere Wasserkühlung ganz besonders sorgfältig durchgeführt.

Die Luftumleitkanäle L werden durch äußere Wasserkammern K_1, K_2 . . . . . sowie durch innere Kammern J_1, J_2 . . . . gekühlt. Die inneren Kammern sind zu diesem Kühlzwecke besonders angeordnet. Die Führung des Kühlwassers aus den äußeren Kammern durch die inneren nach der nächsten äußeren usw. geschieht durch diese Teile verbindende Röhren. Die Figur läßt diese Wasserführung deutlich erkennen. Die Wasserführung geschieht ferner in zwei Teilströmen. Durch den einen wird die linke Kompressorhälfte im Gleichstrom, durch den anderen die rechte Hälfte im Gegenstrom durchflossen.

Besondere Verbindungsrohre sind auch nötig, um in den einzelnen Wasserkammern das Wasser aus der oberen Zylinderhälfte nach der durch eine Wand getrennten unteren Hälfte überzuführen.

Da sich in den oberen Teilen der Wasserkammern Luft aus dem Wasser abscheiden und nach Ansammlung die Kühlfläche teilweise von Wasser entblößen könnte, sind die Wasserkammern oben durch kleine Löcher miteinander verbunden, so daß die Luft durch diese Löcher nach dem Wasserablauf hingelangen kann. Durch einen unteren Hahn können die Wasserkammern bei Stillstand entleert werden. Obere und untere große Deckel machen die äußeren geräumigen Wasserkammern einer Reinigung zugänglich. Die inneren Kammern können nach Herausnahme gereinigt werden; sie enthalten Putzlöcher P.

Die Wirkung einer so vorzüglich durchgeführten Kühlung ist, daß sich die Kompression der als wirtschaftlich erkannten isothermischen mehr annähert als bei Kolbenkompressoren.

IV. Betriebsverhältnisse und Kraftverbrauch der Turbokompressoren.

Turbokompressoren werden am günstigsten durch Dampfturbinen angetrieben. Nur diese ergeben zwanglos die nötigen hohen Drehzahlen. An Stelle von Frischdampfturbinen treten häufig Abdampfturbinen, die den Abdampf von Fördermaschinen ausnützen. Man geht infolge schlechter wirtschaftlicher Erfahrungen jetzt davon ab, die Fördermaschinen mit ihrer stoßweisen Abdampflieferung an die Zentralkondensation anzuschließen. Der stoßweise fließende Abdampfstrom der Fördermaschinen wird in einem Abdampfakkumulator in einen gleichmäßig fließenden Strom übergeführt und so den Abdampfturbinen zugeführt. Hinter den Turbinen wird er in einem Sonderkondensator niedergeschlagen.

Elektromotoren kommen bei Vorhandensein elektrischer Energie in Frage. Doch hält es schwer, diese sonst als raschlaufend betrachteten Maschinen mit der für Turbokompressoren vorteilhaften hohen Drehzahl laufen zu lassen.

Dampfturbinen können in ganz ähnlicher Weise wie Kolbendampfmaschinen in ihrer Drehzahl geregelt werden. Drehstromelektromotoren bieten die bereits erwähnten (Nr. H. III.) Schwierigkeiten.

Der von einem Turbokompressor erzeugte Luftdruck hängt nur von der Umfangssgeschwindigkeit, also von der Drehzahl ab. Bei den Kolbenkompressoren war dies anders. Da war der Druck unabhängig von der Drehzahl durch den Leitungsdruck gegeben, die Luftmenge unabhängig vom Druck durch die Drehzahl. Läuft ein Turbokompressor mit einer Drehzahl, bei der der erzeugte Druck gerade gleich dem Leitungsdruck ist, so liefert er trotz seiner großen Geschwindigkeit keine Luft in das Leitungsnetz. Erhöhen wir aber seine Drehzahl über die geschilderte hinaus, so wird der erzeugte Mehrdruck zur Luftbewegung verwandt; es findet ein Luftdurchfluß durch das Räderwerk des Kompressors statt, der mit wachsender Drehzahl unverhältnismäßig wächst, weil der Mehrdruck nur zur Beschleunigung der leichten Luftmasse und zur Überwindung der inneren Widerstände dient. Läuft der Turbokompressor langsamer als dem Leitungsdruck entspricht, so schließt sich das Rückschlagventil in der Druckleitung, und es findet keine Luftlieferung in diese statt. Wir merken daher: durch geringe Drehzahländerung wird die Luftlieferung eines Turbokompressors stark verändert. Drehzahländerungen können daher zur Regelung der Luftlieferung benutzt werden.

Bei Antrieb durch Motoren mit unveränderlicher Drehzahl muß eine Regelung durch eine Drosseleinrichtung in der Ansaugeleitung erreicht werden.

Die besseren Kühlungs- und schlechteren Strömungsverhältnisse der Turbokompressoren bewirken in ihrem Zusammenarbeiten, daß der Kraftverbrauch der Turbokompressoren dem guter Kolbenkompressoren etwa gleichkommt. Die Meinungen darüber sind noch verschieden voneinander. Nach Versuchen von Rateau (bis 1907) ist diese Gleichheit vorhanden, wenn man den Kraftverbrauch der Kolbenkompressoren um etwa 10 v. H. höher ansetzt als den, der mit Benutzung des den Schaulinien entnommenen Raumwirkungsgrades sich errechnet. Diese Erhöhung sei erforderlich, da der wirkliche Lieferungsgrad bis 10 v. H. niedriger sei als der Raumwirkungsgrad.

Nach Angaben von Köster (1910) betrug bei einem längere Zeit im Betriebe gewesenen Kompressor mit Saugeschieber der durch Luftmessung gewonnene Lieferungsgrad nur $2\frac{1}{2}$ v. H. weniger als der der Schaulinie entnommene Raumwirkungsgrad. Darnach wären die Kolbenkompressoren den Turbokompressoren bezüglich des Kraftverbrauches überlegen.

V. Ausgeführter Turbokompressor der Firma Brown, Boveri & Cie.

Fig. 179 zeigt einen aus zwei hintereinandergeschalteten Zylindern bestehenden Turbokompressor für 6 Atm. Luftdruck und 12 000 cbm/st.

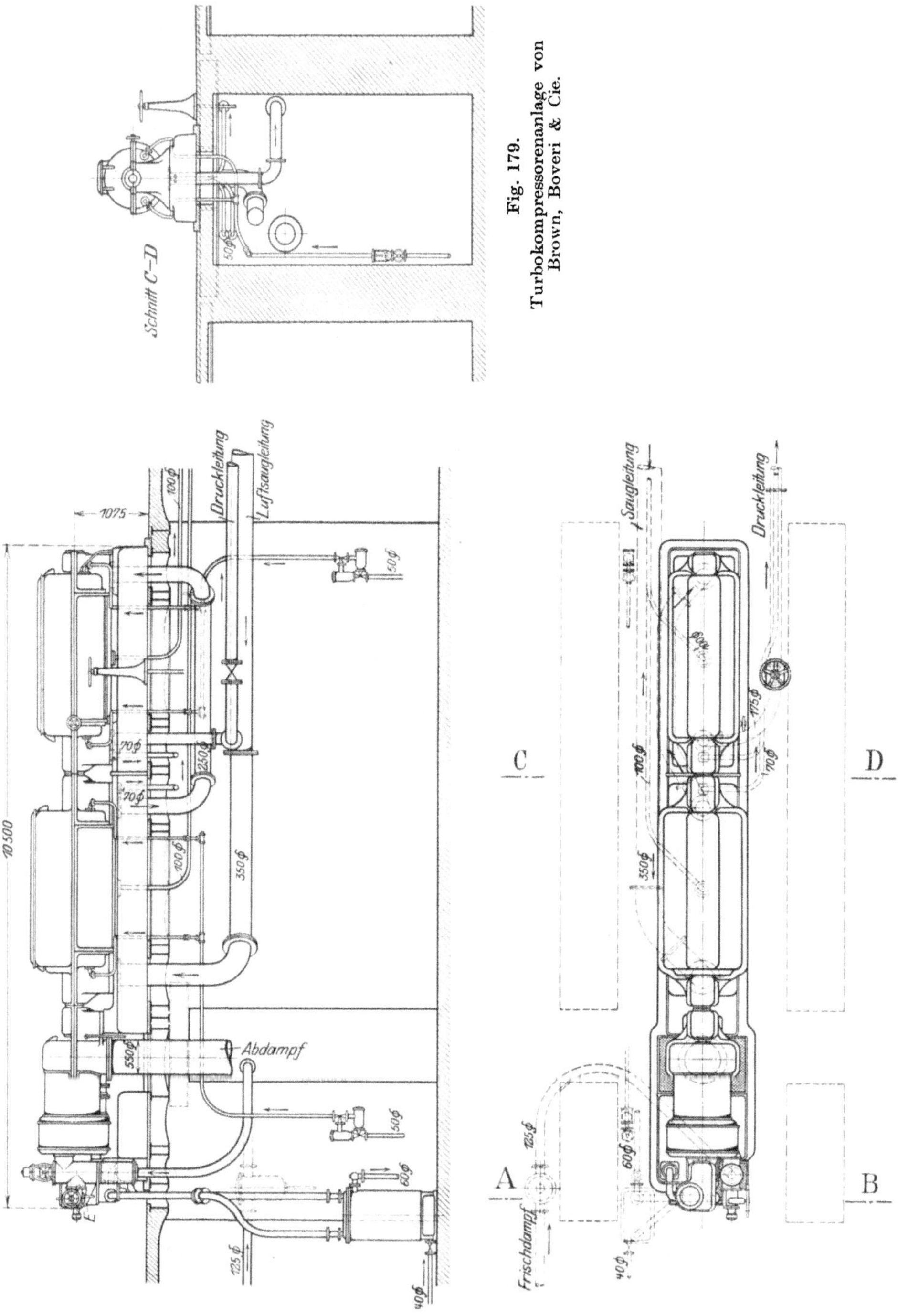

Fig. 179.
Turbokompressorenanlage von Brown, Boveri & Cie.

Links befindet sich die Antriebsdampfturbine. Die Maschine steht frei auf Querträgern, die auf 2 seitlichen Längsmauern verlagert sind. Der Raum unter der Maschine ist frei, so daß die dort untergebrachten Leitungen für Dampf, Wasser und Luft bequem zugänglich sind.

O. Vergleich zwischen Kolben- und Turbokompressor.

Turbokompressoren haben einen geringeren Raumbedarf als Kolbenkompressoren. Für Leistungen unter 5000 cbm/st sind die Anlagekosten der Turbokompressoren höher, so daß sie mit Kolbenkompressoren nicht konkurrieren können. Für größere Leistungen sollen die Anlagekosten beider Gruppen gleich sein. Da auch die Kraftkosten annähernd gleich sind, entscheiden die Betriebseigenschaften über das zu wählende System. Sollte sich darnach ein Vorzug der Turbokompressoren ergeben, so bleibt doch den Kolbenkompressoren uneingeschränkt das Gebiet der Leistungen unter 5000 cbm/st, sowie das der hohen Drücke.

Den ruhigen Gang der Turbokompressoren wird der Betriebsbeamte zu schätzen wissen, sowie den Vorteil der völlig gleichmäßigen Luftlieferung und die Möglichkeit durch kleine Drehzahländerung weitgehende Lieferungsänderungen zu erzwingen. Die Abwesenheit von Öl im Zylinder ergibt für jede Zwecke verwendbare reine Druckluft, und alle Explosionsgefahren sind vermieden. Der Schmierölverbrauch ist fast auf Null verringert, und was für den Betrieb das Wesentlichste ist, die selbsttätige Schmierung der Lager bedarf kaum einer Überwachung, während Kolbenkompressoren viel Aufmerksamkeit für die Schmierung verlangen. Abnützung und Reparaturen sind bei Turbomaschinen fast unbekannte Dinge.

Der Betriebsbeamte wird sich je nach den Verhältnissen leicht für die eine oder andere Gruppe entscheiden können.

Fünfter Teil.

Die Bohrmaschinen.

Von Berg-Ingenieur Dr.-Ing. Leo Herwegen.

Bei der Bearbeitung benutzte Literatur:

Otto Lueger, Lexikon der gesamten Technik.
Heise-Herbst, Lehrbuch der Bergbaukunde.
Meissner, Kraftübertragung.
Hoyer, Maschinenkunde.
Riedler, Kraftversorgung von Paris.
Cornet, Considérations sur la production et l'emploi de l'air comprimé.

Riedler, Triebkräfte.
Riedler, Neuere Erfahrungen über die Kraftversorgung von Paris durch Druckluft.
Dolezalek, Der Tunnelbau.
Handbuch der Ingenieurwissenschaften.
Treptow, Lehrbuch der Bergbaukunde.
Köhler, Lehrbuch der Bergbaukunde.
Sachs, Über Gesteinsbohrmaschinen.
Brüsch, Leitfaden der Elektrizität im Bergbau.
Weston, Rock drills.
Zeitschrift für das Berg-, Hütten- und Salinenwesen im Preußischen Staate 1886, 1903, 1906.
Lorenz, Über Druckluftleitungen. Zeitschr. d. Ver. deutsch. Ing. 1892.
Herbst, Über Gesteinsbohrmaschinen. Zeitschr. d. Ver. deutsch. Ing. 1910.
Heubach, Solenoidmaschinen. Zeitschr. d. Ver. deutsch. Ing. 1901.
Möller, Brandtsche Bohrmaschine. Zeitschr. d. Ver. deutsch. Ing. 1902.
Zeitschrift Glückauf 1906, 1910.
Dolezalek, Lufttransmissionen im Gotthardtunnel. Zeitschr. des deutschen Ingenieur- und Architektenvereins 1880.
Bulletin de la société de l'industrie minérale 1908.
Zeitschrift Der Bergbau, 12. Jahrgang.
Annales des mines de Belgique 1908, Band 13.
Comptes rendus mensuels de la société de l'industrie minérale 1909.
Deutsche Reichspatente Nr. 220 597, 216 717, 177 391, 170 899, 220 262.
Eine Skizzensammlung zu den Vorlesungen über Bergbaukunde an der Kgl. Techn. Hochschule zu Aachen.

Unter dem Ausdrucke „Bohrmaschinen" versteht der Bergmann im allgemeinen lediglich diejenigen Maschinen, die dem Zwecke dienen, Sprengbohrlöcher herzustellen. Sie gehören in die Gruppe der Arbeitsmaschinen und werden sowohl für Hand- wie auch für Preßluft-, hydraulischen oder elektrischen Antrieb gebaut. Die große Verschiedenheit in der Härte der Gesteine, deren Aufbau und tektonisches Gefüge haben zu den zahlreichsten Konstruktionen geführt. Weitere Gesichtspunkte bei der Verbesserung der Bohrmaschinen waren Gewichtsverminderung, Herabsetzung des Strom- bzw. Luftverbrauchs und dergl. Durch all diese verschiedenen Gesichtspunkte, die bei der Wahl und Beurteilung von Bohrmaschinen berücksichtigt werden müssen, ist auch die Einführung in dieses große Gebiet äußerst erschwert und eine in jeder Beziehung einwandsfreie Gliederung all dieser Maschinen zur Erziehung einer gründlichen Übersichtlichkeit wohl kaum möglich. Trotzdem soll an dieser Stelle der Versuch gemacht werden, die Bohrmaschinen in ein einheitliches System zu gliedern, um durch diese Methode den Interessenten in systematischer Weise mit diesem nicht so leichten Kapitel vertraut zu machen.

Unter Bohrarbeit im weiteren Sinne faßt man alle die Arbeitsvorgänge zusammen, die erforderlich sind, um ein Bohrloch oder eine Gruppe von Bohrlöchern so weit fertigzustellen, daß die Besetzung erfolgen kann. Diese so unter den Begriff „Bohrarbeit" fallenden Arbeitsvorgänge lassen sich dann aber weiter einteilen in

1. Hilfsarbeiten, wie Aufstellen von Bohrmaschinen, Einrichten derselben, Ansetzen eines neuen Bohrlochs u. dgl. und

2. die Bohrarbeit im engeren Sinne, worunter das eigentliche Bohren, Wechseln des Bohrers, Reinigen der Bohrlöcher und so fort fallen. Alle diese Arbeitsvorgänge im einzelnen sind direkt abhängig von der Konstruktion der Bohrmaschine selbst, und bestimmt diese daher im wesentlichen eine flotte und wirtschaftliche Bohrarbeit. Hierzu gehören folgende Überlegungen: Je leichter und einfacher die einzelnen Teile einer Bohrmaschine gebaut sind, desto schneller kann ihre Aufstellung erfolgen u. dgl. Die Bohrer müssen sich schnell von der Maschine lösen lassen; auch müssen sie sich schnell, wenn eben möglich ohne Verschwenkung der Maschine, aus dem Bohrloche herausziehen lassen können. Hierdurch erzielt man kleine Betriebspausen und eine flotten Fortschritt in der eigentlichen Bohrarbeit. Sodann erheischt die Auswahl des Bohrwerkzeuges große Aufmerksamkeit. Je nach der Beschaffenheit des Gesteins muß man sich vor Beginn der Arbeiten darüber im klaren sein, ob drehend oder stoßend gebohrt werden soll; bei milderem Gebirge wird ein stoßender Bohrer nicht zu verwenden sein und der drehenden Bohrmaschine der Vorzug gebühren. Bei festem und sehr hartem Gebirge ist darauf zu achten, ob das Bohrmehl bei vorhandenem Wasser — sei es daß dieses aus dem Gestein selbst austritt, oder sei es daß es zur Staubbeseitigung oder Spülung in das Bohrloch eingespritzt wird — sich nicht zu einer dichten, formbaren Masse zusammenkittet, wie z. B. bei vielen Kalksteinen. Ist dies der Fall, so darf unter keinen Umständen ein Kronenbohrer benutzt werden, da solche sich beim Herausziehen sofort festklemmen, während der Meißelbohrer einen leichten Rückzug gestattet.

Aus Gesagtem geht bereits zur Genüge hervor, daß man es bei einer guten Bohrmaschine mit einer technisch tief durchdachten Maschine zu tun hat; allerdings lassen sich alle Anforderungen nicht in einem einzigen System vereinigen. Wir finden daher auch eine große Zahl Maschinen, die nur unter bestimmten Voraussetzungen wirtschaftlich arbeiten, worauf an späterer Stelle des Näheren eingegangen werden soll.

Die Einteilung der Bohrmaschinen erfolgt am besten nach der alten Gliederung in:

Maschinen mit Handantrieb und Maschinen mit maschinellem Antriebe, da eine Einteilung bezüglich der Härte des Gesteins eine zu große Zersplitterung von konstruktiv eng zusammengehörenden Maschinen zur Folge haben würde.

Erster Abschnitt.

Handbohrmaschinen.

A. Allgemeines.

Der Ausdruck „Handbohrmaschine" besagt schon, daß die unter diese Gruppe fallenden Maschinen direkt von Hand aus angetrieben werden. Als Bohrwerkzeuge kommen heute nur noch solche in Betracht, die drehend arbeiten, deren Schneiden also das Gestein gleichsam abschaben; eine Folge hiervon ist, daß das Gestein, in welchem die Bohrmaschine angewandt werden soll, von ziemlich milder Beschaffenheit sein muß. In früheren Jahren hatte man allerdings auch Versuche gemacht, mit stoßend arbeitenden Handbohrmaschinen zu bohren; diese

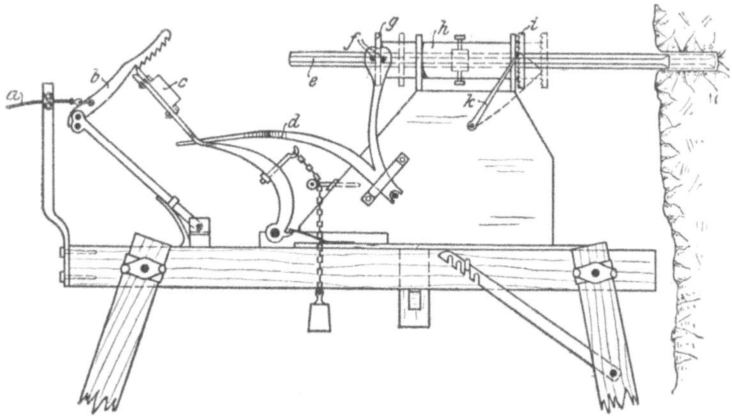

Fig. 180.
Bohrmaschine von Barthelson. (Aus Zeitschrift deutscher Ingenieure 1910, Herbst, über Gesteinsbohrmaschinen.)

sind aber wegen ihrer zu geringen Leistung nicht über das Versuchsstadium hinausgekommen. Als Beispiel einer älteren Handbohrmaschine mit stoßendem Bohrwerkzeuge sei hier die Maschine von Barthelson (Fig. 180) erwähnt, bei der ein Hammer c auf den Bohrer e schlägt. Dieselbe ist in Stapff, Gesteinsbohrmaschinen, Tafel 1, Fig. 22 genauer beschrieben.

Neuerdings ist nochmals von Bade in Peine der Versuch gemacht worden, eine brauchbare Handstoßbohrmaschine (DRP. 231 640)

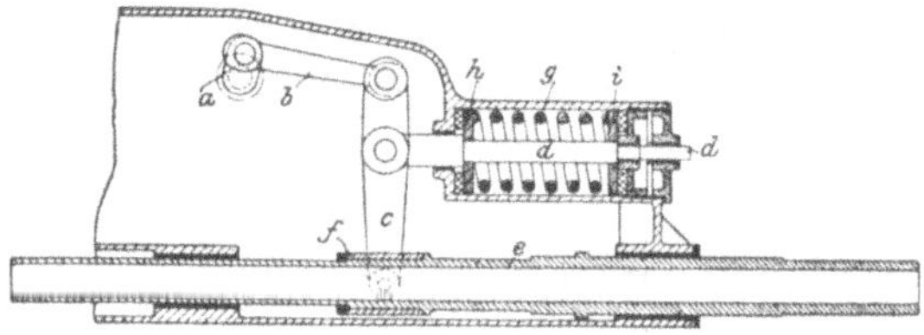

Fig. 181.
Hand-Stoßbohrmaschine von Bade. (Aus Glückauf 1911, Nr. 10.)

zu schaffen. Die den Bohrer tragende Bohrstange e (Fig. 181) wird durch die Kurbel a, die Pleuelstange b und den Hebel c in hin- und hergehende Bewegung versetzt. Letzterer ist zweiarmig; sein Drehpunkt liegt an dem einen Ende der Stange d. Diese ist mit zwei Platten h und i versehen, zwischen denen die Schraubenfeder g liegt. Die Federvorrichtung dient als Puffer und gleichzeitig als Kraftspeicher; gegen Ende des Bohrstangenhubes wird sie nämlich zusammengedrückt, die lebendige Kraft der Bohrstange also aufgezehrt, um beim Beginn des nächsten Hubes wieder an die Bohrstange abgegeben zu werden. Verklemmt sich der Bohrer im Bohrloche, so wird der Drehpunkt des Hebels c unter Anspannung der Feder g verlegt, sodaß die Bohrstange ohne Gefahr für das Getriebe zurückgezogen werden kann.

Die Handbohrmaschinen mit drehendem Bohrwerkzeuge sind alle ausgezeichnet durch eine Bohrspindel, welche die drehende wie auch die fortschreitende Bewegung auf den Bohrer überträgt. Zur Erzeugung der drehenden Bewegung dienen fast ausschließlich Bohrknarren, die gegenüber Handkurbeln den Vorteil besitzen mit einem längeren Hebelarm ausgerüstet werden zu können; auch ist die Handhabung der Bohrknarre für den Arbeiter eine angenehmere als die der Kurbel.

Von Wichtigkeit bei allen Maschinen mit drehendem Bohrer ist die Regelung des Vorschubes des Bohrers. Bei solchen Maschinen, die lediglich in Kohle oder sehr mildem anderen Gestein verwandt werden kann man von einer derartigen Vorrichtung absehen. Nicht aber darf dies geschehen bei mittelfesten Gesteinen oder bei solchen von wechselnder Härte. Hierbei ist die Regelung des Spindelvorschubes von größter Wichtigkeit. Da der Spindelvorschub durch zwangsweises Drehen der Bohrspindel in einer geeigneten Mutter bewirkt wird, so wird in dem Augenblicke, wo der Bohrer auf die Bohrlochsohle aufstößt, das Drehmoment an den Knarren sich in einem entsprechenden Achsialdrucke der Spindel äußern und dieser dann den erforderlichen Druck auf die Bohrlochsohle bewirken. Ist der Widerstand des Gesteins aber so groß, daß der auf den Bohrer übertragene Achsialdruck ein Lostrennen von Gesteinspartikelchen durch die Meißelschneiden nicht bewirken kann, so wird der Bohrer mitsamt der Spindel auf Knickung beansprucht werden; es ist dann notwendig, die erzeugte Spannung aufzuheben. Auch dies läßt sich durch verschiedene Hilfseinrichtungen erzielen. Es läßt sich aber bereits erkennen, daß die beiden Vorgänge, Regelung des Spindelvorschubes und des Achsialdruckes, in mancher Beziehung eng zusammenhängen.

Weitere Beachtung ist auch der Verbindung von Bohrer und Spindel zu schenken, wie überhaupt allen jenen Einrichtungen, die dazu dienen, möglichst schnell neue Bohrer einzusetzen,. Dies wird, wenn das Bohrloch die gewünschte Tiefe nicht erreicht hat, jedesmal erforderlich sein, wenn die Spindel ganz nach vorne vorgeschoben ist. Es muß also dafür gesorgt sein,

1. die Spindel schnell zurückziehen, und
2. den neuen Bohrer einfach in das Bohrloch einführen und mit der Spindel verbinden zu können. Endlich ist noch die Aufstellung der Handbohrmaschinen zu erwähnen, die es erlauben muß, die Maschine möglichst in allen Richtungen einstellen zu können.

Die Handbohrmaschinen gelangen auf zweifache Weise zur Aufstellung; entweder in Gestellen, die zwischen Sohle und Firste eingespannt werden, oder in Standröhren, die beliebig gegen einen Stoß oder gegen die Sohle verspreizt werden.

Nicht alle Bohrmaschinen sind mit Einrichtungen versehen, die allen den angeführten Bedingungen Rechnung tragen. Es ist jedoch nicht gerechtfertigt, eine Maschine, welcher die eine oder die andere Einrichtung fehlt, als minderwertig gegenüber anderen zu bezeichnen. Durch den Bau solcher einfachen Maschinen hat man lediglich den Umstand in Erwägung gezogen, solchen Betrieben, die ihre Bohrmaschinen nur in bestimmtem Gestein verwenden wollen, welches keine so große Aufforderung an die spezielle Ausrüstung der Maschine stellt, höhere Anschaffungskosten zu ersparen.

Je nach der Ausrüstung der Handbohrmaschinen lassen dieselben sich in folgende Gruppen einteilen:

1. Gruppe: Maschinen, die keine besonderen Vorrichtungen zum schnellen Zurückziehen der Spindel innerhalb ihrer Mutter, wie auch keine solche zur Vorschub- und Druckregulierung besitzen.

2. Gruppe: Maschinen, deren Spindelvorschub durch Einschalten entsprechender Zwischenglieder geregelt werden kann, ohne aber hierdurch einen Spannungsausgleich zu erzielen.

3. Gruppe: Maschinen mit regelbarem Spindelvorschub und gleichzeitiger Druckregulierung sowie Spindelrückzugsvorrichtung.

B. Maschinen ohne besondere Einrichtungen für den Spindelrückzug und für die Vorschub- und Druckregelung.

Little Tiger (Fig. 182). Die unter diesem Namen bekannte Handbohrmaschine zeichnet sich durch die größte Einfachheit aus. Eine Schraubenspindel c ist geführt in der Mutter v, welche zwecks Einhängens in das Gestell a mit zwei Zapfen versehen ist. Die Bohrspindel ist an beiden Enden vierkantig ausgeschmiedet, so daß sowohl Bohrer e wie Handkurbel k auf beide Enden aufgesteckt werden können. Hierdurch erreicht man, daß die Spindel, wenn sie vorgeschoben ist, nur umgelegt zu werden braucht, um mit einem längeren Bohrer weiter arbeiten zu können.

Die Kohlenhandbohrmaschine der Försterschen Maschinen- und Armaturenfabrik zeichnet sich durch die Verbindung der Schraubenmutter mit dem Gestell aus. Aus Figur 183 a, b ist die Verbindungsweise zu ersehen; sie besteht aus einem zweiteiligen Schellenband mit Flügelschraube zum Anpressen an das Gestell, in welches die Mutter mit einem seitlichen Zapfen eingesteckt wird, welcher durch eine Innenschraube festgehalten wird. Als Gestell verwendet die genannte

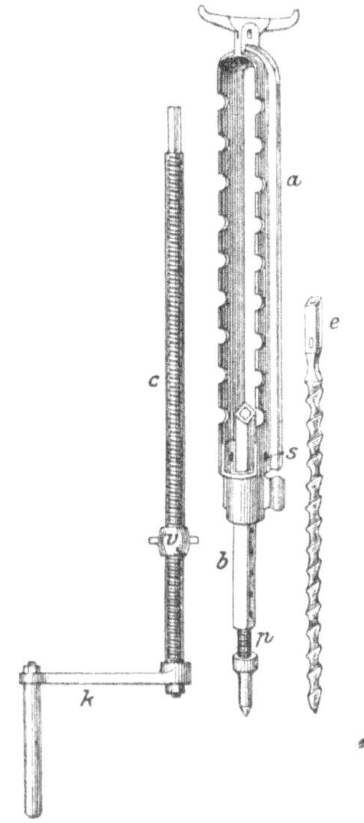

Fig. 182. Handbohrmaschine „Little Tiger“.

Fig. 183 a. Föısterscbe Handbohrmaschine.

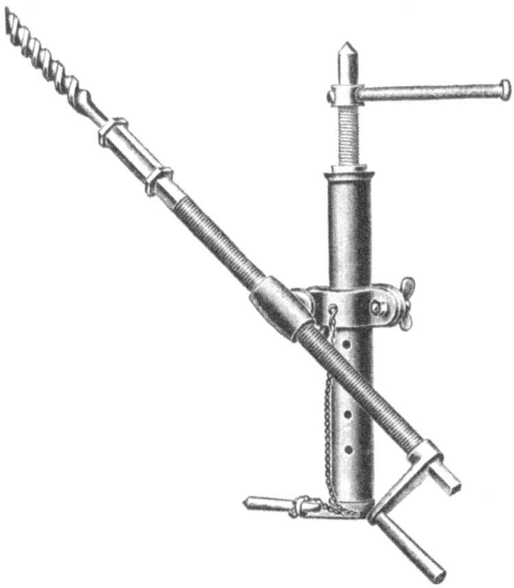

Fig. 183 b. Förstersche Handbohrmaschine.

Firma Teleskopröhren, die durch einen Steckstift auf die geforderte Höhe eingestellt werden können. Zum festen Verstreben dient eine einfache, im oberen Rohre geführte Schraubenspindel.

Eine ähnliche Befestigung der Schraubenmutter mit dem Gestell finden wir an der Russellschen Bohrmaschine. Bei dieser wird die Mutter d (Fig. 184 a) ebenfalls einseitig mit nur einem Zapfen i gehalten; nur wird derselbe direkt in die in dem Gestell (Fig. 184 b) vorgesehenen Bohrungen eingesteckt und mit einem Keile f fest angezogen.

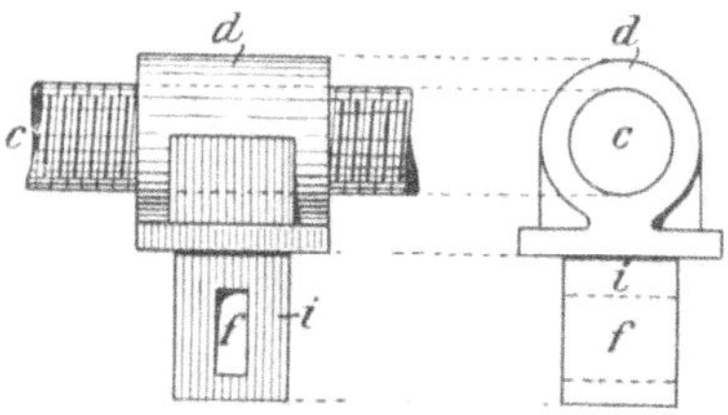

Fig. 184 a.
Handbohrmaschine von Russel.

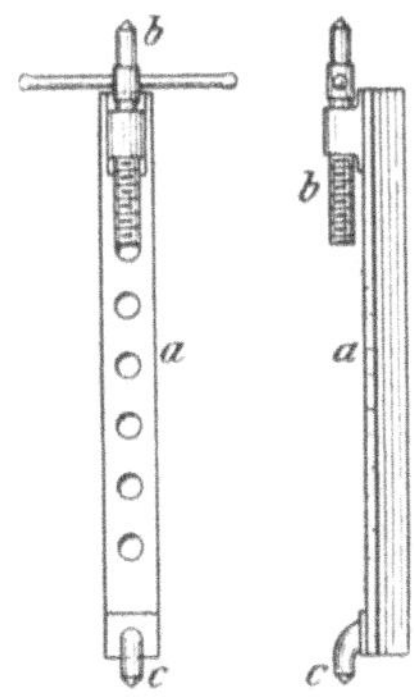

Fig. 184 b.
Gestell zur Handbohrmaschine von Russel.

(Aus Heise-Herbst, Lehrbuch der Bergbaukunde, Bd. I.)

Bei all diesen einfachen Handbohrmaschinen wird die Spindel in Ermangelung einer Vorrichtung zum schnellen Zurückziehen derselben beim Einsetzen eines neuen Bohrers umgelegt. Die Maschinen der ersten Gruppe dienen fast ausschließlich zum Bohren in der Kohle.

C. Maschinen mit regelbarem Spindelvorschub.

Bei den Maschinen dieser Gruppe sind Einrichtungen getroffen, um den durch eine Führung der Spindel in der einfachen Mutter bedingten gleichbleibenden Vorschub von je einer Gewindehöhe bei jeder Umdrehung regeln zu können und hierdurch die Verwendungsmöglichkeit der Maschinen in verschieden hartem Gestein zu erreichen. Zu diesem Zwecke sind die Maschinen mit Differentialgetrieben ausgerüstet, durch welche die Schraubenmutter in eine mehr oder minder große Rotation versetzt wird. Hierdurch tritt eine Hemmung der fortschreitenden Bewegung ein; sie erreicht ihren Höhepunkt, wenn die Umdrehzahl der Spindel und die der Mutter die gleiche ist, d. h. der Vorschub ist dann $= 0$. Die Regelung des Verhältnisses der Tourenzahlen von Spindel und Mutter zu einander geschieht durch Einsetzen entsprechender Vorgelege, deren geeignete Wahl bezüglich der Härte des Gesteins gewisse Erfahrung erfordert.

Handbohrmaschine von Jarolimek (Fig. 185). In einem Gehäuse g sitzen auf der Bohrspindel a zwei Zahnräder, wovon das eine, c, durch einen in der Nut der Spindel a gleitenden Keil mitgedreht wird, während das zweite f die Spindel mutterartig umschließt. Durch die beiden Zahnräder d und e, welche mit den erstgenannten in Eingriff stehen und auf der gemeinschaftlichen Welle h fest verkeilt sind, wird die Bewegung des Zahnrades e auf das Mutterrad f übertragen, wobei der Drehungssinn des Mutterrades der gleiche ist wie der der Spindel; das Tourenverhältnis von Mutterrad zu Spindel, das also den Vorschub regelt, hängt von dem Übersetzungsverhältnis der Zahnräder c und d ab.

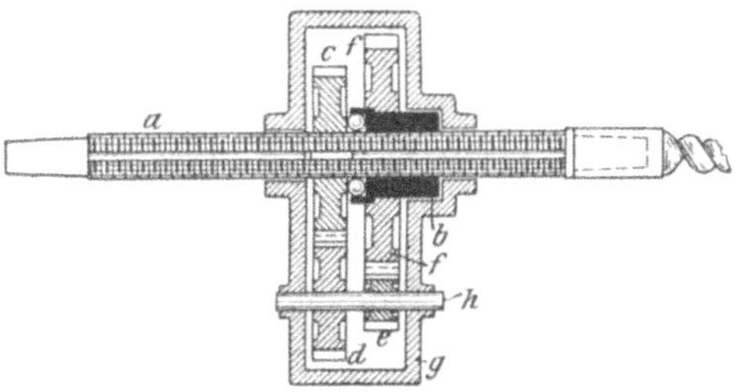

Fig. 185.
Handbohrmaschine von Jarolimek.

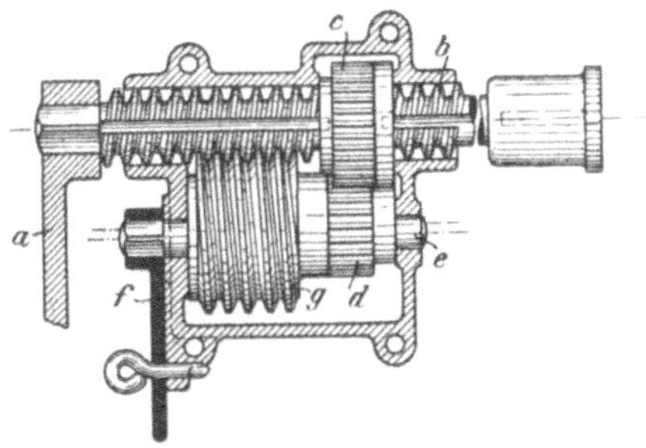

Fig. 186.
Handbohrmaschine von Ulrich.

(Aus Heise-Herbst, Lehrbuch der Bergbaukunde, Bd. I.)

Da eine Rückzugvorrichtung der Spindel bei dieser Maschine nicht vorgesehen ist, wird beim Einsetzen eines neuen Bohrers die Maschine in ihrem Gestell umgelegt, zu welchem Zwecke auch die Enden der Spindel in gleicher Weise ausgebildet sind, um sowohl die Kurbel als auch den Bohrer an jedem Ende einsetzen zu können.

Da nun beim Bohrvorgange die Mutter einen Teil des Achsialdruckes der Spindel aufnehmen muß und durch diesen das Mutterrad f gegen das Stirnrad c gedrückt wird, ist zur Verminderung der Reibung zwischen diesen beiden Rädern ein Kugellager vorgesehen.

Handbohrmaschine von Ulrich (Fig. 186). Bei dieser Maschine ist die Zahnradmutter durch eine Schnecke g ersetzt. Dieselbe wird in gleicher Weise wie bei der vorigen Maschine durch die Stirnräder c und d in Umdrehung versetzt und regelt durch ihre Umdrehungszahl den Vorschub der Spindel. Die Schneckenradachse e ist in exzentrischen Zapfen verlagert, wovon der eine mit einem Hebel f verbunden ist. Durch Umlegen dieses Hebels werden die Schnecke g und das Stirnrad d ausgerückt, so daß die Spindel einfach zurückgezogen werden kann.

Die Maschinen von Jarolimek und Ulrich sind besonders im Salzbergbau zur größten Zufriedenheit angewandt worden, sind jedoch heute durch die elektrischen Drehbohrmaschinen ziemlich überall verdrängt worden.

D. Maschinen mit Vorschub- und Druckregelung, teilweise mit Spindelrückzugsvorrichtung.

Die Maschinen der nun folgenden Gruppe dienen fast ausschließlich zum Bohren in mittelfestem Gebirge. Da die Gesteine ihrer Härte nach häufig sehr stark wechseln, sind Vorrichtungen zur schnellen Änderung des Vorschubes während der Bohrarbeit unbedingt erforderlich. Die Einrichtungen die zu diesem, Zwecke erdacht worden sind, beruhen im wesentlichen auf zwei Prinzipien. Bei der einen Klasse werden die Schraubenmuttern durch Klemmstücke festgebremst. Bei geringerer Gesteinshärte wird alsdann die Mutter durch die Klemmvorrichtung festgehalten, und der Vorschub entspricht bei jeder Umdrehung der Spindel einer Gewindehöhe. Bei härterem Gestein dagegen dreht sich die Mutter in ihrer Klemmhülse mehr oder weniger schnell mit; ein Teil der aufgewandten Arbeit geht mithin durch die Reibung zwischen Mutter und Bremsbacken verloren. Durch die drehende Bewegung der Mutter wird selbstverständlich auch der Spindelvorschub geringer.

Bei der zweiten Klasse von Vorschubseinrichtungen ist ein elastisches Zwischenglied eingeschaltet, welches die Schraubenmutter bei zu großem Achsialdrucke aus einer geeigneten Kupplung ausschaltet, so daß diese mitsamt der Spindel rotiert. Letztere Einrichtungen haben gegenüber den ersteren den Vorteil, daß der Kraftaufwand, der durch die Reibungsverluste bedingt ist, in Fortfall kommt.

Die Maschinen der 3. Gruppe sind:

1. teils ohne Spindelrückzugsvorrichtung,
2. teils mit einer solchen versehen; diese letzteren lassen sich wieder einteilen in solche,
   a) bei denen die Rückzugsvorrichtung mit der Vorschubseinrichtung in einem Konstruktionselemente vereint, oder
   b) vollständig von ihr getrennt ist.

I. Handbohrmaschinen ohne besondere Spindelrückzugsvorrichtung.

Germania-Bohrmaschine von Korfmann (Fig. 187-188). Die eigentliche Bohrmutter d liegt in einer Hülse e, die zur Befestigung an einem zur Maschine gehörenden Gestell mit einem Zapfen i verbunden ist. Zwischen Mutter und Hülse ist ein Konus h eingeschaltet, der an seinem äußeren Ende mit einem Gewinde versehen ist und in einer Bohrung der Hülse e spielt. Durch Einschrauben des Konus wird die Mutter gegen die Hülse gleichsam verkeilt, durch Rückwärtsschrauben dagegen freigegeben, so daß sie die rotierende Bewegung der Spindel zum Teil oder ganz mitmacht und hierdurch der Vorschub geregelt wird. Da hierbei wieder ein Teil des Achsialdruckes auf die Mutter und, da diese be-

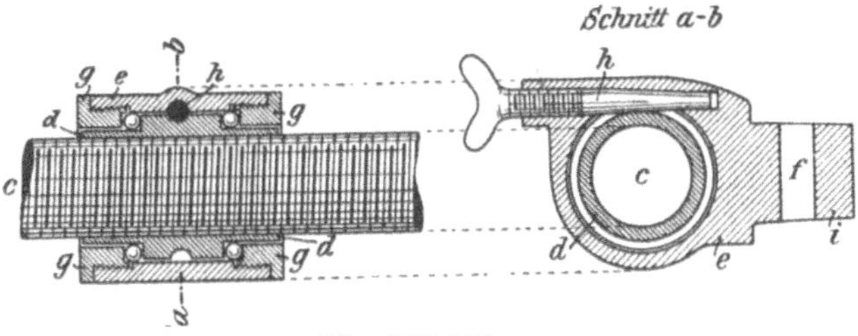

Fig. 187/188.
Handbohrmaschine „Germania“ von Korfmann. (Aus Heise-Herbst, Lehrbuch der Bergbaukunde, Bd. I.)

weglich in der Hülse ist, von dieser auf die Hülse übertragen wird, sind zwischen den Druckflächen Kugeln eingelassen, die die Reibungsverluste auf ein geringes Maß herabsetzen.

Beim Bohrerwechsel wird die Maschine jedesmal umgelegt; infolgedessen wechseln die Druckflächen und sind deshalb auch die Kugeln beiderseitig angeordnet.

Handbohrmaschine Westfalia. Die Handbohrmaschine Westfalia 2 zeigt Fig. 189 im Schnitt, Fig. 190 in der Ansicht. In einer Standröhre d ruht die Mutter b in dem Lagerkopfe e auf Kugeln. Die Mutter ist nach außen hin zu einem Handrade ausgebildet und wird in der Röhre durch einen Stift, der in eine ringförmige Vertiefung der Mutter eingreift, festgehalten. Der Vorschub des Bohrers wird durch einfaches Festhalten des Handrades erzielt, wobei derselbe gleich der Höhe eines Spindelganges ist; bei auftretendem Widerstand auf der Bohrlochsohle läßt der Arbeiter dagegen das Handrad los, so daß nunmehr durch einfaches Drehen der Spindel der Bohrer sich freiarbeiten kann. Den Druck beim Bohren überträgt ein Kugellager auf die Standröhre, wodurch die Reibung wieder auf ein Minimum herabgesetzt wird.

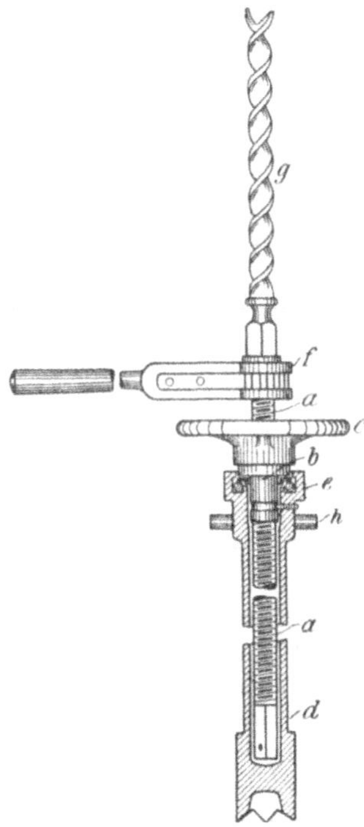

Fig. 189.
Handbohrmaschine „Westfalia“. (Aus Heise-Herbst, Lehrbuch der Bergbaukunde, Bd. I.)

Um die Maschine auch in Gestellen verwenden zu können, kann sie mit dem Lagerkopf von der Standröhre abgenommen werden; letzterer ist zur Aufnahme im Gestell mit zwei Zapfen h ausgerüstet. Das Einhängen des Lagerkopfes in das Gestell muß derart erfolgen, daß das Handrad nach dem Bohrloche hin zu liegen kommt, damit der Druck auch durch die Kugeln weiter übertragen werden kann.

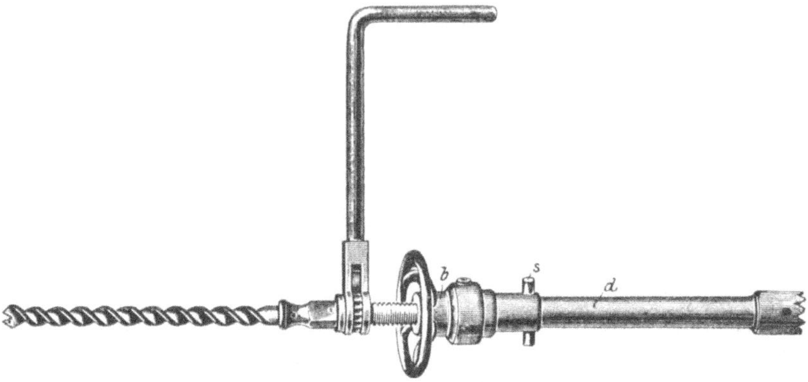

Fig. 190.
Handbohrmaschine Westfalia.

Bei der Verwendung dieser Handbohrmaschinen ist nun sowohl bei Aufstellung in einer Standröhre wie auch in einem Gestelle beim Bohrerwechsel ein jedesmaliges Zurückdrehen der Spindel von Hand aus notwendig. Um dies zu vermeiden, baut die Maschinenfabrik Westfalia auch eine vollkommener ausgerüstete Maschine, die sie mit dem Namen Universalhandbohrmaschine bezeichnet (Fig. 191). Die vollkommenere Ausrüstung besteht darin, daß im Gegensatze zur Handbohrmaschine Westfalia 2 die Universalmaschine mit einem längeren Bohrkopfe ausgerüstet ist, in welchem zwei Kugellager eingefügt sind. Hierdurch wird es ermöglicht, die Maschine bei Verwendung eines Gestelles so einzusetzen, daß das Handrad auch nach hinten zu liegen kommen kann, beim Bohrwechsel mithin das Rückdrehen der Spindel durch Umlegen des Lagerkopfes ersetzt wird.

Handbohrmaschine Break all (Fig. 192 und 193). Eine nach zwei Richtungen hin symmetrisch ausgebildete Spindelmutter v liegt in der Führungsbüchse l, welche mit zwei Zapfen z zum Einhängen in das Gestell versehen ist, und die nach beiden Seiten hin in konisch abgedrehte Fortsätze e ausläuft. Auf beiden Enden der Mutter v sind die Bremsbacken o fest aufgeschraubt, welche durch Drehen des bei g aufzusetzenden Schlüssels m gegen die Bremsflächen von e gepreßt werden. Ist dies erfolgt, so kann die Mutter der drehenden Bewegung der Spindel nicht mehr folgen; der Vorschub ist dann durch die Gewindehöhe bestimmt. Bei zu großem Widerstande des Gesteins braucht die Bremsbacke vermittels des Schlüssels nur ein wenig zurückgezogen zu werden,

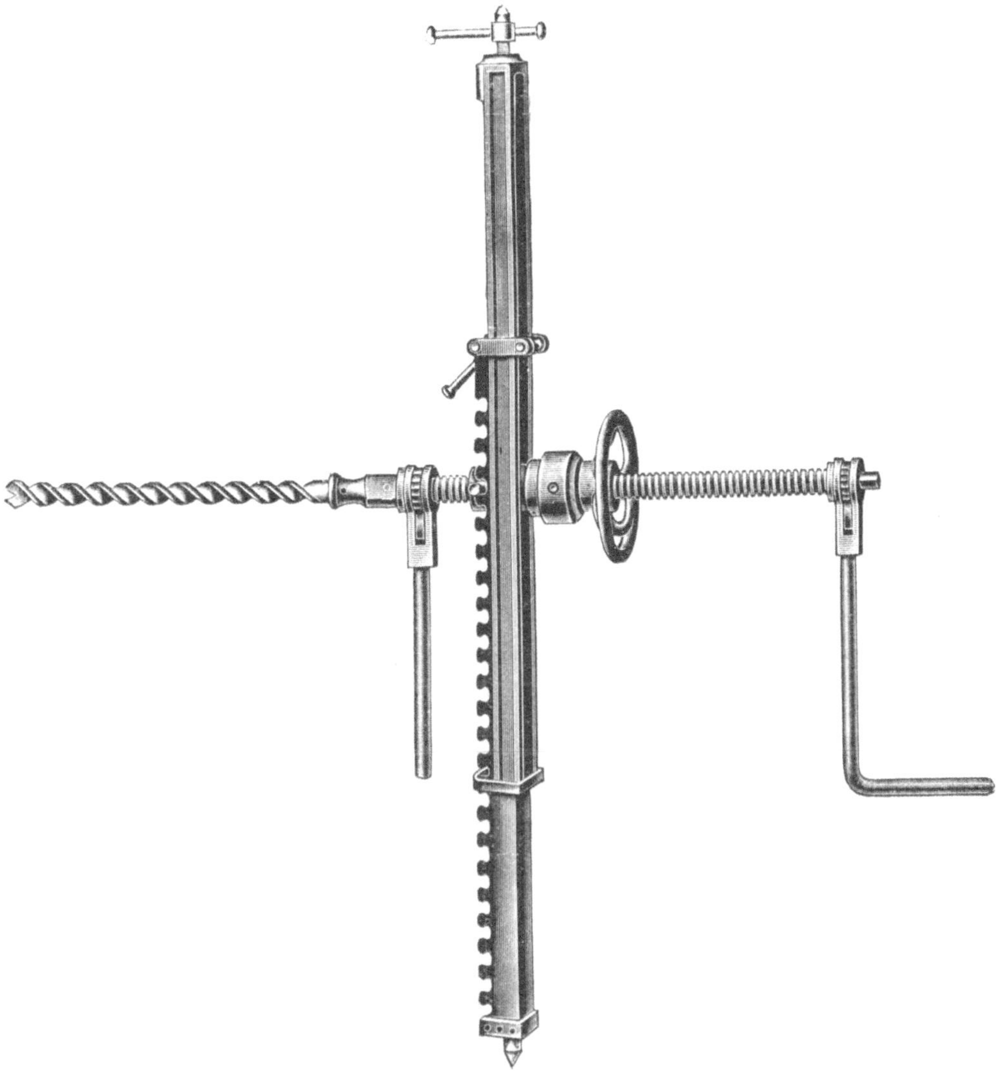

Fig. 191.
Handbohrmaschine Westfalia.

und die Mutter hat freies Spiel, so daß der Bohrer durch die einfach drehende Bewegung sich freiarbeiten kann. Ist die Schraubenspindel abgebohrt, so wird diese einfach im Lager umgelegt und der Schlüssel auf der vorderen Seite aufgesteckt.

II. Maschinen mit Spindelrückzugsvorrichtung.

a) Die Rückzugsvorrichtung ist von der Spindelvorschubsvorrichtung getrennt.

Die Rückzugsvorrichtungen sind bei allen Maschinen dieser Klasse in der Form von zweiteiligen Muttern ausgebildet. Die Einrichtungen

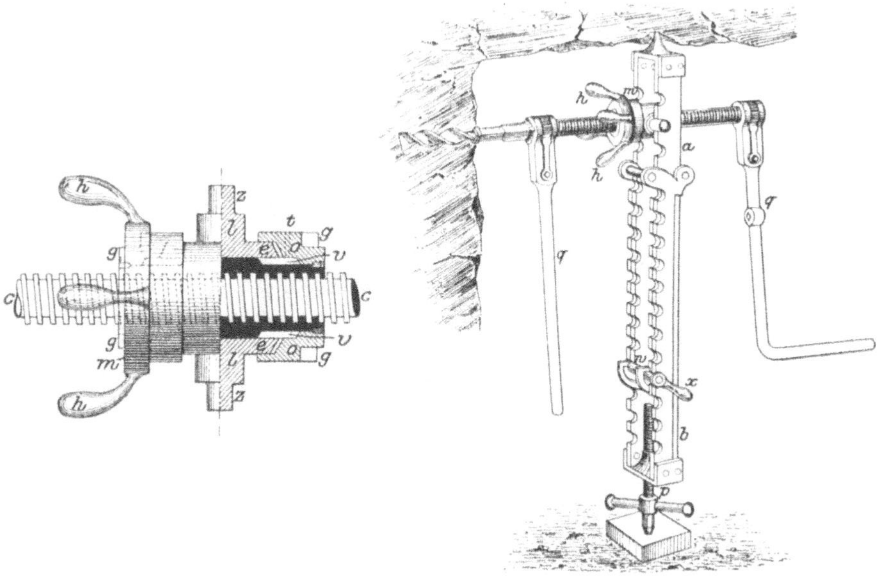

Fig. 192 und 193.
Handbohrmaschinen „Break all“.

zur Regelung des Spindelvorschubes laufen dagegen, wie bereits an früherer Stelle erwähnt, auf zwei verschiedenartige Konstruktionen hinaus, nämlich

einer ersten Gruppe mit Klemmstücken, welche ein Festklemmen der sonst frei beweglichen Spindelmutter bewirken, und

einer zweiten Gruppe mit regelbarer Federspannung, welche bei zu hohem Drucke die Schraubenmutter durch Ausschalten einer Kuppelung die rotierende Bewegung der Spindel mitmachen lassen.

1. Handbohrmaschinen mit Klemmvorrichtungen an der Spindelmutter.

Handbohrmaschine von Thomas (Fig. 194 a—c). Innerhalb der hohlen Schraubenspindel i liegt die Bohrstange k, welche vorn den Bohrer trägt; hinten trägt sie ein Bremsband l, welches mit zwei hakenartigen Nasen in die Spindel k eingreift. In sehr mildem Gesteine gibt man den größten Vorschub indem man die Bremse fest anzieht, so daß sich die Bohrstange k ebenso schnell dreht wie die Vorschubspindel i. Soll gar kein Vorschub stattfinden, so wird die Bremse vollständig gelüftet; die Vorschubspindel macht dann überhaupt keine Drehbewegung.

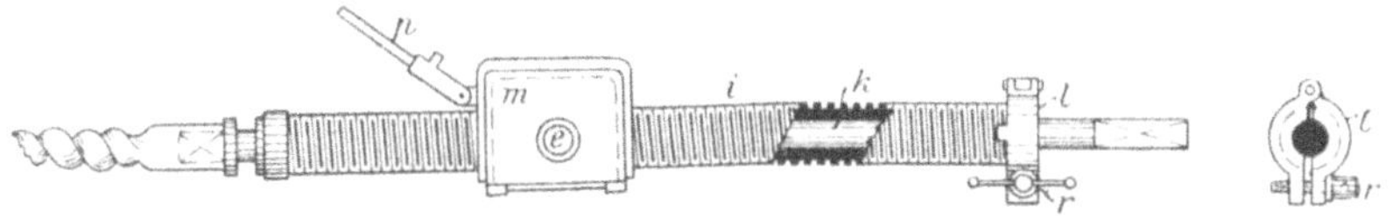

Fig. 194 a, b.

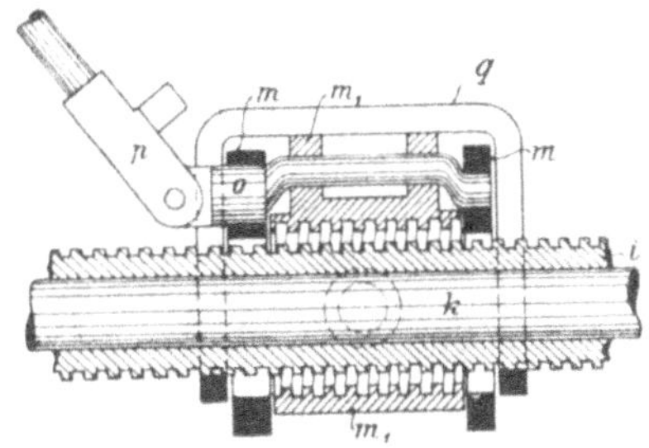

Fig. 194 c.

Handbohrmaschine von Thomas. (Aus Heise-Herbst, Lehrbuch der Bergbaukunde, Bd. I.)

Zwischen diesen beiden Grenzfällen kann man durch mehr oder weniger scharfes Anziehen der Bremse jede gewünschte Vorschubsgeschwindigkeit erzielen. Fig. 194 c zeigt die Rückzugsvorrichtung der Spindel. Der obere Teil der zweiteiligen Mutter hängt in einer gekröpften Welle o,

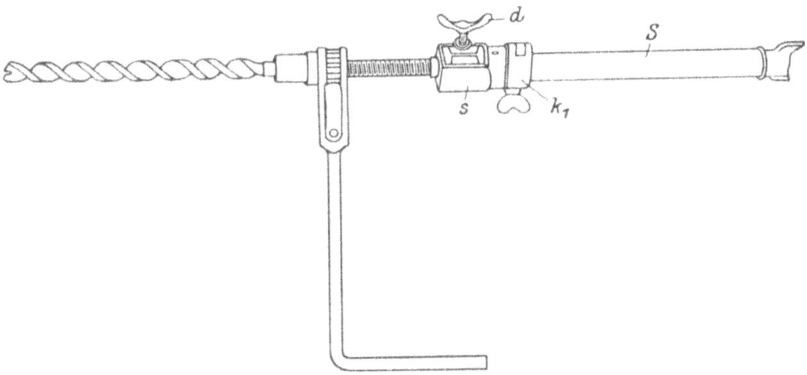

Fig. 195 a.

Handbohrmaschine von Korfmann.

welche durch Verdrehen mit Hilfe eines Schlüssels p den oberen Teil der Mutter aus dem Gewinde der Spindel heraushebt. Hierbei stoßen zwei Fortsätze m dieses Mutterteiles gegen den schleifenartigen Bügel q, welcher unten die Schraubenspindel umfaßt. Hierdurch wird dann der Bügel gehoben, und dieser hebt dann wieder die Spindel aus dem unteren Teile der Mutter heraus, so daß die Spindel zum Rückzuge freies Spiel hat.

Handbohrmaschine Nr. 3 von Korfmann (Fig. 195 a—f). Auf der Standröhre S sitzt oben der Mutterkopf s derart auf, daß das mit ihm direkt verbundene Bremsband k_1 den Bremsring k (Fig. 195c) umfaßt. In dem oberen Teile des Mutterkopfes liegt die zweiteilige Spindelmutter, deren Teile (Fig. 195 d und e) durch eine doppelgängige Spindel d (Fig. 195f) gegeneinander verschoben werden können. Das Bremsband ist gleichfalls zweiteilig; seine beiden Hälften werden auf der einen Seite durch ein Gelenk zusammengehalten, auf der gegenüberliegenden Seite dagegen sitzt eine Flügelschraube, durch welche sie fest gegen den Bremsring k gepreßt werden können. Hierdurch ist der Spindelkopf mit der Standröhre fest verbunden und der Vorschub der Spindel konstant. Durch Lockern des Bremsbandes dreht sich der Spindelkopf mitsamt der Spindel, und ein Vorschieben der Spindel findet nicht statt.

Eine geringe Abweichung von dieser Handbohrmaschine weist die Handbohrmaschine „Glückauf" der Maschinenfabrik H. Flottmann & Co., Bochum auf. (Fig. 196 a—d.) Die Standröhre S wird bei dieser Bohrmaschine in ein besonderes Fußstück h eingesetzt (Fig. 196 a und b); mit diesem kann sie durch eine Druckschraube (Fig. 196 e), welche in einer ringförmigen Vertiefung k der Standröhre aufsitzt, fest verbunden werden. In diesem Zustande ist der Spindelvorschub ein gegebener, während durch Lösen der Druckschraube die ganze Standröhre sich in dem Fußstücke mitsamt der Spindel dreht. Die Spindelmutter ist in ganz ähnlicher Weise wie die der Korfmannschen Maschine ausgebildet.

2. Handbohrmaschinen mit Spiralfedern zur Druckregulierung.

Die Maschine mit Spiralfedern zur Druckregulierung haben gegenüber denjenigen mit Bremsbändern und dergl. den Vorteil, daß keine Energie durch Reibungsverluste verloren geht, und ferner erlauben sie auch, was bei den übrigen Handbohrmaschinen bei weitem nicht in dem Maße der Fall ist, durch ein einmaliges Spannen oder Entspannen der Spiralfeder der Härte des Gesteins von vornherein Rechnung zu tragen. Ohne Zweifel ist dagegen in dem starken Verschleiß der Federn ein Nachteil dieser Maschinen gegenüber den Maschinen mit Klemmstücken zu erblicken, da wohl ein einfaches Klemmfutter in jeder Maschinenwerkstatt nachgeschliffen, ja auch neu hergestellt werden kann.

Handbohrmaschine von Heise (Fig. 197 a und b). Die aufklappbare Spindelmutter a ist nach hinten mit einer langen, hohlen

Büchse b fest verbunden; diese geht durch das eigentliche Lagersück c, welches mittels zweier Zapfen in das Gestelle eingehängt wird, hindurch

Fig. 195 b.

Fig. 195 d.

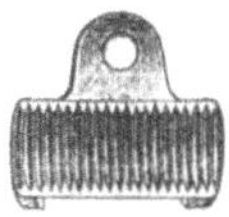

Fig. 195 f.

Fig. 195 e.

Fig. 195 b—f.
Handbohrmaschine von Korfmann.

Fig. 195 c.

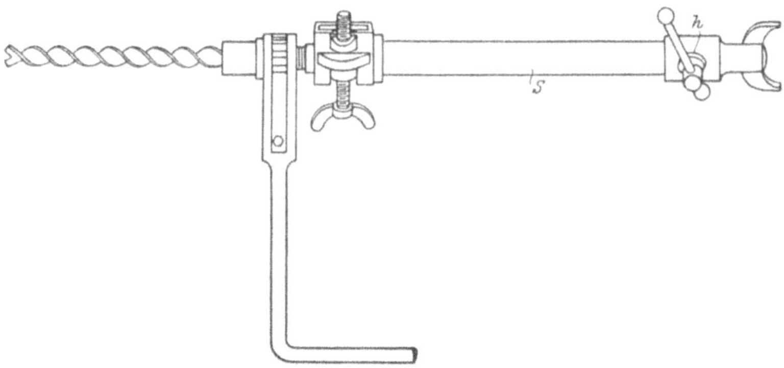

Fig. 196 a.

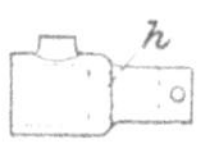

b

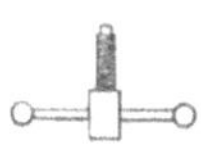

c

d

Fig. 196.
Handbohrmaschine „Glückauf".
(Maschinenfabrik H. Flottmann & Co., Bochum.)

und trägt an ihrem äußeren Ende eine Zahnkupplung z, deren Zähne in entsprechende Vertiefungen des Lagerstückes c eingreifen. Zwischen Lagerstück und Mutterkopf ist eine Spiralfeder eingeschaltet, welche durch die auf der Büchse b sitzenden Muttern e mehr oder minder stark gespannt werden kann. Den von der Spiralfeder gegen das Lagerstück ausgeübten Druck nimmt ein Kugellager auf.

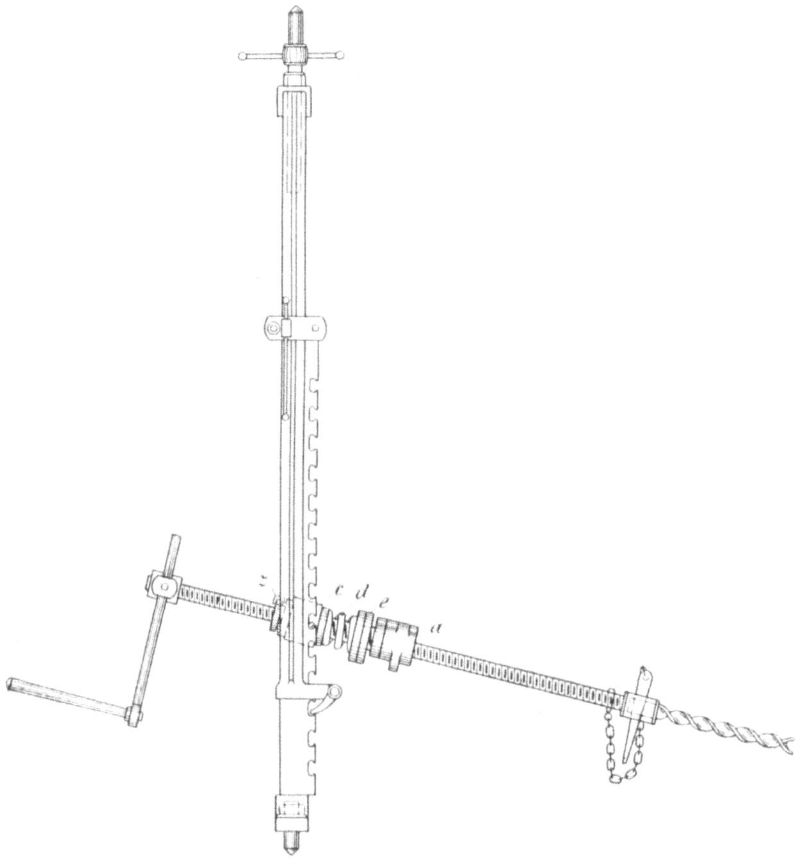

Fig. 197 a.

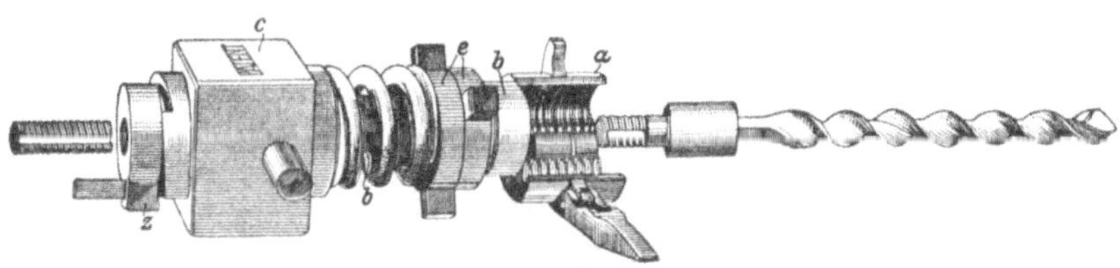

Fig. 197 b.
Handbohrmaschine von Heise.

Durch die Spannung der Feder wird die Hülse b mitsamt der Mutter a nach vorne vorgeschoben, wodurch die Kupplung z eingeschaltet wird. Hierdurch ist eine Bewegung der Mutter nicht mehr möglich, und der Bohrer rückt dauernd vorwärts. Erst wenn der Widerstand des Gesteins die Spannung der Feder übersteigt, weichen die Mutter a und die Büchse b nach hinten aus und die Kupplung z wird ausgerückt, so daß nunmehr die Mutter die drehende Bewegung der Spindel mitmachen kann.

Die Heisesche Bohrmaschine wird von der Firma Friemann & Wolf in Zwickau gebaut.

Die Maschine von Bartsch-Christ (Fig. 198 a—b). Sie besteht aus dem Gehäuse a, der einstellbaren Federspannvorrichtung f, der Reibungskupplung b, der mit dieser in fester Verbindung stehenden

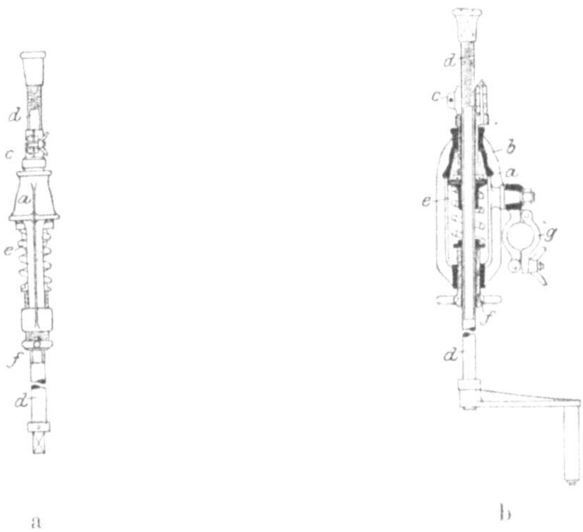

Fig. 198 a—b.
Handbohrmaschine von Bartsch-Christ. (Zeitschrift f. d. Berg-, Hütten- und Salinenwesen im preußischen Staate 06.)

zweiteiligen Vorschubmutter c und der Spindel d. Die in üblicher Weise an einer Bohrsäule befestigte Maschine wird durch Vor- und Zurückdrehen der Stellschraube f auf das zu bohrende Gestein eingestellt, d. h. es wird entsprechend der Härte des Gesteins die Feder e mehr oder weniger gespannt. Wird beim Bohren der Druck so groß, daß er den Druck der Feder überwindet, so wird der Reibungskegel aus dem ihn umschließenden Konus des Maschinenkörpers a herausgerückt. Dadurch wird die Reibung zwischen Kegel und Konus aufgehoben, und ersterer dreht sich samt der mit ihm verbundenen Vorschubmutter unter Aussetzung des Vorschubes so lange mit der Spindel d, bis der Druck der Feder e den Bohrdruck überwindet, der Kegel b sich im Konus wieder festsetzt und die Spindel in der Mutter c sich verschraubt. Ist die Spindel vollständig vorgedreht, so werden die beiden Mutterhälften auseinandergeklappt und die Spindel zurückgezogen.

Die Handbohrmaschine von Auer (Fig. 199), gebaut von J. F. Jacobi in Hennef (Sieg), wird mit dem Zapfen o in das Gestell eingehängt. Auf dem Gegenzapfen o sitzt lose das Zahnrad r, welches mittelst der Kurbel q gedreht wird und in das Zahnrad s eingreift. Dieses letztere ist mit der Büchse t verbunden, welche mit der Hülse d durch die Schelle v verklemmt wird. Es muß also d die an der Kurbel erzeugte Drehbewegung mitmachen; jedoch kann die Hülse d gegen die Büchse t nach Belieben in ihrer Längsrichtung verschoben werden, nachdem man die Klemme v gelöst hat. Die Hülse d trägt vorn die Kappe k, in welcher sich die

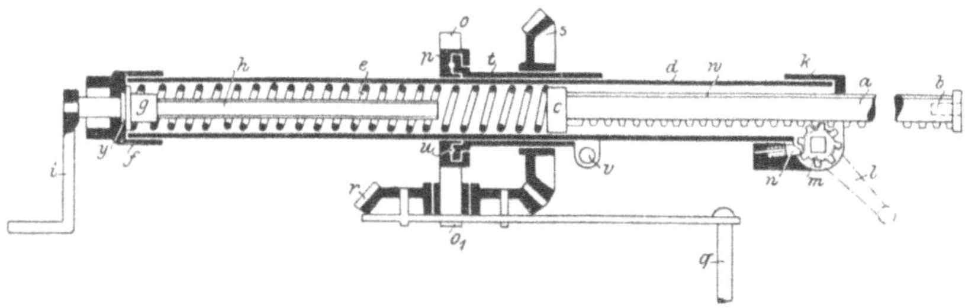

Fig. 199.
Bohrmaschine von Auer. (Aus Glückauf 1911, Nr. 15.)

Bohrstange a mit Hilfe der Leiste w führt; durch diese Leiste wird die Drehbewegung von d auf a übertragen. Vorn besitzt die Bohrstange eine Tülle b zur Aufnahme des Bohrers; am rückwärtigen Ende ist sie mit einem Kolben c versehen, gegen den die Spiralfeder e drückt. Durch diese Spiralfeder wird der Bohrer an das Gestein angepaßt. Beim Beginn der Bohrarbeit gibt man der Feder die gewünschte Spannung mit Hilfe des mit einer Kurbel l versehenen Zahnrades m, indem man die Bohrstange entsprechend nach vorn oder rückwärts verschiebt; das Zahnrad greift in Zähne ein, welche sich auf der Unterseite der Bohrstange a befinden. Mit Hilfe des Sperrstiftes n kann das Zahnrad m festgelegt werden. Läßt während der Bohrarbeit die Federspannung nach, so wird sie mittelst der Kurbel i, Mutter g und der Spindel h wieder erneuert. Als Widerlager für den Bund y dieser Spindel dient der rückwärtige Deckel f, durch den die Hülse d verschlossen wird. — Beim Bohren muß der Sperrstift n zurückgezogen sein. Die Büchse t trägt an ihrem hinteren Ende ein Kugellager u, welches im Teil p sitzt und den gesamten Bohrdruck aufnimmt, sodaß die Reibungsarbeit verschwindend klein ist.

b) Spindelrückzugs- und -vorschubsvorrichtung fallen in einem Konstruktionselemente zusammen.

Bei den Bohrmaschinen dieser Art finden wir die Spindelmutter durch ein Schneckenrad ersetzt, welches in einer Hülse eingebettet ist;

innerhalb dieser kann es sowohl festgebremst werden, so daß es einen zwangsläufigen Vorschub der Spindel bedingt, als auch so weit gelockert werden, daß seine Zähne nicht mehr in die Spindel eingreifen, also ein Zurückziehen der letzteren ermöglicht ist.

Bohrmaschine von Elliot (Fig. 200 a—d). Das seitlich mit zwei Bremsringen u versehene Schneckenrad v ist in dem zweiteiligen, durch

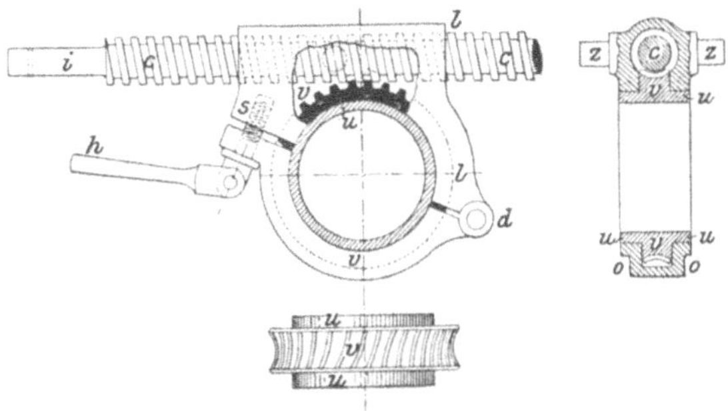

Fig. 200 a—c.
Handbohrmaschine System „Elliot".

ein Scharnier d und eine Schraube s zu einem Ganzen verbundenen Gehäuse l eingebettet und wird durch festeres Zusammenschrauben der beiden Gehäuseteile zunächst gegen die Spindel vorgedrückt, so daß die Zähne mit ihr in Eingriff kommen; durch noch stärkeres Anziehen der Schraube s wird es fest eingebremst, so daß eine Drehung innerhalb des Gehäuses l nicht mehr erfolgen kann. Nunmehr bildet ein Teil der Zähne des Schneckenrades eine feste Mutter für die Spindel, so daß der Bohrer bei jeder Umdrehung um eine Gewindehöhe vorgeschoben wird. Wird der Widerstand des Gesteines zu groß, so braucht der Arbeiter nur das Bremsband ein wenig zu lockern, so daß das Schneckenrad innerhalb des Gehäuses schleifen kann.

Ein Übelstand bei der Elliotschen Handbohrmaschine ist der, daß durch das einseitige Festbremsen des Schneckenrades ein hoher Verschleiß der Zähne zu beobachten ist.

Die Aufstellung der Elliotschen Maschine zeigt Fig. 200d. Mit Hilfe zweier Zapfen z (Fig. 200 c) hängt das Gehäuse in einem einfachen Gestelle.

Handbohrmaschine von Chaineux (Fig. 201 a—b). Bei dieser Maschine war der Erfinder bestrebt gewesen, den oben erwähnten Nachteil der Elliotschen Maschine zu beseitigen. Zu diesem Zwecke sind zwei um das Gelenk d bewegliche Bremsbacken o innerhalb des Schneckenrades vorgesehen, die mittels des Keiles k, der durch die Schraube f vor- bzw. zurückgeschoben werden kann, gegen die Innenflächen des Schneckenrades gepreßt werden.

Fig. 200 d.
Handbohrmaschine System „Elliot“.

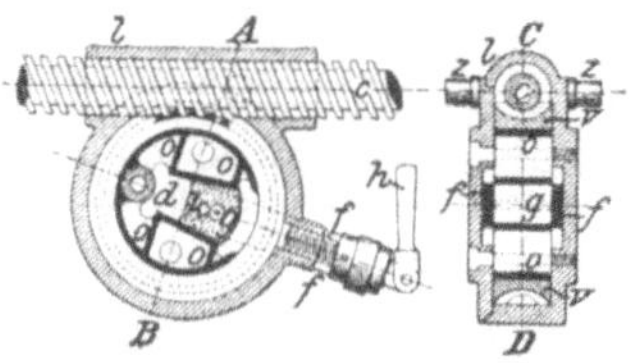

Fig. 201 a, b.
Handbohrmaschine von Chaineux.

Bohrmaschinen mit maschinellem Antrieb.

So wenig die Wahl eines Antriebsmittels für eine Maschine über Tage dem Konstrukteur Sorge bereitet, so ist dieser Frage für den unterirdischen Betrieb die größte Bedeutung beizumessen. Wir begegnen in den Bergwerken in den bei weitem häufigsten Fällen der pneumatischen Kraftübertragung, einem Antriebsmittel, das sonst über Tage nur geringe Verwendung findet, in weit geringerem Maße der elektrischen und in ganz wenigen Fällen nur der hydraulischen Kraftübertragung. Die Gründe hierzu werden in dem Kapitel „Wahl des Antriebsmittels" näher besprochen werden; es genügt, an dieser Stelle zu wissen, in welchen Formen mechanische Energie in den Gruben verwandt wird, und in welcher Weise dieselbe der Grube am zweckmäßigsten zugeführt und daselbst ausgebeutet wird. Es liegt nun schon in der Verschiedenheit der in Frage kommenden Antriebsmittel, wie Preßluft, Elektrizität und Druckwasser, begründet, daß die vorhin aufgeworfenen Fragen nur in engem Anschluß an die einzelnen Energieformen beantwortet werden können, weswegen auch allgemeine Betrachtungen keinen Wert haben.

Zweiter Abschnitt.

Preßluftbohrmaschinen.

A. Energie-Gewinnung und -Verteilung.

I. Allgemeines über pneumatische Transmissionen.

Über die physikalischen Eigenschaften der Druckluft ist in dem Abschnitte „Kompressoren" bereits Genaueres mitgeteilt worden, weshalb an dieser Stelle nur kurz auf dieselben eingegangen werden soll. Wenngleich es für den Bergmann genügt, zu wissen, wie viel Kubikmeter Luft von bestimmter Spannung und Temperatur ein Kompressor liefert oder liefern soll, so ist er trotzdem vielfach gezwungen, selbst einige Rechnungen vorzunehmen, um gegebene Daten von Firmen bezüglich des Luftverbrauches von Bohrmaschinen, der Leistung von Kompressoren und dergleichen miteinander vergleichen zu können. Hierbei handelt es sich dann im wesentlichen darum, Luftmengen in verschiedene Zustandsformen umzurechnen. Hierzu dienen folgende Grundgleichungen:

$$G = V_n \cdot s_n$$

$$s_n = \frac{p^n \cdot s_0}{p_0(1 + \alpha t_n)}$$

$$p_n \cdot V_n = p_0 \cdot V_0(1 + \alpha t_n)$$

worin bedeuten:

G = Gewicht von einem bestimmten Volumen V_n Luft in cbm und einem Gewichte von einem cbm = s_n kg.
V_n = Luftvolumen bei t_n^0 Celsius und p_n at.
s_n = Gewicht von einem cbm Luft bei p_n at. und t_n^0 C.
V_0 = Luftvolumen in cbm bei Atmosphärendruck und 0^0 C.
p_n = Luftspannung.
t_n = Lufttemperatur in Grad Celsius.
p_0 = Atmosphärendruck bei 0^0 C und 760 mm. Quecksilbersäule.
s_0 = Gewicht von einem Kubikmeter Luft bei 0^0 C., 760 mm. Hg.-Säule.
s_0 = 1,293 kg/cbm.
α = dem Ausdehnungskoeffizienten der Luft = $\frac{1}{273}$.

Zur Erzielung eines wirtschaftlichen Betriebes bei Verwendung irgendeiner Energieform sind nun verschiedene Faktoren ausschlaggebend, die teils die physikalische Beschaffenheit des Energieträgers selbst, teils die technische Ausführung des Kraftnetzes betreffen. Für die pneumatische Kraftübertragung lassen sich zur Erzielung eines möglichst hohen Leistungseffektes — der Wirkungsgrad von Kompressor und Antriebmaschine werden an dieser Stellen nicht berücksichtigt — folgende Grundbedingungen aufstellen, die in einem jeden guten Betriebe beachtet werden sollen.

1. Bei pneumatischen Fernleitungen ist nach Möglichkeit hochgespannte Druckluft zu verwenden. Dieselbe ermöglicht es, die Anlagekosten des Leitungsnetzes auf ein Geringes herabzusetzen, wie ferner den Wirkungsgrad der Leitung selbst zu erhöhen; denn wenn im letzteren Falle die Spannungsverluste niedrig gespannter Luft auf solche von höherer Spannung prozentualiter umgerechnet werden, ergeben sich bedeutend geringere Werte.

Diesen Vorteilen wären nun die Kosten gegenüberzustellen, die die Herstellung der höher gespannten Luft verursacht. Diese sind nach Erfahrungen der Maschinenleute sehr gering, da die Erhöhung des Luftdruckes auf eine höhere Spannung nur einen verhältnismäßig geringen Arbeitsaufwand erfordert. Soll beispielsweise Luft von 10 Atm. bis auf 30 Atm. weiter verdichtet werden, so sind zu dieser Spannungserhöhung nur 30 % der gesamten Arbeit erforderlich.

Was die Umformung von hochgespannter Luft in solche von niedriger Spannung angeht, so bereitet diese an der Verbrauchsstelle keinerlei Schwierigkeiten, da jedes einfache Ventil diese Umformung bewirken kann.

2. Alles in der Druckluft enthaltene Wasser soll so weit wie möglich abgeschieden werden. Der Grund hierzu ist ein dreifacher:

a) Bei Leitungen, die in einziehenden Schächten eingebaut sind, würde das Wasser während der Wintermonate an vorspringenden Stellen der Leitung, wie z. B. an den Rohrverbindungsstellen, anfrieren und allmählich erhebliche Querschnittsverengerungen, ja sogar vollständiges

Zufrieren der Leitung bewirken. Allerdings ist in Bergwerken diese Erscheinung weniger häufig, ja sogar selten, da in den meisten Fällen die Temperatur über 0° C bleibt.

b) Das sich in den Leitungen ausscheidende Wasser sammelt sich an gewissen Stellen, z. B. an Gefällebrücken, an und bewirkt hierdurch Querschnittsverengerungen der Leitung.

c) Tritt das Wasser mit in die Luftmaschine ein, so bewirkt es erhebliche Störungen in deren Betrieb, und zwar ganz besonders durch Eisansatz in den Steuerteilen, da die expandierende Luft ihrer Umgebung reichlich Wärme entzieht und hierdurch eine beträchtliche Abkühlung des die Maschine umgebenden Raumes zur Folge hat.

3. Je höher die Temperatur der komprimierten Luft ist, desto mehr Energie ist in derselben aufgespeichert. Es ist also dafür Sorge zu tragen, daß die dem Kompressor entströmende Luft keiner unnützen Abkühlung auszusetzen wird. Die Luftleitungen sollen daher in den wärmsten Schächten, und wenn eben möglich neben einer Dampfleitung eingebaut werden, auf keinen Fall aber in den einziehenden Schächten, da in diesen die Lufttemperatur stets eine geringe ist.

4. Die Geschwindigkeit der Luft innerhalb der Leitungsröhren soll den Wert von 6 m in der Sekunde nicht überschreiten, da sonst die Leitungswiderstände zu groß werden. Wenn ein gegebenes Luftleitungsnetz später eine größere Anzahl Preßluftmaschinen versorgen soll, was vielfach bei der ersten Montage der Leitung nicht vorauszusehen ist, so wird es immer vorzuziehen sein, die Luft höher zu spannen, als sie mit größerer Geschwindigkeit durch die Rohre zu leiten, vorausgesetzt, daß diese den Druck aushalten können. Der Umbau eines vorhandenen Kompressors wird sich auf die Länge der Zeit viel billiger stellen als die sonst dauernden Leitungswiderstände, da hierdurch selbstverständlich der Leitungseffekt beträchtlich herabgesetzt wird.

II. Die Ausführung der Druckluftleitungen.

Zu einer Preßluftleitung im weiteren Sinne gehören auch alle die Zwischenaggregate, die dem Zweck der Wasserabscheidung, der Luftverteilung und dergl. dienen. Alle diesbezüglichen Armaturen werden heute von zahlreichen Maschinenfabriken in den verschiedensten Ausführungsformen geliefert, weshalb auf die Konstruktionen im einzelnen nicht näher eingegangen werden soll.

a) Die Luftbehälter.

Die Luftbehälter dienen in der Hauptsache dazu, einen Druckausgleich der von den Kompressoren stoßweise gelieferten Luft herbeizuführen und ferner als Akkumulatoren für kurze Betriebsstörungen. Sie müssen also groß genug bemessen sein, um eine Ausgleichung zwischen der nicht völlig gleichmäßigen Lieferung und dem je nach Bedarf verschiedenen Verbrauch an Luft zu ergeben. Als Luftbehälter verwendet man meistens besonders hergestellte zylindrische Gefäße mit kugelförmigen Stirnflächen, aus Eisenblech durch Vernieten gebildet, sorgfältig verstemmt und durch Teeranstrich vor Rosten geschützt. Alle Behälter sind mit einem Manometer, zwei Rohrstutzen für die Zu- und Ableitung der Luft, Sicherheitsventil, Wasserstandsglas zum Anzeigen der Höhe des sich aus der Luft absetzenden Wassers und Ablaßhahn für das letztere zu versehen. Größere Luftbehälter sollen auch noch mit einem Mannloch ausgerüstet sein. Zu bemerken ist noch, daß man in Bergwerken auch vielfach abgeworfene Dampfkessel als Luftbehälter verwendet, die dem Zwecke natürlich voll und ganz entsprechen, allerdings nur unter der Voraussetzung, daß sie auch höherem Drucke gefahrlos standhalten. Namentlich dürfen die Kesselbleche auf den Innenseiten keine Korrosionen aufweisen, weil diese sonst günstige Angriffspunkte für die zerstörende Tätigkeit der feuchtwarmen Luft wären.

Was die Wahl des Inhaltes der Luftbehälter angeht, so ist diese von verschiedenen Umständen abhängig. In erster Linie ist hier zu entscheiden, ob der Luftverbrauch während der Arbeitszeit annähernd dauernd derselbe bleibt, oder ob derselbe während gewisser Tagesstunden ein besonders starker ist. Hiernach wäre für den ersten Fall ein kleinerer Luftbehälter zu wählen, während für den zweiten Fall ein größerer zu empfehlen ist. Auf alle Fälle sollen aber auf Gruben, in denen mehrere Lufthaspel, Ventilatoren mit Druckluftantrieb und dergl. vorhanden sind, auch größere Luftbehälter aufgestellt werden, da bekanntlich sonst zu häufig die Bohrmaschinen unter Luftmangel zu leiden haben.

Erfahrungsgemäß sollen die Luftbehälter zum mindesten ein Fassungsvermögen von der fünffachen Luftmenge haben, die im Durchschnitte in der Minute verbraucht wird. Man geht aber sogar bis zum 15 fachen Volumen des Luftverbrauches je Minute. Das Luftvolumen berechnet sich natürlich unter Zugrundelegung des mittleren Atmosphärendruckes.

Endlich sei noch erwähnt, daß die Länge des Luftleitungsnetzes auch bei der Wahl der Luftbehälter zu berücksichtigen ist, da lange Leitungen von genügender Weite gleichfalls als Kraftsammler und Druckregulator wirken.

Eine besondere Stellung unter den Luftbehältern nehmen in festem Gestein ausgeschossene Räume ein. Solche sind in den Gruben des Mansfelder und Oberharzer Bergreviers mit Vorteil angewandt worden. Es ist bei solchen Räumen jedoch darauf zu sehen, daß das Gestein von Schichtungsflächen und Schlechten nicht duchzogen ist.

Fig. 202—205 veranschaulicht einen derartigen Luftbehälter, der in der Nähe des Otto-Schachtes der Mansfeldschen Kupferschiefer bauenden Gewerkschaft hergestellt worden ist. (Zeitschrift für das Berg-Hütten- und Salinenwesen in Preußen 1893). Die Abmessungen desselben sind folgende: die ersten drei Meter in der Länge 1,5 m hoch und ebenso breit, von da an 7 m in der Länge, 3 m breit und 2,5 m hoch. (Fig. 202). In dem vorderen engen Teile wurden die Widerlager für einen 1,25 m starken Mauerdamm ausgespitzt und die Firste, Sohle und Stöße des

Magazins, nachdem alles lockere Gestein entfernt war, zunächst mit reinem Zement bestrichen und nach dem Trocknen desselben mit einem Überzug aus Zementmörtel (halb Zement und halb Sand) versehen; dann erfolgte erst die Herstellung des Mauerdammes aus Backsteinen und Zementmörtel.

Um einen möglichst luftdichten Damm zu bekommen, hat man beim Mauern in der Mitte desselben eine 5 cm breite Vertikalfuge offen gelassen, welche mit reinem flüssigen Zemente ausgegossen wurde, so daß

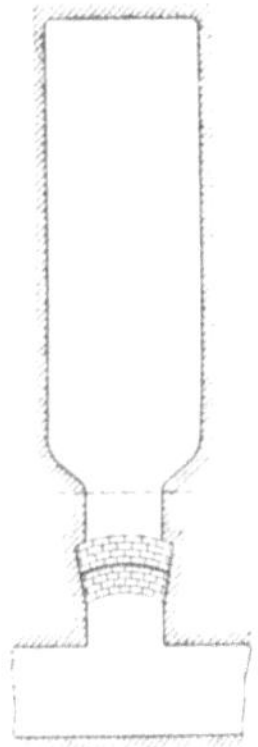

Fig. 202.

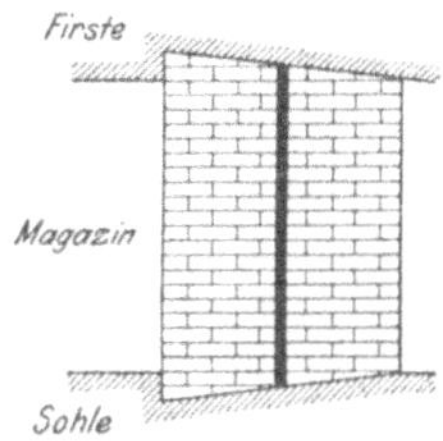

Fig. 203.

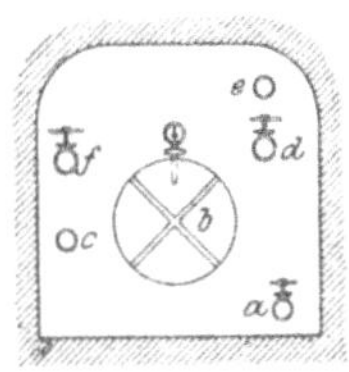

Fig. 204.

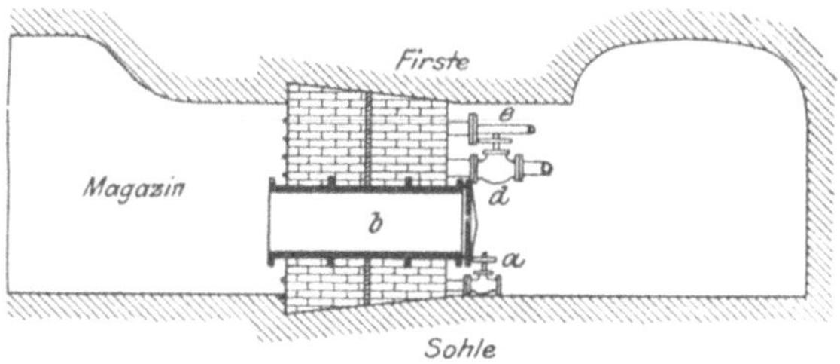

Fig. 205.

Unterirdischer Luftbehälter. (Zeitschrift für das Berg-, Hütten- und Salinenwesen in Preußen 1893.)

auf diese Weise im Damme eine vertikale porenfreie Wand aus Zement entstand (Fig. 202, 203). In dem Damme selbst sind ein Mannlochrohr b (Fig. 204—205) von 0,5 m lichter Weite, dicht über der Sohle ein Entwässerungsrohr a, ein Druckluft-Zugangsrohr c und drei Druckluft-Abgangsrohre d, e und f eingemauert. Das Mannlochrohr ist durch einen starken Deckel, welcher ein Manometer trägt, geschlossen, während jedes der übrigen Rohre dicht vor dem Damme mit einem Absperrventil versehen ist.

Durch das Mannlochrohr kann das Magazin befahren werden, was bei etwaigen Undichtigkeiten des Dammes notwendig ist. In solchen

Fällen gibt man der Innenseite des Dammes einen frischen Zementüberzug, welcher im feuchten Zustande, sobald das Magazin wieder mit Druckluft gefüllt ist, von dieser in die Poren eingedrückt wird. Diesen Vorgang wiederholt man so lange, bis der Damm vollkommen dicht ist.

Was einen Kostenvergleich zwischen eisernen Luftbehältern und solchen unterirdischen Druckluftmagazinen angeht, so stellen sich letztere bedeutend billiger. Man kann rund rechnen, daß für je ein cbm Luft die Herstellungskosten des eisernen Luftbehälters 90 M, die des Luftmagazins rund 30 M betragen.

Ein weiterer Vorteil der Magazine besteht noch darin, daß die Explosionsgefahr fortfällt, eine Erscheinung, die bei eisernen Luftbehältern doch schon häufig vorgekommen ist.

Zum Schlusse sei noch eine Idee für einen eigenartigen unterirdischen Luftbehälter erwähnt, der in den 90er Jahren für die Pariser Druckluftanlage geplant war, wegen Betriebsänderungen jedoch nicht ausgeführt worden ist. Ein Schacht sollte auf 80 m niedergebracht und von diesem aus ein ansteigender Stollen von 12 000 cbm Rauminhalt aufgefahren werden; Strecke wie Schacht sollten mit Wasser gefüllt werden, so daß die eingepumpte Luft beständig unter dem gleichmäßigen Drucke der 80 m hohen Wassersäule stände.

b) Die Wasserabscheider.

Da in den Luftbehältern der bei weitem geringste Teil des in der Luft enthaltenen Wassers abgeschieden wird, ganz besonders auch durch die allmähliche Abkühlung der Luft immer neues, bis dahin in Dampfform enthaltenes Wasser durch Kondensation zur Abscheidung gelangt, ist es notwendig, bei langen Luftleitungen Wasserabscheider in die Rohrtour einzubauen. Dies gilt ganz besonders für alle die Stellen, wo die Rohrleitung aus der senkrechten Richtung in die horizontale geführt wird, wo starke Richtungsänderungen des Luftstromes auftreten, also bei starken Krümmern, und endlich an solchen Stellen, wo wesentliche Temperaturunterschiede auftreten, beispielsweise wo die Luftleitung aus einem kalten Querschlag in die warmen Abbaue abgezweigt wird. Die Gründe, weshalb das ausgeschiedene Wasser aus der Leitung entfernt werden muß, sind an früherer Stelle bereits angeführt worden.

Die Wasserabscheider im weiteren Sinne umfassen nun drei Gruppen von Apparaten, von denen

die der ersten Gruppe, Wassersäcke, nur zum Ansammeln von bereits ausgeschiedenem Wasser dienen,

die der zweiten Gruppe, Lufttrockner, durch starke Richtungsänderungen des Luftstromes auf mechanischem Wege die suspendierten Wassertröpfchen zur Ausscheidung bringen, und endlich

die der dritten Gruppe, automatische Entwässerungsvorrichtungen, ein Ablassen des im Wassertopfe angesammelten Wassers automatisch bewirken, ohne daß hierdurch ein Luftverlust, wie dies beim Ablassen des Wassers von Hand aus der Fall ist, eintritt.

Es sollen also an dieser Stelle nur einige Grundgedanken, auf denen diese Apparate aufbauen, wiedergegeben werden.

Einen Wassersack einfachster Form zeigt Fig. 206. Das Wasser sammelt sich hierbei in dem nach unten gerichteten Topfe an und wird von Hand aus durch ein Ventil abgelassen. Die Wassersäcke werden vielfach auch mit einem Wasserstandsglas ausgerüstet, was jedoch für die Grube wegen der leichten Beschädigung nicht zu empfehlen ist.

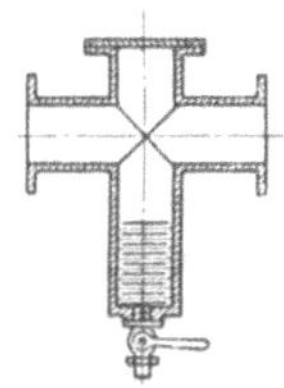

Fig. 206.
Wassersack.

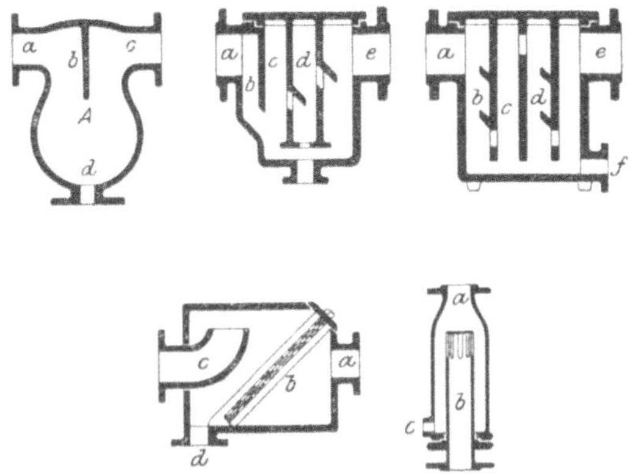

Fig. 207—211.
Lufttrockner.
(Aus Hoyer, Maschinenkunde.)

Lufttrockner verschiedener Art zeigen die Figuren 207—211. Einen viel verwendeten Wasserabscheider für horizontale Luftleitungen gibt die Figur 207 wieder. Derselbe besteht aus einem Gußeisentopf A mit einer angegossenen Scheidewand b. Die Luft tritt bei a ein, stößt gegen b, wendet sich abwärts und zieht um die Kante der Zunge b durch c ab, während das ausgeschiedene Wasser, dessen Bewegung durch Querschnittsvergrößerung des Topfes vermindert ist, senkrecht nach unten gleitet — die Schwerkraft überwindet also nunmehr die erzeugende Kraft der Strömung — und nunmehr sich absetzt und von Zeit zu Zeit durch ein bei d befindliches Ventil abgelassen werden kann.

Bei dem Wasserabscheider nach Fig. 208 wird die Wirkung verstärkt, indem die bei a eintretende Luft erst die Wand b, darauf die Schlitze c und d passieren muß und hierbei durch die Schirme hinter c und d abwärts gelenkt wird, um endlich getrocknet bei e den Apparat zu verlassen.

Der Wasserscheider Fig. 209 besitzt drei abwärts hängende Zungen, b, c, d mit entsprechenden Schlitzen zur Richtungsänderung der bei a eingeleiteten und bei e austretenden Luft. Außerdem sind aber noch an der Vorderseite der Wände b und d Fänge in der Gestalt von Blechstreifen oder Rippen angebracht, die der Luftströmung entgegenstehen und dadurch Wasser auffangen, welches infolge einer geneigten Lage dieser

Rippen am Ende abläuft und sich mit dem anderen Wasser am Boden des Topfes sammelt, um durch den Stutzen f abgeführt zu werden.

Mitunter verbindet man eine feine Verteilung der Luft mit einer Richtungsänderung zum Abscheiden des Wassers. Eine hierauf zielende Konstruktion von Körting gibt Fig. 210 wieder. Ein viereckiger Topf besitzt im Innern ein aus mehreren gelochten Blechen bestehendes Siebsystem und einen gebogenen Rohrstutzen c, so daß die bei a eingeführte Luft sich durch die Siebe fein verteilt, sich vom Wasser trennt und trocken durch c den Apparat verläßt. Die Bleche lassen sich zum Zwecke der Reinigung durch den abzuschraubenden Deckel aus dem Apparate herausnehmen.

Auf ähnlicher Grundidee beruht der Apparat nach Figur 211.

Die automatischen Entwässerungsvorrichtungen sind eigentlich nur Erweiterungsapparate für die Wassersäcke und Wassertrockner und dienen dem Zwecke, das angesammelte Wasser von Zeit zu Zeit ohne Luftverlust abzulassen. Bei den automatischen Entwässerungsapparaten die für Druckluft in Frage kommen, liegt der Gedanke zugrunde, daß ein auf dem sich ansammelnden Wasser befindlicher Körper vermöge seines Auftriebes bei einem gewissen Wasserstande dem Wasser einen freien Austritt verschafft, während ein Entweichen der Luft verhindert wird. In einfachster Form läßt sich ein solcher Erfolg durch einen Schwimmer erzielen, der in dem Wassersammler direkt mit einem Ventil verbunden wird, das im Boden eine Öffnung verschließt, durch sein Auftreiben infolge des sich erhöhenden Wasserstandes aber die Öffnung für den Austritt des Wassers freigibt. Weil hierbei das Ventil unter dem Drucke der Luftspannung steht, so muß bei größerer Spannung entweder das Ventil nur einen kleinen Durchmesser oder der Schwimmer eine entsprechend große Querschnittsfläche bekommen. Hervorgegangen aus dieser Form sind diejenigen Anordnungen, bei welchen der Schwimmer nicht direkt, sondern indirekt mittels einer bedeutenden Hebelübersetzung auf ein Ventil einwirkt.

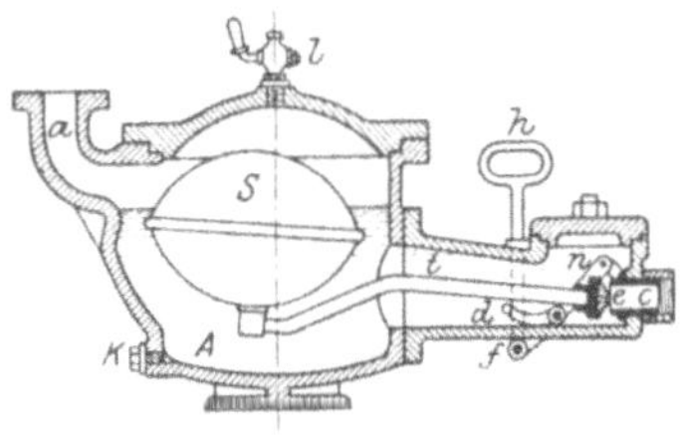

Fig. 212.
Wasserableiter. (Aus Hoyer, Maschinenkunde.)

Als ein Beispiel solcher Ausführungen kann der in Fig. 212 dargestellte Wasserabscheider dienen. Der Wassersammler A steht durch den Stutzen c mit der Ableitung in Verbindung. In demselben befindet sich ein linsenförmiger, hohler Schwimmer S, getragen von dem Wasser in dem Behälter A und der mittels der Stange t mit einer Klappe e verbunden ist; die Stange t ist an einem Zapfen n drehbar aufgehängt. Bei niedrigem Wasserstande schließt nun die Klappe infolge der Schwimmerwirkung die Öffnung des Stutzens c. Steigt das Wasser dagegen in dem Behälter und damit auch der Schwimmer, so wird die Klappe geöffnet, und das Wasser kann ausfließen. Um nun die Gelenkklappe auch bei niedrigem Wasserstande von Hand aus öffnen zu können, ist ein Daumen d vorgesehen, der, vermittelst des Handgriffes h und des Hebels f gehoben, die Stange t aufnimmt. Zu erwähnen sind noch ein Lufthahn l und eine Ablaßschraube k, um von Zeit zu Zeit den Topf ausspülen zu können.

c) Die Rohrleitungen.

Die Leitung der Luft geschieht in Röhren aus Gußeisen, Schmiedeeisen und in Kautschukschläuchen. Gußeiserne Röhren verwendet man meistens für Durchmesser von mehr als 150 mm; gußeiserne Leitungen müssen sorgfältig hergestellt sein und gegen Einwirkungen von Stößen gesichert werden, was man allein durch sorgfältige Lagerung erreichen kann. Außerdem sind bei gußeisernen Röhren, wenn sie starken Temperaturschwankungen ausgesetzt sind, Kompensationsvorrichtungen vorzusehen, da die Längenänderungen leicht zu Brüchen führen können.

Bei weitem widerstandsfähiger als gußeiserne Rohre sind gezogene schmiedeeiserne Röhren, die jedoch wesentlich teurer in der Anschaffung sind. Gegen Stöße und Temperaturschwankungen sind sie ziemlich unempfindlich; ein großer Vorteil liegt ferner darin, daß sie in Längen von 6 m leicht zu haben sind, wodurch einerseits Zeit bei der Montage gespart wird, andererseits auch durch die weniger häufigen Verbindungsstellen ein kleinerer Luftverlust eintritt, da immer geringe Undichtigkeiten an solchen vorhanden sind. Ferner können gezogene schmiedeeiserne Röhren in Kurven von ziemlich kleinem Radius gebogen werden.

Die Kautschukschläuche dienen zur Herstellung des Anschlusses der Luftleitung an die Luftmotoren. Sie werden gewöhnlich mit 25—30 mm Durchmesser hergestellt, sind mit Hanfgewebeeinlagen und Schnurumwicklung versehen und werden heute auch vielfach noch von Drahtspiralen oder Drahtringen umgeben, um sie gegen Beschädigungen zu sichern.

Die Verbindung der gußeisernen Röhren geschieht am vorteilhaftesten mittels Flantschenverschraubung. Hierbei sind die Flantschen mit konzentrischen Rillen versehen, zwischen welche Gummischeiben eingelegt werden; oder es ist in die Flantschen eine tiefere Rille eingedreht, in welche eine etwa 15 mm dicke Kautschukschnur eingelegt wird. Eine gute Verbindung wird auch durch konisch ineinander gepaßte Rohrenden erhalten, welche mit Hilfe von Überwurfflantschen zusammengezogen werden; zur Dichtung wird die Rille des einen Rohres, in welche das konische Ende des anderen Rohres paßt, mit Kautschuk ausgefüttert.

Die Verbindung der Kautschukschläuche mit den Röhren geschieht durch feste Umwicklung beider mit Draht.

Betreffend der Verlagerung der Röhren ist zu bemerken, daß bei vertikalen Rohrleitungen diese in Entfernungen von 20—30 m gestützt werden müssen; hierzu werden über die Rohre besondere Flantschen geworfen, welche auf Trägerbalken aufgeschraubt werden.

Horizontale Leitungen werden meistens auf Haken aufgelegt, die in die Stöße eingelassen werden; auch Bandeisenhalter, die an der Firste befestigt werden, kommen vielfach zur Verwendung.

Kompensationsvorrichtungen — Einrichtungen, welche durch Temperaturänderungen eintretende Ausdehnung bzw. Verkürzung der Röhren ausgleichen — müssen namentlich bei Gußeisenröhren eingeschaltet werden. Solche Vorrichtungen sind in Entfernungen von 100 bis 500 m, je nach der Größe der Temperaturunterschiede, einzuschalten.

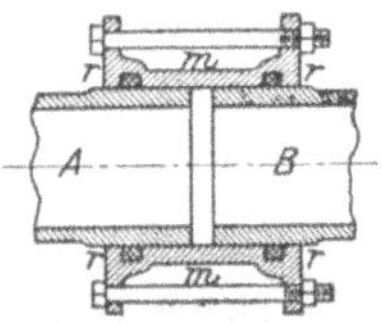

Fig. 213.
Kompensationsvorrichtung. (Aus Hoyer, Maschinenkunde.)

Eine bewährte Ausgleichsvorrichtung für Druckluftleitungen zeigt Fig. 213. Über die Rohrenden A und B wird die Muffe m geschoben, neben deren Endflächen Kautschukringe liegen, die durch die Ringe r r und Schrauben gegen die Muffe m gepreßt und festgehalten werden. Die Verbindung gestattet zugleich mit großer Leichtigkeit sowohl die Auswechselung als auch die Einschaltung von Anschlußröhren.

Zur Berechnung des zu einer Leitung erforderlichen Rohrquerschnitts ist es in erster Linie notwendig zu wissen, wie viel cbm Luft von einer bestimmten Spannung erforderlich sind. Die Maschinenfabriken geben im allgemeinen den Luftverbrauch von Bohrmaschinen, Haspeln und dergl. in Litern angesaugter Luft an. Ist alsdann die Spannung bekannt, bis zu welcher die Kompressoranlage die Luft zu verdichten imstande ist, so rechnet man die Luftmenge auf diese Spannung um (Gleichung Seite 245).

Sodann sind die Verluste in Rechnung zu ziehen, die einerseits durch Undichtigkeiten der Leitungen, sodann auch durch die Reibung der Luft an den Bohrwandungen usw. entstehen. Über die genaue Bestimmung dieser Verluste sind verschiedene eingehende Versuche und Berechnungen durchgeführt worden, die im einzelnen hier wiederzugeben zu weit führen würde. Die Resultate lassen sich dagegen in folgenden Angaben kurz zusammenfassen; allerdings ist zu beachten, daß diese Zahlen nur angenähert, den Verlusten entsprechend, Werte in der Rechnung ergeben, die der Wirklichkeit entsprechen.

Verluste durch Undichtigkeiten	0,35—0,5 Atm.
„ „ Reibung und dergl. . .	0,05—0,1 Atm.
Summe:	0,4 —0,6 Atm.

auf 1 km Leitungsnetz bezogen.

Soll beispielsweise eine Luftmenge von 20 cbm und 6 Atm. an den Verbrauchsstellen insgesamt abgenommen werden, und nehmen wir nach obigen Annahmen einen Gesamtleitungsverlust von 0,5 Atm. auf 1000 m, so wäre dieser bei einem Leitungsnetze von 2000 m gleich einer Atmosphäre. Demnach würde man verlangen müssen, daß der Kompressor 20 cbm Luft von 6 + 1 Atm. = 7 Atm. Spannung liefert. Dies würde also insgesamt rund 23 cbm Luft von 6 Atm. Spannung entsprechen, so daß hiervon 3 cbm Luft in der Leitung verloren gehen könnten, also insgesamt 13 % der Gesamtluftmenge.

Über die zulässige Geschwindigkeit der Luft in den Rohrleitungen war man früher auch noch sehr verschiedener Ansicht; heute kann man jedoch annehmen, daß eine solche von 4—6 m je Sekunde die vorteilhafteste ist, weil bei kleineren Geschwindigkeiten die Röhren zu große Durchmesser erhalten müssen und dies die Anlagekosten erheblich steigert; bei größeren Geschwindigkeiten tritt jedoch durch die Wirbelbildung ein zu hoher Spannungsabfall ein. Genannten Werten, 4—6 m in der Sekunde, entsprechen auch die im vorigen angegebenen Verlustwerte.

Nach diesen Angaben berechnet sich nun der Durchmesser der Leitungen nach der bekannten Formel

$$d = 2\sqrt{\frac{V}{\pi \cdot V}}$$

wobei d den Durchmesser der Röhren in Metern
V die Luftmenge in cbm pro Sekunde,
v die Geschwindigkeit der Luft in m/sec.

bedeuten.

Seien z. B. 20 cbm/min verlangt, und sei v = 6 m/sec, so ist

$$d = 2\sqrt{\frac{\frac{20}{60}}{\pi \cdot 6}} = 2\sqrt{\frac{20}{\pi \cdot 6 \cdot 60}}$$

$$d = 0{,}264^{m}.$$

B. Die Arbeitsmaschinen.

Die für Preßluft in Frage kommenden Bohrmaschinen zerfallen von vorherein in 3 große Gruppen und zwar:

a) *Stoßbohrmaschinen.* Der Bohrer ist mit einem Kolben fest verbunden und wird durch die abwechselnde Einwirkung von gepreßter Luft auf dessen hintere bzw. vordere Fläche in einem Zylinder hin und herbewegt. Die der Schlagmasse — Bohrer, Kolben und Kolbenstange — hierbei erteilte lebendige Kraft überträgt die Arbeitsleistung der Maschine auf die Bohrlochsohle.

b) *Schlag- oder Hammerbohrmaschinen.* Bei diesen Maschinen ist der Arbeitsvorgang des Handbohrens nachgeahmt. Der Bohrer bleibt während der Bohrarbeit auf der Bohrlochsohle sitzen und erhält bei jedem Kolbenspiel einen Schlag von einem besonderen mit dem Kolben fest verbundenen Schlagkopfe.

c) *Drehbohrmaschinen.* Bei den Maschinen dieser Gattung wird die hin und hergehende Bewegung des Kolbens in eine drehende Bewegung umgesetzt und mit drehend wirkenden Bohrwerkzeugen gearbeitet.

I. Stoßbohrmaschinen.

a) Allgemeiner Teil.

Die Konstruktionselemente einer jeden Druckluftstoßbohrmaschine zerfallen bezüglich des Arbeitsvorganges in drei Gruppen; die in diese Gruppen fallenden Teile dienen dem Zwecke

1. die hin und hergehende Bewegung des Kolbens zu vermitteln, also die Steuerungen.

2. den Bohrer während des Arbeitsvorganges umzusetzen, die Umsetzvorrichtungen.

3. Die ganze Maschine, folgend der Vertiefung des Bohrloches, vor zuschieben, die Vorschubseinrichtungen.

Die Verbindungsstücke von Kolbenstange und Bohrer, die Befestigungsvorrichtungen der Maschine an Gestellen und sonstigen Nebeneinrichtungen, die Bohrmaschinen anderer Gruppen mit den Druckluftstoßbohrmaschinen gemein haben, werden später im Zusammenhang zur Besprechung kommen.

Die oben genannten Gruppen von Konstruktionselementen sind nun in erster Linie maßgebend für die Güte der Bohrmaschinen.

1. Die Steuerungen.

Diese zerfallen in zwei Klassen,

a) solche, welche zwangsweise auf mechanischem Wege von dem Kolben oder der Kolbenstange betätigt werden, und

b) solche, die durch Druckluft, deren Eintritt durch die jeweilige Stellung des Kolbens geregelt wird, bewegt werden. Erstere finden wir zumeist bei den älteren Maschinen: ihnen haftet der Nachteil an, daß sie wegen des veränderlichen Kolbenhubes nicht präzise genug arbeiten.

Bei allen Steurungen sind folgende allgemeine Grundsätze zu beachten und die Steuerungen auf die Durchführung dieser Regeln zu prüfen.

Die Umsteuerung bei der Bewegung des Kolbens nach vorwärts soll tunlichst unmittelbar nach dem Aufstoßen des Bohrers auf das Gestein, also unabhängig von der Hublänge, erfolgen. Eine vorzeitige Umsteuerung bewirkt die Bildung eines Luftkissens und schwächt mithin den Stoß ab; eine verspätete Umsteuerung bedingt einen längeren Stillstand des Kolbens und somit eine Verminderung der Schlagzahl. Hat aber der Kolben seine größte Hublänge erreicht, so soll bei dieser Kolbenstellung ein Luftkissen gebildet werden, um das Anstoßen des Kolbens an den vorderen Zylinderdeckel zu verhindern.

Beim Rückzug muß die Steuerung einen konstanten Hub sichern; ferner ist die Bildung des Luftkissens, wenn nicht ein elastisches Mittel vor die Zylinderdeckel eingesetzt ist, auch vor dem hinteren Deckel aus obengenannten Gründen erforderlich.

Da die Steuerungen der Einteilung der Druckluftmaschinen in Gruppen zugrunde gelegt sind, so erfolgt ihre Einzelbesprechung in engem Anschluß an die einzelnen Systeme.

2. Die Umsetzvorrichtungen.

Die Umsetzvorrichtungen dienen dazu, den Bohrer nach jedem Stoße umzusetzen, damit die Bohrerschneiden bei jedem Schlage eine andere Stelle der Bohrlochsohle treffen und das Bohren tunlichst durch das Absprengen von Gesteinsteilchen, weniger durch Zermalmen des Gesteins geschieht. Hierdurch wird auch ein Festklemmen des Bohrers vermieden. Da nun durch die feste Verbindung von Bohrer und Kolben letzterer bei der Umsetzung mit gedreht wird, muß der Vorgang des Umsetzens beim Kolbenrückgang erfolgen, um die Stoßwirkung durch die bei der Umsetzung in erheblichem Maße auftretenden Reibungswiderstände tunlichst wenig zu beeinträchtigen. Ferner würde es sehr vorteilhaft sein, wenn es sich ermöglichen ließe, die Umsetzung des Bohrers erst dann zu beginnen, wenn der Bohrer bereits ein wenig von der Bohrlochsohle zurückgezogen ist, um das Schaben der Bohrerschneiden auf der Bohrlochsohle zu verhindern. Bislang haben diesbezügliche Versuche aber noch keinen Erfolg gezeitigt.

Die Umsetzvorrichtungen lassen sich in drei Gruppen zergliedern, wovon die der beiden ersten Gruppen aber bei neueren Maschinen wohl kaum noch zu finden sind.

a) Die Kolbenstange wird durch zwangsläufige Führung in einem Sperrade gedreht (Fig. 214). Durch ein am Umfang gezahntes Sperrad S, welches im Zylinder oder auch im Rahmen der Bohrmaschine beweglich gelagert ist, geht die mit einer Nut versehene Kolbenstange K, in welche

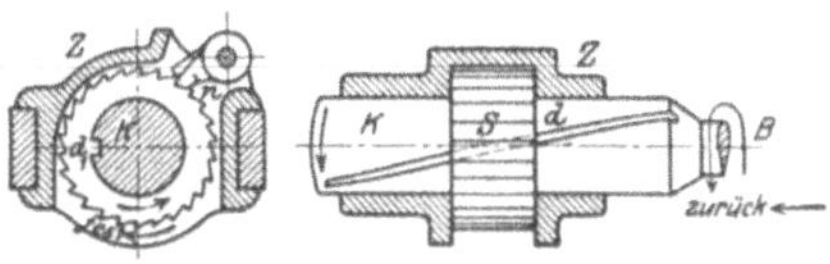

Fig. 214.

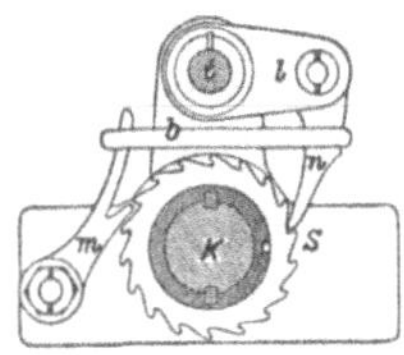

Fig. 215.

Umsetzvorrichtungen.

ein entsprechend geformter Keil d_1, der mit dem Sperrade fest verbunden ist, eingreift. Bei seinem Rückzuge wird der Kolben, der Lage und Neigung der Nut entsprechend, gedreht, da das Sperrad S durch die Sperrklinke n an der Drehung gehindert wird.

b) Die Kolbenstange wird unmittelbar durch Schaltwerke gedreht (Fig. 215). Ein Schaltrad S greift mittelst zweier Mitnehmer in die geraden Nuten der Kolbenstange K derart ein, daß die Kolbenstange sich in der Längsrichtung frei bewegen kann, aber auch die Drehung des Schaltwerkes mitmachen muß. Letzteres wird durch die Schaltklinke n gedreht, welche von der Kurbel l aus abwechselnd gehoben und gesenkt wird. Die Schaltklinke ist durch ein elastisches Band mit dem Gegenhaken m verbunden, so daß hierdurch ein Aussetzen der Klinke vermieden wird.

c) Die Kolbenstange wird durch eine besondere Drallspindel ge dreht, die in einem Schaltwerke zur Erzielung der drehenden Bewegung festgehalten, bei der Vorwärtsbewegung des Kolbens aber freigegeben wird. Die Art der Verbindung von Kolbenstange und Drallspindel wird in zweifacher Weise ausgeführt, und zwar

α) die Drallspindel wird in dem ausgebohrten Kolben in einer besonders eingelegten Mutterbüchse geführt, während das Schaltwerk am hinteren Ende des Zylinders eingebaut ist (Fig. 216). Die Drallspindel d ist mit dem Sperrade a fest verbunden; letzteres wird durch die Klinken b bei der Rückwärtsbewegung des Kolbens festgehalten. Hierdurch

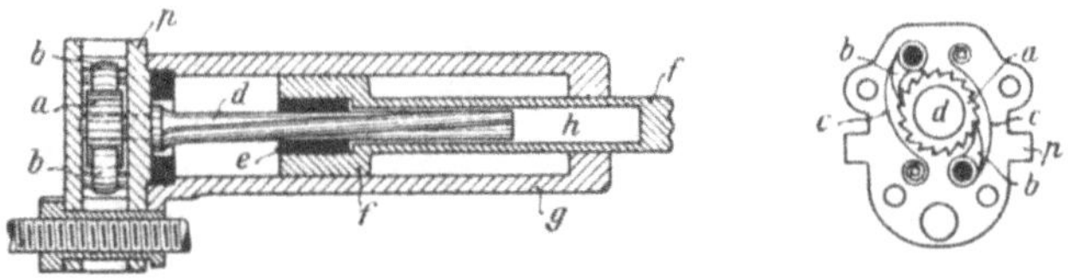

Fig. 216.
Umsetzvorrichtung. (Aus Heise-Herbst, Lehrbuch der Bergbaukunde, Bd. I.)

ist dann der Kolben genötigt, sich um einen Winkel zu drehen, der von dem Drallzuge vorgezeichnet ist. Bei der Vorwärtsbewegung des Kolbens dreht sich dagegen die Spindel mitsamt dem Sperrade, weil die Klinken bei dieser entgegengesetzt gerichteten Bewegung zurückgestoßen werden, und es findet keine Drehung des Kolbens und des Bohrers statt.

β) Die Drallspindel ist mit dem Kolben fest verbunden, während die Mutterbüchse in das Schaltwerk verlegt ist (Fig. 238a, b). Da sich hierbei beim Rückgange die Drallspindel durch die Mutterbüchse g hindurchschiebt, ist am hinteren Ende des Zylinders noch ein geschlossenes Rohr r eingeschraubt, dessen Innenraum durch die Bohrungen x und y mit dem Zylinderraum in Verbindung steht. Hierdurch wird erreicht, daß beim Vorstoß des Kolbens Druckluft auch auf den Querschnitt der Drallspindel wirken kann und somit die gesamte Kolbenfläche beim Vorstoße wirksam wird.

Diese Anordnung dürfte sich im allgemeinen aber nur für schwere Maschinen empfehlen, da das Gewicht und die Abmessungen der Maschine durch diese Umsetzvorrichtung nicht unbeträchtlich erhöht werden.

Auf Besonderheiten bei den Umsetzvorrichtungen der einzelnen Bohrmaschinensysteme, namentlich bezüglich der Ausführung der Schalt werke wird im beschreibenden Teile der Systeme hingewiesen werden.

3. Die Vorschubsvorrichtungen.

Die Vorschubseinrichtungen dienen einem doppelten Zwecke, und zwar einerseits den Bohrer gemäß der Vertiefung des Bohrloches vorzuschieben, andererseits aber auch behufs Auswechslung von Bohrern die

Maschine schnell zurückziehen und wieder vorschieben zu können. Ein kleiner Vorschub für den ersten Zweck ist schon durch die Veränderlichkeit des Kolbenhubes gegeben. Dieser muß aber selbstverständlich auf andere Weise vermehrt werden können, was durch Einrichtungen geschieht, die gleichzeitig den zweiten Zweck erfüllen, nämlich den schnellen Vorschub und Rückzug der Maschine. Alle derartigen Vorschubseinrichtungen bauen auf einer Grundidee auf, die dadurch gekennzeichnet ist, daß die Bohrmaschinen in einem Rahmen der an einem Gestelle befestigt ist, beweglich gelagert sind. Von der Länge des Rahmens ist mithin auch die Länge des Vorschubes bzw. des Rückzuges abhängig.

Was die Ausübung der vorschiebenden und zurückziehenden Bewegung angeht, so kann dieselbe sowohl automatisch als auch von Hand aus geschehen. Erstere Anordnung finden wir zur Hauptsache bei älteren Maschinen, bei denen dieselbe durch die kleine Hubveränderlichkeit erforderlich war, da man kleine Vorschublängen nicht mehr dem Gefühle des Arbeiters überlassen kann. Außerdem dürften automatische Vorschubeinrichtungen auch dort ihre Berechtigung finden, wo mit einer größeren Anzahl von Bohrmaschinen zugleich gearbeitet wird, zumal bei Tunnelbetrieb, da hierdurch ein Arbeiter mehrere Maschinen bedienen kann. Allerdings wird der Bau der Bohrmaschinen durch derartige Einrichtungen verwickelter, und erfordern dieselben auch mehr Reparaturen.

Die Maschinen mit Handvorschub sind ihrer Bauart nach wesentlich einfacher, erfordern aber geübte Arbeiter, da der Vorschub dem Gefühle des Arbeiters überlassen bleibt, ein Faktor, der bei der Leistungsbeurteilung der Maschine sehr wesentlich ist, da bei einem geübten Arbeiter der Bohrfortschritt sich erheblich höher stellt als bei ungeübten Bergleuten.

aa) **Handvorschub.** Derselbe wird in der Regel mit Hilfe einer Schraubenspindel bewerkstelligt, die in einem Rahmen drehbar verlagert

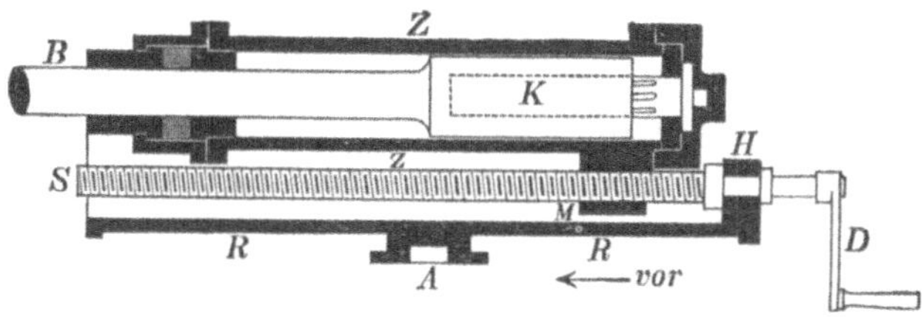

Fig. 217.
Handvorschub.

ist. Auf der Spindel sitzt eine Wandermutter, die mit der Maschine fest verbunden ist. Das Prinzip dieser Einrichtung geht ohne weiteres aus der Fig. 217 hervor. Es bedeuten in dieser Skizze R den Rahmen, A den Teller zur Befestigung der Maschine an einem Gestelle, S die Spindel, H das Spindellager, D die Handkurbel, M die Wandermutter und Z den Zylinder der Maschine.

bb) Automatische Vorschubseinrichtungen. Dieselben zerfallen in zwei Gruppen, und zwar:

α) Der Vorschub wird durch Vermittelung von Schraubenspindeln bewerkstelligt.

Hierbei kann die Schraubenspindel entweder fest im Rahmen verlagert sein, während die Mutter in einem Zylinderansatze beweglich gelagert ist, oder aber die Schraubenspindel ist beweglich und die Mutter fest. Die Drehung von Mutter oder Spindel wird vom Kolben aus betätigt. Als Beispiel diene die Vorschubeinrichtung der älteren Maschine von Jäger (Fig. 218 a, b). Eine Schraubenspindel S ist in dem mit dem

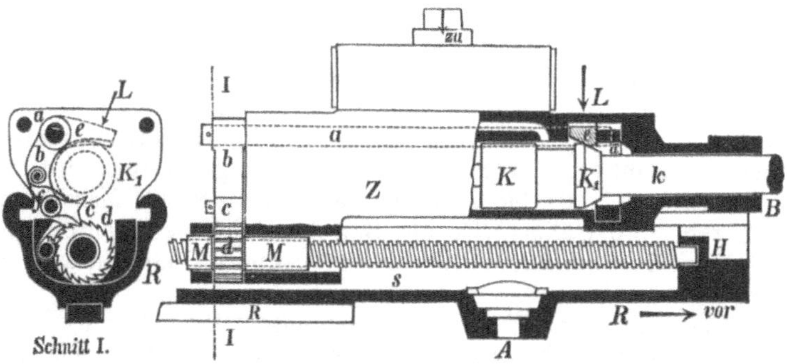

Fig. 218 a, b.
Selbsttätiger Vorschub mit Schraubenspindel.

Gestelle verbundenen Rahmen R gelagert. Die mit einem Schaltrade d versehene Mutter M dreht sich in einem Ansatze des Zylinders Z. Das Drehen des Schaltrades und der Mutter, wobei sich der Zylinder auf der Spindel vorwärts bewegt, wird durch die mit einem Gelenk versehenen und auf der Achse a befestigten Schaltklinke b c bewerkstelligt. Der Eingriff der Klinke c in das Schaltrad wird durch die Feder f gesichert. Die Bewegung der Schaltklinke erfolgt beim Anheben des ebenfalls mit der Achse a fest verbundenen Hebels e durch den Kolben k_1. Beim längsten Hube wird das mit etwa 20 Zähnen versehene Schaltrad d um 2 Zahnlängen gedreht. Der Hebel e wird mit Hilfe einer in der Richtung L wirkenden Feder oder eines beständig unter Luftdruck stehenden Kölbchens nach abwärts gedrückt, wobei sich die Schaltklinke b c nach der entgegen gesetzten Richtung hin bewegt. Geht der Kolben zu weit vorwärts, etwa bei auftretenden Klüften im Gestein oder beim Versagen der Steuerung, so fällt der Hebel e in den Kolbeneinschnitt zwischen K und K_1 und hält denselben fest. Gleichzeitig wird durch K der Zuströmkanal der Luft vom vorderen Zylinderraum abgeschlossen. Der Rückzug der Maschine erfolgt von Hand, wobei die Spindel S im Rahmen drehbar gemacht wird.

β) Der Vorschub erfolgt mit Hilfe der im Schlagzylinder oder in einem besonderen Vorschubzylinder befindlichen gepressten Luft.

Bei derartigen Vorschubseinrichtungen ruht die Maschine auf zwei doppelt, oben und unten, entgegengesetzt gezahnten Stangen, in welche Sperrklinken, die mit der Maschine verbunden sind, eingreifen. Diese Sperrklinken lösen sich nun bei einem gewissen Kolbenhube selbsttätig aus, und die Maschine wird durch die im Zylinder befindliche Preßluft entweder vor- oder rückwärts gestoßen, da das Gewicht der Zylinder leichter gewählt ist als die summierten Gewichte von Kolben, Kolbenstange und Bohrer; infolgedessen wird die Beschleunigung des Zylinders größer sein als die der Schlagmasse.

Als Beispiel einer derartigen Vorschubeinrichtung sei hier die Bohrmaschine von Mac Kean-Seguin angeführt. (Fig. 219). Bei dieser Maschine wird der Vorschub direkt durch die im Schlagzylinder befindliche Luft bewirkt, während bei

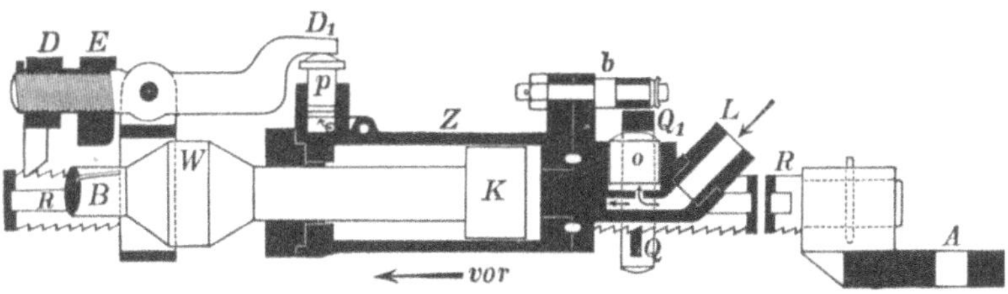

Fig. 219.
Vorschub mittelst gepreßter Luft.

der Ferrouxschen Maschine, die an späterer Stelle beschrieben werden soll, ein besonderer Vorschubzylinder vorgesehen ist. Der Zylinder Z ist beweglich zwischen den zwei in einem Gestell befestigten Zahnstangen R gelagert. Zur Vermeidung eines Verschiebens in der Richtung nach vorn dient die Sperrklinke D, nach hinten die in die untere Zahnung der Stangen eingreifende Sperrklinke Q. Die Klinke D sitzt an dem einen Ende eines fest verlagerten zweiarmigen Hebels, während dessen anderes Ende D_1 auf dem kleinen Kolben p ruht, der dauernd unter dem Drucke der Preßluft steht und infolgedessen den rechten Hebelarm nach oben drückt. Hierdurch werden die Sperrklinken D zum Eingreifen in die Zahnungen der Stangen R gebracht; ein Verschieben des Zylinders nach vorn ist also verhindert. Auf dem linken Hebelarme sitzt nun außerdem ein Frosch E. Wird der Kolbenhub so groß, daß der auf der Kolbenstange sitzende Wulst W gegen diesen Frosch stößt, so hebt dieser den Hebel und löst die Sperrklinken D aus. Der Zylinder wird nun aus den bereits angegebenen Gründen nach vorne geschoben.

Die die Rückwärtsbewegung verhindernde Sperrklinke Q ist in einem die Zahnstangen R umfassenden Bügel Q befestigt, der gleichfalls durch einen kleinen Kolben O nach oben gedrückt wird und somit die Klinke Q in die Zahnung eindrückt. Durch einen bei b angebrachten Hebel läßt sich der Bügel von Hand aus nach unten drücken und der Zylinder wird durch die im hinteren Zylinderraume befindliche Luft nach rückwärts geschoben.

Außer den im vorstehenden beschriebenen drei Hauptkonstruktionselementen, Steuerung, Umsetz- und Vorschub- bzw. Rückzugvorrichtungen, sind für die Wirkung der Druckluftstoßbohrmaschinen auch noch maßgebend die Pressung der zur Verwendung kommenden Luft, die Größen der Kolbenflächen, die Hublänge und das Gewicht der Schlagmassen. Alle diese Faktoren stehen naturgemäß in einem bestimmten Abhängigkeitsverhältnis zu einander. Eine große Schlagmasse erfordert gegenüber einer kleineren einen größeren Kolbenhub, um überhaupt der bewegten Masse eine genügend große Beschleunigung erteilen zu können; ferner erfordern größere Schlagmassen eine größere Kolbenfläche und höher gepreßte Luft, um in tunlichst kürzester Frist die Trägheit der Massen überwinden zu können. Es wird also jedesmal die Bauart und Größe der Maschine der Beschaffenheit des Gesteins anzupassen sein.

b) Spezieller Teil.

1. Bohrmaschinen mit Steuermechanismus.

aa) Das Steuerorgan wird auf mechanischem Wege gesteuert.

Bohrmaschine von Sachs. Diese Maschine dürfte wohl als eine der ältesten Druckluftstoßbohrmaschinen bezeichnet werden. Sie wurde

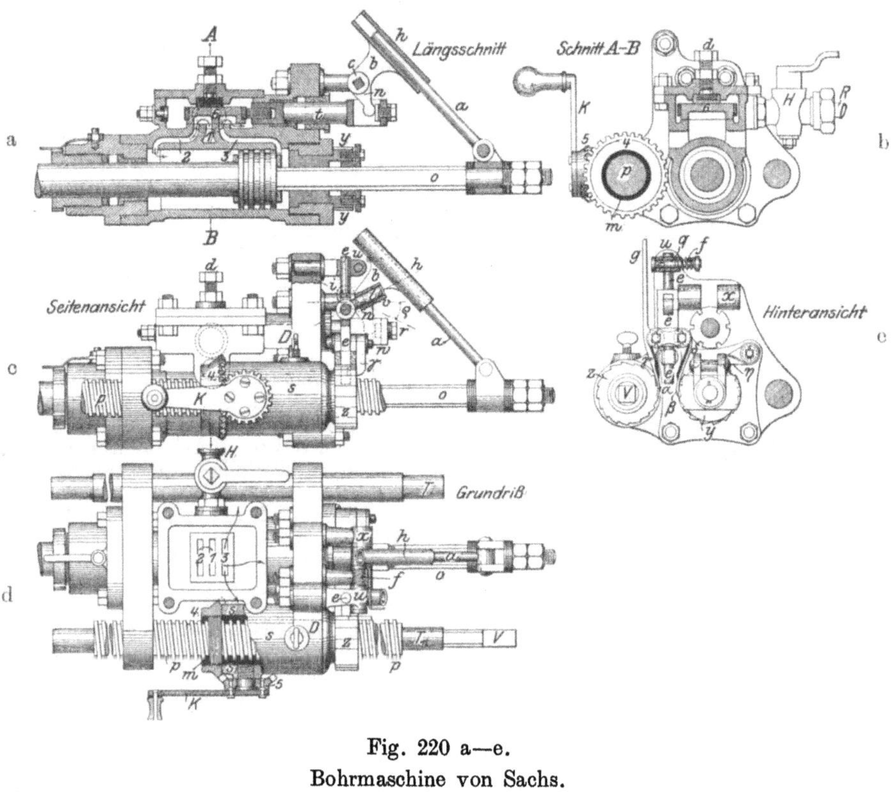

Fig. 220 a—e.
Bohrmaschine von Sachs.

von dem Ingenieur Sachs gegen das Jahr 1865 speziell für den Altenberger Galmei-Bergbau konstruiert und hat durch ihre für damalige Zeit hervorragende Leistung — es wurde unter gleichen Bedingungen das Doppelte der gewöhnlichen Hauerleistung erzielt — den Hauptanstoß zu unserer jetzt blühenden Bohrmaschinenindustrie gegeben.

Fig. 220a und b zeigen einen Längs- und einen Querschnitt der Maschine. Die Steuerung ist der der alten Dampfmaschinen nachgebildet. Ein einfacher Muschelschieber 6 wird durch einen schwingenden Winkelhebel b n, der in c seinen festen Drehpunkt hat, und durch die Hülse h und die Stange a mit der Kolbenstange o fest verbunden ist, hin und her bewegt. Die Umsetzvorrichtung des Bohrers ist aus den Ansichten Fig. 220c und d ersichtlich. Zu diesem Zwecke wird die schwingende Bewegung der Steuerwelle c auf eine Zugstange e übertragen, und zwar in der Weise, daß beim Rückgange des Kolbens die Stange e niedergedrückt wird. An dieser Zugstange ist die Schubklinke β befestigt (220e), welche in das auf der Kolbenstange sitzende Sperrad y eingreift. Da der hintere Teil der Kolbenstange vierkantig ist, so muß bei einer Drehung des Schaltrades die Koblenstange die Bewegung mitmachen, während sie sonst frei durch das Schaltrad durchgleiten kann Durch jede Aufwärtsbewegung der Zugstange wird die Klinke β um zwei Zähne gehoben und drückt beim Niedergange das Sperrad um das gleiche Maß nieder.

Die Vorschubvorrichtung ist gleichfalls eine automatische. Der Zylinder ist auf zwei parallelen Tragstangen T_1 und T, Fig. 220e, gelagert, von denen eine, T_1, als Spindel ausgebildet ist. Auf dieser bewegt sich eine Wandermutter s, welche mit dem Zylinder fest verbunden ist. Dieselbe trägt ein Schaltrad z, welches ebenfalls von der Zugstange e und der an dieser befestigten Schubklinke α periodisch bewegt wird. Die Zahnung ist gegenüber der des Sperrades y eine größere. Das Sperrad z dreht also bei jedem Niedergange der Zugstange e die Mutter s, wodurch die ganze Maschine voranbewegt wird. Zum schnellen Rückzuge oder Vorschieben des Zylinders läßt sich die Sperrklinke n durch einen Hebel g ausschalten, so daß nunmehr durch die Kurbel k und das Kegelradgetriebe 4 und 5 die Mutter s von Hand nach vorne oder hinten geschoben werden kann.

Bohrmaschine Dinnendahl-Meyer (Fig. 221a—d). Die Bauart stimmt im großen und ganzen mit der der Sachsschen Maschine überein. Die Muschelschiebersteuerung z wird dadurch betätigt, daß der Winkelhebel W durch den Wulst a der Kolbenstange abwechselnd nach rechts oder links gedreht wird, wobei der Winkelausschlag maßgebend ist für den Schieberweg. Als Umsetzvorrichtung finden wir eine Drallspindel l, die durch das Sperrwerk s gehemmt bzw. gelöst wird. Die Mutter der Drallspindel liegt in der ausgebohrten Kolbenstange. Das

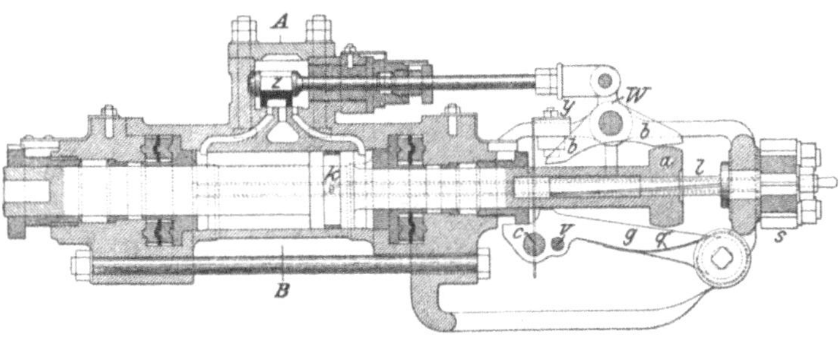

Fig. 221 a.
Bohrmaschine von Dinnendahl-Meyer.

Vorschieben des Zylinders erfolgt selbsttätig; hierzu sitzt auf der Spindelmutter, die mit dem Zylinder verbunden ist, das Sperrad e, welches durch die Schubklinke c absatzweise gedreht wird. Zu diesem Zwecke liegt der zapfenartige Fortsatz der Schubklinke in dem einen Ende des einarmigen Hebels g verlagert. Dieser Hebel wird für gewöhnlich durch eine Feder q nach oben gehalten, während er vermittelst des Wulstes a bei jedem Kolbenvorschube niedergedrückt wird, wodurch das Sperr-

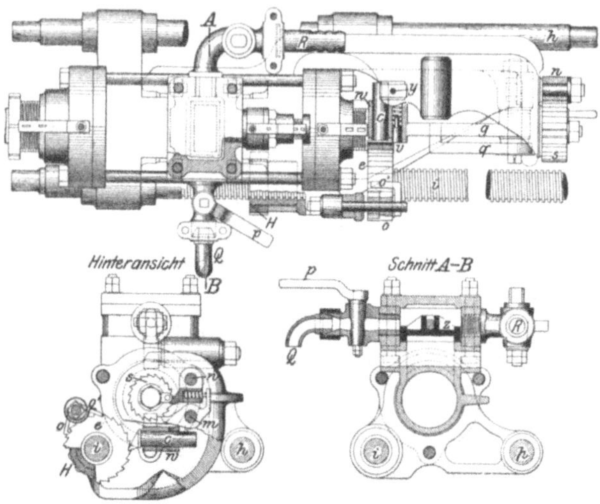

Fig. 221 b—d.
Bohrmaschine von Dinnendahl-Meyer.

rad e und somit die Spindelmutter gedreht werden. Um das Eingreifen der Sperrklinke c in das Sperrad e zu sichern, ist ein kleines Kölbchen v vorgesehen, welches durch eine Spiralfeder gegen die Klinke gedrückt wird.

Bohrmaschine von Ferroux (Fig. 222a—f). Als Steuerorgan dienen bei dieser Maschine, die vornehmlich bei Tunnelarbeiten mit Vorteil angewandt worden ist, zwei kleine ausgebohrte Kölbchen p_1 und p_2, welche je nach ihrer Stellung entweder die Kanäle s_1 mit dem Innenraum des Zylinders verbinden, so daß der Auspuff stattfinden kann, oder die Kanäle s, aus welchen die Frischluft in den Zylinder einströmt. Das Steuern der Kölbchen besorgt der Kolben k selbst, der das eine durch seine konischen Fortsätze hebt, wobei dann der zweiarmige Hebel H das andere niederdrückt.

Zwecks Umsetzens des Bohrers sind in die Kolbenstange W zwei gewundene Nuten d eingehobelt, welche in zwei Dorne d_1, Fig. 222f, eines Sperrades S eingreifen.

Die vorschiebende Bewegung erfolgt nach Art der bereits beschriebenen Maschine von Mac Kean-Seguin. Die Maschine ruht in einem Rahmen R, der oben und unten gezähnt und mit einem zur Befestigung an einem Gestelle dienenden Ansatze A versehen ist. Mit dem Rahmen ist der Vorschubzylinder V, mit dem Zylinder der durchbohrte Vorschubkolben M_1 verbunden. Um bei kurzer Länge der Maschine einen großen Vorschub zu erreichen, befindet sich im Zylinder V außer dem Vorschubkolben M_1 noch ein zweiter M. Diese Kolben bewegen sich teleskopartig ineinander. Da die gepreßte Luft bei L zuströmt, so stehen die Ringflächen der Vorschubkolben M und M_1 beständig unter Luftdruck.

Der Bremshebel D D_1, welcher mit den beiden Haken in die obere Verzahnung der Rahmenstücke R eingreift, hält die Maschine im Rahmen fest. Der Eingriff der Haken ist durch das am entgegengesetzten Hebelende bei D^1 angeordnete, stets unter Luftdruck stehende Kölbchen gesichert. Nach Vollendung des Kolbenhubes stößt der verdickte Teil der Kolbenstange W an den am Hebel D D_1 befestigten Knaggen E und löst die Haken aus, so daß nunmehr die Maschine im Rahmen R durch die auf den Vorschubkolben M_1 wirkende Luft so lange vorgeschoben wird, bis der Wulst W vom Knaggen E abgezogen und die Hemmvorrichtung wieder zum Eingriff gelangt ist. Nach dem Anstoßen des Vorschubkolbens M_1 an das Zylinderende a wird der Kolben M durch den auf ihn wirkenden Luftdruck vorgeschoben, bis er bis b vorgeschoben und der größte Vorschub erreicht ist.

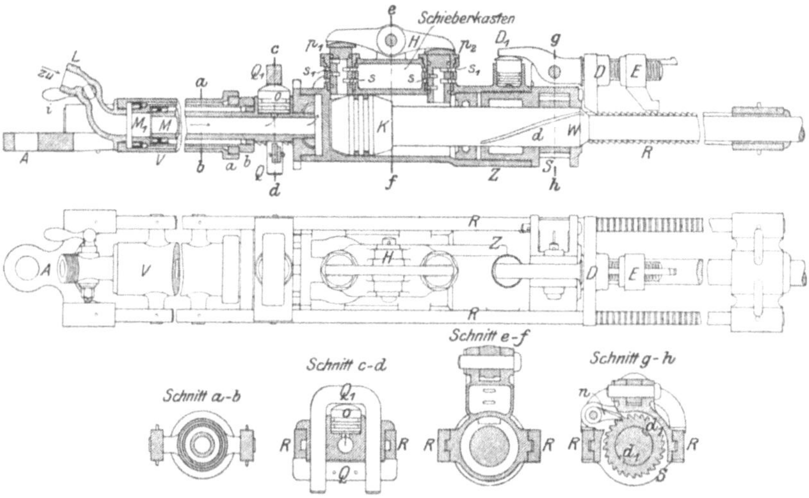

Fig. 222 a—f.
Bohrmaschine von Ferroux.

Die Hemmvorrichtung, welche die Maschine gegen ein Zurückschieben sichert, besteht aus dem in die untere Verzahnung der Rahmenstücke R eingreifenden Querstücke Q, das vom Bügel Q_1 vermittelst des beständig unter Luftdruck stehenden Kölbchens O angehoben und in Eingriff erhalten wird. Das Zurückschieben der Maschine erfolgt von Hand, wenn der Eingriff des Querstückes Q durch Herabdrücken des Bügels Q_1 aufgehoben ist.

Heute ist die Ferrouxsche Bohrmaschine wohl ganz durch moderne Systeme verdrängt worden; in einzelnen Konstruktionsteilen ist sie jedoch vorbildlich geblieben.

bb) Das Steuerorgan wird durch Druckluft direkt bewegt.

α) Kolbensteuerungen.

αα) Kolbenschieber mit besonderem Luftverteiler.

Bohrmaschine von Dubois und François (Fig. 223a—d). Aus dem Längsschnitt Fig. 223a und dem Querschnitt Fig. 223d erkennen wir die Steuerung, die aus einem Kölbchen d und einem in dieses eingesetzten Verteilungsschieber besteht. Durch die Bohrung d_1 steht der Schieberkasten mit dem Raume e vor der rechten Steuerkolbenseite in Verbindung. Dieser Raum e wird durch ein Ventil g für gewöhnlich geschlossen gehalten, öffnet sich aber, sobald der auf der Kolbenstange sitzende Wulst W den Hebel K nach oben bewegt, wodurch die Feder zusammengedrückt wird. Ist nun das Ventil g geschlossen, so strömt Luft durch die Bohrung d_1 in den Raum e und schiebt, da die Kolbenfläche f größer als f_1 ist, den Steuerkolben nach links. Hierdurch wird die Frischluft auf die rechte Kolbenfläche geleitet. Bei der Bewegung des Kolbens nach links öffnet der Wulst W allmählich das Ventil g und die Luft aus dem Raume e strömt durch die

Kanäle v ins Freie. Hierdurch wird der auf der Steuerkolbenfläche f_1 lastende Druck der gespannten Luft wirksam und bewegt den Steuerkolben nach rechts. Nunmehr strömt die Druckluft in die linke Zylinderhälfte, und der Kolben bewegt sich nach vorne.

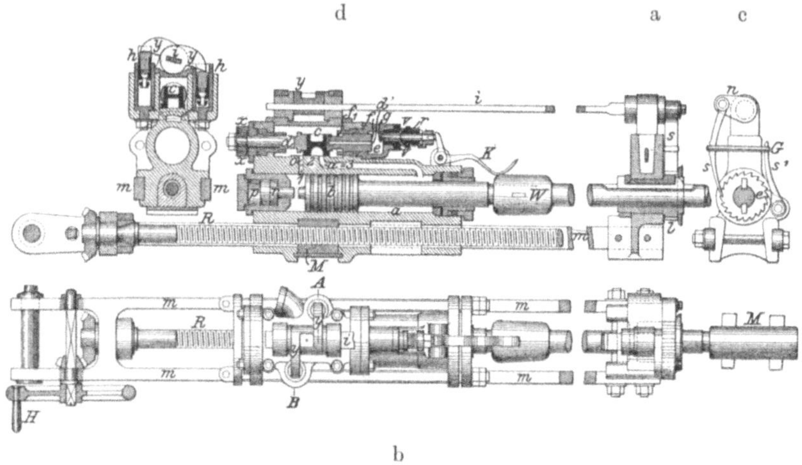

Fig. 223 a—d.
Bohrmaschine von Dubois und François.

Die Umsetzung des Bohrers erfolgt automatisch durch ein Schaltwerk, bestehend aus einem Sperrade l, welches auf der Kolbenstange in zwei Längsnuten spielt, der Schubklinke s, der Kurbel n, der Antriebswelle i und den Antreibkölbchen h (Fig. 223d). Unter letztere tritt abwechselnd Druckluft, deren Zuströmungskanäle mit dem vorderen bzw. hinteren Zylinderraume in Verbindung stehen. Die Kölbchen drücken gegen die Hebel y, wodurch die Welle i jedesmal um einen Winkel in der einen oder anderen Drehrichtung bewegt wird. Die Welle überträgt ihre Bewegung auf die Schubklinke s.

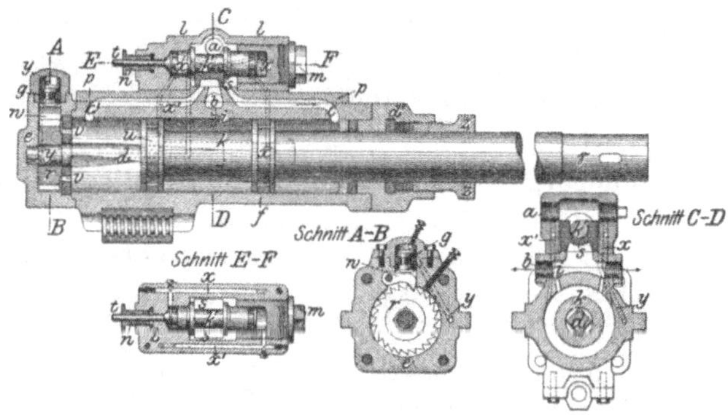

Fig. 224 a—d.
Bohrmaschine von Schramm.

Die vorschiebende Bewegung erfolgt von Hand; durch die mit dem Zylinder verbundene Mutter M geht die in einem Rahmen gelagerte Schraubenspindel R, die durch Vermittelung einer Kegelradübersetzung mit Hilfe des seitwärts angeordneten Handrades H gedreht werden kann.

Bohrmaschine von Schramm (Fig. 224a—d). In dem Schieberkasten l bewegt sich der Steuerkolben k, dessen hintere Flächen durch die mit dem Zylinderraume in Verbindung stehenden Kanäle x x_1 (Fig. 224a, b und d) abwechselnd unter Druck gestellt werden, wodurch dann der Steuerkolben in der einen oder anderen Richtung bewegt wird. Die Verteilung der Luft besorgt sodann der in den Steuerkolben eingesetzte Muschelschieber s. Das Öffnen und Schließen der Steuerkanäle x x_1 besorgt der Arbeitskolben, der durch seine jeweilige Stellung die Öffnung des einen oder andern Kanales freigibt, so daß Druckluft vor den Steuerkolben strömen kann.

Das Umsetzen des Bohrers besorgt eine einfache, in dem ausgebohrten Kolben geführte Drallspindel, deren Schaltwerk am hinteren Zylinderdeckel eingesetzt ist. Das Andrücken der Sperrklinke w, Fig. 224c, vermittelt ein kleiner Kolben g, der durch die Luftleitung y konstant unter Druck gehalten wird.

Der Vorschub des Zylinders erfolgt in der heute vorherrschenden Weise dadurch, daß eine Spindel in dem Maschinenrahmen drehbar verlagert ist und diese von einer mit dem Zylinder fest verbundenen Mutter umfaßt wird.

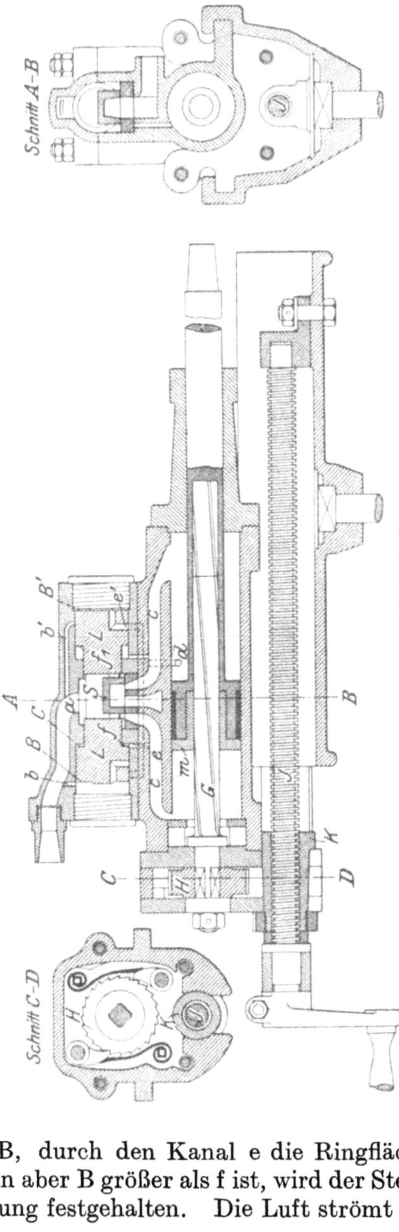

Fig. 225 a—c. Bohrmaschine von Fröhlich und Klüpfel.

Bohrmaschine von Frölich (Maschinenfabrik von Frölich u. Klüpfel in Barmen). Bei dem Steuerkolben dieser Maschine finden wir, daß zwecks Verschiebens desselben nicht nur die Flächen B B_1 den Ausschlag geben, sondern daß auch die zwei Ringflächen f f_1 zur Steuerarbeit hinzugezogen sind. Aus der in Fig. 225 a—c gezeichneten Stellung des Steuerkolbens L ersehen wir, daß durch den Kanal b die hintere Fläche B, durch den Kanal e die Ringfläche f unter Druckluft stehen. Da nun aber B größer als f ist, wird der Steuerkolben in der gezeichneten Stellung festgehalten. Die Luft strömt nun, da durch den Luftverteiler S der Kanal c mit dem Schieberkasten in Verbindung gebracht ist, in den Zylinderraum vor die linke Seite des Kolbens und stößt diesen vor. Ist der Kolben so weit vorgestoßen, daß er die Öffnung d eines in den Zylindermantel eingebohrten Kanales dem Eintritte der gespannten Luft freigibt, so strömt diese durch den mit d in Verbindung stehenden Kanal e hinter die Steuerkolbenfläche B_1; nunmehr wird durch den Überdruck, der auf der Ringfläche f lastet, da $B = B_1$, der Steuerkolben nach links geschleudert werden. Der Steuerkolben L schließt jetzt den Kanal b, der Muschelschieber s den Kanal e, während die Kanäle b_1 und e_1 geöffnet werden, so daß der Steuerkolben in der linken Endlage festgehalten wird, da B_1 größer als f_1. Es strömt jetzt die Luft durch c_1 hinter die Vorderfläche des Arbeitskolbens, und dieser bewegt sich nach links. Sobald er die Öffnung d wieder mit Druckluft in Verbindung gebracht hat, wiederholt sich das Spiel, und der Steuerkolben bewegt sich wieder nach rechts.

Das Umsetzen des Bohrers erfolgt wieder mit Drallspindel und Schaltwerk (Fig. 225 c), das Vorschieben der Maschine durch die Spindel J und die Mutter K von Hand.

Bohrmaschine von Korfmann (Maschinenfabrik Witten a. d. Ruhr) (Fig. 226). Die Bauart dieser Druckluftbohrmaschine stimmt im wesentlichen mit der Bauart der Fröhlichschen Maschine überein.

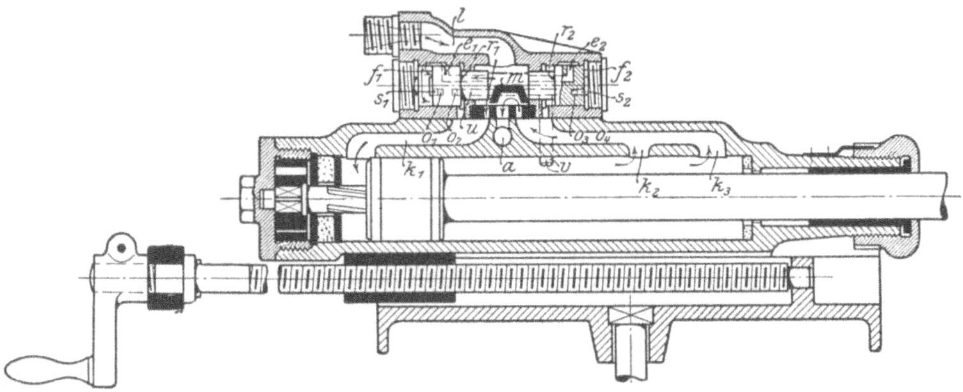

Fig. 226.

Bohrmaschine Korfmann. (Aus Herbst, Über Gesteinsbohrmaschinen, Zeitschrift des Vereins deutscher Ingenieure 1910.)

Der Unterschied liegt zur Hauptsache in der Führung der Kanäle, die zu dem Steuerkolben hinführen. Zu diesem Zwecke ist der Steuerkolben auf jeder Seite zweimal rechtwinklig durchbohrt; die Kanäle r_1 und r_2 stehen mit dem Schieberkasten in Verbindung und führen die Druckluft jedesmal hinter diejenige Fläche f_1 oder f_2, welche gerade den Steuerkolben in seiner Lage festhalten soll (in dieser Figur f_1). Der in den Arbeitszylinder auslaufende Kanal v steht in Verbindung mit einem im

Schiebergehäuse eingebohrten Querkanale und weiter mit den Winkelkanälen s_1 und s_2 im Steuerkolben. Durch die Kanäle v, u, s_1 und s_2 wird nun gemäß der Kolbenstellung jedesmal Luft der Steueroberfläche f_1 oder f_2 zugeführt, welche gerade keine solche durch die Kanäle m und e_1 oder e_2 erhält. Die Ringflächen erhalten die Druckluft genau wie bei der Maschine von Fröhlich durch Kanäle im Schieberspiegel.

Bei der in Figur 226 angegebenen Stellung des Schieberkolbens wirkt die Druckluft auf die Flächen f_1 und r_1, und da f_1 größer ist als r_1, wird der Steuerkolben in seiner Lage festgehalten. Ist aber der Arbeitskolben so weit vorgerückt, daß er den Kanal v freigibt, so strömt die Druckluft durch die Kanäle v, und o_3, o_4 und s_2 hinter die Steuerkolbenfläche f_2, und der Steuerkolben bewegt sich nach links.

Die Umsetzvorrichtung und Vorschubeinrichtung sind in der üblichen Weise durchgeführt.

Zu erwähnen sind noch zwei elastische Puffer an den beiden Zylinderenden, die zur Aufnahme der Kolbenstöße dienen.

ββ) Der Kolbenschieber besorgt die Luftverteilung selbst.

Bohrmaschine von Flottmann (Maschinenfabrik in Bochum). (Fig. 227 a—d). Die Figuren 227 a und b zeigen die Anordnung der Steuerung. In dem Schieberkasten G bewegt sich der Steuerkolben k, dessen Formen die Figuren genau erkennen lassen. Je nach seiner Stellung schließt der mittlere Bund des Steuerkolbens einen der Druck-

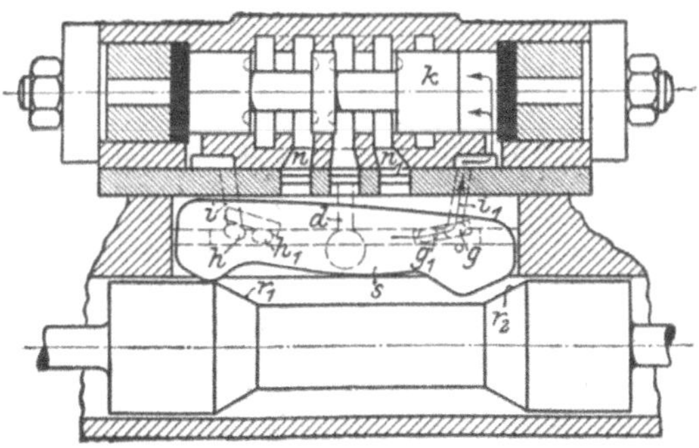

Fig. 227 a.
Bohrmaschine von Flottmann.

luftzuführungskanäle e e_1 von den Kanälen n n_1 ab, verbindet dagegen den vom Lufteintrittskanal abgeschlossenen Verbindungskanal mit dem Luftaustrittkanal c. Die Bewegung des Steuerkolbens wird dadurch erzielt, daß etwas Auspuffluft während einer bestimmten Kolbenstellung hinter eine der Steuerkolbenflächen B oder B_1 zugeführt wird. Es geschieht dies in dem Augenblicke, in welchem die schrägen Schultern des Arbeitskolbens, Fig. 227a einen Pendelschieber s nach rechts oder links heben, wodurch die Kanäle d, h, h_1 und i oder d_1, g_1, g und i_1 durch die in der Schwinge s befindlichen Schlitze miteinander verbunden werden. Vergegenwärtigt man sich diesen Vorgang an Fig. 227 b, so tritt hier die Druckluft bei e_1 ein und gelangt durch den Kanal n hinter die rechte Kolbenfläche. Der Arbeitskolben ist nun bereits so weit vorgeschoben, daß seine linke Schulter x den Pendelschieber links gehoben hat; hierdurch werden die Kanäle d, e_1 und i_1 miteinander verbunden, so daß die Auspuffluft hinter der Steuerkolbenfläche B_1 gedrückt wird, und so der Steuerkolben sich nach links bewegt und nunmehr den Lufteintrittskanal e mit dem Kanal n verbindet.

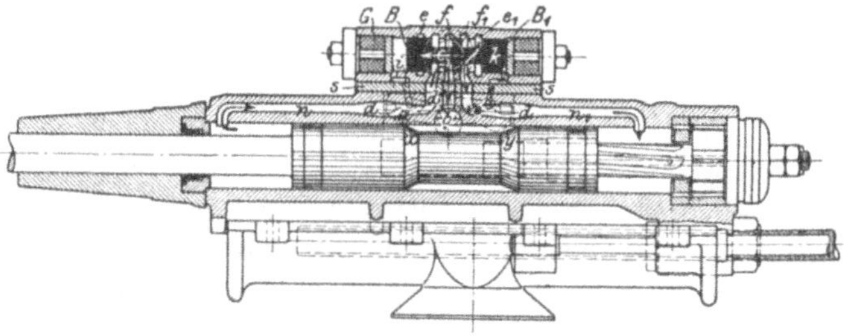

Fig. 227 b.

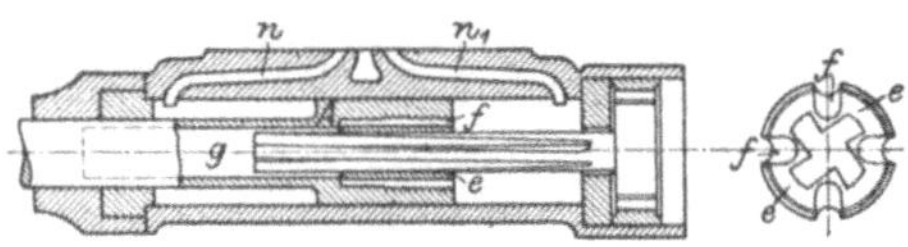

Fig. 227 c, d.
Bohrmaschinen von Flottmann.

Bemerkenswert ist bei der Flottmansschen Maschine noch folgende Einrichtung. Um beim Vorstoß des Kolbens die volle Querschnittsfläche desselben, die durch die Drallspindel verringert ist, doch ausnützen zu können, ist die Drallmutter e, die in den ausgebohrten Kolben eingeschraubt ist (Fig. 227 c), mit seitlichen Aussparungen f versehen (Fig. 227 d) durch welche die auf die hintere Kolbenfläche wirkende Druckluft ungehindert in die Bohrung g des Arbeitskolbens bzw. der Kolbenstange eintreten kann; somit wird die ganze Kolbenfläche ausgenützt.

Die Bohrmaschine der Ingersoll Rand Company. Dieselbe hat mit der Flottmannschen Bohrmaschine dadurch große Ähnlichkeit, daß ein gleicher Steuerkolben durch einen Bogenschieber gesteuert wird. Figur 228 a zeigt speziell die Steuerung. Der Bogenschieber s wird durch die Schultern des Kolbens nach der einen oder anderen Richtung hin verschoben. Hierdurch verbindet dann der in dem Bogenschieber befindliche Schlitz den mit dem Auspuff in Verbindung stehenden Kanal 3 entweder mit dem Kanale 1 oder 2, so daß die Luft vor die eine oder andere Steuerkolbenfläche treten kann und somit die Umsteuerung bewirkt. Fig. 228b zeigt einen Schnitt durch die ganze Maschine, woraus zu ersehen ist, daß diese amerikanische Bohrmaschine ihrer Konstruktion nach im allgemeinen mit den deutschen Fabrikaten übereinstimmt.

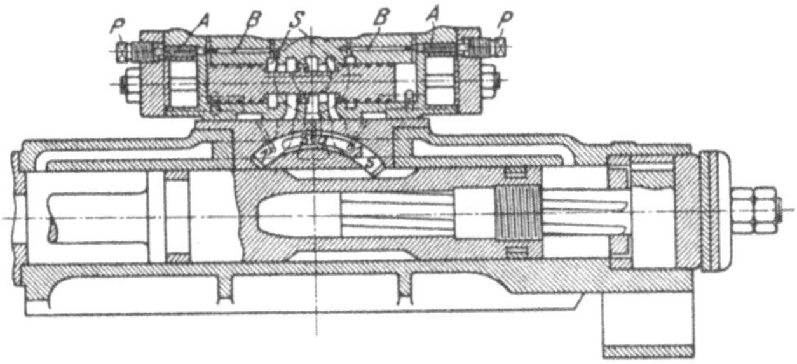

Fig. 228 a.

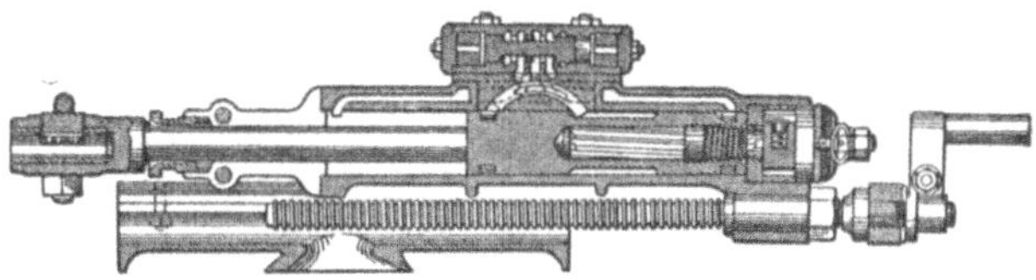

Fig. 228 b.
Bohrmaschinen von Ingersoll.

Bohrmaschine der Deutschen Maschinenfabrik A.-G. Werk Bechem & Keetmann in Duisburg. Verglichen mit anderen Bohrmaschinen der Gruppe mit Kolbensteuerung bietet die Bohrmaschine der Duisburger Maschinenfabrik auch nur eine eigenartige Steuerung, während Umsetzvorrichtung und Vorschubeinrichtung mit denen der bereits beschriebenen Systeme übereinstimmen. Während wir nun bei den Maschinen von Flottmann und Ingersoll Steuerkolben mit nur einem mittleren Bunde kennen gelernt haben, ist der Steuerkolben der Duisburger Bohrmaschine mit 3 solchen mittleren Bunden 1, 1_1 und 1_2 (Fig. 229 a) versehen. Von diesen vermitteln die äußeren, 1 und 1_2, den jeweiligen Anschluß der mit der Luftleitung in direkter Verbindung stehenden Luftzuströmungskanäle a_1 und a_2 an die Kanäle c und c_1, welche die Luft dem Zylinder zuführen, während der mittlere Bund 1_1 die Kanäle c und c_1 abwechselnd von der Auspuffleitung abschließt. Nach der Figur ist also gerade der Kanal c_1 durch den Bund 1_2 von dem Luftzuführungskanal a_2 getrennt, der Kanal c dagegen mit a_1 verbunden. Die Umsteuerung des Steuerkolbens vermittelt die Druckluft, die durch geeignete Kanäle in die Räume f, f_1 und k k_1 eintreten kann. Die Luftzuführung zu den Räumen f und f_1 erfolgt durch die Kanäle m, n und m_1 n_1, die zu den Räumen k und k_2 (Fig. 229 a) durch die Kanäle o, o_1, i, h und h_1.

Die Figur 229 a zeigt gerade die rechte Steuerkolbenstellung. Durch die Kanäle m und n ist die Druckluft in den Raum f eingetreten;

da aber auch links von der Ringfläche des Bundes l sich Druckluft befindet und diese Fläche größer ist als die Stirnfläche, so wird der Steuerkolben in der rechten Lage festgehalten. Der Raum f_1 steht mit dem Auspuffraum in Verbindung. Die Räume k und k_1 sind so lange ohne Belang, als der Kolben die Kanäle h und h_1 verschlossen hält. Wie aber die Figur zeigt, ist der Kolben gerade schon so weit nach links vorge-

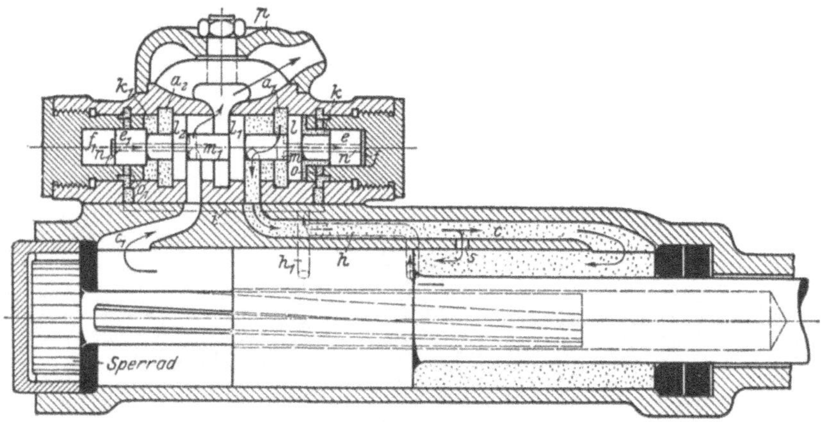

Fig. 229 a.

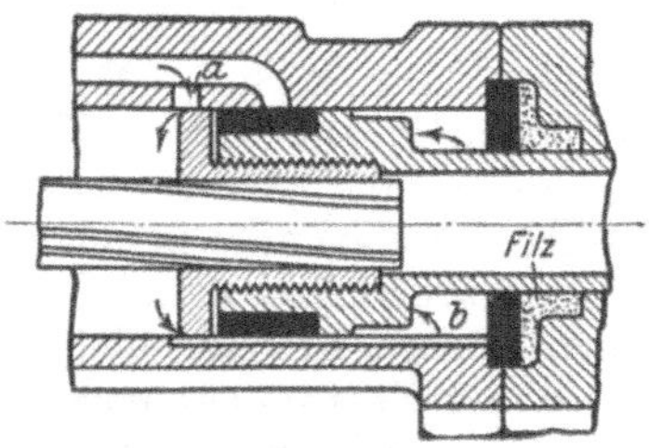

Fig. 229 b.

Duisburger Bohrmaschine. (Aus Herbst, Über Gesteinsbohrmaschinen, Zeitschrift des Vereins deutscher Ingenieure 1910.)

schoben, daß Frischluft in h einströmen kann. Nunmehr füllen sich auch die Räume k und k_1 mit Druckluft. Hierdurch ist der Bund l beiderseitig belastet, und die auf der rechten Stirnfläche des Steuerkolbens ruhende Luft wirft jetzt den Steuerkolben nach links; das Spiel wiederholt sich, sobald der Kolben bei seiner Bewegung nach rechts den Kanal h_1 freilegt.

Es ist bereits bei der Bohrmaschine von Korfmann auf die elastischen Puffer zur Aufnahme der Kolbenstöße für den Fall, daß der Bohrer ins Freie schlägt, hingewiesen worden. Bei der Bohrmaschine der Duisburger Maschinenfabrik finden wir zu diesem Zwecke eine Einrichtung, die auf dem Gedanken beruht, einen Druckausgleich auf der vorderen und hinteren Kolbenfläche herbeizuführen. Figur 229 b veranschaulicht

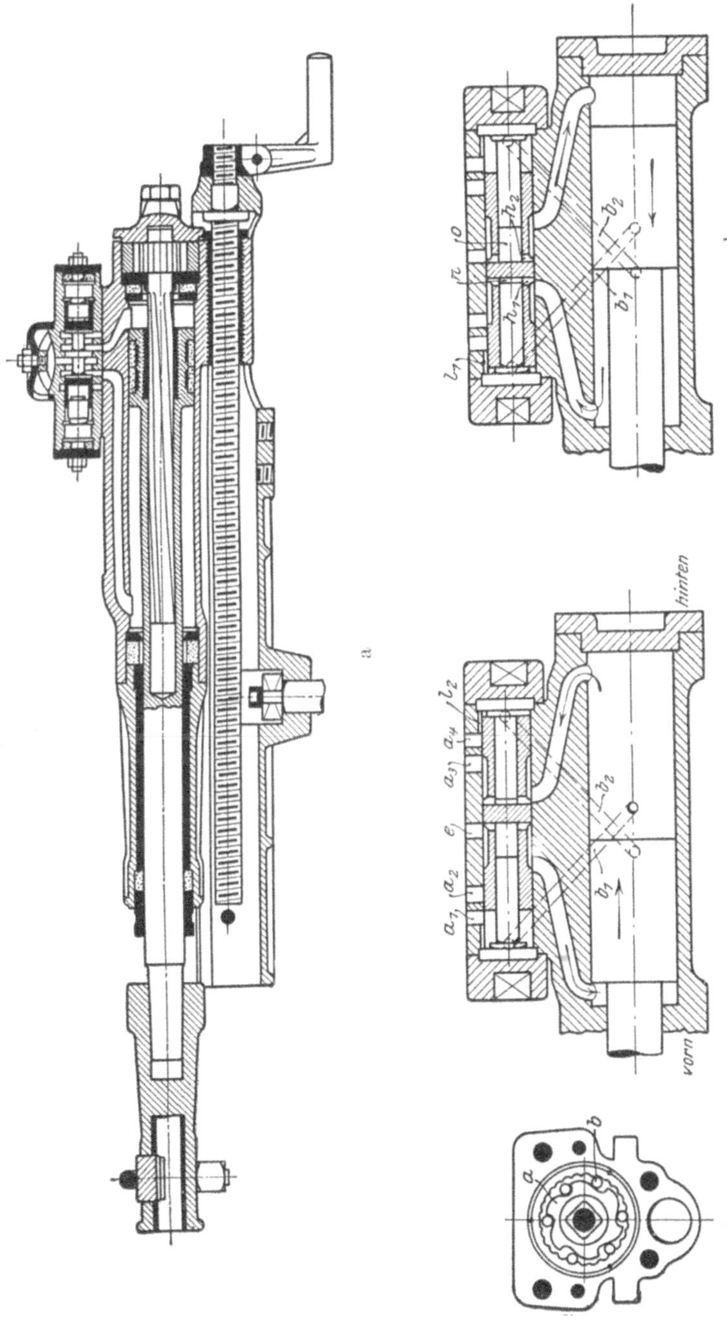

Fig. 230 a—d.

Bohrmaschine von Meyer. (Aus Herbst, Über Gesteinsbohrmaschinen, Zeitschrift des Vereins deutscher Ingenieure 1910.)

diese Einrichtung; stößt der Kolben zu weit nach vorne vor, so legt er zwei Kanäle a und b frei, welche die Frischluft vor beide Kolbenflächen führen.

Bohrmaschine von Rudolf Meyer (Maschinenfabrik in Witten a. d. Ruhr). Die Gesamtanordnung dieser Druckluftbohrmaschine zeigt Fig. 230 a, b, die Steuerung im einzelnen die Figuren 230 c und d. Während wir bei allen früheren Kolbensteuerungen massive Steuerkolben kennen gelernt haben, ist der Steuerkloben der Meyerschen Bohrmaschine von beiden Stirnflächen aus zu etwa ein Drittel ausgebohrt und in kleinen Kolben, die an den Wandungen des Schiebergehäuses befestigt sind, geführt. In der Mitte des Schiebergehäuses finden wir den Lufteintrittskanal und seitlich je einen Auspuffkanal angeordnet. Steht der Steuerkolben nach rechts, so schließt der mittlere Bund den Zutritt der Luft zur rechten Kolbenseite hin ab, und umgekehrt. Gleichzeitig strömt auf der Luftseite durch die Bohrungen h_1 oder h_2 Luft in die inneren Kammern des Hohlschiebers, so daß durch die Differenz der unter Druckluft stehenden Flächen des Schiebers letzterer in seiner Lage festgehalten wird. Dadurch daß nun der Kolben nach seiner jeweiligen Stellung die Kanäle b_1 oder b_2 öffnet, strömt Druckluft vor die eine der beiden Stirnflächen und wirft den Steuerkolben auf die andere Seite. Zum Austritt der Luft dienen die Öffnungen a_1—a_4.

Bohrmaschine von Hoffmann (Maschinenfabrik in Eiserfeld). (Fig. 231 a.) Der Schieberkolben dieser Maschine ist als Differential-

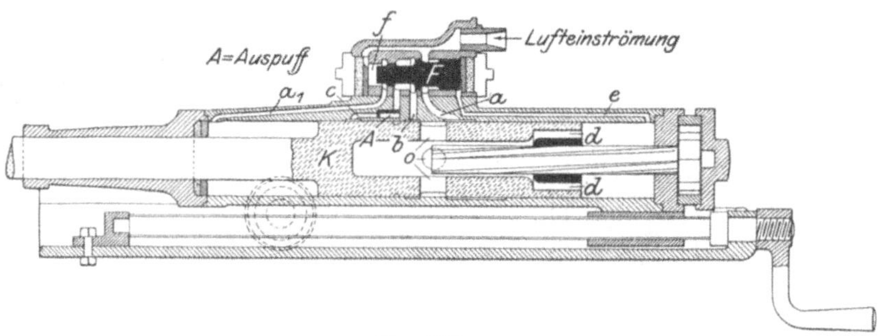

Fig. 231 a.
Bohrmaschine von Hoffmann. (Aus Herbst, Über Gesteinsbohrmaschinen. Zeitschrift des Vereins deutscher Ingenieure 1910.)

kolben ausgebildet, dessen kleine Fläche f stets unter dem Drucke der Preßluft steht; die größere, der kleineren entgegenwirkende Fläche steht mit dem hinteren Zylinderraume dauernd durch den Kanal e in Verbindung. Durch den Arbeitskolben K werden am Ende des Rückhubes vier Einströmöffnungen o o o o, welche die Preßluft durch den hohlen Kolben und durch die durchbohrte Drallmutter auf die hintere Kolbenfläche bringen, mit der Preßluftzuführung a in Verbindung gebracht Hierdurch steigt der Druck in dem hinteren Zylinderraume; der Arbeitskolben wird zum Stillstande gebracht und dann wieder nach vorne bewegt, zugleich erreicht der Steuerkolben, getrieben durch die auf F wirkende Frischluft, seine vordere Endlage. Er öffnet nunmehr einen Kanal b, durch den von neuem Preßluft durch den hohlen Kolben in den hinteren Zylinderraum gelangen kann. Dem Arbeitskolben wird dadurch kurz vor Erreichung des Hubendes ein Zuwachs an Energie gegeben. Gegen Ende des Kolbenhubes wird die Austrittsöffnung c mit dem hinteren Zylinderende verbunden; dieses verliert dadurch seinen Druck, und da nun auch die größere Fläche F des Kolbenschiebers drucklos wird, so treibt der auf die kleinere Fläche f wirkende Druck den Steuerkolben in seine andere Endlage, und der Kolben tritt, durch a_1 mit Luft versorgt, seinen Rücklauf an. In der rechten Endlage des Schiebers ist der Kanal c geöffnet, durch den die im vorderen Zylinderraume vorhandene Luft entweichen kann, bis durch Vorbeigang des Kolbens an der Öffnung a die hintere Zylinderseite wieder unter Volldruck kommt.

Der Vorschubmechanismus ist in der bekannten Weise konstruiert; die Schaltvorrichtung weicht nur insofern von anderen Schaltvorrichtungen ab, als die Drallmutter für die Zuleitung von Druckluft in das Innere des Arbeitskolbens mit mehreren Kanälen versehen ist.

Sodann ist zu bemerken, daß die übliche Sperrvorrichtung durch Sperrklinken durch ein Walzengesperre ersetzt worden ist (Fig. 231 b). Die kleinen Walzen b sind leicht auswechselbar und dadurch, daß sie aus weichem Eisen, die Sperrzähne dagegen aus gehärtetem Stahl bestehen, sind dieselben als Verschleißteile anzusehen.

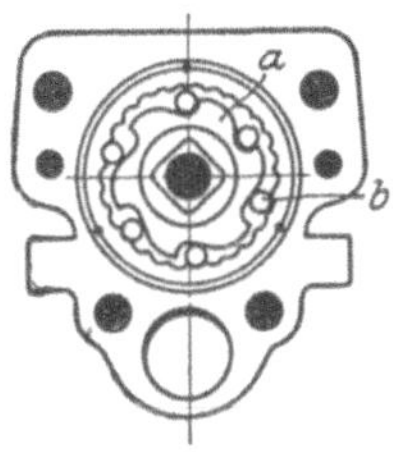

Fig. 231 b.
Bohrmaschine von Hoffmann. (Aus Herbst, Über Gesteinsbohrmaschinen, Zeitschrift des Vereins deutscher Ingenieure 1910.)

Zu der Gruppe der Druckluftbohrmaschinen mit Kolbenschiebersteuerung gehören auch bewährte Modelle der **Maschinen- und Armaturenfabrik Westfalia** in Gelsenkirchen und der **Deutschen Niles-Werkzeug-Maschinenfabrik** in Oberschöneweide-Berlin. Da dieselben aber gegenüber den bereits besprochenen gar keine Besonderheiten mehr aufweisen, erübrigt sich eine eingehende Beschreibung. Die Figuren 232 a und b sowie 233 führen dieselben im Bilde vor.

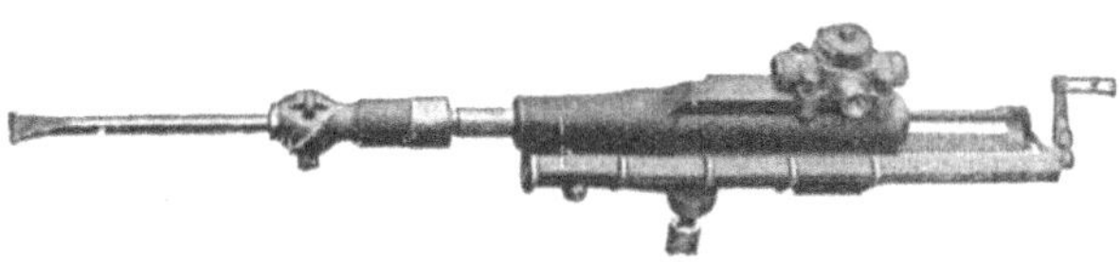

Fig. 232 a.
Bohrmaschine der Niles-Werkzeug-Maschinenfabrik.

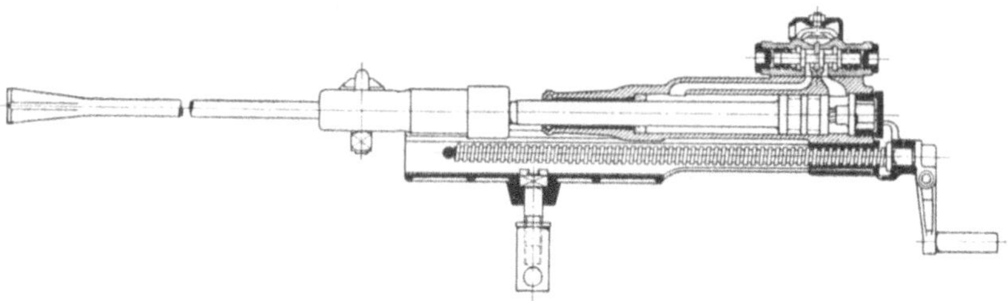

Fig. 232 b.
Bohrmaschine der Niles-Werke.

Fig. 233.
Bohrmaschine Westfalia.

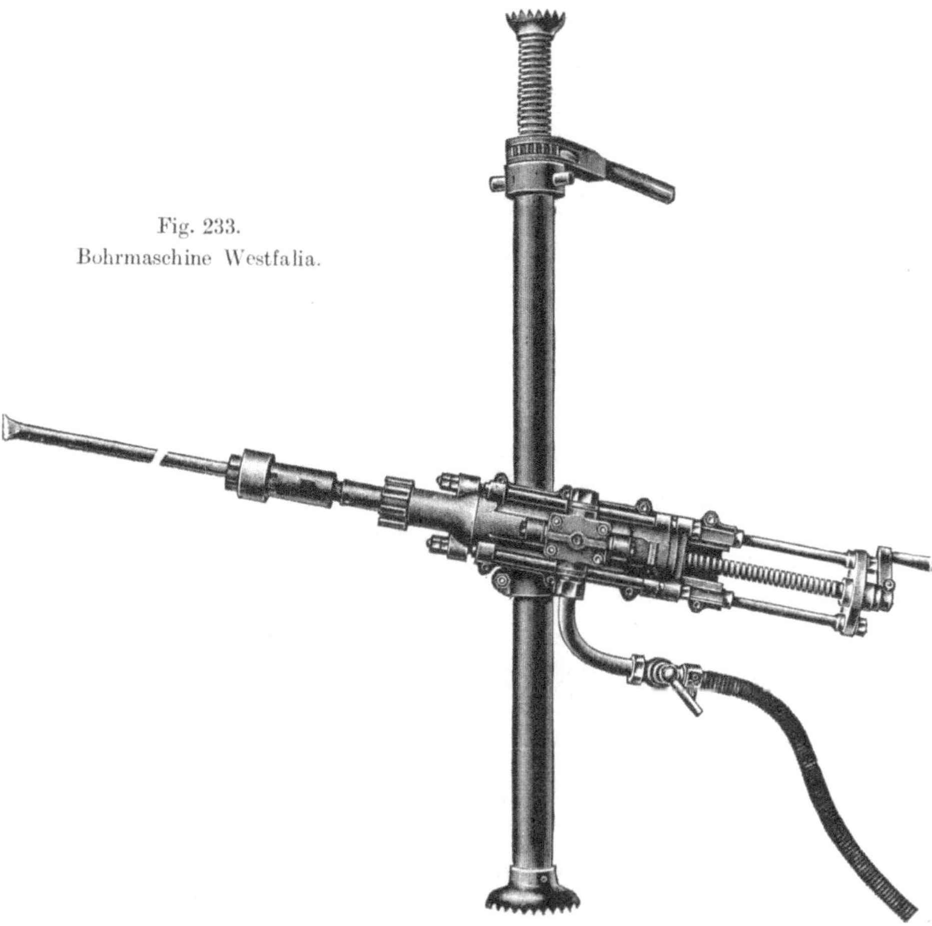

β) Kugelsteuerungen.

Unter diese Gruppe ist nur eine seit längerer Zeit bewährte Maschine zu nennen, und zwar die

Bohrmaschine von Flottmann (Bochum) (Fig. 234 a—d). Die Steuerung besteht aus einer in die Querbohrung des Steuergehäuses eingesetzten Führungsbüchse c und einer Steuerkugel f. m und m_1 sind Kanäle für die Ableitung der verbrauchten Luft. Die zylindrische

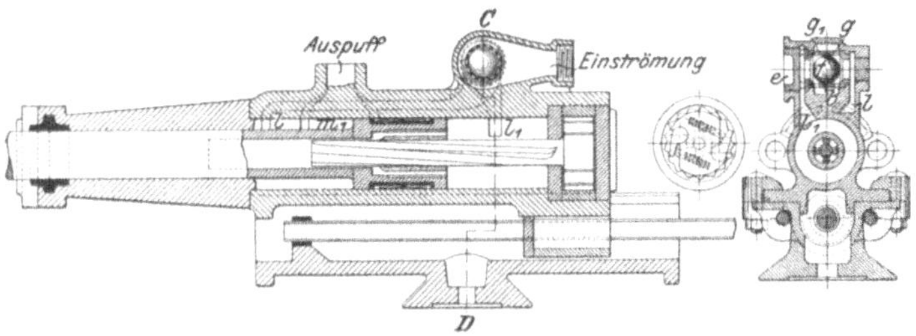

a b

Bohrung der zweiteiligen Führungsbüchse hat bei g und g_1 auf dem ganzen Umfange Einströmungskanäle für die bei k einströmende Frischluft und verjüngt sich nach beiden Seiten hin, wodurch die Bewegung der Steuerkugel begrenzt wird. Die Arbeitsweise der Steuerung ist folgende (Fig. 234 c und d):

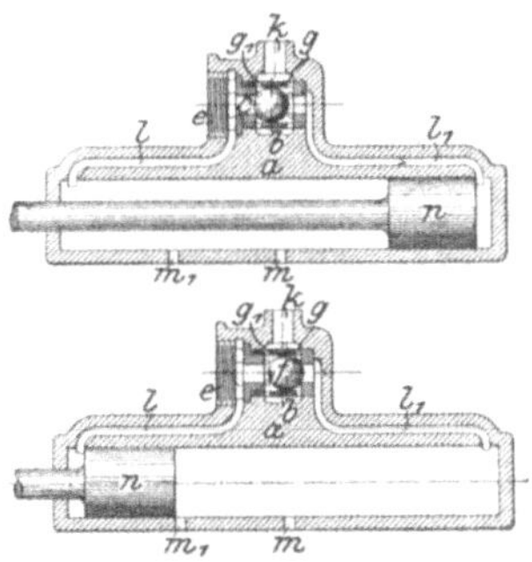

Fig. 234 a—d.
Bohrmaschine von Flottmann.

Angenommen der Arbeitskolben befände sich, wie Fig. 234 c zeigt, in seiner äußersten Stellung nach rechts, und die Kugel verschlösse den Kanal l, während l_1 geöffnet wäre, dann kann die Druckluft von k aus durch g in den rechten Raum der Führungsbüchse c und von hier aus durch l_1 in die größere Zylinderbohrung hinter den Arbeitskolben n gelangen und diesen nach vorwärts schleudern. Da der einströmenden Luft durch Fortbewegen des Arbeitskolbens ein gewisser Widerstand entgegengesetzt wird, so muß dieser auch auf die Kugel wirken und dieselbe fest gegen die linke Verjüngung der Büchse drücken, wodurch ein unbedingt fester Verschluß des Kanals l erzielt wird. Ist der Arbeitskolben auf seinem Wege so weit vorgeschritten, daß derselbe die Ausströmung m freigibt und m_1 schließt, so tritt die Umsteuerung ein. Da nämlich die von rechts eintretende Druckluft jetzt keinen Widerstand mehr hat, sondern frei ausströmen kann, so hört auch der nach links wirkende Druck auf die Kugel auf. Der Abschluß nach links wird gelockert, so daß die einströmende Luft durch g_1 und l vor den Arbeitskolben n gelangen kann. Durch den Widerstand, den hierdurch die Druckluft erfährt, und der auf die Kugel wirkt, legt sich diese nunmehr fest gegen die rechte Verjüngung der Führungsbüchse und schließt nach dieser Seite hin die Luftzuführung ab, indem sie den Kanal l_1 verschließt. Infolge seines Beharrungsvermögens vollendet der Arbeitskolben seinen Hub und wird dann zurückgeschleudert. Die hinter demselben befindliche Luft entweicht durch m ins Freie. Sobald der Kolben bei seinem Rückgange m_1 geöffnet und m geschlossen hat, entweicht die Luft nach links, entlastet die Kugel auf der rechten Seite und gestattet der Luft den Eintritt in den Kanal g und l_1. Von hier tritt die Luft wieder hinter den Kolben und drückt die Kugel fest nach links, wodurch l verschlossen wird; das Spiel wiederholt sich also.

Bemerkenswert ist noch, daß auch bei dieser Maschine die Verringerung des Kolbenquerschnittes durch die Drallspindel, durch Kanäle in der Drallmutter ausgeglichen wird, die den Hohlraum in dem Kolben mit dem Zylinderraume verbinden.

2. Druckluftbohrmaschinen ohne Steuermechanismus.

Die Umsteuerung bei den Bohrmaschinen dieser Klasse geschieht durch den Kolben selbst, weshalb auch besondere Schiebereinrichtungen nicht vorhanden sind. In beiden Zylinderhälften arbeitet die Luft mit oder ohne Expansion. Die Kanäle, welche die Luftzuführung und Ableitung in bzw. aus dem vorderen und hinteren Zylinderraum vermitteln, sind entweder im Zylinder selbst oder aber auch im Kolben angeordnet.

So einfach der Bau dieser Druckluftmaschinen ohne Steuermechanismus auch ist, ist eine richtige Beurteilung ihrer Wirkungsweise ohne weiteres nicht leicht. Die günstigste Wirkung ist wesentlich abhängig vom richtigen Verhältnisse der vorderen zur hinteren Kolbenfläche, von

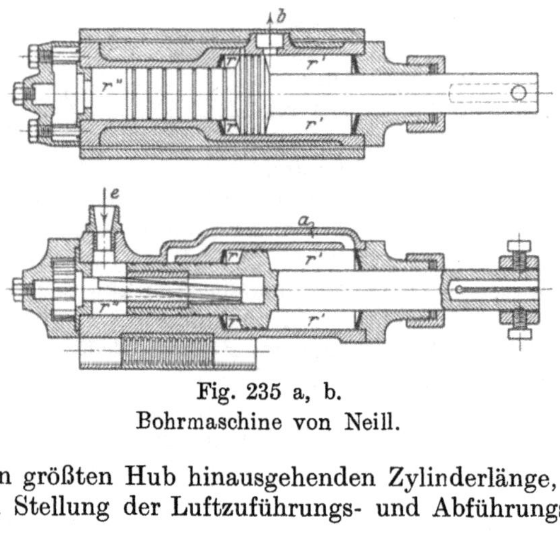

Fig. 235 a, b.
Bohrmaschine von Neill.

der über den größten Hub hinausgehenden Zylinderlänge, sowie von der richtigen Stellung der Luftzuführungs- und Abführungskanäle zueinander.

Bohrmaschine von Neill (Fig. 235 a, b). Der Kolben dieser Bohrmaschine ist als Differentialkolben ausgebildet, dessen hintere kleine

Fläche dauernd unter dem Drucke der Preßluft steht, da der Rohrstutzen e, der an die Luftleitung angeschlossen ist, direkt in den engeren Teil des Schlagzylinders mündet. Infolgedessen treibt die Druckluft den Arbeitskolben so weit vor, bis die hintere Kolbenfläche den Kanal a freigibt, durch welchen die Druckluft in den rechten größeren Zylinderraum einströmt. In diesem Moment hat der Bohrer den Schlag auf das Gestein ausgeübt, und da nun die vordere Ringfläche doppelt so groß ist als die hintere Kolbenfläche, wird der Kolben zurückgeworfen.

Bei der Rückwärtsbewegung arbeitet die Luft mit Expansion, da durch den sofortigen Abschluß des Kanals a nur ein kleines Quantum Luft in den vorderen Zylinderraum eintreten kann. Der Rückwärtshub ist beendet, sobald die rechte Kolbenfläche den Auspuffkanal b freilegt, und somit der Kolben wieder nach vorne vorgestoßen werden kann.

Bohrmaschine von Darlington (Fig. 236 a—c). Das Prinzip der Darlingtonschen Bohrmaschine ist das gleiche wie das der Bohrmaschine von Neill. Der Unterschied liegt nur darin, daß der mit der Druckluftzuleitung in steter Verbindung stehende Zylinderraum, der der kleinere ist, vorn liegt, mithin die größere Kolbenfläche zur eigentlichen Arbeitsleistung dient. Der Arbeitsvorgang wäre also der, daß beim Öffnen des Ventils der Kolben zurückgestoßen wird, bis er den Kanal a freilegt. Nunmehr kommunizieren die beiden Zylinderräume miteinander, und der Kolben wird durch die Druckdifferenz der auf beide Kolbenringflächen einwirkenden Druckluft nach vorn geworfen, bis der Auspuffkanal e freigelegt ist. Da nunmehr die hintere Kolbenfläche entlastet ist, bewegt sich der Kolben wieder rückwärts. Während des Kolbenspieles verbindet der Kanal a die beiden Zylinderhälften nur ganz kurze Zeit, so daß auch diese Maschine beim Vorstoß des Kolben mit Expansion arbeitet. Figur 236 c zeigt eine Ansicht des Schaltwerkes für die Umsetzvorrichtung. Die Sperrklinken werden hierbei durch kleine Spiralfedern in die Zahnlücken des Sperrades eingedrückt.

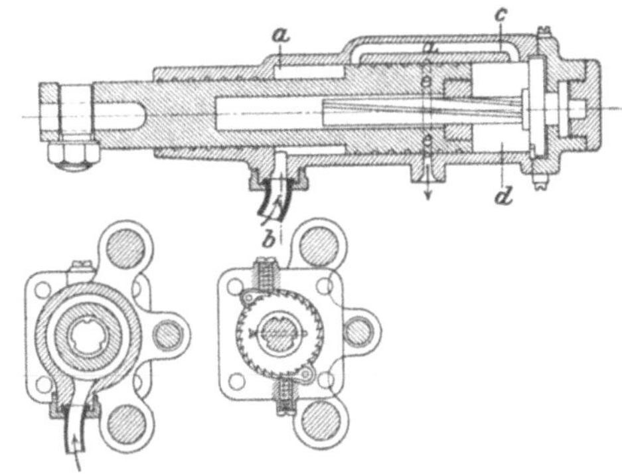

Fig. 236 a—c.
Bohrmaschine von Darlington.

Bohrmaschine von Darlington-Blanzy (Fig. 237 a, b). Die Luftverteilungskammer k steht durch Bohrungen a und b in der Zylinderwandung mit dem Innenraum des Zylinders in Verbindung, während die Bohrungen n als Auspufföffnungen dienen. Das Öffnen und Schließen der einzelnen Kanäle besorgt die mit dem Kolben P verbundene Hülse r, welche durch die Bohrungen o bzw. o_1 den Eintritt der Luft in den Zylinderraum erst dann gestattet, wenn diese Öffnungen denen im Zylindermantel, a und b, gegenüberstehen. In der in Figur 237 a gezeichneten Stellung des Kolbens tritt gerade Luft durch die Öffnungen b und o_1 hinter den Kolben und treibt diesen vorwärts; hat der Kolben seinen größten Hub erreicht, so korrespondieren die Öffnungen o_1 mit den Kanälen n, während die Eintrittsöffnungen b durch die Röhre r überdeckt werden. Nunmehr decken sich aber auch die Öffnungen a und o, so daß die Druckluft vor die linke Kolbenfläche tritt und den Kolben zurückwirft.

Eigenartig ist bei dieser Maschine von Darlington-Blanzy die Umsetzvorrichtung (Fig. 237 b). Auf der hinteren Kolbenstange sitzt fest aufgekeilt das Sperrad s. Es ist von einer Hülse H umschlossen, welche sich unabhängig von der Kolbenstange um die Mittelachse drehen kann, die hin und hergehende Bewegung derselben aber mitmachen muß. Bei f sitzt in einem kleinen Zylinderansatze der Hülse ein Sperrkölbchen mit Klinke, die durch eine Feder zum Eingriff in das Sperrad kommt. Diesem Hülsenansatz f diametral gegenüber liegt ein kugelig abgedrehter Wulst p, welcher von einem um B drehbaren Hebel h umfaßt wird. Bei jedem Vorstoße des Kolbens muß nun das ganze Schaltwerk der Bewegung des Kolbens folgen. Der Wulst p nimmt mithin auch den Hebel h mit; da dieser aber nur in seiner Horizontalebene schwingen kann, wird er einen Winkel beschreiben und diese Winkelbewegung auf die Hülse H übertragen. Hierdurch wird die Sperrklinke um zwei Zähne weitergeschoben und dreht beim Rückgange das Sperrad um dieses Maß, so daß ein Umsetzen des Bohrers stattfindet.

Bohrmaschine Triumph (Ruhrthaler Maschinenfabrik in Mülheim a. d. Ruhr) (Fig. 238 a, b). In den Kolben K sind zwei Rinnen c und c_1 eingedreht, von denen c durch die Bohrung d mit dem hinteren, c_1 durch die Bohrung e mit dem vorderen Zylinderraume in Verbindung steht. Bei a strömt die Druckluft ein, bei s und s_1 tritt die verbrauchte Luft aus.

Während der in der Figur angedeuteten Kolbenstellung gelangt nun die Luft aus dem ringförmigen Raume a durch die Rinne c und den Kanal d hinter den Kolben und schleudert ihn nach vorwärts. Sobald c an die Luftaustrittsöffnung s gelangt, pufft die hinter dem Kolben sich befindende Luft aus; nun steht c_1 mit a in Verbindung und läßt die Preßluft durch e vor den Kolben treten, wodurch dieser nach rückwärts geschleudert wird. Sind auf diesem Wege die Auspufflöcher s und s_1 passiert, so beginnt das Spiel von neuem.

Ein zufälliges Stehenbleiben des Kolbens in seiner mittleren Lage, bei der keine der Rinnen c oder c_1 dem Ringkanal gegenübersteht, wird dadurch verhütet, daß der Mantel des Kolbens rechts und links von dem mittleren Dichtungsring f etwas konisch nach c bzw. c_1 hin ausgearbeitet ist, wodurch stets ein feiner Luftstrahl aus a nach c oder c_1 tritt und die Bewegung nach der einen oder anderen Seite wiedereinleiten kann.

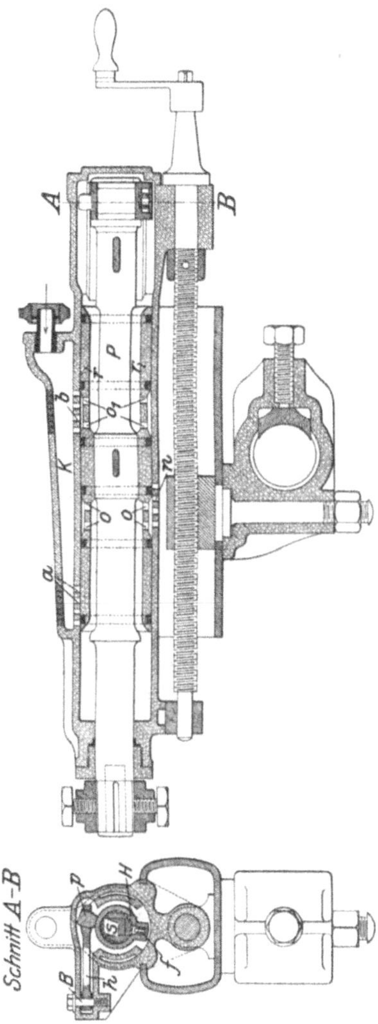

a

b

Fig. 237 a, b. Bohrmaschine von Darlington-Blanzy.

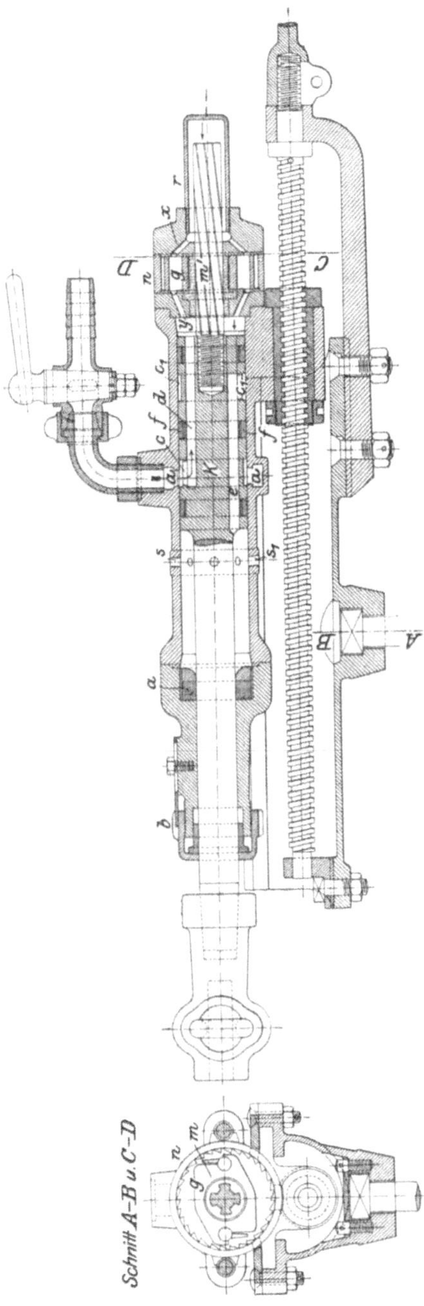

Fig. 238 a, b. Triumph-Bohrmaschine.

II. Hammerbohrmaschinen.

a) Allgemeiner Teil.

Das Prinzip der Hammerbohrmaschinen ist bereits an früherer Stelle kurz skizziert worden. Das Wesentliche bei diesen Maschinen ist also die Unabhängigkeit von Bohrer und Kolben. In dieser Unabhängigkeit liegt nun auch ein Teil der Vorzüge der Bohrhämmer gegenüber den Gesteinsbohrmaschinen; allerdings stehen die Bohrhämmer in wirtschaftlicher Hinsicht, bezüglich des Luftverbrauches wie auch ganz besonders betreffs der Ausnützung der Druckluft, weit hinter den Stoßbohrmaschinen zurück. Hierzu dienen folgende Betrachtungen: Durch eine starre Verbindung von Bohrer und Kolben tritt die unbedingte Notwendigkeit auf, die Maschine fest aufzustellen, damit der Bohrer nicht aus der Richtungsachse herauskommt. Tritt dies ein, wenn beispielsweise die Muttern an den Verbindungsstücken zwischen Gestell und Maschine nicht fest genug angezogen sind, so weiß jeder Bergmann, daß sich der Bohrer hierdurch festklemmt und es äußerst zeitraubend ist, die Maschine wieder in ihre richtige Lage zu bringen, wenn nicht sogar ein ganz neues Bohrloch angesetzt werden muß.

Eine derartige feste Aufstellung der Bohrmaschine, das Verschwenken derselben, Heben oder Senken zwecks Ansetzens neuer Bohrlöcher raubt ohne Zweifel viel Zeit, und zwar nach praktischen Beobachtungen, unter der Voraussetzung, daß nur sehr geübte Bergleute die Maschine bedienen, rund 20 % der reinen Bohrzeit.

Ferner hat die starre Verbindung von Bohrer und Kolben noch den Nachteil, daß durch die hin und hergehende Bewegung des Kolbens sich der Bohrer dauernd an der Bohrlochswandung reibt, wie auch bei jedem Schlage das auf der Bohrlochssohle befindliche Mehl durchdringen muß, wodurch nicht unerhebliche Verluste für die Leistung der Maschine auftreten.

Bei den Schlagbohrmaschinen ist dagegen eine feste Aufstellung des Hammers nicht erforderlich. Der Bohrer hat, soweit er in die Maschine reicht, etwas Spiel, so daß es dem Gefühle des Arbeiters überlassen werden kann, den Bohrhammer in der richtigen Stellung festzuhalten.

Das Halten der Maschine durch Arbeiter wird ferner durch den Umstand ermöglicht und wesentlich erleichtert, daß das Gewicht der Bohrhämmer gegenüber dem der Druckluftstoßbohrmaschinen viel kleiner ist. Es hat dies seinen Grund zur Hauptsache darin, daß die sogenannte Schlagmasse der Stoßbohrmaschinen, wie schwerer Kolben, Kolbenstange, Kupplung und Bohrer, zum größten Teile fortfällt und an ihre Stelle bei den Bohrhämmern nur das Gewicht des kleinen Kolbens und des Bohrers tritt; ferner fallen auch die Gewichte von Vorschubschlitten, Schraubenspindel u. dgl. fort.

Aus vorigen Betrachtungen lassen sich folgende Schlüsse ziehen: Die Bohrarbeit mit Bohrhämmern ist gegenüber der Bohrarbeit mit Stoßbohrmaschinen durch kürzere Zeit ausgezeichnet; diese Zeitersparnis liegt einerseits im Wegfall der umständlichen Aufstellung und Verstellung der Stoßbohrmaschinen, andererseits wird Zeit auch dadurch gewonnen, daß die Wegfüllbarkeit mit der eigentlichen Bohrarbeit gleichzeitig vorgenommen werden kann.

Was den Luftverbrauch — oder den Arbeitsaufwand — bei Bohrhämmern angeht, so stehen letztere in dieser Beziehung weit hinter den Stoßbohrmaschinen zurück. Die relativen Arbeitsverluste bei den Bohrhämmern lassen sich auf folgende zwei Umstände zurückführen. Zunächst sind es die Verluste, die durch den Stoß der schlagenden Masse entstehen, sodann diejenigen, welche auf die einfachen Steuerkonstruktionen zurückzuführen sind; letztere sind aber wieder durch die erforderliche hohe Schlagzahl des Kolbens bedingt, da sie eine äußerst schnelle, widerstandsfreie Bewegung sichern müssen, die aber nur auf Kosten eines größeren Luftverbrauches durchgeführt werden können.

Somit ständen sich also Stoßbohrmaschinen und Hammerbohrmaschinen mit dem Ergebnis gegenüber, daß erstere sich durch eine größere Arbeitsleistung bei gleichem Kraftaufwande, aber durch längere Arbeitszeit, letztere dagegen durch geringere Arbeitsleistung aber kürzere Arbeitszeit auszeichnen.

Um dies auch zahlenmäßig belegen zu können, ist es erforderlich, die erzielten Effekte miteinander zu vergleichen. Es muß, um dies zu können, die ganze Zeit der Arbeitsvorgänge zur Hereingewinnung eines bestimmten Volumens von Gestein in Betracht gezogen werden. Diese gesamte Arbeitsdauer zerfällt nun in drei Zeitabschnitte, umfassend

I. 1. Die Arbeitszeit des Bohrens — reine Bohrzeit.

2. Die Zeit zur Auf- und Verstellung der Bohrmaschinen — Zeitaufwand für die Hilfsarbeiten.

Die Zeiträume von 1 + 2 insgesamt ergeben

II. Die ganze Bohrzeit.

3. Die Arbeiten zwecks Wegfüllens des Gesteins. — Die Wegfüllzeit.

Die Zeiträume von 1 + 2 + 3 ergeben

III. Die totale Arbeitsdauer.

Diese drei Einzel-Zeiträume sind bei den Stoßbohrmaschinen und den Hammerbohrmaschinen sehr verschieden. Während die reine Bohrzeit bei den Stoßbohrmaschinen stets kleiner sein wird bei mittelhartem Gestein als bei Hammerbohrmaschinen, als Folge der höheren Arbeitsleistung bei gleichem Kraftaufwande, so wird dagegen die ganze Bohrzeit bei Hammerbohrmaschinen vielleicht schon einen kleineren Wert ergeben, da der Zeitaufwand für die Hilfsarbeiten wegfällt, und desgleichen die totale Arbeitsdauer bei Hammerbohrmaschinen viel kleiner sein als bei Stoßbohrmaschinen, da die Arbeitszeit zwecks Wegfüllens des Gesteins mit der reinen Bohrzeit zusammenfällt.

Dem Zeitaufwande ist nun der Arbeitsaufwand gegenüberzustellen. Durch den geringeren mechanischen Wirkungsgrad der Bohrhämmer wird zum Ausbohren von x cbcm Gestein viel mehr Kraft aufgewandt werden müssen als bei den Stoßbohrmaschinen.

Ein Gegenüberstellen von Zahlen bezüglich Zeit- und Arbeitsaufwand bei den Gewinnungsarbeiten läßt also erst den Leistungseffekt von Bohrhämmern mit dem von Stoßbohrmaschinen vergleichen. Aber auch hier müssen wieder drei verschiedene Größen entsprechend reiner Bohrzeit, ganzer Bohrzeit und totaler Arbeitsdauer, unterschieden werden; dieselben seien

reiner Bohreffekt,
ganzer Bohreffekt.
Gewinnungseffekt.

Direkt zahlenmäßig in einer Zahlengröße lassen sich diese verschiedenen Effekte nicht angeben; wohl aber sind wir imstande, dieselben durch Vergleichswerte einander gegenüberzustellen und zwar durch die Produkte aus Arbeit und Zeit.

Die Arbeitsleistung einer Bohrmaschine berechnet sich in einfacher Weise nach der Gleichung

$$L = Q \cdot x \cdot 10\,000 \text{ kgm}$$

wobei Q = der Menge der verbrauchten Luft in cbm bei 0^0 C und 760 mm Druck ist.

Nehmen wir nun beispielsweise an, eine Stoßbohrmaschine habe 150 cbm angesaugte Luft zum Ausbohren von 12 000 cbcm Gestein in 95 Minuten reiner und 150 Minuten ganzer Bohrzeit verbraucht, ein Bohrhammer dagegen 250 cbm Luft in 110 Min. bzw. 120 Min. Dann wäre der Arbeitsaufwand der Stoßbohrmaschine 1 500 000 kgm dem des Bohrhammers von 3500000 kgm äquivalent. Zum Wegfüllen des Gesteins mögen 2 Stunden in Anrechnung gebracht werden bei einer erforderlichen Arbeitsleistung von 2 000 000 kgm. Hiernach berechnen sich die Effektzahlen in angegebener Weise und ergeben die in der Tabelle zusammengestellten Werte.

Arbeit in kgm	Zeit in Min.	Effekt	E	
1 500 000	reine Bohrzeit 95	142 000 000	142	Bohrmaschine
1 500 000	ganze Bohrzeit 150	225 000 000	225	
3 500 000	totale Arbeitsd. 270	950 000 000	950	
2 500 000	reine Bohrzeit 110	257 000 000	257	Bohrhammer
2 500 000	ganze Bohrzeit 120	300 000 000	300	
4 500 000	totale Arbeitsd. 120	540 000 000	540	

Es zeigt sich also, daß die Stoßbohrmaschinen bezüglich des reinen und ganzen Bohreffektes den Hammerbohrmaschinen bei weitem überlegen sind, und zwar beim reinen Bohreffekt um 80 %, beim ganzen naturgemäß weniger, und zwar um 30 %. Der Gewinnungseffekt ist dagegen bei den Bohrhämmern erheblich größer, was daraus folgt, daß der Wert 540 kleiner ist als 950; es ist nämlich zu beachten, daß, je kleiner die Vergleichszahl E ausfällt, um so günstiger der Effekt ist, da hieraus folgt, daß relativ nur wenig Arbeits- und Zeitaufwand notwendig war.

Würde man es nun aber mit sehr hartem Gestein zu tun haben, so würden sich die Vergleichswerte E wesentlich verändern. Es wird sich zeigen, daß bei hartem Gestein die Arbeitsleistung wie auch die Arbeitszeit bei Stoßbohrmaschinen gegenüber den Hammerbohrmaschinen noch viel kleiner ausfallen wird, eine natürliche Folge der bedeutend größeren Schlagkraft der Stoßbohrmaschinen. Hierdurch verschieben sich die Werte für den Gewinnungseffekt auch dermaßen, daß die Stoßbohrmaschinen den Hammerbohrmaschinen überlegen sind.

Es läßt sich also der Schluß ziehen, daß bezüglich des Bohreffektes den Stoßbohrmaschinen auf alle Fälle der erste Rang einzuräumen ist, also auch bezüglich der Wirtschaftlichkeit; in mittelfestem Gestein dagegen ist der Bohrhammer wegen seines hohen Gewinnungseffektes vorzuziehen, aber auch nur dort, wo es auf einen schnellen Arbeitsfortschritt ankommt, weniger dagegen auf einen wirtschaftlichen Bohrbetrieb.

Endlich sei noch ein Vorzug der Bohrhämmer erwähnt, der in ihrer unbeschränkten Anwendbarkeit liegt. Selbst in den engsten Räumen lassen sich dieselben ohne besondere Schwierigkeiten verwenden.

Bezüglich der konstruktiven Ausführung der Bohrhämmer ist zu bemerken, daß dieselben ebenso wie die Stoßbohrmaschinen verschiedene Bedingungen erfüllen müssen, die durch die verschiedenen Arbeitsvorgänge vorgezeichnet sind. Während nun bei den Stoßbohrmaschinen drei Arbeitsvorgänge den Bau der Maschine bestimmten, finden wir bei den Bohrhämmern nur noch zwei, nämlich

1. Die Erzeugung der hin und hergehenden Bewegung des Kolbens, also im wesentlichen die Steuerorgane.

2. Das Umsetzen des Bohrers, also die Umsetzvorrichtungen.

Einrichtungen zur Vor- und Rückwärtsbewegung der Maschine fallen fort.

Die Steuerorgane zerfallen in der gleichen Weise wie bei den Schlagbohrmaschinen in zwei Hauptgruppen und zwar:

1. Es ist ein besonderes Steuerorgan vorhanden, und

2. Ein besonderer Steuermechanismus fehlt; der Kolben vermittelt selbst durch das Öffnen und Schließen von Kanälen den Lufteintritt in den vorderen bzw. hinteren Zylinderraum.

Im einzelnen werden die Steuervorrichtungen wieder im Anschluß an die verschiedenen Systeme besprochen werden.

Die Umsetzvorrichtungen der Bohrhämmer beruhen bei den deutschen Bohrhämmern fast ausschließlich auf dem Prinzip einer im Kolben geführten oder mit demselben fest verbundenen Drallspindel sowie dem dazugehörigen Schaltwerk; da aber der Kolben nicht fest mit dem Bohrer verbunden ist, dient zur direkten Übertragung der drehenden Bewegung auf den Bohrer eine im vorderen Teile des Hammers drehbar eingebaute Büchse, die in der Weise arbeitet, daß ein Fortsatz des Kolbens mit Längskeilen in Nuten der Büchse spielt, während der Bohrer mit einem Vierkantkopf vorne in die Büchse eingesetzt wird. Bei der Vorwärtsbewegung kann der Kolben in den Nuten der Büchse ungehindert gleiten, während die Drallspindel sich im Schaltwerke dreht; beim Rückwärtsgange wird die Drallspindel dagegen festgehalten, der Kolben dreht sich und überträgt die rotierende Bewegung auf die Büchse, und diese weiter auf den Bohrer.

Bei den Bohrhämmern nichtdeutscher Maschinenfabriken fehlt meistens eine automatische Umsetzvorrichtung; es bleibt dem Gefühle des Arbeiters überlassen, den ganzen Hammer von Zeit zu Zeit zu drehen.

Statt der Kupplungen, die zur Verbindung von Bohrer und Kolbenstange bei den Stoßbohrmaschinen dienen, werden bei den Bohrhämmern einfache Hülsen verwandt, die lediglich den Zweck haben, ein Herausschleudern des Bohrers beim Leerlaufe der Maschine zu verhindern. Bei vielen Systemen sind diese Hülsen auf den Bohrhammer aufgeschraubt. Diese Befestigungsart hat aber den Nachteil, daß das Schraubengewinde bei widerstandsfreiem Kolbenspiel die Schläge aufnehmen muß, was einen sehr starken Verschleiß derselben zur Folge hat. Einrichtungen, die diesem Übelstande abhelfen sollen, werden an geeigneter Stelle erwähnt werden.

Endlich sei noch ein großer Nachteil der Bohrhämmer erwähnt, der auf der schwierigen Wegschaffung des Bohrmehls beruht. Einrichtungen zur Beseitigung dieses Übelstandes werden in einem besonderen Abschnitt beschrieben werden.

b) Spezieller Teil.

1. Bohrhämmer mit Steuermechanismus.

aa) Bohrhämmer mit Steuerkolben.

Bohrhammer von Schwarz (Fig. 239). Der äußeren Bauart nach läßt sich der Bohrhammer von Schwarz in zwei Teile zergliedern,

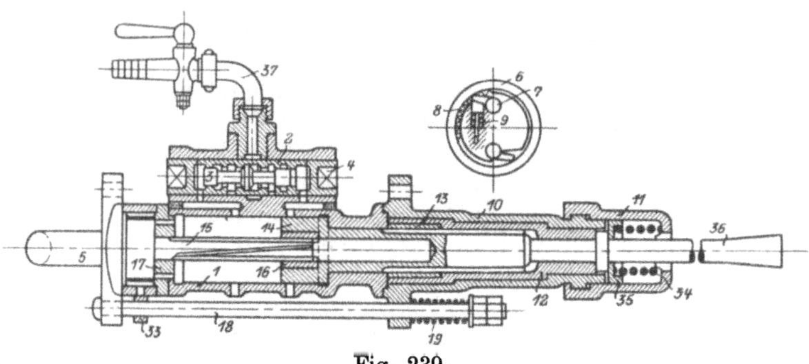

Fig. 239.
Bohrhammer von Schwarz.

und zwar in den Zylinder 1 mit aufsitzendem Schiebergehäuse und in das Führungsgehäuse 10. Beide Teile werden durch zwei Verbindungsschrauben 18 zusammengehalten, die am hinteren Teile der Maschine einen lose aufgesetzten mit Handgriff versehenen Deckel 5 gegen den Zylinder pressen; am Führungsgehäuse dagegen gehen sie durch Bohrungen eines Flantsches hindurch und tragen erst nach Einschaltung starker Spiralfedern die Schraubenmuttern. Diese scheinbar umständliche Art der Verbindung von Zylinder und Führungsgehäuse hat aber einen besonderen Zweck, und zwar dient sie dazu, gleichzeitig den Rückschlag des Kolbens aufzunehmen, indem die Federn 19, dadurch daß sie sich zusammenpressen, die Stöße ausgleichen.

In dem Zylinder 1 befindet sich der Kolben 14, in welchen die Wendungsmutter 16 für den Durchgang der Drallspindel 15 eingelassen ist.

Der hintere Teil des Zylinders enthält das Schaltwerk für das Umsetzen des Kolbens.

Die Steuerung besteht aus einem einfachen Steuerkolben mit eigener Luftverteilung. Derselbe weist gegenüber anderen Kolbensteuerungen bei den Schlagbohrmaschinen keine Besonderheiten auf.

In das Führungsgehäuse ist eine Übertragungsbüchse 12 eingesetzt, in welcher der Hammerfortsatz des Kolbens in eingehobelten Nuten gleitet, so daß diese Büchse jeder drehenden Bewegung des Kolbens folgen muß. Vorn ist in diese Übertragungsbüchse eine viereckige Öffnung eingearbeitet, in welche der Bohrer mit einem Vierkantkopf eingesetzt wird.

Zum Schlusse sei noch die Überwurfmutter 11 erwähnt, die das Herausschleudern des Bohrers vermeiden soll; an dem Bohrer ist zu gleichem Zwecke ein Bund aufgestaucht, dessen Durchmesser größer ist als der der vorderen Öffnung in der Überwurfmutter.

Sodann zeigt die Figur noch eine Einrichtung zum Auffangen der Schläge beim widerstandfreien Arbeiten des Hammers. Eine starke Spiralfeder 34 ist gegen den Bund des Bohrers durch eine Federscheibe 35 angelehnt und preßt sich, wenn die Bohrerschneide keine feste Unterlage hat, durch die Schläge des Kolbens, die durch den Bund des Bohrers auf sie übertragen werden, zusammen. Das Gewinde der Überwurfmutter wird durch diese Vorrichtung naturgemäß bedeutend weniger leiden, als wenn der Bohrer beim Schlagen ins Freie mit seinem Bunde die Stöße direkt auf das Gewinde übertragen würde.

Bohrhammer von Bornet (Fig. 240 a, b). Ein Kolbenschieber bekannter Form bewegt sich in einem Schiebergehäuse, welches am hinteren Ende des Zylinders aufgeschraubt ist. Beide Stirnflächen des Kolbenschiebers erhalten dauernd etwas Druckluft durch kleine Öffnungen aus dem Raume 1, so daß das Umsetzen des Schiebers durch Spannungsabfall auf einer der beiden Flächen b oder b_1 bewirkt wird. Zu diesem Zwecke ist der Schlagkolben an seinem hinteren Ende eingeschnürt; es genügt also eine Verbindung dieses ringförmigen Raumes mit den Stirnflächen durch geeignete Kanäle, um die Expansion der Luft zu bewirken, so daß nunmehr der Steuerkolben durch einseitigen Überdruck auf die andere Seite geworfen wird.

Bei der in der Figur angegebenen Kolbenstellung steht der vordere Zylinderraum durch die Öffnung q, den Raum i und die Kanäle f mit der Außenatmosphäre in Verbindung; desgleichen der in der Zylinderwandung eingebohrte Kanal n n_1, welcher hinter der linken Steuerkolbenfläche mündet. Hierdurch ist die linke Stirnfläche b gerade entlastet, und wird der Steuerkolben durch den Überdruck bei b in seiner linken Lage festgehalten. Es steht also die Öffnung o durch die Einschnürung e mit dem hinteren Zylinderraume in direkter Verbindung, so daß der Schlagkolben nach vorn geworfen wird. Ist der Schlagkolben weit genug vorgerückt, so korrespondiert die mit der Außenatmosphäre in Verbindung stehende Öffnung q_1 mit dem Innenraum des hinteren Zylinderteiles, so daß die Luft ausströmen kann; gleichzeitig verbindet ein aus der

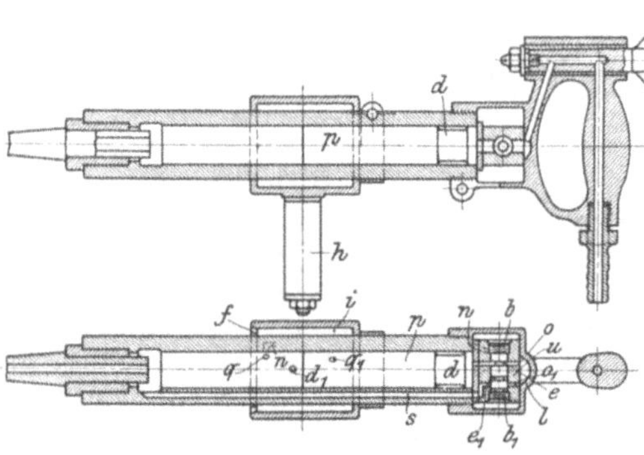

Fig. 240 a, b.
Bohrhammer von Bornet. (Aus Bulletin de la société de l'industrie minérale, 1908.)

Figur nicht zu erkennender Kanal d_1 den Raum d mit der rechten Stirnseite des Steuerschiebers, während die Öffnungen n und q durch den Schlagkolben geschlossen gehalten werden. Es wird also durch den Unterdruck bei b_1 der Steuerkolben nach rechts geworfen werden; derselbe verbindet dann den Luftraum l durch den Kanal o, die Einschnürung e und den Kanal s mit dem vorderen Zylinderraume, so daß der Arbeitskolben zurückgeworfen wird.

Eine besondere automatische Umsetzvorrichtung ist bei dem Bohrhammer von Bornet nicht vorhanden. Das Umsetzen des Bohrers geschieht vielmehr mit Hilfe des Handgriffes H von Hand aus.

Gordon-Bohrhammer (Fig. 241 a—c). Der Gordon-Bohrhammer ist gegenüber anderen Bohrhämmern besonders dadurch bemerkenswert, daß er eine gewaltige Schlagkraft ausübt, welche sogar diejenige vieler Schlagbohrmaschinen übertrifft; jedoch wegen seines hohen Luftverbrauches, seiner schweren Bauart, die eine Aufstellung in einem besonderen Gestelle unbedingt erfordert und bezüglich des Gewinnungseffektes kann er in keine Konkurrenz mit anderen Schlag- und Hammerbohrmaschinen treten. Die Existenzberechtigung des Gordon-Bohrhammers ist also wohl nur eine sehr beschränkte.

Der äußeren Bauart, nach zerfällt der Gordon-Bohrhammer in zwei Hauptteile, einen hinteren, der die Vorschub- und Umsetzvorrichtung aufnimmt, und einen vorderen, den eigentlichen Zylinder mit dem Steuergehäuse.

Das Steuergehäuse ist von einem ringförmigen Raume b umgeben, mit dem es durch die Öffnungen q, q_1 und p in Verbindung steht. Der Raum b ist durch die Öffnung a mit der Außenatmosphäre verbunden. Ferner verbindet die Öffnung x das Steuergehäuse mit dem Luftraume C, der Kanal c dasselbe mit dem vorderen, die Öffnung f dagegen mit dem hinteren Zylinderraume. Ein Steuerkolben, dessen Form aus der Figur ersichtlich ist, teilt das Steuergehäuse in vier Kammern. Davon steht der Raum d_1 durch eine feine Öffnung o dauernd mit der Luftkammer C in Verbindung, desgleichen aber auch mit dem Ringraume b und somit mit der Außenatmosphäre. Es wird also beständig ein geringer Überdruck auf der Steuerkolbenfläche P_1 lasten. Der linke Raum d des Steuergehäuses steht nun durch die Kanäle g und r mit dem Innenraum des Zylinders in Verbindung.

Die Ausgestaltung des Schlagkolbens zeigt im einzelnen ebenfalls die Figur; bemerkenswert an demselben ist nur die Einschnürung E.

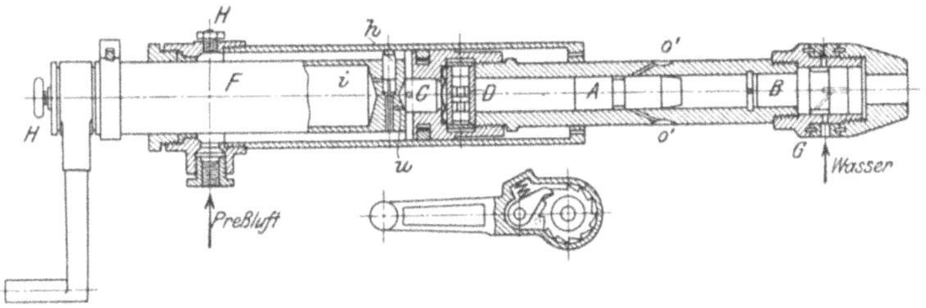

Fig. 241 a.

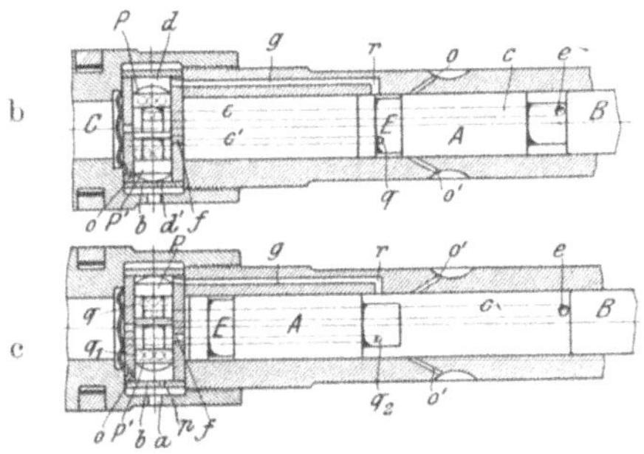

Fig. 241 b, c.
Gordon-Bohrhammer. (Aus Bulletin de la société de l'industrie minérale 1908.)

Der Arbeitsvorgang des Gordonschen Bohrhammers ist nun folgender: Bei der vorderen Kolbenstellung tritt Druckluft durch den Kanal c, den ringförmigen Raum E und die Kanäle r und g in die Kammer d und hält hierdurch den Steuerkolben in seiner rechten Lage fest. Durch diese Stellung des Steuerkolbens steht der Kanal c, da die Öffnung x freigegeben ist, mit dem Luftraume C in Verbindung; die Druckluft tritt bei e in den vorderen Zylinderraum ein und wirft somit den Schlagkolben nach rückwärts. Sobald die hintere Ringfläche des Schlagkolbens die Kanäle o_1 und r freigegeben hat, strömt die Luft aus der Kammer d und dem vorderen Zylinderraum durch die Öffnungen o_1 ins Freie. Die Steuerkolbenfläche P wird also entlastet, und der konstante Überdruck in der Kammer d_1 bewirkt eine Bewegung des Steuerkolbens nach links. (Fig. 241 c). Nunmehr tritt die Druckluft, da die Öffnungen x und s den hinteren Zylinderraum und die Luftkammer C miteinander verbinden, vor die hintere Schlagkolbenfläche nach vorne.

Das Entweichen der Luft aus dem hinteren Zylinderraume beim Rückwärtsgange des Kolbens findet bei der rechten Steuerkolbenstellung statt, da bei dieser die Kanäle f, q_1 und a den Austritt der Luft ins Freie gestatten.

Der große Luftverbrauch dieses Hammers ist nunmehr auch verständlich. Es tritt einerseits ununterbrochen Druckluft durch die Kanäle o, p und a ins Freie.

sodann entströmt unverbrauchte Frischluft bei der in der Fig. 241 c gezeichneten Stellung des Kolbens so lange durch den mit der Kammer C in Verbindung stehenden Kanal c_1, bis eine Überdeckung der Öffnung q_2 durch den Schlagkolben stattgefunden hat.

Bemerkenswert ist noch, daß zur Verhütung von Meißelbrüchen zwischen Schlagkolben und Bohrerkopf ein besonderer Schlagkopf B eingeschaltet ist.

Der Zylinder und die Steuerung bewegen sich kolbenartig in einem Rohre S; die Fortsetzung des Zylinders bildet eine Büchse F. Dadurch daß nun die Luft durch den ringförmigen Raum zwischen Büchse F und Rohr S zur Luftkammer C zuströmen muß, drückt die Preßluft beständig gegen den Zylinder und schiebt diesen vor.

Die Büchse F dient als Ölbehälter, aus dem das Öl durch kleine Kanäle, deren jeweiliges Öffnen ein kleiner Kolben h automatisch bewirkt, ausströmen kann und sich in der Druckluft suspendiert; hierdurch werden alle beweglichen Teile geschmiert.

Das Umsetzen des Bohrers erfolgt von Hand aus durch eine Kurbel H.

bb) Bohrhämmer mit verschiedenartig ausgebildeten Steuerorganen.

α) Bohrhämmer mit losen Steuerteilen.

Bohrhammer der Maschinenfabrik Montania (Nordhausen) (Fig. 242 a, b). Als Steuerkörper kommt ein Doppelkegel s zur Anwendung, der durch den jeweiligen Überdruck auf der einen oder anderen

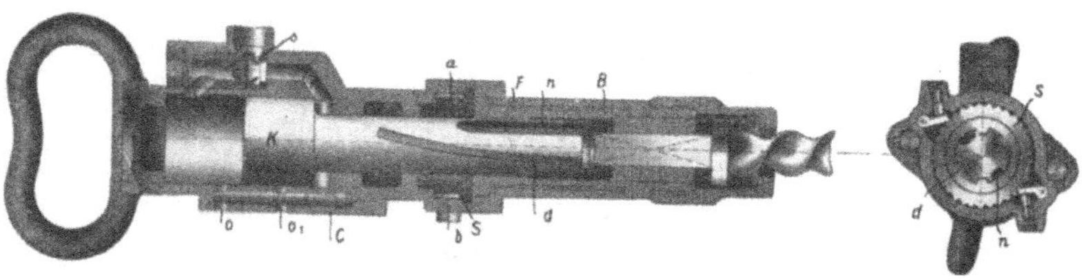

Fig. 242 a, b.

Kolbenseite in der rechten oder linken Lage festgehalten wird. In der in Figur 242 a angedeuteten Stellung tritt die Druckluft durch den Kanal k_1 in den vorderen Zylinderraum und wirft den Kolben rückwärts. Sobald nun der Kolben die Öffnung o_1 freigegeben hat, steht der rechte Zylinderraum mit der Außenatmosphäre in Verbindung, während gleichzeitig die linke Auspufföffnung o vom Kolben überdeckt wird. Durch die weitere Bewegung des Kolbens nach links infolge der lebendigen Kraft wird nunmehr die Luft im linken Zylinderraume zusammengedrückt und wirft den Steuerkegel nach rechts, so daß die Druckluft durch den Kanal k vor die linke Kolbenfläche treten kann.

Um den Schlag des Kolbens zu erhöhen, ist beim Montania-Bohrhammer die hintere Kolbenfläche nicht durch eine Drallspindel vermindert worden; die Drallzüge sind vielmehr in den Hammerfortsatz

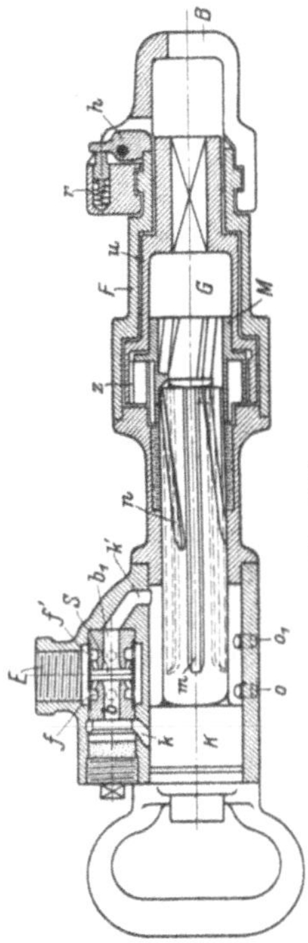

Fig. 243 a. Bohrhammer von Förster.

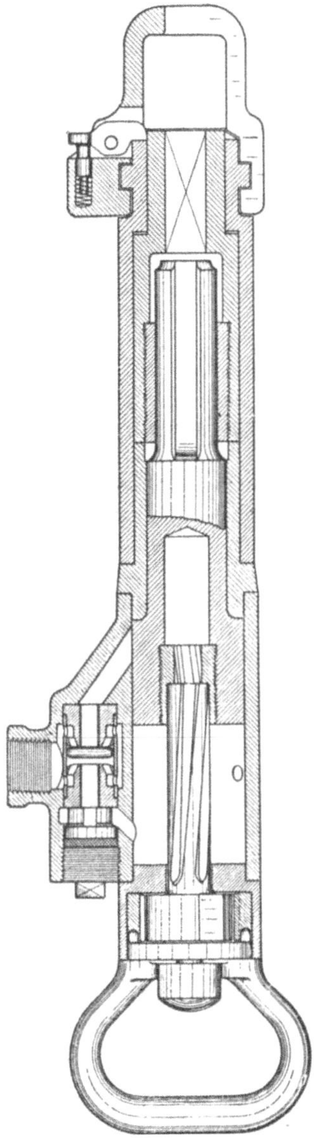

Fig. 243 b. Bohrhammer von Förster. Neues Modell.

des Kolbens eingehobelt. Das Schaltwerk S befindet sich daher zwischen dem eigentlichen Zylinder C und dem Führungsgehäuse F. In letzterem ist die Übertragungsbüchse B drehbar verlagert, deren nach innen vorspringende Längskeile in den Nuten n des Hammerfortsatzes spielen und dadurch die drehende Bewegung auf den Bohrer übertragen.

Bohrhammer von Förster (Maschinen- und Armaturenfabrik A.-G. in Essen) (Fig. 243 a ältere, 243 b neuere Koustruktion). Das eigentliche Steuerorgan besteht bei diesem Bohrhammer aus einer runden Stahlscheibe, die sich zwischen zwei Ventilsitzen hin und herbewegt und so abwechselnd die Luftzuführungskanäle schließt bzw. öffnet. Während nun bei den meisten Bohrhämmern dieser Gruppe die Umsteuerung des Steuerorgans durch die vom Kolben erzeugte Luftkompression geschieht, erfolgt die Umsteuerung bei dem Försterschen Bohrhammer durch Frischluft aus der Zuführungsleitung. Zu diesem Zwecke dienen die kleinen Kanäle $f\, f_1$. Der Arbeitsvorgang ist folgender: Die Frischluft strömt bei E ein und tritt, da die Steuerplatte den Kanal b_1 abschließt, hinter die linke Kolbenfläche. Ist der Kolben nunmehr soweit vorgestoßen, daß die Auspufföffnung o freiliegt, so wird die Luft aus dem linken Zylinderraume ausströmen und durch die gleichfalls hergestellte Verbindung des Kanals b mit der Außenatmosphäre auch in diesem Kanale die Spannung erheblich fallen. Die Druckluft, die nun durch die kleinen Kanäle f_1 auf die Steuerplatte einwirkt, wird nunmehr die Steuerplatte nach links werfen und somit den Kanal b_1 freigeben, so daß durch die in den rechten Zylinderraum eintretende Frischluft der Kolben nach hinten geworfen wird.

Die Umsetzvorrichtung bei dem Försterschen Bohrhammer weist auch besondere Eigentümlichkeiten auf. Im Gegensatz zu anderen Systemen bewegt sich der Kolben sowohl beim Vor- wie Rückwärtsgange nur geradlinig hin und her. Das vordere Ende des Kolbens ist mit Drallnuten n versehen, in die eine die Spindel umgebende Drallmutter M eingreift. Bei jedem Kolbenhub wird diese um den Betrag der Nutensteigung vor- oder zurückgedreht. An dieser Bewegung nehmen zwei in den Umfang der Mutter M eingelassene Sperrklinken (aus der Figur nicht ersichtlich) teil, sie werden durch Spiralfedern gegen die Zähne z eines ringförmigen mit Innenverzahnung versehenen Sperrades gedrückt, welches mit der Übertragungsbüchse u fest verbunden ist. Bei der Drehung der Drallmutter in einem der Uhrzeigerbewegung entgegengesetzten Sinne werden die Büchse und gleichzeitig damit ihr Bohrer durch die Klinken um einen Winkel gedreht.

Eine im vorderen Teile des Kolbens befindliche Nut verbindet den rechten Zylinderraum mit dem Raum G, um der Luft beim Vorwärtsgange des Kolbens einen ungehinderten Austritt zu ermöglichen.

Zum Schlusse sei noch der Bohrverschluß B erwähnt, bei dem ein Feingewinde wegen des zu großen Verschleißes weggelassen ist und die Verbindung des Bohrers mit dem Führungsgehäuse F durch einen Bajonettverschluß erfolgt. Da nun aber durch die Stöße sich die Hülse B lockern würde, ist eine Klinke h vorgesehen, die in einen dazu bestimmten Schlitz in der Führungsbüchse eingreift und ein Drehen des Bohrverschlusses B verhindert. Eine Feder r sichert noch den Eingriff der Klinke h.

Bohrhammer von Meyer (Rudolf Meyer, A.-G. für Maschinen- und Bergbau, Mülheim-Ruhr) (Fig. 244). Das Steuerorgan besteht aus einer bikonkaven Stahlplatte s, die zwischen zwei Ventilsitzen eingeschaltet ist. Die Umsteuerung dieses Steuerkörpers erfolgt durch abwechselnde Erzeugung von Unterdruckwirkungen in den links und rechts vom Steuerkörper liegenden Räumen des Steuergehäuses.

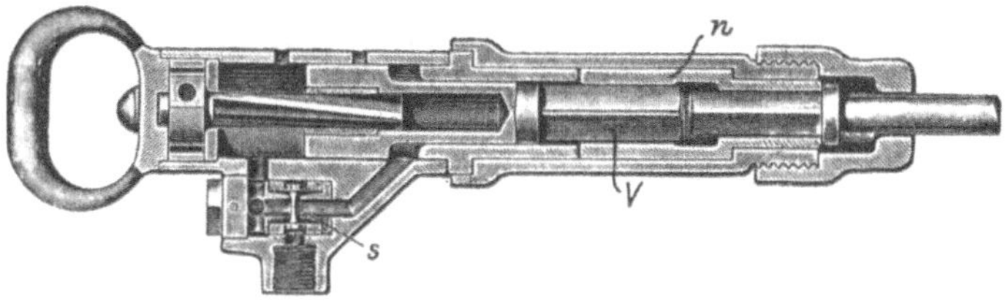

Fig. 244.
Bohrhammer von Meyer.

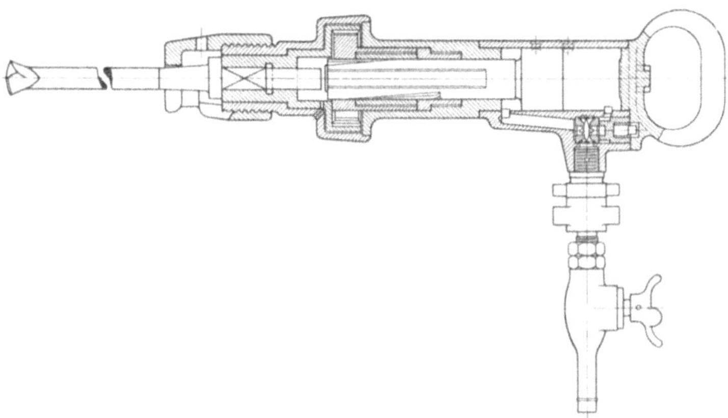

Fig. 245.
Bohrhammer von Bechem & Keetmann.

Das Umsetzen des Bohrers wird durch Schaltwerk und Drallspindel vermittelt. Die Mitnahme des Bohrers beim Umsetzen des Kolbens erfolgt mittels eines Vierkants V, der das vordere Ende des Kolbens bildet und der die an dieser Stelle gleichfalls quadratische, ausgehöhlte Übertragungsbüchse n mitnimmt.

Der Bohrer wird durch eine Überwurfmutter festgehalten, die mit einem rechteckigen Schraubengewinde ausgerüstet ist. Ein solches ist wohl ohne Zweifel widerstandsfähiger als ein Gewinde mit dreieckigem Querschnitte, wird aber eher ein Lockern der Hülse zulassen als letzteres.

Bohrhammer der Deutschen Maschinenfabrik A.-G. (Werk Bechem & Keetmann) (Fig. 245). Der Duisburger Bohrhammer hat große Ähnlichkeit mit dem Försterschen Bohrhammer. Nur findet man die Stahlplatte, die bei letzterem als Steuerorgan dient, durch einen linsenförmigen Körper mit Führungszapfen ersetzt. Auch die eigenartige Umsetzvorrichtung, bei der der Kolben nur eine hin und hergehende Bewegung macht, hat der Duisburger Bohrhammer mit dem Försterschen gemein. Im übrigen geht alles aus der Figur deutlich hervor.

Bohrhammer von Flottmann (Fig. 246). Dieser Bohrhammer ist durch die bekannte Flottmannsche Kugelsteuerung ausgezeichnet, deren Wirkungsweise auf Seite 277 bereits beschrieben ist.

Das Sperrwerk für das Umsetzen des Bohrers befindet sich zur Vermeidung eines besonderen Drallzuges zwischen Zylinder und Führungs-

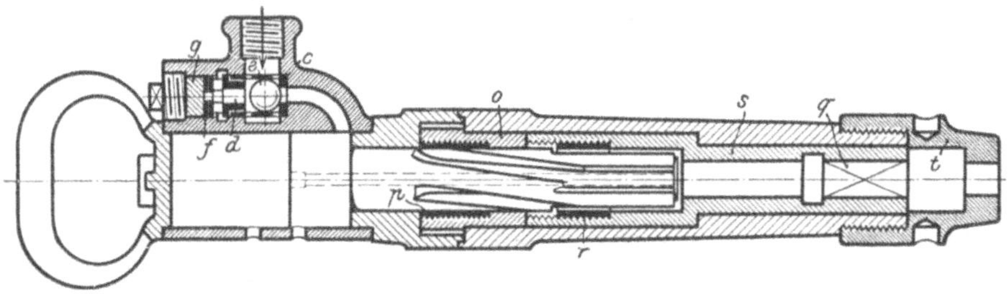

Fig. 246.
Bohrhammer von Flottmann. (Aus Herbst, Über Gesteinsbohrmaschinen, Zeitschrift des Vereins deutscher Ingenieure 1910.)

gehäuse. Der vordere Kolbenfortsatz ist außer mit Drallzügen mit Nuten versehen, in denen die vorspringenden Leisten der Übertragungsbüchse spielen und so die drehende Bewegung des Kolbens beim Rückwärtsgange desselben auf den Bohrer übertragen.

β) Bohrhämmer mit geführten Steuerteilen.

Bohrhammer Westfalia (Armaturen- und Maschinenfabrik Westfalia. Gelsenkirchen) (Fig. 247). Als Steuerorgan ist eine Klappe gewählt, die um einen Bolzen drehbar ist, und welche der Frischluft

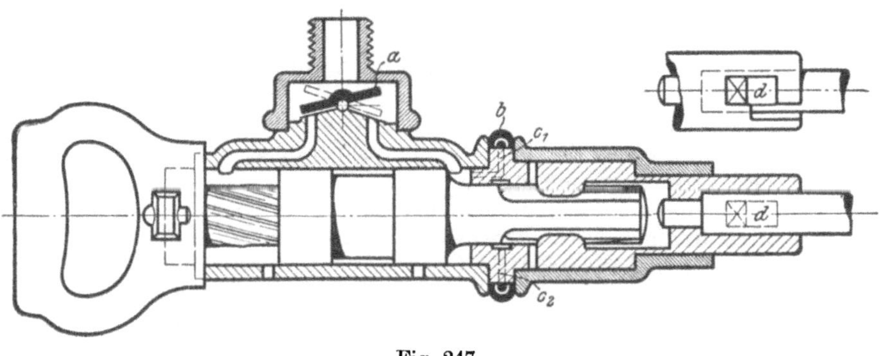

Fig. 247.
Westfalia-Bohrhammer. (Aus Herbst, Über Gesteinsbohrmaschinen, Zeitschrift des Vereins deutscher Ingenieure 1910.)

abwechselnd den Zutritt zu den beiden Zylinderhälften freigibt. Bei der in der Figur dargestellten Lage der Klappe und des Kolbens strömt die Luft in den vorderen Zylinderraum und wirft den Kolben zurück. Wird hierbei das hintere Auspuffloch geschlossen, so entsteht bei einer Weiterbewegung des Kolbens im hinteren Zylinderraume Kompressionsdruck, der sich durch den linken Luftkanal auf die Klappe fortpflanzt und diese auf die andere Seite schiebt. Die Druckluft strömt nun in den hinteren Zylinderraum ein und schleudert den Kolben nach vorne; hat der Kolben wieder das Auspuffloch geschlossen, so drückt er nunmehr die Luft im vorderen Zylinderraume zusammen und steuert hierdurch die Klappe wieder um.

Das Umsetzen des Kolbens geschieht in der bekannten Weise durch Schaltwerk, Drallspindel und Übertragungsbüchse.

Bemerkenswert ist, daß die Westfalia-Bohrhämmer alle mit einer Staubabblase-Vorrichtung ausgerüstet sind. Das Prinzip solcher Einrichtungen, auf die an späterer Stelle des näheren eingegangen werden soll, beruht darauf, daß Druckluft durch einen Hohlbohrer auf die Bohrlochsohle geführt wird und diese den Staub abbläst. Zu diesem Zwecke muß der Innenraum des Führungsgehäuses mit der Druckluftleitung irgendwie in Verbindung gebracht werden, was bei den Westfalia-Bohrhämmern durch die Kanäle c_1 c_2 geschieht; diese können durch einen Schieberring b nach Bedarf geöffnet oder geschlossen werden.

Die Verwendung einer Bohrerhülse hat die Maschinenfabrik Westfalia fallen lassen und befestigt den Bohrer mit einem Bajonettverschluß auch direkt an der Übertragungsbüchse.

Das neueste Modell der Maschinenfabrik Westfalia war bei der Drucklegung dieses Bandes noch nicht fertiggestellt, konnte daher leider nicht aufgenommen werden.

Bohrhammer System Klerner (Bohrmaschinenfabrik „Glückauf", Gelsenkirchen-Schalke) (Fig. 248 a—c). Das Charakteristische

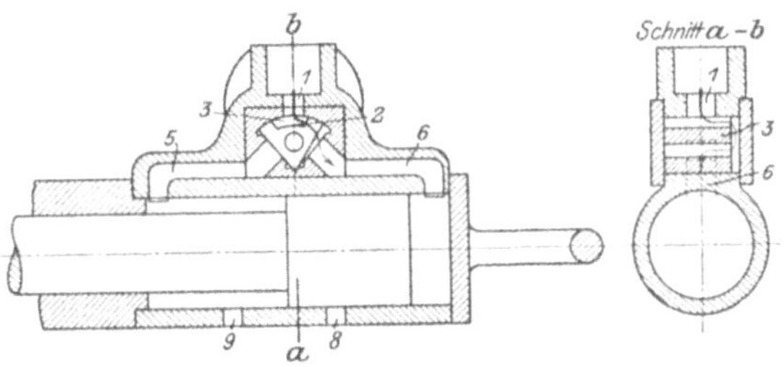

Fig. 248 a, b.

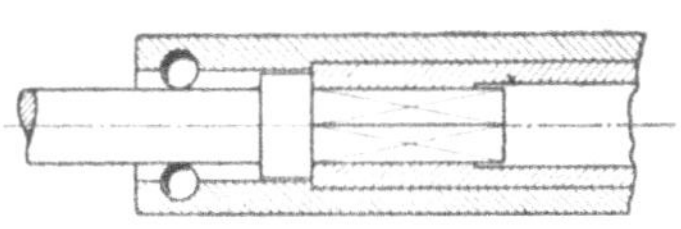

Fig. 248 c.
Bohrhammer System Klerner.

dieses Bohrhammers ist ein Pendelschieber. Das Druckmittel tritt bei der in Figur 248 a) angegebenen Stellung des Kolbens durch den Kanal 1 in die in der Grundfläche des keilförmigen Steuerventils 3 befindliche Nut 2 und durch diese um das Steuerventil 3 herum, das schmäler gehalten sein muß als das Steuergehäuse (Fig. 248 b), in den Kanal 6 und treibt den Kolben nach vorn. Sobald der Kolben den Kanal 9 abgeschlossen hat, wird die vor dem Kolben befindliche Luft zusammengepreßt; sobald nun noch die andere Seite des Ventils durch Öffnen des Auspuffs 8 entslastet wird, erfolgt die Umsteuerung, wodurch der Kanal 6 geschlossen und der Kanal 5 geöffnet wird.

Der Bohrer wird in bekannter Weise durch Schaltwerk, Drallspindel und Umführungsbüchse umgesetzt.

Die Befestigung des Bohrers erfolgt durch einen Gabelverschluß. Es befinden sich zu diesem Zwecke zwei Bohrungen in dem Umführungsgehäuse (Fig. 248 c), in welche die Gabel eingesteckt wird.

Bohrhammer von Hoffmann (Maschinenfabrik Hoffmann, Eiserfeld) (Fig. 249). Als Steuerorgan dient ein röhrenförmiges Wälz-

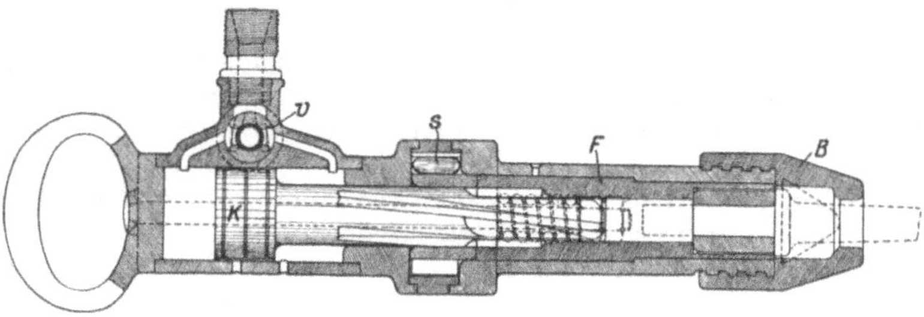

Fig. 249.
Bohrhammer von Hoffmann.

ventil v; seine Bewegung erfolgt nicht durch Kompression oder Mitreißen durch die Luftströmung, sondern direkt durch Frischluft, die durch geeignete Kanäle in dem Steuergehäuse auf vorgesehene Druckflächen des Ventilkörpers einwirkt.

Das Umsetzen des Bohrers geschieht unter Vermeidung einer besonderen Umsetzspindel durch die Kolbenstange in Verbindung mit einer Umführungsbüchse F, sowie durch das bereits bekannte Hoffmannsche Kugelgesperre.

2. Bohrhämmer ohne besonderen Steuerkörper.

Bohrhammer von Korfmann (Heinrich Korfmann, Maschinenfabrik, Witten-Ruhr) (Fig. 250). Wie die Figur zeigt, fehlt jedes besondere Steuerorgan. Statt dessen ist der Kolben mit zwei Einschnürungen b und b_1 versehen; je nach der Stellung des Kolbens tritt einer dieser beiden Ringkanäle mit dem Lufteintrittskanal a in Verbindung.

Gleichzeitig ist eine der Auspufföffnungen o und o_1 vom Kolben freigelegt, so daß der Kolben nach der einen oder anderen Seite geworfen wird.

Das Umsetzen des Bohrers erfolgt in bekannter Weise.

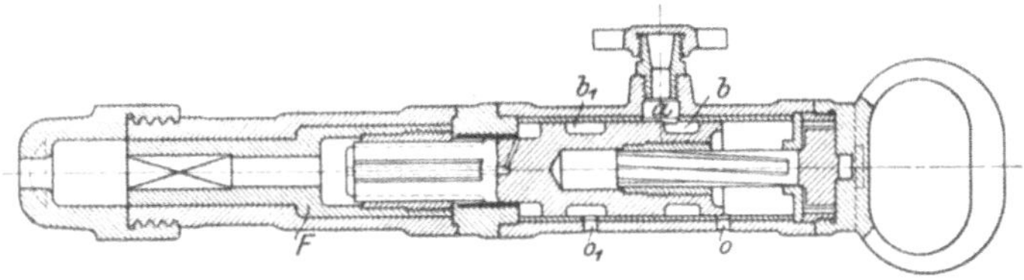

Fig. 250.
Bohrhammer von Korfmann.

B o h r h a m m e r v o n S c h w a r z (Fig. 251). Ganz ähnlich gebaut ist der Schwarzsche Bohrhammer der Maschinenfabrik Schwarz & Dyckerhoff in Mülheim-Ruhr. Zwei Ringkanäle stellen je nach der Stellung

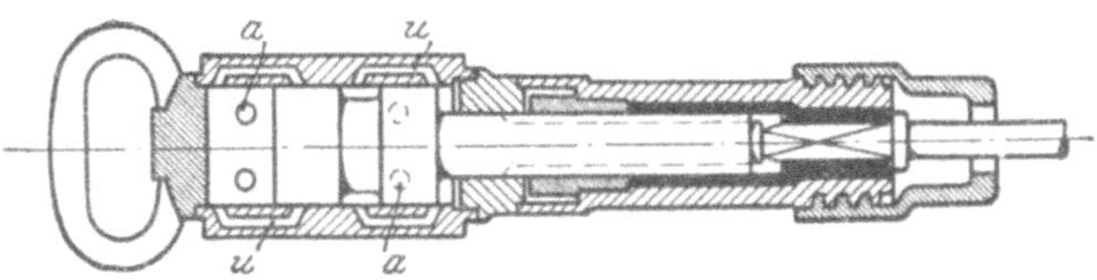

Fig. 251.
Bohrhammer von Schwarz. (Aus Herbst, Über Gesteinsbohrmaschinen, Zeitschrift des Vereins deutscher Ingenieure 1910.)

des Kolbens die Verbindung zwischen dem vorderen oder hinteren Zylinderraume mit der Ringnut des Kolbens her; letztere steht durch geeignete Öffnungen mit der Frischluftzuleitung in Verbindung.

B o h r h a m m e r v o n I n g e r s o l l (Fig. 252). Der Kolben dieses Bohrhammers ist als Differentialkolben ausgebildet, zu dessen kleineren Ringfläche f die Druckluft dauernd Zutritt hat. Um sie auf die hintere Kolbenfläche f_1 zu leiten, ist im Zylinder ein Kanal b vorgesehen, der durch die in den Kolben eingelassenen Nuten je nach dessen Stellung mit der Luftkammer in Verbindung gebracht werden kann.

Bei der vorderen Stellung des Kolbens verbinden die Nuten a den hinteren Zylinderraum durch den Kanal b mit den Auspufföffnungen c. Die auf die Ringfläche f wirkende Druckluft wirft nunmehr, da die Fläche f_1 entlastet ist, den Kolben zurück. Sobald die Nuten a vor die Lufteintrittsöffnung A gelangen, tritt die Druckluft durch den Kanal b vor die hintere Kolbenfläche f_1, und da f_1 größer ist als f, schleudert sie den Kolben nach vorn.

Eine Umsetzvorrichtung für den Bohrer ist nicht vorhanden; es bleibt also dem Arbeiter überlassen, den Hammer in kurzen Intervallen zu drehen.

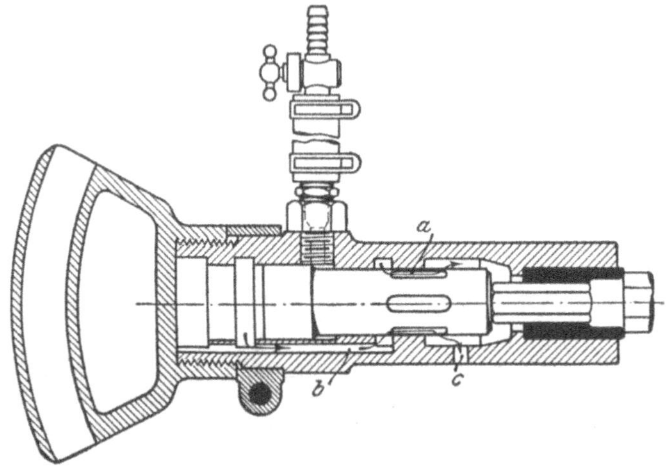

Fig. 252.
Ingersoll-Bohrhammer. (Aus Herbst, Über Gesteinsbohrmaschinen, Zeitschrift des Vereins deutscher Ingenieure 1910.)

Das Fortfallen der Umsetzvorrichtungen trägt nun ohne Zweifel zu einer erheblichen Gewichtsverminderung bei. Daher beträgt das Gewicht des Ingersoll-Bohrhammers auch nur 9 kg.

Bohrhammer von François (Fig. 253). Der Kolben beim Françoisschen Bohrhammer ist als Hohlkolben ausgebildet, dessen

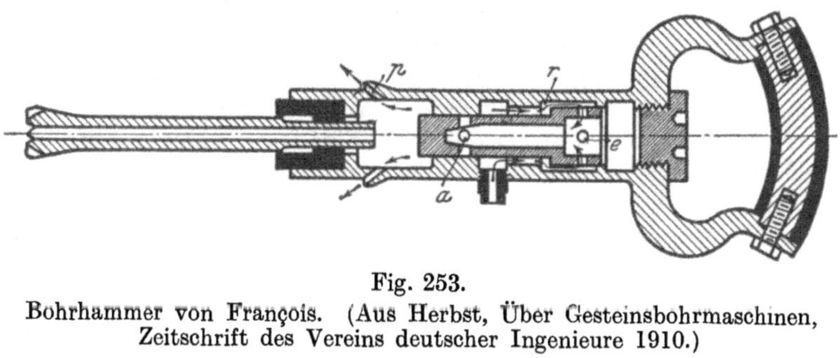

Fig. 253.
Bohrhammer von François. (Aus Herbst, Über Gesteinsbohrmaschinen, Zeitschrift des Vereins deutscher Ingenieure 1910.)

Innenraum durch die Öffnungen e und die Umführungskanäle im Zylinder mit der Frischluftleitung in Verbindung steht. Die Vorwärtsbewegung des Kolbens erfolgt durch Zuleitung von Frischluft in den hinteren Zylinderraum, während die Rückwärtsbewegung durch die dauernd auf die vordere Ringfläche drückende Luft bewirkt wird. Das System ist also das nämliche wie beim Ingersoll-Bohrhammer.

Bohrhammer von Frölich und Klüpfel (Fig. 254). In dem Kolben sind in zwei konzentrischen Kreisen Nuten n und n_1 eingearbeitet, von denen das eine System, n, mit dem vorderen Zylinderraume V, das andere n_1, mit dem hinteren Zylinderraume H durch Bohrungen im Kolben in Verbindung steht. Von den im Zylinder vorgesehenen ringförmigen Kanälen a und b steht der Kanal a mit der Frischluftleitung in Verbindung, der Kanal b mit der Außenatmosphäre. Hat der

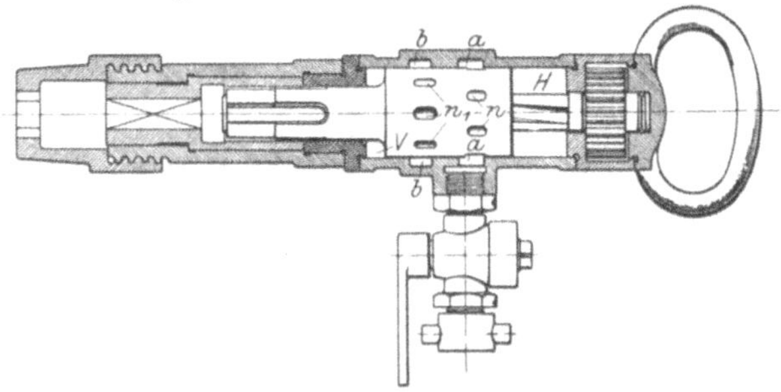

Fig. 254.
Bohrhammer von Frölich und Klüpfel.

Kolben die in der Figur angegebene vordere Stellung eingenommen, so entweicht die Luft aus dem hinteren Zylinderraume H durch die im Kolben eingebohrten, nicht sichtbaren, Verbindungskanäle, die Nuten n_1 und den Ringraum b ins Freie, während Frischluft aus a durch n und die in der Figur ebenfalls nicht eingezeichneten Kanäle in den vorderen Zylinderraum V eintritt; der Kolben wird also nach rechts geworfen. Sobald nun die Nuten n_1 mit dem Kanale a in Verbindung treten, während gleichzeitig auf der linken Seite der Kolben den Ringkanal b freilegt, ändert sich das Spiel und der Kolben bewegt sich nach vorn.

III. Drehbohrmaschinen.

a) Allgemeiner Teil.

Die Drehbohrmaschinen mit Druckluftantrieb haben bei weitem nicht die Bedeutung wie die Stoß- und Hammerbohrmaschinen erlangt. Der Hauptgrund ist ohne Zweifel in der Überlegenheit der Stoßbohrmaschinen und der Bohrhämmer zu suchen; nur im Salz- und Kalibergbau haben die Erfahrungen gelehrt, daß eine Bohrmaschine mit drehendem Bohrwerkzeuge einer solchen mit stoßendem vorzuziehen ist. Wir finden daher auch die Drehbohrmaschinen fast ausschließlich in Kali- und Salzgruben im Betrieb.

Allerdings werden sie auch hier immer mehr von den elektrisch betriebenen Drehbohrmaschinen verdrängt. Die meisten Kaliwerke sind mit eigenen elektrischen Zentralen ausgerüstet, und es würde unnötige Unkosten verursachen, die elektrische Energie in eine andere Energieform, beispielsweise in Druckluft, überzuführen. Auch sind die elektrischen Leitungen bedeutend bequemer anzulegen und billiger zu unter halten als Druckluftleitungen.

b) Spezieller Teil.

1. Druckluftdrehbohrmaschinen mit aufgebautem Motor.

α) Der Motor ist als Kolbenmaschine gebaut.

Drehbohrmaschine von Trautz. Die Maschine besteht im wesentlichen aus zwei oszillierenden Zylindern, welche um eine gemeinsame hohle Achse schwingen, durch welche die Luftzuführung erfolgt. Die Kolben greifen vermittels der Kolbenstangen an einer doppelt ge-

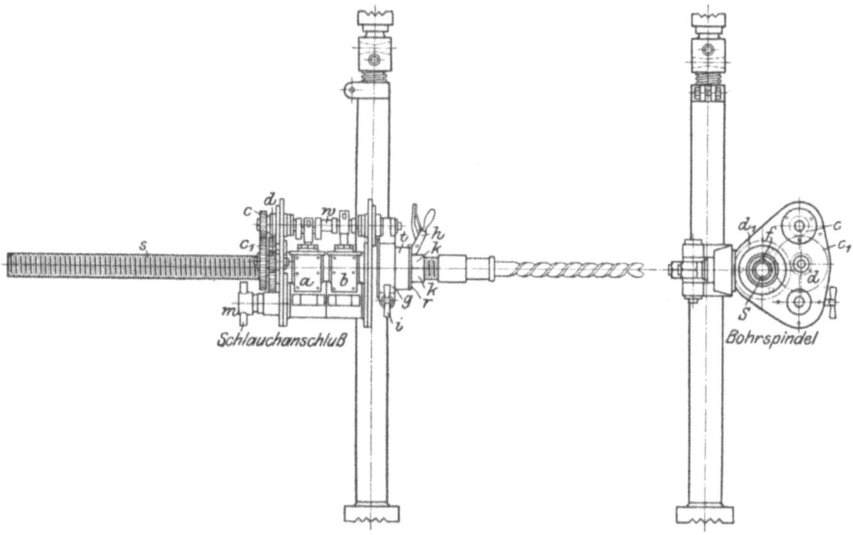

Fig. 255 a, b.
Bohrmaschine von Trautz.

kröpften Welle W an, wodurch die hin und hergehende Bewegung in eine rotierende übergeführt wird. Von der gekröpften Welle aus wird die Bewegung durch zwei Zahnradvorgelege $c c_1$ und d mit verschiedenen Übersetzungsverhältnissen auf die Bohrspindel und die Vorschubmutter getrennt übertragen. Die Vorschubmutter ist zweiteilig ausgebildet, um die Bohrspindel schnell zurückziehen zu können.

Das System der Trautzschen Bohrmaschine ist in verschiedenen Maschinenfabriken seinerzeit übernommen worden, und soll eine Ausführungsform der Maschinenfabrik Frölich und Klüpfel kurz beschrieben werden.

Wie bei der Maschine von Trautz besteht der Motor im wesentlichen aus zwei schwingenden Zylindern a und b (Fig. 255 a, b), von welchen eine doppelt gekröpfte Welle w in Drehung versetzt wird. Von dieser Welle wird die Bewegung durch zwei Zahnradgetriebe c c und d d mittels Nut und Feder auf die Bohrspindel S übertragen. Der Vorschub wird durch zwei auf die Schraubengewinde der Bohrspindel passende Klemmbacken k k bewirkt, welche mit Hilfe eines sie ungefähr in der Mitte ihrer Länge umfassenden Stahlringes von ovalem Querschnitt je nach Stellung des Ringes an die Spindel angepreßt oder von derselben gelöst werden können. Der Ring wird mit Hilfe eines Klinkhebels h gedreht. Die Klinke greift in ausgesparrte Öffnungen einer Stahltrommel t, welche ihrerseits von einem als Bremsband wirkendem Stahlringe g umschlossen wird. Zieht man mit Hilfe der Schraube i diesen Stahlring fest an, so kann sich die Trommel nicht drehen und der Vorschub der Bohrspindel erfolgt zwangsweise entsprechend der Höhe der Gewindegänge. Lockert man die Schraube ein wenig, so dreht sich die Trommel t innerhalb des Ringes g, sobald die Reibung zwischen Trommel und Ring geringer ist als der Widerstand des Bohrers auf die Bohrlochsohle.

Die Antriebswelle des Motors macht etwa 300, die Bohrspindel 60 Umdrehungen in der Minute.

Drehbohrmaschine von Dourges (Fig. 256 a—d). Die Drehbohrmaschine von Dourges ist als Drillingsbohrmaschine ausgebildet.

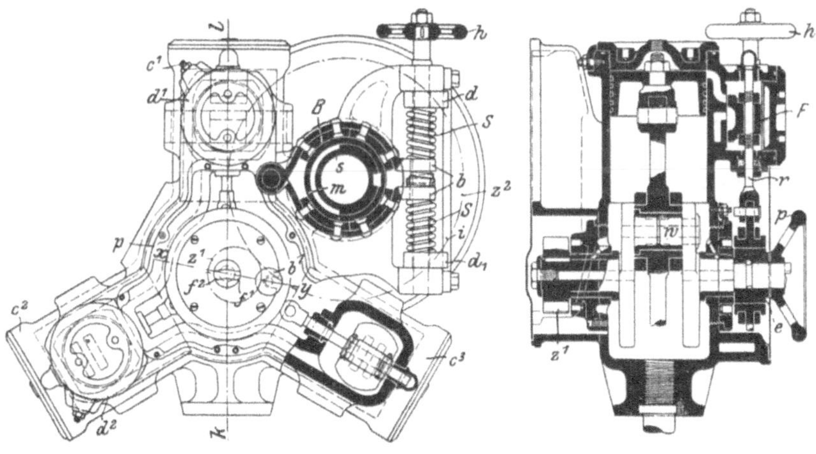

Fig. 256 a, b.
Drehbohrmaschine von Dourges. (Aus Herbst, Der Bergbau auf der Lütticher Weltausstellung.)

Die Zylinder gleicher Größe und Bauart mit Flachschiebersteuerung sind in einer Ebene angeordnet, und zwar um 180 Grad zu einander versetzt. Die Kolbenstangen sind am Kolben selbst mit Zapfen drehbar und greifen gemeinschaftlich an einer gekröpften Welle w an. Von dieser wird die Bewegung durch das Zahnräderpaar z_1 und z_2 verlangsamt und von dem Zahnrade z_2, in welchem die Bohrspindel s durch Nut und Feder spielt, auf diese übertragen.

Der Vorschub wird durch eine Bremsmutter m geregelt; zu diesem Zwecke ist um die Mutter ein Bremsband B gelegt, dessen freie Enden b mit Hilfe einer doppelgängigen Schraubenspindel und durch Zwischenschaltung starker Spiralfedern S mehr oder weniger zusammengedrückt werden können. Die freien Enden b stützen sich hierbei gegen die Spiralfedern S; letztere können durch die mit Muttergewinde versehenen und in der Stange i geführten Druckscheiben d d_1 gespannt werden.

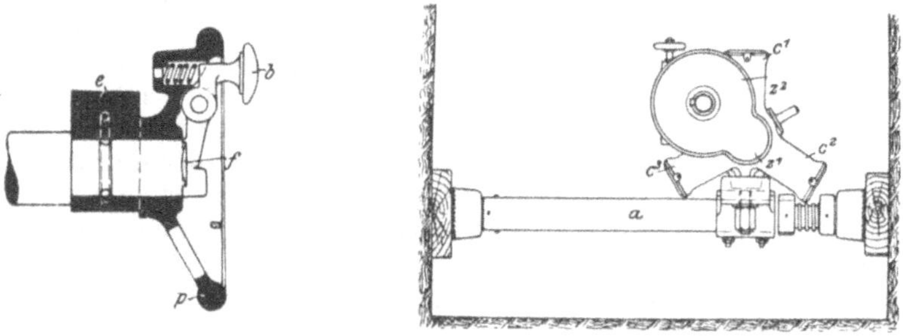

Fig. 256 c, d.
Drehbohrmaschine von Dourges. (Aus Herbst, Der Bergbau auf der Lütticher Weltausstellung.)

Bei der Drehung des Handrades h werden die Druckstücke d und d_1 nach der Mitte der Spindel hin wandern und somit die Spiralfedern zusammenpressen. Es bleibt also dem Gefühle des Arbeiters überlassen, das Bremsband mehr oder weniger anzuziehen, um hierdurch den Vorschub entsprechend dem Widerstande des Gesteins zu regeln.

Das Zurückziehen der Bohrspindel zwecks Auswechselns der Bohrer erfolgt maschinell, indem der Gang der Motoren umgesteuert wird. Um dies zu erreichen, genügt es, die Exzenterscheibe, von welcher aus alle drei Schieberstangen r angetrieben werden, um einen Winkel zu verdrehen, der der Schieberverteilung entspricht. Zu diesem Zwecke ist die Exzenterscheibe e (Fig. 256 b, c) nicht fest auf die Welle aufgekeilt, sondern wird durch einen Hebel f, der in entsprechende Nuten der Welle einschnappt, mit letzterer fest verbunden. Soll nun umgesteuert werden, so schaltet der Arbeiter durch einen Druck auf den Knopf b den Hebel aus, dreht dann vermittels des Handrades p die Exzenterscheibe so lange, bis der Hebel f in die zweite Nut der Welle eingreift. Je nachdem der Hebel in die eine oder andere Nut f_1 oder f_2 einfaßt (Fig. 256 c) läuft die Maschine vor- oder rückwärts.

Die Verlagerung der Maschine zeigt die Figur 256 d.

β) Der Motor ist als Druckluftturbine ausgebildet.

Die großen Reibungswiderstände, die bei den Drehbohrmaschinen mit Kolbenantrieb auftreten, hat man versucht dadurch um ein beträchtliches herabzusetzen, daß man die Druckluft auf ein Turbinenrad einwirken läßt und hierdurch die Umsetzung der hin und hergehenden Bewegung in eine drehende Bewegung umgeht. Aber auch diese Turbinendrehbohrmaschinen haben sich gegenüber den elektrischen Drehbohrmaschinen noch nicht behaupten können.

Drehbohrmaschine von Thomas (Fig. 257 a—c). Die Maschine wird von einem Drehkolben b angetrieben, der durch Feder und Nut

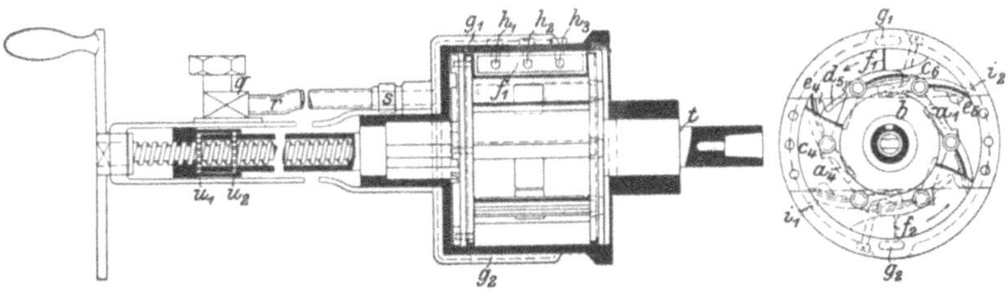

Fig. 257 a, b.
Bohrmaschine von Thomas. (Aus Herbst, Der Bergbau auf der Lütticher Weltausstellung, Zeitschrift Glückauf 1906.)

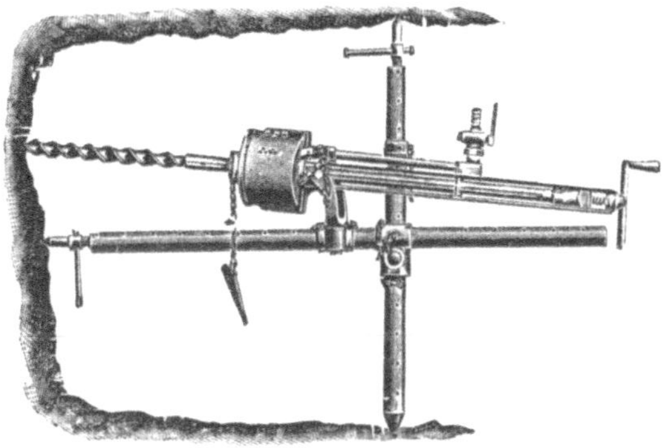

Fig. 257 c.
Drehbohrmaschine von Thomas.

mit einer Hülse verkuppelt ist; diese trägt vorn den Schlangenbohrer und hinten eine vierkantige Schlittenmutter, durch welche die mit einer Kurbel ausgestattete Vorschubspindel hindurchgeht. Mit Rücksicht auf die möglichst leichte Drehung der Hülse sind zwischen ihr und der Mutter die Kugellager u_1 und u_2 eingeschaltet. — Der Luftzutritt zum Motor erfolgt durch die beiden Kanäle g_1 und g_2 so wie durch die mit ihnen verbundenen Düsen h_1—h_3. Der Raum zwischen dem Drehkolben b und der Gehäusewandung ist durch die beiden Querbleche f_1 und f_2, die Separatoren, in zwei Teile geteilt. Der Kolben erhält seine Drehbewegung durch die Flügel c, welche auf ihm drehbar angebracht sind. In der gezeichneten Stellung geht der Flügel c_5 unter dem Separator f_5 hindurch, wird also von ihm niedergedrückt. Sein linkes Ende, die Zunge d_5, drückt gegen den verdickten Kopf e_4 des Flügels c_4, richtet also diesen Flügel auf. Die Frischluft, welche durch die Düsenöffnungen von f_1 einströmt, stößt in der Richtung des Pfeiles gegen den Flügel c_4 und erteilt so dem Kolben die Drehbewegung. Im Verlaufe der Weiterbewegung kommt c_4 an der Luftausblaseöffnung i_1 vorbei, so daß die verbrauchte Luft hier entweichen kann. Inzwischen ist aber wieder ein anderer Flügel an dem Separator f_1 vorbeigekommen und hat Frischluft erhalten. — In ähnlicher Weise erfolgt der Antrieb in der rechten Hälfte des Gehäuseraumes durch die bei f_2 einströmende und durch i_2 ausblasende Preßluft. — Die Abdichtung der Flügel gegen die Gehäusewand erfolgt durch Lederstreifen.

Zur Regelung der Umdrehgeschwindigkeit dient ein Zentrifugalregulator.

Bei der beschriebenen Maschine muß der Rückzug der Bohrspindel von Hand bewirkt werden, erfolgt deshalb sehr langsam. Mit Rücksicht hierauf ist bei einer neueren Anordnung die Bohrhülse auf ihrer Rückseite mit einem Kolben versehen, der in einem besonderen Preßluftzylinder vorwärts und rückwärts verschiebbar ist und sowohl den Vorschub als auch den Rückzug bewirkt.

Drehbohrmaschine von Schwarz (Fig. 258). Bei dieser Drehbohrmaschine werden zwei rotierende Kolben durch die Preßluft in Um-

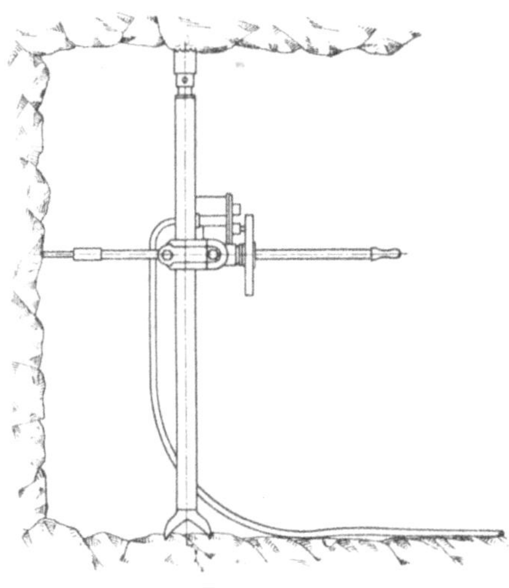

Fig. 258.
Bohrmaschine von Schwarz.

drehung versetzt und zwar mit einer Zahl von 3500 bis 4200 Umgängen in der Minute. Die Bewegung wird mittels Zahnrädergetriebes auf die Bohrspindel übertragen, welche vorn den Spiralbohrer trägt. Durch eine mittels Handhebel aus- und einzurückende Mitnehmermutter schreitet die Bohrspindel der Gewindehöhe entsprechend voran. Nach Ausrückung der Mitnehmermutter ist der Vorschub ausgeschaltet. Mit Hilfe eines Handgriffes kann man die Bohrspindel beliebig zurückziehen bzw. einstellen.

2. Druckluftdrehbohrmaschinen mit fahrbarem Motor.

Drehbohrmaschine von François (Fig. 259). Der Druckluftmotor M ist in einem besonderen fahrbaren Gestell montiert, die Über-

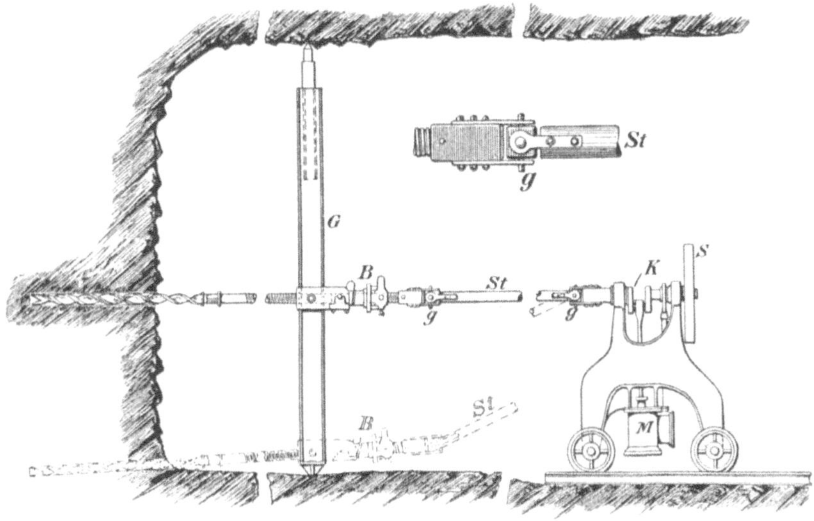

Fig. 259.
Drehbohrmaschine von François. (Aus Heise-Herbst, Lehrbuch der Bergbaukunde, Bd. I.)

Fig. 260.
Drehbohrmaschine „Westfalia“.

tragung der drehenden Bewegung erfolgt von der Hauptwelle k auf die eigentliche Bohrmaschine B durch eine Stange St., die mit Welle und Maschine durch Doppelgelenke g verbunden ist. Die eigentliche Bohrmaschine ist nach Art der Handbohrmaschinen konstruiert. Beim Vorschub des Bohrers, der auch durch eine geeignete Bremsmutter und Spindel geschieht, zieht die Spindel den fahrbaren Motor nach.

Bei Querschlagsarbeiten in mittelfestem Gebirge haben sich diese Drehbohrmaschinen zur vollen Zufriedenheit bewährt.

Drehbohrmaschine Westfalia. Die Maschinen- und Armaturen fabrik Westfalia baut auch eine drehende Gesteinsbohrmaschine mit fahrbarem Motor nach dem Françoisschen Vorbilde. Der Bau der Maschine ist aus Fig. 260 genügend deutlich ersichtlich, so daß sich eine Beschreibung erübrigt.

Dritter Abschnitt.

Elektrisch angetriebene Bohrmaschinen.

A. Gewinnung und Verteilung der Energie.

Die Einführung des elektrischen Stromes im Bergbau ist vor nicht langer Zeit in größerem Umfange erfolgt. Die Gründe, die bis dahin gegen die Einführung dieses Energieträgers sprachen, waren die, daß es einerseits noch mit größeren Schwierigkeiten verbunden war, mehrere Maschinen von einer Kraftzentrale aus in Bewegung zu setzen, andererseits bereitete die Stromübertragung selbst noch erhebliche Schwierigkeiten.

Heute sind diese Schwierigkeiten überbrückt, und ist man nunmehr bestrebt, auch geeignete elektrische Bohrwerkzeuge für den bergmännischen Betrieb zu bauen. Man kann im allgemeinen wohl zugeben, daß unsere modernen elektrischen Stoßbohrmaschinen den Druckluftstoßbohrmaschinen nicht mehr viel nachstehen. Daß ihre Einführung im größeren Maßstabe allerdings nur allmählich geschehen kann, ist selbstverständlich; denn fast alle größeren Steinkohlengruben und Erzbergwerke sind mit vielfach kilometerlangen Druckluftleitungen und umfangreichen Kompressoranlagen ausgerüstet, so daß die Anschaffung von elektrischen Bohrmaschinen dort nicht in Frage kommen kann. Anders dagegen steht es mit den elektrisch angetriebenen Drehbohrmaschinen. Die Hauptentwicklungsperiode der Kaliindustrie fiel mit derjenigen der elektrischen Bohrmaschinen zusammen. Die meisten Kaligruben haben daher auch, überzeugt von der Güte der elektrischen Bohrmaschinen, der elektrischen Kraftübertragung den Vorzug gegeben, da die Stromleitung und -verteilung gegenüber den Preßluftleitungen ohne Zweifel große Vorteile aufweist.

Der wichtigste Faktor bei der elektrischen Kraftübertragung auf verhältnismäßig große Entfernungen ist die Größe der zu wählenden

Betriebsspannung. Hierzu diene folgendes Beispiel: Es mögen zum Antriebe verschiedener Bohrmaschinen, elektrischer Förderhaspel und dergleichen insgesamt 100 Pferdestärken erforderlich sein. Die Entfernung zwischen den Verbrauchsstellen und der elektrischen Zentrale betrage ca. 10 km. Die Leitungsverluste mögen hoch gewählt 10 % betragen. (Heute im allgemeinen nicht mehr als 5 %). Die Primärmaschine müßte demzufolge folgende Strommengen liefern:

	100 PS	84 000 Watt
dazu	10 % Stromverluste	8 400 Watt
	Summa:	92 400 Watt

Dies entspricht einer Leistung von 110 PS. Sei nun der Wirkungsgrad von Dynamo und Antriebsmaschine 92 %, so wäre eine ca. 136—140 pferdige Antriebsmaschine erforderlich.

Die zweite Frage wäre nun die, wie sich die 84 000 Watt am einfachsten und billigsten zu den Verbrauchsstellen hinschaffen lassen. Hierzu sind zwei Möglichkeiten gegeben: Entweder wählt man eine hohe Spannung und dafür einen kleinen Leitungsquerschnitt oder aber eine kleine Spannung und einen großen Leitungsquerschnitt. Wie die folgende Rechnung zeigen wird, haben beide Methoden ihre Vor- und ihre Nachteile.

Bezeichnet im folgenden:
I die Stromstärke in Ampere,
E den Spannungsabfall in Volt,
W den Leitungswiderstand in Ohm,
l die Länge der Doppelleitung in Metern,
q den Querschnitt der Leitung in qmm,
s das spezifische Leitungsvermögen = 55 für Kupfer,

so ist nach folgenden Gesetzen:

$$I = \frac{E}{W}$$

$$W = \frac{l}{q \times s}$$

Aus beiden folgt

$$q = \frac{I \times l}{E \times s}.$$

Bei einer Spannung von 120 Volt würde die Stromstärke I = 700 Ampère betragen (700 × 120 = 84 000 Watt). E würde bei 10 % gleich 12 Volt sein. Es wäre also, da l = 2 × 10 000 m,

$$q = \frac{700 \times 20\,000}{12 \times 55} = 21\,212 \text{ qmm.}$$

Auf gleiche Weise sind noch die Querschnitte für die Spannungen von 1200, 2000 und 3000 Volt berechnet und die Resultate in nachstehender Tabelle zusammengestellt.

84 000 Watt auf 10 km zu übertragen:

Volt × Ampere	E	q qmm	Kosten der Leitung in Mark.
120 × 700	12	21 212	3 600 000 M
1200 × 70	120	212	360 000 M
2000 × 42	200	76,4	16 600 M
3000 × 28	300	33,9	10 000 M

Die Tabelle lehrt nun, daß niedrige Spannungen aus dem Grunde nicht zulässig sind, weil hierdurch die Leitungskosten zu erhebliche werden. Auch steht der geringe Spannungsverlust in gar keinem annehmbaren Verhältnisse zu den Mehrkosten der Anlage.

Hat man sich nun für eine Spannung von 3000 Volt entschlossen, so kommt die zweite Frage zur Entscheidung, ob Gleich- oder Wechselstrom, bzw. Drehstrom gewählt werden soll.

In den Bergwerksbetrieben, wo die einzelnen Maschinen, wie Bohrmaschinen, Förderhaspel, Ventilatoren u. dgl. nicht ununterbrochen arbeiten, vielmehr zeitweise ein sehr großer, dann aber wieder ein kleiner Kraftverbrauch zu decken ist, bietet eine Gleichstromprimäranlage den großen Vorteil, die nicht unbedeutenden Stromschwankungen durch eine Akkumulatoren-Pufferbatterie ausgleichen zu können. Demgegenüber steht aber die nachteilige Tatsache, daß Gleichstrommotore von 3000 Volt Spannung nicht als betriebssicher anzusehen sind, da sie während des Betriebes infolge von Kurzschlüssen leicht an ihrer Isolation Schaden nehmen können. Trotzdem werden aber derartige Gleichstrommotore noch gebaut. Um also sicher zu gehen, würde es erforderlich sein, den Strom von 3000 Volt Spannung, bevor er zu den Motoren zugeleitet wird, in Strom von niedriger Spannung umzuformen. Gleichstromtransformatoren sind aber vergleichsweise kostspielige und unbequeme Zwischenaggregate. Sie bestehen aus einem Gleichstrommotor, der für hohe Spannungen gebaut ist, und einer Gleichstromdynamomaschine von niedriger Spannung, die auf einer gemeinschaftlichen Welle arbeiten.

Stellen wir nun dem Gleichstrom den Wechsel- bzw. Drehstrom. gegenüber, so stoßen wir sofort auf den Nachteil dieser beiden Stromarten, daß sie sich nicht in Akkumulatoren aufspeichern lassen. Dagegen läßt Drehstrom sich um so einfacher transformieren. Die Drehstromtransformatoren sind auch gegenüber den Gleichstromtransformatoren bedeutend billiger und erfordern im Betriebe gar keine Bedienung.

Bestimmte Gesetze über die Anwendung der einen oder anderen Stromart lassen sich allgemein nicht aufstellen. Nur eine Folgerung kann aus den vorigen Überlegungen gezogen werden, daß nämlich Gleichstrom mit seinen Vorzügen für die nähere Umgebung einer Zentrale, also auch bei Gruben von nur kleiner Ausdehnung anzuwenden ist. Für größere Leitungsnetze ist der Drehstrom wohl allein brauchbar.

Man findet daher auch, daß elektrische Bohrmaschinen sowohl für Gleichstrom als auch für Drehstrom gebaut werden, letzterem jedoch heute meistens der Vorzug gegeben wird.

Was die Ausführung der elektrischen Leitungen angeht, so ist zur Hauptsache das Augenmerk auf ein gutes Kabel zu richten. Die Kabel müssen gut isoliert und gegen Feuchtigkeit geschützt sein; ferner müssen sie auch geringe Beschädigungen durch herabfallendes Gestein ertragen können.

B. Die Arbeitsmaschinen.

I. Stoßbohrmaschinen.

Die elektrischen Stoßbohrmaschinen zerfallen in zwei Gruppen, und zwar

1. Die Solenoid-Maschinen, bei denen ohne Zwischenschaltung mechanischer Triebwerke eine hin und hergehende Bewegung des Bohrers erzielt wird, und

2. die indirekt arbeitenden elektrischen Stoßbohrmaschinen, bei denen ein Motor durch geeignete Zwischenaggregate, entweder mit Hilfe einer Spiralfeder oder einer schwingenden Luftsäule, die hin und hergehende Bewegung indirekt erzeugt.

a) Direkt wirkende elektrische Stoßbohrmaschinen.

Die ersten überhaupt gebauten elektrischen Bohrmaschinen waren Solenoid-Stoßbohrmaschinen. Allerdings wiesen die Solenoid-Versuchsmaschinen von Siemens große Mängel auf, so daß lange Jahre hindurch das Solenoid-Prinzip außer acht gelassen wurde. Erst mit dem Jahre 1890 fand es neue Anhänger in Depoeles und Marvin, deren Patente von der Allgemeinen Elektrizitäts-Gesellschaft zu Berlin angekauft und verwertet worden sind.

Elekt. Stoßbohrmaschine von van Depoele (Fig. 261—266). (Nach dem Aufsatze von Heubach, Zeitschr. d. Ver. deutsch. Ing. 1901, frei wiedergegeben.) Das Prinzip dieser Maschine beruht auf der Verwendung von drei Spulen, in welchen ein Eisenkern durch Verstärkung bzw. Abschwächung der einzelnen Kraftfelder hin und herbewegt wird. Zur Speisung der äußeren Spulen dient Wechselstrom, für die mittlere pulsierender Gleichstrom, deren gemeinschaftliche Erzeugung eine besonders konstruierte Dynamomaschine erfordert. Diese Spezialdynamo, ist dadurch gekennzeichnet, daß der Strom zur Speisung der Bohrmaschinen durch drei Bürsten, von denen eine feststehend, die anderen umlaufend angeordnet sind, abgenommen wird. Fig. 261a, b und 262 zeigen die schematische Anordnung dieser Dynamo; B und C stellen die umlaufenden Bürsten, A die feststehende Bürste dar. Der Anker macht 1600 Umdrehungen in der Minute, während die Bürsten B und C sich mit nur 40 Touren pro Minute bewegen und zwar in derselben Drehrichtung wie der Anker. Wird nun zwischen A und B Strom abgenommen, so ist dies pulsierender Gleichstrom, dessen Spannung am geringsten ist, sobald sich die Bürste B an derselben Stelle wie die Bürste A, nämlich bei a (Fig. 261a, b) befindet; mit der Wanderung des Bürstenpaares B C wächst die Spannung des pulsierenden Gleichstromes bis zum größten Wert bei der Bürstenstellung d, um bei a wieder auf Null herabzusinken. Der Wechselstrom wird von den Bürsten B und C abgenommen. In dem Augenblicke, wo sich die Bürtsen in a und d befinden, ergibt sich für die Gleichstromspannung zwischen Bürste A und B der kleinste Wert, wohingegen die Wechselstromspannung ihr Maximum erreicht hat und wieder bis Null sinkt, wenn die Bürsten bis zu den Punkten b und c gelangen. Das Gleichstrommaximum entspricht also dem negativen Größtwert des Wechselstromes, der Gleichstrom-Nullwert dem positiven Größtwert des Wechselstromes. Die Periodenzahl von Gleich- und Wechselstrom ist mithin die gleiche und beträgt 400 in der Minute. Eine vierte feststehende

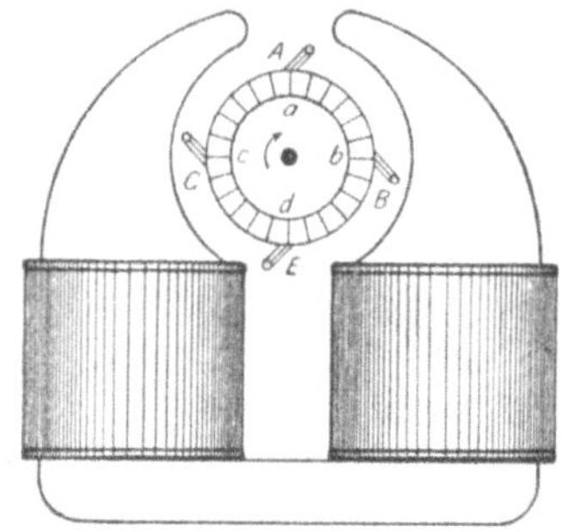

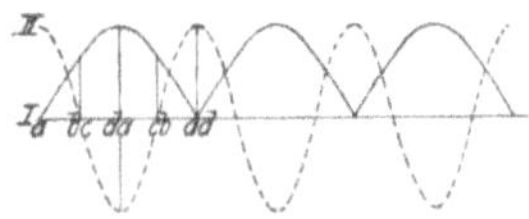

Fig. 261 a. b.

Bohrmaschine von van Depoele. (Aus Heubach, Solenoidmaschinen, Zeitschrift des Vereins deutscher Ingenieure 1901.)

Bürste E dient lediglich dazu, Gleichstrom zur Speisung der Magnete des Dynamo zu liefern.

Den Zusammenhang zwischen Dynamo und Bohrmaschine zeigt die Fig. 262. Die mittlere Spule m wird mit pulsierendem Gleichstrom gespeist; sie steht also

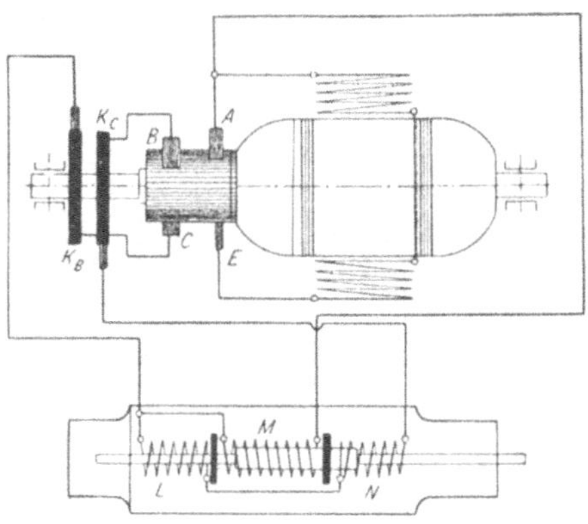

Fig. 262.

Bohrmaschine von van Depoele. (Aus Heubach, Solenoidmaschinen, Zeitschrift des Vereins deutscher Ingenieure 1901.)

mit den Bürsten A und C in Verbindung. Die seitlichen Spulen L und N erhalten dagegen Wechselstrom; sie sind hintereinander geschaltet und an die Bürsten C und B des Dynamo angeschlossen. Die beiden Wechselstromspulen sind in entgegengesetztem Sinne gewickelt; ihre Magnetisierkurven sind also um 180 Grad zueinander verschoben.

Der Kraftlinienverlauf in den Spulen während der einzelnen Bürstenstellungen ist in den Fig. 263—265 wiedergegeben. Wenn sich die beiden Wechselstrommagnetisierkurven schneiden, wird ein Feld lediglich durch die mittlere Gleichstromspule erzeugt und der Eisenkern stellt sich in die Mitte des Spulensystems ein (Fig. 263). In Fig. 264 fällt die Richtung der Kraftlinien der linken Spule mit der mittleren zusammen. Die magnetisierenden Kräfte dieser beiden Spulen addieren

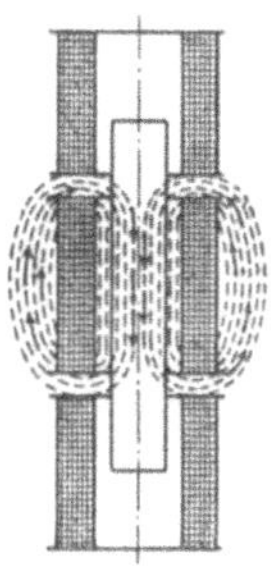
Fig. 263.

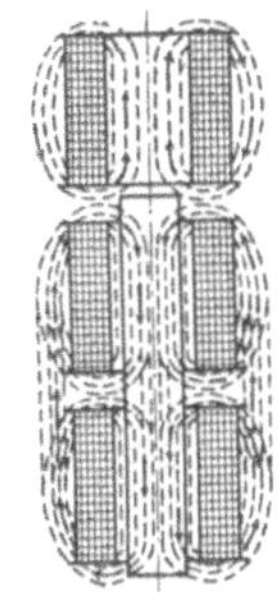
Fig. 264.

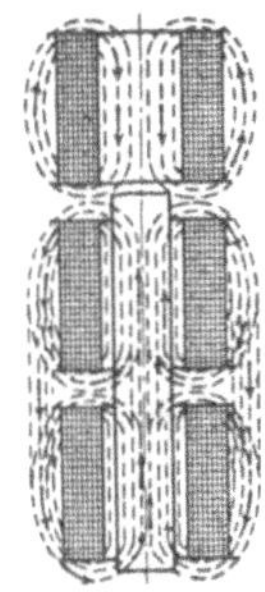
Fig. 265.

Bohrmaschine von van Depoele. (Aus Heubach, Solenoidmaschinen, Zeitschrift des Vereins deutscher Ingenieure 1901.)

sich also, während durch die rechte Spule nur ein äußerst schwaches Gegenfeld erzeugt wird, so daß sich der Eisenkern sofort in das stärkere Feld bewegt. Beim Abfallen der Stromstärke überwiegt die magnetisierende Kraft der Gleichstromspule; der Eisenkern bewegt sich also wieder in seine Mittellage, um dann bei entgegengesetzter Wechselstromrichtung, Fig. 265, nach der rechten Spule zu wandern. Durch diesen dauernden Wechsel der Kraftfelder wird der Bohrer hin und herbewegt.

Da nun aber die Magentisierkurven der beiden Wechselstromspulen um 180° zueinander verschoben sind, so fällt ihr größter Wert für die eine Spule mit der stärksten Magnetisierung der mit pulsierendem Gleichstrom gespeisten Spule zu-

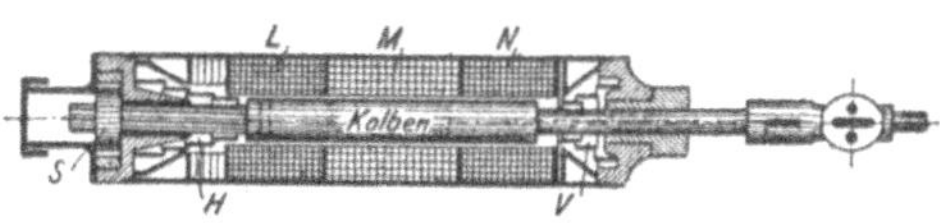

Fig. 266.

Bohrmaschine von van Depoele. (Aus Heubach, Solenoidmaschinen, Zeitschrift des Vereins deutscher Ingenieure 1901.)

sammen, während sich das Minimum der letzteren mit der stärktsen Magnetisierung der anderen Wechselstromspule deckt. Infolgedessen werden die magnetischen Kräfte der vorderen und hinteren Spule stets verschieden sein. Die stärkere magnetische Kraft ist in die vordere Spule verlegt, um einen stärkeren Vorstoß des Bohrers zu erzielen. Im Betriebe zeigte sich nun aber bald, daß durch diese Anordnung die magnetische Kraft, welche das Zurückziehen des Bohrers zu besorgen hat, nicht immer ausreicht und ganz besonders bei einem etwaigen Festklemmen des Bohrers versagt. Diesen Nachteil beseitigt die Solenoid-Bohrmaschine von Marvin.

Stoßbohrmaschine von Marvin. Die Marvinsche Solenoid-Bohrmaschine ist nur mit zwei Spulen ausgerüstet, denen abwechselnd

Wechselstrom von niedriger Periodenzahl zugeführt wird. Ein Spezialdynamo in dem Sinne wie bei der Maschine von Depoele ist also nicht erforderlich. Figur 267 zeigt einen Längsschnitt der Marvinschen Maschine in einer Ausführung der Union-Elektrizitäts-Gesellschaft. Der

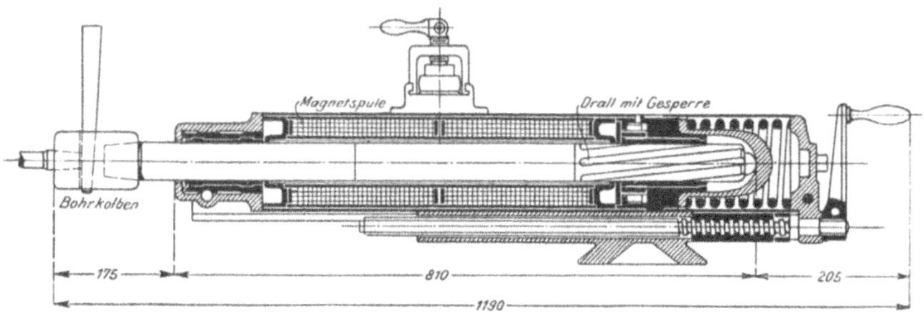

Fig. 267.
Bohrmaschine von Marvin. (Aus Heubach, Solenoidmaschinen, Zeitschrift des Vereins deutscher Ingenieure 1901.)

Eisenkern trägt vorn den Bohrer, während er hinten mit Drallzügen versehen ist, die sich in einer Drallmutter mit Gesperre bewegen und hierdurch die Umsetzung des Bohrers bewirken. Das Vorschieben der Maschine erfolgt in gleicher Weise wie bei den meisten Druckluftstoßbohrmaschinen unter Verwendung eines Schlittens, einer Schraubenspindel und Kurbel.

b) Indirekt wirkende elektrische Stoßbohrmaschinen.

Stoßbohrmaschine der Siemens Schuckert-Werke mit tragbarem Motor (Fig. 268 a—f). Die in den Lagern a und b (Fig. 268a) geführte, vorn zur Aufnahme des Bohrers eingerichtete hohle Stoßstange s liegt in dem rahmenartigen Schlitten c d e f, der durch die

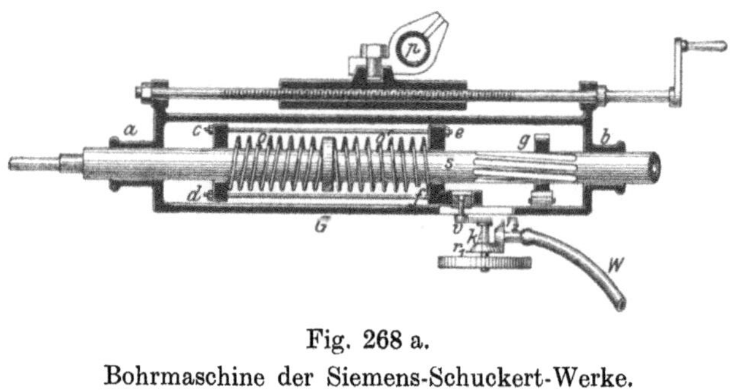

Fig. 268 a.
Bohrmaschine der Siemens-Schuckert-Werke.

Nasen n n_1 (Fig. 268 b) Führung in im Gehäuse G eingehobelten Nuten findet. Im Deckel h des Schlittens (Fig. 268 c und e) ist die Kurbelschleife i zur Aufnahme des um die Warze der Kurbel drehbaren Steines l ausgesparrt, so daß bei der Drehung der Kurbel der Schlitten hin und hergeschoben wird. Diese Bewegung macht die Stoßstange s mit, die mittels der beiden Federn o o_1 mit dem Schlitten elastisch verbunden ist.

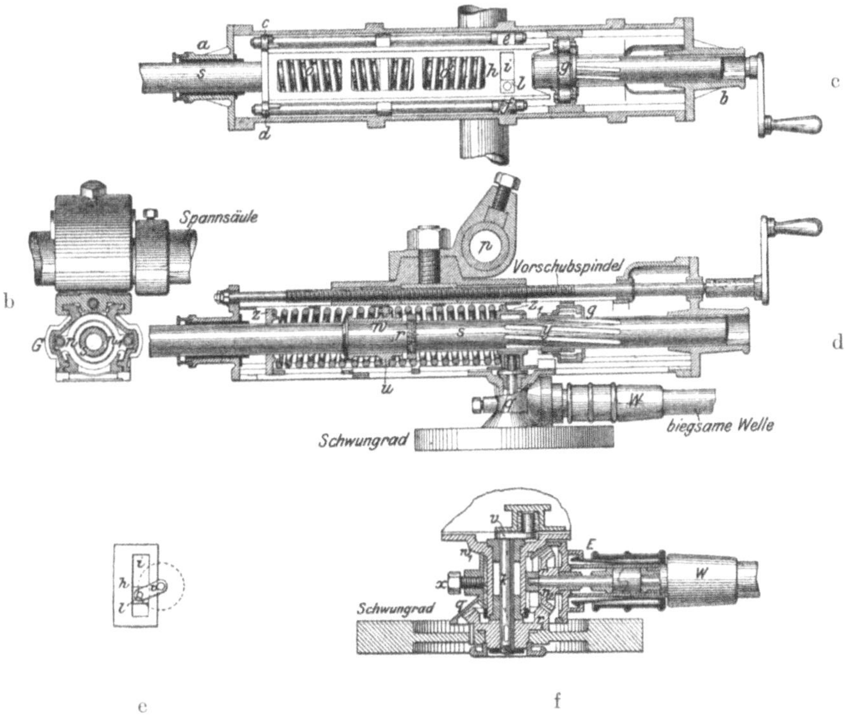

Fig. 268 b—f.
Bohrmaschine der Siemens-Schuckert-Werke.

Die Federn sitzen zwischen den Ringen u (Fig. 268 d) der Stoßbüchse w und den Deckeln z z_1. Die Mutter r verhindert das Lösen der Stoßbüchse. In den Endstellungen bewegt sich die Stoßstange über diese hinaus und drückt die eine Feder zusammen, während sich die andere ausdehnt. Man nennt dieses kleine Wegestück den Durchschlag. Er wächst mit der Hubzahl und ist hinten und vorn gleich groß. Den Schlag gegen das Gestein übt also nicht die Kurbel, sondern die lebendige Kraft der Stoßstange aus. Der Antrieb der mit dem Schwungrad versehenen Kurbelwelle k (Fig. 168 f) erfolgt mittels konischen Getriebes r_1 r_2 durch eine biegsame Welle W, die bei E mit Hilfe einer Klauenkupplung angesetzt wird. Das das Räderpaar aufnehmende Gehäuse q (Fig. 168 f) ist um den Stutzen w_1 drehbar und kann durch die Druckschraube x in jeder Lage festgestellt werden. Das Umsetzen des Bohrers geschieht in bekannter Weise mit der Drallspindel y und mit dem bei g sitzenden Sperrrade nebst Sperrklinken (Fig. 268 d). Die Bohrer können von rückwärts durch die Stoßstange eingeführt und ausgewechselt werden.

Den zu dieser Bohrmaschine gehörenden tragbaren Motor zeigen die Figuren 269 a und b. Die Verbindung von Motor und Maschine erfolgt,

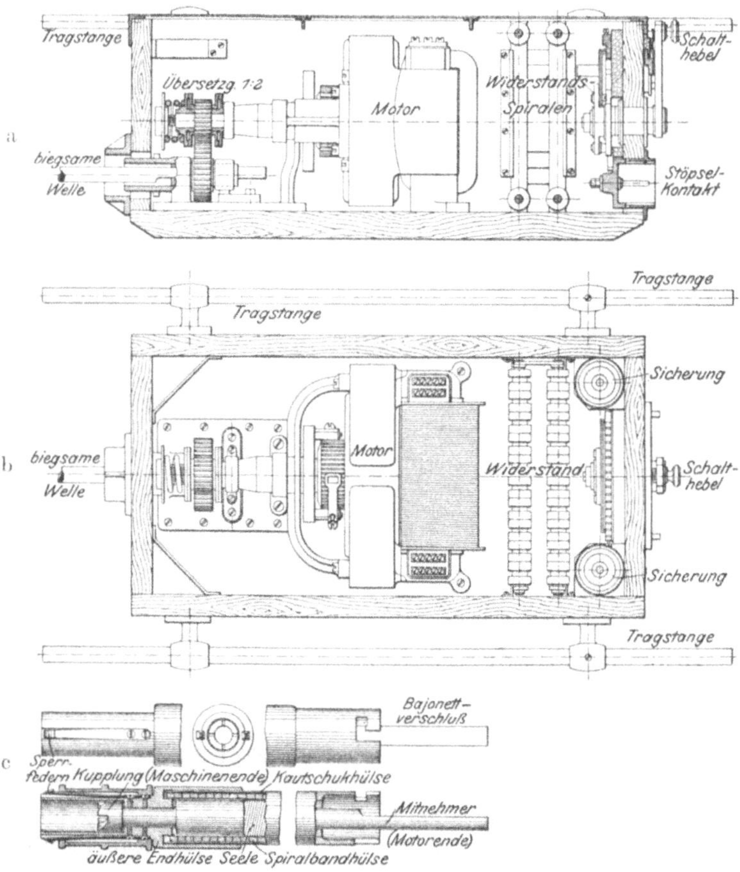

Fig. 269 a—c.
Motor- und Wellenkupplung zur Bohrmaschine der Siemens-Schuckert-Werke.

wie bereits erwähnt, durch eine biegsame Welle, die aus zwei ineinandergesteckten eng gewundenen Stahldrahtspiralen besteht. Die Welle ist an ihrem einen Ende mit einer Klauenkupplung (Fig. 269 c), an ihrem anderen Ende mit einem längsgeschlitzten Mitnehmer versehen.

Elektrische Stoßbohrmaschine mit aufgebautem Motor der Siemens-Schuckert-Werke (Fig. 270 a—e). Um den lästigen Transport der verschiedenen Teile einer kompletten Bohreinrichtung vorigen Systemes zu vermeiden, ferner um die äußerst empfindliche biegsame Welle in Fortfall zu bringen, sind die Siemens-Schuckert-Werke dazu übergegangen, den Motor direkt mit der eigentlichen Bohrmaschine zu verbinden.

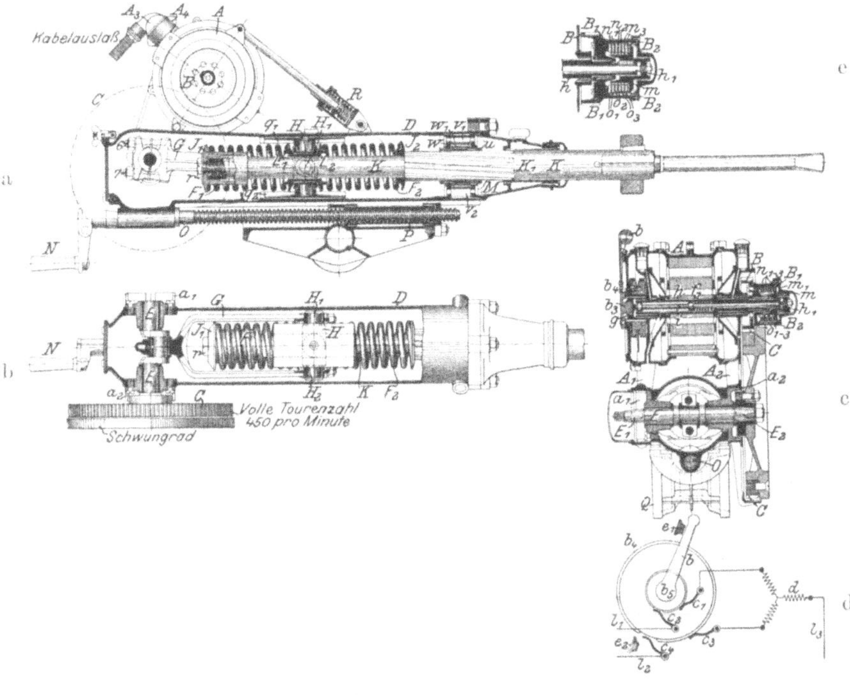

Fig. 270 a—e.
Bohrmaschine der Siemens-Schuckert-Werke.

Die Maschine besteht aus dem Motor A samt Anlaßvorrichtung (Fig. 270 a), dem Zahnradvorgelege B C, dem Kurbelgetriebe und Schlagwerke, der Umsetzvorrichtung M und der in der bekannten Weise konstruierten Vorschubeinrichtung N O P. Der einpferdige Drehstrommotor ist mittels der Arme A_1 A_2 (Fig. 270 c) auf den zylindrischen Lagerschildern a_1 a_2 der Welle schwingend gelagert und durch einen Doppelpuffer R elastisch gestützt. Der Ausschalter besteht aus einer am Umfange mit zwei metallenen Schleifringen versehenen drehbaren Holztrommel b_4 (Fig. 270 d). Die Stromzuführung wird durch feststehende Kontakte c_1 c_2 c_3 c_4 bewirkt, bzw. unterbrochen. Ein flacher Ansatz b_3 (Fig. 270 c) von b greift in einen entsprechenden Schlitz einer im Motorgehäuse liegenden Druckschraube g ein. Eine Drehung von b bewirkt somit auch eine Drehung von g, womit auch eine achsiale Verschiebung von g verbunden ist, die auf eine in der hohlen Ankerwelle h bewegliche, von der Kupplungsfeder f_1 gegen g gepreßte Spindel i übertragen wird. Mit dem zweiten Ende von i ist ein auf h mittels eines Laufkeiles h_1 verschiebbarer Lamellenträger m verschraubt (Fig. 270 c und e). Auf diesem sind zwei Systeme von ringförmigen Kupplungslamellen angeordnet; das eine System n_1 n_2 n_3 ist durch einen in die Nuten dieser Lamellen eingreifenden Keil m_1 mit m verbunden; das zweite System o_1—o_3 hat größeren Innen- und Außendurchmesser und ist durch einen zweiten Laufkeil B_2 und die mit dem Zahnrade B verschraubte Büchse B_1 mit B verbunden. B ist durch die Büchse B_1 lose drehbar auf h gelagert und folgt der Drehung von h nur nach Maßgabe des durch den Druck von Feder f_1 hervorgerufenen Reibungsmomentes. Beim Einschalten der Maschine geht die Druckschraube g zurück und es entsteht ein steigender Achsialdruck zwischen den Kupplungslamellen, so daß man also in der verschiedenen Stellung von b ein Mittel zur Regulierung des übertragbaren Drehmomentes und der Umlaufgeschwindigkeit hat. Bei Überlastung der Maschine tritt Gleiten der Kupplung ein. Die Drehung von Zahnrad C überträgt sich durch die doppelt gelagerte Kurbelwelle E (Fig. 270 a und b) und die Pleuelstange G auf den Kreuzkopf H F und den Stoßkolben K des Schlagwerks.

Im übrigen stimmt der Bau der Maschine mit der im vorigen beschriebenen überein.

Die soeben beschriebene Maschine ist durch neuere Modelle verbessert worden; es genügt aber die Beschreibung des älteren Modelles zum Verständnisse des Systemes im allgemeinen.

Nach dem Vorbilde der Siemens-Schuckert-Werke sind heute noch verschiedene andere Maschinenfabriken (Maschinen- und Armaturenfabrik Westfalia, Maschinenfabrik Montania, Maschinenfabrik Wagner & Püschel usw.) dazu übergegangen, elektrische Stoßbohrmaschinen mit aufgebautem Motor zu bauen; diese weisen aber keine wesentlichen Besonderheiten auf und sollen an dieser Stelle nicht im einzelnen beschrieben werden.

c) Elektropneumatische Stoßbohrmaschinen.

Die sogenannten elektropneumatischen- oder Pulsatormaschinen beruhen auf der Idee, die Energie eines Elektromotors durch eine schwingende Luftsäule auf die Bohrmaschine zu übertragen. Als eigentliche Bohrmaschinen gelangen einfache Druckluftstoßbohrmaschinen zur Verwendung.

Die Idee dieser Pulsatormaschinen finden wir in Patenten der Siemens-Schuckert-Werke aus dem Jahre 1900 niedergelegt. Genannte Gesellschaft hat jedoch den Gedanken nicht weiter verfolgt, bis er von der Ingersoll-Rand Company aufgegriffen wurde, die nunmehr konstruktiv gut durchgeführte elektropneumatische Bohrmaschinen baut. die sich im Betriebe auch vorzüglich bewährt haben.

Elektropneumatische Bohrmaschine Bauart Temple-Ingersoll (Fig. 271 a—c). In zwei nebeneinanderliegenden Zylindern (Fig. 271 a, b) bewegen sich zwei Kolben, die von einer doppelt gekröpften Welle d aus durch Pleuelstangen abwechselnd auf und abwärts bewegt werden; wenn also der eine Kolben seine oberste Stellung eingenommen hat, befindet sich der andere in seiner untersten Lage. Die Welle d wird von dem Elektromotor a durch Vermittlung eines Zahnradvorgeleges angetrieben.

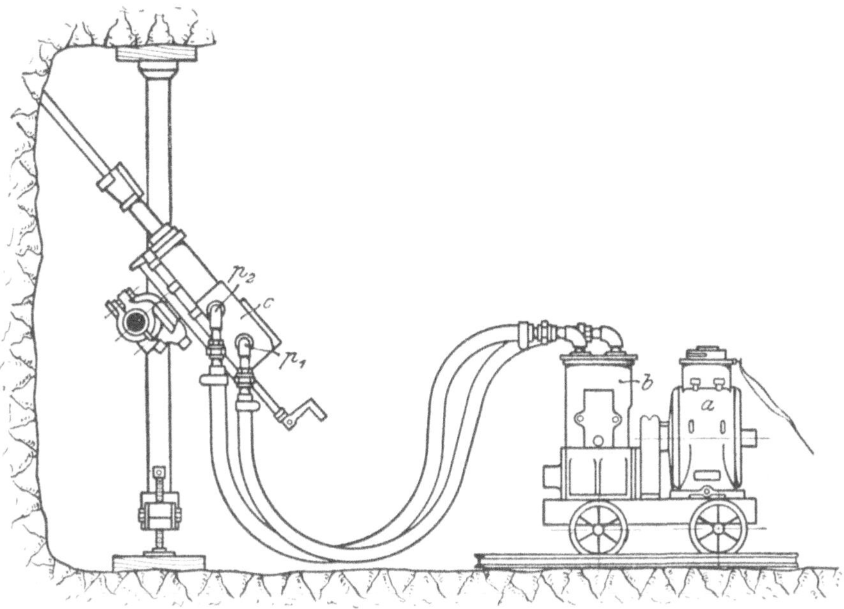

Fig. 271 a.
Elektropneumatische Bohrmaschine. (Aus Herbst, Über Gesteinsbohrmaschinen, Zeitschrift des Vereins deutscher Ingenieure 1910.)

Die beiden oberen Zylinderräume des Pulsators werden durch Schläuche mit dem vorderen und hinteren Zylinderraume der eigentlichen Bohrmaschine verbunden (Fig. 271 a, b). Bei jedem Kolbenspiel wird nunmehr der nach obenhin bewegte Kolben die Luft komprimieren und vor eine Fläche des Kolbens der Bohrmaschine drücken, während der nach abwärts bewegte Kolben die Luft aus der anderen Zylinderhälfte der Bohrmaschine ansaugt. Durch die wechselnden Druckdifferenzen auf der vorderen und hinteren Kolbenfläche der Bohrmaschine wird der Kolben dauernd hin und herbewegt.

Da nun aber kleine Luftverluste durch Undichtigkeiten nie zu vermeiden sind, ist es erforderlich, ständig eine kleine Menge Frischluft in den Kreisprozeß einzuführen. Zu diesem Zwecke ist der linke Kolben e_2 des Pulsators als Differentialkolben ausgebildet. Beim Aufwärtsgange dieses Kolbens wird durch ein Ventil, welches aus der Figur nicht zu ersehen ist, atmosphärische Luft in den ringförmigen Raum eingezogen, diese beim Niedergange des Kolbens verdichtet und durch ein zweites

Ventil und den Kanal f in den unteren Raum g des Pulsators gedrückt. Von dort entweicht die Luft durch ein kleines Ventil h in den oberen rechten Zylinderraum, um nun mit in den Kreisprozeß aufgenommen werden zu können. Sobald der Druck in dem Gehäuse g ein bestimmtes

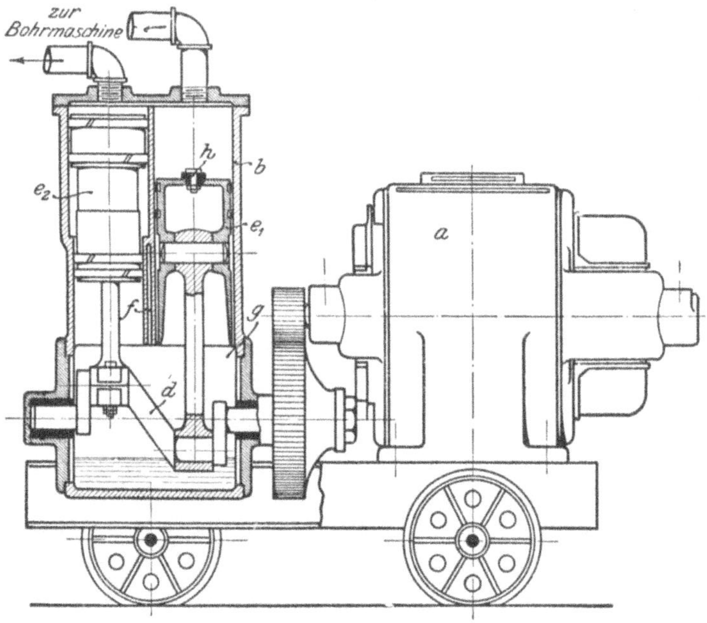

Fig. 271 b.
Pulsator der elektropneumatischen Bohrmaschine. (Aus Herbst, Über Gesteinsbohrmaschinen, Zeitschrift des Vereins deutscher Ingenieure 1910.)

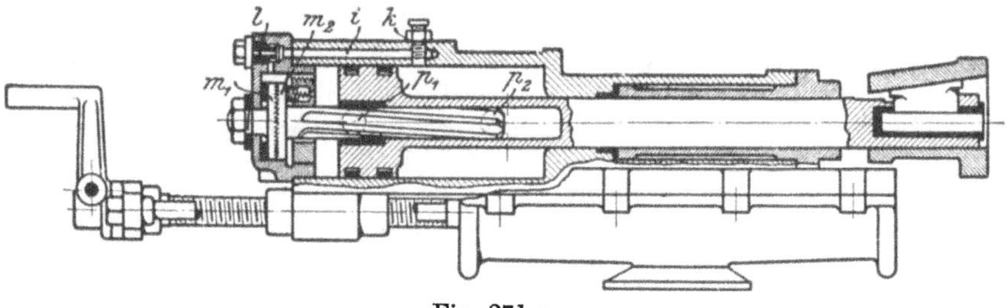

Fig. 271 c.
Bohrmaschine zur elektropneumatischen Bohrmaschine. (Aus Herbst, Über Gesteinsbohrmaschinen, Zeitschrift des Vereins deutscher Ingenieure 1910.)

Maß erreicht hat, löst die gespannte Luft ein Federventil aus und sperrt damit den Zutrittskanal der atmosphärischen Luft so lange ab, bis die Spannung im Gehäuse wieder gesunken ist.

Die Schmierung der bewegten Teile des Pulsators und der Bohrmaschine geschieht dadurch, daß in dem Gehäuse g Öl eingegossen wird.

Durch die gekröpfte Welle wird dasselbe in dem unteren Raum zerspritzt, und die feinen Öltröpfchen werden durch die Druckluft mitgerissen.

II. Elektrische Drehbohrmaschinen.

Elektrische Drehbohrmaschine mit aufgebautem Motor von Reez (Maschinenfabrik in Peine). Der Elektromotor M (Fig. 272 a, b) wird durch einen Schalter in Gang gesetzt; die Stromzuführung erfolgt durch ein Kabel mit Stecker und Steckdose. Der Schalter ist als Umschalter ausgebildet, so daß sowohl bei Drehstrom als auch bei Gleichstrom der Anschluß der einzelnen Phasen bzw. die Stromrichtung gleichgültig ist. Das auf der Motorwelle sitzende Ritzel 1 treibt das auf der Vorlegewelle 20 aufgekeilte Zahnrad 2 an. Von der Vorlegewelle 20 aus wird durch das Räderpaar 3 und 5 die Bohrspindel 9, durch das Räderpaar 4 und 6 die Spindelmutter 11 angetrieben. Das Rad 5 kann jedoch die Spindel nur mittels der Klauenkuppelung 16—17 antreiben; die Übertragung erfolgt zunächst auf die Klauenscheibe 16, dadurch auf das mit derselben verkeilte Mitnehmerrohr 12 und von diesem vermittels des eingesetzten Keilstückes 15 auf die Bohrspindel 9. Zwischen dem Rade 5 und der Scheibe 16 ist eine starke Feder 18 eingebaut. Die hintere Stirnfläche der im Gehäuse festsitzenden Laufbüchse 13, sowie die vordere Stirnfläche des auf dem Mitnehmerrohr 12 befestigten Ringes 14 sind mit einer leichten Verzahnung versehen.

Das Rad 4 ist auf der Vorgelegewelle nicht aufgekeilt, sondern wird durch eine Lamellen-Reibungskupplung mitgenommen. Der Druck auf die abwechselnd mit der Welle 20 und der Büchse 21 verbundenen Lamellen und damit auch das durch die Kupplung übertragbare Drehmoment wird bestimmt durch die Anspannung der Druckfeder 22. Die Lamellenkupplung treibt zunächst die Büchse 21, welche mit dem Kranz des Rades 4 verschiebbar verkeilt ist. Die Büchse 21 hat einen angedrehten Konus, dem im Gehäusedeckel 8 ein entsprechender Ring 24 gegenübersitzt.

Beim Inbetriebsetzen des Motors sind Bohrer und Bohrspindel 9 noch nicht unter Druck. Infolgedessen schiebt die Feder 18 das Mitnehmerrohr 12 nach vorn, sodaß die Klauen der Kupplung 16—17 außer Eingriff kommen. Gleichzeitig werden dadurch die Verzahnungen des Ringes 14 und der Büchse 13 ineinandergepreßt, sodaß das Mitnehmerrohr 12 und damit auch die Spindel 9 festgehalten werden. Die Mutter 11 dagegen wird durch die Räder 4 und 6 gedreht; da diese Drehung rechts erfolgt, muß demnach die mit linksgängigem Gewinde versehene Spindel 9 sehr schnell ohne Drehung vorschieben. In dem Augenblick jedoch, wo die Spitze des Bohrers auf das Gestein aufstößt, kommen der Bohrer, die Bohrspindel 9 und die Mutter 11 unter Druck; über das Kugellager wirkt der Druck auf die Feder 18 und preßt dieselbe zusammen. Dadurch wird die Klauenkupplung 16—17 eingerückt und

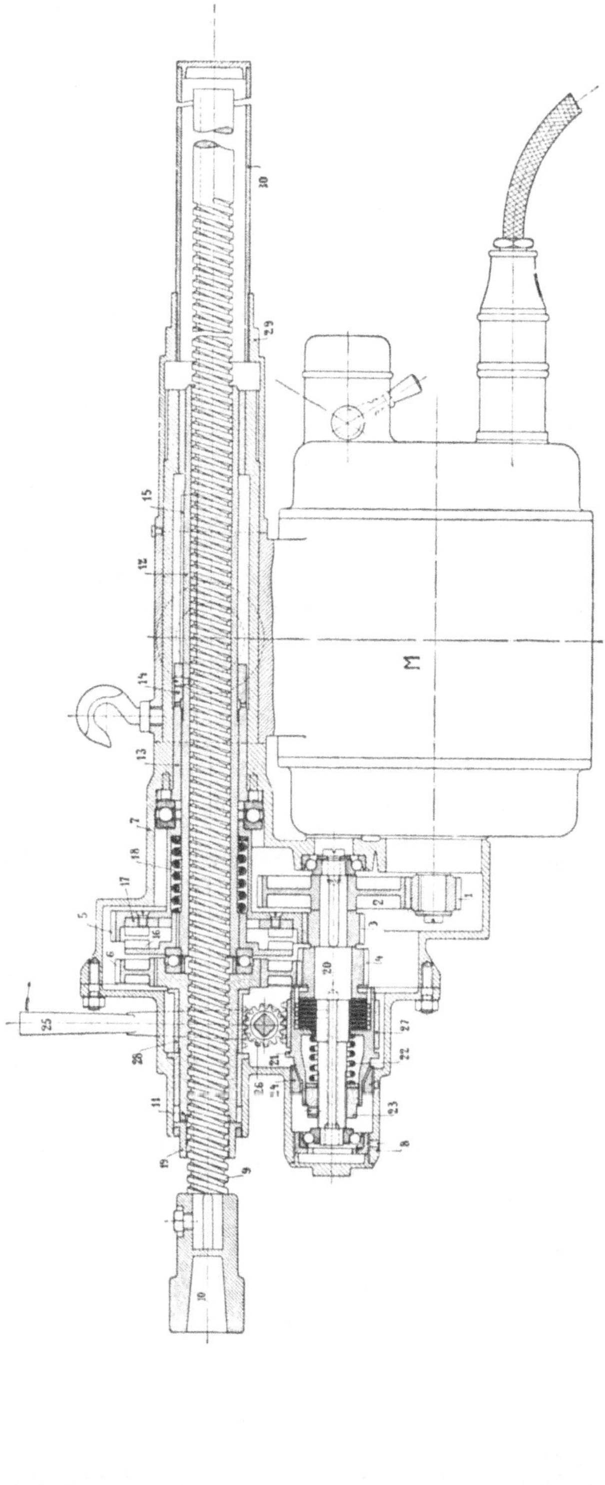

Fig. 272 a.
Elektrische Drehbohrmaschine von Reez.

gleichzeitig auch durch das Zurückdrängen des Ringes 14 die Bremsung der Spindel aufgehoben. Nunmehr wird der Bohrer mit der normalen Differenz zwischen den Umdrehungszahlen von Spindel und Mutter

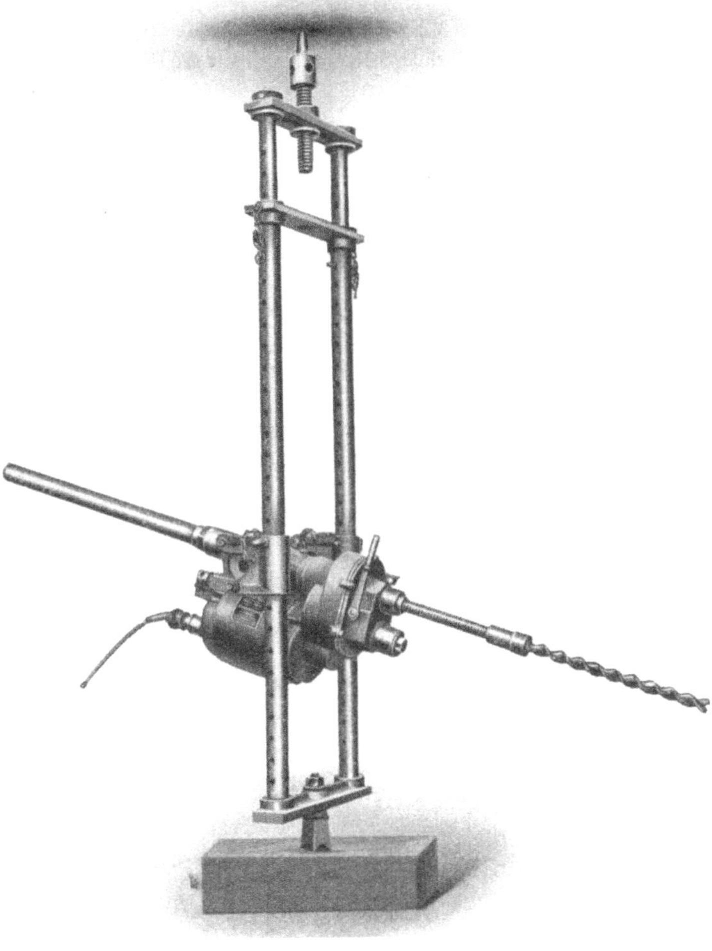

Fig. 272 b.
Elektrische Gesteins-Drehbohrmaschine von Reez an der Spannsäule.

und der Steigung des Spindelgewindes entsprechenden Geschwindigkeit vorgeschoben. Trifft der Bohrer auf härteres Gestein, welches er nur langsamer durchdringen kann, so wird der Druck in den Gewindegängen zwischen Spindel und Mutter größer, und damit wächst auch das zum

Drehen der Mutter erforderliche Moment. Die Flächen der für normalen Vorschub eingestellten Reibungskupplung beginnen aufeinander zu schleifen; hierdurch wird die Tourenzahl der Vorschubmutter und somit auch der Vorschub des Bohrers verkleinert, bis die harte Schicht durchbohrt ist. Ist die Spindel abgelaufen, so wird der Vorschub automatisch aufgehoben.

Zum schnellen Zurückziehen des Bohrers wird der Steuerhebel 25 und damit auch das Rad 26 in der durch einen Pfeil gekennzeichneten Richtung bewegt. Dadurch wird auf der Vorgelegewelle 20 mittels des verzahnten Steuerringes 27 die Hülse 21 nach links verschoben. Die Feder 22 wird weiter zusammengedrückt, ihre Wirkung auf die Lamellen also vollständig aufgehoben, sodaß die Kupplung ausgeschaltet ist. Bei einer Fortsetzung der Steuerhebelbewegung wird der Konus der Hülse 21 in den Ring 24 gepreßt und dadurch zunächst die Hülse und damit auch die Räder 4 und 6 sowie die Mutter 11 gebremst und stillgesetzt. Gleichzeitig ist aber auch durch den Steuerhebel der Ring 28 gegen die Mutter 1 gedrückt; die Feder 18 kann deshalb die Mutter 11 und das Mitnehmerrohr 12 nicht nach vorn drücken und die Kupplung 16—17 nicht entkuppeln. Somit bleibt die Drehung der Spindel bestehen; dieselbe schraubt sich mit hoher Tourenzahl in der stillgesetzten Mutter zurück und zieht den Bohrer aus dem Bohrloch heraus. Stößt beim Zurückgang der Spindel der Spindelkopf 10 an den festen Anschlagring 19, so muß sich die Mutter auf der Spindel nach vorn schrauben, wobei durch Zurückdrücken des Steuerhebels der Rückgang selbsttätig beendet wird. Beim Loslassen tritt der Vorschub wieder in Tätigkeit.

Elektrische Drehbohrmaschine der Siemens-Schuckert-Werke. Die Siemens-Schuckert-Werke bauen ihre elektrischen Dreh-

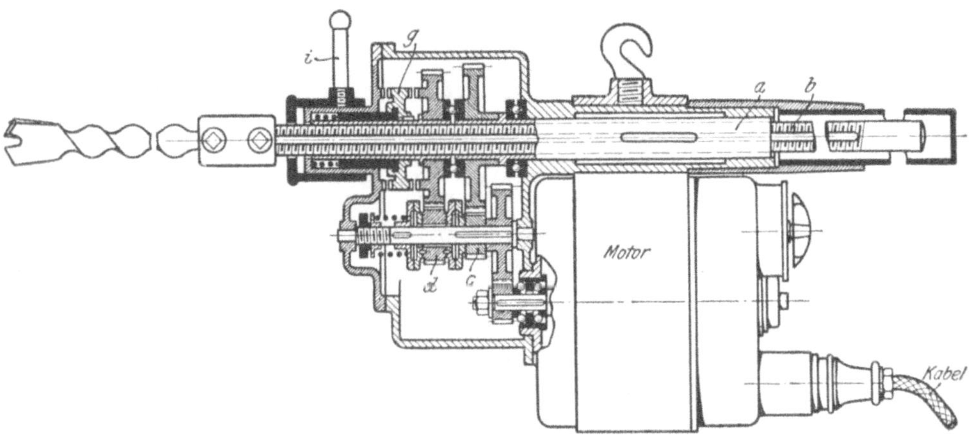

Fig. 273.

Bohrmaschine der Siemens-Schuckert-Werke. (Aus Herbst, Über Gesteinsbohrmaschinen, Zeitschrift des Vereins deutscher Ingenieure 1910.)

bohrmaschinen sowohl für Antrieb mit biegsamer Welle, als auch mit unmittelbarem Motorantrieb (Fig. 273).

Eine Hülse a (Fig. 273) wird dauernd mit Hilfe eines Kegelradgetriebes rotiert. In derselben spielt die Spindel b vermittels Nut und Feder; die Spindel macht also die drehende Bewegung der Hülse mit. Diese Drehbewegung wird durch die Zahnräder c, d, und e auf das lose laufende Stirnrad f übertragen. Letzteres ist mit Kuppelzähnen versehen, in welche für gewöhnlich durch den Druck einer Spiralfeder die Zähne des doppelseitigen, auf der Spindelmutter sitzenden Kuppelrades g eingreifen. Ist dies der Fall, so dreht sich die Mutter in derselben Richtung wie die Spindel, jedoch mit höherer Tourenzahl, und schiebt die Spindel langsam voran.

Um die Spindel schnell zurückziehen zu können, ist das Kuppelrad mit Hilfe des Griffes l nach links zu bewegen und mit Kuppelzähnen, die im Gehäuse vorgesehen sind, in Eingriff zu bringen. Hierdurch steht die Mutter fest und die Spindel dreht sich mit ihrer vollen Geschwindigkeit, die aus ihrer Ganghöhe folgt, zurück. Ein Reversiermotor ist also nicht erforderlich.

Die Regelung des Vorschubes entsprechend dem Widerstande des Gesteins erfolgt durch ein Reibungsrad; dieses wird durch eine Feder, deren Spannung von Hand aus geregelt werden kann, gegen das Stirnrad d angepreßt. Wird der Widerstand auf der Bohrlochsohle zu groß, so wird das Zahnrad neben dem Friktionsrade schleifen, ohne es mit der vollen Geschwindigkeit mitnehmen zu können.

Elektrische Drehbohrmaschine der Allgemeinen Elektrizitäts-Gesellschaft, Berlin (Fig. 274). Bei der elektrischen Dreh-

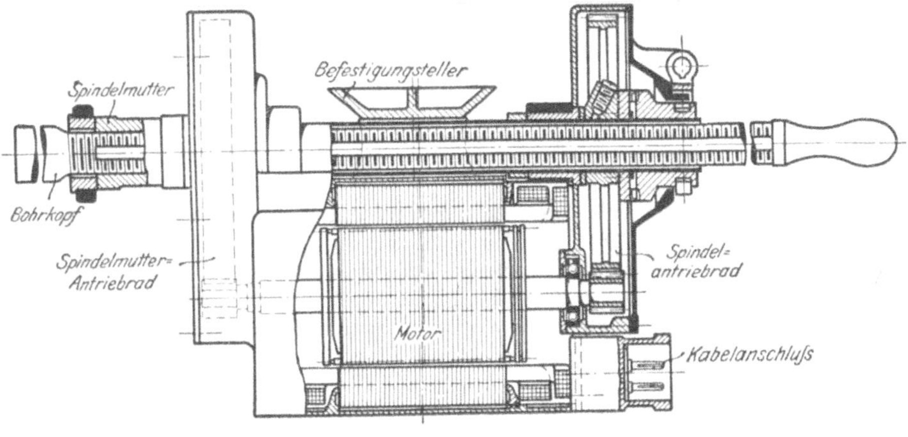

Fig. 274.
Bohrmaschine der AEG. (Aus Herbst, Über Gesteinsbohrmaschinen, Zeitschrift des Vereins deutscher Ingenieure 1910.)

bohrmaschine der A. E. G. finden wir getrennten Antrieb der Spindel und der Spindelmutter. Auf der nach beiden Seiten hin verlängerten

Motorwelle sitzen kleine Ritzel, die in größere Stirnräder eingreifen. Das hintere Stirnrad spielt mit einem Keile in der Nut der Spindel; das vordere ist dagegen auf der Spindelmutter fest aufgekeilt. Da nun durch die Wahl des Übersetzungsverhältnisses auf die Mutter eine größere Tourenzahl entfällt, schiebt diese die Spindel langsam vor. Das Zurückziehen der Spindel erfolgt durch Ausschalten des linken Ritzels und Festbremsen der Mutter in bekannter Weise.

Elektrische Drehbohrmaschine von Bornet (Fig. 275 a—c). Drei Drehstrommotore a_1—a_3 sind auf einem Wagen aufgebaut, von welchen aus die drehende Bewegung durch starre Wellen b_1—b_3 mit Doppelgelenken (Fig. 275 b) auf die eigentliche Bohrmaschine übertragen wird.

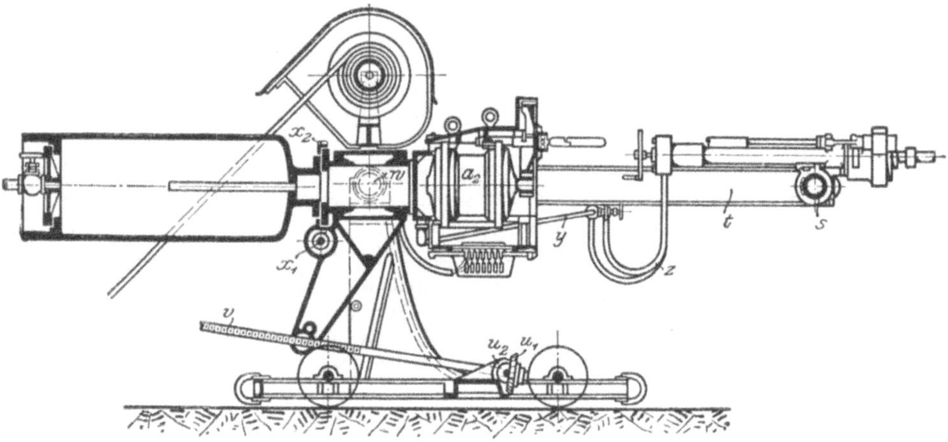

Fig. 275 a.

Bohrmaschine von Bornet. (Aus Herbst, Über Gesteinsbohrmaschinen, Zeitschrift des Vereins deutscher Ingenieure 1910.)

Einen Längsschnitt durch die Bornetsche Bohrmaschine gibt Fig. 275 c wieder. Ein Ritzel greift in das Stirnrad c ein; letzteres sitzt auf der Mutterbüchse d und überträgt auf diese die drehende Bewegung durch einen Keil, der in einer Längsnut der Mutterbüchse spielt. Der Bohrer ist mit der Mutterbüchse fest verbunden. Die Spindel e wird zusammen mit der Mutterbüchse d und dem Bohrer durch die Feder f gegen das Gestein gepreßt.

Der Vorschub regelt sich automatisch; wenn der Widerstand des Gesteins zu groß wird, schiebt die Mutterbüchse die Spindel nach rückwärts und spannt die Feder f. Hierdurch wird der an der Kurbel g befestigte Anschlagstift h ausgelöst, so daß nunmehr die Spindel sich mitsamt der Mutter dreht. Erst wenn die Spannung der Spiralfeder f den Bohrdruck übersteigt, wird der Stift wieder zum Einschnappen gebracht.

Bezüglich des Bohrwagens in Fig. 275 a ist noch zu bemerken, daß er hinten einen Wasserkasten trägt, der sowohl zum Ausbalancieren des ganzen Gerüstes wie auch zur Wasserspülung dient.

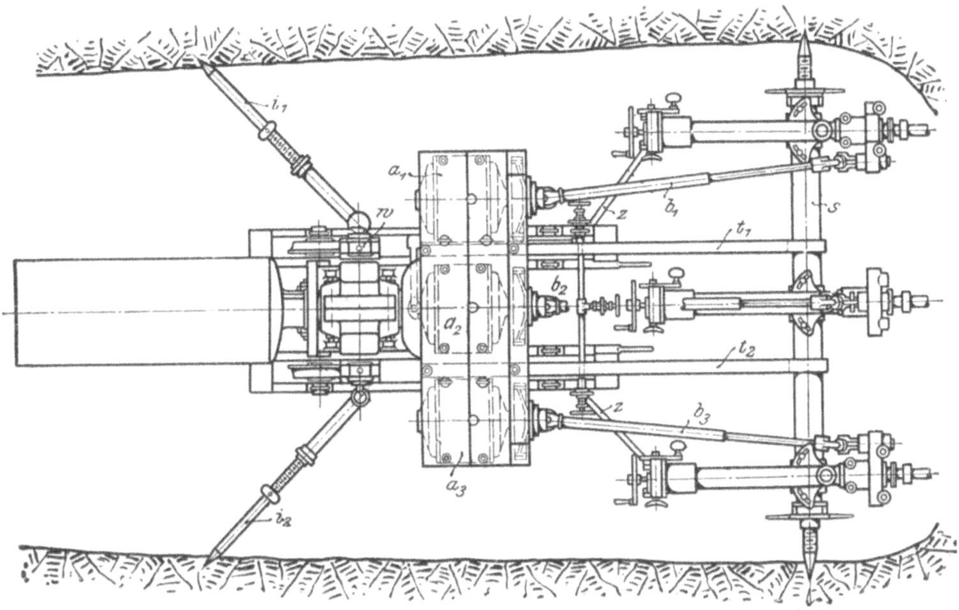

Fig. 275 b.
Bohrmaschine von Bornet. (Aus Herbst, Über Gesteinsbohrmaschinen, Zeitschrift des Vereins deutscher Ingenieure 1910.)

Infolge der kräftigen Bauart der Maschine ist dieselbe auch für härteres Gestein geeignet.

Diamant - Drehbohrmaschine von Lange, Lorcke & Co. in Brieg, Bez. Breslau (Fig. 276). Diese elektrische Drehbohrmaschine ist im oberschlesischen Bergbau mehrfach zur größten Zufriedenheit angewandt worden. Sie ist ganz besonders für hartes Gestein bestimmt. Aus diesem Grunde ist auch eine Diamantbohrkrone vorgesehen.

Besonders bemerkenswert gegenüber den anderen elektrischen Drehbohrmaschinen ist nur der Handvorschub (Kurbel h und Kegelradgetriebe k_1 und k_2), der aus dem Grunde gewählt ist, weil man glaubte, daß ein automatischer Vorschub der Empfindlichkeit der Diamantkrone nicht genügend Rechnung trüge. In der Figur bedeuten: a das hohle Bohrgestänge, b die Vorschubmutter, c den Lagerkegel, d die Bohrspindel, e die Spülleitung, f die Stirnrädergetriebe und g den Motor.

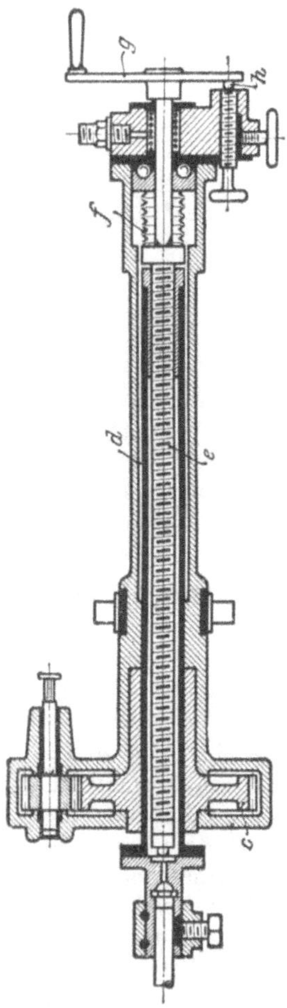

Fig. 275 c.
Bohrmaschine von Bornet. (Aus Herbst, Über Gesteinsbohrmaschinen, Zeitschrift des Vereins deutscher Ingenieure 1910.)

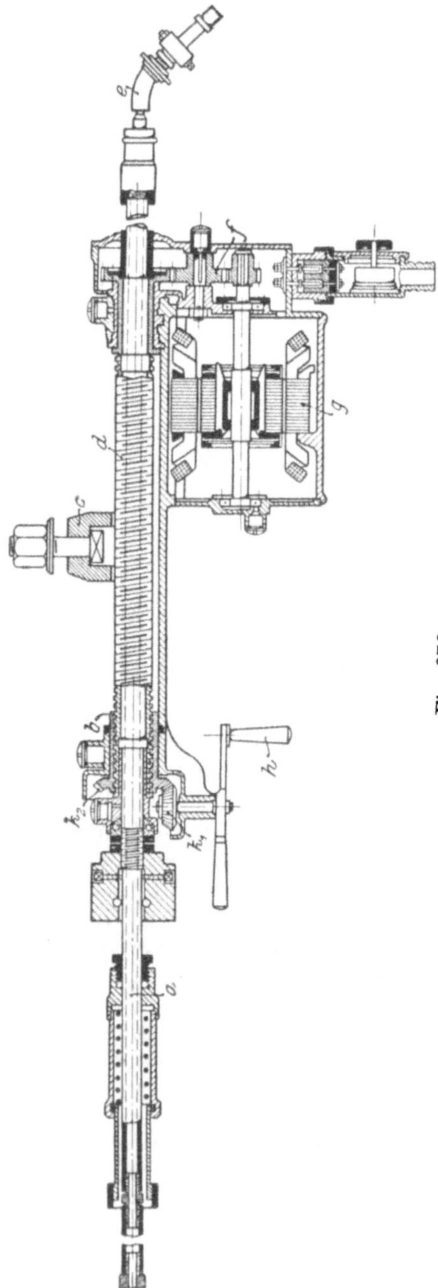

Fig. 276.
Bohrmaschine von Lange, Lorcke & Co. (Aus Herbst, Über Gesteinsbohrmaschinen, Zeitschrift des Vereins deutscher Ingenieure 1910.)

Vierter Abschnitt.

Hydraulische Bohrmaschinen.

A. Allgemeines über die Kraftübertragung auf hydraulischem Wege.

Bislang ist im Bergbau der hydraulischen Kraftübertragung nur geringe Beachtung geschenkt worden. Dies ist noch um so sonderbarer, weil gerade in den Gruben durch die ständigen Wasserzuflüsse die günstigsten Verhältnisse zur Einführung und Verwertung dieses Kraftmittels vorliegen. Ist doch fast eine jede Grube mit Wasserhaltungsmaschinen versehen, die die gesammelten Grubenwasser von einer tiefen Sohle aus zu Tage heben müssen. Sieht man nun näher zu, woher all das Wasser zuströmt, so kann man ohne weiteres erkennen, daß es ziemlich aus allen Grubenteilen herkommt. Es sammelt sich erst in den Abbaustrecken u. dgl., rieselt dann die Bremsberge, Stapelschächte und so fort hinab, um endlich in einer Sumpfstrecke vereinigt zu werden. Warum überläßt nun der Bergmann das Wasser sich selbst? Warum geht er nicht zu einer geordneten Wasserwirtschaft über? Es würden nur verhältnismäßig unbedeutende Vorkehrungen zu treffen sein, um auf jeder Sohle die Wasser zu sammeln, und statt dieselben die Stapelschächte und dergleichen hiunterstürzen zu lassen, in Rohrsträngen zu fassen, um nunmehr ihre Energie auszunutzen. Die Kraftübertragung auf hydraulischem Wege hat aber auch in den Fällen ihre erheblichen Vorzüge, wo das Wasser von Tage aus in einer Rohrleitung geführt würde, wo also das spätere Hochpumpen des verbrauchten Wassers ganz auf Rechnung des hydraulischen Kraftbetriebes zu setzen wäre, nicht aber wie vorhin, wo diese Unkosten auf das Wasserhaltungskonto fielen. Es gibt nämlich keine Energieform, die bei ihrer Fernleitung so wenig Leitungsverluste aufweist als eben das Druckwasser. Ferner ist der Wirkungsgrad von Wassermotoren ein erheblich günstigerer, als der von Druckluftmotoren.

Wenngleich nun an dieser Stelle erst wenige hydraulische Bohrmaschinen angeführt werden können, die zudem noch nicht alle in der Praxis angewandt worden sind oder werden, so ist dies durchaus kein Beweis für die Untauglichkeit der hydraulischen Kraftübertragung in Bergwerken; vielmehr bieten die hervorragenden Resultate die mit der hydraulischen Bohrmaschine von Brandt bereits erzielt worden sind, den Beweis für die Überlegenheit der Kraftübertragung auf hydraulischem Wege gegenüber den Lufttransmissionen; es wäre also als ein Fortschritt zu bezeichnen, wenn die Bergleute ihr Augenmerk mehr auf eine gute Wasserwirtschaft lenkten und damit zur weiteren Verbreitung der hydraulischen Motoren und Bohrmaschinen beitrügen. Die Einwände, die bislang gegen die Einführung von hydraulischen Bohrmaschinen vorgebracht wurden, nämlich die zu hohen Anschaffungskosten geeigneter Maschinen, werden sicher nicht mehr stichhaltig sein, wenn hydraulische Bohrmaschinen ebenso wie die Druckluftmaschinen Massenartikel werden.

B. Die hydraulischen Arbeitsmaschinen.

Obgleich es wohl am nächsten liegt, die Energie von Druckwasser durch Verwendung von Turbinen nutzbar zu machen, hat der Bergmann von jeher besondere Vorliebe für die Wassersäulenmaschinen gehabt, in denen das Wasser auf einen Kolben arbeitet. Auf diesem Prinzip ist auch die Brandtsche Bohrmaschine aufgebaut.

Neuerdings ist man aber dazu übergegangen, die Stoßwirkung einer Wassersäule, das sogenannte Widder-Prinzip, zu verwenden, um hierdurch direkt wirkende Stoßbohrmaschinen mit hydraulischem Antriebe schaffen zu können. Man nimmt also das Bestreben wahr, möglichst einfache, kräftige Maschinen zu bauen, bei denen nicht erst ein Wassermotor als Vermittlungsglied zwischen Energieträger und eigentlicher Bohrmaschine erforderlich ist. Letztere Maschinen sind aber erst im Versuchsstadium, deshalb sind die Mitteilungen über diese nur der Patentliteratur entnommen.

I. Indirekt wirkende hydraulische Bohrmaschinen.

Bohrmaschine von Brandt (Fig. 277 a—d). Die hydraulische Bohrmaschine von Brandt zerfällt im wesentlichen in zwei Teile, nämlich den Druckwassermotor und den Bohrapparat.

Der Motor, Fig. 277 a, ist als Zwillingsmaschine ausgebildet. In jedem Zylinder befindet sich ein Kolbensystem, bestehend aus 3 auf einer hohlen Kolbenstange sitzenden Wulsten. Die äußersten Kolben sind die eigentlichen Kraftkolben, während die mittleren Wulste nach Art eines Kolbenschiebers die Wasserverteilung vornehmen. Beide Kolbensysteme arbeiten auf eine gemeinschaftliche Kurbelwelle derart, daß das eine Kolbensystem die Steuerung des anderen besorgt. Die Pleuelstangen der Kolben greifen an Kurbeln an, die um 90^0 gegeneinander versetzt sind. Auf der gemeinschaftlichen Welle sitzt eine Schnecke, welche ein Schneckenrad der eigentlichen Bohrmaschine antreibt.

Die Bohrmaschine, Fig. 277 b, ist eine einfache Drehbohrmaschine mit hydraulischem Vorschub. In dem gewaltigen Drucke, der hierdurch auf den Bohrer ausgeübt werden kann, ist zum Teil die hohe Leistungsfähigkeit der Brandtschen Bohrmaschine zu suchen.

Die Konstruktion des Bohrapparates ist äußerst einfach. Auf der äußeren Hülse b sitzt das schon erwähnte Schneckenrad, welches die drehende Bewegung direkt auf die Hülse überträgt. In dieser letzteren steckt ein beweglicher Zylinder, der in der Hülse mit Nuten geführt ist, also die drehende Bewegung der Hülse mitmachen muß. Vorne wird in den Zylinder der Bohrer eingesetzt.

Dieser Zylinder dient nun im wesentlichen zum Anpressen des Bohrers gegen das Gestein. Zu diesem Zwecke läßt er sich auf einem festen Kolben a teleskopartig verschieben, und zwar wird er, wenn der Druck des Wassers auf die volle Zylinderfläche wirkt, gegen das Bohrloch vorgeschoben; läßt man jedoch den Druck auf die entgegengesetzte Ringfläche wirken, so wird der Bohrer aus dem Bohrloche herausgezogen.

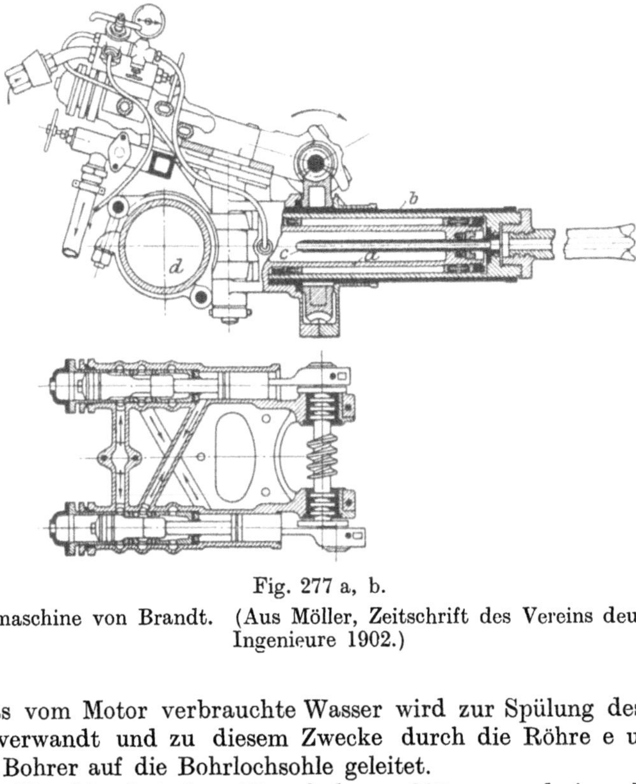

Fig. 277 a, b.

Bohrmaschine von Brandt. (Aus Möller, Zeitschrift des Vereins deutscher Ingenieure 1902.)

Das vom Motor verbrauchte Wasser wird zur Spülung des Bohrloches verwandt und zu diesem Zwecke durch die Röhre e und den hohlen Bohrer auf die Bohrlochsohle geleitet.

Die Maschine hat einen Vorschub von 300 mm und einen Höchstdruck von 15 t. Die Aufstellung der Maschinen zeigen die Figuren 277 c und d. Auf dem Bohrwagen ist eine horizontale Spannsäule d befestigt, die als Druckwasserzylinder mit Kolben ausgebildet ist. Durch Einleiten von Druckwasser werden die Kolben fest gegen die Stöße angepreßt und gewährleisten eine durchaus gesicherte Aufstellung. Jeder Bohrwagen kann vier Bohrmaschinen tragen; es werden jedoch im allgemeinen nicht mehr als drei gleichzeitig verwandt.

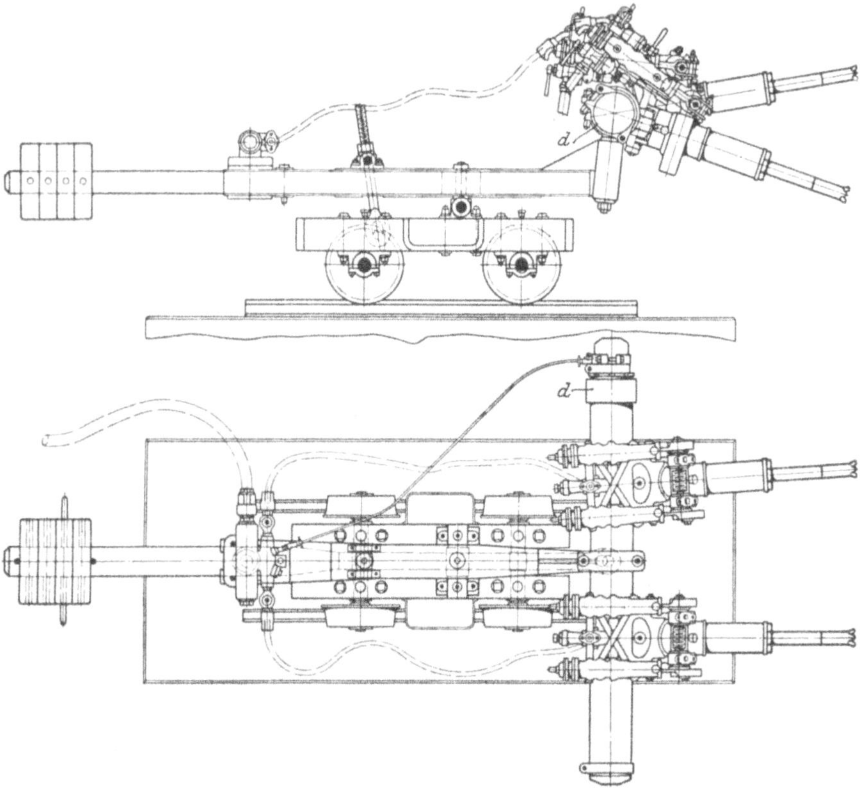

Fig. 277 c, d.

Bohrmaschine von Brandt. (Aus Möller, Zeitschrift des Vereins deutscher Ingenieure 1902.)

II. Direkt wirkende hydraulische Bohrmaschinen.

Es lassen sich unter dieser Gruppe unterscheiden:

a) hydraulische Bohrmaschinen mit drehendem Bohrwerkzeug — die Turbinenmaschinen,

b) hydraulische Bohrmaschinen mit stoßendem Bohrwerkzeug — die Widdermaschinen.

a) Turbinenmaschinen.

An dieser Stelle ist vorläufig nur ein Modell anzuführen, das sich bereits ein größeres Verbreitungsfeld infolge sehr günstiger Resultate gesichert zu haben scheint; die übrigen Maschinen sind in der Praxis noch nicht ausprobiert worden.

Kohlenbohrmaschine der Donnersmarckhütte (Kohle und Erz 1910, St. 1187) (Fig. 278 a—e). Die Einrichtung derselben ist kurz folgende: Zwei dicht nebeneinanderliegende Gehäuse T und J (Fig. 278 b) sind von einer gemeinschaftlichen Welle B durchzogen; dieselbe ruht an ihren beiden Enden auf Kugellagern und ist in der Trennungswand der beiden Gehäuse von einer Stopfbüchse umgeben, die einen wasserdichten Abschluß zwischen den Kammern sichert. In dem rechten Gehäuse T ist auf der Welle B ein Peltonrad A von 130 mm Durchmesser fest aufgekeilt, auf dessen Schaufeln das Wasser durch eine oder mehrere Düsen — die Anzahl richtet sich nach dem zur Verfügung stehenden Atmosphärendrucke des Wassers — zugeführt wird. Durch einen Rohrstutzen O finden die verbrauchten Wasser ihren Abfluß. In dem linken Gehäuse J ist ein Schneckenradvorgelege, bestehend aus der Schnecke C und dem Schneckenrade D, eingebaut, welches die Tourenzahl des Peltonrades im Verhältnis 1 : 20 herabsetzt. Das Schneckenrad D ist durch Keilfedern G mit einer hohlen Büchse F, siehe auch Fig. 278 e, verbunden. In dieser Büchse F spielt, ebenfalls mit Nut und Feder,

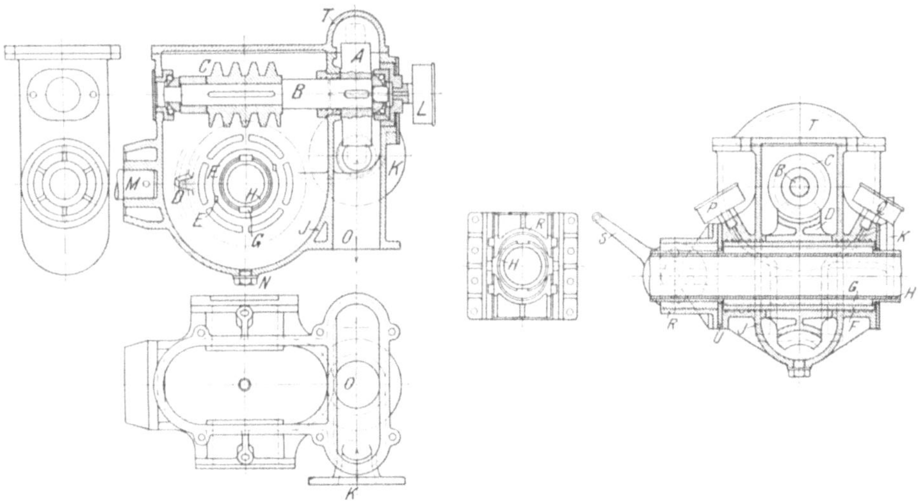

Fig. 278 a—c. Fig. 278 d, e.
Bohrmaschine der Donnersmarckhütte. (Aus Kohle und Erz 1910.)

die eigentliche Bohrspindel derart, daß sie der drehenden Bewegung des Schneckenrades folgen muß, während für die fortschreitende Bewegung eine besondere zweiteilige Mutter R vorgesehen ist. In der Figur 278 e ist die Mutter im geöffneten Zustande wiedergegeben. Es läßt sich also in diesem Zustande die Bohrspindel bei laufendem Peltonrad beliebig vor- und zurückschieben, während im geschlossenen Zustande der Mutter R ein konstanter Vorschub der Spindel, entsprechend der Gewindehöhe von etwa 1,7 mm, stattfindet.

Da Schnecke und Schneckenrad mit einer sehr hohen Tourenzahl laufen, ist das sie umschließende Gehäuse mit Öl gefüllt. Zur Schmierung der im Gehäuse gelagerten Schneckenwelle B dient die Fettbüchse L, zur Schmierung der mit Schmierrillen versehenen Büchse F sind die Fettbüchsen P und Q bestimmt.

Zum Betriebe dieser Turbinenmaschinen ist eine Pressung des Wassers von wenigstens 40 Atm. an der Verbrauchsstelle erforderlich.

Versuchsbohrungen mit dieser Maschine in Kohle haben ergeben, daß die Herstellung eines 2 m tiefen Bohrloches einschließlich Umwechseln der Bohrer drei Minuten dauert; der Gesamtwasserverbrauch beträgt hierbei 80 Liter.

Hydraulische Gesteinsbohrmaschine von Kellow (Fig. 279). Die Achse der Bohrmaschine ist hohl, um eine Bohrstange durchführen

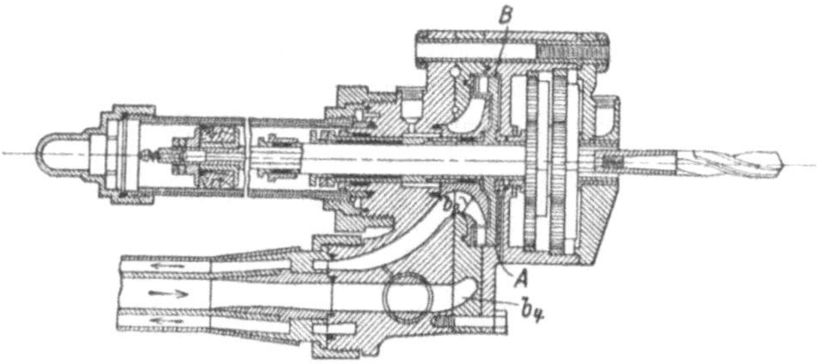

Fig. 279.
Turbinenmaschine von Kellow.

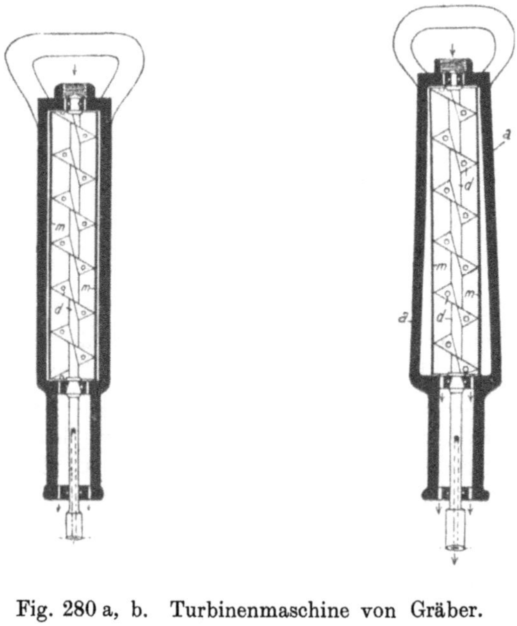

Fig. 280 a, b. Turbinenmaschine von Gräber.

zu können, und trägt ein Turbinenrad A bekannter Art. Der Kanal b_4 führt das Aufschlagwasser in das Turbinengehäuse B; das verbrauchte Wasser fließt durch Kanal b_2 ab. Durch Stirnräder-Übersetzung wird die Drehbewegung auf die Bohrstange übertragen.

Die Turbinen-Drehbohrmaschine von Fritz Gräber, D.R.P. 229 065, wird in verschiedenen Formen ausgeführt, wie z. B. die Fig. 280a und b zeigen. Sie besitzt eine schraubenförmige Arbeitswelle d, die als Turbinenlaufrad dient und von einem zylindrischen Mantel m umschlossen ist. Das Maschinengehäuse ist zylindrisch oder besitzt Kegelform. Der Wasserdurchfluß erfolgt von hinten nach vorn.

b) Widdermaschinen.

Die hydraulischen Schlagbohrvorrichtungen sind zuerst für die Tiefbohrtechnik erdacht worden; neuerdings sind die Erfinder aber auch dazu übergegangen, die gleichen Ideen für Gesteinsbohrmaschinen zu verwerten. Die Grundideen solcher Schlagbohrvorrichtungen, die, wie bereits erwähnt, noch nicht bis zu praktisch erprobten Gesteinsbohrmaschinen gediehen sind, sollen jedoch wegen ihrer nicht zu unterschätzenden Bedeutung zur Vervollständigung auch mitgeteilt werden.

Hydraulische Schlagbohrvorrichtung von Bade (Fig. 279). Das durch eine Röhre a eintretende Wasser drückt beim Inbetriebsetzen der Vorrichtung einen Kolben b, an dem der Bohrer befestigt ist, und gleichzeitig den in einem Steuerkolben e gleitenden Hilfskolben c nach vorne, bis der Bund d den Steuerkolben abwärts stößt und dadurch den Kanal f öffnet. Infolge der eintretenden Druckverminderung schleudert die Feder g den Kolben b mit dem Bohrer und gleichzeitig ein Bund h des Kolbens b den Steuerkolben e rückwärts. Hierdurch wird der Kanal f wieder geschlossen. Der auftretende Wasserschlag schleudert den Kolben b alsdann wieder nach vorn. Sobald nun der Meißel auf das Gestein aufschlägt, wird durch den Wasserdruck und die lebendige Kraft der Hilfskolben c weiter nach vorn bewegt, nimmt den Steuerkolben e mit und öffnet so den Austrittskanal f, worauf das Spiel sich wiederholt. Der Raum i dient als Windkessel zur Ausgleichung der Stöße.

In einem neueren Patente vom Jahre 1909 ist die Idee weiter ausgearbeitet; allerdings hat man auch hierbei in erster Linie an eine hydraulische Schlagtiefbohrvorrichtung gedacht; nunmehr ist aber die Peiner Maschinenbau-Gesellschaft in Peine, die Inhaberin des Patentes, dazu übergegangen, eine Gesteinsbohrmaschine auf gleicher Idee konstruktiv durchzuführen.

Der Arbeitsvorgang der Maschine ist folgendermaßen gedacht: In einem Zylinder b (Fig. 281 a, b) bewegt sich ein Kolben c, vor dessen vorderer Fläche eine starke Spiralfeder e eingesetzt ist. Im Kolben selbst ist ein Tellerventil d eingebaut, das im Ruhezustande durch die feste Brücke f geschlossen gehalten wird. Dieses Ventil d hat nach beiden Seiten Führungsstangen d_1 und d_2. Auf der vorderen Führungsstange d_1 sitzt ein geschlitzter federnder Ring g, der in einem Halter h gegen eine

Verschiebung nach vorn oder hinten gehalten wird. Der Ring g übt an der Stange d_1 eine bremsende Wirkung aus und hält das Ventil in jeder Lage fest. Die obere Ventilstange d_2 geht durch die feste Brücke f und durch die Feder i und hat an ihrem äußersten Ende einen verstellbaren Mutterkopf k. Die Länge der Feder i ist so bemessen, daß die

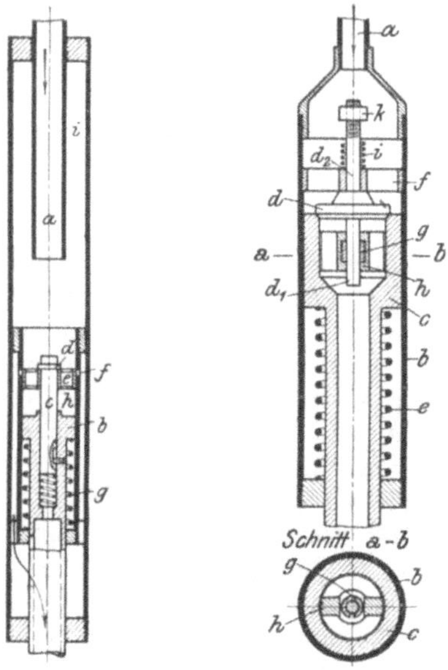

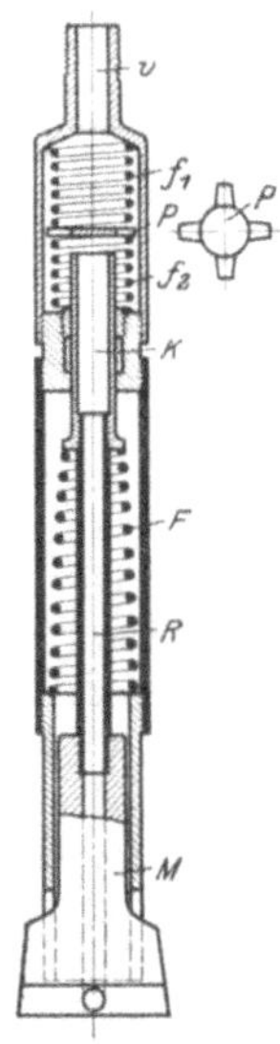

Fig. 281 a. b, c. Fig. 282 a.
Hydraulische Schlagbohrvorrichtung
von Bade. von Wolski.

Mutter k erst gegen Ende des Kolbenhubes an der Feder i zum Anliegen kommt und letztere nach genügender Spannung das Ventil d öffnet, nachdem also die Spannung der Feder i die bremsende Kraft des Ringes g überwunden hat.

Läßt man nun das Druckwasser auf den Kolben einwirken, so wirft es ihn nach vorn. Das Ventil d bleibt nun so lange geschlossen, bis es durch die Spannung der Feder i geöffnet wird. Nunmehr tritt das Wasser auch vor die vordere Kolbenfläche; die Druckkräfte auf den beiden Kolbenflächen, hervorgerufen durch die Wassersäule, gleichen sich aus, und die beim Vorstoße des Kolbens gespannte Feder e wirft den Kolben wieder zurück. Stößt bei der Rückwärtsbewegung das Ventil an die feste Brücke f, so wird es, da es trotz der bereits entspannten Feder i durch das Bremsband g noch offen gehalten ist, geschlossen. Der Rückwärtshub ist beendet, und das Spiel kann von neuem beginnen.

Hydraulische Schlagbohrvorrichtung von Wolski (Fabrik Deutsche Tiefbohr-A.-G., Nordhausen) (Fig. 282 a). Ein Rohr R, welches vorn den Bohrer trägt, ist nach hinten mit einem hohlen Kolben K verbunden, dessen obere Fläche in bekannter Weise als Ventilsitz für eine Ventilplatte P ausgebildet ist. Diese Ventilplatte wird durch zwei Federn f_1 und f_2 im Gleichgewicht gehalten. Das bei V eintretende Druckwasser findet in der dargestellten Lage der Vorrichtung durch das Rohr R und

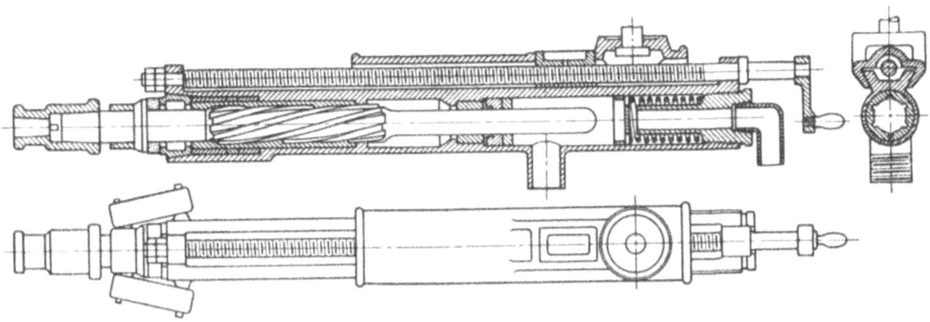

Fig. 282 b—d.
Bohrmaschine von Wolski.

die Bohrung des Meißelschaftes freien Durchfluß. Sobald nun aber die Feder F den Meißel und damit den Kolben K nach oben wirft und der Ventilteller P die Öffnung des Kolbens schließt, wirft der Wasserschlag den Kolben wieder nach vorn, unter gleicher Zusammenpressung der Feder F. Desgleichen wird durch den Wasserschlag die Feder f_2 gespannt, die aber in dem Momente, wo der Wasserschlag beendigt ist, die Ventilplatte wieder zurück in ihre alte Gleichgewichtslage bringt, so daß das Spiel von neuem beginnen kann.

Fig. 282b—d zeigt diese Idee auf eine Stoßbohrmaschine übertragen, die jedoch zurzeit noch nicht fertig konstruktiv durchgeführt ist.

Fünfter Abschnitt.

Hilfsvorrichtungen.

A. Aufstellvorrichtungen für Bohrmaschinen.

I. Aufstellvorrichtungen für Stoßbohrmaschinen.

Die einfachen Gestelle zur Befestigung von Handbohrmaschinen sind bereits in dem Abschnitte über Handbohrmaschinen kurz erwähnt und in den Figuren wiedergegeben worden. Dieselben Aufstellungsmethoden finden wir auch meistenteils bei den Drehbohrmaschinen mit Druckluft — und elektrischem Antrieb. Stoßbohrmaschinen erfordern dagegen eine bei weitem festere und sichere Verlagerung und zwar in erster Linie, weil die Richtung des Bohrloches stets genau eingehalten werden muß, dann aber auch, weil durch die beständigen Stöße die Aufstellvorrichtung leicht ins Schwanken kommen kann, wenn nicht eine durchaus sichere Aufstellungsmethode angewandt wird.

Fig. 283.
Einfache Schrauben-Spannsäule.

Fig. 284.
Doppelschrauben-Spannsäule.

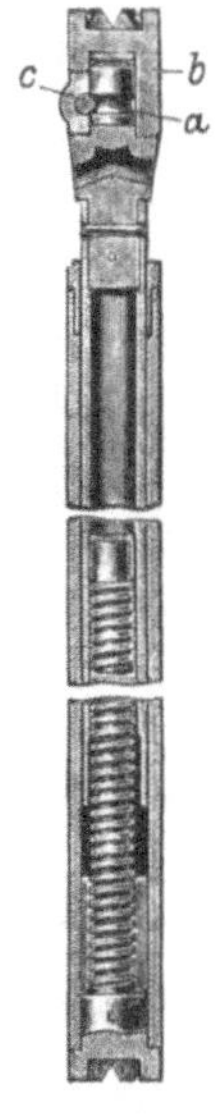

Fig. 285.
Schraubenspannsäule von Hoffmann.

a) Bohrsäulen.

Die heute in der Praxis am beliebtesten Aufstellungsmethoden für Stoßbohrmaschinen sind die Spannsäulen, meistens bestehend aus zwei teleskopartig ineinander gesteckten Röhren, die entweder durch Schraubenspindeln oder auch mit Hilfe von Druckwasser zwischen Sohle und Firste eingespannt werden.

1. Schraubenspannsäulen.

Einfache Schraubenspannsäule (Fig. 283). In die Hauptsäule S ist im oberen Teile ein Muttergewinde eingesetzt, in welchem sich die Druckspindel s bewegt. Auf der Mutterspindel sitzen beweglich der Druckkopf k und etwas unterhalb ein Wulst d, der zur Aufnahme eines Steckschlüssels durchbohrt ist. Eine Gegenmutter g wird nach erfolgtem Einspannen der Säule zwischen Firste und Sohle angezogen, um ein Lockern der Spindel während der Bohrarbeit zu vermeiden.

Doppelschraubenspannsäule (Fig. 284). Am Fuße der Säule ist ein Querstück angesetzt, durch welches zwei kleine Druckspindeln hindurchgeführt sind. Diese Anordnung hat den Vorteil, daß kein besonderer drehbarer Druckkopf notwendig ist, der immerhin als Verschleißstück angesehen werden muß.

Schraubenspannsäule von Hoffmann (Fig. 285). Um eine größere Differenz zwischen kleinster und größter Spannweite der Säule zu erhalten, verwendet die Maschinenfabrik Hoffmann zwei ineinandergesteckte Rohre; das innere von ihnen ist mit Muttergewinde versehen, welches eine im Innern der Säule angeordnete und am unteren Ende des äußeren Rohres befestigte Spindel umfaßt. Mit Hilfe von Steckschlüsseln läßt sich durch diese Einrichtung das innere Rohr nach oben herausziehen. Die Figur zeigt ferner die gewöhnliche Ausführung der drehbaren Druckköpfe. In einem massiven zylinderförmigen Fortsatze a des inneren Rohres ist eine Ringnut eingedreht, die zur Verbindung mit der aufgesetzten Hülse b dient. Es wird zu diesem Zwecke ein Bolzen c eingesteckt, der ein Abfallen der Hülse verhindert, aber durch das freie Spiel in der Ringnut ein Drehen der Hülse gestattet.

Bohrsäule der Ruhrthaler Maschinenfabrik (Fig. 286 a, b). Um das Festspannen der Säule zu erleichtern, finden wir bei vielen

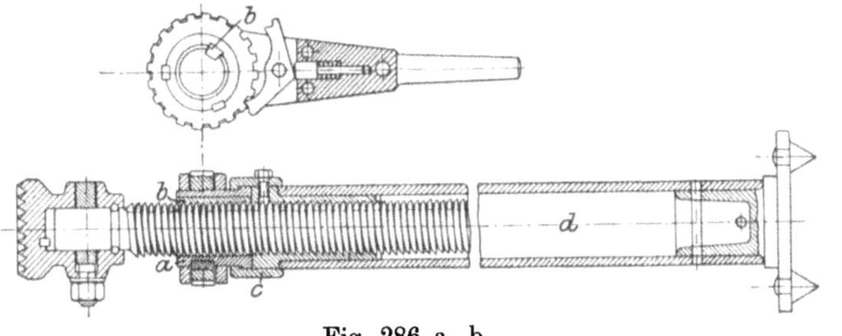

Fig. 286 a, b.
Spannsäule von Schwarz.

modernen einfachen Schraubenspannsäulen Knarren verwandt. Zu diesem Zwecke ist auf die Bohrsäule eine Führungsbüchse a aufgesetzt, die mit einem Keile b in einer Längsnut der Spindel spielt. Die Führungs-

Fig. 287.
Spannsäule der Deutschen Maschinenfabrik A.-G. in Duisburg.

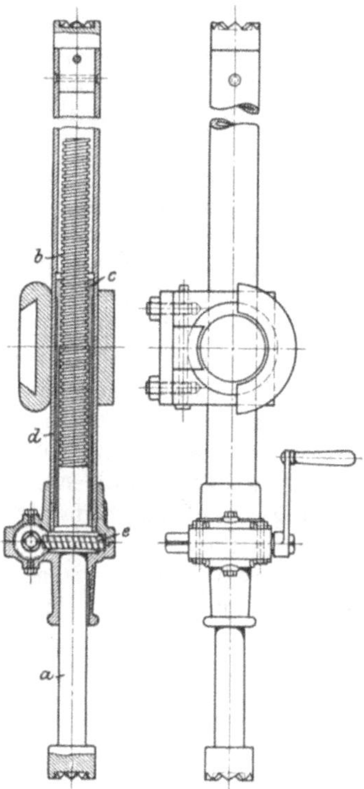

Fig. 288 a, b.
Bohrsäule von Paschke.

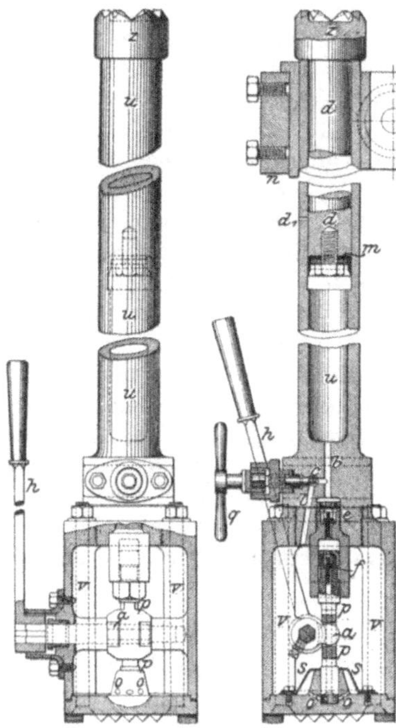

Fig. 289 a, b.
Bohrsäule von Frölich.

büchse ist durch den Führungsring c mit der Säule d lose verbunden. Auf der Führungsbüchse sitzt die eigentliche Knarre, deren Einzelheiten die Figur 286 b ohne weitere Beschreibung erkennen läßt.

Die Ansicht einer gleichartigen Säule der Deutschen Maschinenfabrik A.-G. Werk Bechem & Keetmann in Duisburg zeigt die Fig. 287.

Bohrsäule von Paschke (Maschinenfabrik in Freiberg i. Sachsen). Eine andere Methode zur Vereinfachung des Festspannens der Säule beruht auf der Verwendung von Schnecke und Schneckenrad. Als Beispiel diene die Bohrsäule von Paschke (Fig. 288 a, b). Bei dieser Säule ist der obere Teil des inneren Rohres a als Schraubenspindel b ausgebildet, deren Mutter c mit dem äußeren Rohre d fest verbunden ist. Beim Drehen des Schneckenrades e wird das äußere Rohr durch die Spindel emporgehoben und somit gegen die Firste gedrückt.

2. Hydraulische Spannsäulen.

Hydraulische Spannsäulen werden heute auch von verschiedenen Firmen gebaut; da das Prinzip aber überall das gleiche ist, genügt hier die Beschreibung der

Bohrsäule von Frölich (Fig. 289 a, b). In der hohen Säule u bewegt sich ein Kolben d, der durch Wasserdruck nach oben geschoben wird. Eine kleine hydraulische Presse, deren Kolben p durch einen Winkelhebel h a bewegt wird, drückt das Wasser durch den Kanal b unter d. Das Saugventil f der Presse sitzt in dem hohlen Kolben, während das Druckventil unterhalb des Kanals b angeordnet ist.

Fig. 290.
Hydraulische Spannsäule der Deutschen Maschinenfabrik A.-G. in Duisburg.

Um die Säule zu lösen, ist es erforderlich, das Wasser aus dem Rohre u abzulassen. Dies geschieht mit Hilfe eines Ventils c, das durch einen Schlüssel q gehandhabt wird. Wird es geöffnet, so verbindet man den Kanal b mit dem Kanale l, sodaß das Wasser wieder in den unteren Behälter abgelassen werden kann.

Eine hydraulische Spannsäule der Deutschen Maschinenfabrik A.-G. in Duisburg zeigt Figur 290 in der Ansicht.

b) Gestelle und Bohrwagen.

1. Drei- und Vierfußgestelle.

Zum Aufstellen der Bohrmaschinen über Tage, auf der Schachtsohle und überall dort, wo Säulen nicht verwandt werden können, bedient man sich zum Aufstellen der Maschinen der Drei- und Vierfußgestelle.

Auch diese werden von zahlreichen Firmen gebaut, und weisen die einzelnen Ausführungne nur unwesentliche Verschiedenheiten auf.

Ein Dreifußgestell der Maschinenfabrik Montania in Nordhausen zeigt Figur 291. Die Dreifußbeine sind teleskopartig zusammengesetzt und lassen sich daher leicht ineinander verschieben. Auf den einzelnen

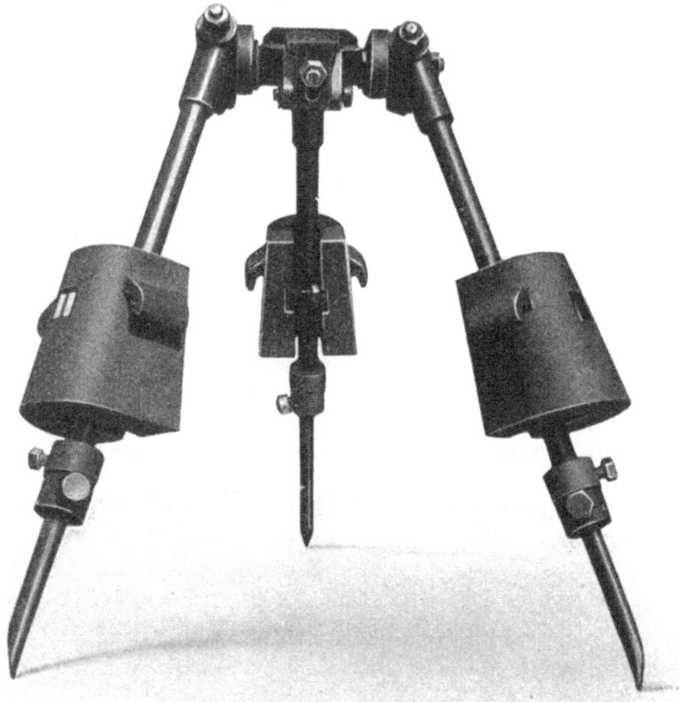

Fig. 291.
Dreifußgestell der Maschinenfabrik Montania.

Beinen werden Gewichte aufgelegt, die die erforderliche Stabilität bewirken sollen. Ein Vierfußgestell gleicher Firma zeigt Figur 292. Die Figuren lassen alle Einzelheiten genau erkennen, sodaß sich eine Beschreibung erübrigt.

2. Bohrwagen.

Die Bohrwagen sind für alle Fälle bestimmt, wo mit mehreren Bohrmaschinen gleichzeitig gearbeitet werden soll, und wo durch Aufstellen der Maschinen an einzelnen tragbaren Säulen der Betrieb zu umständlich werden würde. Außerdem verwendet man Bohrwagen gerne bei äußerst schweren Maschinenmodellen um die Arbeiter zu entlasten.

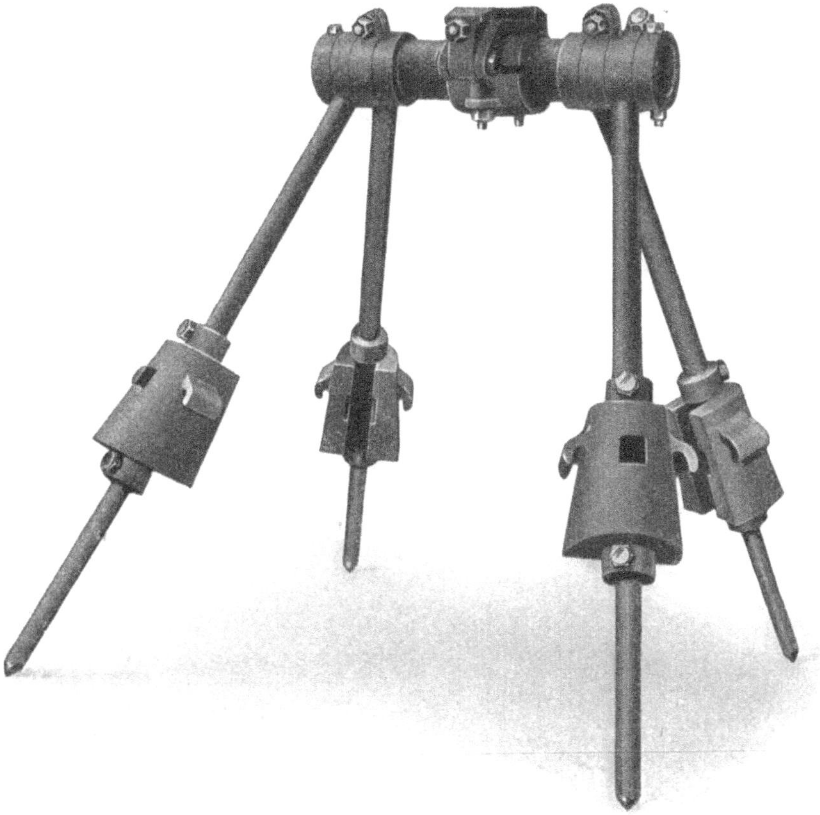

Fig. 292.
Vierfußgestell der Maschinenfabrik Montania.

Während man nun früher äußerst verwickelte Bohrwagen baute, sind die modernen durch größte Einfachheit und leichte Bedienungsmöglichkeit ausgezeichnet.

Als Beispiel eines Bohrwagens sei hier ein solcher der Deutschen Maschinenfabrik A.-G. Werk Bechem & Keetmann in Duisburg beschrieben (Fig. 293 a—d). Auf einem kleinen fahrbaren Untergestell ist eine Schraubenspannsäule befestigt, die nach oben durch eine, nach unten durch zwei Schraubenspindeln fest verspreizt werden kann. An dieser vertikalen Säule sind durch entsprechend ausgebildete Klappkupplungen zwei horizontale Schraubenspannsäulen befestigt, auf denen die Bohrmaschinen befestigt werden.

Die Figuren 293 b—d zeigen den Bohrwagen in Betrieb, Figur 293 a denselben fertig zum Verfahren.

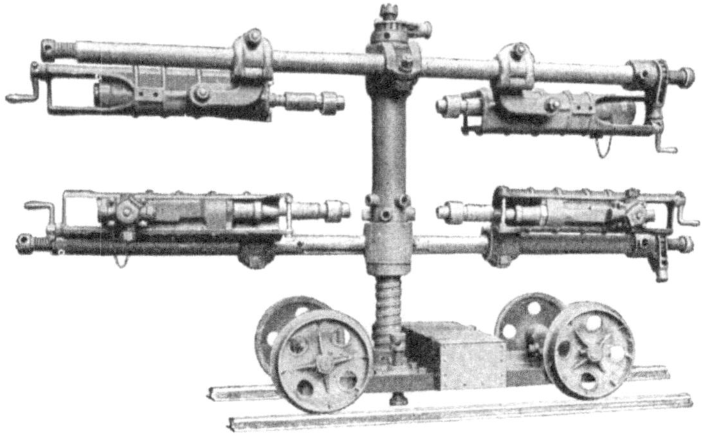

Fig. 293 a.

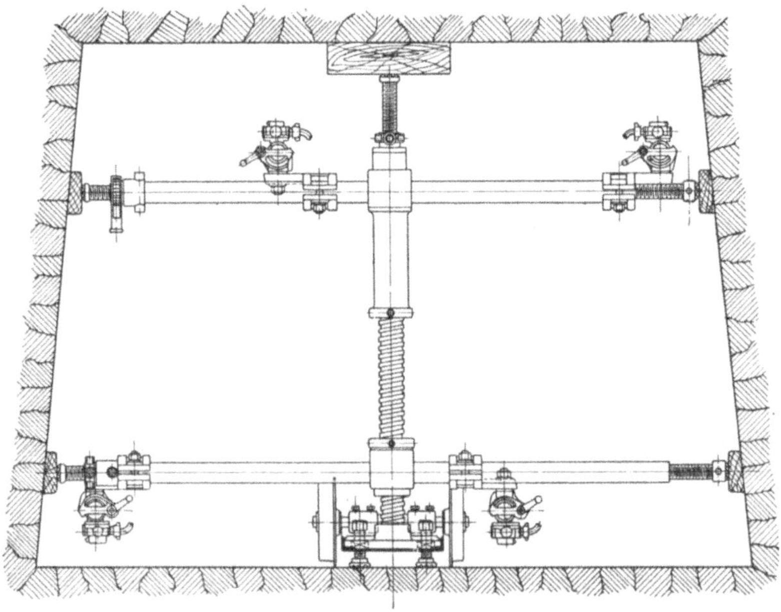

Fig. 293 b.

Bohrwagen der Deutschen Maschinenfabrik A.-G. in Duisburg.

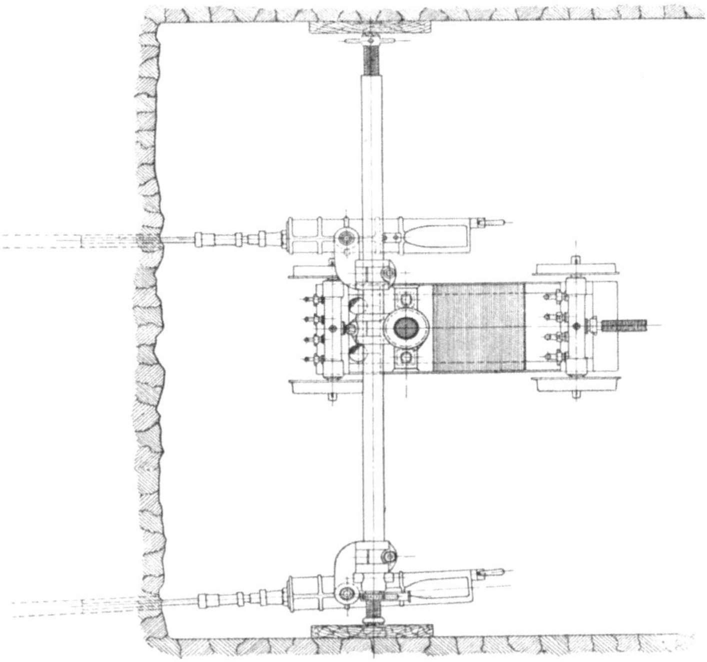

Fig. 293 c.

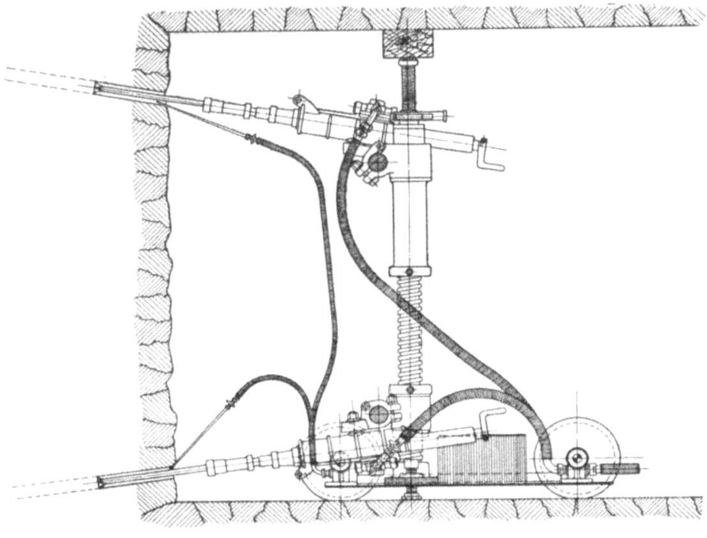

Fig. 293 d.

Bohrwagen der Deutschen Maschinenfabrik A.-G. in Duisburg.

c) Kupplungen.

Endlich bleiben noch die Verbindungsstücke der Bohrmaschinen mit den Säulen, Gestellen oder Wagen zu erwähnen. Zu diesem Zwecke bedient man sich heute fast ausnahmslos einfacher Klappkupplungen,

Fig. 294.
Bohrmaschinen-Kupplung.
(Aus Herbst, Über Gesteinsbohrmaschinen, Zeitschrift des Vereins deutscher Ingenieure 1910.)

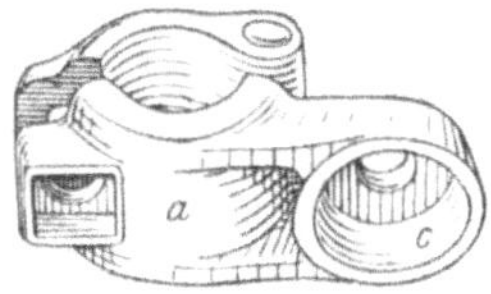

Fig. 295 a.

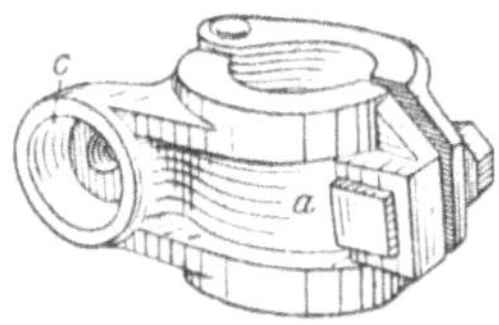

Fig. 295 b.

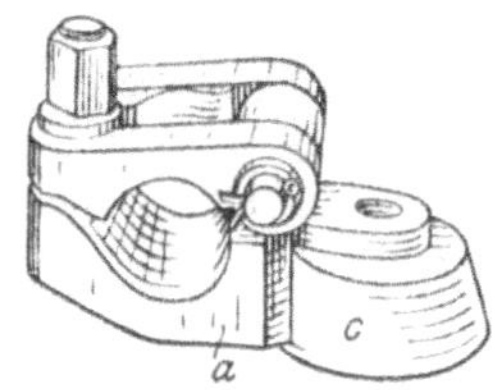

Fig. 295 c.
Bohrmaschinen-Kupplungen.
(Aus Herbst, Über Gesteinsbohrmaschinen, Zeitschrift des Vereins deutscher Ingenieure 1910.)

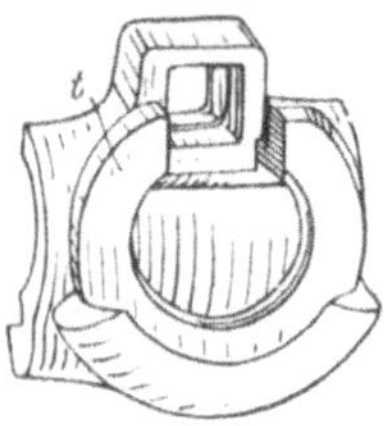

Fig. 296 a.

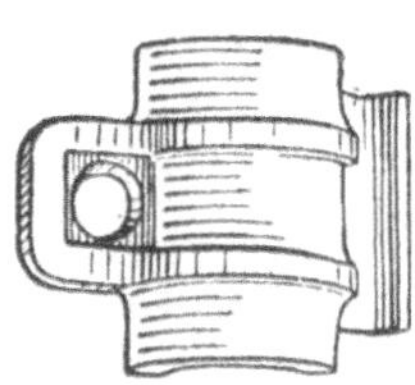

Fig. 296 b.

Bohrmaschinen-Kupplung. (Aus Herbst, Über Gesteinsbohrmaschinen, Zeitschrift des Vereins deutscher Ingenieure 1910.)

deren Teile an den Aufstellvorrichtungen fest angezogen werden (Fig. 294). Da nun aber diese Verbindungsstücke auch ein leichtes Verschwenken der Bohrmaschinen nach verschiedenen Richtungen hin zulassen müssen, wird unter diesen Kupplungen, auch Spannkloben genannt, an der Säule ein Stellring b mit einer Schraube befestigt, sodaß beim Lockern der Kupplungsschraube sich die Maschine auf dem Stellringe stützen kann. Durch die Kupplung hat man also in der Hand, die Maschine in einer Ebene zu verschwenken. Die Verschwenkung in einer zweiten, vertikal zur ersten Ebene ermöglicht die Verbindungsart von Kupplung und Maschine. Die Kupplung ist zu diesem Zwecke seitlich zu einer konischen Pfanne c, Fig. 295 a—c, oder zu einem Teller, Fig. 296 a, b, ausgebildet, in welche die Bohrmaschinen mit Paßstücken, die mit dem Maschinenrahmen fest verbunden sind, eingesetzt werden und mit Hilfe einer Spannschraube und Mutter mit Teller oder Pfanne fest verschraubt werden. Durch Lockern dieser Spannschraube läßt sich dann die Maschine in der zweiten Ebene verschwenken.

II. Aufstellvorrichtungen für Bohrhämmer.

Es ist an früherer Stelle bereits darüber gesprochen worden, daß die Überlegenheit der Bohrhämmer gegenüber den Schlagbohrmaschinen nur in der freien Handhabung zu suchen ist. Trotzdem ist man aber in den letzten Jahren dazu übergegangen, Aufstellvorrichtungen für die Bohrhämmer zu ersinnen, da man glaubte, daß die Arbeiter durch das Halten der Bohrhämmer überanstrengt würden. Ob dies der Fall ist, möge jedem einzelnen zur eigenen Beurteilung überlassen bleiben. Das eine steht aber fest, daß, wenn die Aufstellvorrichtungen für Bohrhämmer als unbedingt notwendig erachtet werden, ihre Existenzberechtigung neben den Stoßbohrmaschinen sehr fraglich wird. Lediglich die geringen Gewichte könnten dem Bohrhammer noch ein Verwendungsgebiet erhalten, während aber alle Gruben die auf einen wirtschaftlichen, Betrieb sehen, sicher den Schlagbohrmaschinen den Vorzug geben würden. Hierzu kommt noch, daß man heute auch die Schlagbohrmaschinen in kleinen Ausführungen baut, für deren hervorragende Leistung die „Siskol-Maschine“, ein kleines Modell der Duisburger Bohrmaschine, bei den Transvaaler Wettbohren den besten Beweis geliefert hat.

Nur bei dem Aufwärtsbohren dürfte eine Aufstellvorrichtung am Platze sein, da das längere Halten eines Bohrhammers bei solchem Bohren ohne Zweifel für einen Arbeiter überanstrengend wirkt. Die modernen Aufbruchsäulen für Bohrhämmer sind aber auch, wie aus Folgendem noch zu ersehen sein wird, so leicht gebaut und so einfach in der Handhabung, daß ihre Verwendung eine ziemlich unbeschränkte ist, und daß beim Arbeiten mit Aufbruchsäule Bohr- und Wegfüllarbeit in den meisten Fällen gleichzeitig vorgenommen werden können.

Eine systematische Zusammenstellung der modernen Aufstellvorrichtungen für Bohrhämmer ist in der Zeitschrift Glückauf 1910, S. 1953 von Cabolet erschienen. Alle dort angeführten Systeme hier wiederzugeben, würde zu weit führen, weshalb hier nur die in der Praxis am häufigsten angewandten beschrieben werden. Auch die Patentliteratur weist zahlreiche Neuerungen auf diesem Gebiete auf, über deren praktische Verwendung aber noch nichts bekannt geworden ist.

Was die feste Aufstellung eines Bohrhammers anbelangt, so ist es unbedingt erforderlich, mit der Aufstellvorrichtung eine Vorschubeinrichtung zu verbinden. Bei der Beschreibung der Bohrhämmer haben wir bereits einen solchen kennen gelernt, den Gordonhammer, der durch seine schwere Bauart eine feste Aufstellung verlangte; derselbe war daher auch schon mit einer Vorschubeinrichtung versehen.

Die Spezialvorschubeinrichtungen für Streckenbetrieb bei Verwendung von Bohrhämmern beruhen fast ausnahmslos auf dem Prinzip, welches bereits unter dem Abschnitte „Vorschubeinrichtungen für Stoßbohrmaschinen" auf Seite 261 beschrieben und auch bei der alten Ferrouxschen Maschine angewandt worden ist; der Vorschub erfolgt nämlich mit Hilfe der im Zylinder befindlichen Luft dadurch, daß bei der eigentlichen Rückwärtsbewegung des Kolbens der Zylinder vorgestoßen wird. Bei den Aufbruchsäulen wird der Vorschub direkt durch Druckluft erzielt, die auf einen in der Säule spielenden Kolben einwirkt, welcher seinerseits oben den Bohrhammer trägt.

a) Aufstell- und Vorschubeinrichtungen für Streckenbetrieb.

Aufstell- und Vorschubeinrichtung „Westfalia" (Fig. 297 a—c). Der Bohrhammer a wird auf dem Schlitten c mit Hilfe eines Bügels b befestigt. Der Schlitten c bewegt sich auf der Zahnstange, in

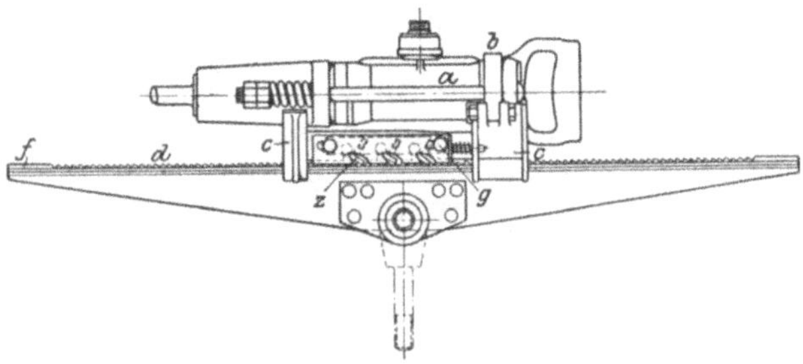

Fig. 297 a.
Bohrhammer-Vorschubeinrichtung „Westfalia".

deren Zahnlücken die Sperrklinken des Schlittens eingreifen; diese verhindern eine Rückwärtsbewegung des Schlittens. Beim Arbeiten wird der Bohrhammer auf dem Schlitten immer soweit vorgestoßen, bis der Bohrer wieder auf der Bohrlochsohle fest aufsteht. Das Zurückziehen des Schlittens erfolgt durch Lüften der Sperrklinken, die durch eine Auslösevorrichtung von Hand aus von der Zahnstange abgehoben werden können.

Die Befestigung der Zahnstange erfolgt an einem Querarme des Spannklobens, der an einer gewöhnlichen Schraubenspannsäule befestigt wird (Fig. 297 b), oder auch an Dreifußgestellen, wie aus Fig. 297 c ersichtlich ist.

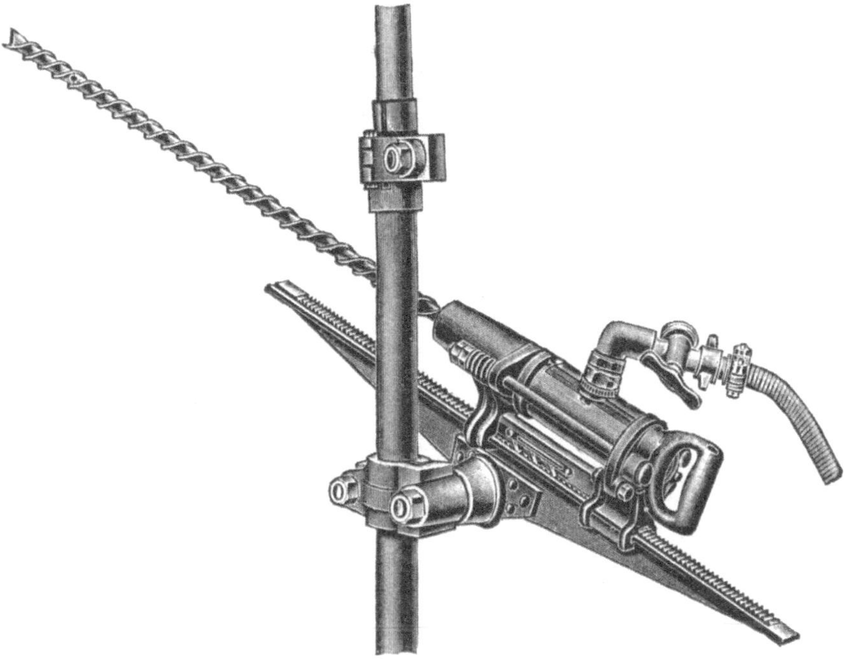

Fig. 297 b.
Bohrhammer-Vorschubeinrichtung „Westfalia".

Vorschubapparat von Korfmann (Fig. 298). Der Bohrhammer gleitet in einem Schlitten d, der auf einer Führungsstange sitzt, die entweder im Gestein selbst oder in einem Gestelle befestigt wird. Die Arretierung für ein Rückwärtsgleiten des Hammers vermittelt ein Stahlwinkel b, der in einem Zapfen a des Handgriffes befestigt ist. Der Winkel b umfaßt mit seiner Aussparrung c die Führungsstange, und klemmen die gehärteten Kanten dieser Aussparrung den Hammer bei einem etwaigen Rückstoße an der Führungsstange fest.

Die an dem Winkel angebrachte Sperrfeder e dient zum Festhalten des Winkels und zur Erzielung eines gleichmäßigen Vorschubes. Letzterer kann entsprechend der Gesteinshärte auch noch dadurch geregelt werden, daß der Winkel b in dem Zapfen a mit Hilfe der Schraube b mehr nach vorn oder hinten eingestellt wird. Je mehr man den Winkel nach hinten einstellt, um so größer wird das Maß des Vorschubes, da die Aussparrung c des Winkels mehr Spiel auf der Führungsstange erhält und umgekehrt.

Das Zurückziehen des Bohrhammers erfolgt durch Ausheben der Klemme.

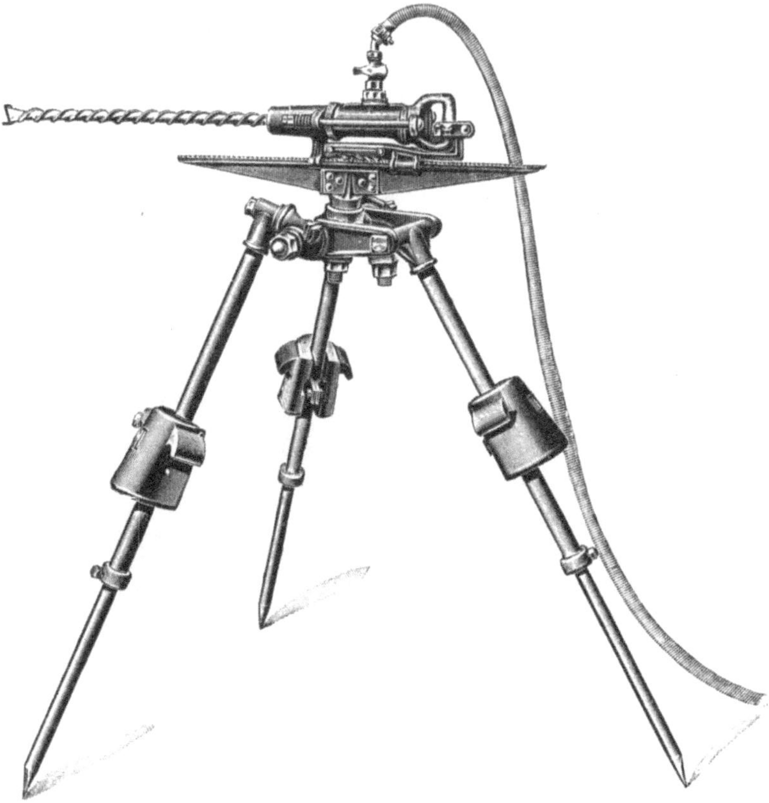

Fig. 297 c.
Bohrhammer-Vorschubeinrichtung „Westfalia“.

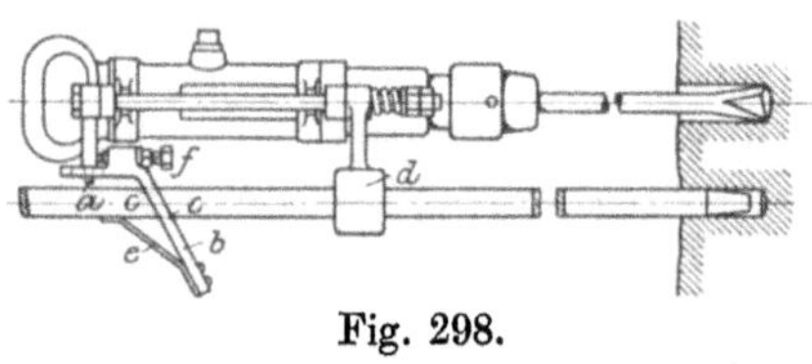

Fig. 298.
Bohrhammer-Vorschubeinrichtung von Korfmann.

Vorschubapparat von Schwarz (Fig. 299 a, b). Bei dieser Einrichtung gleitet der Bohrhammer auf einer Bahn c mit Hilfe eines Schlittens b. In letzterem ist ein Klemmstück eingeschaltet, welches die Rückwärtsbewegung verhindert. Fig. 299 b zeigt schematisch diese

Klemmvorrichtung. Ein Keil f wird nämlich durch eine Spiralfeder in den Konus des Schlittens eingedrückt und verhindert somit ein Zurückgleiten des Hammers. Der Keil läßt sich von Hand auslösen, um den Hammer beim Auswechseln der Bohrer zurückziehen zu können.

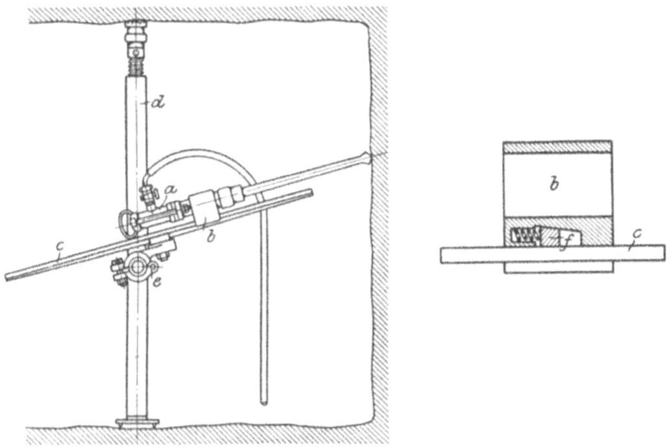

Fig. 299 a, b.
Bohrhammer-Vorschubeinrichtung von Schwarz.

b) Aufbruchsäulen.

Die ersten Aufbruchsäulen mit pneumatischem Vorschub litten an dem Übelstand, daß der Vorschub in keiner Weise geregelt werden konnte, indem die Luft stets auf den ganzen Kolbenquerschnitt einwirkte. Bei den neueren Einrichtungen hat man diesem Nachteile dadurch abgeholfen, daß man die Luft auf verschieden große Kolbenflächen einwirken läßt, die man einzeln außer Wirkung setzen kann.

Als Beispiel einer bewährten Aufbruchsäule diene die der Maschinenfabrik „Glückauf", die auf diesem Spezialgebiete eifrig nach steten Verbesserungen strebt.

Pneumatische Aufbruchsäule System „Klerner" (Bohrmaschinenfabrik „Glückauf" Gelsenkirchen-Schalke) (Fig. 300 a—c) Diese Vorrichtung besteht in der Hauptsache aus mehreren teleskopartig ineinandergeschobenen gezogenen Stahlrohren, von denen das äußerste an dem einen Ende eine Spitze mit dem Preßlufteinlaß, an dem anderen Ende Haken und Augen trägt. Die inneren Röhren tragen ebenfalls an dem einen Ende Haken und Augen, an dem anderen Ende aber Ledermanschetten zur Abdichtung. Es sind mindestens drei Rohre ineinandergeschoben; die Vorschubvorrichtung kann bei verschieden hartem Gestein und bei verschiedenem Preßluftdruck Verwendung finden dadurch, daß durch besondere Hilfsmittel die Preßluft auf größere oder kleinere Flächen der verschiedenen als Kolben ausgebildeten Rohre geleitet wird.

Fig. 300 a—c zeigen die Vorrichtung mit einer Hammerbohrmaschine in verschiedener Stellung.

Wird mit einem Bohrhammer, der an einer mit Preßluft betriebenen Vorschubvorrichtung oder pneumatischen Aufbruchsäule befestigt ist, gebohrt und ist ein hoher Atmosphärendruck vorhanden, so wird nach Fig. 300 b das äußere Rohr mit dem mittleren durch eine Klammer fest verkuppelt; dadurch wird das innere Rohr mit dem kleinsten Querschnitt durch die bei der Spitze eintretende Preßluft in die Höhe getrieben. Ist dagegen ein niedriger Druck oder weniger festes Gebirge vorhanden, so wird nach Figur 300 c das innere Rohr mit dem mittleren verkuppelt, und treibt die Preßluft beide in die Höhe.

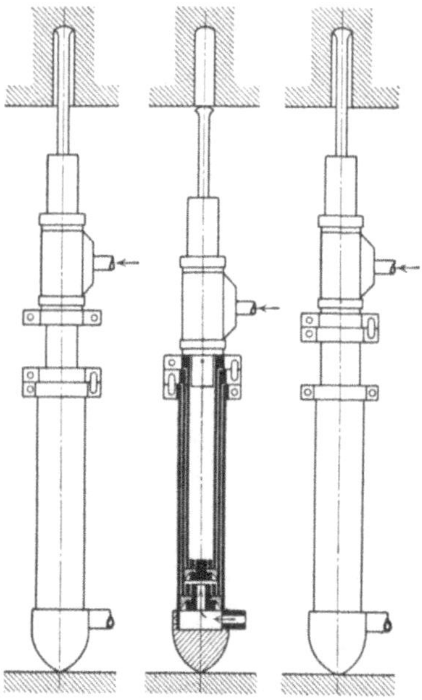

Fig. 300 a—c.
Aufbruchsäule System Klerner.

Der Arbeiter braucht bei Anwendung der Vorschubvorrichtung nur den Bohrhammer zu führen; es spielt also hierbei das Gewicht keine Rolle mehr.

Ist ein Bohrer abgebohrt und soll derselbe aus dem Bohrloche entfernt werden, so wird der als Dreiwegehahn ausgebildete Lufthahn so geöffnet, daß die in der Säule befindliche Preßluft durch die kleine Öffnung von 3 mm ⌀ langsam entweichen kann, wodurch die Maschine zurücksinkt und ein längerer Bohrer eingesetzt werden kann.

Umgekehrt muß, wenn Preßluft in die Säule einströmen soll, der Hahn so eingestellt sein, daß diese Öffnung geschlossen ist.

B. Bohrer, Befestigungsvorrichtungen und Schärfmaschinen.

I. Die Bohrer und ihre Befestigungsvorrichtungen.

a) Stoßende Bohrer.

Bei den stoßend wirkenden Bohrern unterscheidet man im allgemeinen den Bohrerkopf und den Schaft.

Dem Bohrerkopfe hat man im Laufe der Zeiten die verschiedensten Formen gegeben. Während man früher fast ausnahmslos einfache

Meißelbohrer verwandte, haben sich heute die Z-Bohrer, Kreuz- und Kronenbohrer ein großes Feld erobert. Bedenkt man nun, daß die Herstellung und zumal auch das Anschärfen dieser verwickelten Bohrerköpfe gegenüber den einfachen Meißelbohrern mit erheblichen Mehrkosten verbunden ist, so muß doch ein wichtiger Grund für ihre weitere Verbreitung vorhanden sein. Dieser ist allein darin zu suchen, daß ganz besonders bei den Bohrmaschinen französischer, englischer und amerikanischer Herkunft auf die Umsetzvorrichtungen weniger Wert gelegt wird. Die natürliche Folge ist die Verwendung von Kronen- und Kreuzbohrern, die das sonst häufige Festklemmen der Meißelschneiden vermeiden.

Der Meißelbohrer (Fig. 301) hat im allgemeinen die gleiche Form wie die gewöhnlichen Handbohrer. Das Wichtigste bei diesen Bohrern ist die richtige Wahl des Schneidenwinkels α, der der Härte des Gesteins angepaßt sein muß. Dieser Winkel schwankt im allgemeinen zwischen 70 und 110 Grad. Die Breite der Schneide muß selbstverständlich etwas größer sein als der Schaftdurchmesser. Man wählt sie für gewöhnlich $1/_3$—$1\frac{1}{2}$ mal so groß als wie diesen. Die Krümmung der Schneide soll möglichst flach sein. Da nun die Bohrer in Sätzen von verschiedener Länge vorhanden sein müssen, richtet sich die Breite der Bohrerschneide auch nach der Länge des Schaftes. Der kürzeste Bohrer wird stets die größte Schneide bekommen müssen. Folgende Abstufungen sind im allgemeinen üblich.

Nr.	Bohrer-Länge	Schneidenbreite
1	600 mm	50 mm
2	1000 „	45 „
3	1400 „	40 „
4	1800 „	35 „
5	2220 „	30 „

Der Z-Bohrer (Fig. 302). Der Z-Bohrer hat drei Schneiden, wovon die mittlere in der Richtung des Lochdurchmessers, die beiden anderen am Lochumfang angreifen. Durch diese Anordnung wird das Gestein also gleichzeitig an mehreren Stellen abgesprengt. Der Z-Bohrer bildet ziemlich ein Mittelglied zwischen dem einfachen Meißel- und dem Kronenbohrer, weshalb er auch besonders gerne Anwendung findet, da er die Vor- und Nachteile der beiden genannten Arten so ziemlich ausgleicht. Er läßt sich nämlich ebensogut in hartem wie auch in weniger festem und in zerklüftetem Gestein anwenden. Bei hartem Gestein sprengt er ebenso wie der Meißelbohrer ungehindert kleine Gesteinspartikelchen ab, während die Kronenbohrer ja mehr zermalmend wirken; in weniger hartem und in zerklüftetem Gestein wird ein Festklemmen durch die seitlichen Schneiden vermieden.

Der Kreuzbohrer (Fig. 303). Beim Kreuzbohrer durchdringen sich zwei Schneiden recht- oder schiefwinkelig. Durch das Vorhandensein zweier Schneiden kann natürlich der Durchmesser des Bohrkopfes größer gewählt werden. Man geht für gewöhnlich bis zu 60 mm. Das Anschärfen der Schneiden ist sehr schwierig und kostspielig.

Die Kronenbohrer (Fig. 304). Die Kronenbohrer erhalten im allgemeinen auch zwei sich kreuzende Schneiden, seltener 3—4 oder mehr. Der Unterschied gegenüber den Kronenbohrern ist nun der, daß die einzelnen Schneiden in einem Winkel gebrochen sind, und der Schneidenkreuzkpunkt eine scharfe Spitze bildet. Auch die Schneidenwinkel

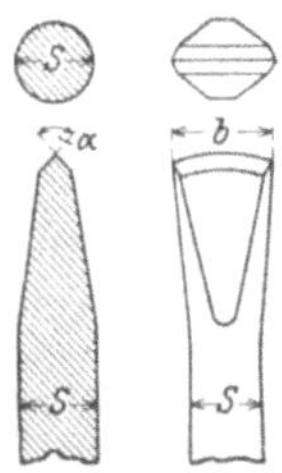

Fig. 301.
Meißelbohrer.

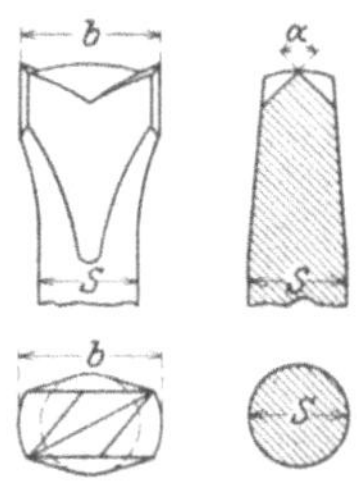

Fig. 302.
Z-Bohrer.

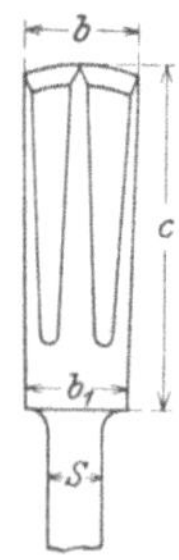

Fig. 303.
Kreuzbohrer.

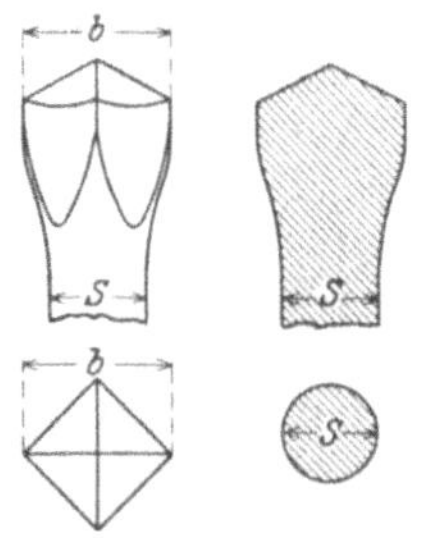

Fig. 304.
Kronenbohrer.

werden bedeutend größer gewählt als beim Kreuz- und Meißelbohrer. Die Folge davon ist, daß das Gestein nicht in kleinen Partikelchen abgesprengt, sondern zertrümmert wird, was einen unnützen Arbeitsaufwand zur Folge hat.

Um nun auch dem Bohrmehl einen ungehinderten Austritt zu ermöglichen werden, die Bohrköpfe seitlich würfelartig abgefeilt.

Das Material der Bohrer wird verschieden gewählt. Bei billigeren Bohrern werden die Schäfte aus Schmiedeeisen, die Köpfe dagegen aus Stahl hergestellt. Die besseren und teureren Bohrer werden jedoch aus Gußstahl mit verstähltem Kopfe verfertigt. Die Schäfte aus Guß stahl sollen die Schläge nach praktischen Erfahrungen bedeutend besser auf die Bohrlochsohle übertragen; auch ein Durchbiegen der Bohrer findet nicht so leicht statt als bei solchen, die aus Schmiedeeisen hergestellt sind.

Die Schäfte der Bohrer sind meistens rund, seltener eckig. Für Wasserspülung und Staubabsaugung sind dieselben vielfach zentrisch durchbohrt, was ihren Preis erheblich steigert. Auch findet man in die Schäfte Längsrillen eingehobelt, die ein leichtes Austreten des Bohrmehls ermöglichen sollen. Speziell für Bohrhämmer werden heute die sogenannten Spiralbohrer (Fig. 305) hergestellt, deren Bohrköpfe in den bekannten Arten ausgebildet sind; nur die Schäfte zeichnen sich dadurch aus, daß eine Eisen- oder Stahlleiste spiralförmig auf sie aufgeschmiedet ist; dadurch soll das Bohrmehl infolge der Drehung des Bohrers aus dem Bohrloche entfernt werden.

Die Enden der Bohrschäfte werden zur Befestigung in der Maschine verschiedenartig ausgebildet. Bohrer, die bei Stoßbohrmaschinen be-

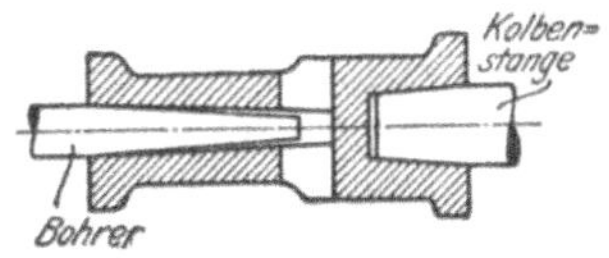

Fig. 306 a.

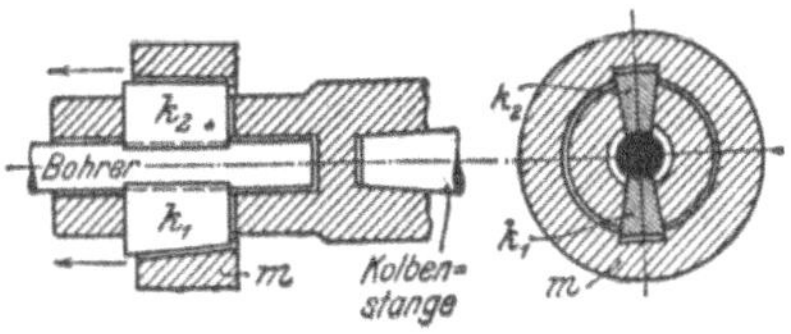

Fig. 306 b.

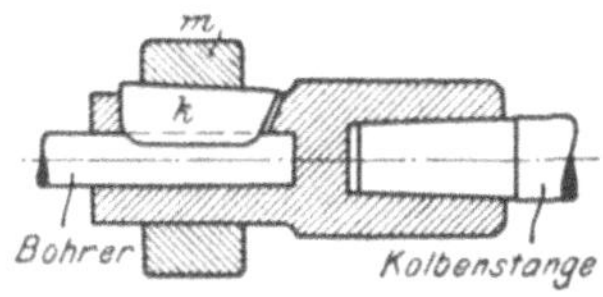

Fig. 306 c.

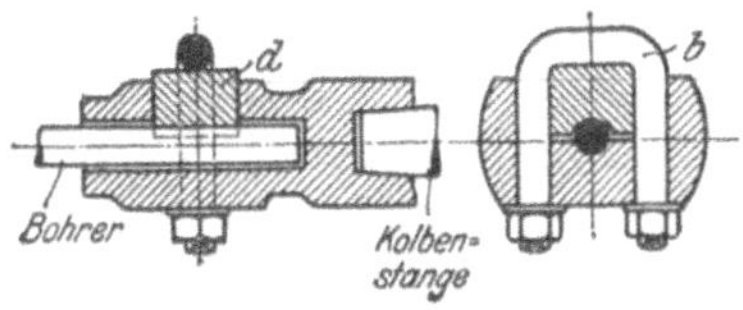

Fig. 306 d.

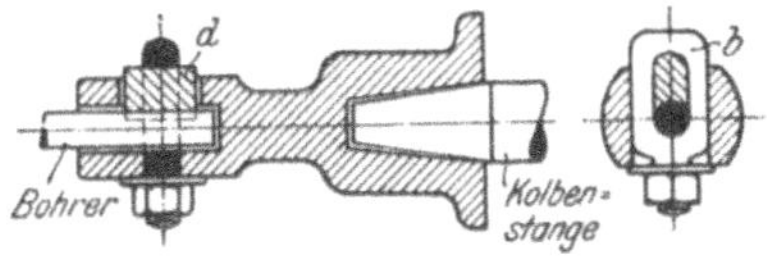

Fig. 306 e.

Fig. 305.
Spiralbohrer.

Fig. 306 a—e.
Bohrschuhe. (Aus Herbst, Über Gesteinsbohrmaschinen, Zeitschrift des Vereins deutscher Ingenieure 1910.)

nutzt werden sollen, sind zumeist mehr oder weniger konisch abgedreht, um in eine entsprechende Muffe eingesteckt werden zu können. Seltener findet man das Ende des Schaftes auf einer Seite ein wenig abgeplattet.

Bei Bohrern, die für Bohrhämmer bestimmt sind, sind die Schaftenden fast ausnahmslos vierkantig ausgeschmiedet und hinter dem Vierkantkopfe ist ein Bund aufgestaucht. Der Zweck dieser Schaftenden ist in dem Abschnitte „Bohrhämmer" bereits mitgeteilt worden.

Die am meisten gebrauchte Verbindung von Bohrer und Kolbenstange ist die einer doppelt konischen Muffe, der sogenannte Bohrschuh. Verschiedene Ausführungsformen zeigen die Figuren 306 a—e. Während bei dem einfachen Bohrschuh nach Figur 306a das Festklemmen des Bohrers nur durch die Stöße des Kolbens erfolgt und das Herausziehen des Bohrers durch Einschlagen eines Keiles in den Spalt geschieht, sind bei den anderen Bohrschuhen noch besondere Klemmvorrichtungen vorgesehen, durch welche es ermöglicht wird, beim Festklemmen des Bohrers letzteren durch die Maschine selbst herauszuziehen. Eine Beschreibung im einzelnen ist wohl wegen der Einfachheit der Vorrichtungen nicht erforderlich.

b) Drehende Bohrer.

Für drehendes Bohren kommen fast immer die einfachen Schlangenbohrer zur Anwendung (Fig. 307 a, b), die aus einem spiralförmig aufgewickelten Stahlstreifen bestehen, dessen eines Ende zu zwei Spitzen ausgeschmiedet ist. Die Stärke des Stahlstreifens, die Gewindehöhe und die Spitzenausbildung richten sich hierbei nach der Härte des Gesteins.

Das den Spitzen entgegengesetzte Ende wird äußerst mannigfach zur Befestigung des Bohrers an der Maschine ausgebildet. Die häufigsten Ausbildungsformen sind die, daß ein Vierkantkopf oder eine vierkantig ausgehöhlte Hülse an der Spirale angeschweißt wird.

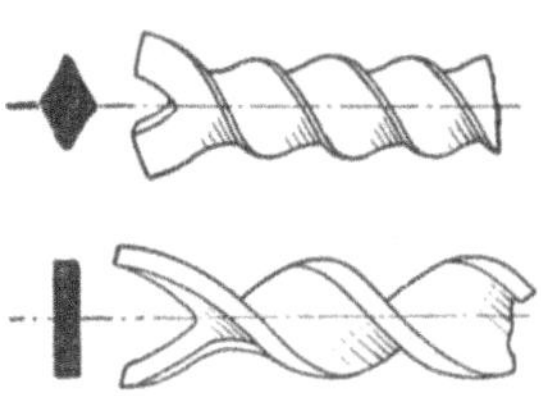

Fig. 307 a, b.
Schlangenbohrer. (Aus Herbst, Über Gesteinsbohrmaschinen, Zeitschrift des Vereins deutscher Ingenieure 1910.)

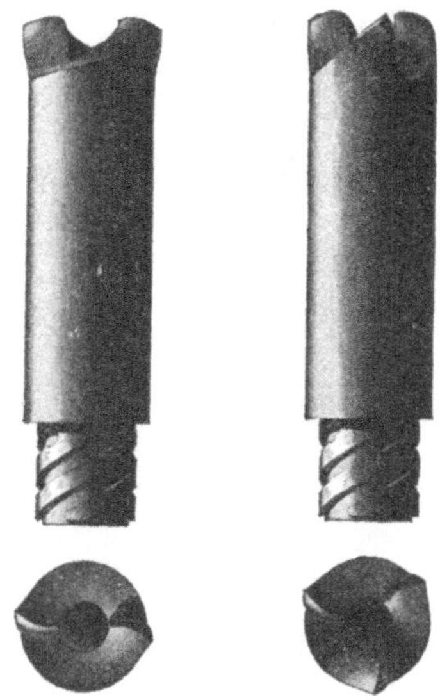

Fig. 308 a, b.
Bohrer zur Brandtschen Bohrmaschine. (Aus Heise-Herbst, Lehrbuch der Bergbaukunde, Bd. I.)

Sehr selten sind die Diamantbohrer für elektrische Drehbohrmaschinen (Lange, Lorcke & Co. in Brieg), die in ähnlicher Weise wie die Bohrer für Tiefbohrungen ausgebildet werden.

Besonders bemerkenswert ist noch die Ausgestaltung der Bohrer, die für die Brandtsche hydraulische Drehbohrmaschine verwandt werden (Fig. 308 a, b). Diese Bohrer sind als Zahnbohrer (Kernbohrer) ausgebildet, deren Bohrköpfe je nach der Härte des Gesteins 2—4 Zähne erhalten, und deren Durchmesser 65—88 mm beträgt.

II. Das Schärfen der Bohrer.

a) Das Schmieden und Härten der Bohrer.

Soll ein Bohrwerkzeug hergestellt werden, so ist es vor allem notwendig, den richtigen Härtegrad auszuwählen, der sich am besten aus gesammelten Erfahrungen ergibt.

Beim Ausschmieden des Werkzeuges müssen genau die Vorschriften eingehalten werden, welche verhindern sollen, daß sich der Stahl verschlechtert. Die Erwärmung muß so vorgenommen werden, daß keinerlei schädliche Einwirkungen auf den Stahl stattfinden und keine Spannungen durch ungleich fortschreitende Erwärmung hervorgerufen werden können. Am leichtesten läßt sich dies in Holzkohlenfeuer, schwerer in Koksfeuer und am schwierigsten in Steinkohlenfeuer erreichen. Während der Erwärmung des Stahls darf nur schwach Luft eingeblasen werden, damit sich der Stahl langsam und gleichmäßig in der durchglühten Kohle erhitzt. Ganz besonders ist ein sogenanntes hohles Feuer zu vermeiden, bei welchem die Luft direkt auf den Stahl geblasen wird. Um allen Einwirkungen der Kohle auf den Stahl vorzubeugen, geschieht die Erwärmung des Stahls vielfach in Muffeln. In einem Ofen der stark geheizt wird, liegen Muffeln aus Ton, die an einem Ende geschlossen, am anderen offen sind. In diese auf Rotglut erhitzten Muffeln werden die Bohrer hineingesteckt und unter absolutem Ausschluß einer Einwirkung der Verbrennungsgase bis zum gewünschten Grade gleichmäßig erwärmt. Ist der Stahl bei gehöriger Vorsicht erwärmt worden, so soll das Schmieden möglichst rasch vor sich gehen, damit die Erwärmung ausgenutzt wird und nicht zu oft wiederholt zu werden braucht.

Durch das Schmieden oder die sonstige Behandlung des Stahles beim Formgeben, treten in ihm Spannungen auf, weshalb es sehr fehlerhaft ist, wenn ein Werkzeug sofort nach dem Schmieden, ohne aufgewärmt zu sein, gehärtet wird. Manchmal ist es sogar notwendig, daß der Stahl nach der Bearbeitung in Holzkohlenstaub noch einmal ganz allmählich erwärmt bzw. ausgeglüht wird. War ein Gegenstand bereits gehärtet gewesen, und soll er wieder gehärtet werden, so ist es unbedingt notwendig, daß er vorher ausgeglüht wird, da sonst Brüche auftreten. Am besten geschieht das Ausglühen in Holzkohlenstaub. Fehler, die beim Erwärmen vor dem Schmieden des Stahles vorgekommen sind, lassen sich durch langsames Glühen in Holzkohle und nachfolgendes Hämmern zum Teil wieder gut machen. Ganz anders ist es dagegen beim Härten; hier können keine Fehler, die beim Erwärmen gemacht worden sind, beseitigt werden. Deshalb muß bei der Erwärmung vor dem Härten die größte Vorsicht gebraucht werden, um jede schädliche Einwirkung auf den Stahl zu vermeiden. Man sollte sich deshalb beim Erwärmen vor dem Härten nur der Holzkohlenfeuer bedienen und außerdem bei komplizierten Stücken die schwachen Stellen von Zeit zu Zeit etwas abkühlen. Dies geschieht durch Herausnehmen aus dem Feuer, durch Eintauchen in Wasser oder durch Auflegen von nassem Lehm.

Nachdem nun der zu härtende Bohrer auf zweckmäßige Weise erwärmt worden ist, wird er in die Härteflüssigkeit getaucht, welche je nach ihrer Beschaffenheit den zu härtenden Gegenstand mehr oder weniger schnell abkühlt und ihm dadurch eine gewisse Härte erteilt.

Für die richtige Härtung ist außer der Beschaffenheit der Härteflüssigkeit auch der Wärmegrad maßgebend, bei welchem man den Gegenstand abkühlt. Je größer der Kohlenstoffgehalt ist, desto geringer braucht nur die Erwärmung zu sein. In den Raum, in welchem gehärtet werden soll, darf die Sonne nicht hereinscheinen. Am besten ist es, man härtet im verdunkelten Raume. Ein langsames Abkühlen ist stets vorzuziehen.

In der Regel bedient man sich beim Härten des Wassers. Die Wirkung desselben kann jedoch ganz wesentlich verschieden sein; Brunnenwasser z. B. härtet stärker als Regenwasser. Ein Zusatz von Salzen und Säuren erhöht den Härtegrad wesentlich. Die stärkste Wirkung erreicht man mit einer gesättigten Kochsalzlösung, die schwächste durch reines Kondensationswasser. Je kälter das Wasser ist, um so besser härtet es.

Beim Eintauchen eines glühenden Stahlstückes in Wasser bildet sich Wasserdampf, welcher verhindert, daß sich der Gegenstand schnell abkühlt. Manchmal wünscht man dies und steckt solche Gegenstände langsam ins Wasser, wobei die sich bildenden Dampfbläschen am Gegenstande anhaften bleiben und ihn vor zu starker Abkühlung schützen. Zuletzt führt man den Gegenstand im Wasser hin und her, um die Bläschen zu entfernen und die Härtung zu Ende zu führen. In der Regel jedoch führt man den Gegenstand rasch ins Wasser, oder man härtet sogar in fließendem Wasser. Außer dem Wasser bedient man sich noch verschiedener Öle und des Talges. In der Regel wird eine Mischung von Rüböl und Rindertalg genommen. Auch nimmt man Rüböl allein. Je mehr Rüböl, um so stärker ist die Härtung. Nimmt man anstatt Rüböles Fischtran, so erhöht man die Härtefestigkeit. Der Tran verbreitet allerdings einen unangenehmen Geruch.

Nach dem Härten folgt das Ablassen, An- oder Nachlassen, welches bezweckt, durch langsame Erwärmung die Spannungen aufzuheben. Nach dem Ablassen kühlt man den Gegenstand noch einmal ab, um den Grad des Ablassens zu behalten und zu verhindern, daß die Erwärmung weiterschreitet. Sehr häufig kommt es vor, daß sich die Bohrer beim Härten verziehen, was um so leichter geschieht, je rascher der Bohrer abgekühlt wird. Verzogene Gegenstände müssen nach dem Anlassen durch Hämmern gerichtet werden. Letzteres erfordert große Geschicklichkeit.

b) Bohrer-Schärfmaschinen.

In den letzten Jahren ist man nun auch dazu übergegangen, Bohrerschärfmaschinen zu bauen, durch welche die Bohrerköpfe gleichmäßiger, widerstandsfähiger und billiger hergestellt werden sollen. Es liegen allerdings noch zu wenige Versuchsergebnisse vor, um endgültig ein Urteil über diese Bohrerschärfmaschinen zu fällen. Zwei heute bereits im Betrieb befindliche Bohrerschärfmaschinen sollen trotzdem an dieser Stelle kurz skizziert werden.

Dustan drill sharpener (Figur 309 a, b). Auf einem gemeinschaftlichen Fundament sind zwei Druckluftzylinder A und A_1 nebeneinander angeordnet. Jede Kolbenstange trägt vorn Schuhe H und H_1, in

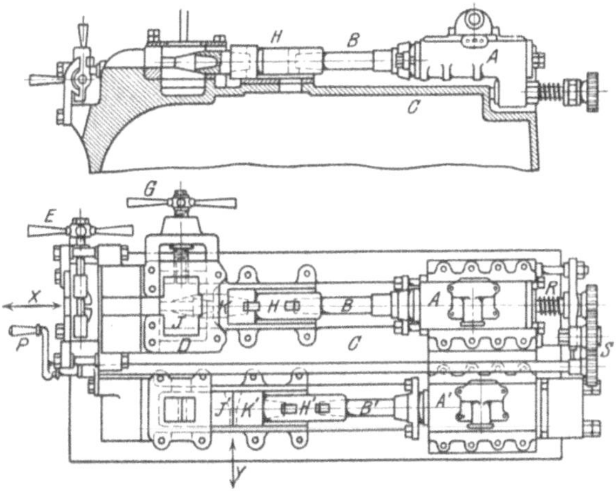

Fig. 309 a, b.
Bohrer-Schärfmaschine von Dustan. (Aus Weston, Rock Drills.)

welche die bestimmt geformten Schlagwerkzeuge eingesetzt werden. Den Zylindern gegenüber sind Rahmen D und D_1 montiert, in welche die festen Schmiedegesenke I und I_1 eingespannt werden. Das eine System mit dem Kolben A_1 dient zum Vorschmieden. Der Bohrer wird in der angedeuteten Richtung y zwischen die Schmiedewerkzeuge G_1 und K_1 gehalten.

Das andere System vollendet erst den Schärfungsvorgang. Der Bohrer wird in der Längsrichtung eingespannt. Zu diesem Zwecke ist auch das Gesenkstück I zweiteilig ausgebildet und umfaßt den Bohrerkopf. Ein festes Zusammenpressen des Bohrers und der Gesenkstücke I vermittelt eine Druckspindel mit dem Handkreuze G. Der vordere Spannkloben mit dem Handkreuze E soll ein Verbiegen des Bohrers verhindern.

Der Zylinder A kann außerdem durch die Kurbel p und ein Vorgelege S auf der Spindel R vorwärts oder rückwärts geschoben werden, wodurch der Schlag des Hammerstückes K geregelt werden kann.

Bohrerschärfmaschine Ajax (Ingersoll Rand Co). Diese Maschine besitzt eine horizontale und eine vertikal geordnete Stoßbohrmaschine, von denen die stehende den Stahl in der Seitenrichtung bearbeitet, während die liegende das eigentliche Schärfen besorgt.

C. Vorrichtungen zur Entfernung des Bohrmehles.

Es ist ohne weiteres einzusehen, daß die Leistung einer Stoßbohrmaschine bedeutend erhöht wird, wenn der Bohrer bei jedem Schlage auf eine reine Bohrlochsohle aufschlägt. Dies erfordert nun Einrichtungen zum Entfernen des Bohrmehls. Es läßt sich dies auf zweierlei Weise erreichen, und zwar

1. durch Ausspülen des Bohrloches, was allerdings stets mit Nässe verbunden ist, die von den Bergleuten bekanntlich nicht sehr geschätzt wird, und

2. durch Abblasen und Absaugen des Bohrmehls, was dagegen mit starker Staubentwicklung verbunden ist. Letzterer Übelstand wird allerdings heute durch geeignete Staubfänger wesentlich herabgesetzt.

I. Spülvorrichtungen.

Die einfachste Methode, ein Bohrloch auszuspülen, beruht darauf, daß neben dem Bohrer eine feine an die Wasserleitung angeschlossene Stahl- oder Messingröhre in das Bohrloch eingeführt wird. Im Oberharz und in Oberschlesien ist beispielsweise diese Methode schon seit vielen Jahren mit Vorteil angewandt worden.

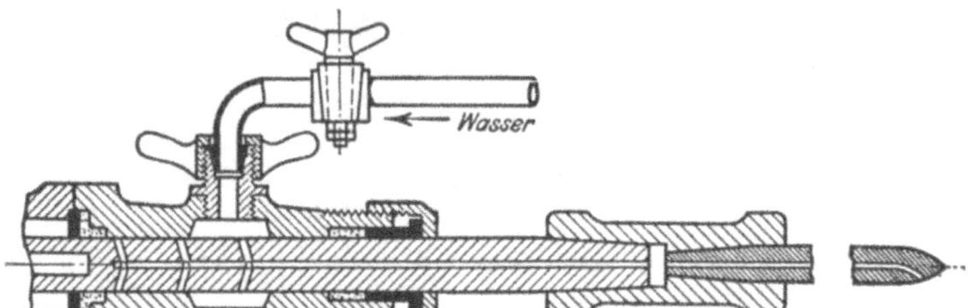

Fig. 310.
Spülvorrichtung. (Aus Herbst, Über Gesteinsbohrmaschinen, Zeitschrift des Vereins deutscher Ingenieure 1910.)

Die neueren Spülvorrichtungen verlangen Hohlbohrer; sie haben jedoch wegen der leichten Verstopfung der Bohrer und wegen des hohen Anschaffungspreises von Hohlbohrern im allgemeinen nur wenig Freunde gefunden.

Das Schema einer solchen Spülvorrichtung gibt Fig. 310 wieder. Da nun aber durch die Dichtungen bei derartigen Einrichtungen nicht unerhebliche Widerstände für die Bewegung der Bohrer entstehen, hat die Maschinenfabrik Flottmann durch eine besonders patentierte Spül vorrichtung versucht, diesen Übelstand abzuhelfen. Diese Flottmannsche-Spülvorrichtung zeigen die Figuren 311a, b. Der Bohrer a ist mit seinem Vierkantkopf d in die Umführungsbüchse e eingesteckt. Der Bund b des Bohrers ist etwas nach vorn gerückt, so daß zwischen Bund und Vierkant ein Hals c bleibt. Auf diesen Hals c ist eine Büchse f aufgeschoben, die auf der einen Seite durch den Bund b, auf der anderen Seite durch das Umführungsgehäuse eines Bohrhammers an einem seitlichen Verschieben verhindert ist. Die Büchse f trägt einen Stutzen g, an den die Wasserleitung i durch Verschraubung k angeschlossen ist. Der Stutzen g ist zu einer zylindrischen Kammer ausgebildet, in welcher der Körper h gleitet. Dieser Körper ist durch eine Ledermanschette l abgedichtet und zeigt eine Längsdurchbohrung m, die einerseits in die Wasserleitung i, andererseits in den zum Bohrerkanal n führenden Querkanal o mündet. Da nun der Bohrer während der Arbeit fortgesetzt gedreht wird, wird der Wasserzufluß nur ein periodischer sein; das Wasser kann nur dann in den Bohrer eintreten, wenn die Kanalmündungen von o und m einander gegenüberstehen. Zur Erzielung eines stärkeren Wasserzuflusses läßt sich nötigenfalls im Körper h oder im Bohrer a eine Ausnehmung p vorsehen, wodurch die Kanalöffnungen länger miteinander in Verbindung bleiben. Der Körper h steht vermittels der durch die Manschette l erzielten Abdichtung unter dem beständigen Druck des zufließenden Wassers. Er wird daher mit der am Bohrer anliegenden Gleitfläche einen dichten Wasserabschluß gewähren, auch wenn ein Verschleiß eintritt, der sich durch die gewählte Anordnung selbständig ausgleicht.

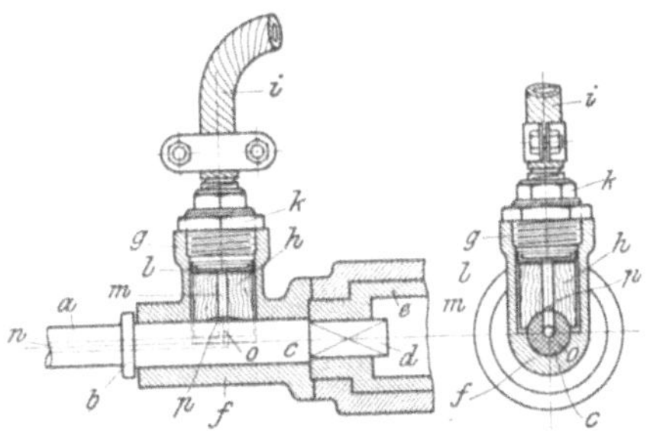

Fig. 311 a, b.
Spülvorrichtung von Flottmann.

II. Beseitigung des Bohrmehles durch Druckluft.

Die Beseitigung des Bohrmehles durch Druckluft ist in den letzten Jahren vielfach angewandt worden. Die meisten Bohrhämmer werden heute mit Kanälen versehen, die Luftspülung anwenden lassen. Die Luftspülung hat nämlich gegenüber der Wasserspülung die Vorteile, daß der lästige Wasseranschluß fortfällt was ganz besonders bei den Bohrhämmern störend wirkt, wie ferner ein Trockenbleiben des Arbeitsortes. Auf der andern Seite ist die starke Staubentwickelung als großer

Nachteil anzuführen; Einrichtungen, die das Auffangen des Staubes bewirken sollen, zeigen die Fig. 312 a, b.

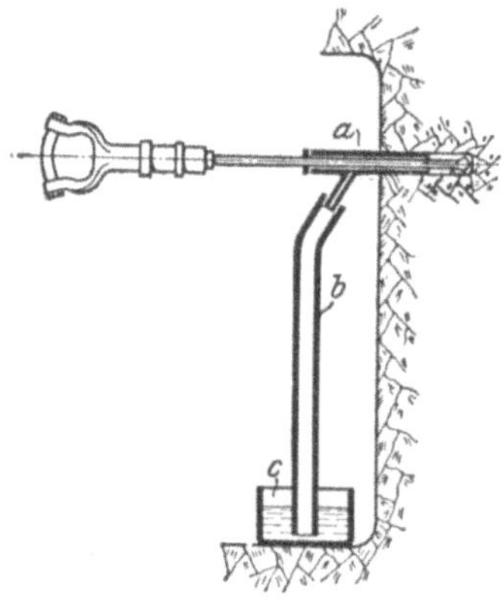

Die neuesten Bestrebungen auf dem Gebiete der Luftspülung zielen nun auf eine Staubabsaugung hin. Auch derartige Apparate sind in der Praxis bereits erprobt worden; als Beispiel möge der Staubsauger von Korfmann dienen (Fig. 313).

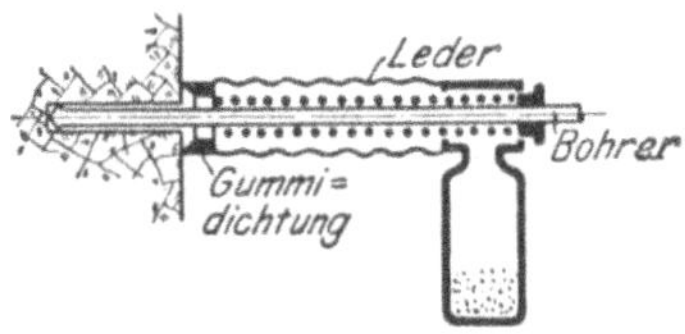

Fig. 312 a, b.
Staubfänger. (Aus Herbst, Über Gesteinsbohrmaschinen, Zeitschrift des Vereins deutscher Ingenieure 1910.)

Das Bohrmehl wird bei dieser Vorrichtung durch einen Injektor abgesaugt.

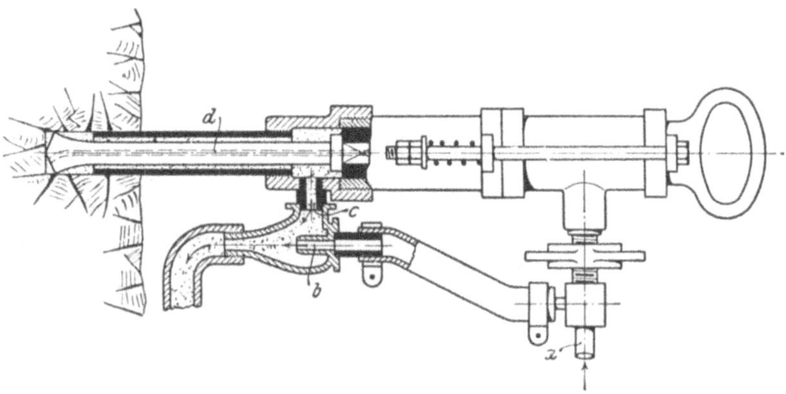

Fig. 313.
Staubsauger von Korfmann. (Aus Herbst, Über Gesteinsbohrmaschinen, Zeitschrift des Vereins deutscher Ingenieure 1910.)

D. Automatische Schmiervorrichtungen.

Die üblichste Methode, die Druckluftmaschinen zu schmieren, ist die, Schmieröl in die Lufteintrittsöffnung vor Anschluß des Luftschlauches einzugießen. Da hierbei nicht nur sehr viel Öl verschüttet wird, sondern auch die Menge des zugeführten Öles meistenteils größer als notwendig ist, so ist es sicher als ein Fortschritt zu bezeichnen, daß man nunmehr automatische Schmiervorrichtungen ersonnen hat.

Diese automatischen Schmiervorrichtungen werden in die Druckluftleitungen eingebaut.

Schmiervorrichtung der Armaturen- und Maschinenfabrik Westfalia (Fig. 314 a—c). Der Luftabsperrhahn ist mit der

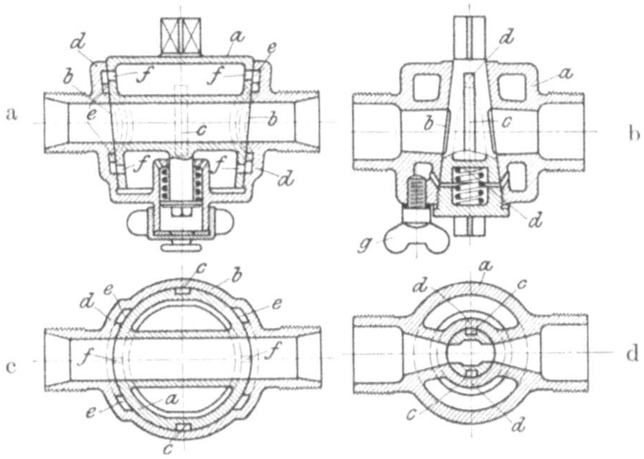

Schmiervorrichtung direkt verbunden. Der eigentliche Ventilhahn ist als Ölbehälter ausgebildet. Er trägt auf seiner konischen Oberfläche b zwei diametral gegenüberliegende Kammern c. Im Gehäuse d sind ebenfalls Kammern e angebracht, die in der gezeichneten Stelle des Ventilhahnes durch die Löcher f mit dem Ölraum in Verbindung stehen und daher voll Öl laufen. Das Öl wird durch die dichtende Fläche in den Kammern e gehalten und tritt erst dann in die Maschine bzw. in die Luftleitung, wenn der Hahn geschlossen wird. In dieser Stellung treten nämlich die Kammern c des Hahnes a über die Kammern e des Hahngehäuses und stellen so die Verbindung mit der Luftleitung bzw. mit der Maschine her. Das Öl ergießt sich dann in die Maschine und wird von der Preßluft an alle zu schmierenden Teile gebracht.

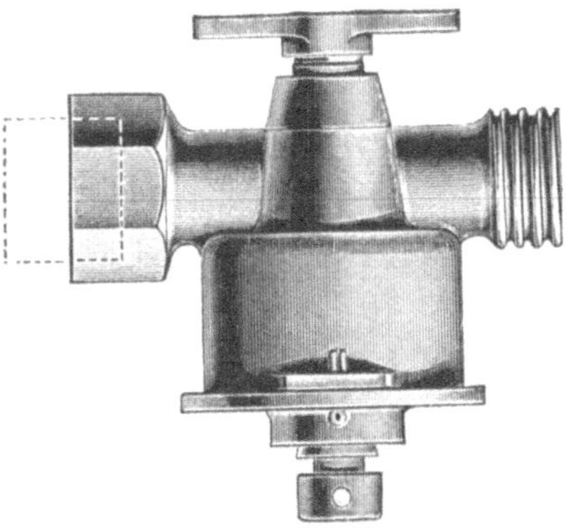

e

Fig. 314 a—e.
Schmiervorrichtung „Westfalia“.

Die Schmierung erfolgt also selbsttätig bei jedesmaliger Umstellung des Hahnes, also z. B. bei jedem Werkzeugwechsel. Sollte besonders viel Öl notwendig sein, so steht nichts im Wege, den Hahn mehrmals zu öffnen und zu schließen, wodurch beliebig große Mengen Öl der Maschine zugeführt werden können.

Schmiervorrichtung von Schuck (Fig. 315). Auf ein in die Preßluftleitung passendes Rohrstück ist ein Ölbehälter aufgeschraubt. Die Verbindung zwischen Leitung und Behälter stellen zwei Öffnungen

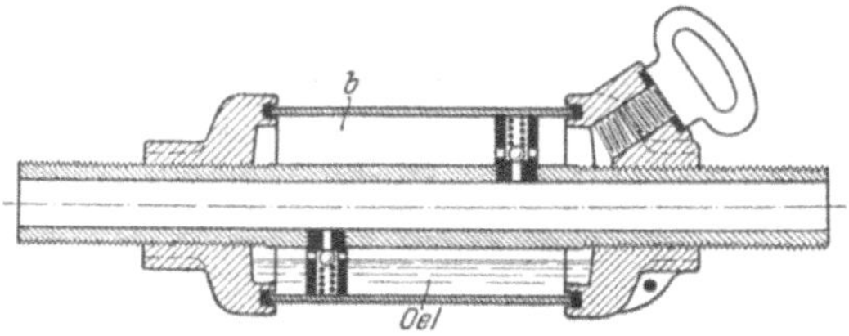

Fig. 315.
Schmiervorrichtung von Schuck. (Aus Herbst, Über Gesteinsbohrmaschinen, Zeitschrift des Vereins deutscher Ingenieure 1910.)

in dem zentralen Rohre her, die durch kleine Kugelventile mit Federbelastung für gewöhnlich geschlossen gehalten werden. Durch die in der Luftleitung auftretenden Stöße der Luftsäule, die durch das Kolbenspiel hervorgerufen werden, lüften sich die kleinen Ventilkugeln jedesmal ein wenig, die Luft reißt feine Öltröpfchen mit und führt sie der Maschine zu.

Fig. 316.
Schmiervorrichtung von Bechem & Keetmann.

Fig. 317.
Schmiervorrichtung von Rudolf Meyer.

Auf gleichem Prinzip beruht auch die Schmiervorrichtung von Bechem und Keetmann (Fig. 316).

Schmiervorrichtung von Rudolf Meyer (Fig. 317). Diese Vorrichtung weicht von den übrigen dadurch ab, daß sie nicht direkt in die Leitung eingebaut, sondern mit Hilfe eines T-Stückes eingeschaltet wird. Der Anschluß der Schmiervorrichtung an das T-Stück erfolgt durch einen massiven Stutzen S, in welchen ein Rohrgewinde eingeschnitten ist. Der Stutzen S ist mit zwei feinen Bohrungen versehen, an welche im Inneren des Ölbehälters zwei Röhren s und s_1 angelötet sind, die nach zwei entgegengesetzten Richtungen hin gebogen sind. Sobald die Luftleitung geöffnet wird, saugt der Luftstrom Öl an, das in einem ganz feinen Strahl aus den feinen Bohrungen in die Luftleitung eintritt und von der Luft mitgerissen wird.

Sechster Abschnitt.

Maße, Gewichte und Leistungen einzelner Bohrmaschinen.

So häufig auch im praktischen Leben die immer wiederkehrende Frage aufgeworfen wird, welches die beste Bohrmaschine ist, ebensooft muß man dieselbe unbeantwortet zurückweisen. Trotz reichlicher Abwägung des Für und Wider der einzelnen Konstruktionselemente bei verschiedenen Maschinen läßt sich kaum ein allgemein gültiges Urteil fällen. Wie bereits anfangs der einzelnen Abschnitte über die verschiedenen Bohrmaschinenklassen das Verwendungsgebiet und die Verwendungsmöglichkeit der einzelnen Maschinengruppen in Erwähnung gezogen worden ist, so läßt sich bei einem allgemeinen Rückblicke nur das gleiche Urteil fällen, daß die Härte des Gesteins in erster Linie für die Auswahl der Maschinen maßgebend sein muß.

Steht man nun vor der engeren Wahl, ob Druckluft-Stoßbohrmaschine oder Bohrhammer, so muß entschieden werden, ob es mehr auf einen wirtschaftlichen Betrieb oder auf einen schnellen Tagesfortschritt ankommt.

Will man dagegen zwischen Druckluftstoßbohrmaschinen und elektrischen Stoßbohrmaschinen wählen, so ist die Beschaffung des Energiemittels, Druckluft oder elektrischer Strom, ausschlaggebend. Ist beispielsweise eine eigene elektrische Zentrale vorhanden, so dürften wohl elektrische Stoßbohrmaschinen eher am Platze sein als Druckluftbohrmaschinen.

Endlich sei noch erwähnt, daß durch den Bau der fahrbaren Kompressoren mit elektrischem Antrieb, die unter Tage einen leichten Transport und eine leichte Aufstellung bieten, ein Mittel geschaffen worden ist, selbst bei Verwendung der Druckluftstoßbohrmaschinen sich der elektrischen Kraftübertragung zu bedienen. Durch die gleichzeitige Verwendung dieser beiden Energieträger, Elektrizität und Druckluft, macht man sich die Vorteile jeder der beiden Arten nutzbar, während die Einzelnachteile in Fortfall kommen. Es fällt beispielsweise die schwerfällige und mit großen Energieverlusten verbundene lange Druckluftleitung fort, und an ihre Stelle tritt das elektrische Kabel. Während nun der Gewinn an elektrischer Energie in den elektrischen Leitungen in den elektrischen Bohrmaschinen durch die geringere Schlagkraft derselben wieder aufgezehrt wird, wird bei Verwendung von fahrbaren Kompressoren die an Schlagkraft den elektrischen Bohrmaschinen überlegene Druckluftmaschine verwandt. Diese Vorteile wiegen die Nachteile der doppelten Energieumsetzung Dampf in elektrischen Strom, und elektrischen Strom in Druckluft, nach reichlichen Erfahrungen auf. Überhaupt dürfte schon der Umstand, daß durch die fahrbaren Kompressoren verschiedene Betriebspunkte gleichsam ihre eigene kleine Kraftzentrale besitzen, sehr günstig für die Einführung der fahrbaren Kompressoren sprechen, da hierdurch einerseits größeren Störungen im Betriebe vorgebeugt wird und andererseits eine elektrische Zentrale sich gegenüber einer Druckluftzentrale besser einem schwankenden Energieverbrauche anpassen läßt.

Handbohrmaschinen dienen natürlich nur zum Bohren in milderem Gestein. Die Wahl eines speziellen Bohrmaschinensystems bereitet im allgemeinen noch mehr Sorge als die Wahl einer Maschinengruppe. Trotzdem ist diese Wahl heute sehr erleichtert worden, da die Maschinenfabriken infolge der starken Konkurrenz auf dem Gebiete der Bohrmaschinen wohl alle gleich gute und dauerhafte Maschinen bauen. Auf welche Grube man kommen mag, jeder Betriebsleiter ist im allgemeinen mit seinen Maschinen zufrieden.

Um allerdings im einzelnen verschiedene Maschinen besser miteinander vergleichen zu können, dürften Versuche nach einheitlicher Anordnung zu empfehlen sein. Es kommt hierbei im wesentlichen darauf an, den Kraftverbrauch in unzweideutiger Weise zu ermitteln, und die Bohrleistung nicht in ausgebohrten Metern, sondern in Kubikzentimetern ausgebohrtem Gestein anzugeben.

Die Bestimmung des Kraftverbrauches bei elektrischen Bohrmaschinen ist durch Einschaltung eines Kilowattmessers äußerst einfach. Nicht so leicht ist dies bei den Druckluftmaschinen. Es ist hierbei zu beachten, daß es nicht genügt, die Luftmenge allein zu messen, sondern es muß gleichzeitig die Spannung beobachtet werden. Im Grubenbetriebe läßt sich dies ohne weiteres nicht machen. Um es jedoch zu ermöglichen, sind neuerdings Luftmesser erfunden worden, die aber wegen ihrer hohen Empfindlichkeit und bedeutenden Anschaffungskosten noch wenig angewandt worden sind. Die üblichste Methode ist noch immer die, daß ein Windkessel von bekanntem Inhalte bis zu einer bestimmten Spannung mit Druckluft gefüllt wird, und man diesem Behälter die Luft während des Bohrversuches so lange entnimmt, bis die Spannung in dem Behälter auf etwa 1,5 Atm. herabgesunken ist. Luftverbrauch und Leistung der Maschinen berechnen sich dann folgendermaßen:

Berechnung des Luftverbrauches einer Bohrmaschine.

Es bedeute:

I = Inhalt des Windkessels in Kubikmetern.

V_0 = Luftvolumen in Kubikmetern atm. Luft bei 0^0 C und 760 m/m.

s = Gewicht von 1 cbm Luft bei gemessener Temperatur „t“, dem Drucke „p“ und bei mittlerem Feuchtigkeitsgehalte.
s_0 = Gewicht von 1 cbm Luft bei 0^0 C und 760 m/m = 1,293 kg.
T = absolute Temperatur = 273 + t.
R = Konstante für mittelfeuchte Luft = 29,5 kg/m.
v = Luftverbrauch der Bohrmaschine = $V_0p - V_0p_1$.

Der Windkessel sei mit Luft von $p_0$at und $t_0{}^0$ C gefüllt; dann ist

$$V_{0_p} = I \cdot \frac{s}{s_0};$$

$$s = \frac{p_0}{T_0 \cdot R}$$

$$V_{0_p} = \frac{I \cdot p_0}{T_0 \cdot R \cdot s_0}.$$

Nach dem Bohrversuche ist der Kessel gefüllt mit Luft von $p_1$at 2 $t_1{}^0$ C; dann ist

$$V_{0_{p_1}} = \frac{I \cdot p_1}{T_1 \cdot R \cdot s_0}.$$

Der Luftverbrauch der Bohrmaschine in atm. Luft bei $t_0{}^0 = 0^0$ C, p = 760 mm

$$v = \frac{I}{R \cdot s_0}\left[\frac{p_0}{T_0} - \frac{p_1}{T_1}\right].$$

Berechnung der Leistung der Bohrmaschine.

Beträgt die reine Bohrzeit, während welcher die „v“ Kubikmeter atm. Luft von 0^0 C verbraucht worden sind, „n“ Minuten, so erhalte ich

$$L = \frac{v \cdot 10\,000}{n \cdot 60 \cdot 75}\ \text{PS},$$

$$L. = \frac{2{,}22 \cdot v}{n}\ \text{PS}.$$

Dieser Energieverbrauch ist nun lediglich vom Bau der Maschine abhängig, und zwar zur Hauptsache vom Gewichte des Bohrers, des Bohrschuhes und des Kolbens, da diesen Teilen durch die Expansion der Luft eine gewisse lebendige Kraft erteilt werden soll und diese erst die Arbeitsleistung des Zerkleinerns am Gesteine vornimmt. Um also die relative Leistung an verschiedenen Gesteinen erkennen zu können, ist es erforderlich zu ermitteln:

1. Wie viel Kubikzentimeter ausgebohrtes Gestein kommen auf 1 Minute?
2. Wie viel atm. Luft von 0^0 C kommt auf 1 ccm Gestein?
3. Wie viel Kilogrammeter sind aufzuwenden, um 1 ccm Gestein auszubohren?

1. Die Schneidenbreite der Bohrer betrage im Anfange d/cm, am Schlusse d_1/cm, die Tiefe des Loches h/cm. Dann ist, wenn „Q“ = Inhalt des Bohrloches in Kubikzentimetern,

Tabelle I.

Handbohrmaschinen.

System	Bohrer	Preis inkl. Gestell und einen Bohrersatz M	Maschinenfabrik
Kohlenhandbohrmaschine mit Rohrgestell von Förster	1 Satz = 4 Bohrer bis 1,6 m Länge	48	Förstersche Maschinen- und Armaturenfabrik, A.-G., Essen-Ruhr
Handbohrmaschine mit zweiteiliger Vortriebsmutter und Regulierungsbüchse; System Korfmann Nr. 3	1 Satz Bohrer = 500 mm Länge 850 „ 1200 „ 1550 „ 1800 „	55	Heinrich Korfmann, Maschinenfabrik, Witten-Ruhr
Elliot-Maschine inkl. Gestell von 1500 bis 2650 mm Auszuglänge	1 Satz Bohrer = 4 Stück	110	desgl.
Heisesche Handbohrmaschine inkl. Gestell	—	120	Friemann & Wolff, Zwickau-Sachsen
Ulrich-Maschine, komplett	—	210	Fr. Ulrich, Maschinen- und Armaturenfabrik, Leopoldshall

Tabelle II. Maße und Gewichte

System	Durchmesser des Kolbens mm	Kolbenhub mm	Schlittenvorschub mm	Schlag: Zahl/Min. bei 5 At.		Gewicht der Maschine kg
Duisburger	75	200	600	420	ohne Bohrschuh	80
„	90	250	650	350		102
„	100	250	650	300		115
Korfmann	70	300	—	320		78
„	80	350	—	320		92
„	90	350	—	320		110
R. Meyer	60	210	—	430	mit Bohrschuh	60
„	70	260	—	400		82
„	90	280	—	330		130
Flottmann	70	215	—	450		90
„	90	240	—	450		103
„	100	250	—	450		150
Ruhrthaler	70	220	—	500	ohne Bohrschuh	64
Maschinenfabrik	85	260	—	450		78
„	95	260	—	400		90
„	120	280	—	350		120

$$Q = \frac{\pi}{4} \cdot \left(\frac{d + d_1}{2}\right)^2 . h.$$

Oder auf eine Minute

$$Q = \frac{\pi}{4} \left(\frac{d + d_1}{2}\right)^2 \cdot \frac{h}{u} .$$

2. Im ganzen verbraucht sind v Kubikmeter Luft. Auf 1 cbcm Bohrloch mithin

$$l = \frac{v}{Q} .$$

3. Die pro Kubikzentimeter erforderlichen kgm = k sind gleich

$$k = \frac{v . 10\,000}{Q} \text{ kgm pro cbcm.}$$

Außer diesen Beobachtungen sind nun auch noch die Zeiträume für Bohrerwechsel, Aufstellen und Verschwenken der Maschine genau festzustellen. Hat man alle die Werte ermittelt, so kann man nach bereits angegebener Methode auf S. 283 ff. die Effekte, — reinen, ganzen und Gewinnungseffekt — verschiedener Maschinensysteme miteinander vergleichen und Schlüsse auf die Güte der einzelnen Maschinen ziehen.

Zahlen über Maße, Gewichte, Preise und Leistungen sind zur allgemeinen Orientierung in nachstehenden Tabellen zusammengestellt.

von Druckluftstoßbohrmaschinen.

Bohrerlänge mm				Schneidenbreite mm				Preis
I	II	III	IV	I	II	III	IV	M
600	1100	1600	2100	50	45	40	32	—
600	1100	1600	2100	55	50	45	37	—
600	1100	1600	2100	55	50	45	37	—
600	1000	1400	1800	verschieden				450
600	1000	1400	1800	„				480
600	1000	1400	1800	„				520
650	1100	1550	2000	50	45	39	32	420
700	1250	1800	2350	54	49	43	36	450
800	1400	2000	2400	56	51	45	38	520
—	—	—	—	—	—	—	—	—
—	—	—	—	—	—	—	—	—
—	—	—	—	—	—	—	—	—
—	—	—	—	—	—	—	—	450
—	—	—	—	—	—	—	—	500
—	—	—	—	—	—	—	—	550
—	—	—	—	—	—	—	—	750

Tabelle III.

Beispiele für Abmessungen von Bohrhämmern.

Leichte Bauart.

Bauart	Flottmann	Duisburger Maschinenbau-A.-G.	Fröhlich & Klüpfel	Ingersoll I	Ingersoll II	Bornet I	Bornet II
Zyl.-Dmr. . . . mm	55	55	75	43	32	30	40
Hub . . . . . „	70	72	60	57	110	120	82
Gewicht . . . kg	15,5	16	17	9	8,6	7,5	15

Schwere Bauart.

Bauart	Flottmann	Climax-Imperial	Gordon	Kimber
Zyl.-Dmr. . . . . mm	64	44	30	80
Hub . . . . „	70	127	254	76
Gewicht . . . . kg	35	43	32,8	45
Kolbengewicht . . . . „	1,8	2,9	0,6	5,4

Tabelle IV.

Preise eines Korfmannschen Bohrhammers inkl. Anschlußhahn und einem Schlauch von 15 m Länge.

Bohrhammer mit einem Satz Vollbohrern von 500, 850, 1200 und 1550 mm Länge	400 M
Bohrhammer mit einem Satz Hohlbohrern von 500, 1000 und 1500 mm Länge	470 M
Bohrhammer mit einem Satz Schlangenbohrern von 500, 1000, 1500 und 2000 mm Länge	400 M

Tabelle V.

Ratschen-Bohrsäulen von Meyer.

Säulen-Modell	Passend für Gesteinsbohrmaschinen nachstehend angegebener Zylinderdurchmesser	Äußerer Durchmesser des Säulenschaftes mm	Normallänge in eingezogenem Zustande mm	Auszuglänge der Spannschraube mm	Gewicht einer Säule komplett mit Klemmstück und Stellring netto kg	Preis komplett mit Klemmstück, Stellring und Schlüssel M
III	für 2 Stück bis 90 mm	90	2000	500	134	280
IV	für 2 Stück bis 75 mm oder für 1 Stück bis 90 mm	90	2000	500	106	260

Tabelle VI.

Dreifußgestell von Meyer.

Modell	Passend fur Stoßbohrmaschinen bis zu einem Zylinderdurchmesser von mm	Gewicht netto inkl. 3 Belastungsgewichten und Schraubenschlüssel kg	Preis komplett mit 3 Gewichten und Schlüssel M
I	60	135	225
II	80	212	250

Tabelle VII.

Schmiervorrichtung von Meyer.

Modell	Nettogewicht kg	Preis M	Bemerkungen
I	2	25	Stutzen mit Gewinde
II	2,4	29	desgl.

Tabelle VIII.

Bohrversuche auf Grube „Gerhard" (Saarrevier).

(Zeitschr. f. Berg-, Hütten- und Salinenwesen 1905).

Bezeichnung der Maschine	Durchmesser des Kolbens mm	Hub des Kolbens mm	Gewicht der Maschine kg	Bohrleistung in der Minute cm	Verbrauch an Luft von Atmosphärendruck auf 1 cm Bohrloch cbm	Arbeitsdruck (Spannungsabfall) Atm. Überdruck
Flottmann H. V.	85	245	103	17,3 13,0 19,1 15,4		5 —4 4 —3,4 5 —4,1 4,1—3,5
			Durchschnitt	15,6	0,19	4,5—3,7
Flottmann S. A.	70	175	57	11,4 8,7		5 —3,8 3,1—2,9
			Durchschnitt	10,0	0,26	4,4—3,3
Flottmann S. A.	85	240	108	13,9 13,3 13,3 10,3		4,4—3,4 4,4—3,3 5 —3,7 3,7—2,8
			Durchschnitt	12,6	0,25	4,4—3,3
Flottmann S. A.	90	240	112	15,2 13,2 8		5 —4 4 —3,3 3,3—2,5
			Durchschnitt	11,4	0,21	4,1—3,3
Duisburger Maschinenbau Akt.-Ges., Modell 1903 (Bechem & Keetman)	—	275	102	17,4 14,4 16,8 12,0		5 —4 4,1—3,2 5 —3,9 3,9—3
			Durchschnitt	15	0,23	4,5—3,6
Korfmann	90	380	116	26 19,5 15,5		5 —4,3 4,3—3,7 3,7—3,2
			Durchschnitt	19,5	0,15	4,3—3,7

Tabelle IX.

Resultate beim Wettbohren
in der Bohrhalle der Düsseldorfer Ausstellung am 7. Oktober 1902.

Nr. des Versuches	Firma	Überdruckatmosphäre	Bohrzeit Sek.	Bohrleistung mm	Zylinderdurchmesser mm	Gewicht kg	Bohrerbreite mm	Kraftverbrauch PS	Kraftverbrauch per cm^2 des ausgehauenen Gesteines mkg	Anmerkung
1	Frölich & Klüpfel	5	180	390	75	96	40	—	—	Druckluftbohrmaschine
2	„	5—3,1	165	178	75	96	40	13,18	731	
3	„	3	180	177	75	96	40	—	—	
1	Hoffmann	5	180	319	70	81	40	—	—	dto.
2	„	5—3,1	150	143	70	81	40	15,24	909	
3	„	3	180	144	70	81	40	—	—	
1	Meyer	5	180	410	80	101	40	—	—	dto.
2	„	5—3,1	131	148	80	101	40	16,9	878	
3	„	3	180	160	80	101	40	—	—	
1	Schwarz	5	180	263	85	92	40	—	—	dto.
2	„	5—3,2	195	33	85	92	40	10,72	3941	
3	„	3	180	55	85	92	40	—	—	
1	Flottmann	5	180	210	70	122,5	40	—	—	dto.
2	„	5—3	142	90	70	122,5	40	15,56	1470	
3	„	3	180	128	70	122,5	40	—	—	
Elektrische Maschinen	Union	—	180	195	—	97	40	3,73	205	Elektrische Stoßbohrmaschine
	Lange, Lorke & Cie.	—	180	325	—	81	35	1,65	64	Elektr. Drehbohrmaschine mit Diamantkrone
	Assessor Schulte	—	180	290	—	26	30	2,09	137	

Tabelle X.

Versuche mit Bohrhämmern von Flottmann.

Bohrzeit in Min.	Bohrlochtiefe in Kohle m	Bohrzeit in Min.	Bohrlochtiefe in weichem Schiefer m	Bohrzeit in Min.	Bohrlochtiefe in festem Schiefer m	Bemerkungen
23	1,3	12	1,10	50	0,90	mit Schlangenbohrern
		20	1,80	23	0,95	
				13	1,34	

Sechster Teil.

Die Schrämmaschinen.

Von Bergingenieur Dr.-Ing. Leo Herwegen.

Bei der Bearbeitung benutzte Literatur:

Bericht über den 9. Allgemeinen Bergmannstag zu Dortmund.
Bericht über den 10. Allgemeinen Bergmannstag zu Saarbrücken.
Coal-Cutting by Maschinery in the United Kingdom by Walker.
Coal-Cutting by Maschinery in America by Ackermann.
Waltl, Die elektrischen Schrämmaschinen.
Treptow, Lehrbuch der Bergbaukunde.
Heise-Herbst, Lehrbuch der Bergbaukunde. I. Aufl.
Zeitschrift Glückauf 1906, 1907.
Handbuch der Ingenieurwissenschaften Bd. II, Abt. 2.
Rhein.-Westf. Sammelwerk Bd. II.

A. Allgemeiner Teil.

Die Schrämmaschinen dienen heute fast ausschließlich zur Erleichterung der Kohlengewinnung. Sie sind auf der Grundidee der Handschrämarbeit aufgebaut, sind also im wesentlichen Arbeitsmaschinen, die mit Hilfe eines geeigneten maschinell angetriebenen Werkzeuges Schlitze in der Kohle erzeugen, sodaß nach erfolgter Herstellung des Schlitzes größere Kohlenmassen leicht losgelöst werden können. Die Vorteile, welche durch die Schrämarbeit erzielt werden, sind folgende:

1. Erzielung eines größeren Stückkohlenfalles,
2. Verminderung der Zahl der Arbeitskräfte,
3. Herabsetzung der Gefahr durch Stein- und Kohlenfall,
4. Ausnützung des natürlichen Gebirgsdruckes,
5. Steigerung der Kohlenproduktion,
6. Billigere Gewinnungskosten,
7. Ersparnis an Sprengstoffen.

Die Wiege der maschinellen Schrämarbeit ist wohl in Amerika zu suchen, wo dieselbe bis heute auch die größte Verbreitung gefunden hat. Für die günstigen Resultate, die man durch die Einführung der Schrämarbeit in den Vereinigten Staaten Nord-Amerikas in der Kohlenproduktion und in den Belegschaftsziffern erzielt hat, sprechen unzweideutig folgende Zahlen:

Jahr	Zahl der Schrämmaschinen	Jahresproduktion in Tonnen	Belegschaft
1891	545	6 200 000	320 000
1900	3907	52 790 000	450 000

Während also im Jahre 1891 auf den einzelnen Mann 19,5 Tonnen entfallen, so im Jahre 1900 bereits 117 Tonnen, was ohne Zweifel als eine gewaltige Verbesserung zu bezeichnen ist.

Allerdings müssen zur Einführung der maschinellen Schrämarbeit gewisse Grundbedingungen erfüllt sein, um dieselbe überhaupt anwenden oder wenigstens etwas Nutzen daraus erzielen zu können. Diese Grundbedingungen sind:

1. möglichst flaches Einfallen,
2. genügende Flözmächtigkeit,
3. gutes Hangendes.

In Amerika finden wir, was diese drei Punkte angeht, das gegebene Feld für Schrämarbeit. In Deutschland liegen die Verhältnisse bei weitem nicht so günstig; erst nach Erfindung der Schrämsektoren ist hier ein neues Feld für die Schrämarbeit in weniger mächtigen und flachen Flözen eröffnet worden. Über die Verwendungsmöglichkeit des einen oder anderen Systems wird an geeigneter Stelle hingewiesen werden.

B. Spezieller Teil.

I. Schrämmaschinen mit hauendem Werkzeuge.

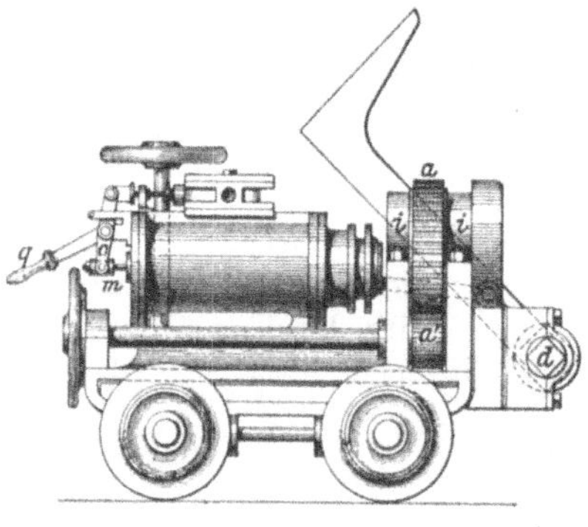

Fig. 318.
Schrämmaschine von Jonas. (Aus Handbuch der Ingenieur-Wissenschaften Bd. II, Abt. II.)

Daß man auch bei den Schrämmaschinen zuerst versucht hatte direkt das Schrämen mit der Hacke nachzuahmen, ist ohne weiteres verständlich. Die diesem Arbeitsvorgange nachgebildeten Maschinen haben aber heute nur noch historisches Interesse. Solche wären die beiden Ausführungen von Firth, Donisthorpe und Ridey und die von Grafton Jones (Fig. 318). Dieselben sind im „Handbuch der Ingenieurwissenschaften“ Bd. 2, Abteilung 2, im einzelnen beschrieben.

II. Schrämmaschinen mit stoßendem Werkzeuge.

Die Schrämmaschinen dieser Klasse zerfallen in zwei Gruppen,
1. solche, deren Vorschub direkt von Hand, also ohne mechanisches Zwischenglied bewerkstelligt wird, und
2. solche Maschinen, die einen mechanischen Vorschub besitzen.

a) Schrämmaschinen ohne Vorschubmechanismus.

Die Maschinen ohne mechanische Vorschubeinrichtung werden entweder vom Arbeiter direkt in der Hand gehalten und von ihm beliebig bewegt,

oder sie sind auf einem zweirädrigen Untergestell montiert, so daß die Maschine gegen den Kohlenstoß vorgeschoben werden kann.

Die technische Ausführung dieser Schrämmaschinen ist die denkbar einfachste, da dieselben im wesentlichen einfache Stoßbohrmaschinen sind, die aber keine Umsetz- und keine Vorschubeinrichtung zu besitzen brauchen.

1. Handschrämmaschinen.

Für unsere modernen Handschrämmaschinen, die sogenannten Abbauhämmer, ist der Frankscbe Schrämmeißel vorbildlich gewesen, der bereits im Jahre 1892 in den Gruben der Mansfeldschen Kupferschieferbauenden Gewerkschaft zum Schrämen im Kupferschiefer mit gutem Erfolge angewandt worden ist. Indes entsprachen seine Leistungen vor der Kohle bei weitem nicht den Erwartungen, die man auf ihn gesetzt hatte. Heute ist der Frankesche Schrämmeißel nur noch vereinzelt auf Gruben der Mansfeldschen Gewerkschaft in Benutzung.

Der Frankesche Schrämmeißel (Fig. 319 a—e). Ein Kolben B bewegt sich in einer in den Zylinder D eingesetzten Büchse A und ist

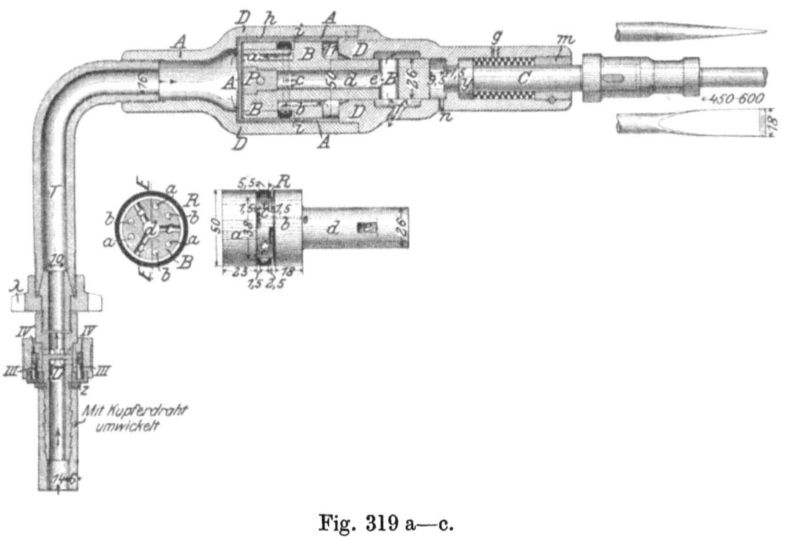

Fig. 319 a—c.
Schrämmeißel von Franke.

mit dem Meißel, der am Meißelhalter C sitzt, nicht fest verbunden. Dieser wird nach jedem vom Kolben auf ihn geführten Schlag durch die beiden Spiralfedern zurückgezogen. Eine Drehung des schrämenden Meißels kann nur mit der Hand erfolgen. Die Betriebsluft tritt durch 16 Kanäle i und drei Kanäle a hinter den Kolben B und treibt ihn vorwärts. Die vor dem Kolben befindliche Luft entweicht durch die Kanäle b unter dem Ringmuschelschieber hinweg nach den Kanälen c und tritt durch die hohle Kolbenstange und den Kanal f ins Freie. Im Verlaufe des Hubes schließt der Schieber die Kanäle i, sodaß die Luft expandiert; im weiteren Verlauf des Hubes legt der Kolben die Kanäle i wieder frei, wodurch der Schieber durch die Druckluft nach rechts umgesteuert wird; gleichzeitig erfolgt der Schlag auf den Meißelhalter C. Der ganze Kolbenhub beträgt nur 11 mm; der letzte Teil desselben wird unter Gegendruck zurückgelegt. Den Rückgang des Kolbens bewirkt die jetzt durch die Kanäle b auf die Vorderseite des Kolbens tretende Druckluft.

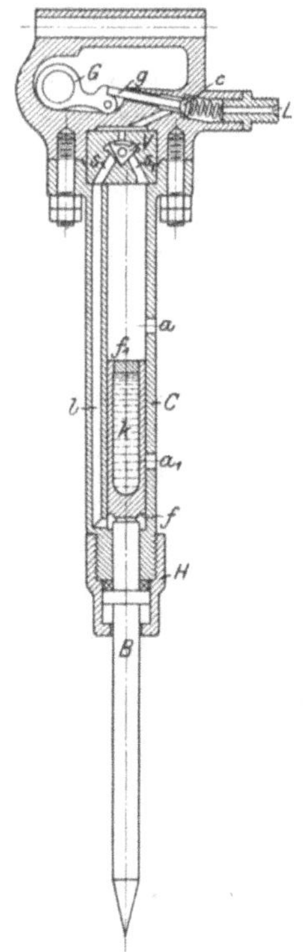

Fig. 320.
Abbauhammer „Klerner".

Abbauhammer System Klerner (Bohrmaschinenfabrik Glückauf, Gelsenkirchen-Schalke) (Fig. 320). In einem Zylinder c bewegt sich ein Hohlkolben k, der mit Blei ausgegossen ist, um die Schlagwirkung zu erhöhen.

Die Steuerorgane bei den Abbauhämmern sind die gleichen wie bei den Bohrhämmern. So finden wir bei dem Abbauhammer System Klerner die bereits bekannte Pendelsteuerung wieder. Der Ventilkörper verbindet je nach seiner Stellung das Luftzuführungsrohr L mit den Kanälen s und s_1. Von diesen wird die Druckluft durch den Kanal l vor die vordere Kolbenfläche f oder direkt aus dem Kanal s_1 vor die hintere Kolbenfläche f_1 geführt. a und a_1 sind die Auspufflöcher. Das Einsetzen und Befestigen des Schrämmeißels geschieht in ähnlicher Weise wie bei den Bohrhämmern mit Hilfe einer Überwurfbüchse H.

Die Luftzuführung kann während der Schrämarbeit vom bedienenden Arbeiter auf leichteste Weise geregelt werden. Es ist zu diesem Zwecke ein einfaches Kegelventil c vorgesehen, welches durch den Druck einer Spiralfeder für gewöhnlich geschlossen gehalten wird. Um es zu öffnen, genügt ein Zug an dem Hebel G, der den Stift g zurückdrückt und dadurch das Ventil von seinem Sitze hebt.

Abbauhammer Westfalia (Fig. 321). Aus der Figur geht ohne weiteres hervor, daß die Konstruktion im allgemeinen die gleiche ist wie bei dem vorigen Abbauhammer. Nur finden wir bei dem Abbauhammer Westfalia als Ventilkörper die bekannte Ventilklappe der Armaturen- und Maschinenfabrik Westfalia.

Ähnliche Abbauhämmer werden heute von fast allen Bohrmaschinenfabriken mit nur unwesentlichen Verschiedenheiten gebaut.

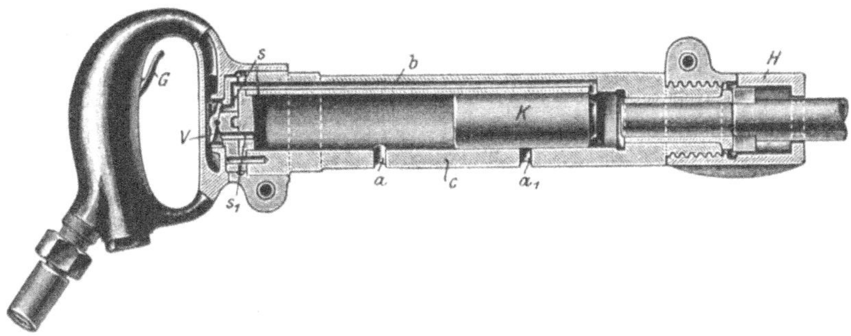

Fig. 321.
Bohrhammer „Westfalia".

Als Bohrwerkzeug findet man bei den Abbauhämmern einfache Spitzeisen. Die Abbauhämmer haben bislang sehr günstige Resultate gezeitigt.

2. Schrämmaschinen auf Rädern.

Die unter diese Gruppe fallenden Maschinen sind ausnahmslos amerikanische Systeme und haben in den Vereinigten Staaten Nord-

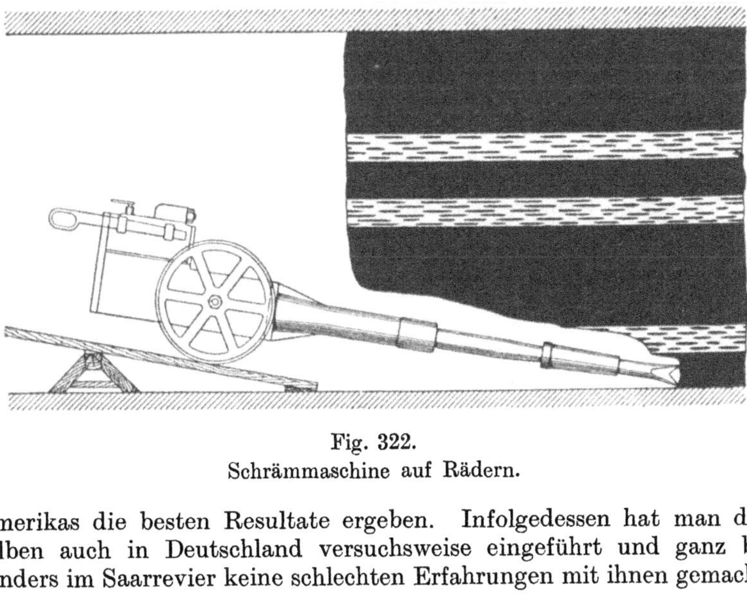

Fig. 322.
Schrämmaschine auf Rädern.

Amerikas die besten Resultate ergeben. Infolgedessen hat man dieselben auch in Deutschland versuchsweise eingeführt und ganz besonders im Saarrevier keine schlechten Erfahrungen mit ihnen gemacht.

Allerdings erfordert die Bedienung derselben sehr geübte Leute. Heute ist man allerdings wieder von ihnen abgekommen, da die Säulenschrämmaschinen den deutschen Verhältnissen besser angepaßt erscheinen.

Das Prinzip und der Arbeitsvorgang der Schrämmaschinen auf Rädern gehen aus Fig. 322 hervor. Auf einem Räderuntergestell ist der Antriebsmotor des stoßend wirkenden Schrämwerkzeuges verlagert. Als Antriebskräfte kommen sowohl Druckluft als auch Elektrizität zur Verwendung. Die Schrämmaschinen werden auf schräg gegen den Kohlenstoß geneigte Bühnen aufgesetzt, die etwa 2,5 m lang, 1 m breit sind und eine Neigung von ungefähr 4 Grad besitzen. Während der Schrämarbeit sitzt der Arbeiter hinter der Maschine auf der Bühne und lenkt sie vermittels zweier Handgriffe; gleichzeitig fängt er die Rückstöße der Meißelschläge durch einen am Fuße angeschnallten Holzkeil auf, den er gegen eins der Räder anstemmt.

Das Schrämwerkzeug, welches von den Amerikanern zu dieser Maschine geliefert wird, hat die Gestalt eines flachen Meißels, dessen Schneide schwalbenschwanzförmig ausgeschnitten ist.

Wie die Fig. 323 nun weiter erkennen läßt, nimmt der durch diese Maschine hergestellte Schram die Form eines keilförmigen Prismas an; er ist bei einer Schramtiefe von ungefähr 1,7 m vorn ungefähr 35—40 cm hoch, während er nach hinten bis auf 12—15 cm ausläuft.

Nachteilig bei diesen amerikanischen Schrämmaschinen wirkt der Umstand, daß nur auf der Sohle geschrämt werden kann. Ferner müssen schon ziemlich mächtige Flöze vorhanden sein, um ein günstigeres Mengenverhältnis zwischen Schramklein und Stückkohle erzielen zu können.

α) Schrämmaschinen mit Druckluftmotor.

Ingersoll-Sergeant-Schrämmaschine (Fig. 323 u. 324). Der Druckluftzylinder hat einen Durchmesser von 400 mm. Besonders eigentümlich an dieser Maschine ist die Steuerung, die eine Unabhängigkeit der Schlagstärke von der Schlagzahl bewirken soll. Es sind zu diesem Zwecke zwei Muschelschieber nebeneinander angeordnet, ein Hauptluftverteilungsschieber a und ein Hilfsschieber b, die beide durch einen Steuerkolben k und k_1 umgesteuert werden. (In der Fig. 9 sind wegen des leichteren Verständnisses des Arbeitsvorganges die Schieber übereinander gezeichnet.) Die bei p eintretende Druckluft gelangt bei der in der Figur gezeichneten Stellung der Schieber direkt durch die beiden Schiebergehäuse in den Kanal r, und somit vor die vordere Kolbenfläche. Der hintere Zylinderraum steht währenddem durch 1, a und o direkt mit der Außenluft in Verbindung. Gleichzeitig tritt die Druckluft infolge der linken Endstellung des Steuerkolbens k_1 und des Verteilungsschiebers b durch den Kanal d vor die rechte Fläche des Steuerkolbens k und hält diesen in der linken Lage fest. Die Umsteuerung des Steuerkolbens k_1 wird nun dadurch bewirkt, daß Druckluft aus dem Kanale st_1, der an den Kanal r angeschlossen ist, vor die linke Fläche des Steuerkolbens k_1 tritt, während gleichzeitig der Raum vor der rechten Steuerkolbenfläche durch den Kanal st_2 mit dem Kanal 1, und somit mit der Auspuffkammer o in Verbindung gebracht wird. Es wird also der Steuerkolben k_1 nach rechts geworfen werden. Nunmehr gibt der Verteilungsschieber b den Kanal c für den Eintritt von Druckluft frei, während er den Kanal d mit der Auspuffkammer e verbindet. Die Folge davon ist, daß der Steuerkolben k auch nach rechts geworfen wird, und der Verteilungsschieber a den Kanal 1 für den Eintritt von Frischluft freilegt.

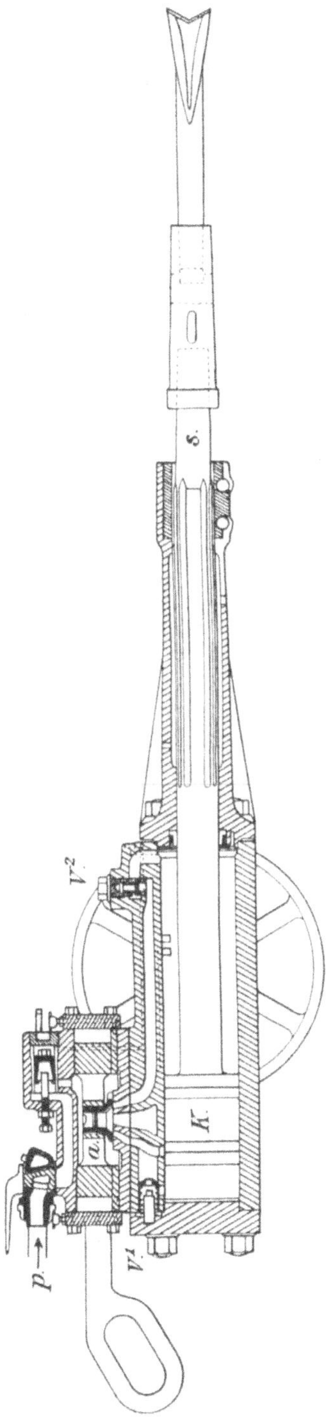

Fig. 323.
Schrämmaschine von Ingersoll. (Aus Treptow, Lehrbuch der Bergbaukunde.)

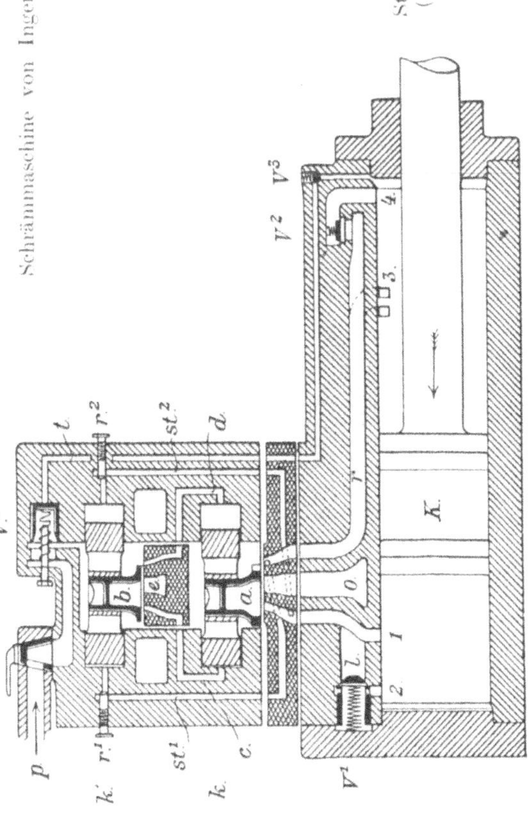

Fig. 324.
Steuerung der Schrämmaschine von Ingersoll.
(Aus Treptow, Lehrbuch der Bergbaukunde.)

Ein Anschlagen des Kolbens an die Zylinderdeckel wird durch zwei Rückschlagventile V_1 und V_2 verhindert; beim Überlaufen des Kolbens K über die Kanäle 1 bzw. 3 bilden sich nämlich in den Zylinderräumen Luftkissen, indem die Ventile V_1 und V_2 einen Austritt der Luft verhindern; sobald der Kolbenhub beendigt ist, öffnen sich die Ventile durch den Luftdruck, und die Bewegung des Kolbens wird durch Eintritt von Frischluft durch die Kanäle 2 bzw. 3 wieder eingeleitet.

Um beim widerstandsfreien Arbeiten der Maschine die Luft automatisch abzustellen, dienen zwei Rückschlagventile V_3 und V_4. Bei einer Vorwärtsbewegung drückt der Kolben nach Übereilen der Kanäle 3 die Luft durch das Ventil V_3 in den Kanal t, so daß dieselbe auf das Ventil V_4 einwirken kann. Dieses schließt sodann den Hauptluftzuführungskanal so lange ab, bis der Arbeiter die Maschine in die richtige Lage gberacht und gegen den Kohlenstoß vorgestoßen hat. Der Kolben bewegt sich hierbei rückwärts, die Spannung der Luft im vorderen Zylinderraume und damit im Kanale t sinkt, und die Feder des Ventiles V_4 wirft dieses wieder zurück.

Genau auf dem gleichen Prinzip wie die im vorigen beschriebene Ingersoll-Sergeant-Maschine sind auch die Maschinen von Sullivan, Harrison, Herzler, Henninger und andere gebaut.

β) Schrämmaschinen mit Elektromotor.

Schrämmaschine von E. A. Sperry (Fig. 325a—c). Auf einem Räderuntergestell ist ein vierpferdiger Elektromotor aufgestellt, der mit Strom von 10 Amp. und 220 Volt gespeist wird. Die Schrämstange b, welche am vorderen Ende den Schrämmeißel m trägt, geht durch eine Hülse h, in welcher eine starke Spiralfeder um sie gewickelt ist. Am hinteren Ende dieser Stange sitzt ein Kautschukpuffer u, welcher ein hartes Anschlagen der Schrämmstange gegen das Maschinengerüst vermeiden soll.

Der Motor hat im wesentlichen nur die Arbeit der Federspannung zu bewirken, während die eigentliche Stoßwirkung durch die Entspannung der Feder hervorgerufen wird. Zu diesem Zwecke wird die drehende Bewegung durch eine Zahnradübersetzung z_1 z_2 und z_3 auf das Hauptzahnrad z_4 übertragen. Dieses Zahnrade z_4 sitzt lose auf einer Welle, die nach einer Seite hin ausgekröpft ist. Über den Zapfen der Kröpfung ist das Zugband c gelegt. Um nun die drehende Bewegung des Zahnrades z_4 auch auf die Welle zu übertragen, sitzt auf dem Zahnrade z_0 ein federnder Ring i, dessen eines Ende mit einem Haken d versehen ist. Dreht sich nun das Zahnrad z_4 in der Richtung des angedeuteten Pfeiles, so wird der Haken d des Ringes den Krummzapfen der Welle endlich fassen und mitnehmen, wodurch die Schrämstange zurückgezogen und die Feder gespannt wird. Sobald aber die Kurbel die punktierte Lage eingenommen hat, löst sich die Welle von dem Haken, und es kommt die Wirkung der Federspannung zur Geltung, welche mit Gewalt die Schrämstange nach vorne schleudert.

Die Maschine macht 60—120 Schläge in der Minute und hat eine Schlagkraft von ungefähr 200 kg.

Schrämmaschine von Morgan (Fig. 326a, b). Diese Schrämmaschine ist gegenüber der vorigen durch eine andere Federspann-Vorrichtung ausgezeichnet. In die feste Federhülse h_1 ist eine zweite h_2 eingesetzt, welche durch einen Bund der Schrämstange bei der Rückwärtsbewegung in die Hülse h_1 hineingezogen wird und hierdurch die Feder spannt.

Das hintere Ende der Schrämstange ist mit einem Rahmen a verbunden, der eine Daumenwelle o trägt. An dieser Daumenwelle greift ein Daumen an, der direkt auf der Motorachse d fest aufgekeilt ist. Der Daumen zieht bei seiner Drehung den Rahmen a und damit die Schrämstange nebst Hülse h_2 nach hinten zurück und spannt hierdurch die Feder, welche den Schrämmeißel mit Gewalt nach vorne wirft, sobald der Daumen die Welle o verläßt.

Man hat auch den Versuch mit Solenoid-Maschinen gemacht, die jedoch keine günstigen Ergebnisse gezeitigt haben.

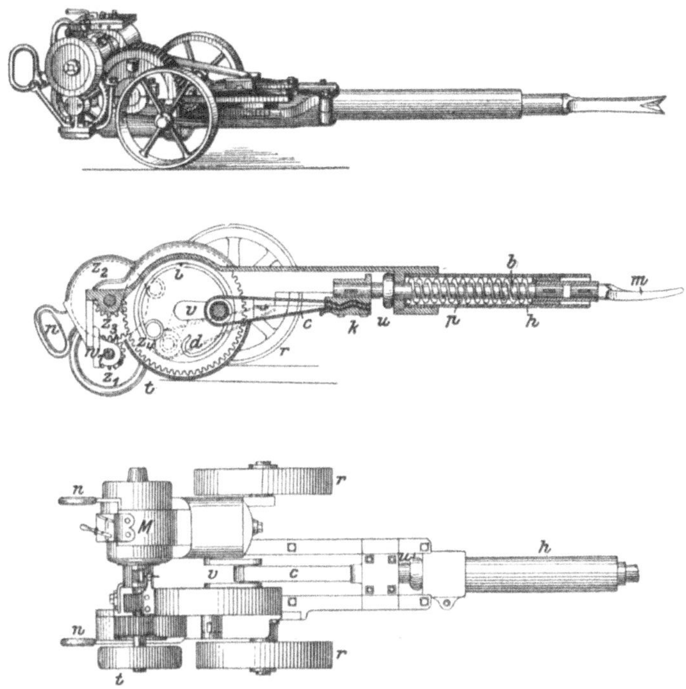

Fig. 325 a—c.
Schrämmaschine von Sperry. (Aus Waltl, Die elektrischen Schrämmaschinen.)

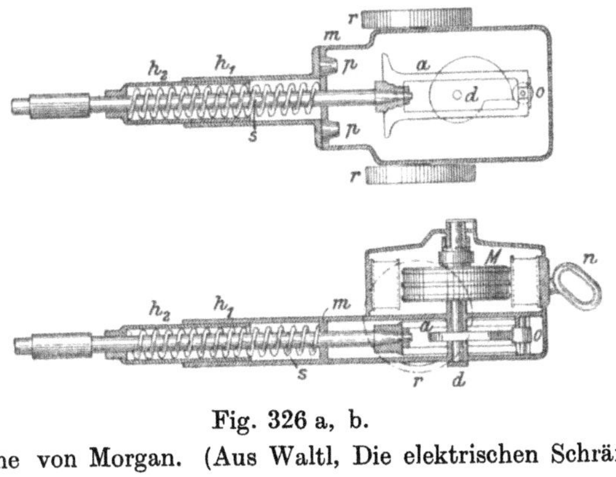

Fig. 326 a, b.
Schrämmaschine von Morgan. (Aus Waltl, Die elektrischen Schrämmaschinen.)

b) Schrämmaschinen mit mechanischer Vorschubeinrichtung.

1. Schrämmaschinen auf fahrbarem Gestelle.

Die unter diese Gruppe fallenden Maschinen dürften heute wohl als ganz und gar von den Säulenschrämmaschinen überholt betrachtet werden. Sie interessieren an dieser Stelle zur Hauptsache deswegen, weil sie als Vorgänger unserer modernen Schrämmaschinen bezeichnet werden müssen, indem nämlich bei ihnen der Versuch gemacht worden ist, einfache Stoßbohrmaschinen durch geeignete Verlagerung zu Schrämzwecken nutzbar zu machen. Die Lösung dieses Grundgedankens ist jedoch eine zu schwerfällige gewesen, als daß sich die Maschinen heute noch hätten behaupten können.

Schrämmaschine von Schram (Fig. 327a, b). Eine gewöhnliche Stoßbohrmaschine ist auf einem fahrbaren Gestell derart befestigt, daß die Richtung der Maschine in der Horizontalebene geändert werden kann. Eine Bewegung der

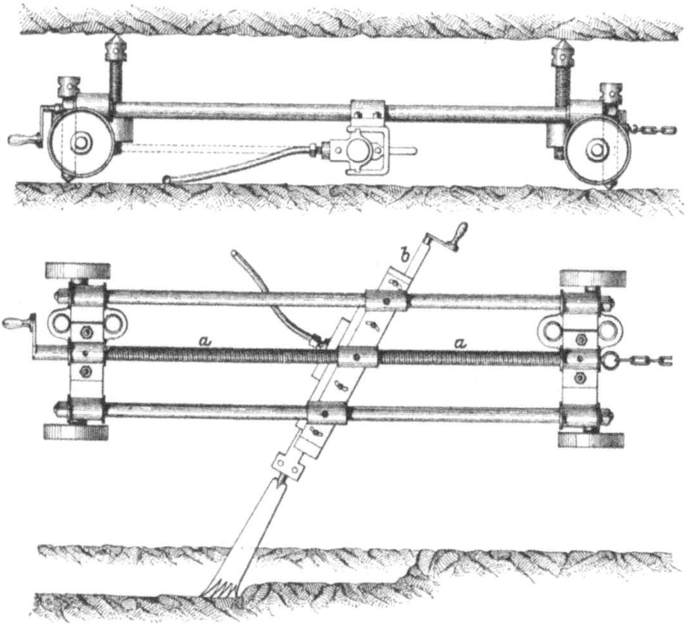

Fig. 327 a, b.
Schrämmaschine von Schramm. (Aus Handbuch der Ingenieur-Wissenschaften, Bd. II, Abt. II.)

Maschine in der Längsrichtung des Stoßes ermöglicht die Spindel a, und eine Bewegung in der Richtung gegen den Stoß der Vorschubschlitten b der Bohrmaschine.

Die Ausgestaltung des Schrämwerkzeuges zeigt die Fig. 327 b.

Die Bosseyeuse (von Dubois und François). Die unter der Bezeichnung Bosseyeuse bekannte Schrämvorrichtung ist nichts anderes als ein fahrbares Schrämgestell, bei welchem die bereits bekannte Bohrmaschine von Dubois und François zur Verwendung kommt.

Die Fig. 328a und b geben diese Schrämvorrichtung schematisch wieder. Die eigentliche Arbeitsmaschine a b c ruht auf einem Rahmen d f, auf welchem sie mit Hilfe einer Schraubenspindel s und eines konischen Rädergetriebes und des Handrades c hin- und herbewegt werden kann. Der Rahmen selbst ist mittels eines konischen Zapfens r um die Tragsäule drehbar, und kann mit Hilfe eines

Zahnradsegmentes mit Schneckenrad und Handrad h in der Vertikalebene verschwenkt werden. Endlich ist auch die Tragsäule E um einen Stützzapfen n durch

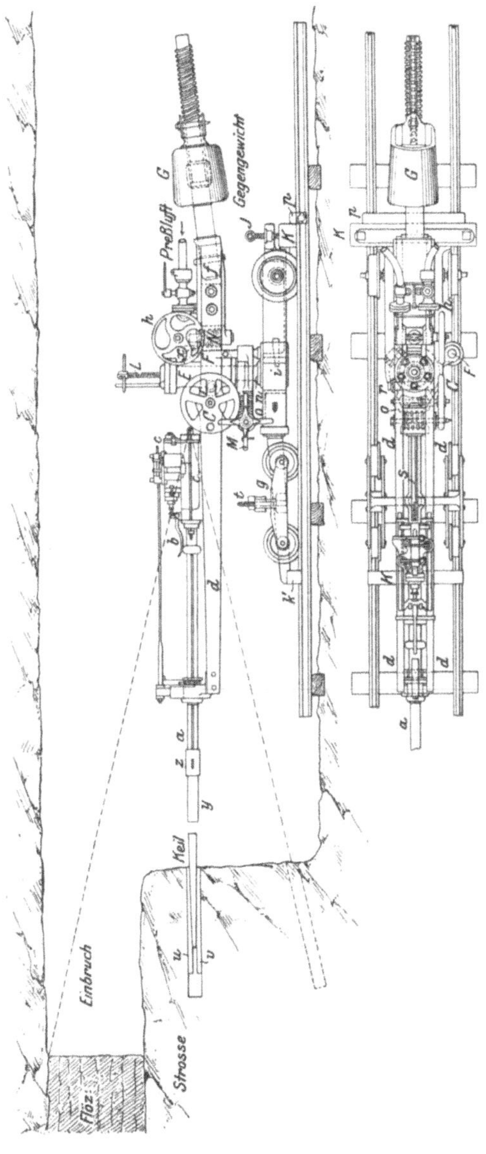

Fig. 328 a, b.
Schrämmaschine von Dubois und François.

ein Zahnsegment, Schnecke und Handkreuz M drehbar. Die Arbeitsmaschine läßt sich also bequem in zwei senkrecht aufeinanderstehenden Ebenen verschwenken, wie ferner in ihrer Längsachse vor- und rückwärts bewegen.

Daß nun eine derartig schwerfällig gebaute Maschine sich während des Arbeitsvorganges selbst nicht gerade mit Leichtigkeit verschwenken läßt, leuchtet ohne weiteres ein. Aus diesem Grunde hatte man bei Anwendnug der Bosseyeuse auch eine eigenartige Schrämmethode gewählt; sie beruhte darauf, daß man einzelne Bohrlöcher in einer festgelegten Ebene (Fig. 328d) so eng wie möglich mit Kronenbohrern nebeneinander bohrte und dann die zwischen den einzelnen Bohrlöchern stehen gebliebenen Trennungswände mit Flachbohrern, sogenannten Sägen, wegnahm. Die Ausbildung der Schrämwerzkeuge zeigt die Figurengruppe 328c.

Die Bosseyeuse wurde vornehmlich zum Schrämen in Gestein, bei Querschlagsbetrieben und dergl. verwandt. Heute ist sie jedoch wohl nirgends mehr in Betrieb zu finden, da einerseits

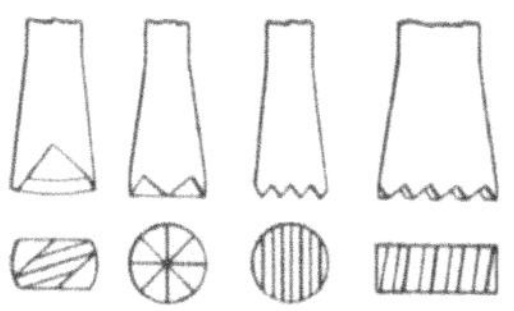

Fig. 328 c.
Schrämmeißel zur Maschine von Dubois und François.

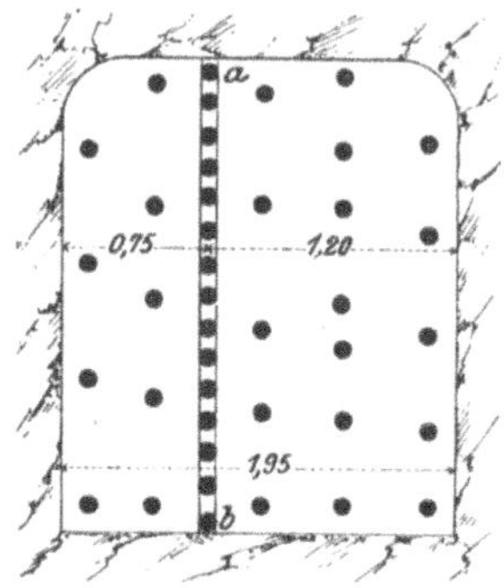

Fig. 328 d.
Schräm-Schema.

die Bohr- und Sprengarbeit sich in festerem Gestein bedeutend billiger stellt, andererseits zum Schrämen in der Kohle leichtere, handlichere, sowie auch wohl bessere Schrämmaschinen aufgekommen sind.

2. Säulenschrämmaschinen.

Die unter diese Gruppe fallenden deutschen Schrämvorrichtungen tragen eigentlich mit Unrecht den Namen Schrämmaschinen. Es sind in Wirklichkeit ja nur Zwischenapparate, die durch Einschaltung zwischen Spannsäule und Bohrmaschine die Herstellung von Schlitzen in der Kohle ermöglichen. Da sich aber die Bezeichnung Säulenschrämmaschine in der Praxis eingebürgert hat, sind die nun zu beschreibenden Schrämapparte hier unter diesem Begriffe zusammengefaßt.

Die Handschrämapparate sind einfache Vorrichtungen, die es erlauben, eine Stoßbohrmaschine während der Schrämarbeit in einer Ebene dauernd zu verschwenken; außerdem muß sich diese Schrämebene beliebig festlegen lassen, so daß sie sowohl horizontale als auch vertikale oder schräge Lage erhalten kann.

Diese Bedingungen vereinigte an erster Stelle Eisenbeis in einem Apparate, dessen Schrämsektor allgemein großes Aufsehen erregt hatte. Das Verschwenken der Bohrmaschine in der Schrämebene erfolgt mit Hilfe eines Zahnradsektors und mit Kurbel. Ähnlich erfolgt das Verschwenken der Maschinen bei den Schrämapparaten von Schwarz, Sirtaine und anderen, während diejenigen der Maschinenfabrik Westfalia, der Ruhrthaler Maschinenfabrik, von Frölich und Klüpfel und anderen direkt mit Hilfe eines langen Hebels, der an der Bohrmaschine befestigt ist, verschwenkt werden.

Während nun beim Bohren meistens die bekannten Z- und Kreuzbohrer verwandt werden, ersetzt man dieselben beim Schrämen durch besondere Schrämwerkzeuge, die sich von den gewöhnlichen Bohrern nur durch Ausgestaltung der Schrämköpfe unterscheiden. Die deutschen Schrämköpfe besitzen fast ausnahmslos eine Krone, die mit 3 bis 9 Meißelschneiden versehen ist. Die üblichen Formen von Schrämköpfen zeigt die Figurengruppe 329. In den Schmieden bedient man

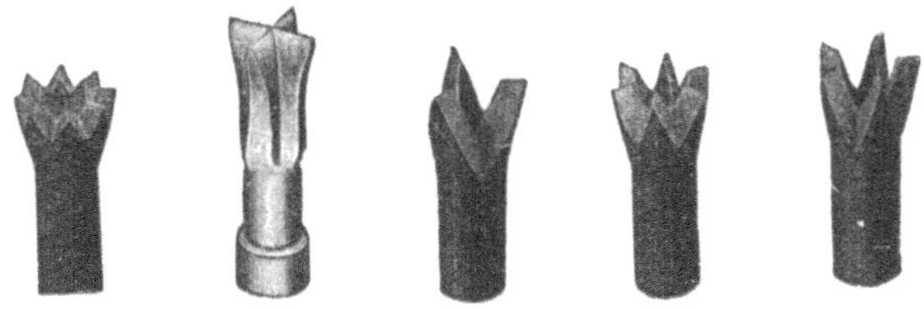

Fig. 329.
Schrämköpfe. (Aus Heise-Herbst, Lehrbuch der Bergbaukunde, Bd. I.)

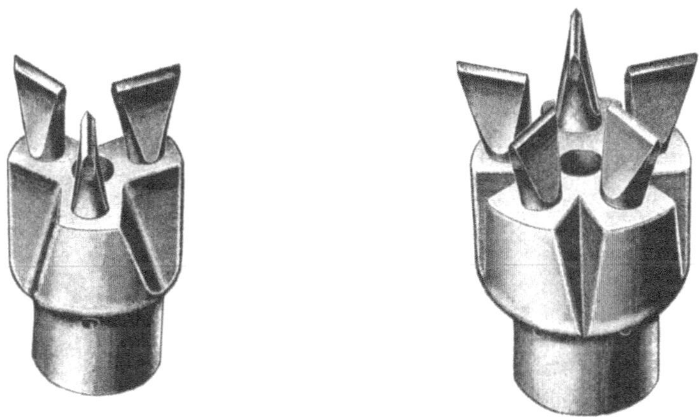

Fig. 330 a, b.
Schrämköpfe System „Frölich und Klüpfel".

sich zu ihrer Herstellung besonderer Stauchgesenke. Die Herstellung und das Anschärfen dieser Schrämkronen ist ziemlich langwierig und teuer. Aus diesem Grunde ist man dazu übergegangen, Schrämköpfe mit auswechselbaren Meißelschneiden herzustellen. Dieselben haben gegenüber den ersteren auch noch den Vorteil, daß es nicht nötig ist, die schweren und langen Schrämstangen jedesmal zum Schärfen der Krone aus der Grube hinauszuschaffen, sondern daß es genügt, die auswechselbaren Meißel in die Schmiede zu schicken.

Bekannte Schrämköpfe mit auswechselbaren Meißelschneiden sind die von Frölich und Klüpfel und die der Maschinen- und Armaturenfabrik Westfalia. Erstere zeigen die Fig. 330 a, b; die mit 3—5 kleinen

Meißeln besetzten Schrämköpfe werden auf die konischen Enden der Schrämstangen aufgesetzt. Um die Meißel schnell auswechseln zu können, steckt man in die unten angebrachten Bohrungen einen Dorn, mit dessen Hilfe sie herausgetrieben werden.

Etwas anders konstruiert sind die Schrämköpfe der Maschinen- und Armaturenfabrik Westfalia (Fig. 331 a—c). Hierbei trägt der

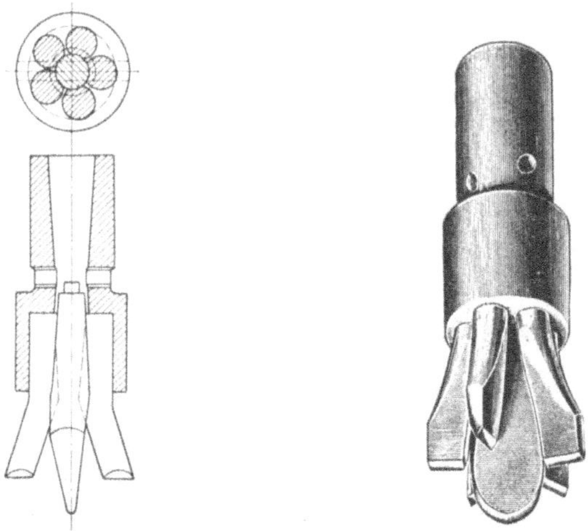

Fig. 331 a—c.
Schrämköpfe der Maschinenfabrik „Westfalia".

Schrämkopf einen größeren mittleren Meißel, um den 5 kleinere Meißel radial angeordnet sind. Diese letzteren besitzen an der Innenfläche Auskehlungen, mit denen sie sich an den mittleren konischen Meißel fest anlegen. Nach Einführen der Meißel in eine im Schrämkopf entsprechend ausgesparte Vertiefung werden sie durch Festschlagen des mittleren Meißels fest gegen die Wandung des Schrämkopfes gepreßt und so gehalten. Mittels eines Dornes und eines im Schafte des Schrämkopfes angebrachten Loches können sämtliche Meißel leicht entfernt werden.

Es mögen nun einige der gebräuchlichsten Schrämapparate, die die Verwendung von Druckluft-Stoßbohrmaschinen zu Schrämzwecken ermöglichen, folgen:

α) Schrämapparate mit Schnecke und Schneckenrad.

Schrämapparat System Eisenbeis (Fig. 332 a, b). In die konische Pfanne p des Spannklobens S wird der Schrämsektor s eingesetzt; nach erfolgter Einstellung des Sektors in die Schramebene werden die Befestigungsschrauben des Klobens und des Sektors fest angezogen. Im Zentrum des Schrämsektors ist ein Tragstück t mit einem Zapfen drehbar eingelassen. Dieses Tragstück besitzt an seinem oberen Ende eine Pfanne p_1 zur Befestigung der Bohrmaschine und ist seitlich mit dem Lagergehäuse der Schnecke l fest verschraubt. Durch Drehen der Schnecke mit Hilfe der Kurbel k werden also die Schnecke und damit das Lagergehäuse l, das Tragstück t und die

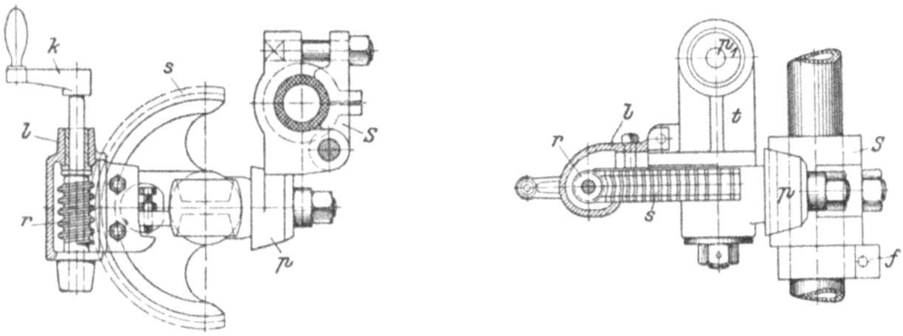

Fig. 332 a, b.

Schrämsektor von Eisenbeis. (Aus dem Bericht über den X. Allgemeinen Bergmannstag zu Saarbrücken.)

Bohrmaschine sich im Kreise bewegen, da ja der Sektor mit dem Spannkloben fest verschraubt und während des Schrämvorganges nicht beweglich ist.

Schrämapparat der Ruhrthaler Maschinenfabrik (Fig. 333 a b). Mit der Pfanne p des Spannklobens S ist ein Gehäuse g

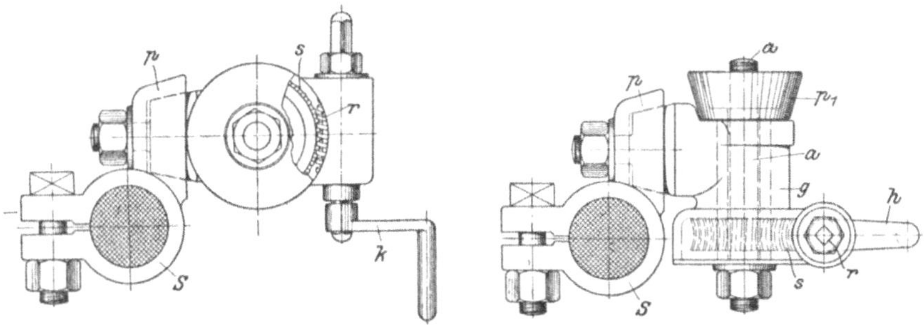

Fig. 333 a, b.

Schrämvorrichtung der Ruhrthaler Maschinenfabrik. (Aus dem Bericht über den X. Allgemeinen Bergmannstag zu Saarbrücken.)

fest verschraubt, in welchem die Schnecke r verlagert ist, während ein Schneckenrad s auf einer drehbaren Achse a, die an ihrem äußeren Ende eine Pfanne p_1 zur Befestigung der Maschine trägt, fest aufgekeilt ist. Bei dieser Vorrichtung ändert also während der Schrämarbeit die Schnecke ihre Stellung nicht, überträgt dagegen die drehende

Bewegung auf das Schneckenrad s, die Achse a und damit auf die Bohrmaschine.

Die beiden vorhin beschriebenen Apparate erlauben also die Schramebene ganz beliebig einzustellen. Anders dagegen ist es bei dem Schrämapparat von Sirtaine (Fig. 334 a, b). Hierbei schwingt die Bohrmaschine direkt um die Vertikalachse der Bohrsäule, so daß eine Schramebene nur dann erzeugt wird, wenn die Maschinenachse senkrecht zur Säulenachse eingestellt ist, während bei einer geneigten Lage der Bohrmaschine zur Säule die Schrämkrone sich auf der Oberfläche eines Rotationshyperboloides bewegen wird.

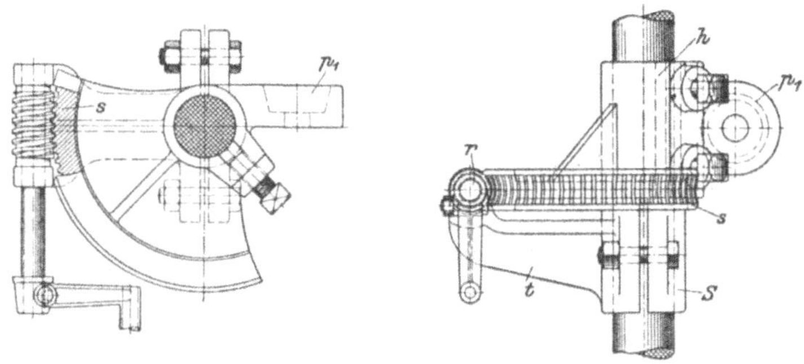

Fig. 334 a, b.
Schrämsektor von Sirtaine. (Aus dem Bericht über den X. Allgemeinen Bergmannstag zu Saarbrücken.)

Die Einrichtung des Sirtainschen Schrämapparates ist folgende: Mit dem Spannkloben S ist ein Querarm t fest verbunden, der das Lagergehäuse der Schnecke r trägt. Ein Zahnradsektor s, der in die Schnecke eingreift und dessen Mittelpunkt auf die Vertikalachse der Spannsäule fällt, ist mit einer um die Säule drehbaren Hülse h verbunden. Diese Hülse h trägt seitlich die konische Pfanne p_1 zur Befestigung der Bohrmaschine.

Beim Drehen der Schnecke mit Hilfe einer Handkurbel wird also der Zahnradsektor bewegt; dieser überträgt die drehende Bewegung auf die Bohrmaschine.

β) Schrämapparate mit Hebelantrieb.

Schrämapparat von Schwarz (Fig. 335). Bei diesem Schrämapparat geschieht die Schwenkung der Bohrmaschine mit Hilfe eines langen Hebels von Hand, der an der Bohrmaschine befestigt ist. Zu diesem Zwecke muß natürlich die Maschine in einem Tragstücke beweglich gelagert sein. Dasselbe besteht bei dem Schrämapparate von Schwarz aus einer konisch ausgedrehten Hülse 1, die durch einen konischen Fortsatz mit der Pfanne p des Spannklobens S fest verbunden wird. In diesem Tragstücke 1 ist ein besonderes Führungsstück 2 drehbar gelagert, welches mit der Bohrmaschine fest verschraubt wird.

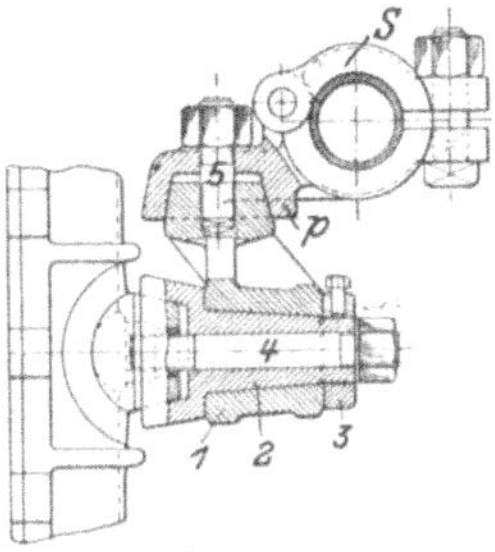

Fig. 335.
Schrämvorrichtung von Schwarz.

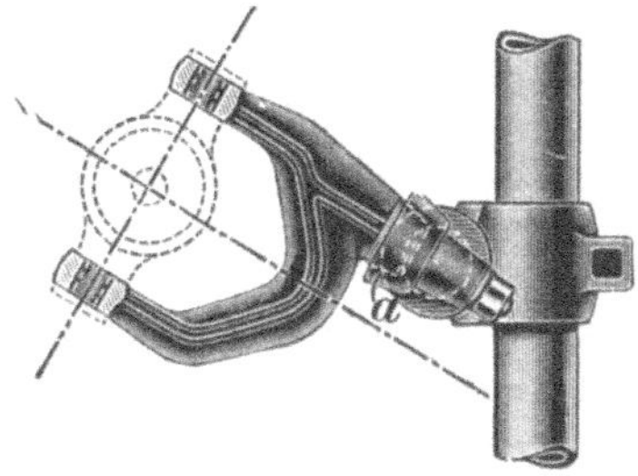

Fig. 336.
Schräm-Sektor „Westfalia".
(Aus Heise-Herbst, I. Band.)

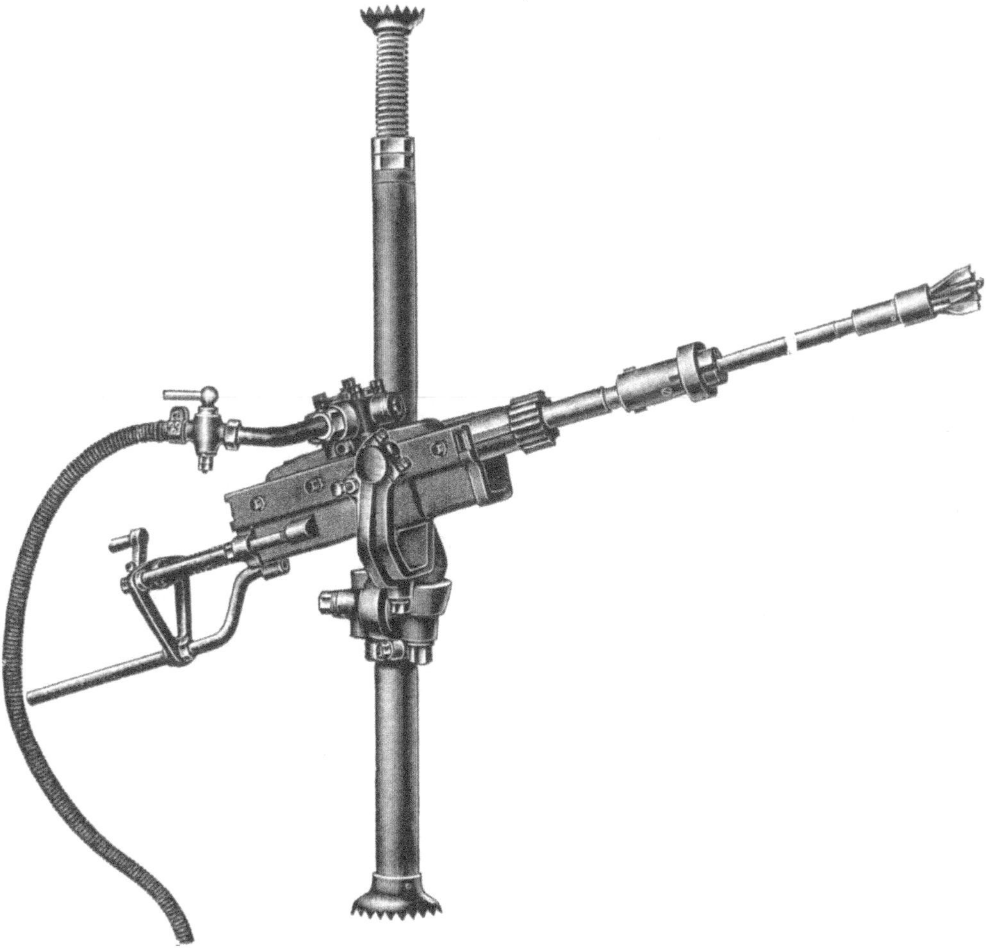

Fig. 337. Schrämapparat „Westfalia".

Auch diese Vorrichtung gestattet die Einstellung einer Schramebene in jeder beliebigen Neigung.

Diese einfachen Handschrämapparate mit Hebelverschwenkung nach Art des im vorigen beschriebenen von Schwarz sollen nun nach praktischen Erfahrungen den Nachteil besitzen, daß die Rückstöße der Bohrmaschine, die bei den Apparaten mit Schnecke und Schneckenrad von diesen zum Teil aufgenommen werden, infolge der einseitigen Aufhängung seitliche Beanspruchung hervorrufen, die die Handhabung der Maschine sehr erschweren. Die Maschinen- und Armaturenfabrik Westfalia hat daher einen Schrämapparat erdacht, der diesen Nachteil beseitigen soll.

Schrämapparat Westfalia (Fig. 336). Zu diesem Zweck ist die Bohrmaschine mit zwei Zapfen drehbar in einer Gabel verlagert, die ihrerseits mit dem Spannkloben fest verschraubt wird. Eine Gesamtansicht der kompletten Schrämvorrichtung zeigt Fig. 336.

III. Schrämmaschinen mit fräsend wirkenden Werkzeugen.

a) Rad-Schrämmaschinen.

Die Radschrämmaschinen sind ein Erzeugnis der englischen Maschinenindustrie, und zwar beruhen sie alle auf dem System der Garforthschen Radschrämmaschine. Bei diesen Maschinen ist das schrämende Werkzeug ein horizontal angeordnetes mit Messern und Meißeln besetztes Rad (Fig. 338). Je nach der Größe des Rades, die sich nach der Tiefe des Schrames richten muß, sind auf der Peripherie dieses Rades 10—15 Schuhe angebracht, in welche die auswechselbaren Meißel eingesetzt werden. Jeder Schuh nimmt für gewöhnlich 3 Meißel auf, die derart zueinander gestellt sind, daß der mittlere etwas nach vorne, die seitlichen dagegen etwas nach oben bzw. unten gerichtet sind. Das Schrämrad wird von einer Konsole getragen; sie ist seitlich an einem starken Maschinenrahmen befestigt, der zur Aufnahme des Antriebmotors und der erforderlichen Vorgelege bestimmt ist. Als Antriebmotore sind sowohl Preßluft- wie auch Elektromotore in Anwendung. Das Vorrücken der Maschine längs des Abbaustoßes wird durch einen Seilzug bewirkt, indem eine auf dem Maschinenrahmen verlagerte und vom Antriebmotor betätigte Seiltrommel ein Seil allmählich aufwickelt, welches am anderen Ende des Arbeitsstoßes an einem sorgfältig eingebauten Stempel befestigt ist; hierdurch wird die Schrämmaschine unter gleichzeitigem Drehen des Schrämrades weiter bewegt.

Das eigentliche Garforthsche System, bei welchem der Antrieb durch zwei gegenüberliegende Druckluftmotore erfolgt, ist auch im deutschen Bergbau eingeführt worden; die erzielten Betriebsresultate haben überall dort, wo günstige Verhältnisse vorlagen — ganz besonders

Fig. 338. Schrämmaschine von Garforth.

schwaches Einfallen und gutes Hangendes — zu einer einheitlichen Vorrichtung des Abbaues für die Schrämarbeit mit dem Garforthschen Schrämrade geführt.

In England und ganz besonders in Amerika hat man dagegen solchen Systemen, bei denen der Antrieb durch Elektromotore erfolgt, neuerdings den Vorzug gegeben; der Grund hierzu ist wohl in dem Bestreben zu suchen, in den dortigen Bergwerken mehr die elektrische Kraftübertragung einzuführen.

Elektrisch angetriebene Radschrämmaschine von Mitchell (Fig. 339 a, b). Der Apparat ruht auf einem Wagengestelle G, das mit 4 Rädern auf Schienen s läuft. Auf diesem Untergestelle ist

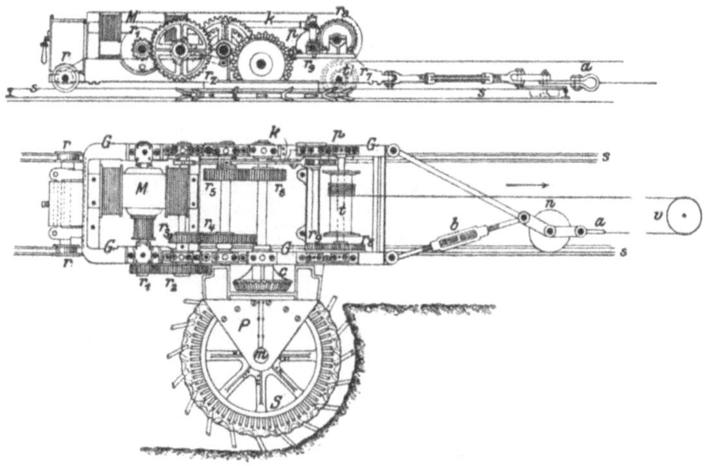

Fig. 339.
Radschrämmaschine von Mitschell. (Aus Waltl, Die elektrischen Schrämmaschinen.)

ein 12 pferdiger Elektromotor M aufgestellt, der 650 Umdrehungen in der Minute macht. Die Übertragung der rotierenden Bewegung auf das Schrämrad geschieht von der Motorwelle durch die Zahnradübersetzungen r_1, r_2, r_3, r_4, r_5 und r_6. Auf der Welle des letzteren sitzt das Kegelrad c, dessen Zähne in Rillen eingreifen, die auf der flachen Seite des Schrämrades angebracht sind und die Drehung desselben ermöglichen. Durch dieses Zahnradsystem wird die Umdrehungszahl des Motors von 650 Touren auf 25 Touren des Schrämrades herabgesetzt.

Zur Vorwärtsbewegung des ganzen Apparates dient die Seiltrommel t, auf deren Achse das Zahnrad r_7 sitzt. Dieses wird durch das Zahnrad r_8 angetrieben, in welches wieder das Zahnrad r_9 eingreift. Auf der Achse des letzteren sitzt ein Sperrad p, in dessen Zähne eine Sperrklinke eingreift, welche vom Motor aus durch eine Stange k bewegt wird. Durch jedesmaliges Niederdrücken der Sperrklinke wird das Sperrad um einen oder mehrere Zähne und hierdurch die Trommel um ein durch das Vorgelege bestimmtes Maß gedreht.

Zur Bedienung der Radschrämmaschine sind im allgemeinen 4 Mann erforderlich, ein Maschinist, ein Arbeiter zum Reinigen des Schrams vom Kohlenklein und zwei Arbeiter zum Legen der Schienen und zum Zimmern.

Bekannte Systeme von englischen und amerikanischen Radschrämmaschinen sind die von Walkers, Winstanley, Gillots, Jeffrey und andere. In Deutschland sind es besonders die Gewerkschaft Schalker Eisenhütte und die Maschinenfabrik Emil Wolff, Essen (Ruhr), die den Bau von Garforthschen Schrämmaschinen übernommen haben.

b) Ketten-Schrämmaschinen.

1. Schrämmaschinen mit geführter Schrämkette.

Die in diese Gruppe fallenden Maschinen sind durchweg amerikanische Systeme und in Deutschland wegen der für sie nicht günstigen Verhältnisse noch nicht betriebsmäßig eingeführt worden. Das Prinzip all dieser Maschinen ist, daß um einen Rahmen eine endlose, mit Schneidwerkzeugen besetzte Kette gelegt ist. Der Rahmen wird entweder maschinell gegen den Kohlenstoß vorwärtsbewegt, oder aber er ist nach Art eines Auslegers seitlich des Maschinengestelles fest angebracht, und es wird die ganze Maschine während der Schrämarbeit dem Kohlenstoße entlang bewegt. Die Maschinen der ersten Art dienen zur Schrämarbeit in schwebenden Streben, die der zweiten Art meistens zur Verwendung bei streichendem Strebbau. Ein Beispiel einer Kettenschrämmaschine für schwebende Schräme ist die von Jeffrey, für streichende Schrämarbeit die von Morgan & Gardner.

Jeffrey-Kettenschrämmaschine. Die Bauart im allgemeinen zeigt die Fig. 340a. Die Maschine ruht auf einem Hauptrahmen A, der vorn mit einer Querschiene a auf der Sohle aufliegt, nach hinten je nach der gewünschten Schramneigung durch untergelegte Schwellen gehoben wird. In diesem Hauptrahmen ist der nach vorn verschiebbare Kettenrahmen in Schienen b geführt; letzterer hat die Form eines gleichseitigen Dreiecks. Um den Kettenrahmen ist die endlose Kette C gelegt; sie ist mit Schneidmeißeln D D_1 versehen, die in verschiedenen Stellungen angeordnet sind. Auf dem Kettenrahmen sitzt ferner der Motor nebst den verschiedenen Getrieben. Zur festen Verlagerung des Hauptrahmens dienen eine vordere Spreize F und zwei hintere Zapfen G.

Während des eigentlichen Schrämens hat der Motor nun eine zweifache Aufgabe zu erfüllen: einerseits muß er die Schrämkette um ihren Rahmen bewegen, andererseits den Kettenrahmen gegen den Kohlenstoß vordrücken. Beide Bewegungsvorgänge werden von einer Hauptwelle d d, Fig. 340b aus vermittelt, die durch ein Zahnradvorgelge direkt vom Motor aus angetrieben wird. Die Bewegung der Kette erfolgt ununterbrochen durch ein Kegelradgetriebe e f, wovon das Kegelrad e auf der Welle d d fest aufgekeilt ist, während die verlängerte Achse von f unten ein Kettenrad y trägt, welches in die Glieder der Kette eingreift.

Die Bewegung des Kettenrahmens muß natürlich außer in der Richtung gegen den Kohlenstoß auch nach rückwärts erfolgen können. Für beide Bewegungsrichtungen sind besondere Getriebe vorgesehen; sie übertragen dadurch, daß mit dem Hebel t eine Klauenkupplung s eingeschaltet wird, ihre Bewegung auf die

Fig. 340 a.
Jeffrey-Schrämmaschine. (Aus Heise-Herbst, Lehrbuch der Bergbaukunde, Bd. I.)

Welle q (Fig. 340c); auf dieser sitzt ein Zahnrad fest auf, welches in die Zahnung der am Hauptrahmen befestigten Stangen r r (Fig. 340 d) eingreift. Für die Bewegung des Kettenrahmens nach vorn dient die auf der Hauptwelle d d (Fig. 340c) sitzende Schnecke l, welche in ein Schneckenrad m (punktiert gezeichnet) eingreift. Die verlängerte Achse des Schneckenrades m trägt die Schnecke o, die ein auf der Welle q q lose sitzendes Schneckenrad p p treibt. Letzteres kann durch die Kupplung s mit der Welle q q fest verbunden werden, so daß diese der drehenden Bewegung des Rades p folgen muß.

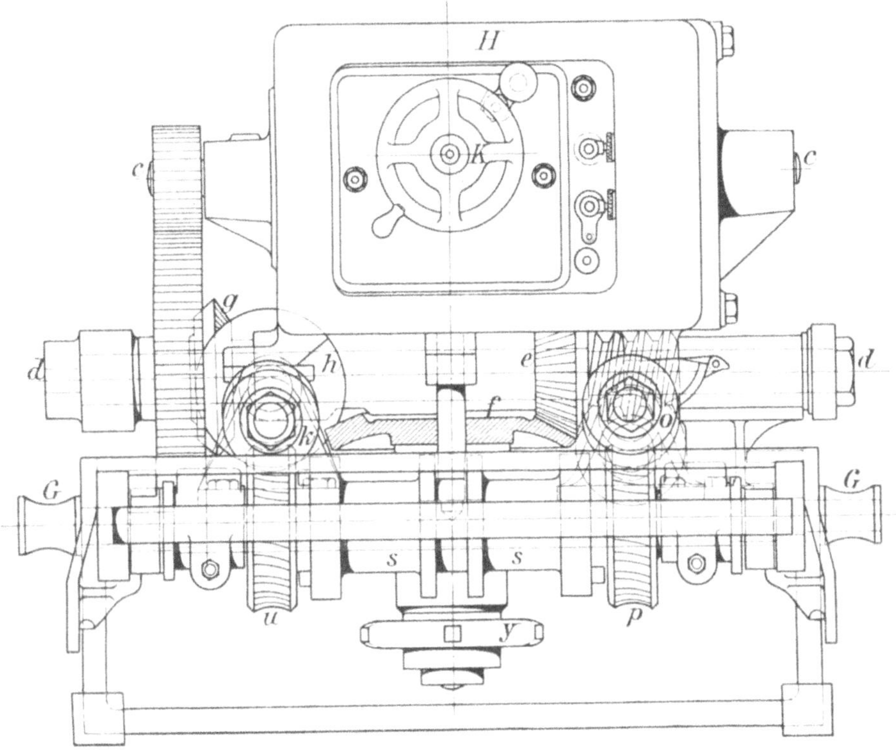

Fig. 340 b.

Jeffrey-Schrämmaschine. (Aus dem Bericht über den IX. Allgemeinen Bergmannstag zu Dortmund.)

Das Getriebe für den Rückzug des Kettenrahmens ist in ähnlicher Weise ausgebildet, nur mit dem Unterschiede, daß auf die Welle q eine größere Umdrehungszahl übertragen wird. Zu diesem Zwecke dienen das Kegelradgetriebe g h, die Welle i mit aufsitzender Schnecke k und das lose auf der Welle q q sitzende Schneckenrad u, welches wieder nach Bedarf durch die Kupplung s mit der Welle q verbunden werden kann.

Das Gewicht einer solchen Maschine beträgt 1500 kg. Um dieselbe nun von einem Orte zu einem anderen zu befördern, bedient man sich eines flach gebauten Wagens, an dessen hinterem Ende eine kleine Kettenwinde angebracht ist; mit ihrer Hilfe wird die Maschine auf den Wagen gezogen. Vor den Wagen wird in Amerika ein Maulesel gespannt.

Die gleichen Kettenschrämmaschinen werden auch mit Druckluftmotoren gebaut.

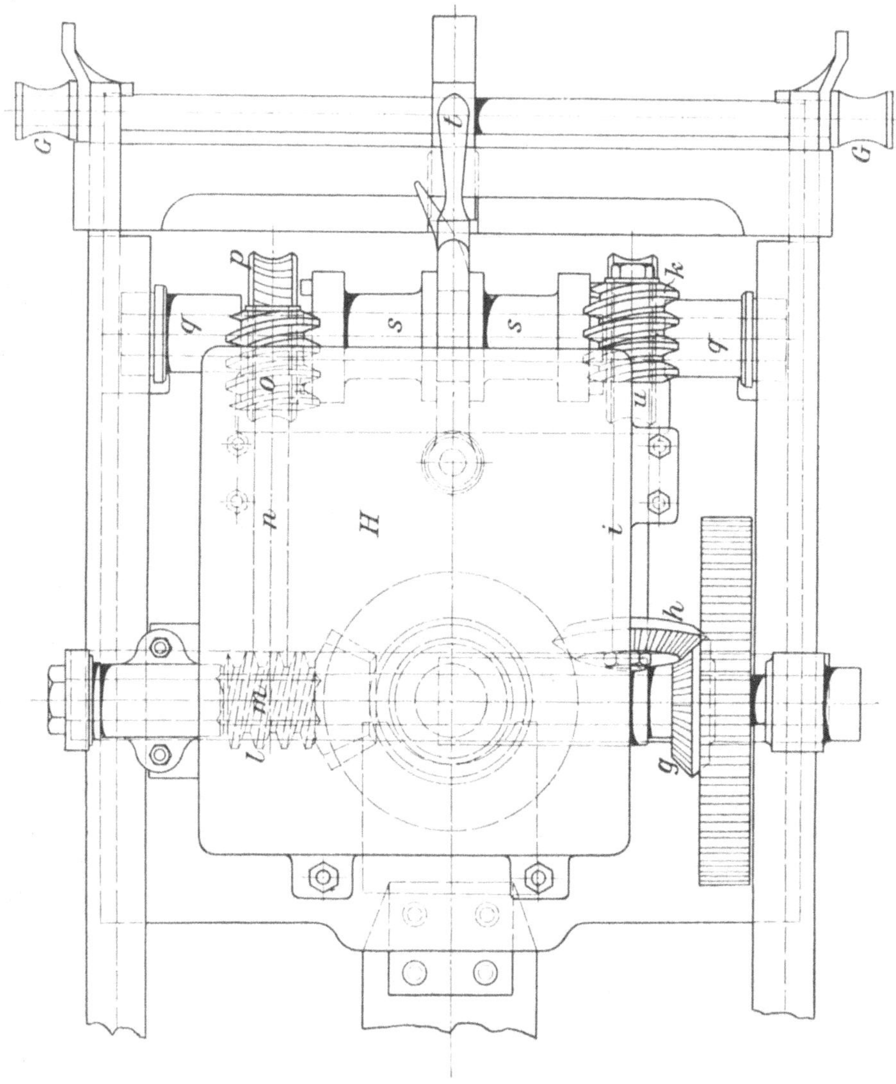

Fig. 340 c. Jeffrey-Schrämmaschine. (Aus dem Bericht über den IX. Allgemeinen Bergmannstag zu Dortmund.)

Streb-Kettenschrämmaschine von Morgan-Gardner. Die Bauart und Arbeitsweise dieser Strebschrämmaschinen hat große Ähnlichkeit mit den Radschrämmaschinen, nur daß an Stelle des Schrämrades ein fester Ausleger A mit beweglicher Schrämkette getreten ist. (Fig. 341.) Die Maschine bewegt sich dem Kohlenstoße entlang durch Aufwickeln einer Kette auf einer Trommel, die durch das Zahnrad H vom Motor aus bewegt wird. Den Antrieb der Schrämkette vermittelt ein gleichfalls vom Motor angetriebenes Zahnrad D, auf dessen Achse ein Kettenrad aufgekeilt ist.

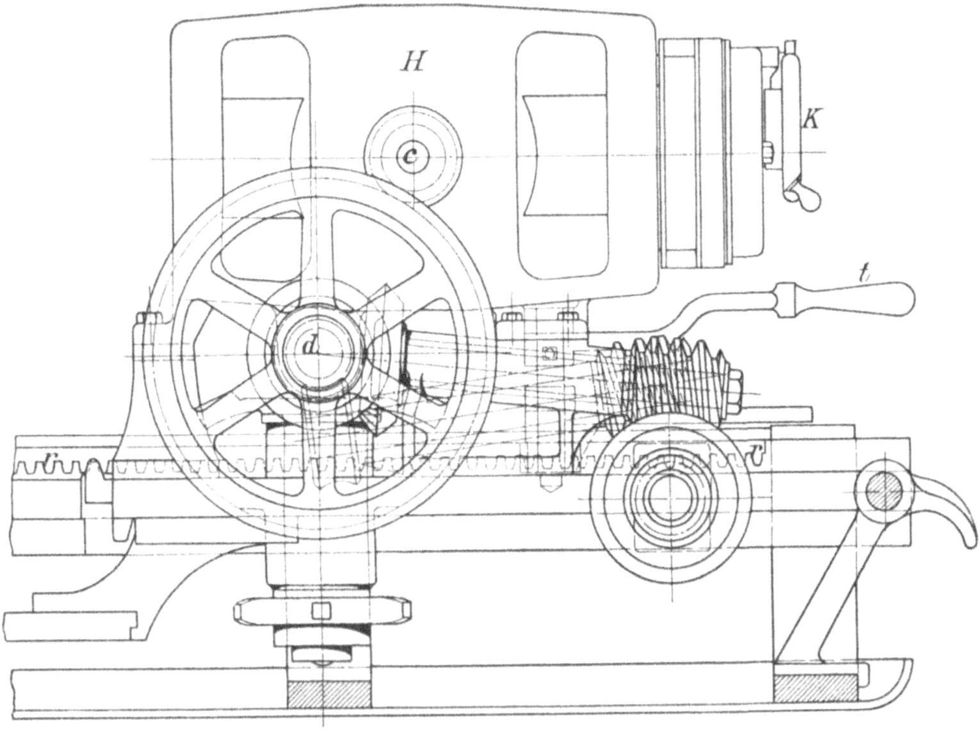

Fig. 340 d. Jeffrey-Schrämmaschine. (Aus dem Bericht über den IX. Allgemeinen Bergmannstag zu Dortmund.)

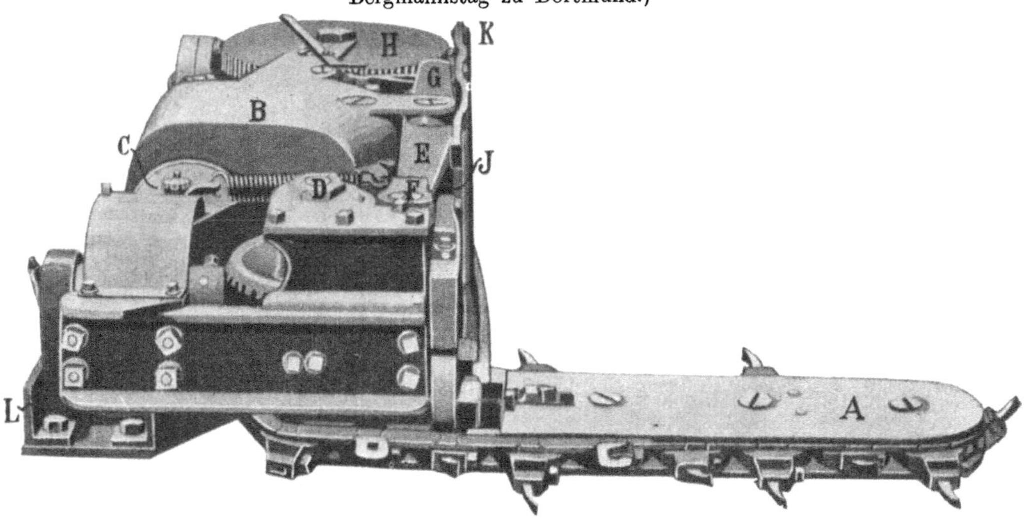

Fig. 341. Schrämmaschine von Morgan und Gardner. Aus Heise-Herbst, Lehrbuch der Bergbaukunde, Bd. I.)

2. Schrämmaschinen mit loser Schrämkette.

Unter diesen Abschnitt fällt ein Schrämverfahren, das noch ziemlich jungen Alters ist und dem Bergwerksdirektor Neukirch patentiert wurde. Das Verfahren beruht darauf, daß ein mit Schneidwerkzeugen

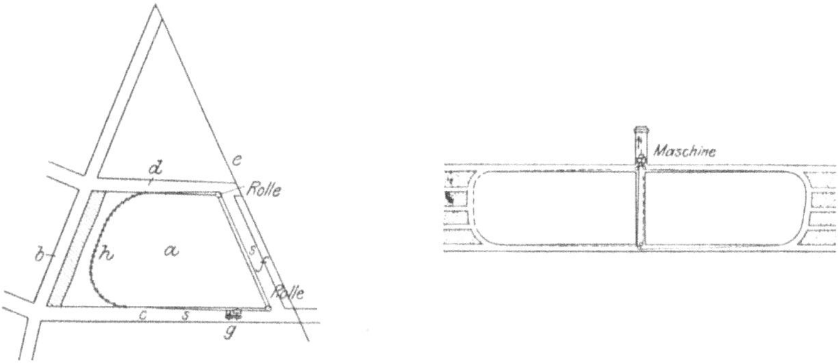

Fig. 342 a, b.
Schrämvorrichtung von Neukirch. (Aus Zeitschrift Glückauf 1907, Nr. 8.)

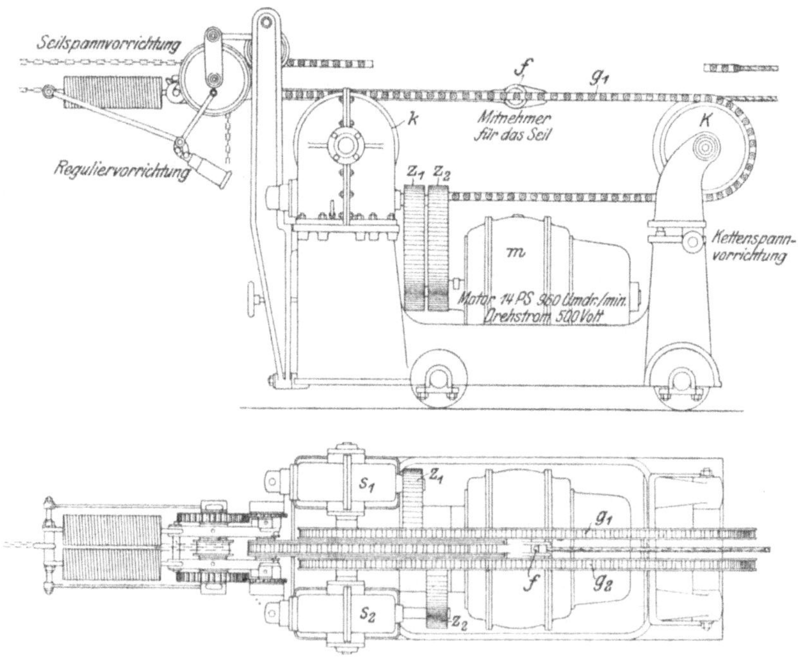

Fig. 342 c, d.
Antriebsvorrichtung zur Schrämvorrichtung von Neukirch. (Aus Zeitschrift Glückauf 1907, Nr. 8.)

besetztes Seil vermittels einer Spannvorrichtung gegen den Abbaustoß gedrückt und durch eine Antriebsvorrichtung an ihm hin und her geführt wird. Das Schrämseil wird also um einen Kohlenpfeiler gelegt und die Antriebsmaschine an einem gegen Stein- oder Kohlenfall gesicherten Orte aufgestellt (Fig. 342 a, b).

Die Antriebsmaschine mit Seilspannvorrichtung zeigen die Fig. 342 c, d. Von einem Motor werden unter Vermittelung zweier Stirnräderpaare zwei Schneckenradvorgelege angetrieben. Auf den inneren Enden der Schneckenradwellen sitzen zwei Kettentriebräder, diesen gegenüber auf einem besonderen Bocke zwei gleich dimensionierte Kettenführungsrollen. Um jedes Triebrad und die zugehörige Führungsrolle ist eine Gallsche Gelenkkette gelegt. Zwischen diesen Ketten ist ein gemeinschaftlicher Mitnehmer eingeschaltet, an dem die Enden des Schrämseiles befestigt sind. Durch diese Befestigungsart des Schrämseiles ist dasselbe genötigt, sich hin und her zu bewegen, und zwar erfährt es dabei einen Hub, der gleich ist der Entfernung der Triebräder von den Führungsrollen.

Die Ausgestaltung der eigentlichen Schrämwerkzeuge ist in verschiedener Weise vorgenommen worden; die Fig. 343 e—h zeigen einige in der Praxis erprobte Ausführungsformen.

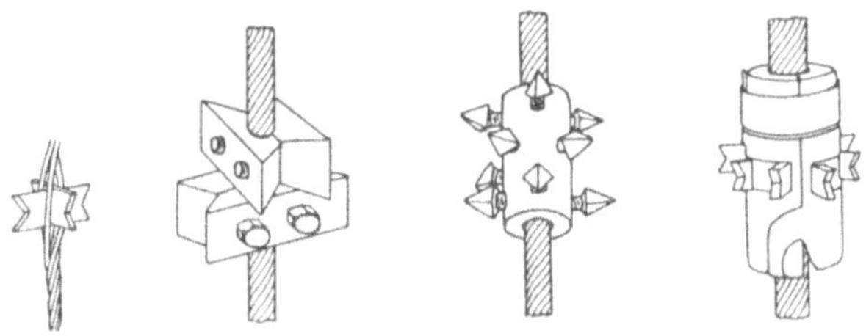

Fig. 343 a—d.
Schrämseile System „Neukirch". (Aus Zeitschrift Glückauf 1907, Nr. 8.)

Obwohl das Verfahren sich noch im Versuchsstadium befindet, sind damit bereits zufriedenstellende Betriebsresultate gezeitigt worden.

c) Schrämmaschinen mit fräsenden Stangen.

Die Schrämmaschinen dieser Gruppe gehören auch zu den Strebschrämmaschinen; wir finden nur das bereits bekannte Garforthsche Schrämrad oder den starren Ausleger mit Schrämkette durch eine fräsende Stange ersetzt die durch ein Kegelradgetriebe vom Motor aus rotiert wird. Dieser Fräser ist mit Meißeln von verschiedener Form besetzt.

Einen schematischen Grundriß der Schrämmaschine von Scott zeigt Fig. 344. Der Motor M treibt einerseits das Kegelradgetriebe c_1 c_2 und damit die Frässtange S an, andererseits durch geeignete Vorgelege die Seiltrommel t; auf dieser wird das Zugseil aufgewickelt, wodurch sich die Maschine dem Arbeitsstoße entlang bewegt.

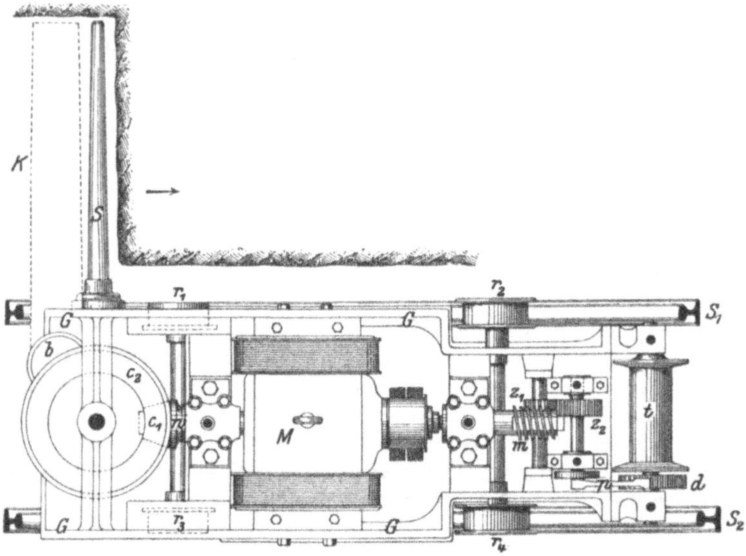

Fig. 344.
Schrämmaschine von Scott. (Aus Waltl, Die elektrischen Schrämmaschinen.)

Derartige Maschinen mit fräsenden Stangen werden in England, Amerika und neuerdings auch in Frankreich, wenn auch nur vereinzelt, verwandt, sind im deutschen Bergbau aber noch gar nicht eingeführt.

IV. Schrämmaschinen mit bohrenden Werkzeugen.

Diese Schrämvorrichtungen stellen nicht einen gleichförmig ausgearbeiteten Schram her, sondern eine Anzahl ziemlich nahe beieinanderliegender Bohrlöcher. Die Idee, auf diese Weise Schlitze herzustellen, ist bereits sehr alt, neuerdings jedoch wieder von neuem aufgenommen worden.

Schrämmaschinen von Clapp (Fig. 345a, b). Auf einem fahrbaren Untergestell b ist ein Gerüst mit zwei vertikalen Ständern befestigt. Auf jedem dieser Ständer ist ein beweglicher Schlitten angebracht, welcher mit Schrauben in jeder Höhenlage festgestellt werden kann. Diese Schlitten sind mit Lagern ausgerüstet, in welche der Rahmen g mit den Zapfen h eingesetzt wird. Durch diese Einrichtung hat man es in der Hand, den Rahmen g in jeder beliebigen Neigung gegen den Kohlenstoß einzustellen. In dem Rahmen g selbst ist eine Anzahl nebeneinanderliegender Bohrer a untergebracht; sie werden durch Zahnräder von einer gemeinschaftlichen Antriebscheibe f angetrieben, die mittels eines Drahtseiles von einem besonderen Motor in Umdrehung versetzt wird.

Wenig von dieser älteren Konstruktion verschieden ist die vor wenigen Jahren gebaute

Schrämmaschine von Korfmann (Fig. 346). Auch hier bilden den arbeitenden Teil fünf mit ihren Schneiden etwas übereinandergreifende Schlangenbohrer, die hinter den Schneiden durch starr miteinander verbundene Hülsen geführt werden. Dieses ganze Bohreraggregat ist nach Art eines einfachen Bohrers in den Kopf der Bohrerspindel einer gewöhnlichen Handbohrmaschine eingesteckt.

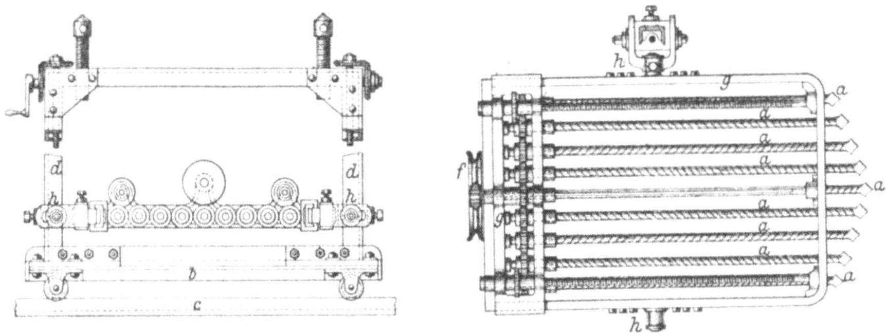

Fig. 345 a, b.
Schrämmaschine von Clapp. (Aus Handbuch der Ingenieur-Wissenschaften, Bd. II, Abt. II.)

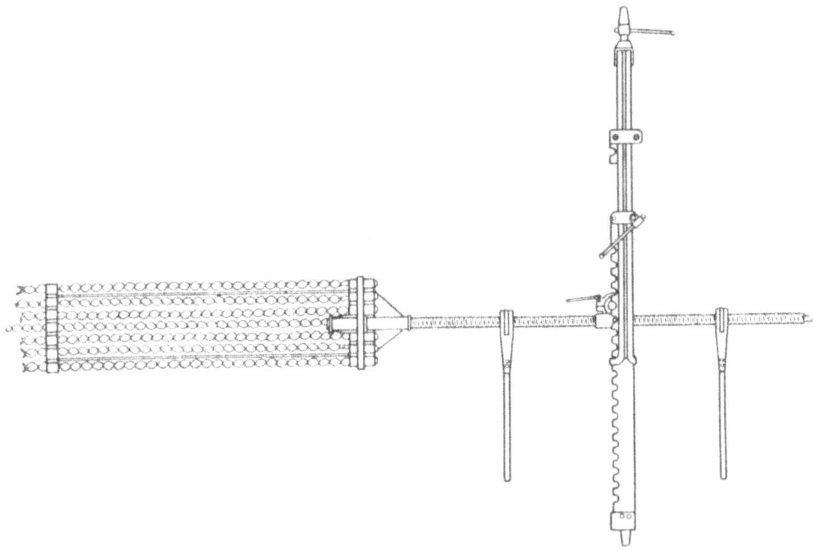

Fig. 346.
Hand-Schrämvorrichtung System Korfmann. (Aus Rheinisch-Westf. Sammelwerk, Band II.)

Der Antrieb der einzelnen Bohrer erfolgt durch die Bohrspindel unter Vermittlung von kleinen Zahnrädern, die am Ende eines jeden Bohrers aufgekeilt sind und unter sich ineinandergreifen. Die Ergebnisse dieser Maschine sollen noch keine befriedigenden gewesen sein.

Schrämmaschine von Tübben. Dieses neuere Schrämverfahren beruht darauf, daß durch ein oder mehrere Stahlbohrrohre, die an ihren vorderen Enden mit Fräszähnen versehen sind, unter gleichzeitiger Gewinnung der Bohrkerne, Bohrlöcher nebeneinander gebohrt werden. Das Verfahren hat gegenüber anderen Schrämverfahren den Vorteil, daß die Bildung von Schrammehl auf ein Mindestmaß herabgesetzt und infolgedessen die Kohlenstaubbildung auch verringert ist.

Die Tübbensche Schrämmaschine ist bislang nach zwei Modellen gebaut worden. Das ältere zeigt Fig. 347 a, b. Der mit dem Kernbohrrohre ausgerüstete Druckluftmotor m bewegt sich schlittenartig auf dem Rahmen s und kann mit Hilfe der Schraubenspindel f auf ihm auf den Kohlenstoß zu verfahren werden. Der Rahmen s ruht auf einem zweiten Gleitrahmen g, der parallel zum Kohlenstoße an zwei Spannsäulen b befestigt ist. Der Rahmen g ist mit Zahnleisten versehen, in welche die Ritzel r des Rahmens s eingreifen. Hierdurch läßt sich also der Rahmen s mitsamt dem Motor und dem Bohrrohre auch dem Kohlenstoße entlang bewegen. Der Gleitrahmen g hat eine Länge von 5 m.

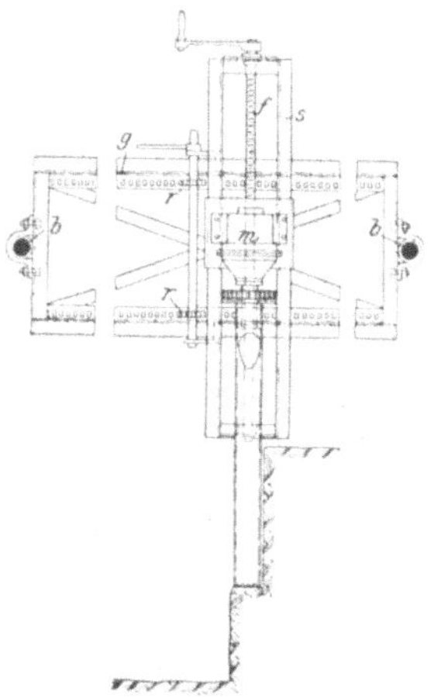

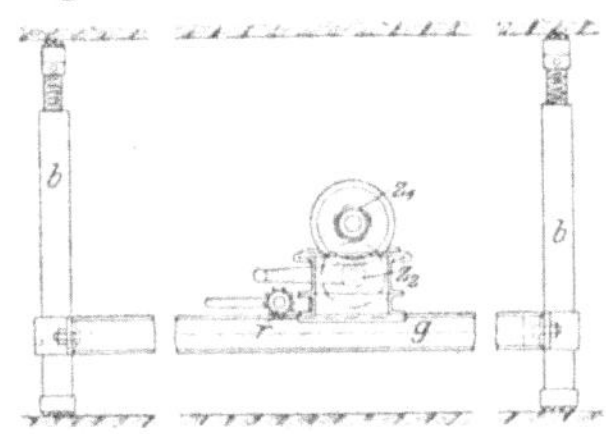

Fig. 347 a, b.
Schrämvorrichtung von Tübben. I. Modell. (Aus Glückauf 1906, Nr. 7.)

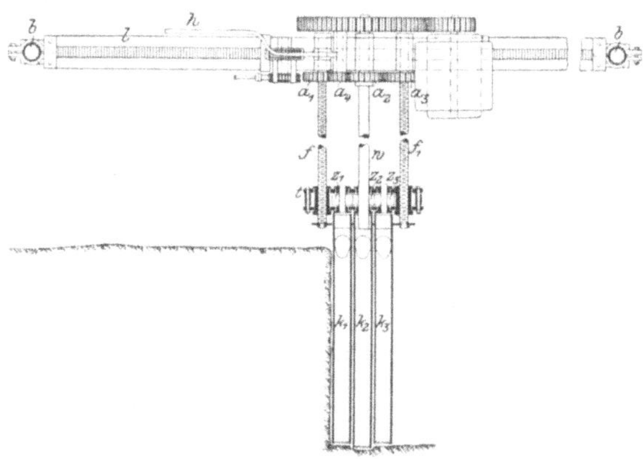

Fig. 348 a.
Schrämvorrichtung von Tübben. II. Modell. (Aus Glückauf 1906, Nr. 7.)

Der Vor- und Rückschub des Kernbohrrohres während des Umlaufes geschieht zwangläufig von dem umsteuerbaren Motor aus mittels Zahnradübertragung und Spindelführung.

Als Vorteil dieser Schrämvorrichtung hat sich im Betriebe gezeigt, daß das Bohrloch nicht von seiner Richtung abweicht, um in den Hohlraum des vorher erbohrten Nachbarloches auszuweichen.

Das neue Tübbensche Modell, bei dem 3 Bohrrohre gleichzeitig verwandt worden sind, zeigen die Fig. 348 a, b. Der Vorschub der Bohrrohre in der Richtung gegen den Kohlenstoß erfolgt hierbei nicht

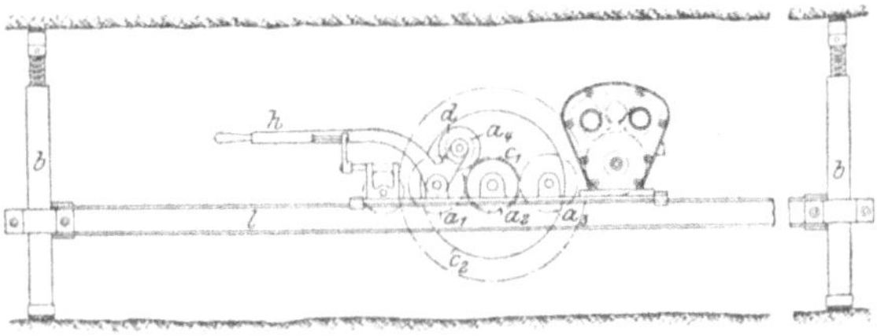

Fig. 348 b.

Schrämvorrichtung von Tübben. II. Modell. (Aus Glückauf 1906, Nr. 7.)

durch einen zweiten Schlitten, sondern dadurch, daß eine Traverse t, in welcher die Bohrrohre geführt sind und welche die Zahnradgetriebe $z_1 - z_3'$ trägt, auf zwei Spindeln f_1 und f_2 nach vorn vorgeschoben wird. Die kleinen Antriebräder $z_1 - z_3$ werden durch eine Welle w in Umdrehung versetzt, die durch geeignete Zahnradvorgelege mit dem Motor gekuppelt ist.

Die Versuche mit der Tübbenschen Schrämmaschine haben ganz zufriedenstellende Resultate gezeigt.

Siebenter Teil.

Die Streckenbohrmaschinen.

Von Bergingenieur Dr.-Ing. Leo Herwegen.

Bei der Bearbeitung benutzte Literatur:

Handbuch der Ingenieurwissenschaften, Band IV/II/2.
Coal-Cutting by Machinery in the United States by Walkers.
Der Bergbau auf der linken Seite der Niederrheins, Band II.
Transactions Am. Institute of Mining Engineers 1907.
Zeitschrift des Vereins Deutscher Ingenieure 1908.

A. Allgemeines.

Es ist bekannt, daß das Auffahren von neuen Querschlägen, sonstigen Strecken oder von Stollen stets mit gewissen Schwierigkeiten bzw. Hindernissen verbunden ist. Auf der einen Seite wird bei derartigen Arbeiten ein schneller Tagesfortschritt verlangt, auf der anderen Seite ist man gezwungen, zur Sicherheit der Arbeiter Vorkehrungen zu treffen, die den Gesamteffekt sehr ungünstig beeinflussen. So treten beispielsweise bei Anwendung der Sprengarbeit erhebliche Zeitverluste auf, bedingt durch die Notwendigkeit, die Nachschwaden genügend abziehen zu lassen, bevor die Arbeiter ihre Arbeitsstelle wieder betreten können. Durch die relativ ungünstige Sonderbewetterung, die bei Querschlags- und Streckenbetrieb erforderlich ist, ist der durch das Abziehen der Nachschwaden bedingte Zeitverlust, besonders bei mehrmaligem Sprengen in einer Schicht, ein nicht unerheblicher. Andererseits ist nach erfolgter Sprengarbeit das Arbeitsort genügend gegen Steinfall zu sichern, bevor mit der Herstellung neuer Bohrlöcher begonnen werden darf. Endlich hat die Sprengarbeit in vergleichsweise engen Räumen auch den Nachteil, daß durch dieselbe die Gebirgsspannungen entfesselt werden; infolgedessen tritt vielfach ein so erheblicher Gebirgsdruck auf, daß die bereits errichtete Zimmerung gefährdet wird.

Schon in den 60er Jahren versuchte man, genannte Nachteile der Sprengarbeit zu beseitigen, und zwar durch Ersatz der Sprengarbeit mittels geeigneter kontinuierlich wirkender Streckenbohrmaschinen, bei denen die Gewinnungsarbeiten, Wegfüll- und Verzimmerungsarbeiten ununterbrochen gleichzeitig stattfinden sollen. In der Literatur finden wir bereits eine große Zahl derartiger Maschinen beschrieben, die jedoch zum größten Teile praktisch unbrauchbar waren. Und zwar ist es bei den meisten Streckenbohrmaschinen das eigentliche Bohrwerkzeug gewesen, das den erforderlichen Ansprüchen an ein solches nicht genügte. Bei der Sprengarbeit nämlich setzen sich die direkten Unkosten für die Hereingewinnung einer gewissen Gesteinsmenge zusammen:

a) aus den Unkosten, die die Herstellung der Bohrlöcher bedingen, bei denen also ein zur ganzen Gesteinsmenge nur kleiner Teil des Gesteins fein zermalmt wird, und

b) aus den Kosten für die Sprengstoffe; bei den Streckenbohrmaschinen dagegen sind es die Kosten, welche die Zerkleinerung der ganzen Gesteinsmenge auf ein mehr oder weniger kleines Korn erfordern, abhängig von der Art der Bohrvorrichtungen. Während nun bei den älteren Streckenbohrmaschinen eine zu feine Zermalmung des Gesteins stattfand, die naturgemäß einen hohen Kraftaufwand und einen nur langsamen Bohrfortschritt zur Folge hatte, ist es bei den neueren Streckenbohrmaschinen bereits gelungen, durch Kombinationen von schabend, fräsend, keilartig und schrämend wirkendem Werkzeuge bessere Resultate zu erzielen. Allerdings ist wohl noch keine derartige Maschine als technisch und wirtschaftlich vollkommen zu bezeichnen; die Wege aber, die zur Erzielung einer brauchbaren Maschine eingeschlagen werden müssen, sind durch die kostspieligen Versuche mit den bisherigen vorgezeichnet; es wäre daher als ein erheblicher Fortschritt in unserer Bergwerksmaschinenindustrie zu bezeichnen, wenn bald ein vollkommenes Modell für die eine oder andere Gruppe von Gesteinen, für hartes, weniger hartes oder milderes Gestein — auf den Markt gebracht würde.

Die wichtigsten bislang in der Praxis mit mehr oder weniger günstigen Resultaten erprobten Streckenbohrmaschinen lassen sich in drei Gruppen teilen, und zwar in solche

1. für festes Gestein,
2. für mildes und gebräches Gestein und
3. für loses Gebirge.

B. Streckenbohrmaschinen für festes Gestein.

I. Allgemeines.

Obgleich die stoßende Bohrarbeit bei festem Gestein den Bohrmaschinen mit drehendem Werkzeuge ohne Zweifel überlegen ist, ist man bei der Konstruktion von stoßenden Streckenbohrmaschinen auf Schwierigkeiten gestoßen. Dieselben sind einerseits begründet durch den Umstand, daß Bohrer für einen Durchmesser von 2—2,5 m ganz erhebliche Beschleunigungskräfte verlangen, um den gewaltigen Bohrermassen eine genügend große Schlagkraft zu erteilen. Um eine solche zu erzielen, ist ein vergleichsweise großer Hub erforderlich, der naturgemäß die Schlagzahl und damit auch die Leistung verringert. Andererseits ist eine genügend feste Aufstellungsmethode für derart schwere Stoßbohrmaschinen kaum erreichbar; die Folge davon ist, daß die Richtung der Strecken nicht eingehalten werden kann. Es ließe sich noch eine Reihe von Gründen anführen, die gegen stoßend wirkende Streckenbohrmaschinen sprechen. An dieser Stelle genügt es aber festgelegt zu haben, daß dieselben sich als unbrauchbar ergeben haben.

Die Streckenbohrmaschinen mit drehendem Bohrwerkzeuge haben sich als geeigneter erwiesen; denn einmal fallen die bei den stoßenden Streckenbohrmaschinen auftretenden Nachteile fort; dann aber auch ist es leichter möglich drehende Bohrwerkzeuge zu bauen, bei denen weniger ein Zerreiben des Gesteins stattfindet, als wie ein Losbrechen von mehr oder minder größeren Gesteinpartikeln nach voraufgegangenem Einfräsen von Rillen. Es ist bereits eingangs dieses Abschnittes darauf hingewiesen worden, daß eben von diesem Umstande, nämlich der Vermeidung gar zu feiner Zerkleinerung des Gesteins, die Konkurrenzfähigkeit der Streckenbohrmaschinen gegenüber der Bohr- und Sprengarbeit abhängt.

Ein Faktor ist es aber zur Hauptsache, der noch immer bei den Streckenbohrmaschinen, sei es für festes, sei es auch für milderes Gestein, Veranlassung zur Klage gegeben hat. Es handelt sich hierbei um die Aufstellung bzw. Befestigung der Maschine und um den Vorschub des Bohrers bzw. der ganzen Maschine. Wie man nun verschiedentlich versucht hat diese Schwierigkeiten zu überbrücken, soll im Anschlusse an die Einzelbeschreibung der Systeme mitgeteilt werden.

II. Spezieller Teil.

Streckenbohrmaschine von Beaumont und English (Handbuch der Ingenieurwissenschaften IV, II, 2., St. 387). Die ganze Maschine zerfällt in zwei gegeneinander verschiebbare Teile. Ein unterer muldenförmiger Teil ruht auf der Stollensohle und ist mit Gleitbahnen versehen, in welche ein oberer Teil, der Schlitten, eingreift. In den oberen Teil sind Motor, Triebwerke u. dgl. eingebaut. Mit demselben ist auch eine starke Vorschubspindel verbunden, die von einer mit dem unteren Bette fest verbundenen Mutter umfaßt wird. Während der Bohrarbeit schiebt sich durch diese Verbindungsart der Gleitschlitten auf dem Bette nach vorn vor. Der Gesamtvorschub beträgt rund 1,3 m. Ist die Spindel um dieses Maß abgelaufen, so unterbricht man die Bohrarbeit, um das obere Lager samt dem daran hängenden Bette mittels Pressen anzuheben. Nunmehr reversiert man den Motor, und da der Schlitten jetzt mittels der Pressen auf der Stollensohle ruht, rückt der untere Teil, also das Bett, nach.

Der eigentliche Bohrapparat besteht aus einer stählernen Welle die an ihrem Ende einen Querbalken trägt. In diesen sind Meißel eingesetzt, deren Neigungswinkel nach der Härte des Gesteins gewählt werden muß.

Der Antrieb erfolgt durch einen Preßluftmotor von 0,254 m Kolbenhub und einer Umdrehzahl von 125 in der Minute. Letztere wird durch Zahnradvorgelege derart herabgesetzt, daß die Welle nur 2,5—4 Umdrehungen je Minute macht. Der Luftverbrauch wird zu 21,2 cbm/min atm. Luft angegeben.

Hervorzuheben sind bei diesem Apparate noch die Einrichtungen, die getroffen sind, um das losgelöste Gestein selbsttätig aufzufangen und zu verladen. Zu diesem Zwecke sind an dem Querarme des Bohrers Rinnen vorgesehen, in welche die Gesteinpartikel hineinfallen. Aus diesen fällt das Gestein weiter durch einen Führungskegel auf ein Becherwerk, welches unter der Maschine, also innerhalb der Mulde des Bettes, geführt ist. Das Becherwerk steigt hinter der Maschine an und hebt das Gestein auf eine solche Höhe, daß es in die Grubenwagen ausgeschüttet werden kann.

Streckenbohrmaschine von Beaumont. Diese Maschine unterscheidet sich von der vorigen lediglich durch die Vorschubeinrichtung des Bohrers. Um nämlich einen größeren Druck der Meißel auf das Gestein auszuüben, hat der Erfinder die einem erheblichen Verschleiße unterworfene Spindel durch eine hydraulische Vorschubeinrichtung ersetzt. Der Druckzylinder ist zu diesem Zwecke mit dem oberen Schlitten, der Kolben dagegen mit dem Bette verbunden. Durch Einleiten von Druckwasser mittels einer kleinen hydraulischen Presse in den Zylinder bewegt sich der Zylinder und damit der ganze Schlitten nach vorn, während der Kolben an Ort und Stelle bleibt. Wird jedoch der Schlitten wieder nach erreichtem größtem Vorschube mittels der kleinen Pressen angehoben, so ändert sich das Spiel, indem der Zylinder stehen bleibt, während der Kolben sich bewegt und das Bett um das Maß des Vorschubes nach vorwärts schiebt.

Die Leistung, die mit dieser Maschine erzielt worden ist, dürfte wohl als eine äußerst zufriedenstellende bezeichnet werden. Es wurden nämlich beim Auffahren einer Strecke von 2,1 m Durchmesser in grauer Kreide durchschnittlich 12,7 m in 24 Stunden ausgebohrt

Insgesamt wurde die Strecke während 9 Monaten 1683 m weit aufgefahren. Wesentliche Reparaturen waren während der ganzen Zeit

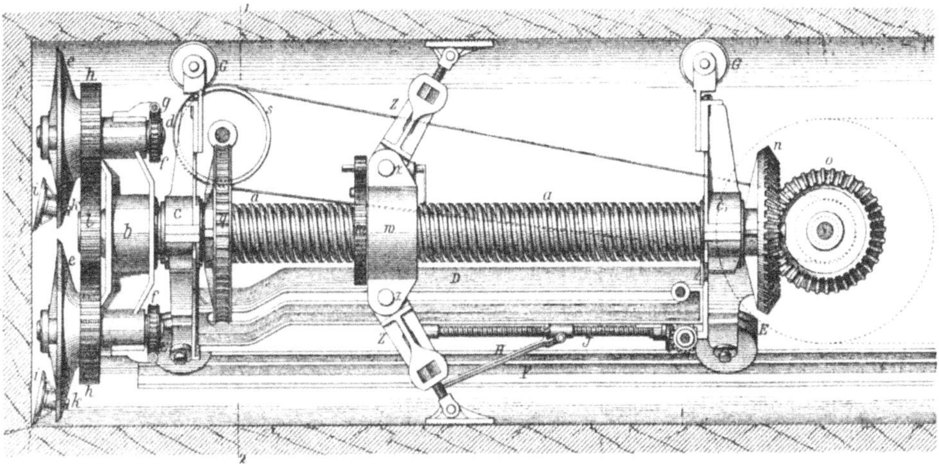

Fig. 349.

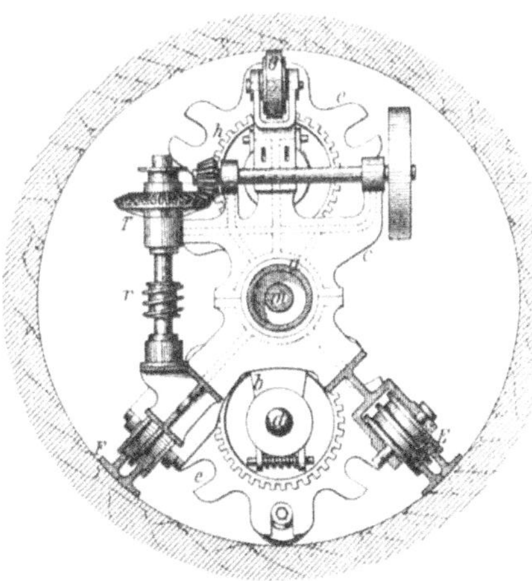

Fig. 350.

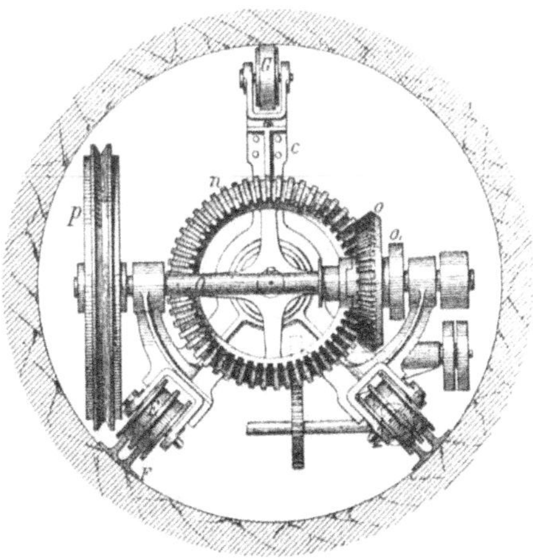

Fig. 351.

Fig. 349—351.
Streckenbohrmaschine von Brunton. (Aus Handbuch der Ingenieur-Wissenschaften, Bd. II, Abt. II.)

nicht vorgekommen. Die Unkosten je laufenden Meters sollen nur 14,91 M betragen haben.

Streckenbohrmaschine von Brunton (Fig. 349—351). Diese Maschine ist ganz besonders ausgezeichnet durch ein eigenartiges

Bohrwerkzeug; es ist dadurch gekennzeichnet, daß auf 2 Befestigungsplatten e sechs kleine Schneidscheiben i (in der Figur ist auf jeder Platte nur eine gezeichnet) befestigt sind, die sich auf dem Gestein abrollen und hierbei Gesteinspartikel loslösen. Der Gedanke rotierende Schneidscheiben zum Bohren in festerem Gestein anzuwenden, ist auch neuerdings von der Maschinenfabrik H. Schwarz in Mühlheim-Ruhr aufgenommen worden, und ist eine Aufbruchmaschine mit einer derartigen Bohrkrone im Bande „Tiefbohrwesen" des näheren beschrieben worden.

Bei der Streckenbohrmaschine von Brunton ist die Bohrkrone nun folgendermaßen aufgebaut. Eine Hauptantriebwelle a trägt an ihrem vorderen Ende fest aufgekeilt ein Querhaupt b, an dessen äußersten Enden die Wellen d verlagert sind, welche die Befestigungsscheiben e tragen. Durch die Rotation der Welle a werden die Befestigungsscheiben e und damit die kleinen Schneidscheiben i um die Achse aa bewegt. Zu bemerken ist noch, daß die Befestigungsscheiben e etwas exzentrisch die kleinen Wellen d umfassen, sodaß durch eine Drehung der Wellen d mit Hilfe des Schneckenrades f, der Schnecke g und Handkurbel die Befestigungsscheiben ein wenig nach außen oder innen verschoben werden können. Hierdurch ist man in der Lage, die Abnutzung der Schneidscheiben auszugleichen; man wird also bei neuen Schneidscheiben die Befestigungsscheiben möglichst nach innen einstellen, und in dem Maße, wie dieselben sich abnutzen, die Befestigungsscheiben mehr und mehr nach außen richten. Eine Verkleinerung des Streckendurchmessers ist hierdurch ausgeschlossen.

Um nun aber die einzelnen Befestigungsscheiben auch noch um ihre eigene Achse zu drehen, sind auf denselben Stirnräder h aufgekeilt, welche gemeinschaftlich in das Zahnrad l eingreifen. Letzteres ist auf einer Welle m befestigt, die durch die hohle Welle a hindurchgeht. Der Antrieb der Welle m erfolgt durch Vermittelung des Kegelradgetriebes n o, während der Antrieb der Hauptwelle a durch Riemen und Schneckenradübersetzung durch das Schneckenrad q erfolgt. Der Zentralantrieb geschieht von einem Motor aus mittels Seilübertragung.

Der Vorschub der Bohrkrone gegen das Gestein erfolgt durch Vorrücken der ganzen Maschine. Zu diesem Zwecke ist die Hauptwelle a als Spindel ausgebildet, deren Mutter w mit Hilfe der Spreizen z fest gegen Sohle und Firste verspannt wird. Die Mutter kann nach erfolgtem größten Spindelvorschube mit Leichtigkeit von Hand aus wieder nach vorn vorgeschoben werden.

Betrachtet man nunmehr die Maschine in ihrem ganzen Aufbau, so muß man unwillkürlich zu dem Schlusse kommen, daß die Antriebelemente sehr umständlich gewählt sind und heute sicherlich in einfacherer Weise ausgeführt werden würden. Was die Ausgestaltung der Bohrkrone angeht, so ist die Verwendung von Schneidscheiben sicherlich die beste Lösung für ein widerstands- und leistungsfähiges Bohrwerkzeug für festes Gestein. Es geht dies auch schon daraus hervor, daß beim Auffahren einer Strecke 4,54 m bei einem Durchmesser von 2,2 m ohne Unterbrechung hergestellt wurden, so daß ein Auswechseln oder Schärfen der Schneidscheiben nicht nötig war. Die Leistung im allgemeinen war jedoch infolge der mangelhaften Kettenübertragung und der damit verknüpften großen Kraftverluste nicht so befriedigend, wie beispielsweise bei den Versuchen mit der Streckenbohrmaschine von Beaumont.

Auf alle Fälle dürfte aber die Maschine von Brunton den heutigen Konstrukteuren zur Verbesserung anempfohlen werden.

C. Streckenbohrmaschinen für mildes Gestein.

Die Streckenbohrmaschinen für mildes Gestein sind in der Hauptsache zum Ausbohren von Strecken in Stein- und Braunkohle bestimmt. In Amerika haben sie im Steinkohlenbergbau bereits größere Verbreitung gefunden, während in Europa, und zwar auf einer deutschen Braunkohlengrube, zunächst Versuche mit einer eigens konstruierten Streckenbohrmaschine angestellt worden sind.

Streckenbohrmaschine für Steinkohle von Stanley (Fig. 352 a, b). Die Maschine ist in einem fahrbaren Gestelle eingebaut,

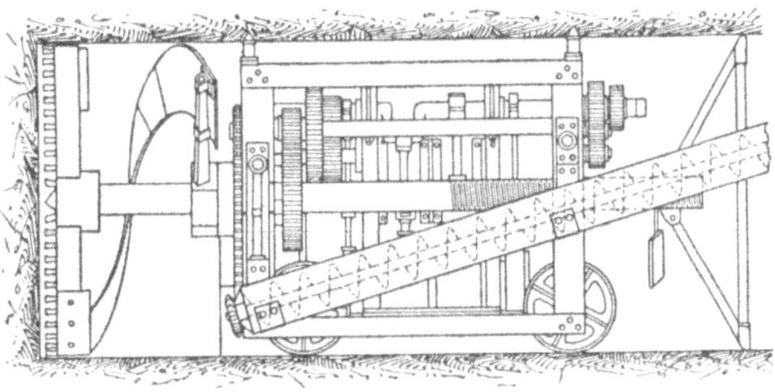

Fig. 352 a.

Streckenbohrmaschine von Stanley. (Aus Walkers Coal-Cutting by Machinery in the United States.)

welches mit Hilfe von Spreizen gegen Firste und Stöße verlagert wird. Zwei in dem Gestelle eingebaute Preßluftzylinder arbeiten auf eine doppelt gekröpfte Welle, welche die rotierende Bewegung auf zwei Zahnradgetriebe und dadurch auf die Hauptbohrwelle überträgt. Letztere ist an ihrem vorderen Teile mit einer Nut versehen, in welche eine Feder des aufsitzenden Zahnrades eingreift; am hinteren Teile ist in die Bohrwelle ein Gewinde eingeschnitten, welches von der Zahnradmutter umschlossen wird. Das vordere Getriebe bewirkt also die drehende, das hintere die fortschreitende Bewegung der Bohrwelle (Fig. 352 a). Das eigentliche Bohrwerkzeug wird in zwei verschiedenen Formen ausgeführt, wie dies die Fig. 352 a, b zeigen; soll mehr Stückkohle fallen so verwendet man die Bohrkrone nach Fig. 352 b. Der ausgeschrämte Kern wird nachher losgekeilt. Weniger Nebenarbeit verursacht das in Fig. 352 a wiedergegebene Bohrwerkzeug, bei welchem allerdings nur Kleinkohle fällt, was bei Kokskohle natürlich keinen Schaden verursacht. Das Wegfüllen der bei dieser Maschine in größerem

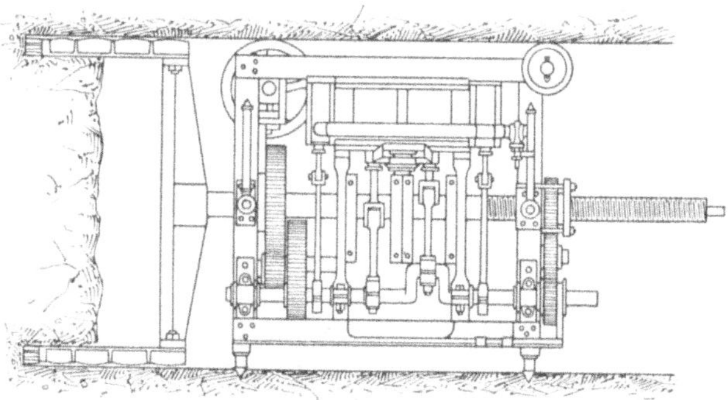

Fig. 352 b.
Streckenbohrmaschine von Stanley. (Aus Walkers Coal-Cutting by Machinery in the United States.)

Maße dauernd fallenden Kohle geschieht durch Einschaufeln in den Fülltrichter einer Transportschnecke, aus der die Kohle unmittelbar in die Förderwagen fällt. Die Maschinen werden von der Nuneaton Engineering Company gebaut.

Streckenbohrmaschine von Humboldt (Fig. 353 a—c). (Nach „Der Bergbau auf der linken Seite des Niederrheins". Bd. II, S. 138.) Die Hauptkonstruktionselemente dieser Maschine sind folgende: Eine mit Schrämmessern 1 versehene Bohrscheibe 2, die Transportvorrichtung 3, eine Einrichtung 4 zur Herstellung einer flachen Sohle und das Wagengestell 5.

Die sternförmige Bohrscheibe 2 hat einen Durchmesser von 2 m. Auf derselben sitzen 36 auswechselbare und gegeneinander versetzte Schrämmesser und eine Mittelschneide 6 zum Loslösen des Materials.

Auf der hinteren Seite der Bohrscheibe ist eine Anzahl von Schöpfbechern 7 vorgesehen, die das losgelöste Material in einen Trichter 8 heben. Von dort gelangt dasselbe auf ein Transportkratzband 3, welches die Kohle hinter die Maschine befördert. Das Kratzband besteht aus einer Gliederkette, von welcher einzelne Glieder Blechstreifen tragen, die die Kohle in einer Rinne nach hinten bewegen.

Der Antrieb des Kratzbandes erfolgt durch das Zahnradvorgelege 11 und eine Treibkette 12.

Zur Herstellung einer ebenen Sohle ist ein 1200 mm breites Messer 4 direkt hinter der Schrämscheibe angeordnet, das die seitlichen Ecken durch Auf- und Abwärtsbewegung während des Vorfahrens der Maschine wegschneidet. Die Auf- und Abwärtsbewegung des Messers wird durch eine auf der Hauptwelle 13 sitzende Exzenterscheibe mit Zugstange bewirkt.

Der Antrieb der Maschine erfolgt durch einen 13 pferdigen Gleichstrommotor, der gegen Staub und Nässe durch eine vollständige Einkapselung geschützt ist. Der Motor macht 150 Umdrehungen in der Minute; diese hohe Tourenzahl wird für die Hauptwelle 13 durch die Vorgelege 18—21 bis auf 16,4 Umdrehungen in der Minute herabgesetzt.

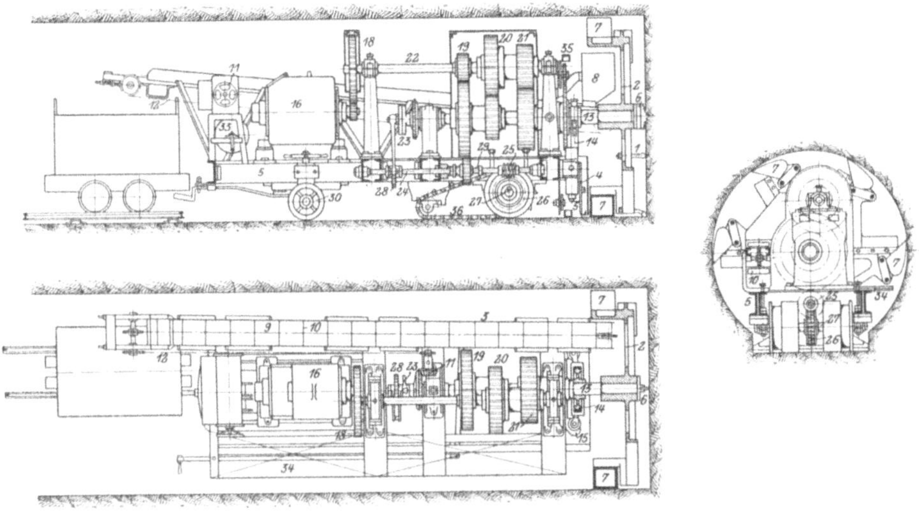

Fig. 353 a—c.
Streckenbohrmaschine von Humboldt. (Aus „Der Bergbau auf der linken Seite des Niederrheins“, Bd. II.)

Das Vorfahren der Maschine wird dadurch erzielt, daß das vordere Räderpaar durch das Schneckenradvorgelege 25 und 26 und das Ritzel 29 indirekt vom Motor aus angetrieben wird. Der Vorschub läßt sich innerhalb 25—100 mm in der Minute regeln.

Im Betrieb hat die Maschine aber noch eine große Anzahl Mängel aufgewiesen, so z. B., daß die Streckenrichtung nicht innegehalten wurde, die einzelnen Teile schwer zugänglich waren, das Wegschaffen der Kohle umständlich und teuer war, u. dgl. Eine neue verbesserte Maschine ist als Ersatz bereits geplant.

Die Streckenbohrmaschine von Humboldt ist auf dem Gruhlschen Braunkohlen- und Brikettwerk bei Kierberg, Bez. Köln, ausprobiert worden.

D. Streckenbohrmaschinen für loses Gebirge.

Streckenbohrmaschinen für loses Gebirge, speziell also für Sande u. dgl., sind im Bergbau noch nicht angewandt worden. Die äußerst günstigen Ergebnisse, die man jedoch bei dem

Bau von Tunnels, besonders in England, mit solchen Maschinen im schwimmenden Gebirge erzielt hat, sind die Veranlassung, dieselben auch in den Rahmen dieses Abschnittes aufzunehmen. Denn es gibt auch in unserm deutschen Bergbau Fälle, wo sie möglicherweise mit Aussicht auf Erfolg verwendet werden können. Die Entwässerung der hangenden Schichten im Braunkohlentiefbau beispielsweise ist bekanntlich mit nicht unerheblichen Schwierigkeiten und großem Kostenaufwande verbunden. Würde es da nicht vielleicht zu erwägen sein, ob nicht die Herstellung einer Entwässerungsstrecke direkt oberhalb des Flözes den anderen Entwässerungsmethoden vorzuziehen sei? Auch das Abfangen der natürlichen Niederschläge vor Eindringen derselben in die Flöze würde hierdurch ermöglicht werden. Sicherlich würde eine derartige systematische Streckenentwässerung sich durch den zu erzielenden geringeren Feuchtigkeitsgehalt der Braunkohle bezahlt machen.

Die Streckenbohrmaschinen für loses Gebirge bestehen aus zwei ganz voneinander unabhängigen Einrichtungen, nämlich dem „Brustschilde" und der eigentlichen Bohrmaschine. Die Fig. 354 a, b erläutern eine derartige Einrichtung des näheren. Aus denselben ist zu ersehen, daß das Brustschild mit einem liegenden, jedoch vergleichsweise kurzen Senkschachte verglichen werden kann, dessen Vortreiben durch eine größere Anzahl hydraulischer Pressen geschieht, die zwischen dem Streckenausbau und eigens am Brustschilde selbst befestigten Widerlagern eingeschaltet sind. In dem Maße nun, wie die Hereingewinnung des anstehenden Sandes fortschreitet, rückt das Brustschild mehr und mehr nach vorne vor. Ist es um das Maß des größten Kolbenhubes vorgerückt, so kann mit dem Einbau eines neuen Tübbingkranzes begonnen werden; die einzelnen Segmente werden hinter die Pressen gebracht, die hinderlichen Pressen von der Druckwasserleitung abgeschlossen und die Kolben in die Zylinder hineingeschoben; nun können die Tübbings an den letzten Streckenring angeschraubt werden. Ist dies geschehen, so werden die Preßkolben nach Einschalten eines etwas elastischen Zwischenmittels gegen den neuen Streckenring angepreßt, und das Brustschild kann von neuem vorgeschoben werden.

Zur Hereingewinnung des Sandes dienen Bohrscheiben, die mit abwechselnd angeordneten Schneidmessern und Schöpfbechern versehen sind. Der Antrieb derselben erfolgt von einem in dem Brustschilde selbst aufgestellten Elektromotor unter Zwischenschaltung geeigneter Zahnradvorgelege. Der losgelöste Sand wird von den Bechern gehoben und in eine Schüttrinne entleert. Von der Schüttrinne gelangt der Sand auf ein Transportband, das nach Art eines Auslegers von einem besonderen fahrbaren Transport- und Verladewagen ausgeht.

Bei besonders starken Wasserzuflüssen lassen sich in das Brustschild auch Schleusen einbauen, um die Wasser während des Vortreibens der Strecke noch zurückzuhalten. Für die spätere dauernde Entwässerung der Schichten empfehlen sich siebartig durchbohrte Tübbings.

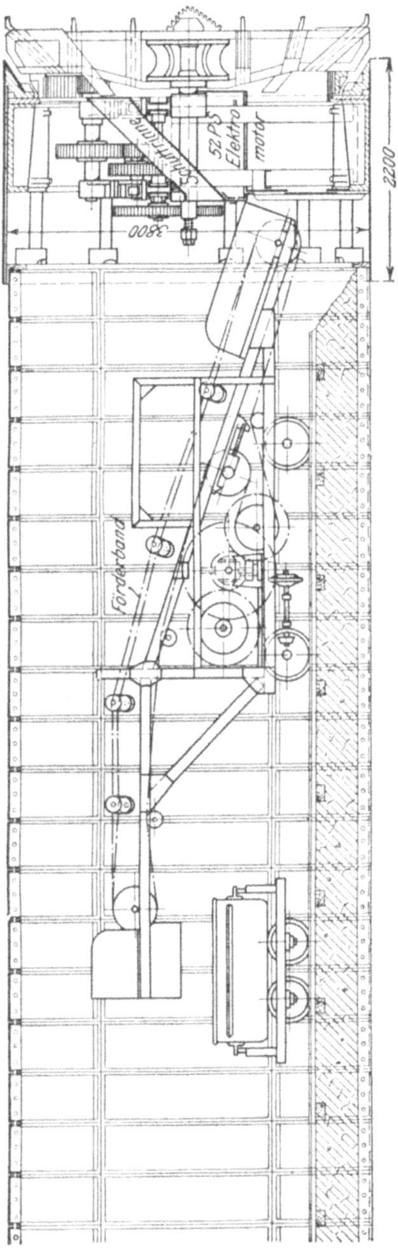

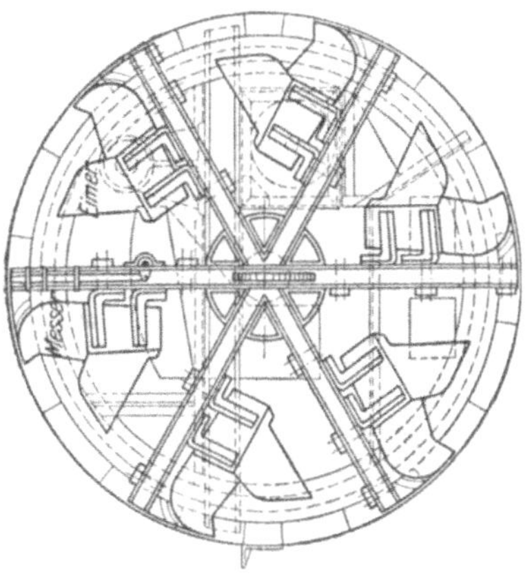

Fig. 354 a, b.

Brustschild. (Aus Zeitschrift des Vereins deutscher Ingenieure 1908.)

Derartige Brustschilder sind in sehr mannigfacher Ausführung hergestellt worden und in der englischen und amerikanischen Literatur wie auch im Handbuch der Ingenieuerwissenschaften, Bd. IV/II, 2 beschrieben.

Achter Teil.

Die elektrischen Zündmaschinen.

Von Bergingenieur Dr.-Ing. Leo Herwegen.

A. Einleitung.

Ebenso wie das Kapitel „Sprengstoffe" ist das Gebiet der „elektrischen Zündung" ein Zweig der Bergbautechnik, aber nur insoweit, als die Anwendung, Auswahl und Handhabung der fertigen Produkte für den Bergmann wichtig ist. Da die Industrie der Sprengstoffe und der elektrischen Zündung verschiedene wichtige Industriezweige interessiert, hat sich dieselbe auch eine selbständige Stellung errungen und damit ist das Vorhandensein zahlreicher Fachliteratur direkt verbunden. Unter dieser befinden sich außer verschiedenen Spezialbehandlungen auch sehr gute zusammenfassende Werke betreffend das ganze Gebiet der Sprengstoffe einschließlich der elektrischen Zündung. So eingehend wie diese die elektrischen Zündmethoden, ihre physikalischen und chemischen Grundlagen, ihr Verwendungsgebiet u. dgl behandeln, lassen sich dieselben an dieser Stelle nicht beschreiben, weshalb die Interessenten auf die Literatur verwiesen seien. Zusammenfassende Literaturnachweise finden sich in O. Guttmann „Die Industrie der Explosivstoffe" und F. Heise „Sprengstoffe und Zündung der Sprengschüsse".

In diesem Kapitel soll nur das Wichtigste über die Methoden und die Apparate der elektrischen Zündung aus der Literatur zusammengefaßt und eng im Anschluß an die Bedürfnisse des Bergbaues beschrieben werden. (Die Figuren sind größtenteils dem im Springerschen Verlage erschienenen Werkchen „Heise, Sprengstoffe und Zündung der Sprengschüsse" entnommen.)

Unter „elektrischer Zündung" fassen wir alle die Vorrichtungen, Apparate und Vorgänge zusammen, die dazu dienen, die Sprengstoffe mittels des elektrischen Stromes indirekt zur Explosion zu bringen. „Indirekt" ist der Einfluß des elektrischen Stromes auf den Sprengstoff insoweit, als derselbe in erster Linie die Explosion einer Sprengkapsel bewirkt.

Elektrische Energie läßt sich bekanntlich nur durch Umformung in andere Energieformen nutzbar verwerten. So führen wir dieselbe zum Zwecke der elektrischen Zündung in Wärme über.

Vor Behandlung der verschiedenen Arten der elektrischen Zündung, sollen die Vorzüge derselben gegenüber anderen Zündmethoden kurz erörtert werden.

Die heute wohl noch am weitesten verbreitete Art der Minenzündung ist die mit Hilfe von Zündschnüren. Dieser Methode können folgende Vorzüge der elektrischen Zündung gegenübergestellt werden.

1. Das Abschießen der Schüsse kann aus jeder beliebigen Entfernung erfolgen. Die Sicherheit der Arbeiter ist mithin gegenüber der bei Verwendung von Zündschnüren wesentlich erhöht.
2. Die Zündung selbst erfolgt innerhalb des Bohrloches. Jegliche Funken — oder Flammenbildung in der Strecke oder in dem Abbaue ist hierdurch vermieden. Die elektrische Zündung gibt daher ein Mittel an die Hand, Explosionen von Grubengasen oder Kohlenstaub entgegenzuwirken.
3. Bei elektrischer Zündung ist es möglich sämtliche Schüsse gleichzeitig abzufeuern, wodurch das Durchschlagen der Drähte oder Zündschnüre durch die Wirkung der ersten Schüsse vermieden wird.

Was die Sicherheit der Arbeiter und auch der Grube angeht, so ist die elektrische Zündung allen anderen Methoden vorzuziehen. In schlagwetterreichen Gruben wie auch in Tagebaubetrieben soll die elektrische Zündung eigentlich nie fehlen. Allerdings stellt sich dieselbe, wenn auch nicht viel, so doch immerhin teurer als die Zündung mit Schnüren.

Bei der elektrischen Zündung haben wir im wesentlichen drei Teile zu unterscheiden; diese sind:

1. die eigentlichen Zünder,
2. die Stromleitungen und
3. die Stromquellen oder die Zündmaschinen.

B. Die Zünder.

Die Zünder bestehen im wesentlichen aus einer leicht zündbaren Masse, die die Explosion des Zündhütchens bewirkt. Durch den elektrischen Strom wird diese Zündmasse ins Glühen gebracht.

Das Erwärmen der Zündmasse durch den elektrischen Strom kann direkt oder indirekt erfolgen. Im ersteren Falle benutzen wir entweder den elektrischen Funken selbst oder erhöhen die Leitfähigkeit der Zündmasse durch geeignete Beimengungen, so daß diese durch den sie durchfließenden Strom erwärmt wird. Im letzteren Falle schalten wir innerhalb des Zünders zwischen die Drahtenden der Leitung einen kleinen Platindraht von hohem Leitungswiderstande ein, der durch einen Strom von hoher Stromstärke ins Glühen kommt; die sich hierbei entwickelnde Wärme bringt die Zündmasse ins Glühen.

Diese verschiedenen Möglichkeiten, die Zündmasse mit Hilfe des elektrischen Stromes ins Glühen zu bringen, dienen heute allgemein zur Einteilung der Zünder in

1. Funkenzünder,
2. Glühzünder und
3. Spaltglühzünder.

I. Die Funkenzünder.

Die Bezeichnung „Funkenzünder“ besagt schon, daß bei diesen Zündern ein von einem Drahtende zum andern überspringender Funke zur Entzündung der Sprengmasse dient. Um das Überspringen von Funken zu ermöglichen, haben wir Strom von hoher Spannung notwendig. Die Einrichtung von Funkenzündern ist in Fig. 355 schematisch wiedergegeben. Ein dünner zusammengedrehter, mit Guttapercha überzogener Kupferdraht mündet in eine Kupferkapsel k, die zur einen Hälfte mit der Zündmasse b, zur anderen Hälfte mit dem Knallsalze a gefüllt ist. Der Kupferdraht reicht nur bis in die Zündmasse und ist daselbst durchschnitten, derart, daß die Drahtenden ganz nahe einander gegenüberstehen. Je geringer die Entfernung der beiden Drahtenden ist, eine desto kleinere Stromspannung ist nur erforderlich. Eine feste Verbindung des Kupferdrahtes mit der Kapsel wird durch einen festen Kitt und Einkneifen der Kapsel gesichert.

Fig. 355 und 356.
Funkenzünder von Bornhardt.

Bei Verwendung der Funkenzünder unter Wasser und bei Wasserbesatz ist es zwecks besserer Dichtung erforderlich, einen kleinen Gummischlauch über die Verbindungsstelle von Draht und Kapsel zu ziehen (s. Fig. 356).

Die Funkenzünder werden heute fast immer ohne Sprengkapsel geliefert, um den Versand zu erleichtern. Die Sprengkapseln werden dann erst an der Verbrauchsstelle in die Zündkapseln eingeschoben.

Für nicht hochbrisante Sprengstoffe ist die Verwendung von Sprengkapseln überhaupt nicht erforderlich. Schwarzpulver explodiert beispielsweise schon ohne weiteres durch die Einwirkung der Zündmasse.

Als Leitungsschema kommt für die Funkenzündung die „Hintereinanderschaltung“ in Betracht. Große Sorgfalt ist auf die Verbindung der einzelnen Drahtenden zu verwenden. Jede Möglichkeit des Über springens von Funken oder der Ausströmung von Elektrizität muß vermieden werden. Die Spitzen an den Drahtenden sollen alle mit einer Breitzange beseitigt werden. Fig. 357 a—c zeigt, in welcher Weise die Verbindung der Drahtenden am besten vorgenommen wird. Für sehr feuchte Orte, wie z. B. Schachtsohlen, empfiehlt es sich, über die Verbindungsstellen ein kleines Gummiröhrchen zu ziehen (Fig. 358 a, b).

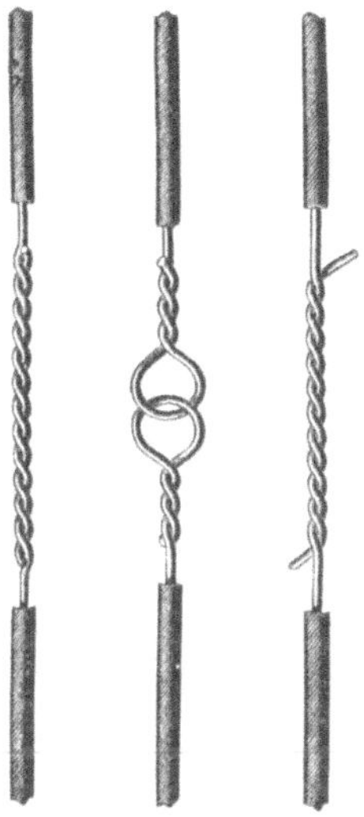

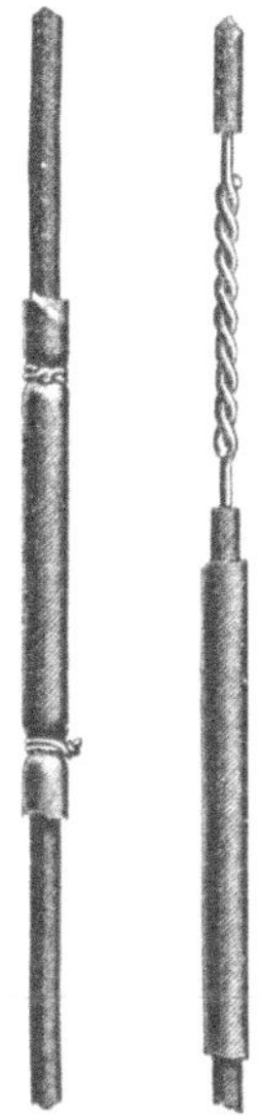

Fig. 357 a—c. Fig. 358 a, b.

Verbindungsweise von Drahtenden.

Die Stromleitungen werden aus dünnem Kupfer- oder Eisendraht hergestellt. Die Drähte werden am besten mit Guttaperchaisolation gewählt. Zur Befestigung der Leitungsdrähte genügen auf kurze Strecken einfache mit Gummiröhrchen überzogene Drahtstifte oder kleine Porzellanringe. Bei längeren Leitungen sind Isolatorglocken vorzuziehen, die in die Stempel eingeschraubt werden. Letztere Methode empfiehlt sich ganz besonders beim Schachtabteufen. Der Hin- und Rückleitungsdraht sollen nach Möglichkeit an den beiden entgegengesetzten Stößen entlanggeführt werden, um eine gegenseitige Beeinflussung zu verhindern. Ein Kreuzen der Drähte muß unter allen Umständen vermieden werden.

Was das Abschießen der Zünder angeht, so sei darauf hingewiesen, daß das Anschließen der Leitungsdrähte an die Zündmaschine erst dann erfolgen soll, wenn alle anderen Arbeiten verrichtet sind und die ganze Belegschaft das Ort verlassen hat.

Über die Vor- und Nachteile der verschiedenen Zünder soll erst am Schlusse im Zusammenhang gesprochen werden.

Die Funkenzünder haben für gewöhnlich einen Widerstand von ungefähr 1 000 000 Ohm. Zur Überwindung eines so hohen Leitungswiderstandes ist eine Stromspannung von etwa 3000 Volt erforderlich.

II. Die Glühzünder.

Es ist eine bekannte Tatsache, daß Leiter größeren Widerstandes sich beim Durchfließen eines elektrischen Stromes von hoher Stromstärke erwärmen und bei genügend hohem Widerstande ins Glühen geraten. Auf dieser Erscheinung beruhen die „Glühzünder“. Die in eine mit Zündmasse gefüllte Papierhülse hineinragenden Kupferdrähte sind ebenso wie bei den Funkenzündern oben durchschnitten, und ist zwischen die beiden blanken Drahtenden ein kleiner dünner Platindraht von etwa 0,4—1 Ohm Widerstand eingeschaltet (Fig. 359). Sobald nun der Stromkreiis geschlossen wird, gerät der Platindraht in helles Glühen und entzündet durch die sich hierbei entwickelnde Wärme die Zündmasse.

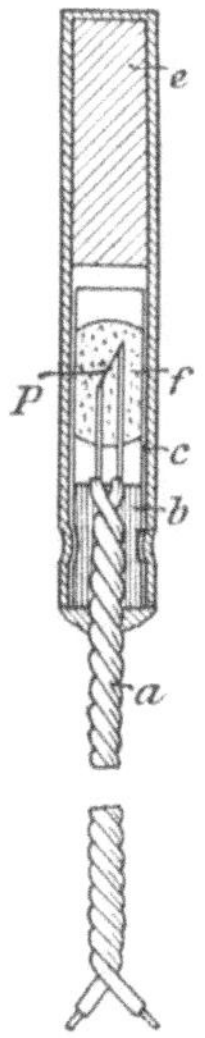

Fig. 359.
Glühzünder von Siemens & Halske.

Von wesentlicher Bedeutung bei den Glühzündern ist zu wissen, welchen Widerstand jeder einzelne Zünder besitzt. Es ist ohne weiteres verständlich, daß die Fabriken nicht in der Lage sind, so feine Drähte von ganz gleicher Dicke herzustellen. Demgemäß ändert sich aber auch der Widerstand jedes einzelnen Zünders. Bei der Hintereinanderschaltung mehrerer Zünder ungleichen Widerstandes würden demnach nur die Zünder höheren Widerstandes abbrennen. Man vermeidet dies in der Praxis dadurch, daß die Fabriken die Zünder zuvor auf ihren einzelnen Widerstand prüfen und nur diejenigen nahezu gleichen Widerstandes in Packeten zusammen vereinigen. Hierbei sind nur Abweichungen von angenähert $^1/_{20}$ Ohm zulässig.

Ein anderes Mittel, die Nachteile des ungleichen Widerstandes bei Glühzündern zu umgehen, beruht auf der Verwendung der Parallelschaltung. Hierbei besteht aber die Gefahr, daß durch das successive Abbrennen der Zünder nach ihrem Widerstande die Leitungsdrähte leicht zerstört und die Zünder geringeren Widerstandes gar nicht zur Explosion kommen können. Auch ist die Parallelschaltung umständlicher und erfordert bereits einen geschickten und zuverlässigen Arbeiter.

Der Widerstand der Glühzünder schwankt zwischen 0,3 und 1,2 Ohm. Die erforderliche Stromstärke beträgt 0,5—0,8 Ampère, die Stromspannung 0,5—2 Volt.

Die Stromleitungen dürfen, da mit höheren Stromstärken gearbeitet wird, einen nur geringen Widerstand besitzen. Bei Verwendung von Kupferdraht genügt im allgemeinen ein Draht von 0,9—1 mm Durchmesser. Fertige Minenzündkabel werden heute von vielen Kabelwerken geliefert. Auf die Legung der Leitung ist nicht so viel Sorgfalt zu verwenden als bei den Leitungen für Funkenzünder. Auch die Verbindungen der Zünder unter sich und mit der Leitung brauchen nicht so sorgfältig hergestellt zu werden.

III. Die Spaltglühzünder.

Die Spaltglühzünder sind noch verhältnismäßig jungen Alters, scheinen aber als die Zünder der Zukunft bezeichnet werden zu können. Sie vereinigen gleichsam die Grundideen der Funken- und Glühzünder in sich und dadurch auch, wie an späterer Stelle noch des näheren erläutert werden soll, die Vor- und Nachteile dieser beiden Arten.

Die Einrichtung der Spaltglühzünder ist folgende. Zwischen die beiden Enden der Leitungsdrähte ist eine Kartonpapierschicht eingesteckt, die beiderseits mit Metallblättchen fest beklebt ist. Die Drahtenden werden auf die Metallblättchen festgelötet. Das äußere Ende der Kartonschicht ist von der Zündmasse nach Art einer Zündpille umgeben. Die Zündmasse ist durch

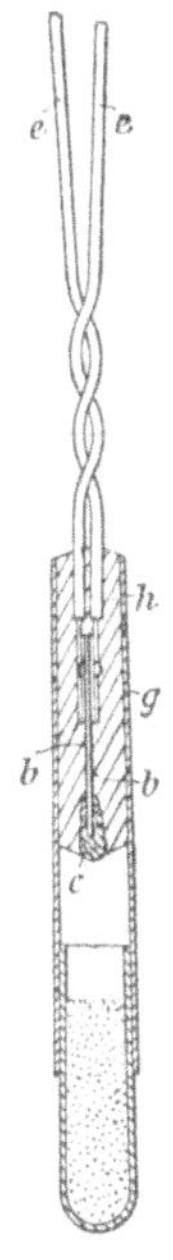

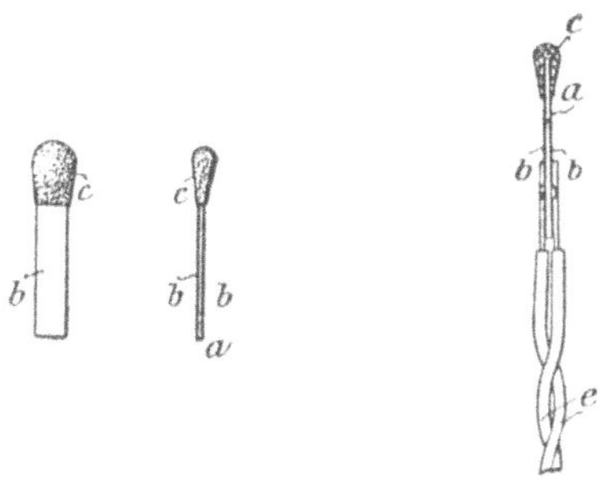

a b c d

Fig. 360 a—d.

Spaltglühzünder der Fabrik elektrischer Zünder zu Köln.

Zusätze von Graphitstaub oder anderen geeigneten Beimengungen stromleitend gemacht, und zwar in einem solchen Maße, daß der

Widerstand des Zünders 20 bis 100 000 Ohm beträgt. Zünder mit einem Widerstande von 20—500 Ohm werden als Spaltglühzünder, solche mit einem Widerstande von 3000 bis 100 000 Ohm als Spaltfunkenzünder bezeichnet. Für erstere ist ein Strom von $^1/_{10}$—$^1/_{100}$ Ampere und 6—10 Volt, für letztere ein Strom von $^1/_{500}$—$^1/_{5000}$ Ampere und 30—100 Volt erforderlich.

Die Herstellungsweise der Spaltzünder zeigt Fig. 360 a—d.

Für die Leitungen können sowohl eiserne wie auch kupferne Drähte verwandt werden. Bei Verwendung höherer Spannungen empfiehlt es sich, auf die Verbindungsstellen genügend Sorgfalt zu verwenden

IV. Die Zeitzünder.

Die bislang beschriebenen Zünder, sowohl die Funken-, als auch die Glüh- und Spaltzünder, sind in ihrer beschriebenen Form Momentzünder d. h. sobald der Stromkreis geschlossen wird, brennen sämtliche Zünder sofort ab und erfolgt unmittelbar die Explosion der Knallmasse. Es ist nun bekannt, daß es zur besseren Ausnützung der Sprengstoffe manchmal erforderlich ist, zuerst die Spannung des in der Mitte anstehenden Gebirges zu lockern, um dann durch die erhöhte Wirkung der seitlich oder konzentrisch angeordneten Sprengladungen einen größeren Steinfall zu erzielen. Dies erfordert ein Abbrennen der Zünder in ge wissen Zeitintervallen. Wir haben bereits erfahren, daß man bei Verwendung von Glühzündern in der Lage ist, durch Parallelschaltung, unter Benutzung von Zündern ungleichen Widerstandes, ein sukzessives Abbrennen der Zünder ermöglichen zu können. Es ist aber an gleicher Stelle auch auf die Nachteile dieses Verfahrens hingewiesen worden, die darin bestehen, daß bei der geringsten Verletzung der Stromleitung durch die Frühexplosionen die Zünder geringeren Leitungswiderstandes gar nicht mehr zur Wirkung gelangen können.

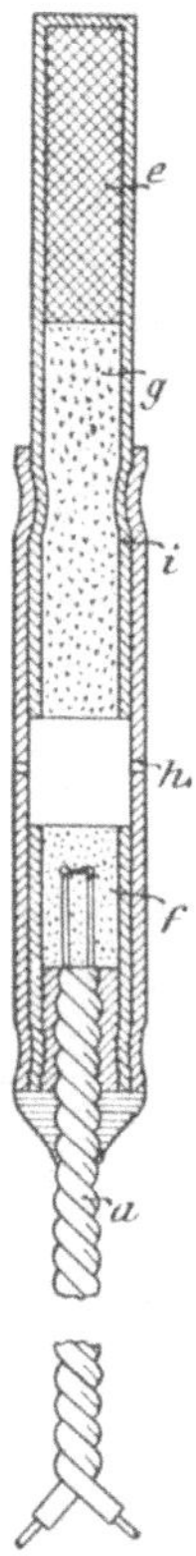

Fig. 361. Zeitzünder.

Um nun beim Abtun mehrerer Schüsse, bei einem einmaligen kurzen Stromschlusse, doch das Explodieren der Knallmasse und damit der Sprengstoffe in Zeitintervallen zu ermöglichen, sind die sogenannten „Zeitzünder" geschaffen worden.

Das Prinzip der Zeitzünder beruht darauf, daß zwischen dem eigentlichen Zünder und der Knallmasse, also dem Zündhütchen, eine langsam abbrennende Masse oder ein mehr oder weniger langes Stück Zündschnur zwischengeschaltet wird.

In der Praxis hat man bislang für Zeitzünder nur Glühzünder verwandt. Es liegt jedoch kein Hindernis vor, ebenfalls Funken- und Spaltzünder für Zeitzünder zu benutzen.

Einen Zeitzünder, der nur für kurze Zeitintervalle bestimmt ist, zeigt Fig. 361. Bei diesen Zündern ist in dem Zündhütchen außer der Knallmasse eine gewisse Menge langsam abbrennenden Pulvers g enthalten. Die Explosion erfolgt also erst, nachdem das Pulver abgebrannt ist.

Fig. 362.
Zeitzünder mit Entgasungskanälen. (Aus Heise, Sprengstoffe.)

Die neueren Zeitzünder werden in der Art hergestellt, daß die Zünder an einer längeren Zündschnur befestigt sind und das Zündhütchen erst an Ort und Stelle aufgesetzt wird. Die Verbindung von Zündschnur und Zünder erfolgt durch Zusammenkneifen der Messinghülse der Zünder, und zwar derart, daß seitlich zwei kleine Entgasungskanäle verbleiben (Fig. 362).

C. Die Stromleitungen.

Bezüglich der Stromleitung ist bereits im Anschluß an die Besprechung der einzelnen Zünder das Wichtigste erwähnt worden. Von

Fig. 363.
Leitungsprüfer.

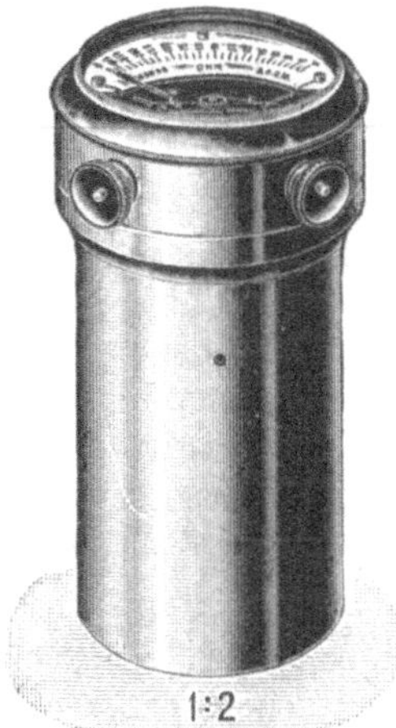

Fig. 364.
Lissescher Minenprüfer.

besonderer Wichtigkeit für den Bergmann ist nur noch zu wissen, welche Mittel ihm zur Verfügung stehen, um die fertigen Leitungen zu prüfen, um die Gewißheit zu erhalten, daß alle Verbindungen auch ordnungsgemäß hergestellt worden sind und daß kein Zünder beschädigt ist.

Wir können nur solche Stromleitungen prüfen, die auch vollständig geschlossen sind. Bei Verwendung der Funkenzünder ist es daher nicht möglich, sich durch einen Meßversuch von der sachgemäßen Ausführung der Leitung zu überzeugen.

Als Meßinstrumente dienen dem Bergmanne kleine Galvanometer, die mit auswechselbaren Hellessen-Trockenelementen verbunden, als sehr handliche Leitungsprüfer von verschiedenen Firmen bezogen werden können (siehe Fig. 363).

Andere Leitungsprüfer werden in Form von Ohmmetern hergestellt (Fig. 364); sie ermöglichen es, sich gleichzeitig über die Größe des Widerstandes der ganzen Leitung oder auch nur von dem einzelner Leitungsteile zu orientieren.

Die in den Leitungsprüfern vorhandenen Elemente liefern einen Strom von so geringer Stromstärke, daß ein Entzünden der Glühzünder ausgeschlossen ist.

Die Handhabung der Leitungsprüfer ist die denkbar einfachste. Es ist nur erforderlich, die Enden der Leitungsdrähte, bevor sie an die Zündmaschine angeschlossen werden, mit den Klemmen des Leitungsprüfers zu verbinden. Zeigt derselbe einen kräftigen Ausschlag, so ist die Leitung in Ordnung.

Die Möglichkeit, bei Glüh- und Spaltglühzündern die Stromleitungen prüfen zu können, muß ohne Zweifel als ein erheblicher Vorteil dieser beiden Zündarten gegenüber den Funkenzündern angesehen werden. Ein zweiter wichtiger Faktor, der bei der Wahl eines Zündsystems in Betracht gezogen werden muß, ist die Kostenfrage. Auf der einen Seite haben wir die Preise der Zünder selbst, auf der anderen die Kosten der Leitungen. Die Funkenzünder sind wegen ihrer einfachen Herstellung die billigsten. Glühzünder und Spaltglühzünder sind dagegen teurer in der Anschaffung.

Stromleitungen aus Eisendraht sind selbstverständlich viel billiger als solche aus Kupferdraht.

Demnach lassen sich für die verschiedenen Zündarten folgende besonderen Vor- und Nachteile zusammenstellen:

a) Funkenzünder:

Vorteile.

1. Ungleicher Widerstand der einzelnen Zünder verhindert nicht ein sicheres gleichzeitiges Abbrennen sämtlicher an eine Leitung angeschlossener Zünder.
2. Billige Stromleitung, da Eisendraht verwendbar.
3. Geringer Preis der Zünder.

Nachteile.

1. Die Stromleitungen können nicht geprüft werden.

b) Glühzünder:

Vorteile.

1. Die Stromleitung kann geprüft werden, da ein geschlossener Stromkreis vorhanden ist.

Nachteile.

1. Die Stromleitung muß wegen der hohen Stromstärken aus Kupferdraht hergestellt werden.
2. Ungleicher Widerstand der Zünder kann zum Versagen mehrerer Zünder führen.

c) Spaltglühzünder:

Diese schließen die sämtlichen Vorteile der Funken- und Glühzünder in sich.

D. Die Zündmaschinen.

„Als Zündmaschinen" werden alle zur elektrischen Zündung verwendbaren Stromquellen bezeichnet. Dieselben dienen teils ausschließlich zur Erzeugung hochgespannter Ströme, teils lassen sich dieselben sowohl für Strom hoher als auch niedriger Spannung verwenden, teils dienen sie nur für Ströme niedriger Spannung. Die Grundgedanken all der verschiedenen Arten von Zündmaschinen sind die gleichen wie die der sonst in der Physik und Elektrotechnik verwandten elektrischen Generatoren. Es genügt daher auch im folgenden nach einem kurzen Hinweise auf das Prinzip der Maschinen nur über die Handhabung und Leistung der einzelnen Zündapparate zu sprechen.

I. Zündmaschinen zur Erzeugung hochgespannter Ströme.

Zur Erzeugung hochgespannter Ströme dienen in erster Linie reibungselektrische Apparate und Induktionsmaschinen.

a) Reibungselektrische Maschinen.

Die erste Maschine dieser Gattung ist die von Bornhardt in Braunschweig gewesen, die auch heute noch in Verwendung steht. Dieselbe ist den allgemein bekannten Influenzmaschinen nachgebildet. Durch mehrfaches Umdrehen einer Hartgummischeibe L vermittels einer Kurbel (Fig. 365 und 366) wird eine Leidener Flasche F geladen. Der Entladungsstrom wird dadurch in die Stromleitung geführt, daß man den inneren Belag der Flasche mit der Öse a, den äußeren Belag dagegen mit der Öse b verbindet. Letztere Verbindung bleibt dauernd bestehen, während man die erstere dadurch herstellt, daß ein Hebel mit der Kugel k, der durch eine Spiralfeder mit a in leitender Verbindung steht, durch Drücken auf einen Knopf gegen die auf der Leidener Flasche aufsitzende Kugel gedrückt wird. In diesem Augenblicke entlädt sich die Flasche und in den einzelnen Zündern springen die Funken über.

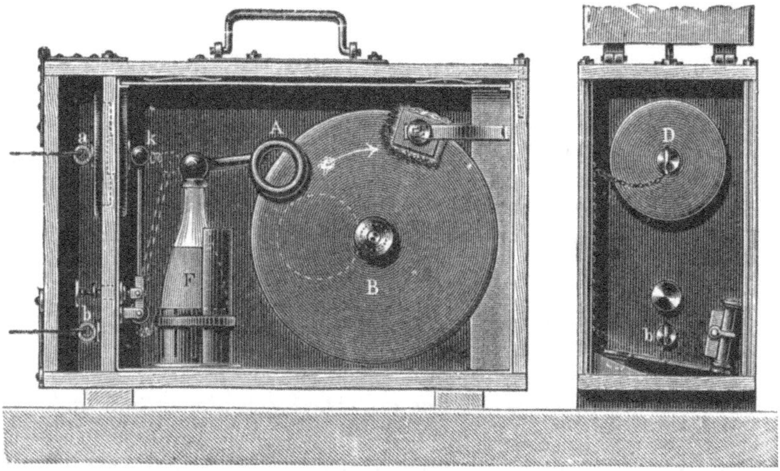

Fig. 365.

Fig. 366.
Zündmaschinen von Bornhardt.

Influenzmaschinen sind bekanntlich gegen Feuchtigkeit sehr empfindlich. Aus diesem Grunde ist der ganze Apparat von einem mit einer Hartgummiplatte abgeschlossenen Metallkasten umgeben, der nochmals in einen Holzkasten eingesetzt wird. Wie aus der Fig. 366 ersichtlich, sind durch diese doppelte Umhüllung dem Arbeiter nur die beiden Ösen a und b zum Einhängen der Leitungsdrähte, der Entladeknopf und die Kurbel zugänglich. Zur Sicherung des Arbeiters gegen etwa überspringende Funken ist die Öse a noch durch eine besondere Hartgummiplatte gegen das Innere geschützt.

Um sich davon überzeugen zu können, ob wirklich eine Entladung beim Niederdrücken des Knopfes stattgefunden hat, ist seitlich der Ösen eine Reihe Metallknöpfe, der sogen. Funkenzieher angebracht, der durch zwei Kettchen mit den Ösen a und b verbunden werden kann. Ist die Maschine in Ordnung, so sieht man kleine Funken von einem Knopfe zum anderen überspringen.

Über die Leistung der Maschine werden folgende Angaben gemacht. Zur Erzeugung eines Entladefunkens von 45—55 mm Schlagweite sind 20—25 Kurbelumdrehungen erforderlich. Um Funken größerer Schlagweite, etwa 70—90 mm, zu erzielen, baut die Firma Maschinen mit 2 Hartgummiplatten und mit 2 Leidener Flaschen. Das kleine am meisten verbreitete Modell genügt zum gleichzeitigen Zünden von 15—20 Funkenzündern.

Ein theoretischer Nachteil der reibungselektrischen Maschinen ist ihre Empfindlichkeit gegen Feuchtigkeit. In der Praxis soll dieser Nachteil aber nicht sehr bemerkbar aufgetreten sein, da für einen fast luftdichten Abschluß Sorge getragen ist.

Ähnliche Maschinen wie die von Bornhardt werden heute mit nur geringen Abweichungen auch von anderen Firmen gebaut. Besonders erwähnt sei noch die Maschine der Aktien-Gesellschaft Dynamit-Nobel, Wien, bei der drei Gummischeiben vorgesehen sind und die Leidener Flasche durch einen Gummikondensator ersetzt ist.

b) Induktionselektrische Zündmaschinen.

Als Vorbild für diese Maschinen hat der Ruhmkorffsche Induktionsapparat gedient, dessen Einrichtung und Wirkungsweise als bekannt vorausgesetzt wird. In den bislang hergestellten induktionselektrischen Zündmaschinen finden wir demgemäß auch zwei ineinandergeschobene Spulenpaare, einen kontinuierlichen Stromunterbrecher und eine Anzahl Elemente oder Akkumulatoren vereinigt. Die innere Spule besitzt einen sehr kleinen, die äußere dagegen einen sehr hohen Leitungswiderstand. Für den Arbeiter ist nur ein Stromschlußknopf zugänglich.

Für Bergwerksbetriebe haben sich die induktionselektrischen Zündmaschinen wegen ihrer verhältnismäßig hohen Empfindlichkeit nicht bewährt.

II. Zündmaschinen zur Erzeugung von Strömen hoher oder mittlerer Spannung.

Unter diese Gruppe von Zündmaschinen gehören die magnetelektrischen und die dynamoelektrischen Maschinen. Je nach der Höhe des Widerstandes in der Ankerwickelung lassen sich mit derartigen Generatoren Ströme sowohl von hoher als auch von niedriger Spannung erzeugen. So sind zwecks Zündung von Funkenzündern Maschinen erforderlich, deren Ankerwickelung nahezu 300 Ohm beträgt, für Glühzünder dagegen solche mit einem Ankerwiderstande von nur 3 Ohm. Die Bauart der magnet- und dynamoelektrischen Zündmaschine für hoch- und niedriggespannte Ströme ist nahezu die gleiche, weshalb auf eine Trennung dieser beiden Arten an dieser Stelle verzichtet werden soll.

a) Magnetelektrische Maschinen.

Es lassen sich zwei Arten von magnetelektrischen Maschinen unterscheiden. Die einen beruhen auf der Umpolarisierung eines Hufeisenmagneten durch einen weichen Eisenkern, wobei dann Induktionsströme in den um die Pole des Magneten gewickelten Drahtspiralen erzeugt werden. Maschinen dieser Art sind früher in Gebrauch gewesen, heute jedoch durch Zündapparate verdrängt worden, die mit einem zwischen den Polen eines Hufeisenmagneten rotierenden Siemensschen I-Anker ausgerüstet sind.

Zum Zwecke der elektrischen Zündung mehrerer hintereinandergeschalteter Zünder ist es erforderlich, daß die Klemmspannung der Generatoren eine bestimmte Voltzahl erreicht hat, da sonst die Gefahr naheliegt, daß die Zünder höheren Widerstandes zuerst abbrennen was nach Möglichkeit verhütet werden muß.

Um dies zu erreichen, sind von den verschiedenen Fabriken, die sich mit der Herstellung elektrischer Zündmaschinen befassen, Einrichtungen ersonnen worden, die den Stromschluß automatisch regeln. Bekanntlich ist die Stromstärke abhängig von der Stärke des magnetischen Feldes, also von der Stärke der Magnete, von der Beschaffenheit des Ankers und seiner Entfernung von dem Magneten und endlich von der Umdrehungszahl des Ankers. Die beiden ersten Faktoren hängen nur von der Ausführung des Apparates ab, während die Tourenzahl beliebig geregelt werden kann. Hierauf beruht nun die automatische Spannungsregelung einzelner Apparate, bei welchen der Strom nach einer bestimmten Umdrehungszahl des Ankers geschlossen wird. Bei kleineren magnetelektrischen Zündmaschinen sind derartige Einrichtungen fortgelassen und erfolgt der Stromschluß erst nach Niederdrücken einer Kontaktknopfes.

Die magnetelektrischen Maschinen werden auch in Verbindung mit Kondensatoren gebaut. Der Zweck der letzteren ist eine Erhöhung der Spannung, um nach erfolgtem Schließen des Stromkreises Funken erzeugen zu können, die zum Abbrennen von Funkenzündern genügende Schlagweite haben. Nach diesem Prinzip ist die Zündmaschine von Ducretet gebaut.

Die am meisten verbreiteten magnetelektrischen Zündmaschinen sollen im folgenden kurz beschrieben werden.

Fig. 367 zeigt einen Vertikalschnitt durch eine magnetelektrische Zündmaschine einfachster Bauart. Hierbei wird der Anker c, der

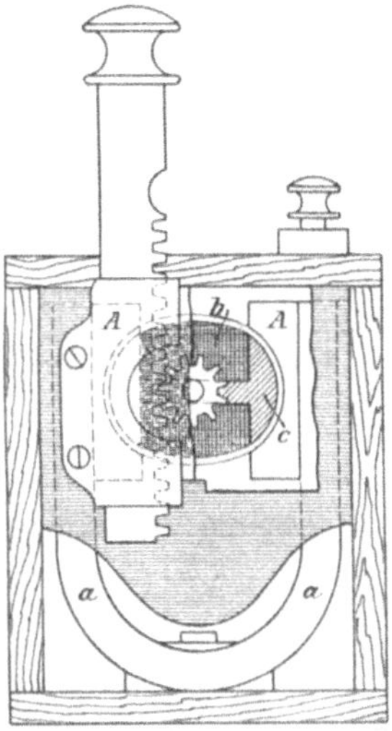

Fig. 368.

Fig. 367. Fig. 369.

Magnetelektrische Zündmaschinen.

mit einer Längswickelung b armiert ist, durch eine Zahnstange und ein Zahnrad in Umdrehung versetzt. Ein Kontaktknopf dient zum Schließen des Stromes. Fig. 368 zeigt die kleine Maschine in der Ansicht. Dieselbe wird auch mit Kurbelantrieb gebaut. Das Gewicht dieser Zündmaschinen beträgt nur 1,5—2 kg, und lassen sich mit denselben 1—3 Zünder gleichzeitig abbrennen. Für Spaltglühzünder und Glühzünder werden dieselben mit Ankerwickelungen verschiedenen Widerstandes geliefert.

In etwas abgeänderter Form werden diese Zündmaschinen von der Fabrik elektrischer Zünder in Köln hergestellt. Geleitet von dem Gedanken, die kleine Maschine möglichst handlich und leicht herzustellen, hat die genannte Firma bei ihren kleinen Modellen (Fig. 369, 370) jeglichen Zahnstangen- und Kurbelantrieb des Ankers fortfallen lassen und wird letzterer durch Abziehen einer auf einer Rolle aufgewickelten Schnur unmittelbar in schnelle Rotation gebracht. Die kleine Rolle sitzt direkt auf der Ankerwelle und ist zwecks leichterer

Aufwickelung der Schnur durchbohrt. Diese kleine Maschine genügt zum Abbrennen von drei Zündern.

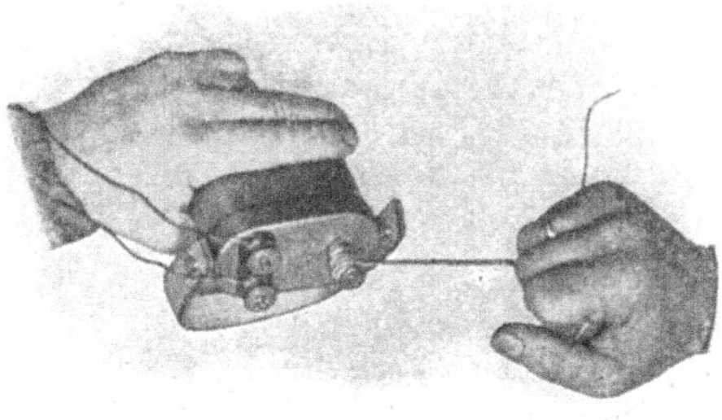

Fig. 370.
Magnetelektrische Zündmaschine.

Die elektromagnetische Zündmaschine von Siemens & Halske (Fig. 371) ist mit zwei Magneten und automatischer Stromschluß-vorrichtung versehen. (In der Figur ist der linke Magnet abgebrochen dargestellt, um die Stromschlußvorrichtung zu veranschaulichen.) Diese hat folgende Wirkungsweise. Beim Drehen der Kurbel ver-

Fig. 371.
Elektromagnetische Zündmaschine.

schiebt sich die Ankerwelle durch Führung des einen Wellenendes in einer schrägen Nut ein wenig nach links, wodurch das kleine Einzahnrad in das darüberbefindliche Malteserkreuz eingreift. Letzteres nimmt sodann an der Bewegung teil und drückt nach der fünften Kurbelumdrehung die links befindliche Kontaktnase gegen eine Kontaktfeder, wodurch der Strom geschlossen wird. Gleichzeitig schlägt diese Kontaktnase gegen einen Stift, sodaß ein weiteres Umdrehen der Kurbel nicht möglich ist. Durch Loslassen der Kurbel wirft eine Spiralfeder die Ankerwelle wieder nach rechts und gleichzeitig dreht eine zweite Feder, die auf der Achse des Malteserkreuzes aufgewickelt ist, letzteres, sobald der Zahn des Einzahnrades das Malteserkreuz verlassen hat, um nahezu 360° rückwärts.

Diese sehr bewährte Zündmaschine wird in folgenden 3 Größen geliefert:

Für	1 Zünder;	Gewicht	1,7 kg
„	2— 5 „	„	2,8 „
„	3—10 „	„	5,5 „

Die magnetelektrischen Zündmaschinen haben gegenüber den dynamoelektrischen Apparaten den Vorteil größter Einfachheit und Unempfindlichkeit gegen Feuchtigkeit und Staub. Ein Nachteil dagegen ist die allmähliche Abnahme der Stärke des magnetischen Feldes, da die Magnete an Magnetismus verlieren. Infolgedessen wird mit der Zeit die Stromspannung abnehmen und die Zündung mehrerer Glühzünder ungleicher Spannung nicht mehr der Sicherheit halber vorgenommen werden dürfen. Die magnetelektrischen Zündmaschinen sind daher wohl für Einzelzündung am meisten zu empfehlen, die ja in der Kohle für manche Bergbaudistrikte polizeiliche Vorschrift ist.

b) Dynamoelektrische Maschinen.

Unsere heute in Benutzung befindlichen dynamoelektrischen Maschinen beruhen alle auf dem Prinzip der Siemensschen Dynamomaschine, bei der die Wickelung des Magneten im Haupt- oder Nebenschluß geschaltet ist. Bei der dynamoelektrischen Maschine muß ebenso wie bei den magnetelektrischen Maschinen für eine gewisse maximale Klemmenspannung gesorgt werden (siehe S. 424), wodurch die automatischen Stromschlußeinrichtungen bedingt sind. In der Ausführung der letzteren sowie in der Antriebsart der Anker liegen die wesentlichen Unterschiede der verschiedenen Modelle.

Nur die bekanntesten dynamoelektrischen Zündmaschinen sollen an dieser Stelle beschrieben werden.

Zündmaschine von Siemens & Halske. Der Antrieb des Ankers erfolgt durch eine gespannte Feder H (Fig. 372), die vermittels des Handgriffes G aufgedreht wird. Entfernt man durch einen Druck auf den Knopf D die Sperrklinke e aus dem Sperrade R, so schnellt die Feder zurück und erteilt dadurch dem Anker T eine gewisse Maximalgeschwindigkeit. Der Stromschluß erfolgt in dem Augenblicke, wo der kleine Knopf k von der Feder F berührt wird. Die Feder F wird von einer Nase N nach einer bestimmten Umdrehungszahl des Ankers durch ein geeignetes Übersetzungsverhältnis gegen die Feder F gedrückt. Alle Einzelheiten gehen ohne weiteres aus der Fig. 372 hervor. Die

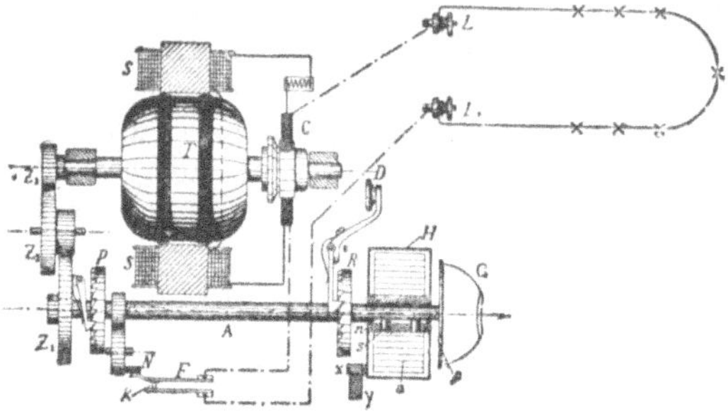

Fig. 372.
Dynamoelektrische Zündmaschine von Siemens & Halske.

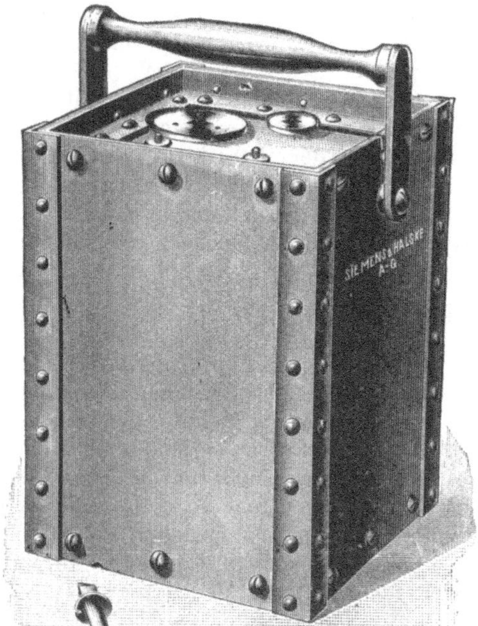

Fig. 373.
Dynamoelektrische Zündmaschine von Siemens & Halske.

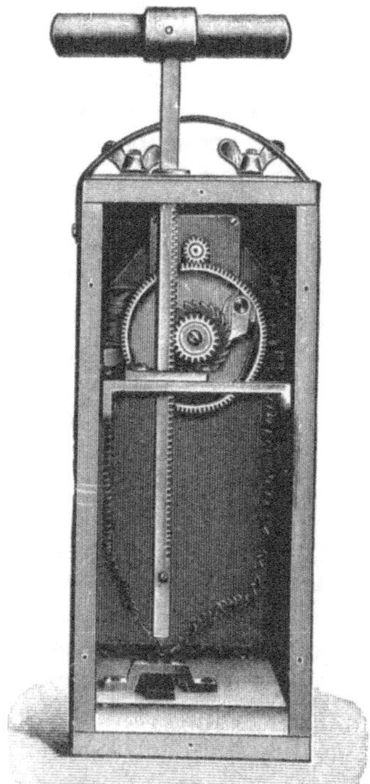

Fig. 374.
Zündmaschine der Fabrik elektrischer Zünder zu Köln.

äußere Ansicht der Maschine zeigt Fig. 373. Die Leistung dieser Zündmaschine beträgt ungefähr 70 Watt bei einer Klemmenspannung von 120 Volt und genügt zum gleichzeitigen Abtun von 60—80 Zündern.

Zündmaschine der Fabrik elektrischer Zünder zu Köln (Fig. 374). Der Antrieb des Ankers erfolgt durch eine Zahnstange, die in ein kleines Ritzel eingreift. Mit letzterem ist ein Sperrad fest verbunden. Die Sperrklinke dagegen sitzt auf einem großen Zahnrad, welches die Bewegung auf den Anker vermittelt. Durch diese Anordnung wird erreicht, daß beim Hochziehen der Zahnstange der Anker keine Drehbewegung im entgegengesetzten Sinne macht, also ein Wechsel der Polarität nicht stattfindet. Wird dagegen die Zahnstange niedergedrückt, so greift die Sperrklinke in das Sperrad ein und der Anker wird in Umdrehung versetzt. Sobald die Zahnstange ihre tiefste Stellung eingenommen hat, drückt sie einen Kontaktknopf nieder, wodurch der Stromkreis geschlossen wird.

Die Tirmannsche Zündmaschine unterscheidet sich von den beiden vorigen durch den Antrieb (Fig. 375). Durch Niederdrücken einer Schraubenmutter wird eine steilgängige Schraubenspindel gedreht, die die drehende Bewegung durch eine Zahnradübersetzung auf den Anker überträgt. Durch Aufstoßen der Mutter auf eine Feder wird der Stromkreis geschlossen.

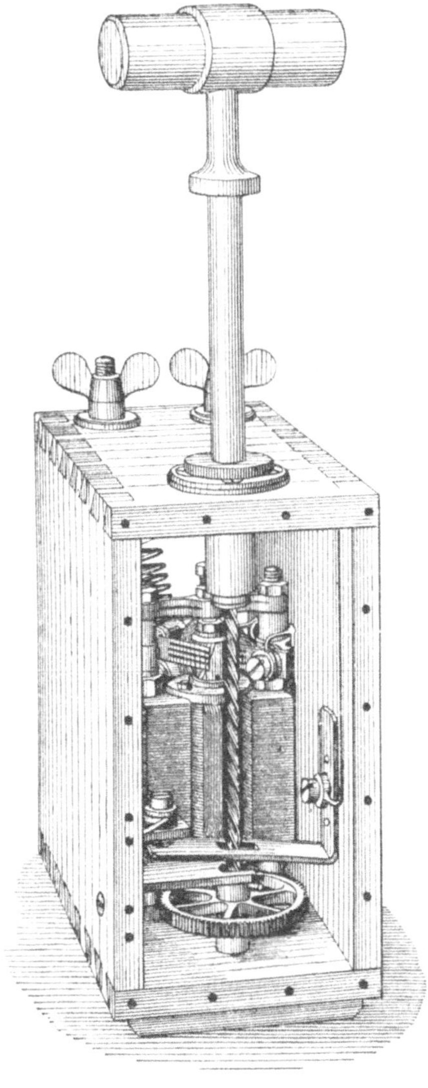

Fig. 375.
Zündmaschine von Tirmann.

III. Zündmaschinen zur Erzeugung von Strömen niedriger Spannung.

Unter diese Gruppe fallen die Elemente und Akkumulatoren. Nasse Elemente und Akkumulatoren sind für den Gebrauch in der Grube ungeeignet, da sie eine sehr sorgsame und aufmerksame Wartung erfordern. Die Trockenelemente sind dagegen in letzter Zeit mehr eingeführt worden. zumal da man bei ihnen die größte Sicherheit für Schlagwettergruben annimmt. Ob dies wirklich der Fall ist, muß die Erfahrung noch lehren; jedenfalls sind die Erfahrungen mit den magnetelektrischen Maschinen bislang auch zur größten Zufriedenheit ausgefallen.

Für die Zündmaschinen mit Elementen haben sich die Hellessen-Trockenelemente sehr gut bewährt und werden 4—5 derselben zu einem Zündapparate hintereinandergeschaltet als gebrauchsfähige Zündmaschinen von verschiedenen Firmen geliefert. Dieselben genügen zum Abbrennen von 1—3 Glühzündern. Bei Verwendung derartiger Zündmaschinen ist eine öftere Prüfung der Elemente auf Spannung und Stromstärke unbedingt notwendig, um die Gewißheit zu haben, daß der erzeugte Strom auch die nötige Spannung und Stärke zur Zündung der verwandten Zünder besitzt.

Zum Schlusse sei noch erwähnt, daß heute fast alle Fabriken, die elektrische Zünder herstellen, sich auch mit der Fabrikation von Zündmaschinen befassen. Es wird daher zum Zwecke der Sicherheit stets zu empfehlen sein, beide Teile von der gleichen Firma zu beziehen, da Stromstärke und Spannung der Zündmaschine einerseits und Widerstand der Zünder andererseits aufeinander abgepaßt sind.

Neunter Teil.

Die Keilapparate.

Von Diplom-Bergingenieur **Dr.-Ing. O. Pütz.**

A. Allgemeines.

Einen Ersatz für die Sprengarbeit bietet auf vielen Schlagwettergruben die sog. „Hereintreibearbeit". Trotz der zahlreichen Versuche mit dieser bergmännischen Gewinnungsmethode ist es jedoch bis jetzt noch nicht gelungen, Apparate zu bauen, die sowohl in technischer als auch in wirtschaftlicher Beziehung die Leistungen der Sprengarbeit voll und ganz erreicht hätten. Alle derartigen Vorrichtungen erfordern, wenn sie überhaupt irgendwelche Wirkung erzielen sollen, das Vorhandensein von Lösungsflächen sowie die vorherige Herstellung eines möglichst tiefen Schrams. Ferner arbeiten sie bis jetzt auch noch teurer als die Sprengarbeit. Trotz alledem behält aber der Ersatz der letzteren für Schlagwettergruben sowie solche, die unter starker Kohlenstaubentwickelung leiden, nach wie vor seine hohe Bedeutung; es muß daher auf die Vervollkommnung aller diesbezüglichen Vorrichtungen und Verfahren stets erneut Wert gelegt werden.

Die Hereintreibearbeit wird jedoch auch in beschränktem Maße zum Beräumen der Schüsse nach erfolgter Sprengung angewendet. In diesem letzteren Falle bedient man sich als Gezähe der verschiedensten

Keile mit und ohne Legeisen und Fäustel, der Keilhaue, des Bergeisens und der Brechstange. Soll die Hereintreibearbeit als Ersatz für die Sprengarbeit dienen, so werden ebenfalls Keilc und Keilapparate benutzt sowie hydraulische Preßpumpen und ähnliche Vorrichtungen. Die bekannten derartigen Apparate lassen sich wie folgt gruppieren:

A. Das Eintreiben von Keilen.

1. Der gewöhnliche Treibkeil.
2. Der Westfalia-Keil.
3. Der Hardy-Pick-Keil.
4. Der Rammkeil von François.
5. Die Bosseyeuse von Dubois-François.
6. Der Heisesche Keil.

B. Das Herausziehen von Keilen.

7. Der Levetsche Keil.

C. Sprengung durch Auseinandertreiben des eingeführten Keil-Apparates.

8. Der Keil von König und Gützlaff.
9. Der Kohlensprengapparat von Walcher.
10. Die Sprengpumpe von Heckel.
11. Der Apparat von Williams.
12. Der Keilapparat von Shaw.

D. Lockerung des Kohlenstoßes infolge des Durchflusses von Druckwasser.

13. Apparate zur hydraulischen Stoßtränkung (nach dem Verfahren des Geh. Oberbergrat Meißner).

Die zuletzt aufgeführten Apparate dienen zwar in erster Linie der Unschädlichmachung des schon innerhalb der Flöze in Rissen, Klüften, Spalten usw. befindlichen Kohlenstaubes; jedoch wird vielfach auch eine Loslösung der anstehenden Kohle erreicht, weshalb diese Vorrichtungen hier mit erwähnt werden sollen.

B. Das Eintreiben von Keilen.

1. Der gewöhnliche Treibkeil (Fig. 376 u. 377).

Die mit der Hand geführten gewöhnlichen Treibkeile bestehen aus Gußstahl und haben einen recht- oder vieleckigen Querschnitt. Ein solcher Keil endigt einerseits in eine breite Bahn, andererseits entweder in eine stumpfe Spitze — dann nennt man ihn Spitzkeil oder Fimmel (Fig. 376) — oder in eine Schneide — dann heißt er Flachkeil (Fig. 377). Letzterer läßt sich besonders gut bei deutlicher Schichtung verwenden. Diese Keile kann man auch zum Bereißen des Ortes nach dem Schusse sowie zu allen den Arbeiten verwenden, zu denen das Bergeisen gebraucht wird. Sie unterscheiden sich von letzterem nur durch das Fehlen eines Öhrs.

Fig. 376.
Der Spitzkeil oder Fimmel.

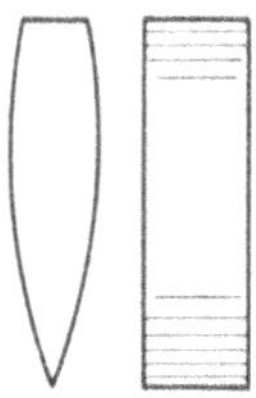

Fig. 377.
Der Flachkeil.

2. Der Westfalia-Keil (Fig. 378).

Dieser von der Maschinenfabrik „Westfalia“ in Gelsenkirchen gefertigte Keil (Fig. 378) bietet ein Beispiel für diejenigen Keile, welche mit sog. Legeisen oder Zulagen (a) verwendet werden. Letztere haben den Zweck, die Wirkung des Keiles zu erhöhen und sein Eindringen infolge der geringeren Reibung zu erleichtern. Diese Legeisen sind Eisenplatten, welche in ein Bohrloch oder eine sonstige Vertiefung eingesteckt werden. Der zwischen ihnen einzusteckende Keil (b) findet an den Zulagen weniger Reibung als an den Bohrlochswandungen. Der Westfalia-Keil hat mit seinen Legeisen zusammen einen runden Querschnitt, so daß er sich gut in das vorher herzustellende Bohrloch einführen läßt. Letzteres muß etwa 40—60 mm l. W. besitzen.

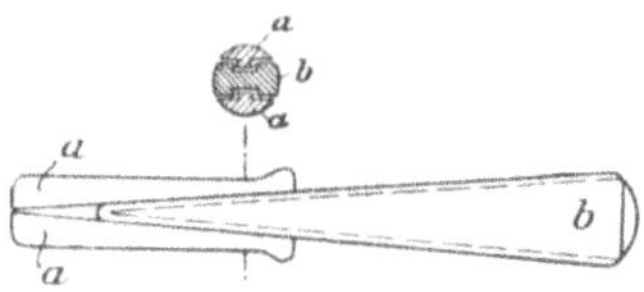

Fig. 378.
Der Westfalia-Keil.

3. Der Hardy-Pick-Keil (Fig. 379).

Zum Einführen dieses fünfteiligen Keiles in das hereinzugewinnende Gestein dient ein 50—80 mm weites Loch. Zuerst werden zwei halbkreisförmige Zulagen mit ihren breiten Enden eingesteckt, so daß

Fig. 379.
Der Hardy-Pick-Keil.

die an den dünnen Enden befindlichen Wulste außen am Ortsstoße anliegen. Zwischen diese werden dann zwei Flachkeile gesteckt, die am äußeren Ende so geformt sind, daß sie noch einen Keil zwischen sich aufnehmen können.

4. Der Rammkeil von François (Fig. 380).

Zwischen zwei mit ihren dicken Enden im Bohrloch sitzenden Legeisen (a) wird ein Keil (b) gesteckt, der rückwärts eine längere vierkantige Stange (c) trägt (Fig. 380). Diese bildet die Gleitbahn

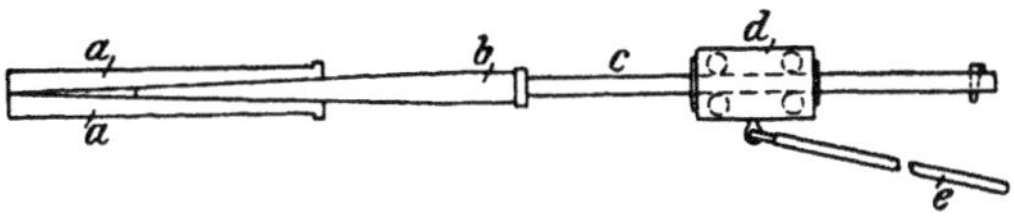

Fig. 380.
Der Rammkeil von François.

für eine Anzahl (meist 4) Rollen, die einen kleinen Rammbär (d) tragen. Mittels einer Stange (e) bei horizontaler oder einer Schnur bei ansteigender Lagerung wird dieser Klotz hin und hergeführt, so daß er bei der Vorwärtsbewegung den eigentlichen Keil eintreibt. Zur Begrenzung des Rückhubes ist ein Flachkeil durch die Stange gesteckt. Der Apparat wurde namentlich in Belgien vielfach erprobt, erzielte jedoch wirtschaftlich unbefriedigende Erfolge.

5. Die Bosseyeuse von Dubois-François.

Bei dieser Vorrichtung wird der Keil mittels Preßluft zwischen zwei Legeisen durch dieselbe Maschine eingerammt, die vorher das 80—100 mm breite Bohrloch sowie den Schram hergestellt hat. Zuvor wird der Meißelbohrer durch einen Rammklotz ersetzt. Namentlich im Lütticher Becken sind Versuche mit diesem Apparat gemacht worden.

6. Der Heisesche Keil (Fig. 381).

Bei dem Keil von Heise (Fig. 381) wird die Kraft einer sich auf einer Schraubenspindel (c) zwangläufig bewegenden Schraubenmutter (d) zum Hereintreiben benutzt. Die beiden Legeisen (a) besitzen an ihren unteren Enden, mit denen sie in dem Bohrloche stecken, Durchbohrungen, in welche die beiden Nasen einer Schraubenspindel (c) eingreifen. Letztere geht durch eine glatte zylindrische Bohrung des mittleren, 1 m langen Hauptkeiles (b) hindurch, der an seinem spitzen Ende gabelförmig aufgeschnitten ist. Auf dem andern Ende der Spindel sitzt eine Mutter. Bei ihrer am besten durch eine Knarre erfolgenden

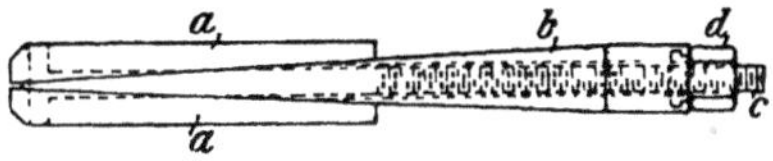

Fig. 381.
Der Heisesche Keil.

Drehung treibt sie den Keil in das Bohrloch hinein. Ist derselbe im Bohrlochtiefsten angekommen, so bewegen sich die Legeisen nach außen. Der Keil stellt somit den Übergang zu der nächsten Gruppe von Keilapparaten dar.

C. Das Herausziehen von Keilen.

7. Der Levetsche Keil (Fig. 382).

Dieser Keilapparat (Fig. 382) unterscheidet sich von den bisher beschriebenen dadurch, daß bei ihm nicht ein Keil zwischen zwei Zulagen mit seinem spitzen Ende in das Bohrloch eingetrieben, sondern

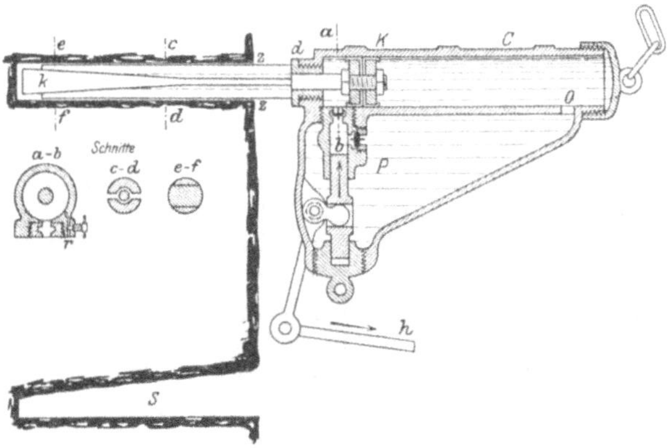

Fig. 382.
Keil von Levet.
(Aus Treptow, Grundzüge der Bergbaukunde, 4. Aufl., Wien 1907.)

vielmehr aus demselben in der Weise herausgezogen wird, daß das im Bohrlochtiefsten liegende breite Ende zwischen zwei nach außen zu immer dicker werdende Legeisen (z) rutscht. Der Keil (k) ist durch eine Zugstange mit einem sich in einem Zylinder (c) bewegenden Doppelstulpkolben (K) in Verbindung gebracht, der bei Beginn der Arbeit an der dem Bohrloch zugewandten Stirnfläche sitzt. Der Zylinder sowie ein unter ihm hängender Behälter ist mit einer Flüssigkeit (Glyzerin, Öl usw.) angefüllt. In dem letzteren ist eine kleine Pumpe (P) eingebaut. Durch Bewegung eines Hebels (h) wird ein kleiner Kolben (b) auf- und abwärts gedrückt, wodurch die Flüssigkeit aus dem hinteren Zylinderraume vor den Zylinder gelangt, so daß sich der Kolben nach rückwärts bewegen muß. Zylinder und Behälter stehen durch eine Öffnung (o) in ständiger Verbindung miteinander. Da der vordere Zylinderdeckel (d) gegen die Zulagen stößt, können diese nicht entweichen. Ein enger, während der Arbeit geschlossener Kanal (r) verbindet den Raum vor dem Kolben mit dem Behälter, um nach dem Hereintreiben den Kolben wieder vorschieben zu können.

D. Sprengung durch Auseinandertreiben des eingeführten Apparates.

8. Der Apparat von König und Gützlaff (Fig. 383 a—d).

Auch bei diesem Apparat (Fig. 383 a—d) wird, wie bei dem Heiseschen, eine Spindel verwendet; jedoch ist die Wirkungsweise hier eine gänzlich andere. Ein Keil ist überhaupt nicht vorhanden. Die Spindel (b) wird allseitig umgeben von einem der Länge nach vierteiligen Rohr (a),

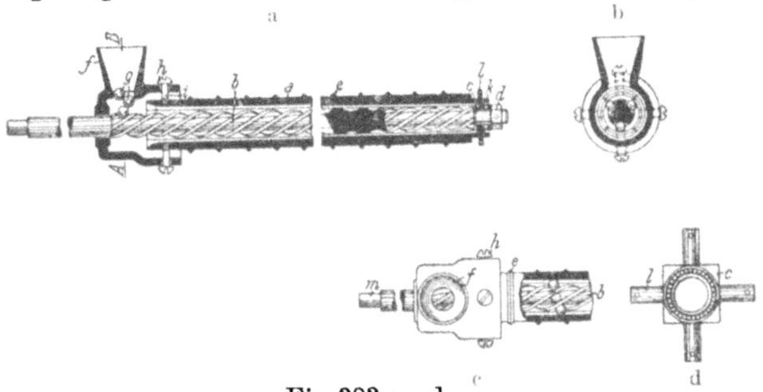

Fig. 383 a—d.

Der Apparat von König und Gützlaff. (Aus Glückauf 1907, Nr. 43.)

welches innen konisch gestaltet ist, während es außen ringförmige Wulste trägt (e), infolge deren es im Bohrloche fester liegt. An dem im Bohrlochtiefsten liegenden Ende ist die Spindel mittels einer Schraubenmutter (d) und eines vierarmigen Kuppelsternes (c), der ein Kugellager aufnimmt, in entsprechenden Durchbohrungen (k) der vier Rohrteile befestigt. An der Bohrlochsmündung trägt das Rohr an einer kurzen um die Längsachse drehbaren Hülse einen kleinen Trichter (f). In diesen Trichter schüttet man zunächst drei kleine Stahlkugeln (g). Da die Spindel dreigängig ist, so bewegen sich die Kugeln bei ihrer Drehung mittels einer aufgesteckten Knarre den Gängen folgend dem Bohrlochstiefsten zu, wobei sie die vier Rohrteile auseinandertreiben, weil letztere zusammen innen konisch gestaltet sind. Haben die Kugeln das Ende erreicht, ohne daß eine Sprengung der Vorgabe erfolgte, so werden sie durch Rückwärtsdrehen entfernt und so lange durch immer dickere Kugeln ersetzt, als bis die erwünschte Wirkung erzielt worden ist. Die Arme (l) des Kuppelsternes verhindern ein gänzliches Auseinanderfallen des Apparates. Der Bohrlochsdurchmesser beträgt 100 mm und die Apparatlänge 1 m. Versuche auf der Grube Reden bei Saarbrücken fielen befriedigend aus.

9. Der Kohlensprengapparat von Walcher (Fig. 384).

Ein dem Levetschen Keil nachgebildeter Apparat wurde um die Mitte der achtziger Jahre von dem Kameraldirektor Rudolf Ritter von Walcher-Uysdal konstruiert (Fig. 384). Er besteht aus dem abgestumpft-kegelförmigen eigentlichen Kohlenbrecher (z u. bb), der in ein Bohrloch von 127 m/m Durchmesser und 1 m Tiefe eingesteckt wird, und der hydraulischen Pumpe. Beide Teile sind durch zwei Kupplungen (D, e) miteinander verbunden. Der Kohlenbrecher hat vorn kreisförmigen Querschnitt, geht aber nach der Pumpe zu in einen elliptischenQuerschnitt über. Er besteht aus einem vierseitigprismatischen Mittelstück z und den beiden Halbrohren bb. Zwischen diesen Teilen liegen wechselständig angeordnet 6 zylindrische, harte, gußstählerne Stelzen, die an beiden Enden halbkugelförmig gestaltet und unter 45^0 angeordnet sind. Das Mittelstück ist durch die Kupplung D starr mit der Kolbenstange der Pumpe verbunden, während die Backen bb durch Federn mit dem Verbindungsrohr e so in Zusammenhang gebracht sind, daß sie sich ungehindert auseinanderbewegen können. Durch die Betätigung des Pumpenhebels wird Glyzerin von der Hinterseite des Kolbens auf die Vorderseite gedrückt, so daß dieser sich rückwärts bewegen muß, wobei sich die Stelzen bis zu 85^0 aufrichten und hierbei die Backen nach außen drücken. Vor Benutzung des Apparates wird mit einer abgeänderten Lisbethschen Bohrmaschine ein Loch gebohrt und alsdann der Apparat mittels einer Kette an der Spannsäule dieser Maschine aufgehängt. Sein Gewicht inklusive des Glyzerins beläuft sich auf 68 kg und seine Länge auf 1070 mm oder 1370 mm. Ein Auseinanderfallen der Backen wird durch eine Spiralfeder am Ende der Backen verhindert. Der Apparat wird beim Gebrauch so tief ins Bohrloch gesteckt als möglich, alsdann betätigt und wenn sich das vordere Ende des Bohrloches erweitert hat oder die Vorgabe hereingefallen ist, weiter nachgeschoben. Eine allgemeinere Einführung war trotz seiner Vorzüge mit Rücksicht auf den hohen Preis (400 fl) nicht möglich.

10. **Die Sprengpumpe von Heckel** (Fig. 385—387).

Die beste bisher bekannte Vorrichtung, welche einen Ersatz der Sprengarbeit bieten soll, ist die von James Tonge in Bolton bei Manchester erfundene „hydraulische Sprengpatrone“, welche sich in England unter der Bezeichnung „hydraulic mining cartridge“ schnell eingebürgert und gut bewährt hat. In Deutschland wird dieser Apparat von der Firma Ernst Heckel in St. Johann-Saarbrücken vertrieben.

Diese Sprengpumpe besteht aus der eigentlichen Abtreibevorrichtung und der Pumpe. Erstere setzt sich aus 8 hydraulischen Preßkolben (g, h) zusammen, deren Zylinderräume (f) durch Kanäle untereinander und durch ein Rohr mit der Pumpe verbunden sind. Die Preßkolben schieben sich teleskopartig auseinander und verteilen ihren Druck gleichmäßig auf untergelegte Eisenplatten. Die Handpumpe entnimmt mittels eines Schlauches das Druckwasser einem Behälter a, der an dem Rohr aufgehängt ist. Durch einen zweiten Schlauch kann das Wasser nach erfolgter Sprengung in den Behälter zurücktreten. Ein Handhebel b ermöglicht die Betätigung der Pumpe.

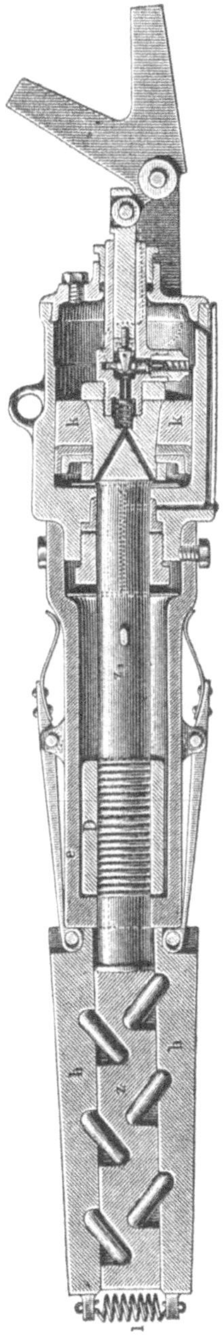

Fig. 384.
Der Kohlensprengapparat von Walcher. (Aus Guttmann, Handbuch der Sprengarbeit. 2. Aufl.)

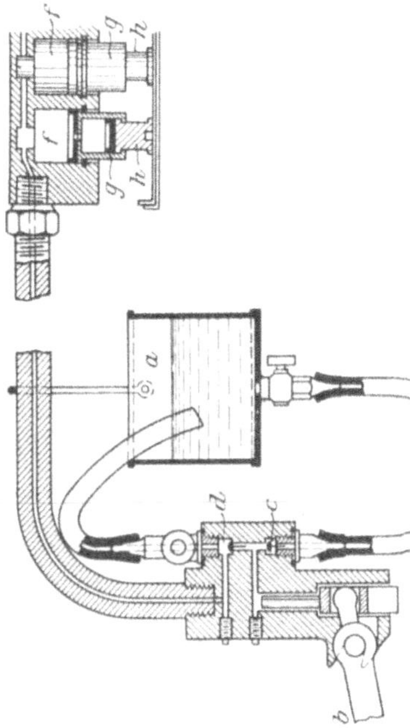

Fig. 385.
Schematische Darstellung der Sprengpumpe von Heckel.

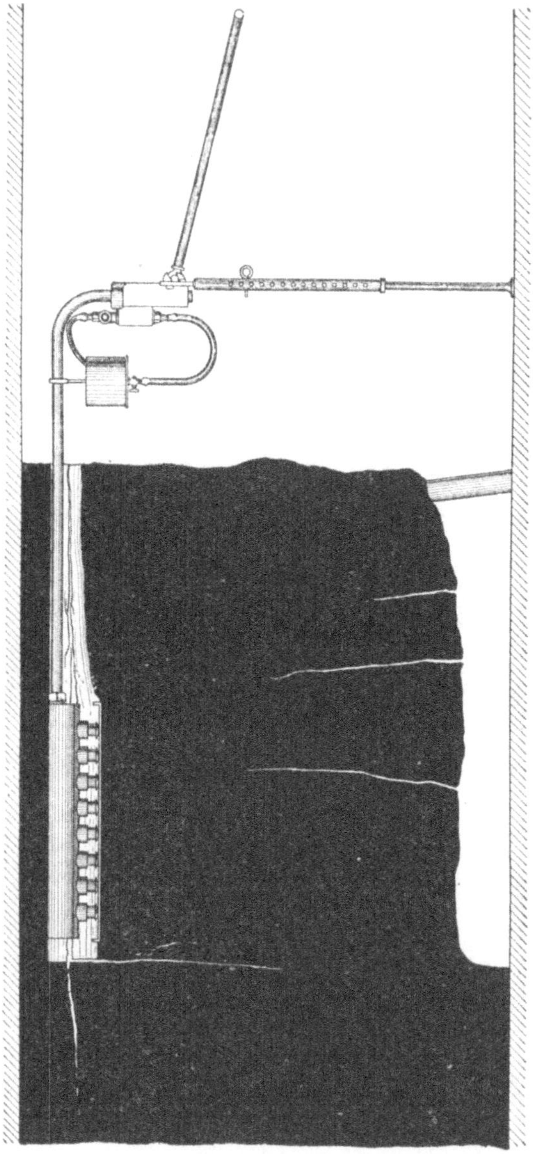

Fig. 386.
Anordnung der Sprengpumpe von Heckel im Bohrloche.

c ist das Saug- und d das Druckventil. Die Handhabung der Maschine zeigt Fig. 387. Das Betriebswasser muß völlig rein sein, da sonst leicht Undichtigkeiten ein Versagen hervorrufen. Sowohl in englischen als auch in Gruben des Saarbezirks haben diese Sprengpumpen nahezu die wirtschaftlichen Leistungen der Sprengarbeit erreicht.

Fig. 387.
Die Sprengpumpe von Heckel in ihrer praktischen Verwendung,

11. Der Apparat von Williams (Fig. 388).

Eine Spindel a wird mit dem Kopfe b bis auf die Sohle des Sprengbohrloches eingesteckt. Sie ist umgeben von den beiden Keilen d und e sowie von einer Mutter k nebst anschließender Hülse i. Wird die Mutter k gedreht, so drückt die Hülse i auf den Keil d und die Spindel a wird nach außen bewegt; hierbei preßt der Kopf b den Keil e zwischen die Preßbacken f, g. Nachdem so die Vorrichtung im Bohrloch festgeklemmt worden ist, wird die Spindel a in dem Sinne gedreht, daß sich der Kopf b wieder auf die Bohrlochsohle zu bewegt. Stößt derselbe auf ihr auf und wird nun noch weiter gedreht, so entfernt sich die Vorrichtung von der Bohrlochsohle und die Kohle wird abgedrückt.

Fig. 388.
Apparat von Williams
(Aus Glückauf 1911, Nr. 48.)

12. Der Keilapparat von Shaw (Fig. 389, 390).

An einer Schraubenspindel s sitzt vorn ein Keil k. Mittels einer Knarre c kann die Spindel in der Mutter m gedreht werden. An der letzteren sind die beiden Flacheisen b befestigt, die sich entsprechend der Verjüngung des Keiles k nach vorn zu verdicken. Zwei Reihen von Stahlkugeln verringern die Reibung zwischen den Backen und dem Keil. Der Apparat wird in ein ca. 90 mm weites Bohrloch eingesteckt, dessen Länge diejenige des Apparates um etwa 20 cm übertrifft. Durch Drehen der Spindel wird der Keil zwischen die Backen getrieben; diese sprengen dann die Vorgabe los.

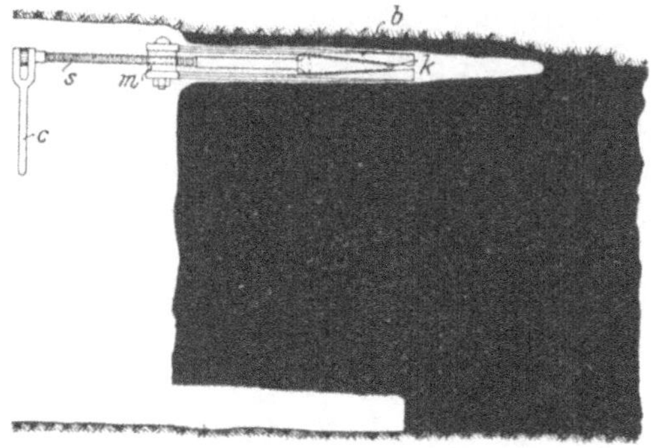

Fig. 389.

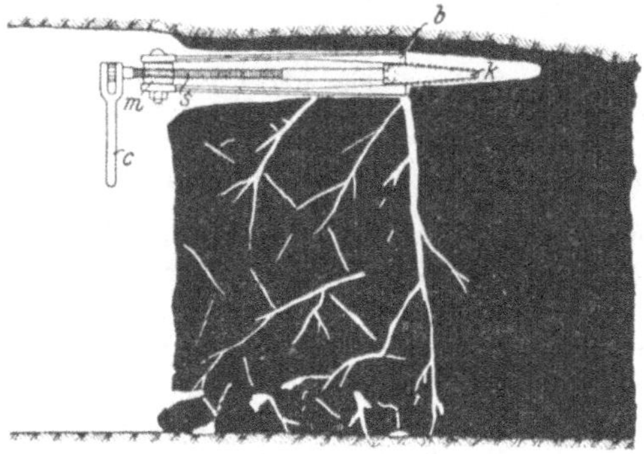

Fig. 390.
Fig. 389/390 Keilapparat von Shaw. (Aus Glückauf 1911, Nr. 41.)

Auf der Featherstone-Grube in England soll sich der Apparat so gut bewährt haben, daß man die Schießarbeit völlig einzustellen beabsichtigt.

E. Lockerung des Kohlenstoßes infolge des Durchflusses von Druckwasser.

13. Apparate zur hydraulischen Stoßtränkung nach dem Verfahren des Geh. Oberbergrat Meißner (Fig. 391—393).

Schon im Jahre 1890 kam der damalige Kgl. Berginspektor Meißner auf das als „Stoßtränken" bezeichnete Verfahren und gab zur Ausführung desselben auch einen Apparat an, der jedoch heute durch bessere Bauarten überflügelt worden ist. Das lange Jahre hindurch infolge der allgemeinen Einführung der Berieselung wieder aufgegebene Verfahren wurde im Herbst 1909 auf der Zeche Scharnhorst wieder aufgenommen, und der Betriebsführer Rudolf erfand hierzu einen besseren Apparat[1]), der aber auch noch manche Mängel aufwies.

Neuerdings sind nun drei Apparate gebaut worden, die bei weitem zweckmäßiger konstruiert sind und daher hier allein beschrieben werden sollen.

Der Apparat des jetzigen Generaldirektors Trippe der Hohenlohewerke A.-G. in Hohenlohehütte O/S. (Fig. 391) wird in einem zylindrischen Bohrloch von 42—43 mm l. W. durch einen Gummikörper abgedichtet, der am unteren Ende des Druckrohres sitzt und 40 mm äußeren Durchmesser

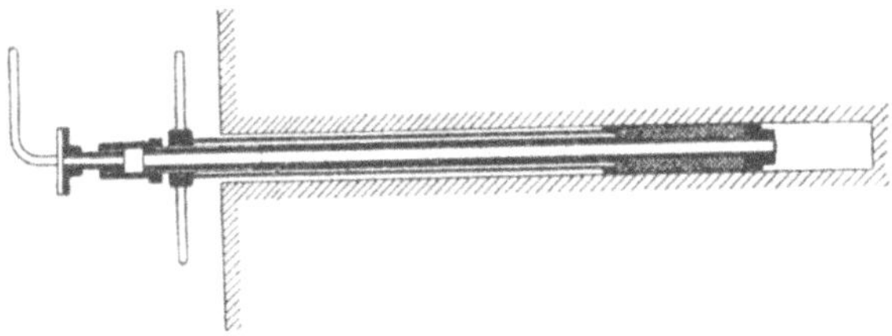

Fig. 391.
Der Stoßtränkapparat von Trippe. (Aus Glückauf 1910, Nr. 26.)

hat. Das Druckrohr, welches mit einem Gummischlauch an eine Druckpumpe oder an die Berieselungsleitung angeschlossen werden kann, wird von einem weiteren Rohr umgeben, welches mit einem Bund an den 10 cm langen, aus bestem Gummi gefertigten Gummikörper anschließt. Wird die an dem äußeren Ende des Druckrohres befindliche Schraubenmutter angezogen, so treibt das äußere Rohr den Gummikörper wasserdicht an die Bohrlochswandung. Der aufzuwendende Wasserdruck kann zwischen 20 und 40 oder noch mehr Atm. schwanken.

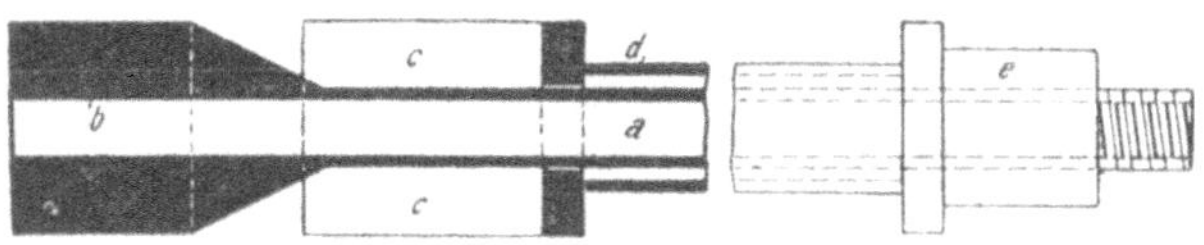

Fig. 392.
Der Stoßtränkapparat der Zeche Consolidation. (Aus Glückauf 1910, Nr. 51.)

Auf der Schachtanlage III/IV der Zeche Consolidation in Westfalen ist ein neuer Apparat (Fig. 392) erprobt worden, der selbst bei

[1]) Dobbelstein, Durchtränkung und Lockerung des Kohlenstoßes mit Hilfe von Druckwasser. Glückauf 1909, Nr. 45.

einem Druck von 60—70 Atm. eine völlig wasserdichte Absperrung des Bohrloches ermöglicht. An dem unteren Ende des Druckrohres a

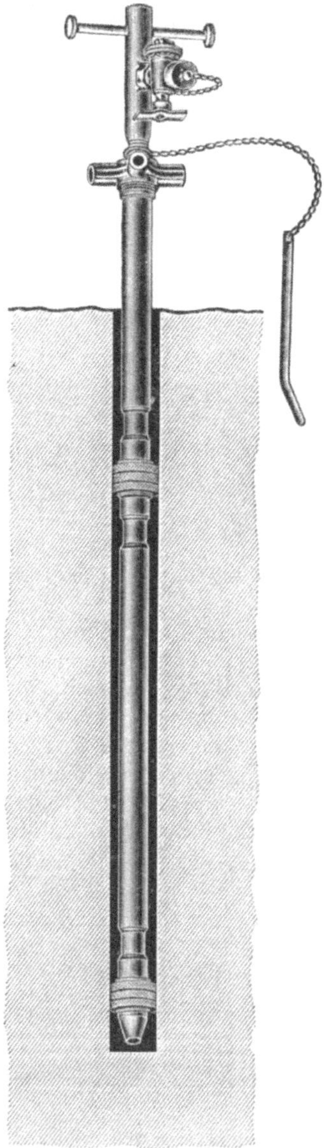

Fig. 393. Der Stoßtränkapparat der Maschinenfabrik Westfalia.

istzt ein Kegel b, bis zu dem ein Gummikörper c geschoben wird. An diesen schließt ein weiteres Rohr d an. Vorn besitzt das Druckrohr ein Spindelgewinde, auf dem eine Mutter e sitzt. Durch Drehen dieser wird das Druckrohr aus dem Bohrloch allmählich herausgezogen, wobei der Kegel b in den Gummikörper eindringt und ihn an die Bohrlochswandungen drückt.

Die Maschinenfabrik „Westfalia" in Gelsenkirchen fertigt einen Apparat an, der dem Trippeschen ähnlich ist, jedoch an zwei Stellen Gummiwulste zur Abdichtung trägt (Fig. 393). Er setzt sich aus einzelnen Rohren zusammen. Durch Drehen der Kreuzmutter unter Festhalten des Kurbelgriffes werden, wie bei Trippe, die Wulste auseinandergedrängt.

Unter den besprochenen Apparaten dürfte sich der Trippe'sche, der namentlich auf der Zeche Dorstfeld in Westfalen ausgiebig durchprobiert wurde, bisher wohl am besten bewährt haben.

Sachregister.

(Die Zahlen geben die Seiten an.)

GPSR Compliance

The European Union's (EU) General Product Safety Regulation (GPSR) is a set of rules that requires consumer products to be safe and our obligations to ensure this.

If you have any concerns about our products, you can contact us on ProductSafety@springernature.com

In case Publisher is established outside the EU, the EU authorized representative is:

Springer Nature Customer Service Center GmbH
Europaplatz 3
69115 Heidelberg, Germany

Batch number: 10682323

Printed by Printforce, the Netherlands